Maschinenelemente 2

von
Prof. Dr. Hubert Hinzen

2., völlig überarbeitete Auflage

Oldenbourg Verlag München

Prof. Dr. Hubert Hinzen studierte an der RWTH Aachen und promovierte dort über die „Funktionsfähigkeit und Gebrauchsdauer von Klemmkörperfreiläufen im Schaltbetrieb". Anschließend leitete er bei einem Nürnberger Unternehmen ein knappes Jahrzehnt die Entwicklung und Optimierung von Schleifmaschinen für die Halbleiterindustrie und war in diesem Rahmen vorübergehend auch in Japan tätig. 1994 wurde er als Professor für die Fächer Maschinenelemente und Werkzeugmaschinen an die Fachhochschule Trier berufen. Neben seiner Lehrtätigkeit in Trier und am „Institut Universitaire de Technologie de Bourgogne" in Dijon beschäftigt er sich mit vielfältigen Problemen der Antriebstechnik und des Werkzeugmaschinenbaus und widmet sich mit Vorliebe der Optimierung von Reifen für den Straßenradrennsport.

Bibliografische Information der Deutschen Nationalbibliothek

Die Deutsche Nationalbibliothek verzeichnet diese Publikation in der Deutschen Nationalbibliografie; detaillierte bibliografische Daten sind im Internet über <http://dnb.d-nb.de> abrufbar.

Rosenheimer Straße 145, D-81671 München
Telefon: (089) 45051-0
oldenbourg.de

Lektorat: Anton Schmid
Herstellung: Dr. Rolf Jäger
Coverentwurf: Kochan & Partner, München
Gedruckt auf säure- und chlorfreiem Papier
Druck: Grafik + Druck, München
Bindung: Thomas Buchbinderei GmbH, Augsburg

ISBN 978-3-486-58612-1

Inhalt

Vorwort

Ein didaktisch optimiertes Lehrbuch

Zu Beginn des zweiten Bandes sei noch einmal an die in der Einleitung von Band 1 formulierte Zielvorstellung erinnert: Es sollte vor allen Dingen ein didaktisch optimiertes Lehrbuch entstehen, hinter dem die Aspekte des Fachbuchs zuweilen zurücktreten müssen. Der Einführung in die Methoden des Fachs wird deutlich höhere Priorität eingeräumt als der reinen Wissensvermittlung, die mehr Gegenstand von vertiefender Fachliteratur ist.
Im Sinne einer möglichst effizienten Ausbildung wird im vorliegenden Lehrbuch die Reihenfolge der Maschinenelemente so geordnet, dass zunächst von möglichst einfachen, für den Studienanfänger überschaubaren Zusammenhängen ausgegangen wird und dann bei jedem weiteren Schritt neue Sachverhalte in gezielter Dosierung hinzukommen.

Im Kapitel 0 wurde mit den „Grundlagen der Festigkeitslehre" ein knapper, anschaulicher Exkurs in diesen Bereich der Mechanik unternommen. Damit sollten die fundamentalen Aussagen so zusammengestellt und für die folgenden Kapitel aufbereitet werden.
In Kapitel 1 wurden diese elementaren Grundlagen auf Achsen und Wellen angewendet und es wurde in die Betriebsfestigkeit eingeführt.
Kapitel 2 machte vor allen Dingen mit den elastischen Bauteilverformungen vertraut. Dies wurde vorzugsweise am Maschinenelement Feder demonstriert, doch der dabei eingeführte zentrale Begriff der Steifigkeit wurde so aufbereitet, dass er für alle darauffolgenden Kapitel verwendet werden konnte. Eine kurze Betrachtung der Feder als Bestandteil eines schwingungsfähigen Systems schlägt die Brücke zum Fach „Dynamik".
Der Begriff der Steifigkeit war auch der Ausgangspunkt zur Beschreibung von Problemen der Lastverteilung, so wie er für das Verständnis der Lastübertragung von Verbindungselementen und Verbindungstechniken (Kapitel 3) benötigt wird.
Im Kapitel 4 (Schrauben) spielte die Kenntnis der elastischen Verformungen ebenfalls eine große Rolle. Im Abschnitt „Bewegungsschrauben" wurde auch mit dem Begriff des Wirkungsgrades vertraut gemacht, so wie er im abschließenden Kapitel „Getriebe" dieses Bandes von großer Bedeutung ist.

Die zu Beginn des vorliegenden zweiten Bandes besprochenen Lager (Kapitel 5) lassen sich dann besonders gut verstehen, wenn Grundkenntnisse sowohl der Bauteildimensionierung als auch der elastischen Verformung bekannt sind.
Welle-Nabe-Verbindungen (Kapitel 6) sollten als Spezialfall von Verbindungselementen und -techniken erst nach diesen aufgegriffen werden.
Weiterhin sollten Welle-Nabe-Verbindungen und Lagerungen prinzipiell verstanden sein, bevor beide Komponenten zu einem Getriebe (Kapitel 7) zusammengefügt werden. Dieser Abschnitt muss sich allerdings auf die grundlegenden Bauformen beschränken, weitere Betrachtungen sind erst in den Fachvorlesungen höherer Semester (Konstruktionslehre, Antriebstechnik, Werkzeugmaschinen) angebracht.

In vielen Fällen ist es wünschenswert, den Stoffumfang des Buches gezielt zu reduzieren, weil die Anzahl der Semesterwochenstunden nicht den vollen Umfang zulässt oder weil das Fach Maschinenelemente nicht nur für Maschinenbauer, sondern für Studenten benachbarter Disziplinen (z.B. Elektrotechnik, Wirtschaftsingenieurwesen, Mikrosystemtechnik) aufbereitet wird. Bei der Reduzierung des Stoffumfangs besteht die Gefahr, dass Lücken gerissen werden, die die Bearbeitung des weiteren Stoffs mit schwer überbrückbaren Hindernissen belegen. Um dieser Gefahr vorzubeugen, werden die Lehrinhalte in drei Kategorien eingeteilt:

- **Basis**: Die mit **B** markierten Abschnitte sind nicht nur für das Verständnis des vorliegenden Kapitels, sondern auch für die Bearbeitung weiterer Abschnitte von grundlegender Bedeutung und sollten im Sinne einer geschlossenen Darstellung der Lehrinhalte nicht ausgelassen werden.
- **Erweiterung**: Die mit **E** bezeichneten Abschnitte erweitern das Basiswissen maßvoll und erarbeiten zusätzliche Ausführungsbeispiele und Bauformen. Weiterreichende Fragestellungen und Perspektiven differenzieren und erweitern die grundlegenden Erkenntnisse und runden das Basiswissen ab.
- **Vertiefung**: Die mit **V** gekennzeichneten Abschnitte vertiefen einzelne Sachverhalte der Maschinenelemente, wobei die für das Fach typischen Methoden bevorzugt zur Anwendung kommen. Diese Abschnitte sind allerdings zuweilen etwas zeitaufwendig. Es wurde darauf geachtet, dass sich diese Ausführungen nicht in fachspezifischen Details verlieren. Schließlich ist eine Anhäufung von Spezialwissen im Hinblick auf ein allgemeingültiges Studium für ein Grundlagenfach fehl am Platze und bleibt weiterführenden Lehrveranstaltungen und der speziellen Fachliteratur vorbehalten.

Dieses Schema kann allerdings nur ein grobes Raster vorgeben, welches eine weitere Differenzierung ermöglicht.

„Probieren geht über studieren“

So übertrieben diese Volksweisheit auch formuliert sein mag, sie bringt einen wichtigen Sachverhalt auf den Punkt: Erst durch selbständiges Bearbeiten von Problemstellungen wird Wissen in Können überführt. Optimal ist der ständige Wechsel von Vorlesung (Stoffvermittlung) und Übung (Stoffverarbeitung). Aus diesem Grund ist jedem Kapitel ein Aufgabenteil angehängt, der sich genau auf diesen Lehrstoff bezieht und in ähnlicher Weise gegliedert ist. Im Vorlesungsteil stehen entsprechende Hinweise, an welcher Stelle welche Aufgabe eingeschoben werden kann. Diese Aufgaben sind eher knapp und prägnant im Stil von Prüfungsaufgaben gehalten. Sie können jedoch leicht unter Zuhilfenahme des Normenwerkes zu kleinen Konstruktionsübungen erweitert werden.
Aus diesem Grunde ist am Ende eines jeden Kapitels ein ausführliches Verzeichnis an Fachliteratur und Normen angefügt. Normen werden nur dort wiedergegeben, wo sie für die Vermittlung des Lehrstoffs unverzichtbar sind und für das Bearbeiten von Beispielaufgaben benötigt werden. Auf die weitläufige Wiedergabe weiterer Normen wird an dieser Stelle verzichtet. Ähnlich wie in der Praxis muss der Student und spätere Anwender hier selbständig weitere Unterlagen beschaffen. Die Lösungen zu den Aufgaben werden auf der Internetseite des Buches in der Titeldatenbank des Verlages bereitgestellt. Der Web-Server hat die Adresse

www.oldenbourg-wissenschaftsverlag.de

Die entsprechende Seite des Buches lässt sich über die Suchfunktion finden.

Ein herzliches Dankeschön …

… gilt all denen, die an der Entstehung dieses Buches mitgewirkt haben:
Dabei haben sich insbesondere die Maschinenbaustudenten der Fachhochschule Trier und des „Institut Universitaire de Technologie de Bourgogne“ in Dijon hervorgetan, die mit ihren zahllosen Anmerkungen, Fragen und Bildbeiträgen die Mosaiksteinchen geliefert haben, mit denen die Struktur dieses Lehrkonzepts ausgefüllt worden ist. Weiterhin sei den Kollegen anderer Hochschulen gedankt, die mit Ihren zahlreichen Zuschriften zur Erstauflage manche Diskussion in Gang gebracht und viele Verbesserungsbeiträge geliefert haben.

5 Lagerungen

Das kennzeichnende Merkmal einer jeden Maschine ist die Bewegung: Entweder findet die Bewegung in der Maschine statt oder sie bewegt sich selbst (Fahrzeug). Insofern unterscheiden sich die Objekte des Maschinenbaus grundlegend von denen vieler anderer Ingenieurdisziplinen. Die Bewegung lässt sich grundsätzlich unterscheiden nach

kreisförmig oder geradlinig

Drehbewegung oder Geradeausbewegung

Rotation oder Translation

Entsprechend dieser Differenzierung werden die Bewegungen konstruktiv mit

Lagerungen oder Führungen

ausgeführt. In der technischen Realität treten Bewegungsformen häufig als reine Rotation oder als reine Translation auf, da man bemüht ist, den technischen Aufwand von Maschinen so gering wie möglich zu halten. Werden differenziertere Bewegungsabläufe nötig, so werden sie stets aus einer Überlagerung von einer oder mehreren Bewegungen dieser beiden Grundtypen zusammengesetzt (Beispiel: Erzeugung der Evolvente als Zahnflanke eines Zahnrades). So komplex reale Bewegungen auch sein mögen, sie lassen sich stets auf diese beiden Grundtypen Rotation und Translation zurückführen.

Während die detaillierte Analyse von Bewegungsabläufen Gegenstand der Fachdisziplinen Getriebelehre und Kinematik ist, besteht die Aufgabe des Fachgebietes Maschinenelemente vor allen Dingen darin, das Kraftübertragungsverhalten von Lagerungen und Führungen zu untersuchen, für die sich auch der etwas synthetisch anmutende Sammelbegriff „Bewegungskomponenten" verwenden lässt. Bild 5.1 gibt einen generellen Überblick über die mechanischen und hydraulischen Prinzipien, die für Bewegungskomponenten ausgenutzt werden. Weiterhin gibt es noch weitere physikalische (pneumatische, magnetische und elektrische) Prinzipien, die in dieser Grundlagenbetrachtung aber keine Rolle spielen. Diese Zusammenstellung versucht weiterhin einige qualitative, modellhaft einfache Aussagen über Tragfähigkeit, Reibung und Verschleiß, die im weiteren Verlauf dieser Ausführungen jedoch noch differenziert werden müssen.

	Festkörperreibung	Rollreibung	Flüssigkeitsreibung hydrodynamisch	Flüssigkeitsreibung hydrostatisch
translatorisch	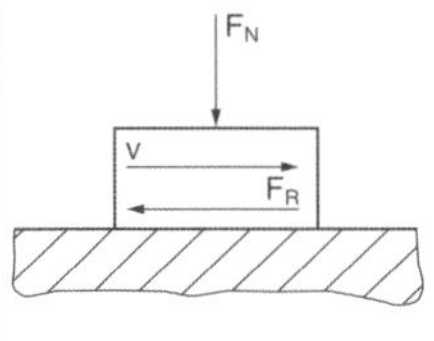	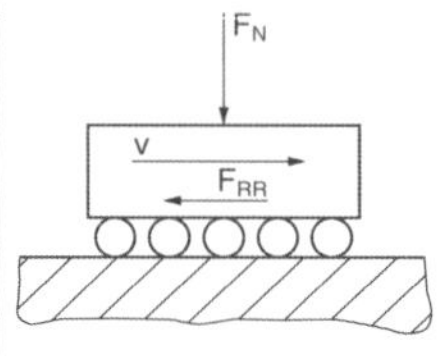	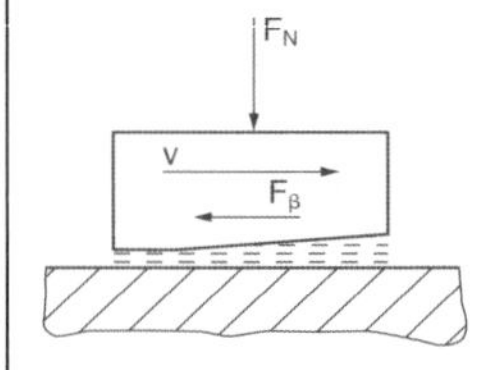	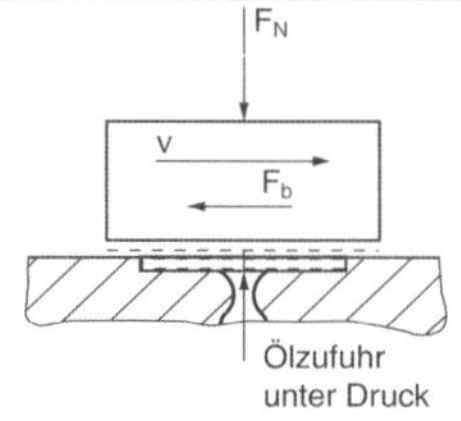
rotatorisch	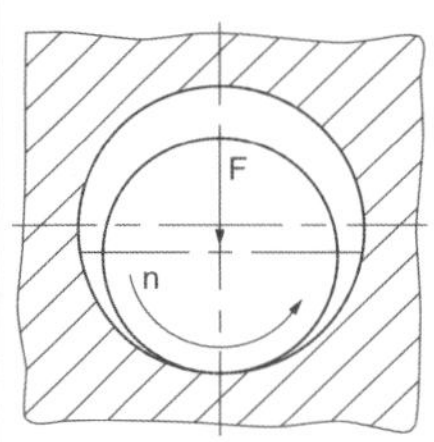	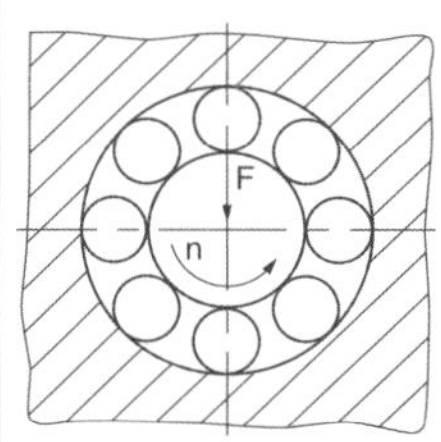	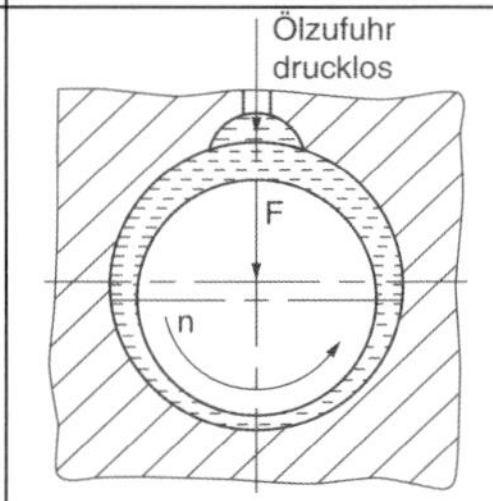	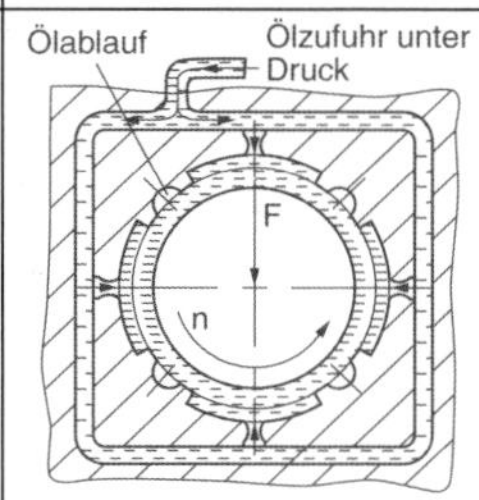
Tragfähigkeit	zeitlich sich nicht ändernde Pressung an der lastübertragenden Fläche	zeitlich sich ständig verändernde Flächenpressung zwischen Wälzkörper und Ring	steigt mit der Geschwindigkeit und der Viskosität („Zähflüssigkeit“) des Öls	steigt mit der Höhe des Öldruckes
Reibung	hoch; Reibkraft F_R ist der Bewegung entgegengesetzt gerichtet (Coulombsches Gesetz)	gering; Formulierung der Rollreibungskraft F_{RR} kann modellhaft an das Coulombsche Gesetz angelehnt werden	gering; steigt mit der Geschwindigkeit und der Viskosität („Zähflüssigkeit“) des Öls	gering; steigt mit der Geschwindigkeit und der Viskosität („Zähflüssigkeit“) des Öls
Verschleiß	hoch; bei zu hoher Flächenpressung Fressen und Kaltverschweißung	gering; bei jeder Überrollung werden winzige Partikel aus der Oberfläche herausgelöst	im optimalen Fall verschleißfrei; in der An- und Auslaufphase wird jedoch Festkörperreibung wirksam	verschleißfrei

Bild 5.1: Wirkprinzipien Lagerungen und Führungen

Besonders in der Historie des Maschinenbaus ließen sich Rotationen konstruktiv leichter ausführen als Translationen (Beispiel: Schraubstock, Kran). Wenn es sich nicht gerade um eine Schwenk- oder Pendelbewegung handelt, so können Drehbewegungen meist beliebig weit fortgeführt werden können, während translatorische Bewegungen stets einen Endpunkt haben und dann umgekehrt werden müssen. Dies hat Beschleunigungen und damit Massenkräfte zur Folge und schränkt die erzielbaren Geschwindigkeiten meist ganz erheblich ein, während rotatorische Bewegungen meist sehr viel höhere Geschwindigkeiten erlauben. Ein Beispiel aus der Fertigungstechnik möge das verdeutlichen: Eine Kreissäge bedient sich in ihrer Schnittbewegung der Rotation und lässt deshalb sehr hohe Geschwindigkeiten zu. Die Stich- und die Bügelsäge sind hingegen wegen der zyklisch umzukehrenden translatorischen Bewegung in der Höhe ihrer Geschwindigkeit eingeschränkt. Die Bandsäge versucht diesen Nachteil zu vermeiden, in dem sie die prozesstechnisch wirkende Translation ohne Richtungsumkehr aus einer Rotation mit relativ hoher Geschwindigkeit ableitet. Die vorliegenden Betrachtungen beschränken sich auf die Lager als rotatorische Bewegungskomponenten und konzentrieren sich dabei auf Lager mit Festkörperreibung, Wälzlager und hydrodynamische Gleitlager.

5.1 Lager mit Festkörperreibung (B)

5.1.1 Bolzen (B)

Der Bolzen ist die einfachste Art einer Lagerung, mit der Gelenke für Schwenkbewegungen oder langsame Drehbewegungen ausgeführt werden können. Bild 5.2 stellt ein oberes, gabelförmiges Bauteil dar, welches relativ zu einem nach unten herausgeführten Bauteil verdreht werden kann. In beiden Ausführungen verteilt sich die zu übertragende Kraft F wegen der Symmetrie der Konstruktion je zur Hälfte auf die linke und rechte Gabelseite. Dennoch unterscheiden sich die beiden Ausführungen in einem wichtigen Konstruktionsmerkmal:

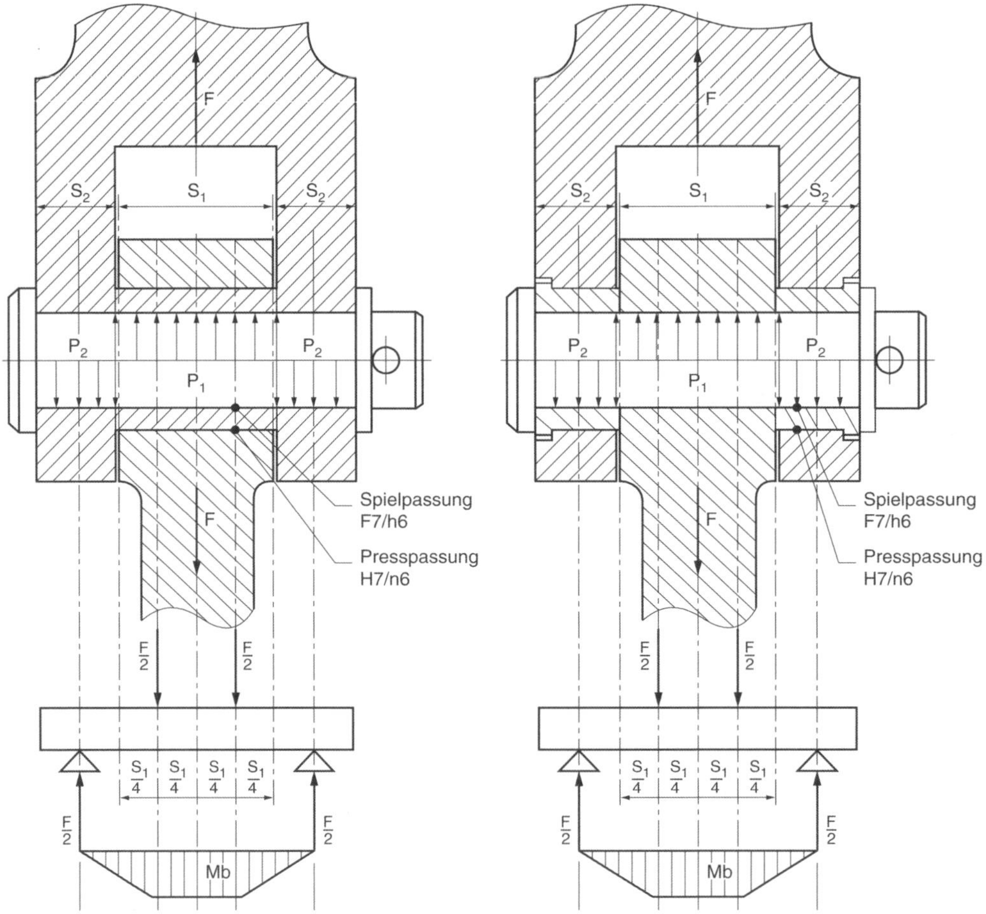

Bild 5.2: Bolzen

Die Relativbewegung des Bolzens vollzieht sich im linken Beispiel im Kontakt zur unteren Lasche. Zur Vermeidung von „Kaltverschweißungen“ (s.u.) wird hier eine Buchse eingefügt. Damit die Relativbewegung tatsächlich zwischen Bolzen und Buchse und nicht etwa zwischen der Buchse und der nach unten herausragenden Lasche stattfindet, ist auf der Innenseite der Buchse eine Spielpassung, außen jedoch eine Presspassung erforderlich.	Die Relativbewegung des Bolzens vollzieht sich im rechten Beispiel im Kontakt zum oberen Gabelkopf. Zur Vermeidung von Kaltverschweißungen wird an jeder Seite des Gabelkopfes eine Buchse eingefügt. Damit die Relativbewegung tatsächlich zwischen Bolzen und Buchse und nicht etwa zwischen Buchse und dem Gabelkopf stattfindet, liegt auf der Innenseite der Buchse eine Spielpassung, außen jedoch eine Presspassung vor.

Bei der Überprüfung der Festigkeit müssen grundsätzlich drei Kriterien kontrolliert werden:

a. Die **Flächenpressung** kann im einfachsten Fall wie beim Niet (s. Kap. 3.1.2) angesetzt werden, wobei auch hier die Kraft hintereinander an zwei Stellen übertragen werden muss:

$$p_1 = \frac{F}{d \cdot s_1} \leq p_{zul1} \qquad p_2 = \frac{F}{d \cdot 2 \cdot s_2} \leq p_{zul2} \qquad \text{Gl. 5.1}$$

Bei der Festlegung der Werkstoffkennwerte muss die o.g. Differenzierung berücksichtigt werden. Im linken Konstruktionsbeispiel soll die Relativbewegung bei s_1 stattfinden (Gleitsitz), während sie bei s_2 gezielt unterbunden wird (Festsitz). Im rechten Beispiel präsentiert sich dieser Sachverhalt genau umgekehrt. Beim Gleitsitz besteht die Gefahr des „Fressens“ oder der „Kaltverschweißung“, die nach einer vereinfachten tribologischen Modellvorstellung folgendermaßen erklärt werden kann: Der metallische Kontakt findet nicht gleichmäßig auf der gesamten Fläche statt, sondern konzentriert sich auf die Rauheitsspitzen der beiden in Berührung stehenden Kontaktflächen. Dadurch wird die tatsächliche, lokale Pressung an diesen Rauheitsspitzen deutlich höher als die hier als Mittelwert berechnete. Werden die beiden sich berührenden Flächen relativ zueinander bewegt, so kann an diesen Rauheitsspitzen so viel Reibungswärme entstehen, dass es zu einer lokalen Verschmelzung („Kalt“-Verschweißung als Verschweißung ohne äußere Energiezufuhr) kommt, die allerdings durch die fortschreitende Relativbewegung sofort wieder aufgebrochen wird. Obwohl dieser Effekt nur von lokaler Bedeutung ist, wird die Oberfläche dadurch langfristig beschädigt und damit in ihrer Funktion gestört. Wegen der Fressgefahr sind die Werkstoffwerte für Gleitsitze wesentlich geringer als die für unbewegliche Festsitze. Die Werkstoffpaarung Stahl-Stahl ist wegen der hoher Materialsteifigkeit und der damit verbundenen Konzentration der Lastübertragung auf die Rauheitsspitzen besonders fressgefährdet und damit für Gleitsitze grundsätzlich nicht geeignet. Die Verwendung weniger steifer Materialien verteilt aufgrund lokaler elastischer Deformationen die Last auf größere Flächen, womit die Fressneigung deutlich herabgesetzt wird. Die Geschwindigkeit der relativ zueinander bewegten Flächen muss jedoch stark eingeschränkt werden, so dass mit solchen Materialpaarungen meist nur Schwenkbewegungen oder sehr langsame Drehbewegungen realisiert werden können. Tabelle 5.1 gibt die zulässigen Pressungswerte für einige gebräuchliche Werkstoffpaarungen wieder.

b. Der **Querkraftschub** wird wie beim Niet (s. Kap. 3.1.1) formuliert, ist aber in vielen Fällen unkritisch. Tabelle 5.2 gibt die zulässigen Schubspannungswerte für einige Bolzenwerkstoffe an.

c. Darüber hinaus spielt die **Biegemomentenbelastung** des Bolzens eine wichtige Rolle. Dazu wird vereinfachend angenommen, dass die an den äußeren Laschen wirkende Pressung zur Kraft F/2 in Laschenmitte zusammengefasst werden kann und sich die an der inneren Lasche wirkende Pressung durch zwei Kräfte F/2 ersetzen lässt, die untereinander den Abstand $s_1/2$ der inneren Laschenbreite zueinander aufweisen. Daraus ergibt sich die darunter skizzierte Biegemomentenverteilung entlang des Bolzens. Die maximale Biegemomentenbelastung formuliert sich zu:

$$\sigma_{b\,max} = \frac{M_{b\,max}}{W_{ax}} = \frac{\frac{F}{2}\cdot\left(\frac{s_1}{4}+\frac{s_2}{2}\right)}{\frac{\pi\cdot d^3}{32}} \le \sigma_{bzul} \qquad \text{Gl. 5.2}$$

In Tabelle 5.2 sind weiterhin die zulässigen Biegespannungswerte für einige Bolzenwerkstoffe aufgelistet.

Tabelle 5.1: Zulässige Pressungswerte für einige gebräuchliche Werkstoffpaarungen

	p_{zul} in [N/mm²] für Festsitz			p_{zul} in [N/mm²] für Gleitsitz
	quasistatisch	schwellend	wechselnd	Gleitsitz
St 50 / GG	70	50	32	5
St 50 / GS	80	56	40	7
St 50 / Rg, Bz	32	22	16	8
St 50 / St 37	90	63	45	nicht geeignet
St 50 / St 50	125	90	56	nicht geeignet

Tabelle 5.2: Zulässige Biege- und Schubspannungen für Bolzen

	σ_{bzul} [N/mm²]			τ_{zul} [N/mm²]		
	quasistatisch	schwellend	wechselnd	quasistatisch	schwellend	wechselnd
9S20 (4.6)	80	56	35	50	35	25
St 50 (6.8)	110	80	50	70	50	35
St 60, C35, C 45 (8.8)	140	100	63	90	63	45
St 70	160	110	70	100	70	50

Aufgaben A.5.1 bis A.5.3

5.1.2 Verschleißansatz (V)

Bei höheren Geschwindigkeiten sind nicht nur andere Materialien erforderlich, sondern der oben formulierte Ansatz muss erweitert werden und auch die Gleitgeschwindigkeit v berücksichtigen.

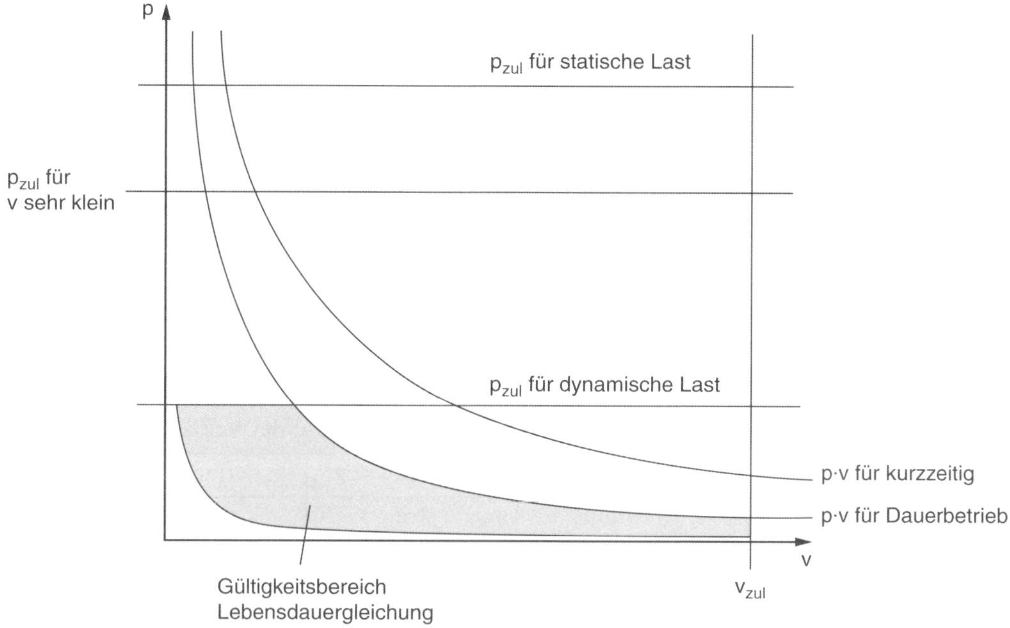

Bild 5.3: Verschleißansatz Lagerung mit Festkörperreibung

- Wie beim zuvor formulierten Ansatz darf die Flächenpressung einen Wert für p_{zul} nicht überschreiten, wobei auch hier nach statischer und dynamischer Last unterschieden wird. Darüber hinaus gilt ein Grenzwert für sehr kleine Gleitgeschwindigkeiten.
- Die Relativgeschwindigkeit der sich zueinander bewegenden Flächen darf den Wert v_{zul} nicht überschreiten.
- Im Betrieb wird aufgrund der Reibung mechanische Leistung in Wärme umgesetzt, die sich auch in Verschleiß äußert. Das Produkt $p \cdot v$ aus Pressung und Gleitgeschwindigkeit beschreibt diesen Sachverhalt und darf seinerseits einen gewissen Grenzwert nicht überschreiten, der sich hier als Hyperbel zeigt. Jeder Punkt der Hyperbel weist das gleiche Produkt aus p und v auf. Es wird nach einem zulässigen Wert für Dauerbetrieb und nach einem solchen für kurzzeitige Belastung unterschieden.

Für die von der Firma INA vertriebenen „Permaglide-Gleitlager“ werden die Grenzwerte für die drei Kriterien folgendermaßen beziffert:

Tabelle 5.3: Zulässige Betriebsdaten für Permaglide-Werkstoffe

		Permaglide P1	Permaglide P2
1	zulässige Flächenpressung p_{zul} bei		
	statischer Last	250 N/mm²	250 N/mm²
	sehr niedriger Gleitgeschwindigkeit	140 N/mm²	140 N/mm²
	dynamischer Last	56 N/mm²	70 N/mm²
2	zulässige Gleitgeschwindigkeit v_{zul}	2 m/s	3 m/s
3	zulässiger Verschleißkennwert $(pv)_{zul}$		
	im Dauerbetrieb	1,8 N/mm² · m/s	3 N/mm² · m/s
	kurzzeitig	3,6 N/mm² · m/s	3 N/mm² · m/s

Die Lebensdauer des Lagers ist ein Zeitfestigkeitsproblem. Unter den folgenden Voraussetzungen lässt sich die Lebensdauer des Lagers näherungsweise bestimmen:

Tabelle 5.4: Gültigkeitsbereich Lebensdauergleichung für Permaglide-Werkstoffe

		Permaglide P1	Permaglide P2
Flächenpressung p	N/mm²	≤ 56	≤ 70
Gleitgeschwindigkeit v	m/s	≤ 2	≤ 3
Verschleißkennwert pv	N/mm² · m/s	$0{,}03 \leq p \cdot v \leq 1{,}8$	$0{,}2 \leq p \cdot v \leq 3$

Die Lebensdauer errechnet sich dann wie folgt:

Werkstoff	Drehbewegung	Linearbewegung	
P1	$L_h = \frac{400}{(pv)^{1,2}} \cdot f_A \cdot f_p \cdot f_v \cdot f_\vartheta \cdot f_W \cdot f_R$	$L_h = \frac{400}{(pv)^{1,2}} \cdot f_A \cdot f_p \cdot f_v \cdot f_\vartheta \cdot f_W \cdot f_R \cdot f_L$	Gl. 5.3
P2	$L_h = \frac{2000}{(pv)^{1,5}} \cdot f_A \cdot f_p \cdot f_v \cdot f_\vartheta \cdot f_W \cdot f_R$	-	

L_h: Lebensdauer in Stunden

pv: Verschleißkennwert in N/mm² · m/s

f_A: Korrekturfaktor für Belastungsfall: Punktlast $f_A = 1$, Umfangslast $f_A = 2$ (Bild 5.4)

f_p: Korrekturfaktor für Flächenpressung = 1 für $p \leq 6$ N/mm², sonst Bild 5.5

f_v: Korrekturfaktor für Gleitgeschwindigkeit = 1 für $v \leq 8$ m/s, sonst Bild 5.6

f_ϑ: Korrekturfaktor für Temperatur = 1 für $\vartheta \leq 40$ °C, sonst Bild 5.7

f_W: Korrekturfaktor für den Werkstoff der Gegenlauffläche, = 1 für Stahl, sonst Tabelle 5.5

f_R: Korrekturfaktor für die Rautiefe der Gegenlauffläche = 1 für $R_Z \leq 1$ µm, sonst Bild 5.8

f_L: Korrekturfaktor für Linearbewegung:

$$f_L = 0{,}65 \cdot \frac{L}{H+L}$$

mit L: Lagerbreite

H: Hub der Linearbewegung ($H_{max} = 2{,}5 \cdot L$)

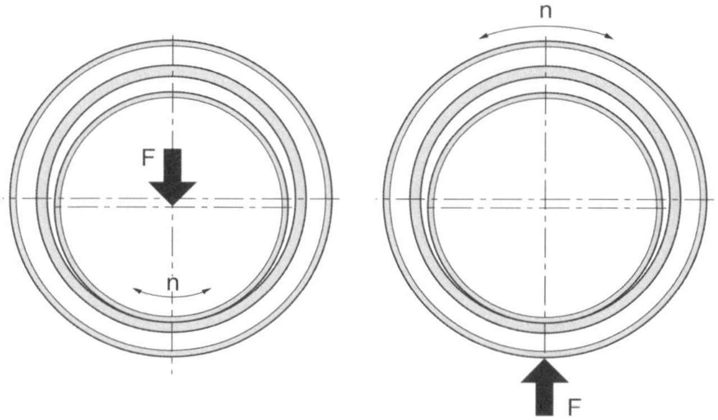

Bild 5.4: Unterscheidung Punktlast – Umfangslast

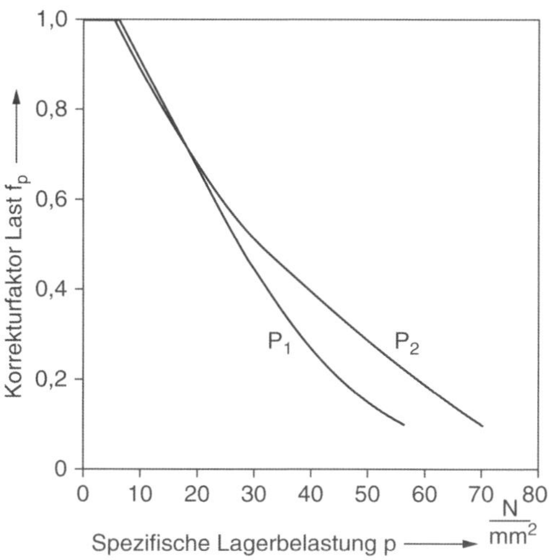

Bild 5.5: Korrekturfaktor f_p

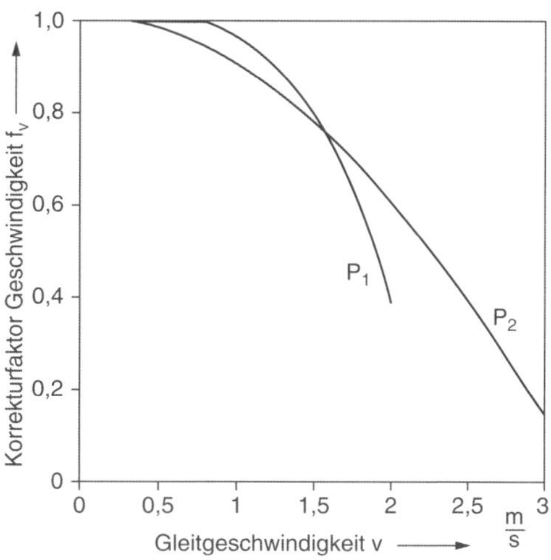

Bild 5.6: Korrekturfaktor f_v

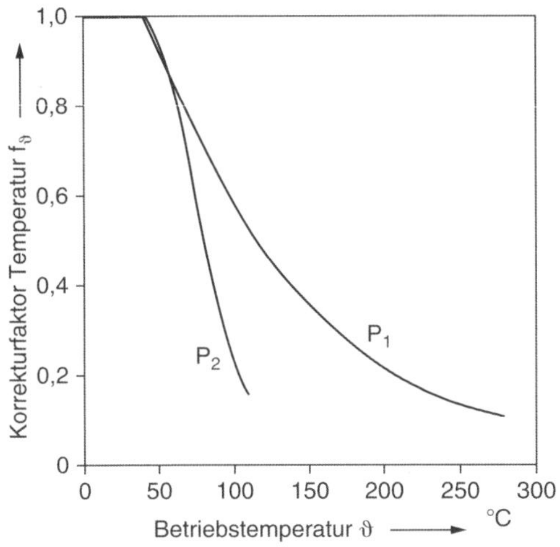

Bild 5.7: Korrekturfaktor f_ϑ

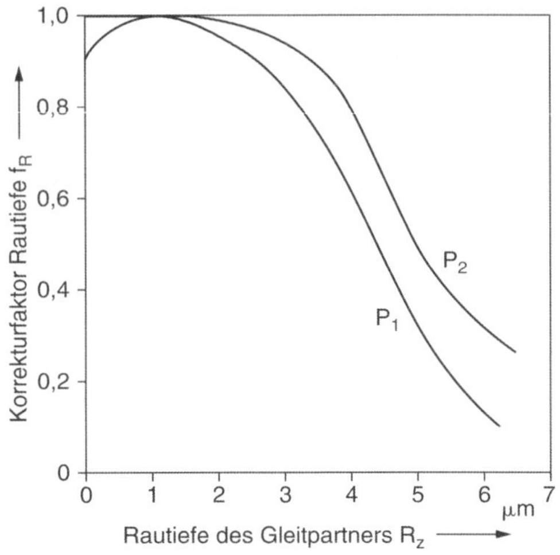

Bild 5.8: Korrekturfaktor f_R

Tabelle 5.5: Korrekturfaktor f_W

Werkstoff der Gegenlauffläche	f_W
Stahl	1
nitrierter Stahl	1
korrosionsarmer Stahl	2
hartverchromter Stahl, Schichtdicke mindestens 13 µm	2
verzinkter Stahl, Schichtdicke mindestens 13 µm	0,2
phosphatierter Stahl, Schichtdicke mindestens 13 µm	0,2
Grauguss R_Z 2	1
eloxiertes Aluminium	0,4
harteloxiertes Aluminium, Härte 450 + 50 HV; 0,025 dick	2
Legierungen auf Kupferbasis	0,1 – 0,4
Nickel	0,2

Dieser Verschleißansatz ist zwar nicht in der Lage, den Sachverhalt mit wissenschaftlicher Gründlichkeit zu beschreiben, er stellt jedoch ingenieurmäßig eine sinnvolle Aussage dar.

Aufgaben A.5.4 bis A.5.5

5.2 Wälzlager (B)

Grundprinzip aller Wälzlager ist es, die reibungs- und verschleißbehaftete Coulombsche Reibung durch die sehr viel vorteilhaftere Rollreibung zu ersetzen. Wälzlager bestehen im Allgemeinen aus zwei konzentrischen Ringen, zwischen denen Wälzkörper angeordnet sind. Die am meisten verwendete Bauform des Wälzlagers ist das Kugellager; Bild 5.9 zeigt darüber hinaus auch Wälzkörper anderer Geometrien.

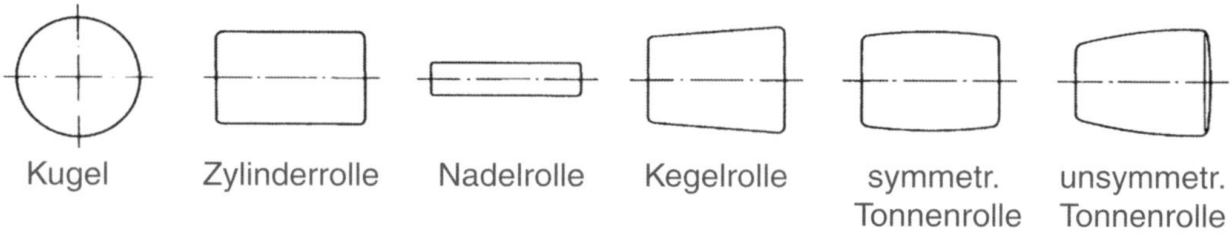

Bild 5.9: Wälzkörper

Entsprechend der Form der Wälzkörper handelt es sich dann um ein Kugellager, ein Zylinderrollenlager, ein Nadellager, ein Kegelrollenlager oder um ein Rollenlager (weitere Erläuterungen und spezielle Eignungen im Kap. 5.2.2). Das Wälzlager kann „vollrollig" ausgeführt sein, so dass sich zwei benachbarte Wälzkörper unmittelbar berühren. Dadurch wird die Tragfähigkeit des Lagers maximiert, allerdings tritt dabei auch Reibung der Wälzkörper untereinander auf. In den meisten Fällen werden die Wälzkörper jedoch durch einen Käfig geführt, der sie untereinander auf Distanz hält und für eine gleichmäßige Teilung der Wälzkörper sorgt.

5.2.1 Lageranordnungen (B)

Ein Lager soll aber nicht nur eine Drehung der beiden Lagerringe zueinander kinematisch ermöglichen, sondern auch Kräfte übertragen können. Wie bereits im Abschnitt 1.4.1 (Band 1) erläutert worden war, ist die Lagerung mit einem einzigen Lager nur dann möglich, wenn die Achse bzw. Welle nicht mit einem Biegemoment belastet ist.

5.2.1.1 Fest-Los-Lagerung (B)

Im Kapitel 1.4.4 (Band 1) wurde im Zusammenhang mit der Dimensionierung von Achsen und Wellen bereits der Grundtypus der Fest-Los-Lagerung vorgestellt. Diese Lagerung kann nicht nur Radial- und Axialkräfte aufnehmen, sondern auch Biegemomente abstützen. Bild 5.10 zeigt eine Reihe weiterer konstruktiver Beispiele von Festlager/Loslager-Anordnungen.

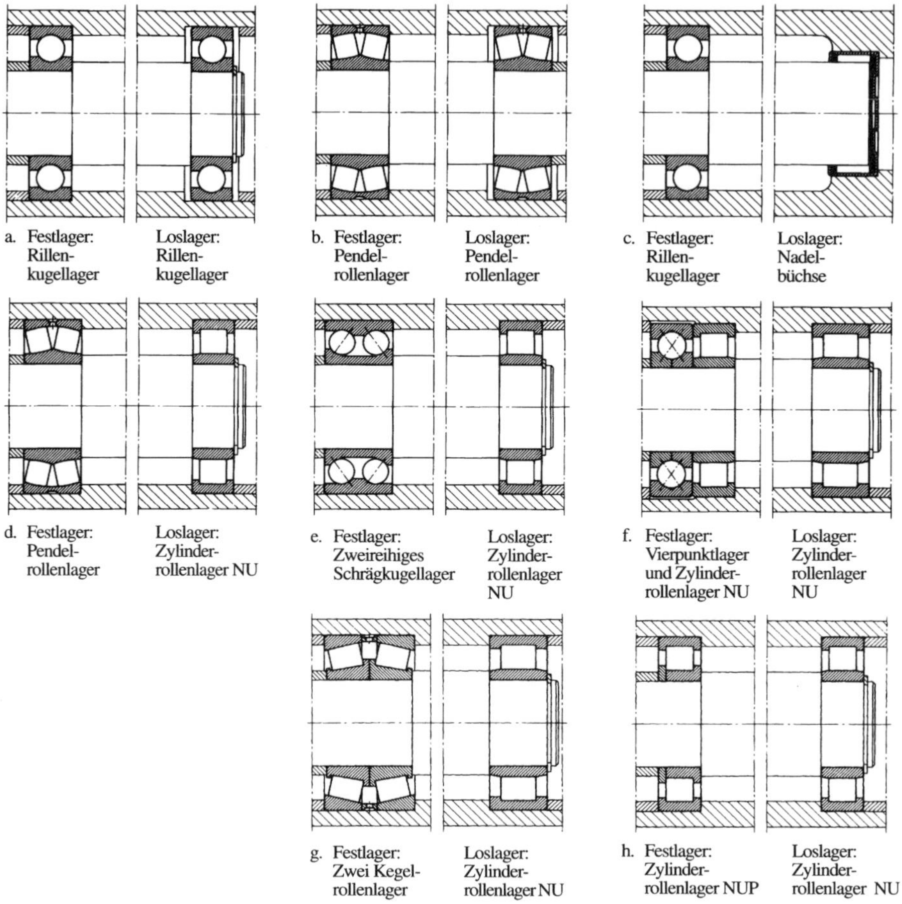

Bild 5.10: Beispiele von Festlager/Loslager-Anordnungen [nach Brändlein]

Bei den Beispielen c-h werden Zylinderrollenlager bzw. Nadellager als Loslager verwendet. Im Beispiel f wird die Kraftübertragung im linken Festlager durch konstruktive Maßnahmen folgendermaßen aufgeteilt: Die Radialkraft wird vom Zylinderrollenlager aufgenommen, welches aber aufgrund seiner Konstruktion der Axialkraft ausweicht. Die Axialkraft wird gezielt vom linken Vierpunktlager übertragen. Da dieses aber keine Radialkraft aufnehmen soll, wird die Gehäusebohrung am Außenring bewusst größer ausgeführt als der Außendurchmesser des Lagerringes. Im Gegensatz zu den nachfolgend aufgeführten Lagerungen ist das kennzeichnende Merkmal einer Fest-Los-Lagerung der Umstand, dass die Axialkraft stets vom gleichen Lager aufgenommen wird.

5.2.1.2 Schwimmende Lagerung (B)

Eine weitere Art von Lageranordnung ist die sog. „schwimmende Lagerung“, wobei zunächst beide Lager zu „Loslagern“ werden, deren Axialbewegung allerdings durch konstruktive Maßnahmen eingeschränkt wird. Bild 5.11 zeigt diese Lageranordnung in Ergänzung zu den oben aufgeführten Einbaufällen:

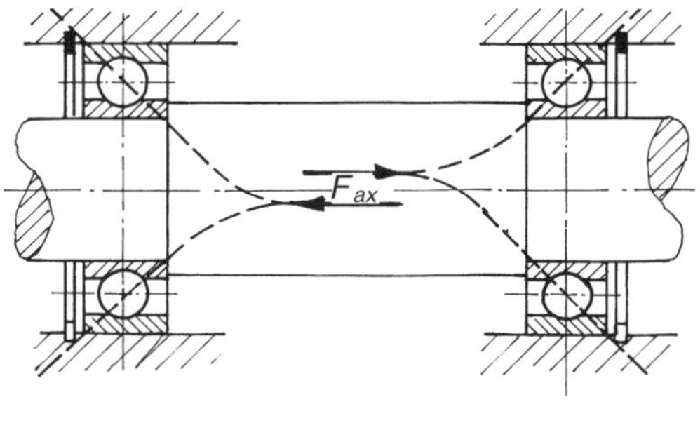

Bild 5.11: Schwimmende Lagerung

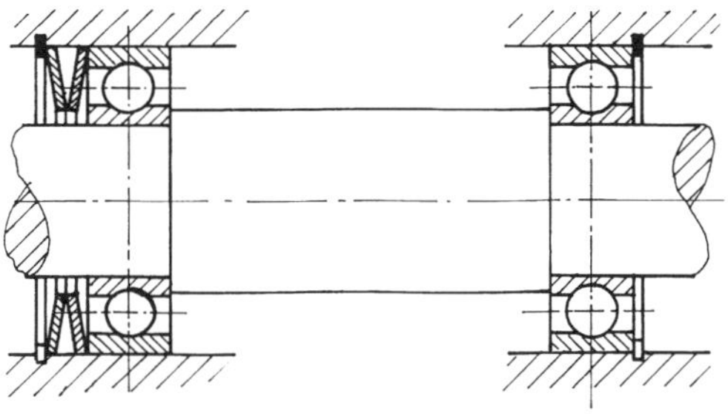

Bild 5.12: Angestellte Lagerung

- Auch bei dieser Art von Lageranordnung werden die Radialkräfte wie bei der Fest-Los-Lagerung übertragen, die Welle oder Achse kann als „drehbarer Balken“ betrachtet werden.
- Die Übertragung der Axialbelastung hängt allerdings von deren Richtung ab: Wirkt die Axialkraft in der Welle nach rechts, so wird die Welle geringfügig nach rechts verschoben und das rechte Lager kommt nach Überbrückung des konstruktiv vorgesehenen Spiels außen zur Anlage, so dass darüber die Kraft übertragen werden kann. Bei nach links wirkender Axialkraft kommt entsprechend das linke Lager zur Anlage. Die schwimmende Lagerung hat also in jedem Fall ein axiales Spiel, welches je nach Lagergröße bis zu mehreren zehntel Millimeter beträgt. Im Gegensatz zu der obigen Darstellung wird in manchen Konstruktionszeichnungen das Axialspiel zeichnerisch nicht dargestellt, was zu Missverständnissen führen kann.
- Für eine schwimmende Lagerung können nahezu alle Lagerbauformen verwendet werden, die nicht „angestellt“ (s.u.) werden müssen.
- Die schwimmende Lagerung erlaubt gegenüber der Festlager-/Loslager-Anordnung einige fertigungstechnische Vereinfachungen und ist grundsätzlich dann möglich, wenn durch das axiale Spiel die Funktion der gesamten Lagerung nicht gestört wird.

Das Bild 5.13 zeigt dazu ein Beispiel: Die Anordnung als schwimmende Lagerung auf einer Buchse ermöglicht den einfachen und schnellen Einbau des Kranlaufrades als komplette Baueinheit. Die in der oberen Bildhälfte dargestellte Ausführung mit kleineren Zylinderrollenlagern reicht für geringere Belastungen aus, bei hohen Lasten muss das Kranlaufrad mit größeren (und teureren) Zylinderrollenlagern (untere Bildhälfte) bestückt werden. Wegen der relativ geringen Geschwindigkeiten werden „vollrollige“ Lager (also solche ohne Käfig) eingesetzt, wodurch eine besonders hohe Tragfähigkeit erzielt wird.

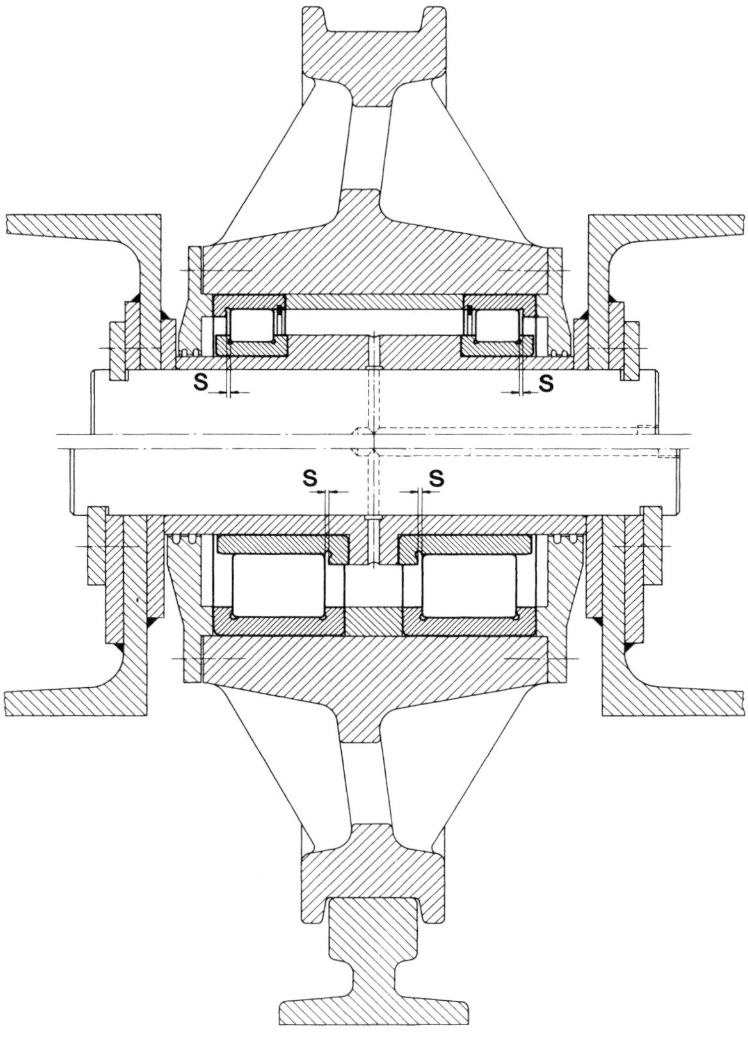

Bild 5.13: Kranlaufrad
[Werksbild INA]

Die Lagerung eines „Vibrationsmotors“ (Bild 5.14) ist ein weiteres Beispiel. Ein Vibrationsmotor ist meist ein Asynchronmotor, an dessen Wellenenden Unwuchtmassen montiert sind, die bei Rotation Zentrifugalkräfte hervorrufen und damit Schwingungen erzeugen, die z.B. zum Betrieb eines Schüttelsiebes ausgenutzt werden.

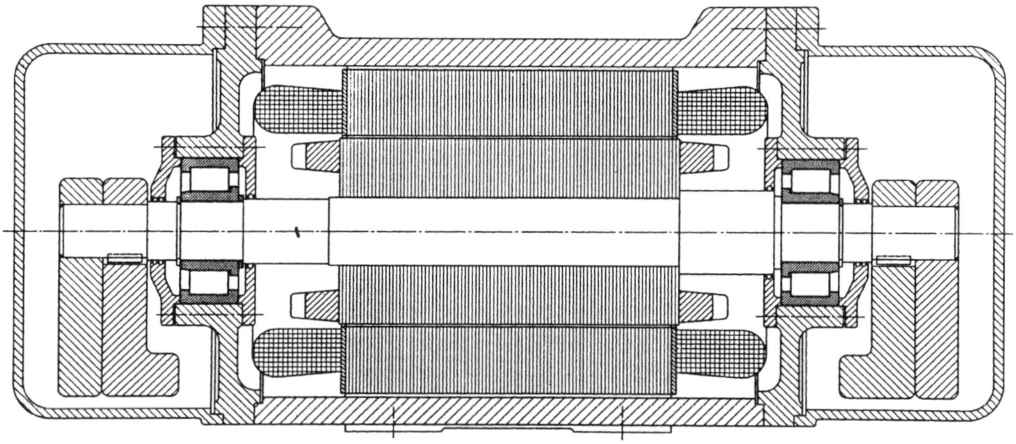

Bild 5.14: Schwimmende Lagerung eines Vibrationsmotors [Werksbild FAG]

5.2.1.3 Angestellte Lagerung (E)

Wird eine genaue axiale Führung der Welle verlangt, so reicht die schwimmende Lagerung nicht mehr aus, die Lagerung muss „angestellt" werden. Wie Bild 5.12 zeigt, geht die angestellte Lagerung aus der schwimmenden Lagerung (Bild 5.11) dadurch hervor, dass das axiale Spiel durch Krafteinwirkung (hier Federkraft) eliminiert wird. Bei der konstruktiven Ausführung einer axial angestellten Lagerung lassen sich zwei Modellfälle unterscheiden.

Bild 5.15 zeigt die Lagerung eines kleinen Elektromotors, welche durch eine scheibenförmige Feder angestellt ist, die den Außenring des linken Lagers gegenüber dem Gehäuse abstützt. Auf diese Weise wird auch im Leerlauf eine Mindestbelastung auf die Lager aufgebracht, wodurch die Kugeln zu einem eindeutigen Abrollen gezwungen werden und damit die Geräuschentwicklung minimiert wird.

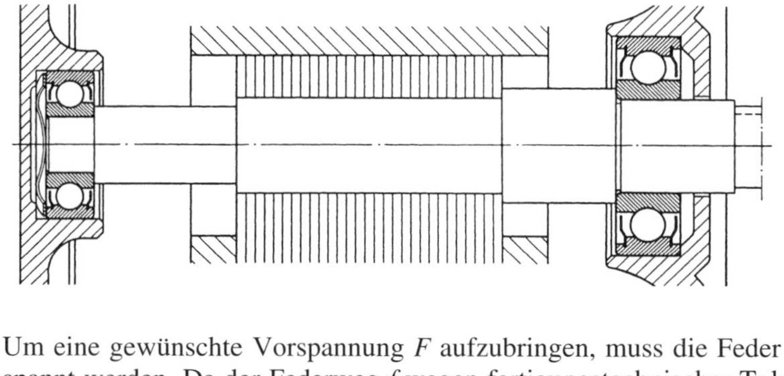

Bild 5.15: Angestellte Lagerung Elektromotor

Um eine gewünschte Vorspannung F aufzubringen, muss die Feder um einen Weg f vorgespannt werden. Da der Federweg f wegen fertigungstechnischer Toleranzen und thermischer Ausdehnungen einer Toleranz f_{tol} unterworfen ist, variiert die Vorspannkraft um F_{tol}. Je weicher die Feder ist, desto geringer wird F_{tol} bei vorgegebenem f_{tol} (siehe Bild 5.16). Geringe

Federsteifigkeiten sind diesbezüglich also von Vorteil, weil sie gröbere Fertigungstoleranzen und größere thermische Deformationen zulassen.

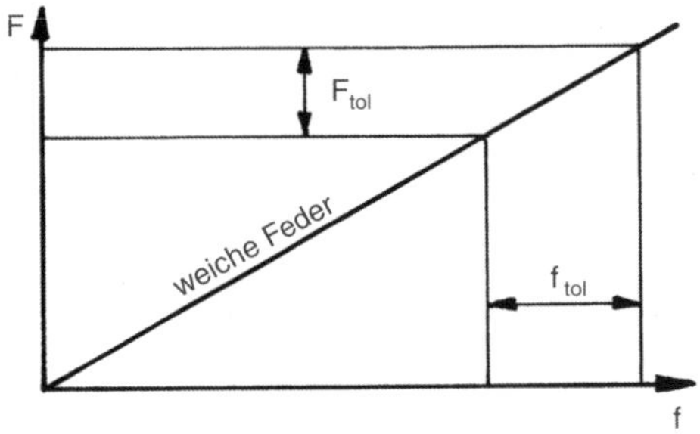

Bild 5.16: Verspannung über (weiche) Feder

Die Kegelrollenlagerung in Bild 5.17 wird durch die Mutter am linken Wellenende angestellt. Die Anstellung wird durch einen Zwischenring zwischen dem linken Lager und dem rechts daneben liegenden Wellenbund begrenzt, kann aber durch Abschleifen dieses Zwischenringes erhöht werden.

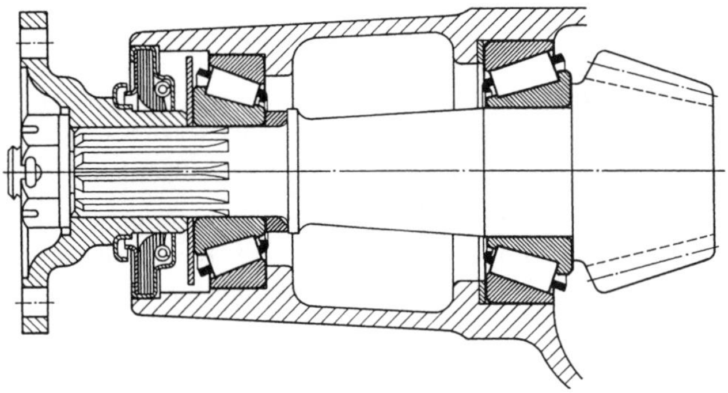

Bild 5.17: Angestellte Lagerung Ritzelwelle Kegelrad

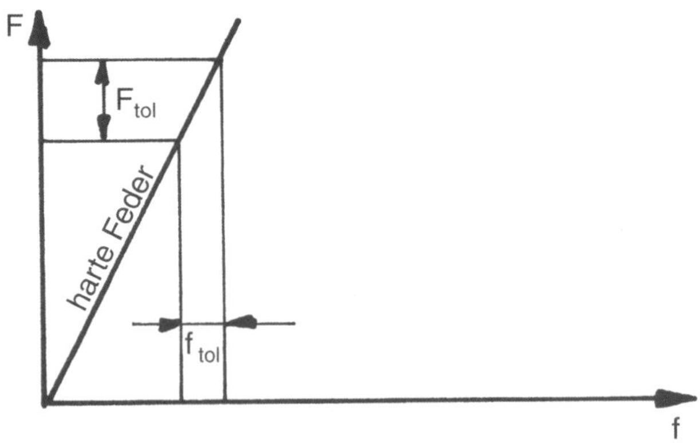

Bild 5.18: Verspannung über abgestimmte Zwischenlagen (harte Feder)

Zur definierten Aufbringung der Vorspannung müssen die Lager selber mit der gesamten Umgebungskonstruktion als (harte) Feder betrachtet werden. Die hohe Steifigkeit dieser Feder erfordert einen eng tolerierten Federweg f_{tol} (vergleiche Bild 5.18), was eine genaue Fertigung, eine präzise Montage und eine Kontrolle der thermischen Ausdehnungen voraussetzt, wenn die Vorspannkraft nicht über F_{tol} hinaus variieren soll.

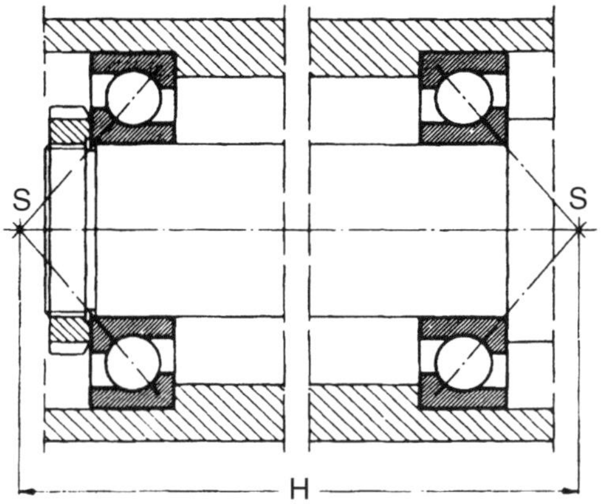

Bild 5.19: Angestellte Lagerung in O-Anordnung

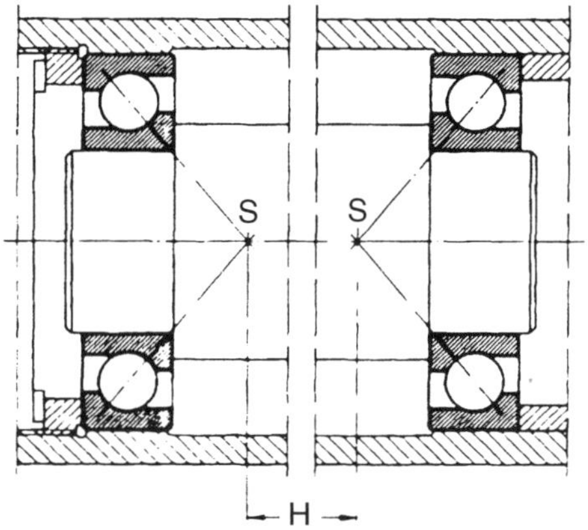

Bild 5.20: Angestellte Lagerung in X-Anordnung

Bei angestellten Lagerungen werden häufig Lagertypen verwendet, die speziell für die angestellte Lagerung vorgesehen sind und deren Axialbewegung konstruktionsbedingt abgestützt werden muss (Schrägkugellager und Kegelrollenlager). Zur Bestimmung der Belastung des einzelnen Lagers und für die Ermittlung der Steifigkeit der gesamten Lagerung muss nach O- und X-Anordnung unterschieden werden. Bei der O-Anordnung bilden die (möglichen) Wirkungslinien der das Lager belastenden Kräfte eine Raute bzw. ein stilisiertes O, bei der X-Anordnung formen die Wirkungslinien eine Figur, die einem X ähnelt.

Bei der O-Anordnung (Bild 5.19) ergibt sich eine größere Stützbasis H, so dass Biegemomente besser aufgenommen werden können. Die X-Anordnung (Bild 5.20) führt zu einer relativ kleinen Stützweite H, so dass eine Durchbiegung oder Schiefstellung der Welle zugelassen werden kann, ohne dass es dabei zu einer Verklemmung kommt.

Der besondere Vorteil einer angestellten Lagerung liegt darin, dass die Lagerung durch die Anstellung steifer wird und damit präziser läuft. Wird beispielsweise von einer Werkzeugmaschine eine hohe Bearbeitungsgenauigkeit gefordert, so darf sich deren Lagerung unter Einfluss der Betriebskräfte möglichst wenig verformen, die Lagerung selber soll in diesem Fall also möglichst steif sein. Die durch die Anstellung hervorgerufenen Kräfte und Verformungen der beiden Lager lassen sich im Verspannungsschaubild, Bild 5.21, übersichtlich darstellen.

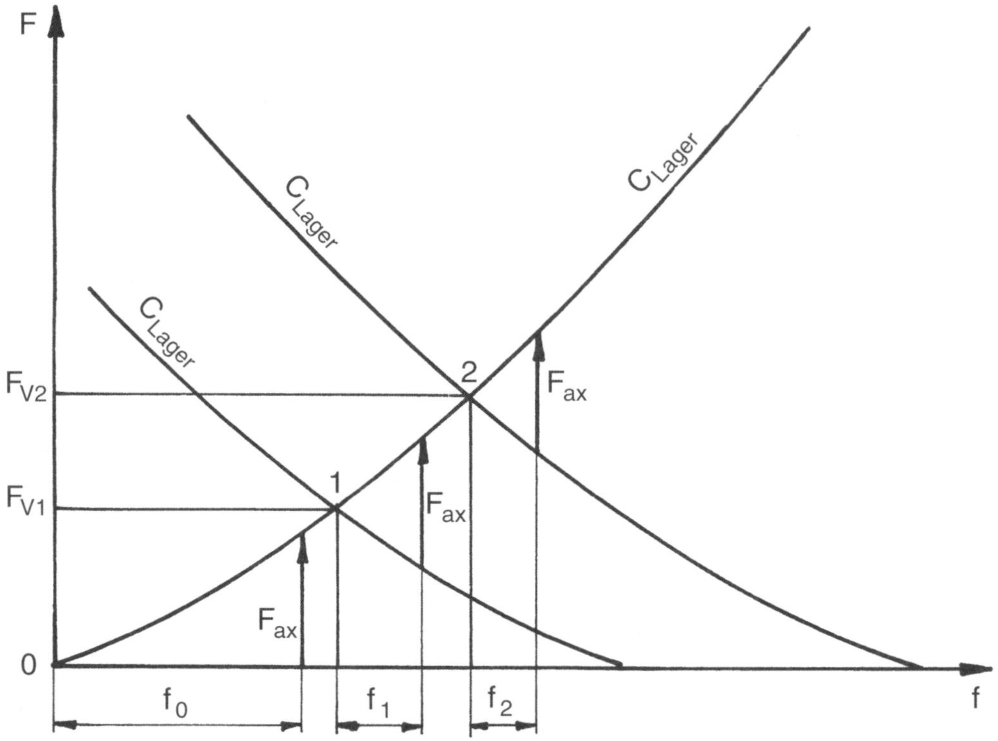

Bild 5.21: Angestellte Lagerung im Verspannungsschaubild

Dabei ist allerdings zunächst einmal zu berücksichtigen, dass die Steifigkeitskennlinie entgegen der vorherigen Skizze nicht linear, sondern aus später noch zu klärenden Gründen progressiv verläuft. Wird ein nicht vorgespanntes Lager mit F_{ax} belastet, so stützt sich diese Kraft auf ein einzelnes Lager ab und es stellt sich entsprechend der Steifigkeitskennlinie ein Federweg f_0 ein. Werden die beiden Lager mit F_{V1} gegeneinander vorgespannt, so ergibt sich die durch die Betriebskraft nicht belastete Ausgangsstellung bei Punkt 1. Wird nun zusätzlich mit der Betriebskraft F_{ax} belastet, so wirkt diese Kraft wie die Betriebskraft F_{BL} einer Schraubverbindung, wobei die axialen Steifigkeiten der beiden Lager als Schraubensteifigkeit c_S und Zwischenlagensteifigkeit c_Z wirksam werden (vgl. Bild 4.31, Band 1). Dabei hat die Betriebskraft F_{ax} einen wesentlich kleineren Federweg f_l zur Folge als im nicht vorgespannten Zustand der Lagerung. Durch die Vorspannung ist die Lagerung also bezüglich einer axial gerichteten Betriebskraft steifer geworden. Wird die Vorspannung auf F_{V2} erhöht, so ergibt sich die neue Ausgangsstellung bei Punkt 2 und die durch F_{ax} bedingte Deformation wird mit f_2 weiterhin verkleinert, die Steifigkeit der gesamten Lagerung wird also zusätzlich erhöht.

5.2.2 Lagerbauformen (B)

Bereits oben wurden einige Lagerbauformen vorgestellt. Es geht nun darum, die Vielfalt an Bauformen zu einer möglichst vollständigen Zusammenstellung zu ergänzen. Bei dieser Differenzierung spielen die folgenden Aspekte eine wesentliche Rolle:

- Funktion
- geforderte Genauigkeit
- Fertigungs- und Montagemöglichkeiten
- Belastung
- Kosten

Dementsprechend stehen eine ganze Reihe von Lagerbauformen zur Verfügung, die in vielfachen Ausführungsformen standardisiert und international genormt sind.

Im geometrischen Modellfall berührt der Wälzkörper den Lagerring entweder in einem einzigen Punkt oder entlang einer Linie, so dass nach **Punktberührung** und **Linienberührung** unterschieden werden kann. Lager mit Punktberührung haben die Kugel als Wälzkörper und werden damit Kugellager genannt, während Lager mit Linienberührung eine Rolle als Wälzkörper verwenden und damit als Rollenlager bezeichnet werden. Diese Differenzierung ist in mehrfacher Hinsicht von Bedeutung:

- Die Punktberührung zieht bei gleicher Belastung eine relativ hohe Pressung nach sich, wodurch das Lager insgesamt weniger tragfähig ist. Bei Linienberührung tritt bei gleicher äußeren Kraft eine deutlich geringere Pressung auf, wodurch die **Tragfähigkeit** des Lagers wesentlich gesteigert wird.
- Der für die Punktberührung typische Wälzkörper Kugel lässt sich sehr **präzise** herstellen, was der **Laufgenauigkeit** des Lagers sehr zugute kommt.
- Der für die Punktberührung typische Wälzkörper Kugel lässt sich sehr **kostengünstig** herstellen.

5.2.2.1 Kugellager (B)

Die häufigste Bauform des Wälzlagers ist das einreihige Rillenkugellager (Bild 5.22 links). Beide Ringe haben Laufrillen mit gleich hohen Schultern, der Radius der Rillen ist geringfügig größer als der Kugelradius. Es ist vor allen Dingen wegen seiner universellen Verwendbarkeit und seiner relativ einfachen und billigen Herstellung weit verbreitet. Das Kugellager kann nicht nur Radial- sondern in gewissem Maße auch Axialkräfte aufnehmen. Die Bauform als zweireihiges Rillenkugellager (Bild 5.22 rechts) erlaubt höhere Belastungen.

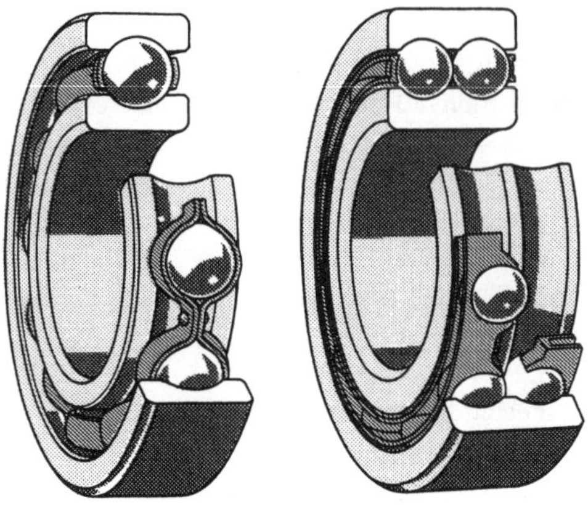

Bild 5.22: Radialrillenkugellager

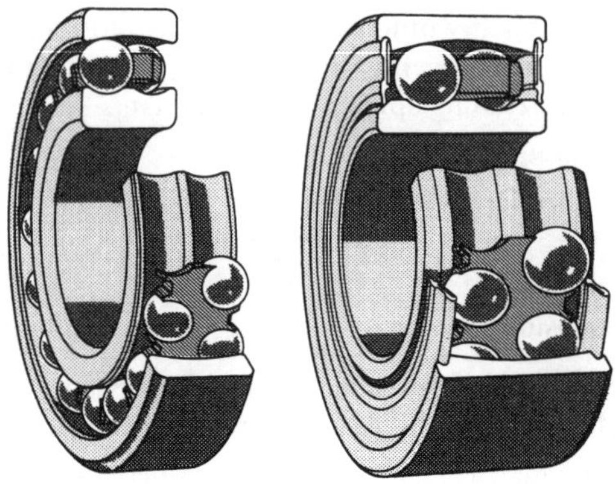

Bild 5.23: Pendelkugellager

Pendelkugellager (Bild 5.23) sind am Innenring zweireihigen Rillenkugellagern sehr ähnlich. Der Außenring weist jedoch eine hohlkugelförmige Laufbahn auf. Dadurch können die Lager Winkelfehler bis zu 4° aufnehmen und sind deshalb zum Ausgleich von Fluchtungsfehlern und Wellendurchbiegungen sehr gut geeignet. Pendelkugellager können mittlere Radiallasten und nur geringe Axialbelastungen in beiden Richtungen aufnehmen.

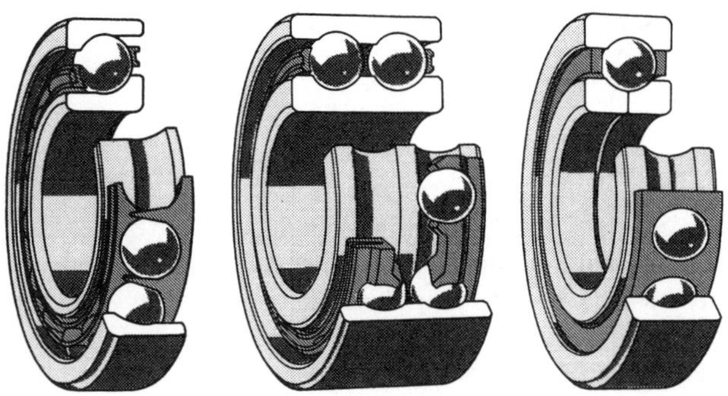

Bild 5.24: Schrägkugellager

Während das Radialrillenkugellager symmetrisch aufgebaut ist und damit die Kraft vorzugsweise radial übertragen wird, sind beim Schrägkugellager (Bild 5.24 links) die Laufbahnebenen so angeordnet, dass die Kräfte vorzugsweise im sog. Druckwinkel zur radialen Ebene übertragen werden. Mit zunehmend größerem Druckwinkel (15°, 25°, 30° und 40°) können auch entsprechend größere Axialbelastungen aufgenommen werden. Durch den Druckwinkel entsteht selbst für den Fall, dass das Lager von außen nur mit Radialkraft belastet wird, eine in Axialrichtung wirkende Kraft, was meist eine angestellte Lagerung erforderlich macht. Das Lager ist zerlegbar, so dass Innen- und Außenring getrennt montiert werden können. Beide Lager können auch zu einem einbaufertigen zweireihigen, nicht zerlegbaren Schrägkugellager zusammengefasst werden (Bild 5.24 Mitte). Vierpunktlager (Bild 5.24 rechts) können Axialkräfte in beide Richtungen aufnehmen. Im Radialschnitt besteht die Kontur der Laufbahnen von Innen- und Außenring aus Kreisbögen, deren Krümmungsmittelpunkte so liegen, dass vier Berührpunkte zwischen Kugel und Laufbahn möglich sind und damit sozusagen ein doppelseitiges Schrägkugellager entsteht. Die Fertigung des Lagers erfordert eine Zweiteilung des Innenringes. Vierpunktlager sollen nur so eingesetzt werden, dass sie nicht in allen Berührpunkten gleichzeitig belastet werden, die Lager sollen also bei vorwiegend axialer Belastung eingesetzt werden. Wegen dieser Einschränkungen werden Vierpunktlager nur in Sonderfällen verwendet.

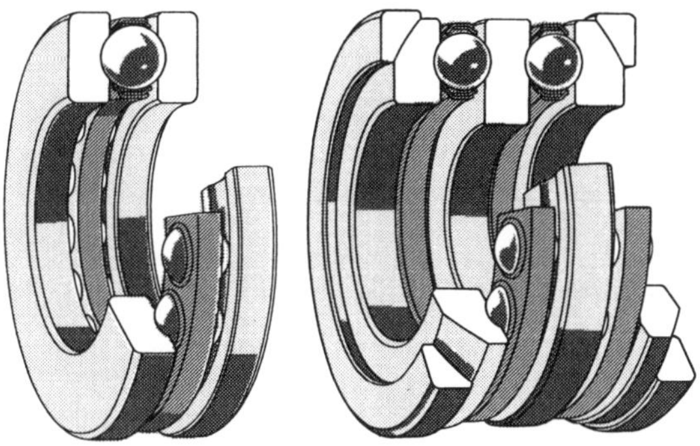

Bild 5.25: Axialrillenkugellager

Axialrillenkugellager nehmen nur reine Axialkräfte auf. Das einseitig wirkende Lager (Bild 5.25 links) darf nur in eine Richtung belastet werden, während das zweiseitig wirkende Lager Axialkräfte in beiden Richtungen erlaubt. Ist die Belastung gering, so besteht bei höheren Drehzahlen die Gefahr, dass die Kugeln infolge der Fliehkraft aus dem Rillengrund herauslaufen. Deshalb erfordern diese Lager stets eine axiale Mindestbelastung. Besteht die gehäuseseitige Scheibe aus zwei Ringen, die über eine kugelige Fläche untereinander in Kontakt stehen (Bild 5.25 rechts), so können Wellenschiefstellungen ausgeglichen werden.

5.2.2.2 Rollenlager (B)

Beim Zylinderrollenlager (Bild 5.26) werden die Rollen entweder am Außenring (Bauform NU) oder am Innenring (Bauform N) durch Borde in axialer Richtung geführt.

- Hat der jeweils gegenüberliegende Ring keinen Bord (Bauform N und NU), so kann das Lager nur als Loslager verwendet werden.
- Hat er hingegen zwei Borde (Bauform NUP, NJ oder HJ), so ist das Lager auch als Festlager verwendbar.
- Die Bauformen NJ, NU und HJ mit jeweils einem Bord auf der gegenüberliegenden Seite sind vorzugsweise für schwimmende Lagerung gedacht.

Die Lager sind je nach Bauform teilbar, so dass sich Innen- und Außenring getrennt montieren lassen. Zylinderrollenlager nehmen hohe Radialbelastungen auf, sind jedoch für hohe Axialbelastungen ungeeignet.

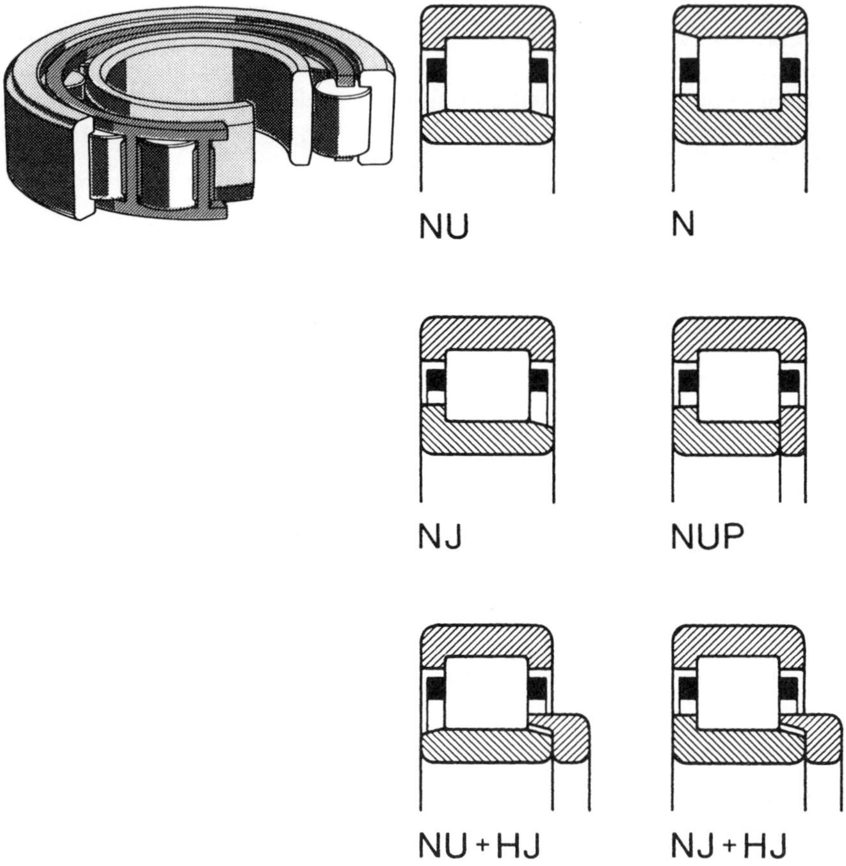

Bild 5.26: Zylinderrollenlager

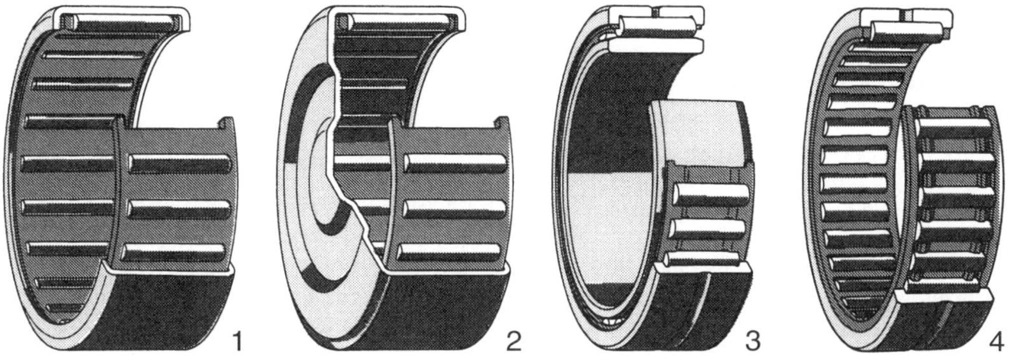

Bild 5.27: Nadellager

Nadellager (Bild 5.27) sind eine Sonderbauform des Zylinderrollenlagers mit langen, dünnen, also nadelförmigen Wälzkörpern. Sie werden durch Borde an einem der beiden Ringe geführt. Da sie wegen der kleinen Stirnfläche der Nadeln praktisch keine Axialkräfte aufnehmen können, werden sie nur als Loslager verwendet. Nadellager erfordern nur einen geringen radialen Bauraum. Aus diesem Grunde werden sie auch ohne Innenring (Beispiel 1, 2 und 4) oder als sog. „Nadelkränze" gänzlich ohne Ringe (hier nicht dargestellt) geliefert. In diesen Fällen muss aber sichergestellt werden, dass die Welle bzw. das Gehäuse zur Aufnahme der Kontaktpressungen am Wälzkörper geeignet sind. Dies macht in aller Regel ein Härten und Schleifen erforderlich.

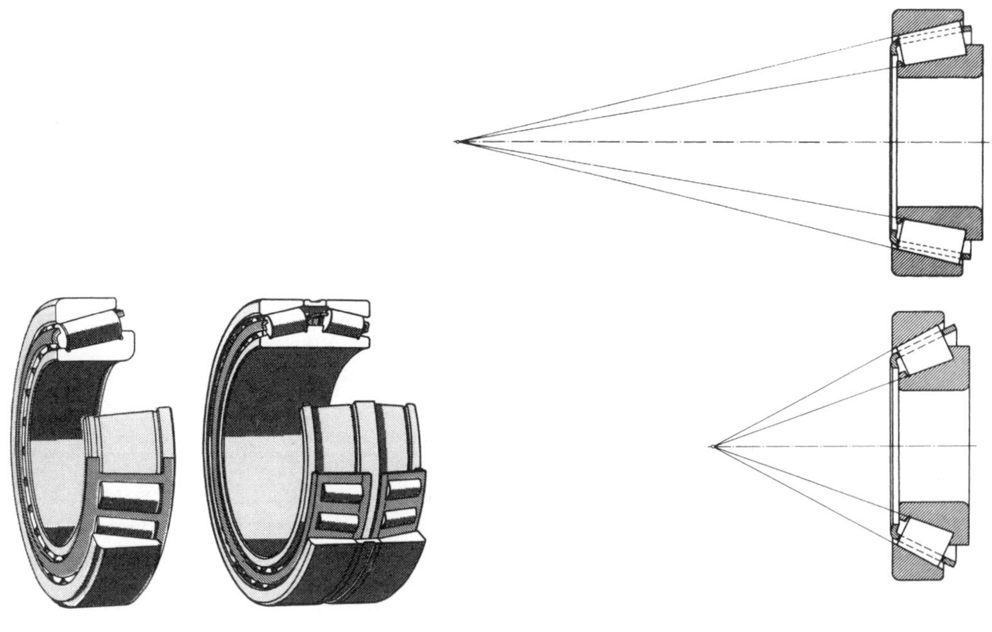

Bild 5.28: Kegelrollenlager

Kegelrollenlager (Bild 5.28) werden mit Wälzkörpern in Form eines Kegelstumpfes bestückt. Die Laufbahnen sind ebenfalls kegelig ausgebildet und sind in ihrer Neigung so orientiert, dass ein kinematisch eindeutiges Abrollen ohne Gleitbewegung zustande kommt. Dies setzt voraus, dass sich die verlängerten Mantellinien aller beteiligten Kegel (Wälzkörper und Ringe) in einem gemeinsamen Punkt auf der Rotationsachse der Welle schneiden (Bild 5.28, rechte Bildhälfte). Kegelrollenlager nehmen sowohl Radial- als auch Axialkräfte auf. Selbst dann, wenn das Lager nur rein radial belastet wird, wird durch den Druckwinkel eine axial wirkende Kraft hervorgerufen, die entsprechend abgestützt werden muss. Die Lager werden deshalb meist paarweise als angestellte Lagerung verwendet. Diese Forderung erübrigt sich allerdings, wenn sie in spiegelbildlicher Anordnung verwendet werden (Bild 5.28, Mitte). In ihrer Ursprungsform (Bild 5.28, links) sind Kegelrollenlager zerlegbar, so dass Innen- und Außenring getrennt montiert werden können.

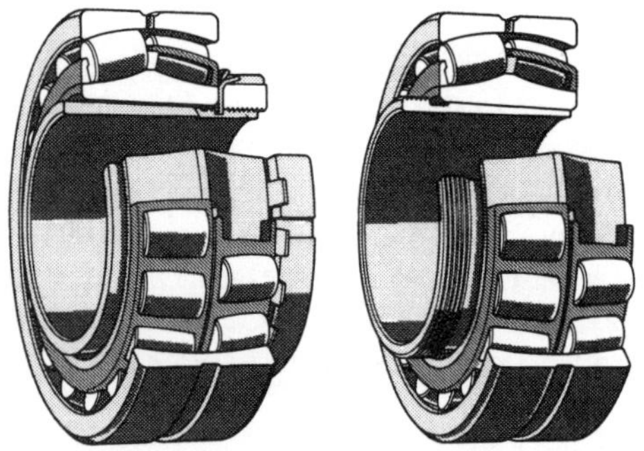

Bild 5.29: Pendelrollenlager

Pendelrollenlager (Bild 5.29) sind mit tonnenförmigen Wälzkörpern ausgestattet, die in zwei Reihen nebeneinander angeordnet sind. Weil die gemeinsame Außenlaufbahn der Abschnitt einer Hohlkugel ist, sind Pendelrollenlager bis ca. 4° winkeleinstellbar und damit ähnlich wie Pendelkugellager unempfindlich gegen Fluchtungsfehler und Wellendurchbiegungen. Pendelrollenlager werden deshalb vorteilhafterweise bei langen Wellen verwendet und da sie dabei häufig auf einer Einheitswelle angebracht werden, sind sie wahlweise auch mit Spann- und Abziehhülse lieferbar. Pendelrollenlager sind allerdings axial wenig belastbar.

Das Pendant zum Axialrillenkugellager mit Punktberührung sind die Axialzylinderrollenlager mit Linienberührung (Bild 5.30). In ihrer Standardkinematik (ebene Scheiben, zylinderförmige Rollen) wird das Abrollen der Wälzkörper stets von einem Bohrreibungsanteil begleitet. Das Axialnadellager (Bild 5.30, Bauform 2) stellt eine spezielle Bauform des Axialzylinderrollenlagers dar, dessen Wälzkörper lang und dünn sind. Die Bohrreibung steigt mit der Länge der Berührlinie an. Soll dieser Reibungsanteil reduziert werden, so sind mehrere nebeneinander liegende kürzere Rollen vorteilhaft (siehe Bild 5.30, Bauform 3) . Um weiterhin die Reibung der Rollen untereinander zu reduzieren, wird an jeder Kontaktfläche eine der beiden Rollen mit einer balligen Stirnfläche versehen. Soll die Bohrreibung gänzlich vermieden werden, so müssen sowohl die Wälzkörper als auch die Ringe kegelig ausgeführt werden (siehe Bild 5.30, Bauform 4). Da sich in diesem Fall der Wälzkörper mit seiner Außenstirnseite am Käfig abstützen muss, ist an dieser Kontaktstelle mit einer hohen Reibung zu rechnen.

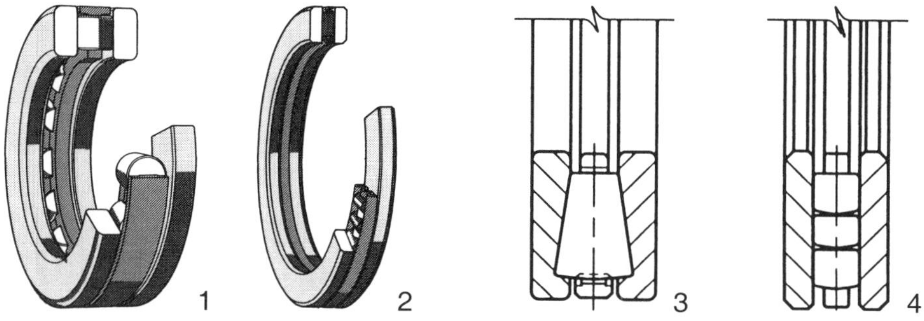

Bild 5.30: Axialzylinderrollenlager

Axialpendelrollenlager (Bild 5.31) sind mit Tonnenrollen bestückt, die unsymmetrisch und leicht kegelförmig ausgebildet sind und deren größere, nach außen gerichtete Stirnfläche durch einen Bord des mit der Welle verbundenen Ringes abgestützt wird. Im Gegensatz zu praktisch allen anderen Axialwälzlagern können Axialpendelrollenlager auch Radialkräfte aufnehmen, allerdings darf die Radialkraft 55 % der Axiallast nicht überschreiten. Die Wälzkörper können sich in der hohlkugeligen Laufbahn des Außenringes einstellen. Aus diesem Grunde lässt das Lager ein Winkelspiel bis ca. 2° zu, womit Fluchtungsfehler und Wellendurchbiegungen ausgeglichen werden können. Die Lager sind nur für geringe Drehzahlen geeignet und erfordern eine Mindestaxialbelastung.

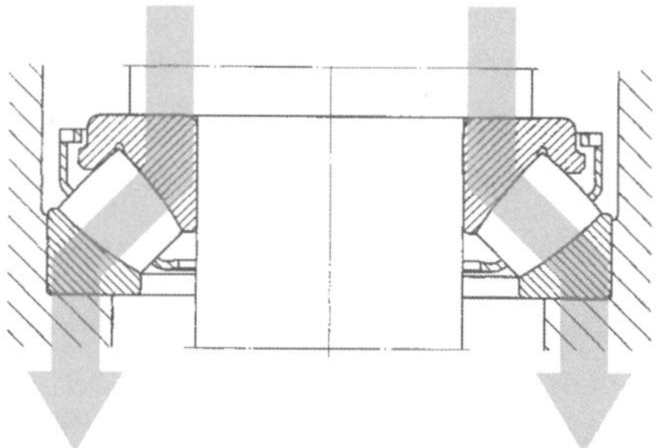

Bild 5.31: Axialpendelrollenlager

Kreuzrollenlager, Bild 5.32, sind eine Sonderbauform von Rollenlagern: Die Rollen sind gegenüber der Lagerachse um 45° geneigt, wobei die Rotationsachsen von je zwei benachbarten Rollen um jeweils 90° (kreuzweise) versetzt angeordnet sind. Dazu ist sowohl der Innen- als auch der Außenring mit jeweils zwei Laufbahnen ausgestattet. Mit dieser Wälzkörperanordnung kann ein einziges Lager nicht nur Radial- und Axialkräfte, sondern in Erweiterung zu den Eingangsbemerkungen auch Biegemomente übertragen. Aus diesem Grunde werden Kreuzrollenlager dann bevorzugt, wenn die Konstruktion keine axial ausgedehnte Welle mit einem zweiten Lager zulässt (z.B. Schwenklager von Turmdrehkranen, Roboter, Handhabungsgeräte).

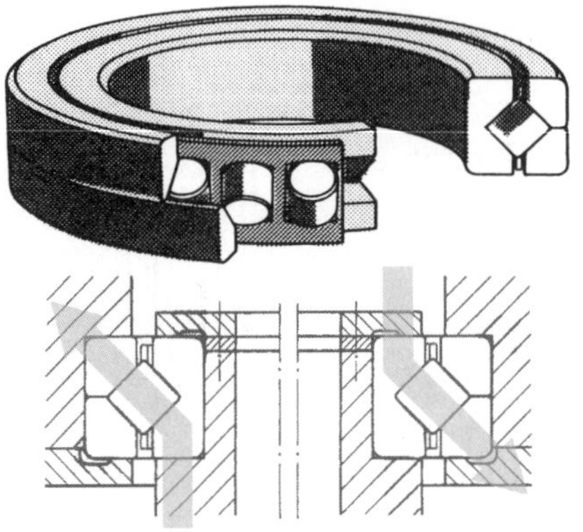

Bild 5.32: Kreuzrollenlager

Darüber hinaus werden noch eine ganze Reihe von Sonderlagern für spezielle Anwendungen (z.B. Lauf-, Stütz- und Kurvenrollen) angeboten. Eine ganze Reihe der oben vorgestellten Lager sind auch mit Dichtung und umgebender Gehäusekonstruktion lieferbar und können als Stehlager oder Flanschlager an eine vorbereitete Stahlbaukonstruktion angeschraubt werden. Dadurch wird vielfach eine sinnvolle Verbindung von Maschinenbau und dem gröber tolerierten Stahlbau möglich (z.B. Fördertechnik, Landmaschinenbau).

5.2.3 Dimensionierung eines einzelnen Lagers (B)

Voraussetzung für die korrekte Dimensionierung eines einzelnen Lagers ist die Kenntnis der darauf wirkenden Belastungen in Form von Radial- und Axialkraft. In diese Problematik wurde bereits im Abschnitt „Belastung von Achsen und Wellen“ (Band 1, Kapitel 1.4) eingeführt. Dabei wird meist die folgende Vorgehensweise angewandt:

a) Zunächst sind die äußeren Belastungen (Längskraft, Querkraft, Biegemoment) der gesamten Lagerung zu ermitteln.

b) Meist liegt konstruktiv zumindest ein vorläufiger Lagerabstand vor, andernfalls ist eine entsprechende (möglicherweise provisorische) Annahme zu treffen.

c) Weiterhin sollte festgelegt werden, ob die Axialkraft durch eine Fest- und Loslagerung, eine schwimmende oder eine angestellte Lagerung aufgenommen wird.

d) Mit diesen Eckdaten lassen sich nach den Gesetzmäßigkeiten der Statik und Festigkeitslehre die Radial- und Axialkräfte auf das einzelne Lager bestimmen. Dabei ist es meist hilfreich, die Welle oder Achse als „drehbaren Balken“ zu betrachten.

e) Weiterhin sollte die Bauform der Lager festgelegt werden, wobei die oben diskutierten Überlegungen eine wesentliche Rolle spielen dürften.

f) In vielen Fällen ist auch schon der erforderliche Wellendurchmesser bekannt, der sich aus der Dimensionierung der Welle bzw. der Achse ergibt. Damit liegt auch der Innendurchmesser des Lagers fest.

Damit lässt sich die auf das einzelne Lager wirkende Kraft ermitteln, so dass dessen Festigkeitsberechnung angegangen werden kann. Im Vorfeld zu dieser Dimensionierung lassen sich zunächst die folgenden Vorüberlegungen anstellen:

5.2.3.1 Belastung im Wälzkontakt (E)

Ausgangspunkt für eine solche Dimensionierung sind die Lastverhältnisse im einzelnen Wälzkontakt als Bestandteil des ganzen Lagers.

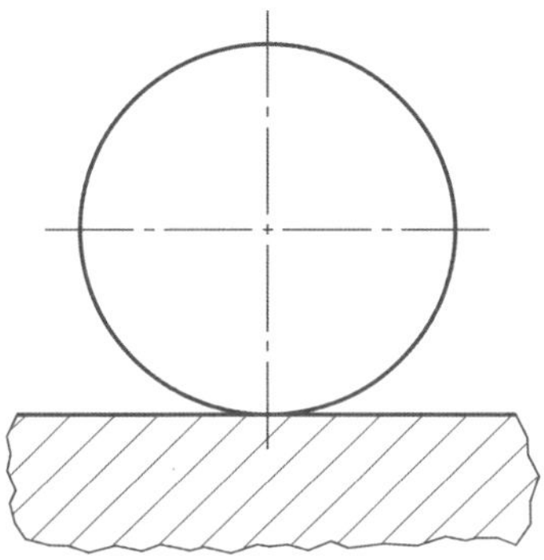	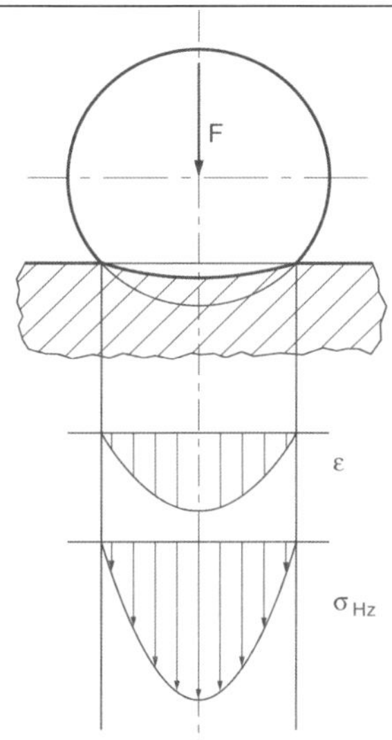	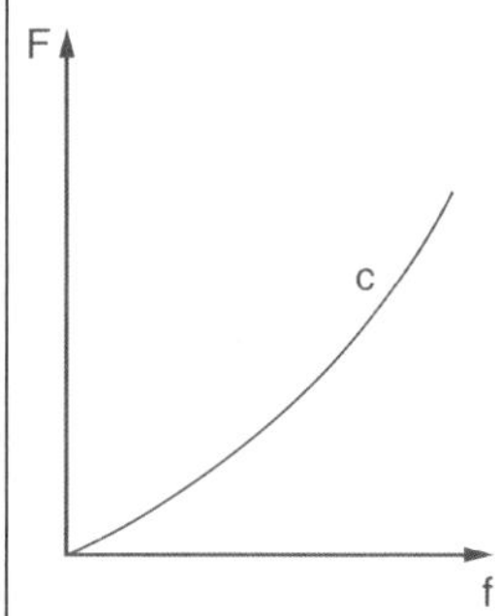
Wälzkontakt unbelastet	Wälzkontakt belastet	Federkennlinie Wälzkontakt
Ist der Wälzkontakt unbelastet, so findet die Berührung tatsächlich in einem Punkt (Kugel) bzw. auf einer Linie (Rolle) statt. In diesem Zustand kann jedoch keine Kraft übertragen werden, weil dann die Flächenpressung $p = F/A$ wegen der punkt- bzw. linienförmigen Fläche unendlich große Werte annehmen würde.	Der Wälzkontakt wird sich unter Einwirkung der Kraft elastisch zu einer Fläche ausweiten, wobei sowohl der Wälzkörper als auch die Ringe eine Deformation erfahren, die hier völlig übertrieben dargestellt ist. Da sich der Rand der Kontaktzone nicht verformt, kann auch hier kein Druck übertragen werden. Da in der Mitte die Verformung am größten ist, wird hier aufgrund der Proportionalität zwischen Verformung und Spannung die größte Spannung hervorgerufen. Am Wälzkontakt muss Kräftegleichgewicht herrschen: $F = \int \sigma_{Hz}$.	Die Verformung am Wälzkörper steigt mit der zu übertragenden Kraft. Der Zusammenhang zwischen Kraft F und dadurch bedingter Verformung f kann als Federsteifigkeit c aufgefasst werden. Da bei zunehmender Belastung des Wälzkontaktes immer mehr Fläche an der Lastübertragung teilnimmt, ist die Steifigkeitskennlinie progressiv.

Bild 5.33: Belastung im Wälzkontakt

Die dabei entstehende parabelförmige Flächenpressungsverteilung nennt man „**Hertzsche Pressung**“, sie lässt sich aus einer Analyse der elastischen Verformungen für den Kontakt beliebig gekrümmter Flächen berechnen. Eine vereinfachte Betrachtung führt für den Fall der Wälzlagergeometrie auf die folgenden Gleichungen:

$$\sigma_{Hz} = -\frac{1}{\pi} \cdot \sqrt[3]{\frac{1{,}5 \cdot F \cdot E^2}{r^2 \cdot (1-\nu^2)}}$$ Kontakt Kugel – Ebene („Punkt“-Berührung) Gl. 5.4

$$\sigma_{Hz} = -\sqrt{\frac{F \cdot E}{2 \cdot \pi \cdot r \cdot L \cdot (1-\nu^2)}}$$ Kontakt Rolle – Ebene („Linien“-Berührung) Gl. 5.5

Dabei bedeuten:

σ_{Hz} maximale Hertzsche Pressung

F die den Wälzkontakt belastende Kraft

E Elastizitätsmodul

r Radius des Wälzkörpers, der mit einer ebenen Fläche in Kontakt steht; berechnet sich bei Linienberührung als „Ersatzkrümmungsradius“ aus dem Radius des Wälzkörpers r_W und dem Radius des Ringes r_R:

$$\frac{1}{r} = \frac{1}{r_W} \pm \frac{1}{r_R}$$ Gl. 5.6

+ für Krümmung konvex – konvex am Innenring

– für Krümmung konvex – konkav am Außenring

L Berührlänge bei Linienberührung

ν Querkontraktionszahl (bei Stahl $\nu = 0{,}3$)

Die Hertzsche Pressung wird meist negativ formuliert, da es sich hier um einen Druck handelt, wobei der nach der obigen Gleichung ermittelte Zahlenwert den Maximalwert der Pressung in der Mitte des Kontaktes angibt.

5.2.3.2 Lastverteilung auf die einzelnen Wälzelemente (E)

Setzt man den zuvor betrachteten Wälzkontakt in Mehrfachanordnung zu einem vollständigen Lager zusammen, so kann entsprechend Bild 5.34 nach reinem Axiallager und reinem Radiallager unterschieden werden.

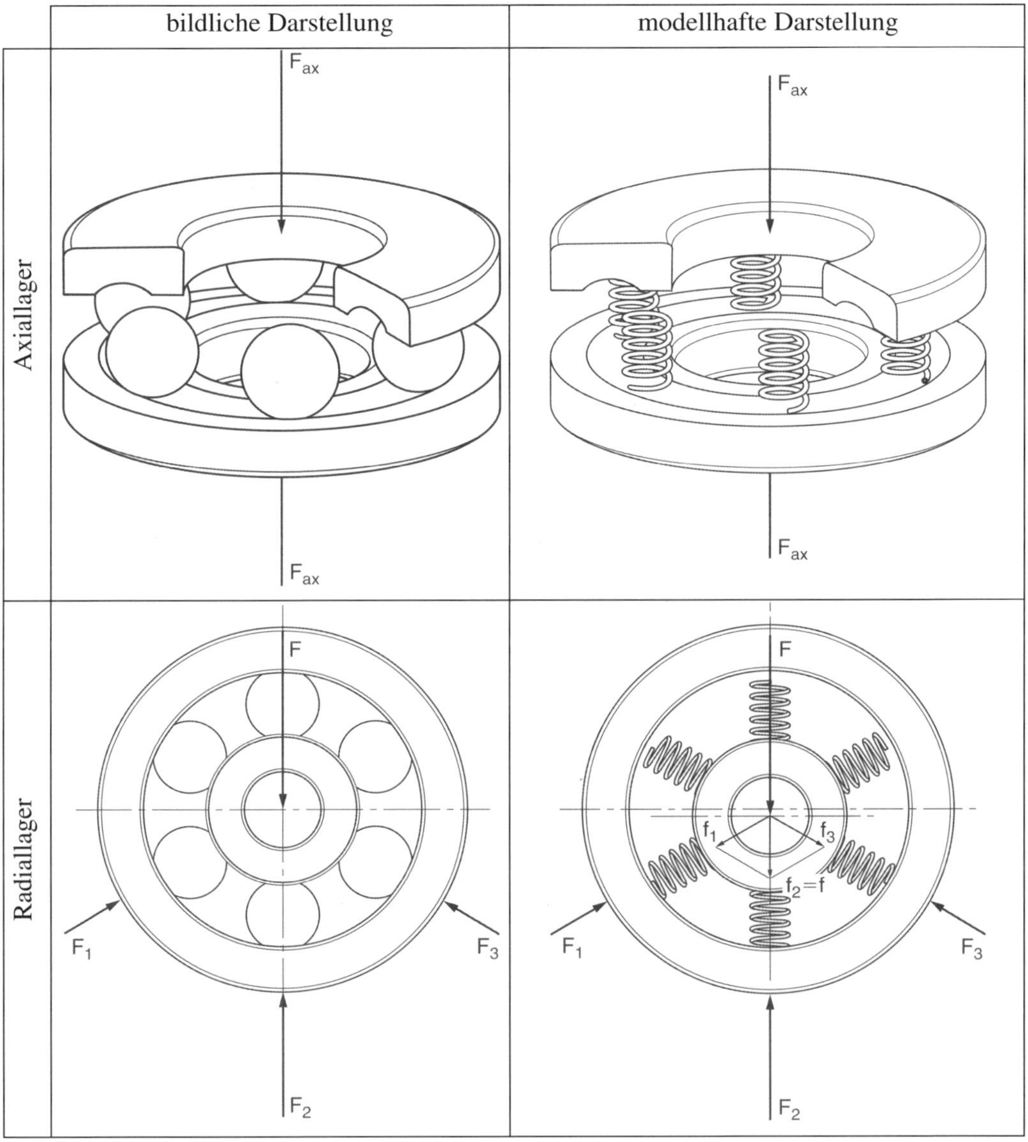

Bild 5.34: Lastverteilung beim Axial- und Radiallager

Bei einem Axiallager (obere Bildzeile) lässt sich das Last- und Verformungsverhalten des gesamten Lagers als eine Parallelschaltung von einzelnen Wälzkontakten als progressive

Federn auffassen, die konstruktionsbedingt gleiche Elastizitäten aufweisen, so dass sich die Gesamtbelastung gleichmäßig auf alle Wälzelemente verteilt.

Beim Radiallager (untere Bildzeile) liegen zwar auch gleiche Elastizitäten mit progressiver Steifigkeit vor, aber aufgrund ihrer Stellung im Lager können sich die Wälzkörper konstruktionsbedingt nicht gleichmäßig an der Lastübertragung beteiligen. Dadurch wird das Problem der Lastverteilung auf die einzelnen Wälzkörper erschwert.

- Da im einzelnen Wälzkontakt nur Druckkräfte übertragen werden können, sind die oberen drei Wälzkörper lastfrei. Die Frage nach der Lastaufteilung kann sich also auf die unteren drei Wälzkörper beschränken.
- Wenn man Reibeinflüsse zunächst einmal außer acht lässt, so stehen die Wirkungslinien der Kräfte der drei unteren Wälzelemente senkrecht auf der jeweiligen Berührfläche, also radial.
- Wird nun der Innenring gegenüber dem Außenring durch die von außen wirkende Kraft F_{rad} um f ausgelenkt, so macht sich genau diese Verlagerung als Federweg f_2 bemerkbar, wodurch in der Feder 2 eine Kraft F_2 hervorgerufen wird. Bei der gleichen Auslenkung f erfahren die Federn 1 und 3 jedoch nur einen trigonometrisch bedingten geringeren Federweg f_1 und f_3 und reagieren deshalb nur mit geringeren Kräften F_1 und F_3.
- Die Vektorsumme $\vec{F}_{rad} = \vec{F_1} + \vec{F_2} + \vec{F_3}$ ergibt schließlich die Kraft F_{rad}, die auf die Welle aufgebracht werden muss, um die Wellenverlagerung f erst hervorzurufen.

Diese Verhältnisse ändern sich mit der Winkelstellung des Lagers und wiederholen sich damit zyklisch. Mit dieser Betrachtung lassen sich grundsätzlich die folgenden Feststellungen treffen:

- Die Lastverteilung auf die einzelnen Wälzelemente ist berechenbar und damit das Lager als Gesamteinheit dimensionierbar.
- Es lässt sich die Steifigkeit des gesamten Lagers ermitteln, was besonders für den Präzisions- und Werkzeugmaschinenbau wichtig ist.

5.2.3.3 Dimensionierung nach Tragzahlen (B)

Die voranstehenden Überlegungen machen zwar die grundsätzlichen Zusammenhänge für die Lagerdimensionierung modellhaft deutlich, zeigen allerdings auch, dass diese Vorgehensweise für die praktische Auslegung viel zu unhandlich ist. Dieser Aufwand ist aber auch nicht nötig, weil Wälzlager im großen Stil standardisiert sind und sich bezüglich ihrer Tragfähigkeit durch Kennzahlen, die sog. „**Tragzahlen**“, beschreiben lassen. Dabei ist zunächst einmal folgende Differenzierung notwendig:

In der Wälzlagertechnik wird nach **statisch**er und **dynamisch**er Beanspruchung unterschieden, wobei diese Begriffe aber eine andere Bedeutung haben als bei der im Kapitel 1 (Band 1) erörterten Betriebsfestigkeit.

- Bei **statisch**er Belastung führt das Lager lediglich Schwenkbewegungen aus bzw. läuft **langsam** um.

- Die meisten Lager werden jedoch **dynamisch** beansprucht: Sowohl einer der beiden Ringe als auch die Wälzkörper drehen sich kontinuierlich unter der Belastung hinweg.

Statisch beanspruchte Lager (B)

Bei statischer Beanspruchung des Lagers muss sichergestellt werden, dass die im Wälzkontakt hervorgerufene Pressung keine unzulässig hohen plastischen Verformungen verursacht. Zu diesem Zweck wird für jedes Lager die statische Tragzahl C_0 formuliert und tabellarisch angegeben. Diese statische Tragzahl gibt für zunächst standardisierte Erfordernisse die maximale Kraft P_0 an, mit der das Lager belastet werden darf (Radialkraft für Radiallager und Axialkraft für Axiallager):

$$P_0 \leq C_0 \qquad \text{Gl. 5.7}$$

Die statische Tragzahl C_0 wird definitionsgemäß so beziffert, dass in genau diesem Fall an der Berührstelle der Wälzkörper und Laufbahn eine plastische Gesamtverformung von etwa 1/10.000 des Wälzkörperdurchmessers auftritt. Unter diesen Bedingungen werden an der kritischen Stelle folgende Hertzsche Pressungen verursacht:

σ_{Hz} = 4600 N/mm² bei Pendelkugellagern
σ_{Hz} = 4200 N/mm² bei allen anderen Kugellagern
σ_{Hz} = 4000 N/mm² bei Rollenlagern

Für eine differenziertere Betrachtung wird die Kennzahl f_s formuliert:

$$f_s = \frac{C_0}{P_0} \qquad \text{Gl. 5.8}$$

In Erweiterung der oben angestellten Modellbetrachtung für $f_s = 1$ werden für folgende Ansprüche die entsprechenden f_s-Werte angestrebt:

f_s = 0,5–1,0 für Lager, die nicht umlaufen und nur Schwenkbewegungen ausführen
f_s = 1,0–1,5 für langsam umlaufende Lager mit normalen Ansprüchen an die Laufruhe
f_s = 1,5–2,5 für langsam umlaufende Lager mit hohen Ansprüchen an die Laufruhe

Das in Bild 5.35 dargestellte Axiallager eines Lasthakens gibt beispielhaft den Fall eines statisch beanspruchten Lagers wieder.

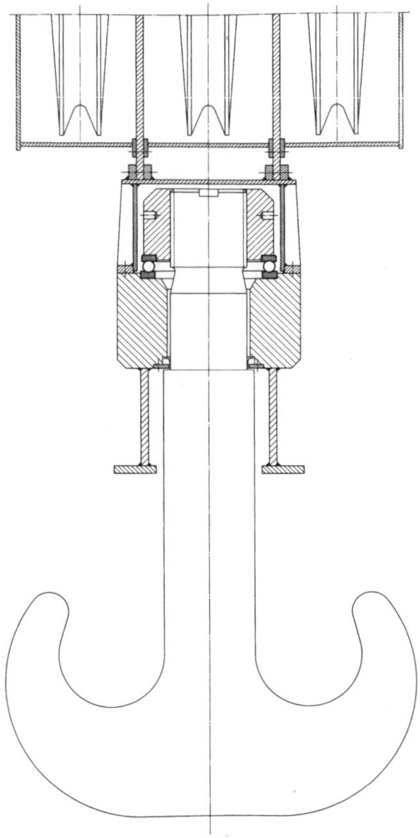

Bild 5.35: Lasthaken (nach INA)

Die Lasthaken von Kranen sind meist drehbar ausgeführt, um bei Drehen der Last während des Hubvorganges ein Verdrillen der Seile zu verhindern. Da das Gewicht der Last ausschließlich nach unten wirkt, tritt eine reine Axiallast in nur einer Richtung auf, es genügt also ein einseitig wirkendes Axiallager. Es muss lediglich durch die Umgebungskonstruktion sichergestellt werden, dass die Wellenscheibe nicht abhebt, wenn der Lasthaken auf dem Boden abgesetzt wird.

Die bisherige Betrachtung ging davon aus, dass das Radiallager mit einer reinen Radialbelastung F_r und das Axiallager mit einer reinen Axialbelastung F_a beansprucht wird. Diese Belastung kann für diesen einfachen Fall als Lagerbelastung P_0 in die obige Berechnung einbezogen werden. Im allgemeinen Fall wird das Lager jedoch mit einer gemischten Belastung beaufschlagt. In diesem Fall werden die Einzelkomponenten mit entsprechenden „Gewichtungsfaktoren" versehen und zur „äquivalenten Lagerbelastung P_0" zusammengefasst:

$$P_0 = X_0 \cdot F_r + Y_0 \cdot F_a \qquad \text{Gl. 5.9}$$

Die Faktoren X_0 und Y_0 können aus den Lagertabellen entnommen bzw. können nach den dort angegebenen Algorithmen ermittelt werden.

Dynamisch beanspruchte Lager (B)

Ist ein Lager in Bewegung, so baut sich bei jeder Überrollung eines konkreten Werkstoffelementes, sowohl des Ringes als auch des Wälzkörpers, die Hertzsche Pressung zunächst auf, erreicht ihren Maximalwert und fällt dann wieder auf null zurück. Auch bei gleich bleibender Lagerlast wird das Werkstoffelement also mit einem Lastkollektiv an Hertzscher Pressung beansprucht. Für eine Dimensionierung unter solchen Bedingungen muss noch eine weitere werkstoffkundliche Versuchsbeobachtung berücksichtigt werden.

Für die Hertzsche Pressung gibt es keine zulässigen Werte, da es für diese Belastungsart **keine ausgeprägte Dauerfestigkeit** gibt. Die Hertzsche Belastung spielt sich im Zeitfestigkeitsbereich ab: Je höher die Belastung, desto eher fällt die Kontaktstelle durch Materialschädigung aus. Wird eine lange Gebrauchsdauer gewünscht, so muss durch entsprechende Dimensionierung die Hertzsche Pressung herabgesetzt werden.

Die Lebensdauerberechnung nach DIN ISO 281 geht zunächst von standardisierten Schmierstoff- und Materialbedingungen sowie von einer normalen statistischen Ausfallwahrscheinlichkeit aus. Das genormte Berechnungsverfahren beruht auf der Werkstoffermüdung (Pittingbildung) als Ausfallursache. Das ausgeprägte Zeitfestigkeitsverhalten von Wälzkontakten wird dabei durch folgenden Ansatz beschrieben:

$$L_{10} = \left(\frac{C}{P} \right)^p \qquad \text{Gl. 5.10}$$

Die Bezeichnungen *C* und *P* haben grundsätzlich die gleiche Bedeutung wie bei der Berechnungsvorschrift statisch belasteter Lager, zur Kennzeichnung der dynamischen Lagerbelastung sind jedoch die Indizes weggelassen. Im Einzelnen sind:

L_{10}: Lebensdauer des Wälzlagers in 10^6 Umdrehungen, bis sich die ersten Materialermüdungen einstellen

C: dynamische Tragzahl des Lagers, aus den Lagertabellen (Katalog) zu entnehmen

P: Lagerlast

p: Lebensdauerexponent

für Kugellager (Punktberührung) $p = 3$

für Rollenlager (Linienberührung) $p = 10/3$

Bild 5.36 zeigt das Verschleißverhalten eines Wälzlagers am Beispiel des Innenringes eines Schrägkugellagers: Der fabrikneue Zustand der Laufbahn (links) weist bereits nach kurzer Gebrauchsdauer eine blanke, prägepolierte Fläche auf (Mitte). Gegen Ende der Gebrauchsdauer werden in der Laufbahn zunehmend Pittings sichtbar.

Bild 5.36: Kugellagerlaufbahn im Laufe ihrer Gebrauchsdauer

Da die Lebensdauerwerte stets einer deutlichen Streuung unterliegen, kann die obige Gleichung nur für eine bestimmte statistische Wahrscheinlichkeit gelten. Die für L_{10} angegebenen Werten sind so festgelegt worden, dass im Mittel 90 % der Lager diese Gebrauchsdauer auch tatsächlich erreichen oder überschreiten und nur 10 % der Lager vorher ausfallen. Aus diesem Grund wird die oben angegebene Lebensdauer mit dem Index 10 versehen.

Ausgangspunkt dieser Berechnung ist die Angabe der Lebensdauer in Anzahl der Überrollungen, die zu der Formulierung der Gebrauchsdauer in Stunden geführt hat. Für andere Anwendungsbereiche (z.B. Landfahrzeuge) ist es jedoch zuweilen sinnvoll, die Lebensdauer in zurückgelegter Fahrstrecke zu beziffern. Die Anzahl der Überrollungen und die zurückgelegte Fahrstrecke stehen aber meist in einfachem geometrischem Zusammenhang.

In den meisten Fällen ist jedoch die Angabe der Lebensdauer in Betriebsstunden anschaulicher, die sich nach folgender Umrechnung leicht formulieren lässt:

$$L_h[h] = \frac{L_{10} \cdot 10^6}{60 \cdot n\left[\text{min}^{-1}\right]} \quad \text{bzw.} \quad L_h = \frac{L_{10} \cdot 10^6}{60 \frac{\text{min}}{\text{h}} \cdot n} \qquad \text{Gl. 5.11}$$

Dabei bedeuten:

L_h: nominelle Lebensdauer in Betriebsstunden

n: Drehzahl des Lagers in min^{-1}

Daraus können am Beispiel des Lagers 6404 mit C = 30500 N nach DIN 625 T1 die folgenden tendenziellen Aussagen abgeleitet werden (Bild 5.37):

- Für ein Lager mit ansonsten konstanten Betriebsparametern sinkt die Lebensdauer mit zunehmender Belastung.
- Für ein Lager mit ansonsten konstanten Betriebsparametern sinkt die Lebensdauer mit zunehmender Drehzahl (weil mit zunehmender Drehzahl die Anzahl der Überrollungen pro Zeiteinheit ansteigt).

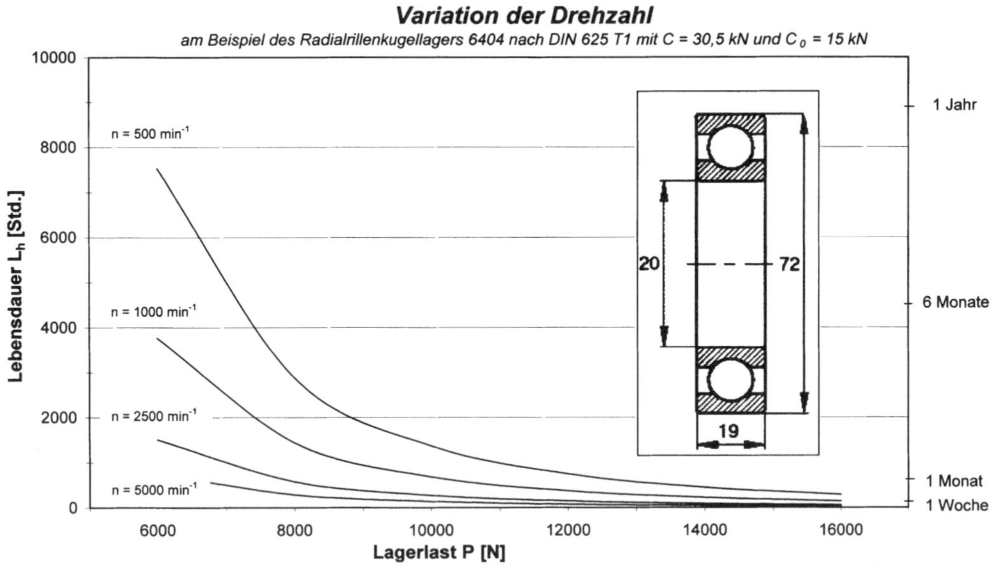

Bild 5.37: Beispielhafte Lagerlebensdauerberechnung

Ähnlich wie im Fall des statisch belasteten Lagers wird in vielen Fällen das Lager nicht ausschließlich radial oder axial, sondern sowohl radial als auch axial belastet. In diesen Fällen muss eine „äquivalente dynamische Lagerlast" formuliert werden, die sich nach folgender Gleichung aus Radialbelastung F_r und Axialbelastung F_a zusammensetzt

$$P = X \cdot F_r + Y \cdot F_a \qquad \text{Gl. 5.12}$$

Die „Gewichtungsfaktoren" X und Y sind zur Kennzeichnung des allgemeinen dynamischen Lastfalles nicht indiziert und unterscheiden sich von den zuvor aufgeführten Werten für die statische Belastung. Sie können aus den Lagertabellen entnommen bzw. nach den dort angegebenen Algorithmen berechnet werden.

Bei verschiedenartigen Konstruktionen werden höchst unterschiedliche Lebensdauerwerte gefordert. Die Aufstellung in Tabelle 5.6 gibt einige Anhaltswerte.

Tabelle 5.6: Richtwerte Lebensdauer Wälzlager

Anwendungsfall	geforderte Lebensdauer in Stunden
Kraftfahrzeug unter Vollast:	
Personenwagen	900–1.600
PKW-Getriebe (außer 1. Gang)	500–1.000
LKW-Getriebe (außer 1. Gang)	1.000–5.000
PKW- und LKW-Getriebe im 1. Gang	10–20
Lastwagen und Omnibusse	1.700–9.000
Schienenfahrzeuge:	
Straßenbahnwagen	30.000–50.000
Reisezugwagen	20.000–34.000
Lokomotiven	30.000–100.000
Getriebe von Schienenfahrzeugen	15.000–70.000
Landmaschinen	2.000–5.000
Baumaschinen	1.000–5.000
Elektromotoren für Haushaltsgeräte	1.000–2.000
Elektromotoren bis ca. 4 kW	8.000–10.000
mittelgroße Elektromotoren	10.000–15.000
Großmotoren	20.000–100.000
Werkzeugmaschinen	15.000–80.000
Getriebe im allgemeinen Maschinenbau	4.000–20.000
Schiffsgetriebe	20.000–30.000
Ventilatoren, Gebläse	12.000–80.000
Zahnradpumpen	500–8.000
Brecher, Mühlen, Siebe	12.000–50.000
Papier- und Druckmaschinen	50.000–200.000
Textilmaschinen	10.000–50.000

Die Dimensionierung eines Wälzlagers ist in den meisten Fällen ein Kompromiss zwischen angestrebter hoher Lebensdauer einerseits (möglichst hohe Tragzahl) und dem zur Verfügung stehenden Konstruktionsraum sowie den Kosten andererseits (möglichst geringe Tragzahl).

Aufgaben A.5.6 bis A.5.9

Der oben angegebene Rechengang setzte zunächst voraus, dass sich die Bedingungen während des Betriebes nicht ändern, dass also sowohl die Lagerdrehzahl als auch die Lagerbelastung konstant bleiben. Im allgemeinen Fall wird sich jedoch sowohl die Drehzahl als auch die Kraft ständig ändern. Ist dies der Fall, so wird das Lager mit einem Kollektiv aus Drehzahlen n_1–n_n und Kräften P_1–P_n beansprucht, aus dem ein repräsentativer Wert für die Drehzahl n_m und die Kraft P_m als Grundlage für die Dimensionierung ermittelt werden muss. Dazu wird die Gesamtbetriebsdauer in Zeitabschnitte q_1, q_2, q_3 ... q_n unterteilt, für die jeweils sowohl die belastende Kraft P_1, P_2, P_3 ... P_n als auch die vorliegende Drehzahl n_1, n_2, n_3 ... n_n als konstanter Wert angenommen oder zumindest gemittelt werden können.

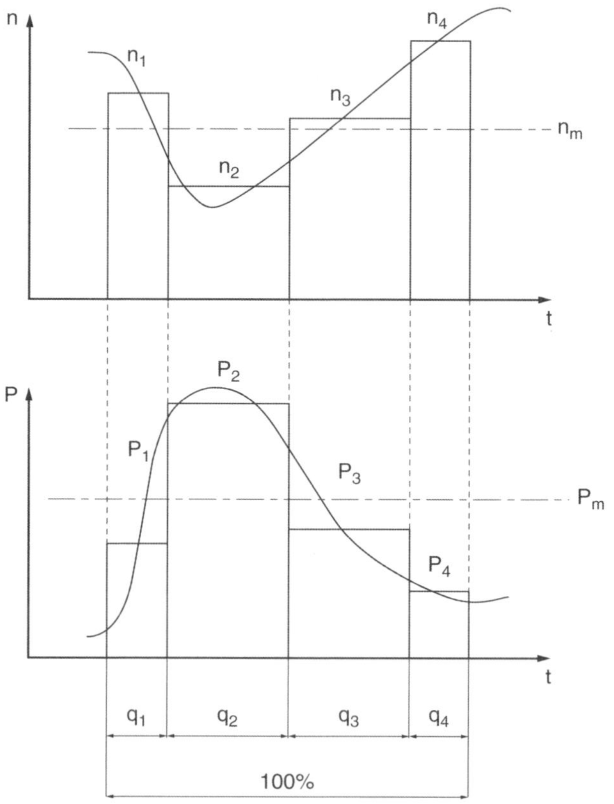

Bild 5.38: Zeitlich veränderliche Lagerlast und Drehzahl

Daraus ergibt sich die mittlere Drehzahl n_m zu

$$n_m = \frac{\text{Gesamtanzahl der Lagerumdrehungen}}{\text{Gesamtzeit}}$$

Die Gesamtanzahl der Lagerumdrehungen kann formuliert werden zu

$$\text{Anzahl der Lagerumdrehungen} = \sum \text{Drehzahl} \cdot \text{Zeitspanne}$$

Daraus gewinnt die mittlere Drehzahl n_m folgenden Ausdruck:

$$n_m = \frac{\sum \text{Drehzahl} \cdot \text{Zeitspanne}}{\text{Gesamtzeit}} = \sum \text{Drehzahl} \cdot \text{Zeitanteil}$$

$$n_m = n_1 \cdot \frac{q_1[\%]}{100\%} + n_2 \cdot \frac{q_2[\%]}{100\%} + n_3 \cdot \frac{q_3[\%]}{100\%} + \ldots \qquad \text{Gl. 5.13}$$

Andererseits kann der Ausdruck $P^p \cdot n$ modellhaft als pro Zeiteinheit aufgebrachte Schädigung interpretiert werden. Für den Fall von sich verändernder Lagerlast und Drehzahl setzt sich die Schädigung aus mehreren Anteilen zusammen:

$$P_m^{\,p} \cdot n_m = \sum_{t=0}^{t=t_n} P_n^{\,p} \cdot n_n \qquad \Rightarrow \qquad P_m^{\,p} = \sum_{t=0}^{t=t_n} P_n^{\,p} \cdot \frac{n_n}{n_m}$$

Die dynamisch äquivalente Belastung P_m ergibt sich dann zu

$$P_m = \sqrt[p]{P_1^p \cdot \frac{n_1}{n_m} \cdot \frac{q_1[\%]}{100\%} + P_2^p \cdot \frac{n_2}{n_m} \cdot \frac{q_2[\%]}{100\%} + P_3^p \cdot \frac{n_3}{n_m} \cdot \frac{q_3[\%]}{100\%} + \ldots} \qquad \text{Gl. 5.14}$$

Der Exponent p beträgt (wie oben) 3 für Kugellager und 10/3 für Rollenlager. Für den Fall der veränderlichen Belastung bei konstanter Drehzahl ist der Quotient n/n_m stets gleich 1, so dass Gleichung 5.14 vereinfacht werden kann:

$$P_m = \sqrt[p]{P_1^p \cdot \frac{q_1[\%]}{100\%} + P_2^p \cdot \frac{q_2[\%]}{100\%} + P_3^p \cdot \frac{q_3[\%]}{100\%} + \ldots} \qquad \text{für } n = \text{const.} \qquad \text{Gl. 5.15}$$

Die Werte für n_m und P_m sind dann in die bereits oben erläuterte Lebensdauergleichung einzusetzen. Bei gleichzeitigem Vorliegen von Radialkraft F_{rn} und Axialkraft F_{an} sind die Einzelanteile für P_n mit den entsprechenden Gewichtungsfaktoren X und Y zu versehen:

$$P_n = X \cdot F_{rn} + Y \cdot F_{an} \qquad \text{Gl. 5.16}$$

Aufgaben A.5.10 bis A.5.18

Erweiterte Lebensdauerberechnung (E)

Die zuvor durchgeführte Gebrauchsdauerberechnung geht von standardisierten Einbau- und Betriebsbedingungen aus, die für die normale Antriebstechnik meist recht gut zutreffen. Darüber hinaus hat die ISO 281 im Jahre 1977 eine sog. „**erweiterte Lebensdauerberechnung**“ eingeführt, bei der auch vom Standard abweichende Betriebsbedingungen in die Berechnung mit einbezogen werden. Die Norm gibt zwar bis heute keine Zahlenwerte an, aber es haben sich im Laufe der Zeit einige Anhaltswerte ergeben. Danach wird folgender Ansatz formuliert:

$$L_{na} = a_1 \cdot a_{23} \cdot L \text{ [Gebrauchsdauer in } 10^6 \text{ Umdrehungen] bzw.} \qquad \text{Gl. 5.17}$$

$$L_{hna} = a_1 \cdot a_{23} \cdot L_h \text{ [Gebrauchsdauer in Stunden]} \qquad \text{Gl. 5.18}$$

Darin bedeuten:

a_1 Faktor für die Ausfallwahrscheinlichkeit

a_{23} Faktor für Werkstoff, Schmierung und Sauberkeit im Lager

L, L_h nominelle Ermüdungslebensdauer

Der Faktor a_1 für die Ausfallwahrscheinlichkeit ist genau 1, wenn mit der üblichen statistischen Ausfallwahrscheinlichkeit von 10 % gerechnet wird. Werden, wie im Werkzeugmaschinenbau, geringere Ausfallwahrscheinlichkeiten gefordert, so müssen die Werte nach Bild 5.39 angesetzt werden:

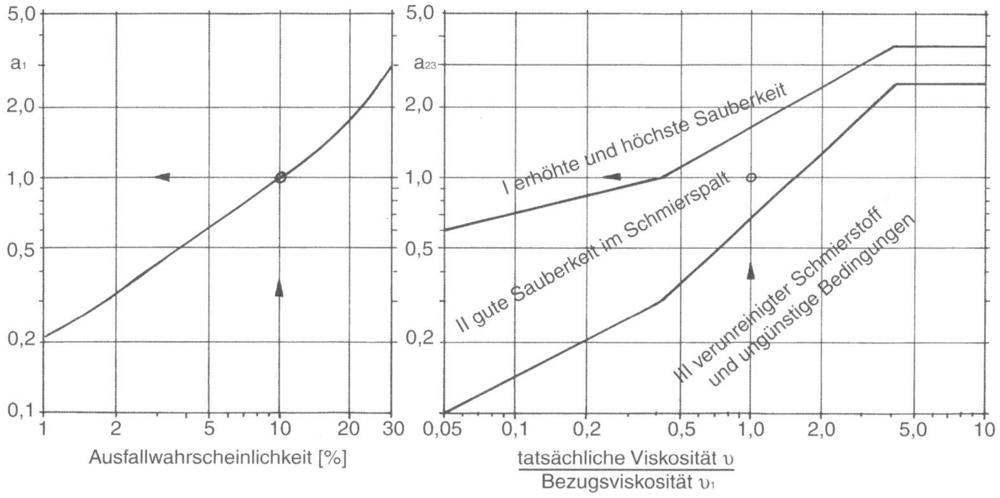

Bild 5.39: Faktor a_1 für Ausfallwahrscheinlichkeit und Faktor a_{23} für Werkstoff und Betriebsbedingungen

Ursprünglich war in der Norm ein getrennter Faktor a_2 für den Werkstoff und a_3 für die Betriebsbedingungen vorgesehen. Die betriebliche Praxis hat jedoch gezeigt, dass sich beide Einflüsse in einem einzigen Faktor a_{23} zusammenfassen lassen. Bild 5.39 gibt einen Überblick über die Ermittlung des Faktors a_{23}: Der Faktor a_{23} ist gleich 1 für die Mitte des Bereichs II und für den Quotienten aus tatsächlicher Viskosität/Bezugsviskosität = 1. Dadurch wird der eingangs demonstrierte Standardfall charakterisiert. Das Schema gibt nun die beiden folgenden wesentlichen Abhängigkeiten wieder:

- Der Bereich II steht für „gute Sauberkeit im Schmierspalt“. Wechselt man in den Bereich I über, der für „erhöhte und höchste Sauberkeit“ steht, so wird auch a_{23} und damit die Lebensdauer des Lagers entsprechend größer. Umgekehrt verhält es sich, wenn man sich in den Bereich III „ungünstige Betriebsbedingungen und verunreinigter Schmierstoff“ begibt.
- Weiterhin ist aus Bild 5.39 der Einfluss der Viskosität ν relativ zu einer Bezugsviskosität ν_1 abzusehen: Wird die Viskosität ν gesteigert, so verlagert sich der Betriebspunkt weiter nach rechts oben. Damit erhöht sich a_{23}, weil der hydrodynamische Effekt verbessert

wird, der den metallischen Kontakt der Wälzkörper zu den Ringen zunehmend aufhebt. Dadurch schwimmt der Wälzkörper auf den Ölfilm auf, wodurch ein metallischer Kontakt vermieden und die Lebensdauer deutlich erhöht wird. Eine höhere Viskosität bedeutet allerdings auch einen höheren Bewegungswiderstand im Lager und damit eine intensivere Lagererwärmung. Eine geringere Viskosität verlagert den Betriebspunkt in Richtung Koordinatenursprung, verringert den Faktor a_{23} und damit die Lebensdauer.

Wenn auch im Rahmen dieser Betrachtung eine quantitative Aussage nicht getroffen werden kann, so ist doch absehbar, dass Wälzlager bei entsprechendem konstruktivem Aufwand Lebensdauerwerte erreichen können, die z.T. beträchtlich über den Werten liegen, die sich aufgrund der einfachen Lebensdauergleichung ergeben. Man kann diese Bemühungen gezielt so weit treiben, dass Wälzlager als dauerfest angesehen werden können. Weitere Einflussnahmen wie zum Beispiel die der Temperatur sind den Unterlagen der Wälzlagerhersteller bzw. der Fachliteratur zu entnehmen.

Aufgabe A.5.19

5.2.4 Gestaltung von Wälzlagerungen (B)

Die Gestaltung von Wälzlagerungen ist eine sehr umfangreiche und komplexe Problematik. Die folgenden Ausführungen konzentrieren sich auf die wichtigsten Aussagen. Weitere Aspekte finden sich in der Fachliteratur, z.B. [Brändlein].

5.2.4.1 Axiale Festlegung des Lagers (B)

Entsprechend der Höhe der zu übertragenden Axialkraft müssen der Innenring gegenüber der Achse oder Welle und der Außenring gegenüber dem Gehäuse fixiert werden. Bild 5.40 zeigt modellhaft einige konstruktive Ausführung für von a bis d ansteigende Axialkraft, wobei in allen Beispielen der Außenring stets durch je einen Deckel sowohl nach links als auch nach rechts abgestützt wird:

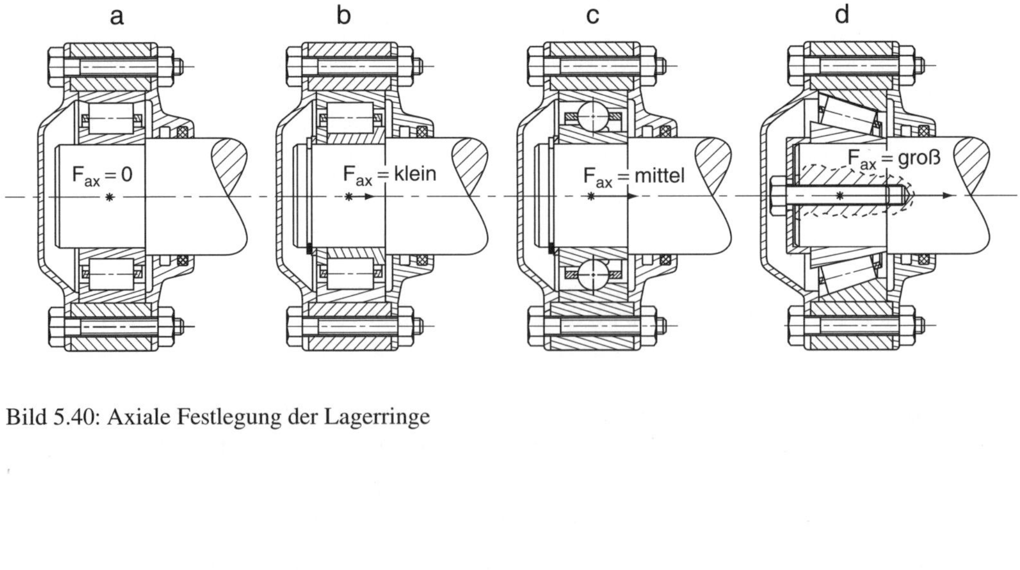

Bild 5.40: Axiale Festlegung der Lagerringe

a) Ein Rollenlager der Bauform NU oder N (s. auch Bild 5.26) ist konstruktionsbedingt bereits ein Loslager, welches bei festgelegtem Innen- und Außenring keine Axialkraft überträgt. Der Innenring braucht nur mit einer Presspassung festgelegt zu werden, der rechts am Innenring anschließende Wellenabsatz dient lediglich als Montagehilfe.
b) Wenn mit einem Rollenlager der Bauform NUP eine geringe Axialkraft übertragen wird, so sollte die reibschlüssige Presspassung durch einen formschlüssigen Federring unterstützt werden.
c) Größere Axialkräfte werden hier durch ein Schulterkugellager übertragen. Das Aufbiegen des Federringes wird durch das Einfügen eines Zwischenringes verhindert.
d) Große Axialkräfte werden durch ein Kegelrollenlager übertragen, dessen Innenring durch eine stirnseitige Verschraubung axial auf der Welle gesichert wird.

Während die Kontaktfläche zwischen Lageraußenring und Gehäuse fast immer zylindrisch ist, kann der Lagerinnenring auch über eine kegelige Fläche mit der Welle verbunden werden (Bild 5.41):

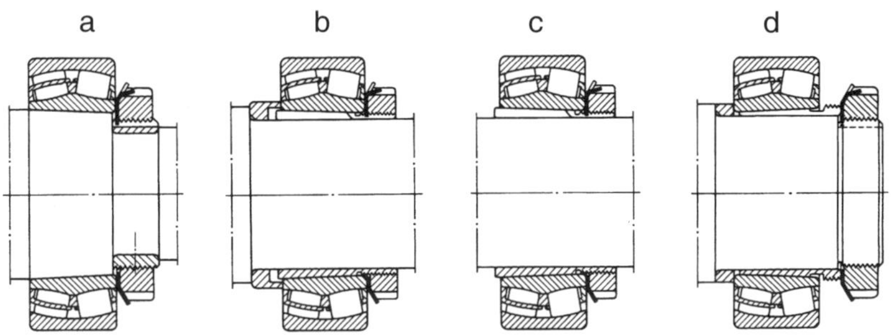

Bild 5.41: Lager mit kegeliger Innenfläche des Innenringes

a) Der Lagerinnenring wird mit seiner kegeligen Bohrung unmittelbar auf einen kegeligen Wellenabschnitt aufgebracht und mit einer Wellenmutter festgezogen und gesichert.
b) Die Welle selber ist aus fertigungstechnischen Gründen zylindrisch. Der Zwischenraum zwischen zylindrischer Welle und kegeliger Innenringbohrung wird durch einen entsprechenden Zwischenring ausgefüllt. Um die Anpresswirkung nicht zu behindern, muss sich der Zwischenring möglichst ungehindert verformen können und ist deshalb geschlitzt. Wirkt die Axialkraft nach links, so kann sie am linken Wellenabsatz formschlüssig abgestützt werden. Wirkt die Axialkraft in umgekehrter Richtung, so wird sie reibschlüssig übertragen.
c) Bei Befestigung auf durchgehend zylindrischer Welle wird die Axialkraft in beiden Richtungen reibschlüssig abgestützt.
d) Die geschlitzte Zwischenhülse wird mit der Wellenmutter unter den Lagerinnenring geschoben. Die Zwischenhülse ist ebenfalls mit einem Gewinde versehen, über die sie mit einer weiteren Wellenmutter leicht demontiert werden kann.

5.2.4.2 Lagerpassungen (B)

Ohne Unterstützung durch die Umgebungskonstruktion (Achse bzw. Welle innen und Gehäuse außen) würde sich das gesamte Lager unter der angreifenden Kraft unzulässig deformieren, was zu einer lokalen Lastüberhöhung führt und damit die Lebensdauer nachteilig beeinträchtigt. Aus diesem Grunde müssen die Lagerringe mit einer Passung in der Umgebungskonstruktion abgestützt werden. Mit einer Presspassung wäre diese Einbindung besonders vorteilhaft. Andererseits muss jedoch im Falle eines Loslagers eine freie axiale Beweglichkeit vorgesehen werden, was wiederum eine Spielpassung erfordert. Dazu muss zunächst folgende Unterscheidung getroffen werden (siehe auch Bild 5.42):

Belastung und Bewegung		Unterscheidung Punktlast – Umfangslast	Passungen
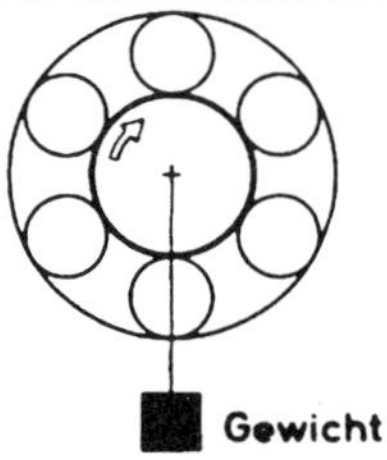	Innenring dreht Außenring steht Lastrichtung raumfest z.B.: Reibrad, Zahnrad, Kettenrad, Riemenscheibe	Außenring Punktlast Innenring Umfangslast	außen: lose Passung möglich innen: feste Passung erforderlich
	Innenring dreht Außenring steht Lastrichtung läuft mit der Belastung um z.B.: Zentrifuge, Unwuchtantrieb	Außenring Umfangslast Innenring Punktlast	außen: feste Passung erforderlich innen: lose Passung möglich
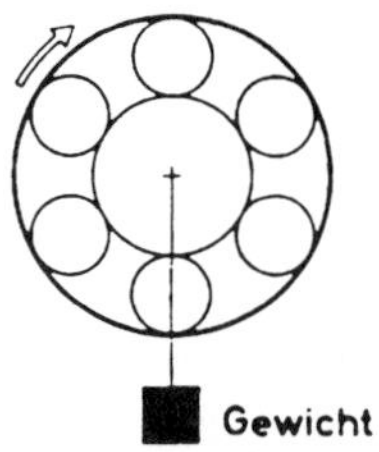	Innenring steht Außenring dreht Lastrichtung raumfest z.B.: Riemenspannrolle, Kranlaufrad, Fahrradnabe	Außenring Umfangslast Innenring Punktlast	außen: feste Passung erforderlich innen: lose Passung möglich
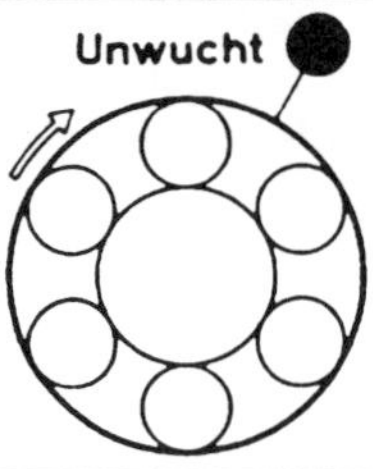	Innenring steht Außenring dreht Lastrichtung läuft mit der Belastung um z.B.: Nabenlagerung mit großer Unwucht	Außenring Punktlast Innenring Umfangslast	außen: lose Passung möglich innen: feste Passung erforderlich

Bild 5.42: Passungen bei Umfangs- und Punktlast

- Bei **Umfangslast** überstreicht die Kraft den gesamten Ringumfang. Der Ring mit der Umfangslast ist in jedem Fall mit einem festen Sitz (Presspassung) zu versehen, weil andernfalls die Gefahr besteht, dass die Last mit ihrer ständig wechselnden Richtung den Sitz des Ringes langfristig unzulässig deformiert und dabei Passungsrost entsteht.

- **Punktlast** bedeutet, dass die Last ständig auf den selben Punkt des Ringes gerichtet ist. Die zuvor genannte Gefahr besteht hier nicht, so dass unter diesen Umständen ein Spielsitz zugelassen werden kann. Im Falle eines Loslagers darf der lose Sitz (Spielpassung) zur Gewährleistung der axialen Einstellbarkeit nur dem Ring mit der Punktlast zugeordnet werden.

Bei der Fertigung der Lagerringe sind deren Toleranzfelder bereits festgelegt worden (Manteltoleranz des Außenringes und Bohrungstoleranz des Innenringes). Die endgültige Passung kann also nur noch durch die Umgebungskonstruktion (innen durch die Welle und außen durch das Gehäuse) beeinflusst werden (siehe auch Bild 5.43).

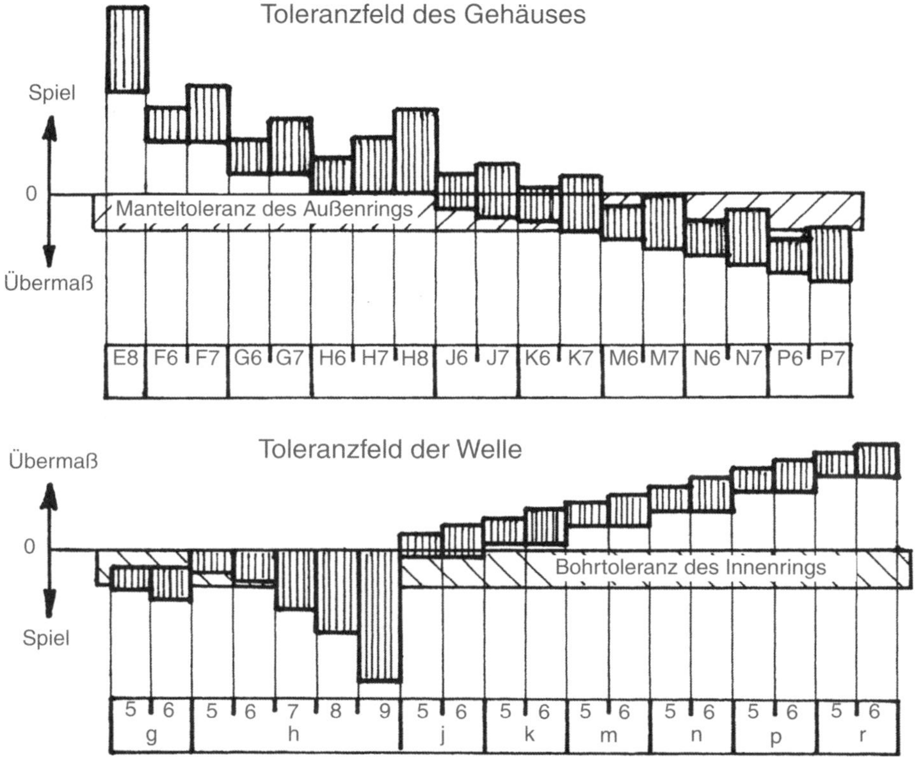

Bild 5.43: Passungen am Außenring (oben) und Innenring (unten)

Die Wälzlagerkataloge geben Empfehlungen über die endgültige Quantifizierung der Passungen. Die Einbindung eines Loslagers in die Umgebungskonstruktion wird dann besonders vorteilhaft, wenn eine axiale Verschiebbarkeit mit den Loslagerbauformen der Zylinderrollenlager NU und N bzw. mit entsprechenden Nadellagern realisiert wird. Dann ist sowohl innen als auch außen eine Presspassung möglich.

5.2.4.3 Reibung von Wälzlagern (E)

Das Wälzlager setzt der Bewegung einen Reibungswiderstand entgegen, der zu Wärmeentwicklung und damit zur Temperaturerhöhung im Lager führt. Der gesamte Reibwiderstand des Lagers wird beeinflusst durch

- die Kraft, die durch das Lager übertragen wird
- die Beschaffenheit des Hertzschen Kontaktes (Punktberührung oder Linienberührung)
- die Lagerbauform
- die Lagergröße
- die Lagerdrehzahl
- die Schmierstoffbeschaffenheit und Schmierstoffmenge
- die konstruktive Ausführung und den Werkstoff des Käfigs
- eine eventuell vorhandene Dichtung

Die exakte Ermittlung der Lagerreibung erfordert also einen sehr umfangreichen Ansatz. Konzentriert man diese komplexe Betrachtung aber auf den wesentlichen Anteil, so ist folgende Modellvorstellung maßgebend (vergleiche Bild 5.44):

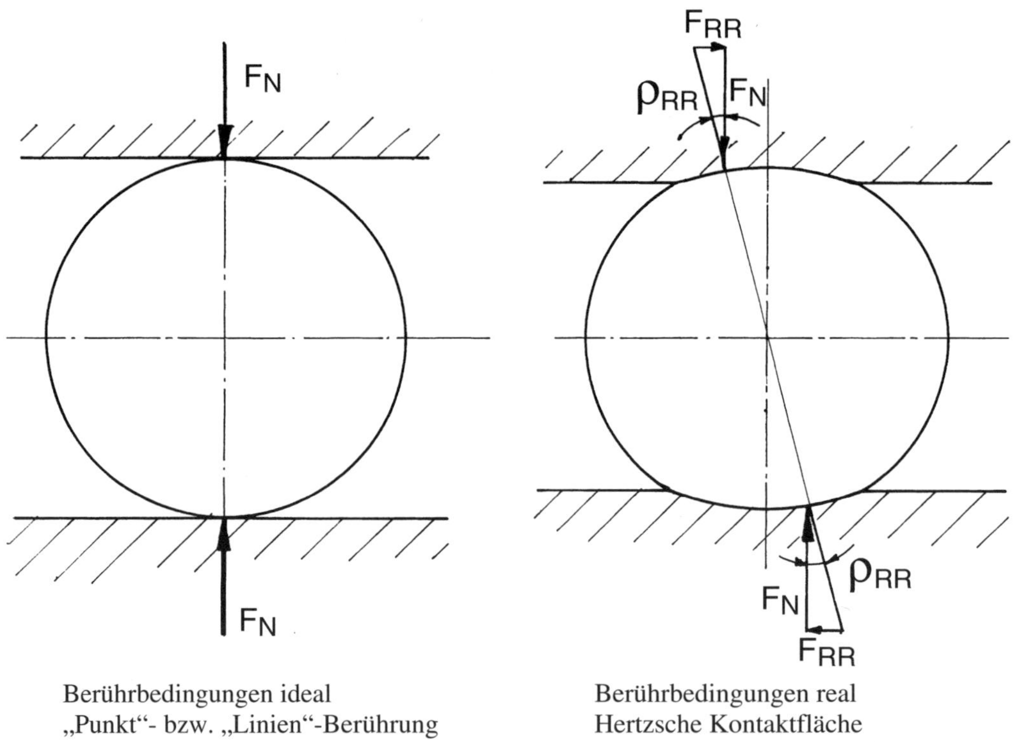

Bild 5.44: Rollreibung im Wälzkontakt

Betrachtet man die Lastübertragung als ideale „Punkt“- bzw. „Linien“-Berührung, so kann am Wälzpunkt nur eine normal gerichtete Kraft F_N übertragen werden. In der Realität weitet sich dieser Punkt jedoch zur Hertzschen Kontaktfläche aus, so dass die Wirkungslinie der zu übertragenden Kraftresultierenden F_{res} gegenüber der Normalen eine leichte Neigung ρ_{RR} einnehmen kann. Damit wird aber an der Kraftübertragungsstelle außer der normal gerichteten Kraft F_N auch eine senkrecht dazu gerichtete Komponente F_{RR} wirksam, die als Rollreibung bezeichnet wird. Der Neigungswinkel ρ_{RR} lässt sich formulieren zu:

$$\rho_{RR} = \arctan\frac{F_{RR}}{F_N} = \arctan\mu_{RR} \qquad \text{Gl. 5.19}$$

Der Quotient F_{RR} / F_N wird in Anlehnung an die Coulombsche Reibung formuliert, obwohl der physikalische Hintergrund ein ganz anderer ist. Aus diesem Grunde spricht man in diesem Zusammenhang auch häufig vom Rollreibungsbeiwert μ_{RR}, dessen Zahlenwert allerdings viel kleiner ist als bei der Festkörperreibung. Da bei normalen Betriebsbedingungen die Rollreibung den weitaus größten Anteil an der Gesamtreibung ausmacht, reicht dieser Ansatz in vielen Fällen schon aus, um für Wälzlager mit einer Reibungszahl μ_i bei normaler Lagerluft und sparsamer Schmierung zu quantifizieren.

Tabelle 5.7: Reibzahlen Wälzlager

Lagerbauart	Reibzahl μ_i	Lagerbauart	Reibzahl μ_i
Pendelkugellager	$1{,}3\cdot10^{-3}$	Axial-Pendelrollenlager	$2{,}0\cdot10^{-3}$
Zylinderrollenlager mit Käfig	$1{,}3\cdot10^{-3}$	Schrägkugellager, einreihig	$2{,}0\cdot10^{-3}$
Rillenkugellager	$1{,}5\cdot10^{-3}$	Schrägkugellager, zweireihig	$2{,}4\cdot10^{-3}$
Axial-Rillenkugellager	$1{,}5\cdot10^{-3}$	Vierpunktlager	$2{,}4\cdot10^{-3}$
Kegelrollenlager	$1{,}8\cdot10^{-3}$	Nadellager	$2{,}5\cdot10^{-3}$
Pendelrollenlager	$2{,}0\cdot10^{-3}$	Axial-Zylinderrollenlager	$4{,}0\cdot10^{-3}$
Zylinderrollenlager, vollrollig	$2{,}0\cdot10^{-3}$	Axial-Nadellager	$5{,}0\cdot10^{-3}$

Mit diesen Reibungszahlen lässt sich das Reibungsmoment M_R des gesamten Lagers formulieren zu

$$M_R = \mu_i \cdot F_N \cdot \frac{d}{2} \qquad \text{Gl. 5.20}$$

$$P_R = M_R \cdot \omega$$

F die resultierende Lagerbelastung (ggf. $F = \sqrt{F_{rad}{}^2 + F_{ax}{}^2}$)

d der **Bohrungs**durchmesser des Lagers.

Die Reibleistung des Lagers P_R berechnet sich entsprechend als Produkt aus Reibmoment M_R und Winkelgeschwindigkeit ω.

Die vorstehenden Betrachtungen gelten jedoch nur für „normale Betriebsbedingungen (Belastung P/C im Bereich von 0,1, keine Verspannung, guter Schmierzustand, mittlerer Drehzahlbereich, ohne gleitende Dichtung). Eine besondere Rolle spielt dabei das Lastniveau (Bild 5.45): Auch bei sehr geringen Kräften ist ein „Basisreibmoment“ zu überwinden. Wird dieser Sachverhalt in die Formulierung der ansonsten lastunabhängigen Reibzahl μ_i eingebracht, so darf diese nicht als konstant angesehen werden, sondern muss für geringe Belastungen höhere Zahlenwerte annehmen. Wesentliche Abweichungen davon machen differenzierte Ansätze notwendig (s. Brändlein).

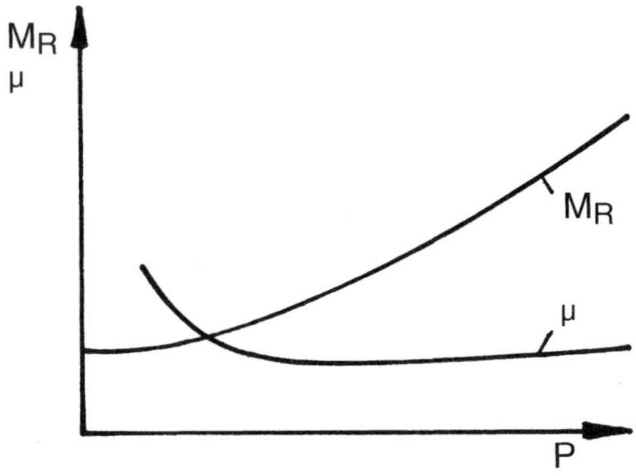

Bild 5.45: Reibmoment und Reibzahl Wälzlager

5.2.4.4 Grenzdrehzahlen (E)

Die Drehzahl von Wälzlagern kann nicht beliebig gesteigert werden. Die ohne Schaden ertragbaren Grenzdrehzahlen hängen von folgenden Parametern ab:

- **Lagergröße** Maßgebend für die maximal ertragbare Geschwindigkeit des Lagers ist die Geschwindigkeit im Wälzkontakt. Aus diesem Grunde können kleine Lager größeren Drehzahlen ausgesetzt werden als große.
- **Art des Käfigs** Bei hohen Drehzahlen kann die Reibung zwischen Wälzkörper und Käfig kritisch werden. Messing- oder Kunststoffkäfige reduzieren diesen Reibungsanteil.
- **Lagerspiel** Ein geringes Lagerspiel ist von Vorteil. Bei zu großem Lagerspiel ist das kinematisch eindeutige Abrollen in Frage gestellt und bei Vorspannung des Lagers begrenzen thermische Probleme die praktizierbaren Maximaldrehzahlen.
- **Genauigkeit der Bauteile** Je genauer die Einzelteile des Lagers gefertigt sind, desto eindeutiger ist das kinematische Abrollen der Wälzkörper, was für die maximale Drehzahl von Vorteil ist.
- **Lagerlast** Ist die Last sehr gering oder wird das Lager im Leerlauf betrieben, so besteht die Gefahr, dass das Abrollen nicht mehr erzwungen wird, sondern teilweise in ein Gleiten übergeht. Schnelllaufende Lager sollen deshalb stets mit einer gewissen Mindestlast betrieben werden.
- **Schmierung** Fettschmierung lässt aufgrund der dabei auftretenden Walkarbeit keine sehr großen Drehzahlen zu. Andere Schmierungsarten können diesen Umstand wesentlich verbessern (s.u.).

- **Lagerbauart** Vorteilhaft für die maximal praktikable Drehzahl ist es, wenn die Rotationsachse der Wälzkörper zu sich selber parallel bleibt. Ändert sich die Rotationsachse der Wälzkörper ständig im Raum, so treten aufgrund der Kreiselwirkung zusätzliche Beschleunigungen auf, die die maximal ertragbare Drehzahl z.T. stark reduzieren. Dieser Sachverhalt wird bei einer Gegenüberstellung Kugellager einerseits und Schrägkugellager oder Pendelkugellager andererseits oder Zylinderrollenlager einerseits und Pendelrollenlager oder Kegelrollenlager andererseits deutlich.
  Die Bilder 5.46 und 5.47 geben für die rechnerische Lebensdauer von 100.000 Stunden Anhaltswerte für die Grenzdrehzahlen. Die dort unter „normal" angegebenen Werte lassen sich ohne besondere Maßnahmen mit Fettschmierung praktizieren, während die mit „maximal" gekennzeichneten Werte nur mit optimalen Betriebsbedingungen (z.B. Öleinspritzschmierung, optimale Belastungsverhältnisse) erreichbar sind. Diese Diagramme können aber nur grobe Anhaltswerte liefern, die Wälzlagerkataloge geben für jedes einzelne Lager entsprechende Empfehlungen für die Drehzahlgrenze.

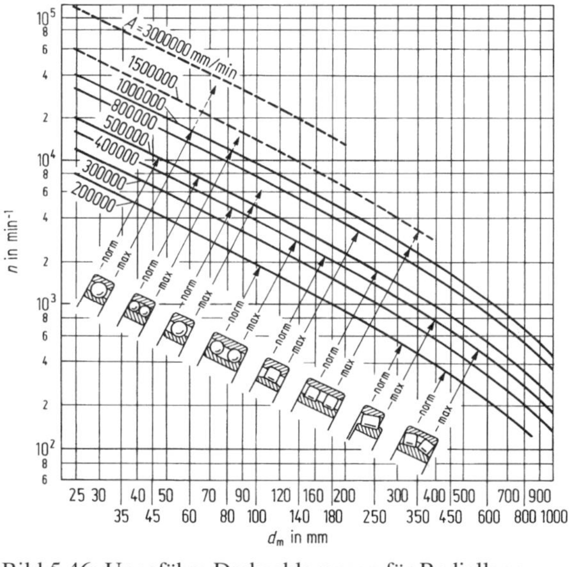

Bild 5.46: Ungefähre Drehzahlgrenzen für Radiallager [nach Dubbel]

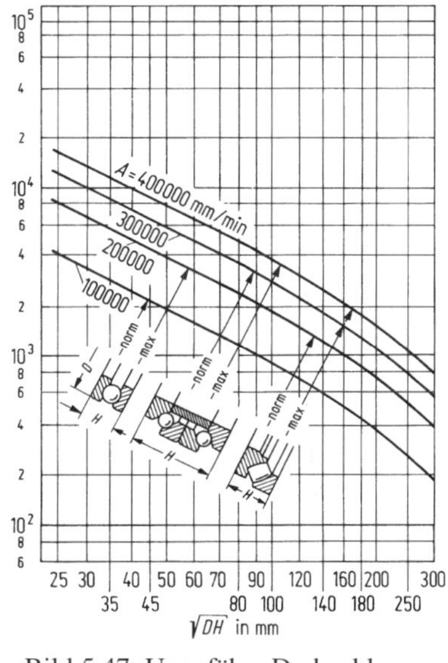

Bild 5.47: Ungefähre Drehzahlgrenzen für Axiallager [nach Dubbel]

5.2.4.5 Schmierung (E)

Schmierstoffe haben vor allen Dingen die Aufgabe, Reibung und Verschleiß im Wälzlager zu reduzieren. Vom Vorhandensein eines ausreichenden Schmierfilms hängt es ab, ob die nach den obigen Gleichungen ermittelte Lebensdauer in der Praxis auch tatsächlich erreicht wird.

Etwa 90 % aller Wälzlager werden wegen der konstruktiven Einfachheit mit **Fett** geschmiert. Bei Fettschmierung ist zu beachten, dass nur so viel Fett eingefüllt werden soll, dass die Funktionsflächen ausreichend benetzt werden. Wird das Wälzlager voll befüllt, so stellt sich nur dann die notwendige Fettmenge von selbst ein, wenn das überschüssige Fett entsprechend verdrängt werden kann. Bei Fettschmierung ist keine Wärmeabfuhr durch das Schmiermittel möglich.

Die **Öl**schmierung wird dann bevorzugt, wenn in der Umgebung des Lagers schon Ölschmierung vorhanden ist (z.B. Zahnräder) oder wenn Drehzahl oder Temperatur eine Fettschmierung nicht zulassen. Es wird nach folgenden Ölschmierungsarten unterschieden:

- Bei **Ölbad-** oder **Tauchschmierung** soll die Ölmenge so bemessen werden, dass die Wälzkörper am unteren Punkt ihrer kreisförmigen Bahn etwa zur Hälfte in das Öl eintauchen.
- Bei der **Öleinspritzschmierung** wird das Öl über Düsen auf die Funktionsflächen gespritzt.
- Eine noch bessere Benetzung der Funktionsflächen wird durch die **Ölnebelschmierung** erzielt, bei der das Öl mittels Druckluft zerstäubt wird und damit den geringstmöglichen Bewegungswiderstand ergibt. In diesem Fall ist es aber aufgrund der geringen Wärmekapazität der Luft nur begrenzt möglich, die Lagerwärme durch das Öl abzuführen.

Tabelle 5.8 gibt Empfehlungen zur Auswahl des Schmierverfahrens. Bei dieser Betrachtung wird der sog. Drehzahlkennwert formuliert, der sich als Produkt aus der Lagerdrehzahl n und dem mittleren Lagerdurchmesser d_m ergibt und damit ein Maß für die Geschwindigkeit im Lager ist.

Tabelle 5.8: Schmierverfahren

Schmierverfahren	Drehzahlkennwert $n \cdot d_m$ in (min^{-1} · mm)
Fettschmierung	bis $0{,}5 \cdot 10^6$
Fettschmierung mit Sonderfett	bis $1{,}5 \cdot 10^6$
Tropfölschmierung	bis $0{,}5 \cdot 10^6$
Ölbad- bzw. Öltauchschmierung	bis $0{,}5 \cdot 10^6$
Ölumlauf oder Öldurchlaufschmierung	bis $0{,}8 \cdot 10^6$
Öleinspritzschmierung	bis $0{,}8 \ldots 4{,}0 \cdot 10^6$
Ölnebelschmierung	bis $1{,}5 \ldots 3{,}0 \cdot 10^6$

5.2.4.6 Abdichtung von Wälzlagerungen (E)

Dichtungen haben die Aufgabe, sowohl ein Austreten des Schmierstoffs aus der Lagerung als auch ein Eindringen von Fremdkörpern zu verhindern. Dabei ist anzustreben, sowohl die Reibung als auch den Verschleiß so weit wie möglich zu reduzieren. Bei der Auswahl der zweckmäßigsten Dichtung spielen viele Aspekte eine Rolle:

- Art der Schmierung (Fett-, Tauchöl-, Spritzöl- oder Ölnebelschmierung)
- Geschwindigkeit im Dichtspalt
- Wellenanordnung waagerecht oder senkrecht
- Konstruktionsraum für den Einbau der Dichtung
- Konstruktionsaufwand und Kosten

Bei Fettschmierung genügt häufig die Verwendung eines Lagers mit integrierter Dichtung (Bild 5.48).

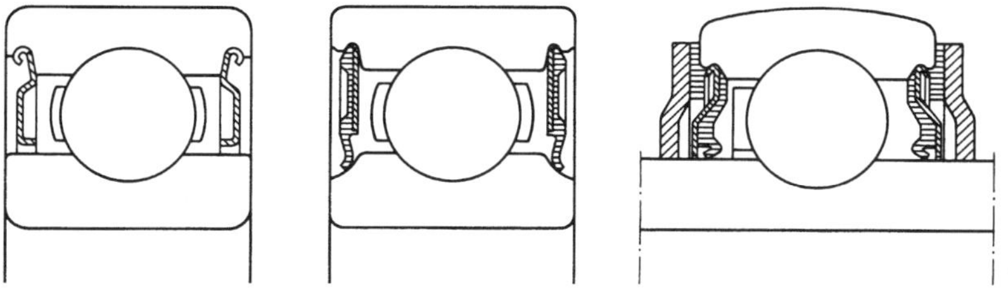

Rillenkugellager mit Deckscheibe

Rillenkugellager mit Dichtscheibe

Y-Lager mit schleifender Dichtung und vorgeschalteter Schleuderscheibe (Schutz)

Bild 5.48: Lager mit integrierter Dichtung

Wird ein Lager ohne integrierte Dichtung verwendet, so kann nach berührender, schleifender Dichtung und berührungsloser, nicht schleifender Dichtung unterschieden werden.

Berührende Dichtungen führen die Berührung der abzudichtenden Funktionsflächen durch eine geringe, definierte Andruckkraft über elastische, federnde Gestaltung der Dichtung herbei (siehe Bild 5.49):

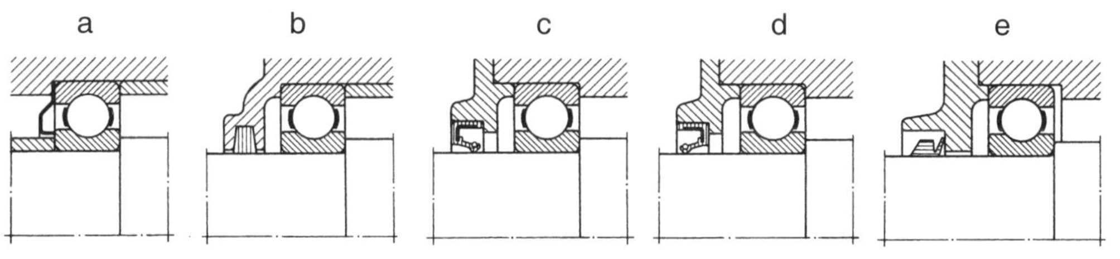

Bild 5.49: Berührende Dichtungen

a) Federnde Blechscheiben sind billige Dichtungen, die vor allen Dingen für fettgeschmierte, nicht einstellbare Lagerungen mit nicht zu hoher Drehzahl in Frage kommen.
b) Bei Fettschmierung und bei geringen Drehzahlen wird häufig die billige und einfache Filzringdichtung verwendet.
c) Radialwellendichtringe sind einbaufertige Einheiten mit in der Regel metallisch versteifter oder in einem Blechmantel gefasster Dichtmanschette, deren Dichtlippe durch eine rundherum eingelegte Schraubenzugfeder leicht gegen die Dichtfläche gedrückt wird. Bei der Bearbeitung der Wellenoberfläche sind die Hinweise des Dichtungsherstellers zu befolgen.
d) Muss besonders ein Eindringen von Fremdkörpern in das Lagerinnere befürchtet werden, so wird die Einbaulage der Dichtung im Gegensatz zu c. umgekehrt. In vielen Fällen wird dann aber auch eine doppelte, spiegelbildliche Anordnung praktiziert.

e) V-Ring-Dichtungen sind gummielastische Rotationskörper, die fest mit der Welle verbunden werden und mit ihrer Dichtlippe axial an einer vorbereiteten Lauffläche am Gehäuse anliegen. Bei großen Wellenschiefstellungen oder bei hoher Drehzahl hebt die Dichtlippe von der Gehäusefläche ab und wird damit zur Schleuderscheibe einer berührungslosen Dichtung.

Die nicht berührenden Dichtungen lassen bewusst einen Spalt zwischen den abzudichtenden Funktionsflächen frei und weisen deshalb nur ein geringes Reibmoment auf, ein Verschleiß kann in den meisten Fällen gänzlich ausgeschlossen werden, siehe Bild 5.50:

a b c d e f

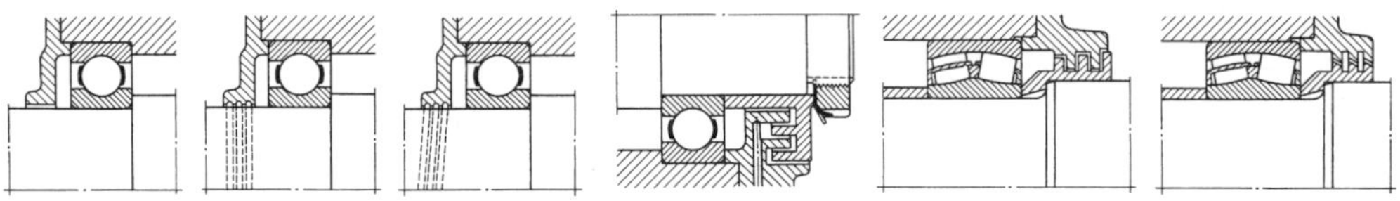

Bild 5.50: Berührungslose Abdichtung von Wälzlagern

a) Die Spaltdichtung (möglichst enger, glatter Spalt zwischen Welle und Gehäuse) stellt die einfachste Form der Dichtung dar.
b) Die Dichtwirkung kann durch das Eindrehen von Rillen im Gehäusedeckel verbessert werden. Das durch bewusste Überfettung nach außen drängende Fett lagert sich in diesen Rillen ab und wird damit selbst zum Dichtmedium.
c) Bei Ölschmierung können diese Rillen entweder auf der Welle oder im Gehäuse angebracht und schraubenförmig angeordnet werden. Bei Drehung der Welle tritt dann eine Pumpwirkung ein, die das an der Welle entlangkriechende Öl ständig nach innen befördert. Entsprechend der Drehrichtung der Welle muss die schraubenförmige Wendel entweder rechts- oder linksgängig angeordnet werden, wobei der Dichteffekt dann auch nur auf eine Drehrichtung beschränkt bleibt.
d) Ein mehrgängiges Labyrinth steigert die Dichtwirkung erheblich. Bei ungeteiltem Gehäuse müssen die Rillen so angeordnet werden, dass eine Montage in axialer Richtung möglich ist.
e) Bei geteiltem Gehäuse ist es meist einfacher, die Rillen radial anzuordnen.
f) Muss mit erheblichen Wellenschiefstellungen gerechnet werden, so muss eine dadurch bedingte Verengung oder sogar ein Verklemmen des Spaltes vermieden werden. Abgeschrägte Labyrinthstege sind vorteilhaft, wenn dadurch der Spalt so angeordnet ist, dass die Wellenschiefstellung eine Verlagerung in Richtung des Spaltes, nicht jedoch eine Verengung des Spaltes ergibt.

Berührungslose Dichtungen werden auch als einbaufertige Einheiten angeboten.

5.2.4.7 Konstruktionsbeispiele (B)

Bild 5.51 zeigt beispielhaft eine Festlagerung mit konstruktiver Umgebung

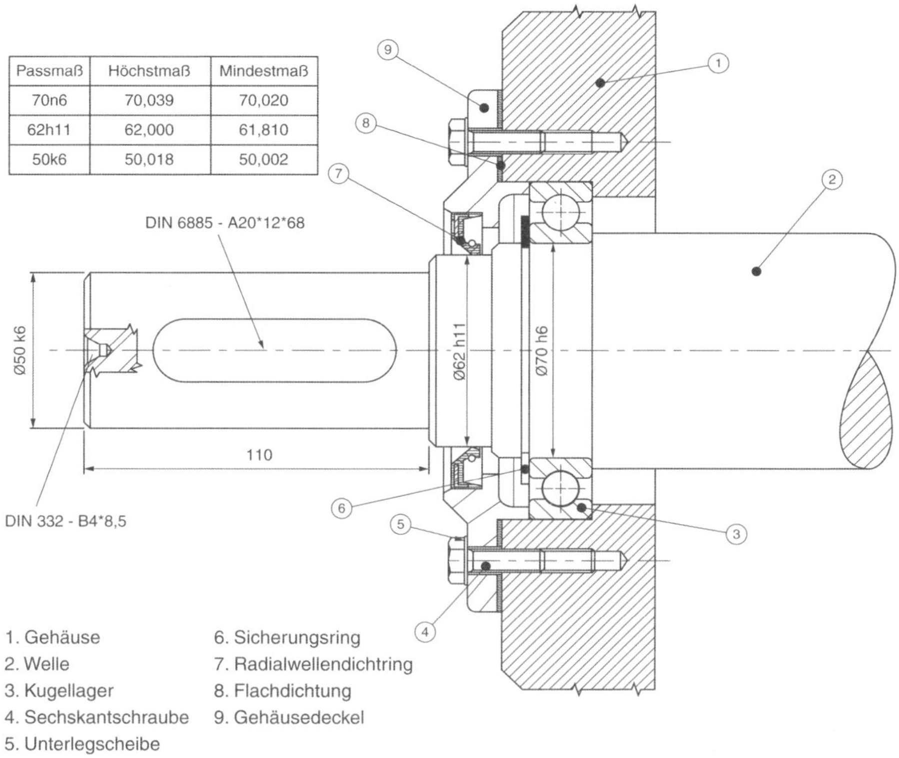

Passmaß	Höchstmaß	Mindestmaß
70n6	70,039	70,020
62h11	62,000	61,810
50k6	50,018	50,002

Bild 5.51: Wellenlagerung

Die Lagerung der Kreissägewelle, siehe Bild 5.52, ist als Festlager-/Loslager-Anordnung ausgeführt. Links befindet sich das Sägeblatt, das rechte Wellenende trägt die Riemenscheibe für den Antrieb. Die Antriebsleistung beträgt 22 kW bei 6000 min^{-1}. Obwohl das Festlager mit 2,1 kN deutlich höher belastet ist als das Loslager mit 0,6 kN, werden doch Rillenkugellager des gleichen Typs verwendet, da der Wellendurchmesser durch eine geforderte Steifigkeit vorgegeben ist. Wegen der hohen Drehzahl wird eine berührungslose Dichtung vorgesehen.

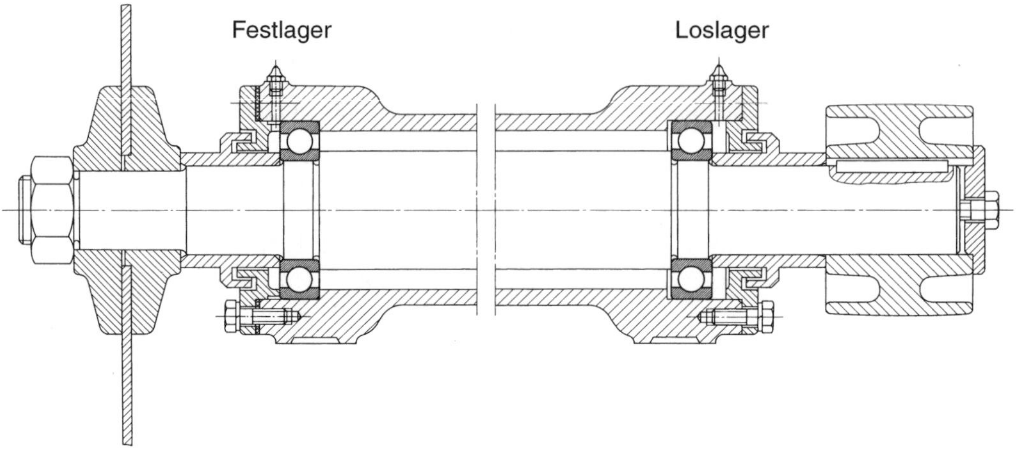

Bild 5.52: Kreissägewelle [nach FAG]

Auch die dargestellte Messerwelle einer Hobelmaschine (Bild 5.53) ist als Fest-Los-Lagerung ausgebildet. Beide Lager werden von je einem Stehlagergehäuse aufgenommen, welches nach dem Baukastenprinzip mit verschiedenen Deckeln ausgestattet werden kann und dementsprechend Fest- oder Loslagerfunktion übernimmt. In diesem Fall werden Pendelkugellager verwendet, da mit Fluchtungsfehlern und Wellendurchbiegungen gerechnet werden muss. Die Antriebsleistung von 8,8 kW bei einer Drehzahl von 4.500 min^{-1} wird über einen Flachriemen aufgebracht. Die Abdichtung erfolgt über Filzringe.

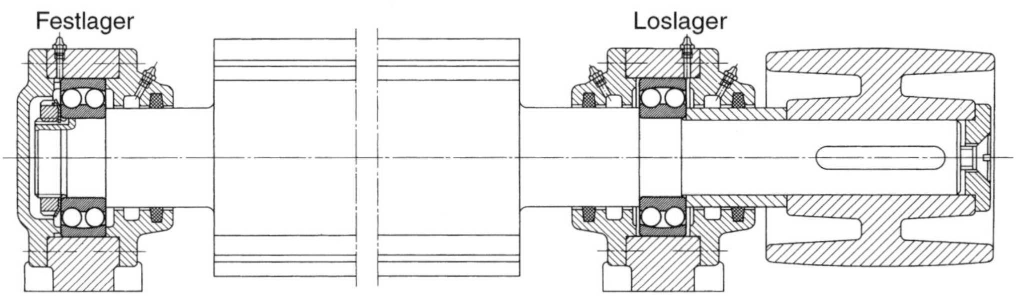

Bild 5.53: Messerwelle Hobelmaschine [nach FAG]

Der in 5.54 abgebildete Drehstrom-Normmotor leistet 3 kW bei einer Nenndrehzahl von 2.800 min^{-1}. Der Motor treibt durch sein linkes Wellenende an, während sich auf der rechten Seite das Lüfterrad befindet, welches die Verlustwärme des Motors abführen soll. Durch spielfreies Anstellen der Rillenkugellager durch ein Federelement auf der Antriebseite wird verhindert, dass es auf Grund der Lagerluft zu Geräuschentwicklungen kommt. Die Lager werden belastet durch das Läufergewicht, die Magnetwirkung zwischen Rotor und Stator, die Unwucht und die häufig schwierig zu erfassenden Belastungen, die durch die Antriebswelle (beispielsweise über Riemen oder Zahnrad) eingeleitet werden. Die Deckscheiben verhindern den Austritt von Fett und schützen das Lager gleichzeitig gegen Fremdkörper aus dem

Motorraum. Um das Lager auf der Antriebsseite zusätzlich gegen Staub und Nässe zu schützen, ist der Wellendurchgang als langer Spalt ausgebildet und mit einer Schutzkappe abgedeckt.

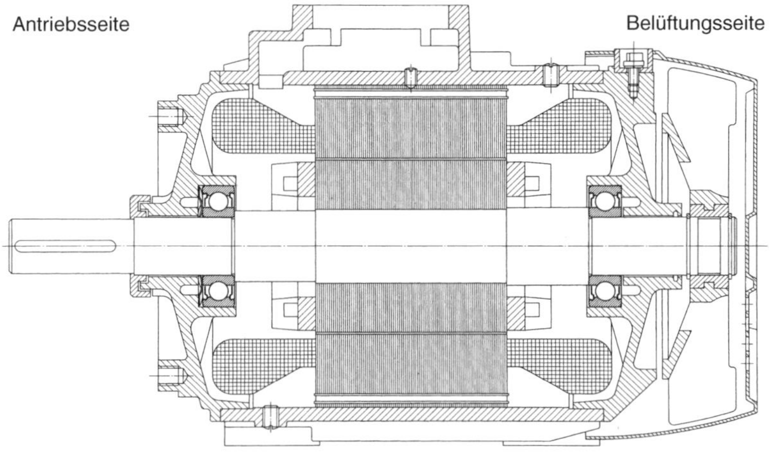

Bild 5.54: Drehstrom-Normmotor [nach FAG]

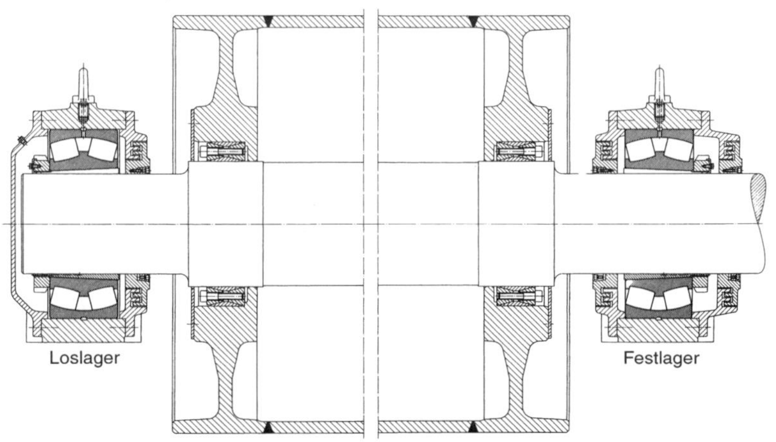

Bild 5.55: Lagerung der Antriebstrommel eines Gurtförderers [nach FAG]

Die Lagerung der Umlenktrommel eines Förderbandes (Bild 5.55) muss auf die rauhen Umgebungsbedingungen besonders Rücksicht nehmen: Die Fest-Los-Lagerung wird mit besonders tragfähigen Pendelrollenlagern in Stehlagergehäusen ausgestattet, die die unvermeidlichen Fluchtungsfehler ausgleichen können. Zur Erleichterung von Montage und Demontage werden die Lagerinnenringe über Spannhülsen fixiert. Die sehr staubige Umgebung erfordert trotz Labyrinthdichtung und Nachschmierung in kurzen Zeitabständen eine erweiterte Lebensdauerberechnung mit dem Faktor a_{23}. Der Antrieb der gesamten Förderanlage („Gurtförderer") erfolgt von der Trommelwelle über Spannsätze. Bei einer Bandbreite von 2300 mm, einer Bandgeschwindigkeit von 5,2 m/s und einer Förderleistung von 7300 m³/h ist bei einem Trommeldurchmesser von 1730 mm eine Leistung von 3 · 430 kW erforderlich, die mit drei Motoren auf zwei Antriebstrommeln aufgeteilt wird.

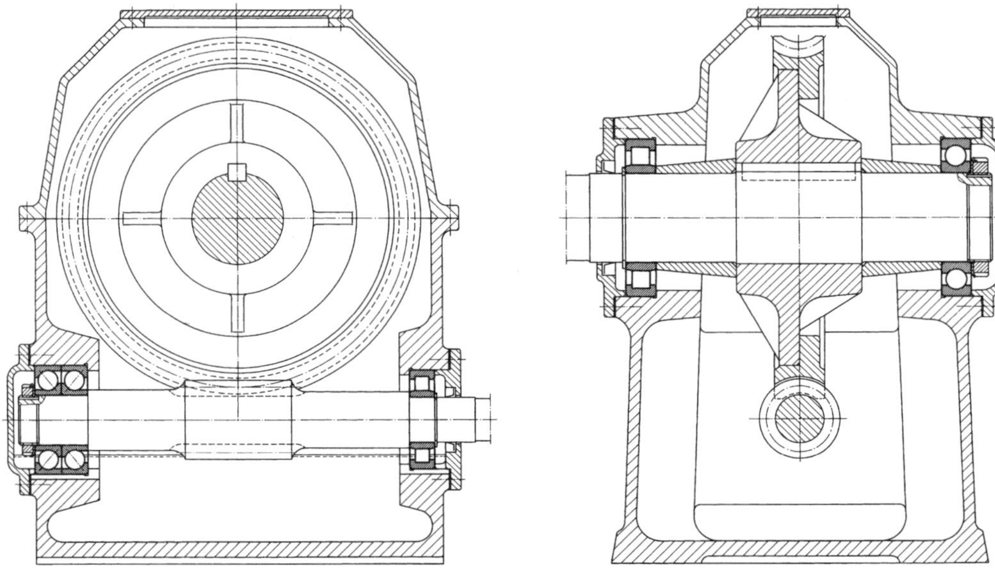

Bild 5.56: Schneckengetriebe Personenaufzug [nach FAG]

Das Schneckengetriebe für einen Personenaufzug (Bild 5.56) überträgt eine Leistung von 3,7 kW und untersetzt die Eingangsdrehzahl von 1500 min^{-1} mit dem Verhältnis 50:1. Die Schneckenwelle wird mit hohen Axialkräften belastet. Das Festlager links wird mit zwei Schrägkugellagern bestückt, die wegen der X-Anordnung Wellendurchbiegungen zulassen. Das rechte Zylinderrollenlager der Bauform NU ist konstruktionsbedingt ein Loslager, beide Ringe müssen axial gesichert werden. Die Schneckenradwelle wird mit hohen Radialkräften belastet. Das Festlager rechts ist ein Rillenkugellager, die Loslagerkonstruktion ist ähnlich ausgeführt wie die der Schneckenwelle. Für beide Wellen liegt am Innenring Umfangslast und am Außenring Punktlast vor.

Schneckenpressen (Bild 5.57) arbeiten nach dem Funktionsprinzip des Fleischwolfs und dienen zur Verarbeitung von thermoplastischen Kunststoffen zu Schläuchen, Rohren, Stangen, Bändern, Folien und anderen Profilen sowie zur Ummantelung von Drähten und Seilen. Da mit der Förderschnecke hohe Drücke erzeugt werden, müssen am Wellenende hohe Axialkräfte (im vorliegenden Fall 300 kN) aufgenommen werden. Axialzylinderrollenlager sind für hohe Kräfte und geringe Drehzahlen besonders geeignet. Um die Bohrreibung zu vermindern, werden an Stelle einer langen Zylinderrolle jeweils zwei kurze Zylinderrollen eingebaut. Damit das Axiallager im unbelasteten Zustand nicht abhebt, sind in der Gehäuseanlagefläche sechs Schraubenfedern angeordnet, die das Lager mit $F_V = 5$ kN vorspannen. Die relativ geringen Radialkräfte werden von einer schwimmenden Lagerung aufgenommen. Das rechte Lager wird als Radialzylinderrollenlager ausgeführt, weil die Zerlegbarkeit des Lagers den Einbau erleichtert.

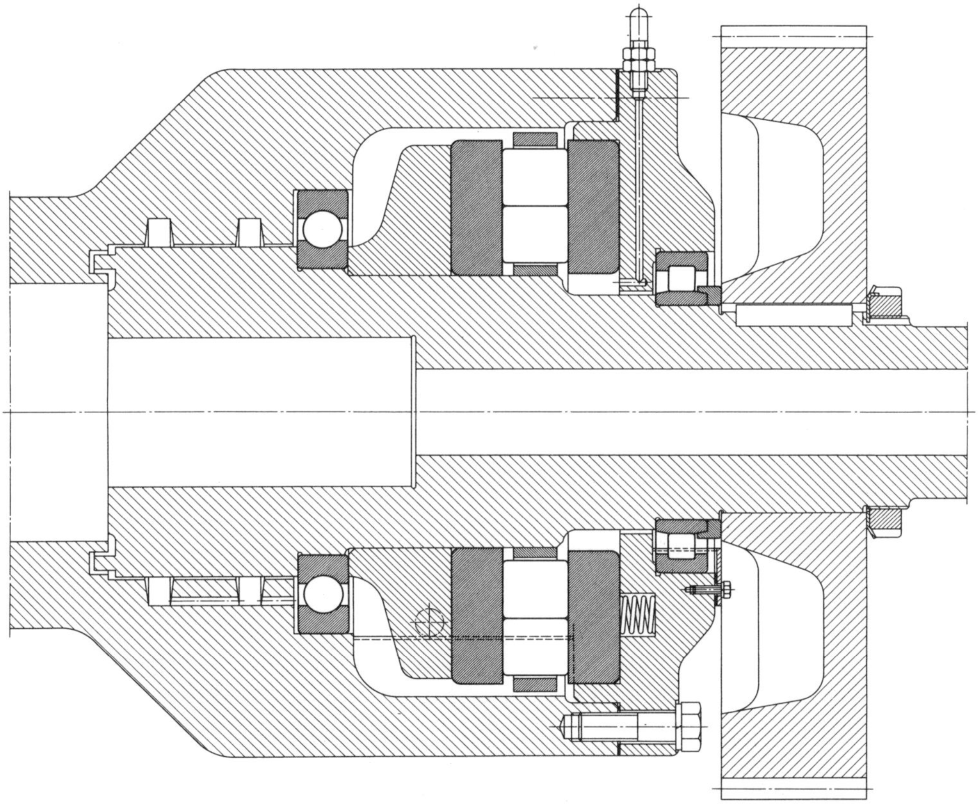

Bild 5.57: Schneckenwelle einer Kunststoffpresse [nach FAG]

Das Kegelrad-Stirnradgetriebe in Bild 5.58 überträgt eine Leistung von 135 kW und untersetzt eine Antriebsdrehzahl von 1000 min^{-1} mit einem Verhältnis von 6,25:1. Die im Bild waagerecht angeordnete Antriebs- und die mittlere, senkrechte Zwischenwelle müssen wegen der Kegelradverzahnung axial präzise geführt werden. Die Antriebswelle ist mit einer Fest-Los-Lagerung versehen, deren Festlager aus zwei gegeneinander angestellten Kegelrollenlagern besteht. Durch Abschleifen des Zwischenringes A kann die Vorspannung in dieser Lagerkombination definiert variiert werden. Zur exakten axialen Einstellung des Kegelritzels werden die Distanzringe B und C auf passende Breite geschliffen.

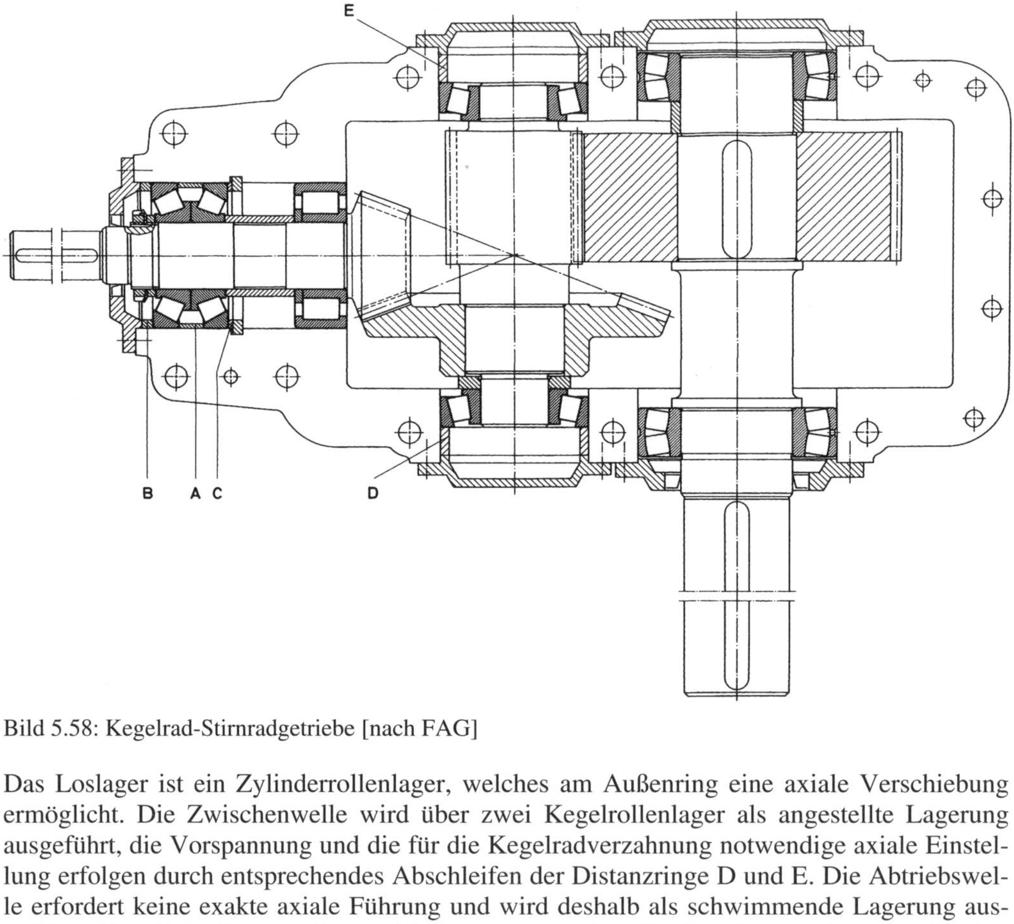

Bild 5.58: Kegelrad-Stirnradgetriebe [nach FAG]

Das Loslager ist ein Zylinderrollenlager, welches am Außenring eine axiale Verschiebung ermöglicht. Die Zwischenwelle wird über zwei Kegelrollenlager als angestellte Lagerung ausgeführt, die Vorspannung und die für die Kegelradverzahnung notwendige axiale Einstellung erfolgen durch entsprechendes Abschleifen der Distanzringe D und E. Die Abtriebswelle erfordert keine exakte axiale Führung und wird deshalb als schwimmende Lagerung ausgeführt. Sämtliche Lagerstellen erfahren am Innenring Umfangslast und am Außenring Punktlast. Deshalb sind sämtliche Lagerinnenringe mit einem festen Sitz auf der Welle zu befestigen, während am Außenring ein loser Sitz zulässig ist.

Die in Bild 5.59 abgebildete Straßenwalze verfügt über eine vordere Steuerwalze, mit der das Fahrzeug gelenkt wird. Die hinten angeordnete Vibrierwalze ist im Rahmen gelagert und ist mit einem Unwuchterreger ausgestattet, der die Verdichtungswirkung der Walze erheblich steigert. Zur eigentlichen Lagerung der Walze dienen die kleinen doppelreihigen schwimmend angeordneten Zylinderrollenlager, deren Innenringe auf einer feststehenden Achse befestigt sind. Die den Außenring umgebende Konstruktion des Walzenkörpers wird über das rechts angedeutete Kettenrad angetrieben. Die feststehende Achse ist mit dem Fahrzeugrahmen verbunden und in zwei Halbachsen aufgeteilt, damit dazwischen die Unwuchtwelle untergebracht werden kann. Diese wird über einen Zweifachkeilriemen an der rechten Seite angetrieben und ist in zwei weiteren Zylinderrollenlagern ebenfalls schwimmend gelagert. Diese Lager müssen wegen der großen Unwuchtkräfte sehr groß dimensioniert werden.

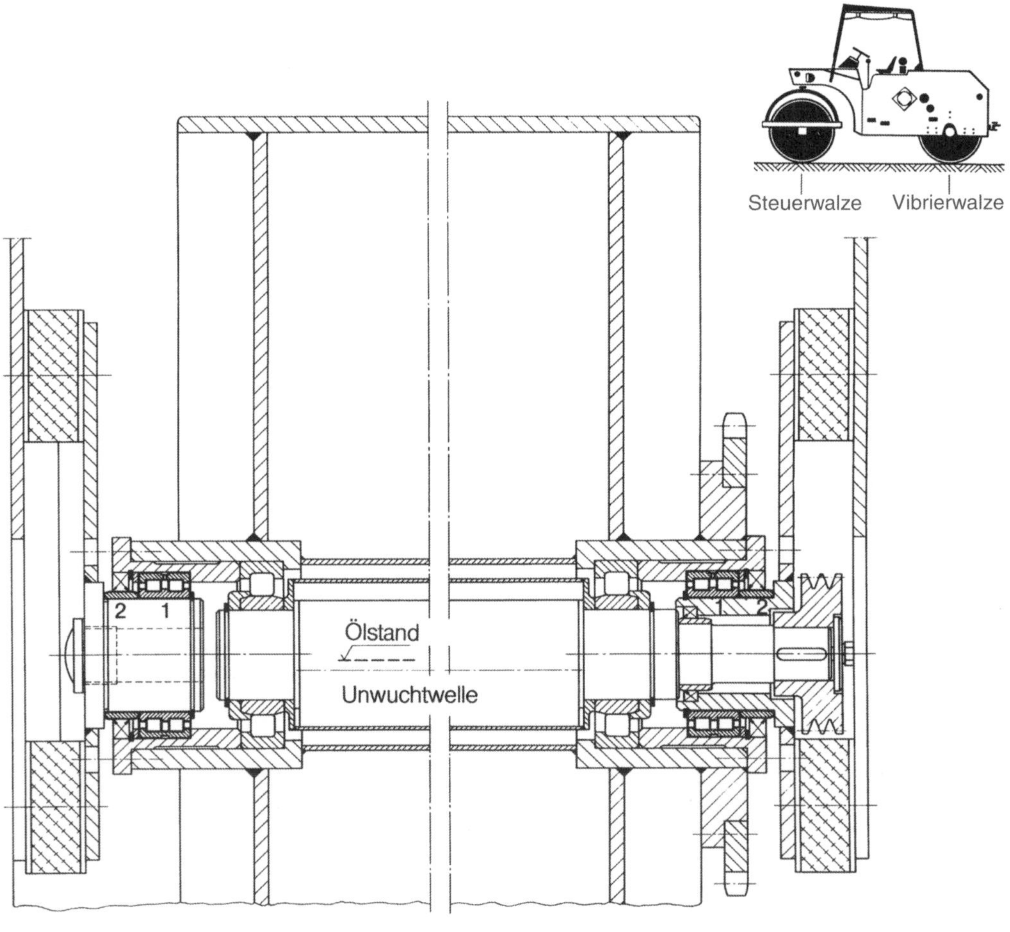

Bild 5.59: Lagerung Vibrierwalze [nach INA]

5.2.4.8 Lagerauswahl (B)

Bei dem Versuch, die oben vorgestellten Lagerbauformen und ihre Verwendbarkeit tabellarisch gegenüberzustellen, ergibt sich nach SKF die Zusammenstellung in Bild 5.60.

Diese Matrix kann nur eine verhältnismäßig grobe Übersicht geben und erspart daher im Einzelfall nicht eine eingehendere Nachprüfung:

Verwendete Symbole:
+++ sehr gut geeignet
++ gut geeignet
+ geeignet
– weniger geeignet
– – ungeeignet
→ in einer Richtung
↔ in beiden Richtungen

Eignung des Lagers im Hinblick auf

Lagerart	rein radiale Belastungen	rein axiale Belastungen	kombinierte Belastungen	Momenten-belastungen	hohe Drehzahlen	hohe Laufgenauigkeit	hohe Steifigkeit	geräuscharmen Lauf	geringe Reibung	Ausgleich von Schief-stellungen im Betrieb	Ausgleich von Fluchtungsfehlern	Festlagerungen	Loslagerungen	Axialverschiebungen innerhalb des Lagers
Rillenkugellager	+	↔ +	+	–	+++	+++	+	+++	+++	–	–	++	+	– –
	+	↔ +	+	+	+	+	+	+	++	– –	– –	+	+	– –
Pendelkugellager	+	–	–	– –	++	++	–	++	++	+++	++	+	+	– –
Schrägkugellager	+	→ +	++	–	++	+++	+	++	++	–	–	++	– –	– –
(O-Anordnung) a, b	++	↔ +	++	+	+	++	++	+	+	– –	– –	++	+	– –
Vierpunktlager	–	↔ +	+	+	++	+	+	+	+	– –	– –	++	–	– –
Zylinderrollenlager	++	– –	– –	– –	+++	++	++	++	++	–	–	– –	+++	+++
a, b	++	a → b ↔ +	+	– –	+++	++	++	+	++	–	–	+	a +	a +
	+++	– –	– –	+	+++	+++	+++	++	++	– –	– –	– –	+++	+++
Vollrollige Zylinderrollenlager a, b	+++	→ +	–	– –	–	+	+++	–	–	–	–	+	+	+
a, b, c	+++	a ↔ b → +	a,b –	+	–	+	+++	–	–	– –	– –	a +	b,c +	b,c +
Nadellager	++	– –	– –	– –	+	+	++	+	–	– –	– –	– –	+++	+++
Pendelrollenlager	+++	↔ +	+++	– –	+	+	++	+	+	+++	++	++	+	– –
Kegelrollenlager	++	→ ++	+++	– –	+	++	++	+	+	–	–	++	– –	– –
(X-Anordnung)	+++	↔ ++	+++	–	+	+	+++	+	+	–	–	+++	+	– –
Axial-Rillenkugellager a, b	– –	a → b ↔ +	– –	– –	+	a ++	+	–	+	– –	– –	+	– –	– –
a, b	– –	a → b ↔ +	– –	– –	+	+	+	–	+	– –	+++	+	– –	– –
Axial-Zylinderrollenlager	– –	→ ++	– –	– –	–	++	++	–	–	– –	– –	+	– –	– –
Axial-Nadellager	– –	→ ++	– –	– –	–	+	++	–	–	– –	– –	+	– –	– –
Axial-Pendelrollenlager	– –	→ +++	+	– –	+	+	++	–	+	+++	++	++	– –	– –

Bild 5.60: Wahl der Lagerbauform

Aufgaben A.5.20 bis A.5.24

5.3 Hydrodynamisches Radialgleitlager (B)

Der Begriff „Gleitlager“ wird im allgemeinen Sprachgebrauch zunächst einmal für die unter 5.1 aufgeführten Lager mit Festkörperreibung benutzt. Im Zusammenhang mit Bild 5.1 wurde jedoch bereits angedeutet, dass sich Gleitlager bezüglich ihres Reibverhaltens gezielt optimieren lassen und sogar **verschleißfrei** betrieben werden können. Diese vorteilhafte Funktionsweise wird aber nur dann möglich, wenn die Festkörperreibung durch die **Flüssigkeitsreibung** ersetzt wird. Dies bedeutet, dass die metallische Festkörperberührung gänzlich vermieden wird und die Kraft durch einen Ölfilm zwischen den relativ zueinander bewegten Flächen übertragen wird.

Ein anschauliches Beispiel möge diese grundsätzliche Idee für einen translatorischen Bewegungsvorgang erläutern: Ein Wasserskiläufer wäre nie in der Lage, sich auf trockenem Untergrund fortzubewegen: Die durch das Gewicht des Wasserskiläufers verursachte Normalkraft würde zweierlei verursachen:

- Reibung (hier Festkörperreibung)
  $F_R = F_N \cdot \mu$ Reibkraft, Bewegungwiderstand
  $W_R = F_R \cdot s$ Reibarbeit, Verlustarbeit, Energieverlust
  $P_R = \frac{W_R}{t} = F_R \cdot v$ Reibleistung, Leistungsverlust
- Verschleiß
  Die Festkörperreibung hat zur Folge, dass an den sich berührenden Flächen fortlaufend Material abgetragen wird, was sich in einem Verschleiß (Materialverlust) äußert.

Die Lehre von Reibung und Verschleiß wird in der sog. Tribologie als besonderer wissenschaftlicher Disziplin zusammengefasst. Die Erfahrung lehrt, dass sich der Wasserskiläufer unter Zuhilfenahme eines Flüssigkeitsfilms und unter Berücksichtigung ganz spezieller Betriebsbedingungen sehr wohl vorteilhaft fortbewegen kann. Dies ist jedoch nur dann möglich, wenn die Festkörperreibung durch die völlig anders geartete **Flüssigkeitsreibung** ersetzt wird: Sie trennt die festen Körper durch einen unter Druck stehenden Flüssigkeitsfilm voneinander, wodurch die **Reibung erheblich reduziert** und der **Verschleiß** völlig **ausgeschlossen** werden kann. Dabei wird grundsätzlich unterschieden nach hydrodynamischer und hydrostatischer Lagerung, siehe Bild 5.61.

Bei der **hydrodynamischen** Lagerung wird die Flüssigkeit wie beim Wasserskiläufer durch die Geschwindigkeit v im sich verengenden Spalt unter Druck gesetzt und erlaubt damit die Übertragung der Kraft F. Das Reibungs- und Verschleißverhalten der zueinander bewegten Flächen hängt entscheidend von ihrer Relativgeschwindigkeit zueinander (hydro**dynamisch**) ab, Verschleißfreiheit wird erst bei ausreichender Geschwindigkeit erreicht. Bei der **hydrostatischen** Lagerung wird der verschleißfreie Bewegungszustand dadurch erreicht, dass ein Flüssigkeitsfilm durch Einwirkung von außen unter Druck gesetzt wird. Die Trennung der zueinander bewegten Flächen ist damit vom Bewegungszustand unabhängig (hydro**statisch**), erfordert andererseits jedoch ein externes Organ zur Druckerzeugung.

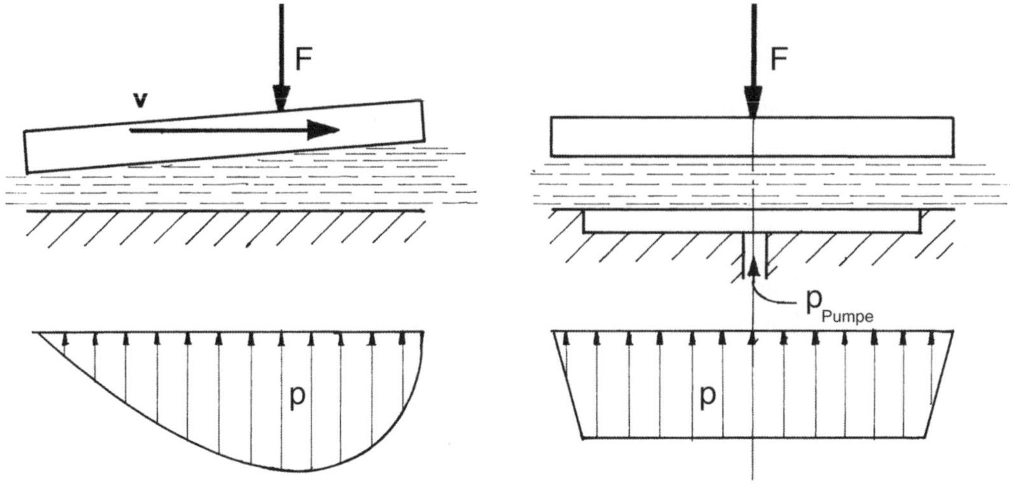

Bild 5.61: Gegenüberstellung Hydrodynamik – Hydrostatik

Beide Begriffe beginnen mit der Silbe „hydro-" (hydor, griechisch: Wasser, Flüssigkeit), was darauf hindeutet, dass das Arbeitsmedium inkompressibel ist. Die nachfolgenden Ausführungen konzentrieren sich auf den Fall der Hydrodynamik, die hydrostatischen Lagerungen stehen in engem Zusammenhang mit der Ölhydraulik und werden deshalb eher dieser Fachdisziplin zugeordnet. Beim Wasserskiläufer liegt eine **translatorisch**e Bewegung (Führung) vor. In der technischen Realität sind **rotatorisch**e Bewegungen (Lagerung) jedoch häufiger anzutreffen und wegen des angestrebten gleichförmigen Bewegungszustandes leichter zu beschreiben. Aus diesem Grunde liegt es nahe, sich im Folgenden besonders auf diese Bewegungsform zu konzentrieren.

5.3.1 Funktion des hydrodynamischen Radialgleitlagers (E)

Um das Verständnis eines hydrodynamischen Gleitlagers zu erleichtern, ist es sinnvoll, zunächst einmal von einer idealisierten, im oberen Drittel von Bild 5.62 skizzierten Modellvorstellung auszugehen.

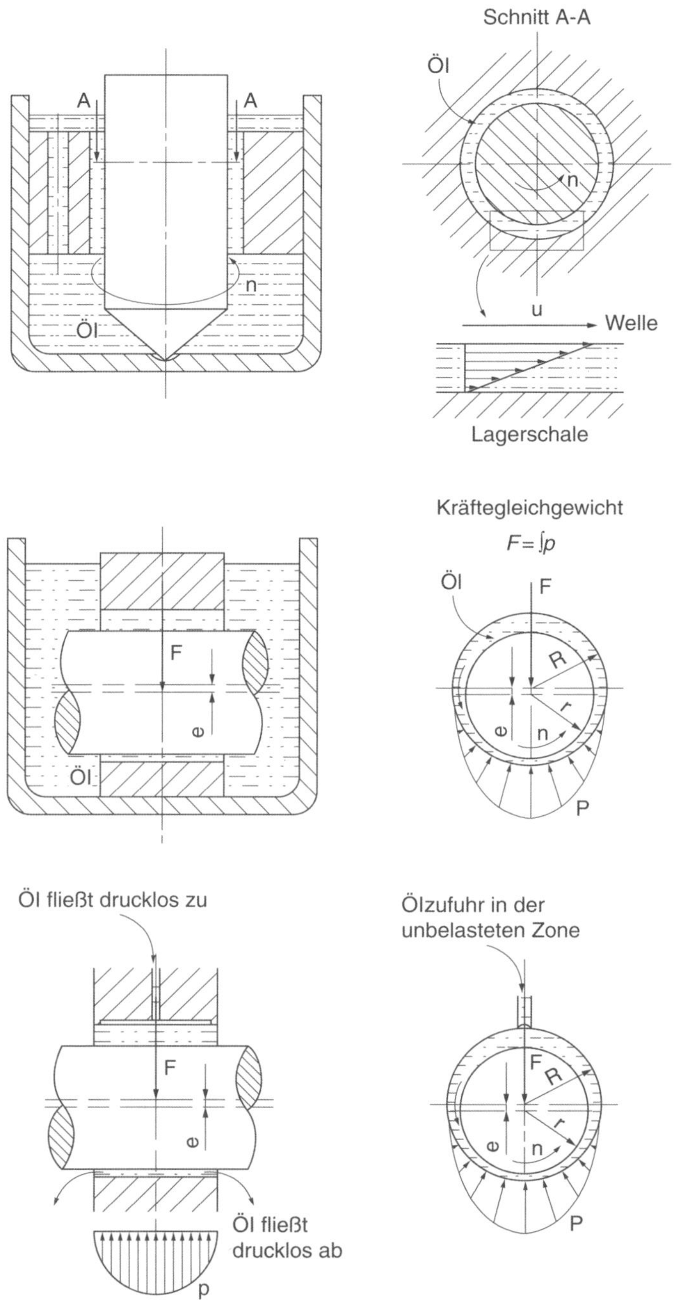

Bild 5.62: Modellvorstellung hydrodynamisches Gleitlager

Eine senkrecht angeordnete Welle befindet sich vollständig in einem Flüssigkeitsbad und wird am unteren Ende axial durch ein Spitzenlager abgestützt. Durch die senkrechte Lagerung wird zunächst jegliche radiale Belastung des Lagers modellhaft ausgeschlossen und im Radiallager wird sich ein vollkommen zentrischer Lauf einstellen. Der Lagerspalt ist hier völlig übertrieben groß dargestellt. Versetzt man die Welle in Drehung und betrachtet das Geschwindigkeitsprofil im Schmierspalt (Schnitt A-A bzw. darunter skizzierter Teilausschnitt), so lassen sich folgende Beobachtungen plausibel erklären:

- Die Flüssigkeitspartikel, die direkt mit der Welle in Verbindung stehen, bleiben an der Welle haften und nehmen die Geschwindigkeit der Welle an, die sich aus der Winkelgeschwindigkeit der Welle und dem Radius der Welle ergibt: $u = \omega \cdot r$
- Die Flüssigkeitspartikel, die sich in unmittelbarer Nähe der Lagerschale befinden, bleiben an der Lagerschale haften und bleiben deshalb in Ruhe: $u = 0$
- Im Lagerspalt bildet sich in erster Näherung ein lineares Geschwindigkeitsgefälle aus, welches für den hier angenommenen Fall des zentrischen Laufes an jeder beliebigen Stelle des Lagerumfanges wieder zu finden ist.
- Aufgrund ihrer Geschwindigkeit wird die zwischen Welle und Lagerschale befindliche Flüssigkeit global betrachtet im ringförmigen Spalt im Kreis befördert.

In einer weiteren Modellvorstellung im mittleren Bilddrittel wird die Welle waagerecht angeordnet. Durch das eigene Gewicht oder durch weitere Kräfte wird die Welle aus ihrer idealen Mittellage ausgelenkt und die Mittelpunkte von Welle und Lagerschale nehmen den Abstand e zueinander ein. In diesem Fall müssten die Geschwindigkeiten etwas differenzierter betrachtet werden, aber auch hier wird es insgesamt zu einer Bewegung kommen, die die Flüssigkeit im ringförmigen Lagerspalt im Kreis befördert. Auf ihrer Bewegung am Umfang der Welle wird die Flüssigkeit dabei in der Skizze oben wegen des großen Spaltes einen großen Raum einnehmen, aber auf ihrem weiteren Weg in einen sich verengenden Spalt hineingezwungen werden, der am unteren Scheitelpunkt besonders eng wird. Auf dem Weg dorthin gerät die Flüssigkeit zunehmend unter Druck, der in dieser Skizze in Form von Polarkoordinaten aufgetragen ist. Betrachtet man das Kräftegleichgewicht an der Welle, so muss diese eine äußere Kraft F erfahren, die mit dem von unten wirkenden Druck im Gleichgewicht stehen muss. Diese Kraft F ist aber genau die Kraft, die die Lagerauslenkung e erst hervorgerufen hat. Die skizzierte Druckverteilung wird sich nur in der Lagermitte einstellen und nicht über die gesamte axiale Erstreckung des Lagers wirksam werden können, da am Rand des Lagers Umgebungsdruck vorliegt.

Dies wird offensichtlich, wenn das Lager realistischerweise nicht im Ölbad betrieben wird (unteres Bilddrittel): Die Flüssigkeit folgt diesem Druckgefälle von der Lagermitte zum axialen Lagerrand und tritt dort in die Umgebung aus. Eine geringe Spaltweite und der damit verbundene hohe Strömungswiderstand begünstigt den Aufbau hoher Drücke. Der durch das Abströmen verursachte Flüssigkeitsverlust muss ständig ausgeglichen werden. Zu diesem Zweck ist eine Zuführbohrung angebracht, durch die neues Schmiermedium weitgehend **drucklos** nachfließen kann und in eine axial angeordnete Nut einströmt, die das nachfließende Öl gleichmäßig im Schmierspalt verteilt.

Die Lage des Zuführorgans darf nicht beliebig gewählt werden. Da das Öl drucklos zugeführt wird, darf die Bohrung nur dort angebracht werden, wo sich im ringförmigen Lagerspalt noch kein hydrodynamischer Überdruck aufgebaut hat, denn andernfalls würde das Öl durch diese Bohrung hinausgedrückt werden. Das Zuführorgan muss also stets in der nicht belasteten Zone angebracht werden. Daraus ergibt sich auch schon eine wesentliche Einschränkung in der Anwendung hydrodynamischer Gleitlager: Bei einmal ausgeführter konstruktiver Festlegung darf die Richtung der auf das Lager einwirkenden Kraft nicht beliebig variieren, sondern muss soweit eingeschränkt werden, dass der Überdruckbereich nicht die drucklose Ölzufuhr erreicht. Tatsächlich ist die im Radialschnitt skizzierte Druckverteilung nicht symmetrisch, sondern wird von der Drehung der Welle beeinflusst (Bild 5.63).

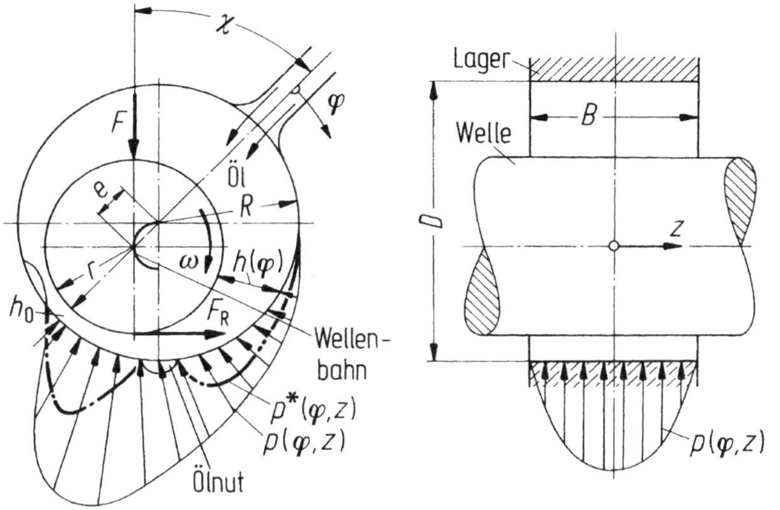

Bild 5.63: Reale Druckverteilung im hydrodynamischen Radiallager [nach Dubbel]

Die strichpunktierte Druckverteilung ergäbe sich, wenn sich die Ölzuführnut in der lastübertragenden Zone befinden würde, was eine stark reduzierte Tragfähigkeit des Lagers zur Folge hätte. Weiterhin bildet sich in aller Regel in Drehrichtung hinter der Überdruckzone eine schwache Unterdruckzone aus, weil das in der Lastzone seitlich abgeströmte Öl noch nicht wieder aufgefüllt ist. Es ist besonders vorteilhaft, das Ölzuführorgan in dieser Unterdruckzone zu platzieren, weil dann das nachfließende Öl in das Lager hineingesaugt wird.

Das Verformungsverhalten aller Lager lässt sich ähnlich wie bei Federn durch eine Steifigkeit beschreiben: Je mehr das Lager belastet wird, desto mehr wird es aus der zentrischen Lage ausgelenkt. Das hydrodynamische wie auch das hydrostatische Lager weisen darüber hinaus noch eine weitere Eigenschaft auf: Da die Auslenkung mit dem Verdrängen einer viskosen Flüssigkeit aus einem Schmierspalt einhergeht, setzt das Lager dieser Auslenkung eine geschwindigkeitsproportionale Dämpferkraft entgegen. Diese Lager weisen also nicht nur eine federnde Eigenschaft auf, sondern wirken gleichzeitig auch als Dämpfer, der selbst bei sehr kleiner Amplitude wirksam wird. Aus diesem Grunde werden diese Lager beispielsweise im Werkzeugmaschinenbau eingesetzt, um Schwingungen wirksam zu bekämpfen und damit die Bearbeitungsgüte zu steigern.

5.3.2 Flüssigkeitsreibung, Mischreibung, Festkörperreibung (E)

Bisher wurde nur der rein stationäre Zustand betrachtet, was voraussetzt, dass die hydrodynamische Tragfähigkeit des Lagers durch die Drehung der Welle bereits zustande gekommen ist, was dem Betriebszustand III der in Bild 5.64 skizzierten Gegenüberstellung entspricht.

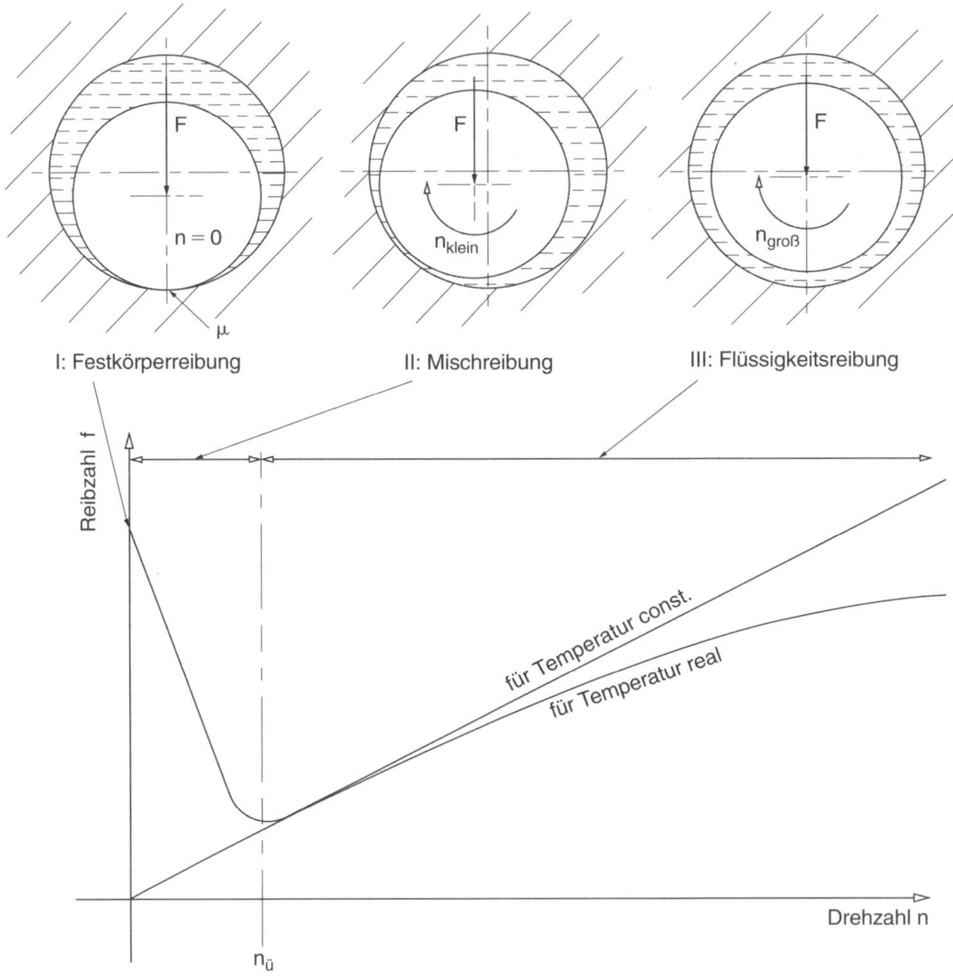

Bild 5.64: Stribeck-Kurve

Tatsächlich ist das Lager im Ausgangszustand in Ruhe (Betriebszustand I) und muss den hydrodynamischen Zustand erst durch zunehmende Drehzahlsteigerung erreichen. Im Zustand I liegt reine **Coulombsche Festkörperreibung** vor, die auch dann noch anhält, wenn sich die Welle langsam dreht. Mit zunehmender Drehzahl baut sich die vorteilhafte, oberflächentrennende Flüssigkeitsreibung allmählich auf (**Zustand II**), was mit **Mischreibung** bezeichnet wird. Dabei wird die Welle nicht nur angehoben, sondern aufgrund der sich einstellenden Drücke auch seitlich ausgelenkt. Aus diesem Grund stellt sich Welle nicht symmetrisch bezüglich der von außen eingeleiteten Lagerlast F ein, sondern nimmt stets eine etwas seitlich versetzte Lage ein (mittleres Teilbild von 5.64), so dass sich der Mittelpunkt der Welle mit zunehmender Geschwindigkeit auf einer halbkreisförmigen Bahn bewegt. Der Zusammenhang zwischen Reibung und Drehzahl des Lagers lässt sich in der sog. Stribeck-Kurve (untere Bildhälfte) übersichtlich darstellen.

$$f = \frac{F_R}{F_N} \qquad \text{Gl. 5.21}$$

Die Formulierung der Reibzahl f lehnt sich direkt an die Quotientenbildung des Coulombschen Reibgesetzes an, zur Kennzeichnung der Allgemeingültigkeit des Reibzustandes wird jedoch ein anderer Buchstabe verwendet:

- Bei stehendem Lager ($n = 0$) liegt **Festkörperreibung** vor, die Reibzahl f entspricht also genau dem Coulombschen Reibkoeffizienten μ:

  $$f = \frac{F_R}{F_N} = \mu \qquad \text{normalkraftproportional}$$

- Wird eine gewisse „Übergangsdrehzahl“ $n_ü$ überschritten, so liegt reine **Flüssigkeitsreibung** vor. In diesem Bereich muss für die Reibzahl f eine andere Abhängigkeit formuliert werden:

  $$f = \frac{F_R}{F_N} = \frac{\beta \cdot v}{F_N} \sim \frac{\beta}{F_N} \cdot n \qquad \text{geschwindigkeits-, also drehzahlproportional}$$

  Dieser Ausdruck besagt, dass der Bewegungswiderstand bei Flüssigkeitsreibung geschwindigkeits- also drehzahlproportional ist. Bei weiter steigender Geschwindigkeit wird die Reibzahl größer, weil sich der Bewegungswiderstand durch die steigende Umfangsgeschwindigkeit im Schmierspalt erhöht. Dieser Anstieg in streng linearer Form würde aber nur dann gelten, wenn die Eigenschaften des Schmierstoffs gleich bleiben würden. Tatsächlich kann man jedoch nicht von einem isothermen Zustand ausgehen, weil sich der Schmierstoff mit zunehmender Lagerdrehzahl erwärmt. Dadurch wird er dünnflüssiger und weniger bewegungshemmend, die für die Flüssigkeitsreibung charakteristische Konstante β sinkt. Aus diesem Grund bleibt der Kurvenverlauf für das reale Lager hinter dem linearen Anstieg zurück.

- Zwischen der Drehzahl $n = 0$ und der Übergangsdrehzahl $n = n_ü$ liegt das Gebiet der Mischreibung vor. Mit steigender Drehzahl sinkt der coulombsche und steigt der hydrodynamische Anteil an der Lastübertragung, so dass die Reibzahl f stetig abnimmt. Da aber jedes hydrodynamische Gleitlager diesen Bereich durchfahren muss, ist die Materialpaarung Welle–Lagerschale so auszuwählen, dass die damit verbundene Werkstoffbelastung schadlos überstanden werden kann. Der Werkstoff muss „Notlaufeigenschaften“ aufweisen, also in der Lage sein, auch vorübergehend den thermischen Belastungen und den Verschleißmechanismen der Festkörperreibung standzuhalten. Hierfür kommen vor allen Dingen Blei- und Zinn-Lagermetalle nach DIN ISO 4381/4383, Kupferlegierungen nach DIN ISO 4382/4383 und Aluminiumlegierungen nach DIN ISO 4383/6279 in Frage.

Das Bild 5.65 zeigt die messtechnisch aufgenommenen Stribeck-Kurven eines realen Lagers. In dieser Darstellung wurde die Lagerlast P als Parameter variiert. Weiterhin wurde in diesem Diagramm auch die Lagertemperatur aufgezeichnet.

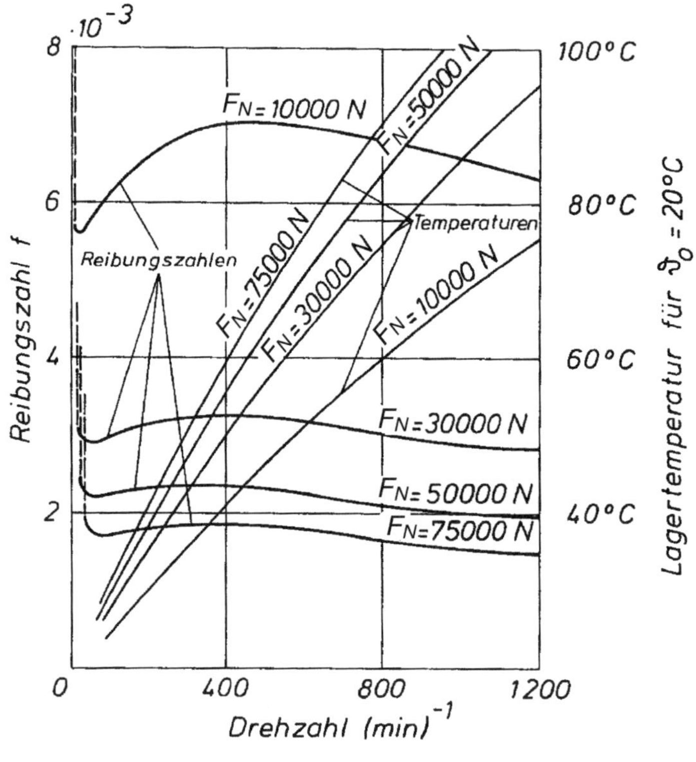

Bild 5.65: Gemessenes Reibverhalten Hydrodynamiklager

Oberhalb der Übergangsdrehzahl wird zuweilen ein mehr konstantes Verhalten der Reibzahl beobachtet, was in der Historie der Gleitlagerforschung lange Zeit für Missverständnisse gesorgt hat. Wie im Falle der Festkörperreibung wurde hier zunächst eine konstante Reibzahl für Flüssigkeitsreibung angesetzt. Erst später wurde erkannt, dass hier zwei gegenläufige Effekte wirksam werden, die sich zuweilen weitgehend kompensieren. Dieses Diagramm zeigt auch, dass mit zunehmender Lagerlast F_N die Temperatur zwar höher, die Reibzahl aber geringer wird. Die letztgenannte Feststellung ist darauf zurückzuführen, dass zwar der Bewegungswiderstand mit steigender Lagerbelastung insgesamt ansteigt, die Reibzahl aber durch die Normierung eben auf diese belastende Kraft niedriger wird, weil der Schmierstoff wegen der steigenden Temperatur dünnflüssiger, also weniger bewegungshemmend wird.

5.3.3 Rechnerische Beschreibung des hydrodynamischen Radialgleitlagers (E)

Die vorangegangenen Betrachtungen konzentrierten sich vor allen Dingen darauf, qualitative Zusammenhänge aufzuzeigen, um damit das grundsätzliche Verständnis des hydrodynamischen Lagers zu erleichtern. Darüber hinaus muss es jedoch Ziel einer Lagerdimensionierung sein, quantitative Aussagen zu treffen. Für die rechnerische Beschreibung eines hydrodynamischen Lagers lässt sich die sog. Reynoldssche Differentialgleichung ansetzen:

$$\frac{\partial}{\partial x}\left(h^3\frac{\partial p}{\partial x}\right)+\frac{\partial}{\partial z}\left(h^3\frac{\partial p}{\partial z}\right)=6\cdot\eta\left[\left(u_1+u_2\right)\frac{\partial h}{\partial x}+2\frac{\partial h}{\partial t}\right] \qquad \text{Gl. 5.22}$$

Die Gleichung ist geschlossen nicht lösbar, lediglich mit Hilfe des Differenzen- oder Finite-Elemente-Verfahrens kommt man zu Zahlenergebnissen. Diese wissenschaftlich orientierte Vorgehensweise ist allerdings für praktische Dimensionierungsaufgaben wegen des damit verbundenen Rechenaufwandes völlig unbrauchbar. Aus diesem Grunde wird auf eine von Vogelpohl entwickelte Näherungslösung zurückgegriffen, die die wesentlichen Lagerkenngrößen und Betriebsdaten in Zusammenhang bringt (Bild 5.66):

$$n_{ü}=\frac{F_N}{C_{ü}\cdot\eta\cdot Vol} \qquad \text{Gl. 5.23}$$

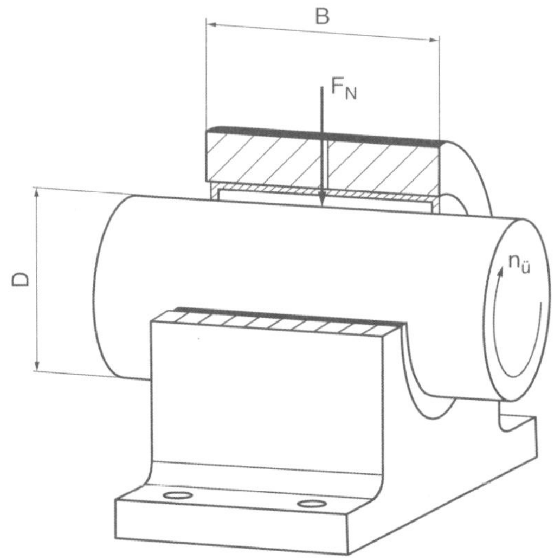

Bild 5.66: Geometriekenndaten Hydrodynamiklager

Diese Gleichung führt als Größengleichung nur dann zu korrekten Zahlenergebnissen, wenn die Werte in den korrekten Einheiten eingesetzt werden:

$n_ü$	Übergangsdrehzahl in [min^{-1}]	
F_N	die das Lager belastende Kraft in [N]	
$Vol = \frac{\pi \cdot D^2}{4} \cdot B$	Volumen des kraftübertragenden Wellenabschnittes in [mm³]	
	D: Wellendurchmesser, B: tragende Lagerbreite	
η	Ölviskosität in [Pas „Pascalsekunde"] (1 Pa = 1 N/m²)	
$C_ü$	Konstruktionskonstante	
	$C_ü = 1 \cdot 10^{-2}$	für „normale" Lager
	$C_ü = 3 \cdot 10^{-2} \ldots 4 \cdot 10^{-2}$	für „genau gefertigte" Lager
	$C_ü = 10 \cdot 10^{-2}$	für Prüfstände

Diese Gleichung hat Gültigkeit für das Verhältnis

$$0{,}8 \leq \frac{B}{D} \leq 1{,}2 \qquad \text{Gl. 5.24}$$

Diese Verhältnismäßigkeit muss aber aus konstruktiven Gründen ohnehin eingehalten werden, weil

- bei besonders schmalen Lagern (B / D < 0,8) Tragfähigkeit eingebüßt wird, da eine zu geringe kraftübertragende Fläche zur Verfügung steht.
- bei besonders breiten Lagern (B / D > 1,2) zunehmend Deformationsprobleme auftreten: Die Welle verformt sich elastisch unter dem Einfluss der zu übertragenden Kraft und stört damit die zunächst angenommene axiale Gleichmäßigkeit der Lagerspaltgeometrie. Dadurch wächst die Gefahr, dass es besonders an den Lagerrändern zu Festkörperberührung kommt.

Während die o.g. Gleichung dann anzusetzen ist, wenn nach der so wichtigen Übergangsdrehzahl gefragt wird, kann dieselbe Gleichung auch genutzt werden, wenn die Kraft ermittelt werden soll, mit der das Lager maximal belastet werden darf. In diesem Fall muss lediglich anders indiziert werden:

$$F_{N\,max} = C_ü \cdot \eta \cdot Vol \cdot n_ü \qquad \text{Gl. 5.25}$$

Wenn das Lager erst noch konstruiert werden soll, der Lagerdurchmesser und die Lagerbreite also noch festzulegen sind, so bietet sich folgende Umstellung an:

$$Vol = \frac{F_N}{C_ü \cdot \eta \cdot n_ü} \qquad \text{Gl. 5.26}$$

Ist andererseits das Lager konstruktiv bereits ausgeführt und sind auch die Betriebsbedingungen Kraft und Drehzahl ebenfalls festgelegt, so kann immerhin noch die Ölviskosität in gewissen Grenzen angepasst werden:

$$\eta = \frac{F_N}{C_{ü} \cdot n_{ü} \cdot Vol} \qquad \text{Gl. 5.27}$$

Die Vogelpohl-Gleichung beschreibt den Grenzfall, der das Zustandekommen einer Flüssigkeitsreibung ermöglicht. Diese Bedingungen sind für den praktischen Betrieb jedoch nicht anzustreben, da dann noch nicht gewährleistet ist, dass die Mischreibung auch schadlos überwunden werden kann. Aus diesem Grund muss die Betriebsdrehzahl n deutlich über der Übergangsdrehzahl $n_{ü}$ liegen, was sich wiederum in einer Sicherheit S ausdrücken lässt:

$$S_{tats} = \frac{n}{n_{ü}} \qquad \text{Gl. 5.28}$$

Die beim Durchfahren des Mischreibungsgebietes anfallende Reibarbeit muss als Wärme abgeführt werden und darf dabei die thermische Belastbarkeit der Werkstoffe an den kraftübertragenden Flächen nicht überbeanspruchen. Diese Reibarbeit lässt sich in erster grober Abschätzung durch die im Schmierspalt vorliegende Umfangsgeschwindigkeit beschreiben, wobei erfahrungsgemäß folgende Sicherheiten angestrebt werden sollen:

für $u \leq 3$ m/s	$S_{erf} \geq 3$
für 3 m/s $< u <$ 10 m/s	$S_{erf} \geq u$ [m/s]
für $u \geq 10$ m/s	$S_{erf} \geq 10$

Wird ein Lager mit diesen Richtwerten dimensioniert, so kann davon ausgegangen werden, dass seine Funktionsfähigkeit beim Durchfahren des Mischreibungsgebietes keinen Schaden nimmt.

Wie bereits die Erörterung der Stribeck-Kurve zeigte, wird der hydrodynamische Reibzustand maßgeblich durch die Reibzahl f beschrieben, so dass die Reibkraft berechnet werden kann:

$$F_R = F_N \cdot f \qquad \text{Gl. 5.29}$$

Zur Quantifizierung von f wird in Bild 5.67 nochmals das Verhalten des Schmiermittels im Spalt aufgegriffen.

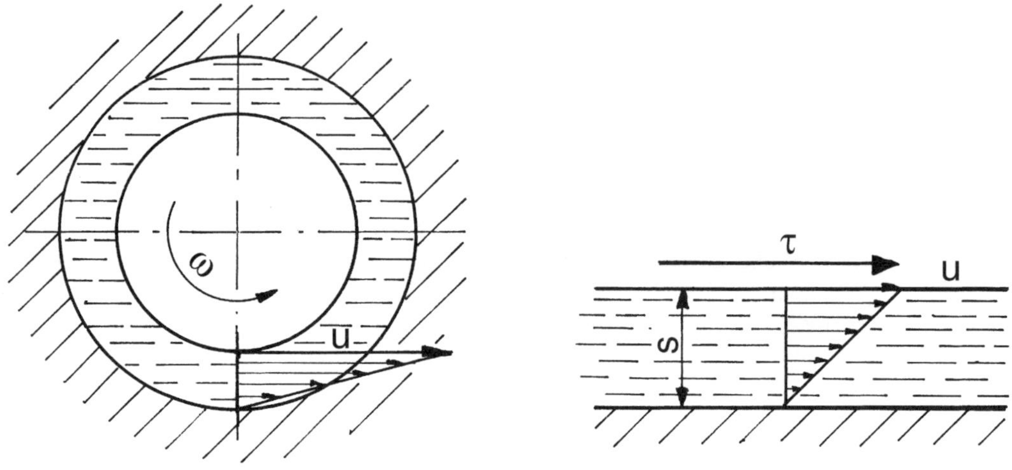

Bild 5.67: Newtonscher Schubspannungsansatz

Die Schubspannung τ, die sich dieser Bewegung widersetzt, formuliert sich nach dem Newtonschen Schubspannungsansatz zu

$$\tau = \eta \cdot \frac{u}{s} \quad \text{(geschwindigkeitsproportionaler Bewegungswiderstand)} \qquad \text{Gl. 5.30}$$

Die insgesamt im Schmierspalt wirkende Reibkraft drückt sich als Produkt aus dieser Schubspannung τ und der gesamten berührenden Umfangsfläche des Lagers A_B aus. Setzt man die Schubspannung nach Gl. 5.30 an, so erhält man mit Gl. 5.29 die Reibkraft F_R:

$$F_R = \tau \cdot A_B = \tau \cdot D \cdot \pi \cdot B = \eta \cdot \frac{u}{s} \cdot D \cdot \pi \cdot B = F_N \cdot f$$

Dadurch gewinnt man einen expliziten Zusammenhang zwischen der gesuchten Reibzahl f und der Viskosität η:

$$f = \eta \cdot \frac{u \cdot D \cdot \pi \cdot B}{s \cdot F_N} \qquad \text{Gl. 5.31}$$

In dieser Gleichung ist noch die Spaltweite s für den zentrischen Lauf unbekannt. Diese Spaltweite s wird sinnvollerweise zum Durchmesser des Lagers D ins Verhältnis gesetzt, so dass sich das relative Lagerspiel ψ ergibt:

$$\psi = \frac{s}{R} = \frac{2 \cdot s}{D} = \frac{S}{D} \quad \text{bzw.} \quad s = \psi \cdot \frac{D}{2} \quad \text{und} \quad S = \psi \cdot D \qquad \text{Gl. 5.32}$$

Dabei steht R für den Wellenradius. Wird dieser Quotient mit dem Faktor 2 erweitert, so ergibt sich die auf den Durchmesser D bezogene Spaltweite S, mit der die Spielpassung angegeben werden kann. Für die optimale Auslegung des Lagerspiels muss berücksichtigt werden, dass sich mit zunehmender Geschwindigkeit u das Lager erwärmt und damit das Spiel verengt wird. Es ist deshalb angebracht, das relative Lagerspiel ψ mit der Geschwindigkeit im Lagerspalt u in Zusammenhang zu bringen. Aus betrieblichen Erfahrungen ergibt sich ein ψ_{opt} zu:

$$\psi_{opt} = 0,8 \cdot 10^{-3} \cdot \sqrt[4]{u[\text{m/s}]} \qquad \text{Gl. 5.33}$$

Diese Größengleichung ergibt nur dann korrekte Zahlenwerte, wenn u in [m/s] eingesetzt wird. Der Kurvenzug in Bild 5.68 stellt diese Abhängigkeit grafisch dar.

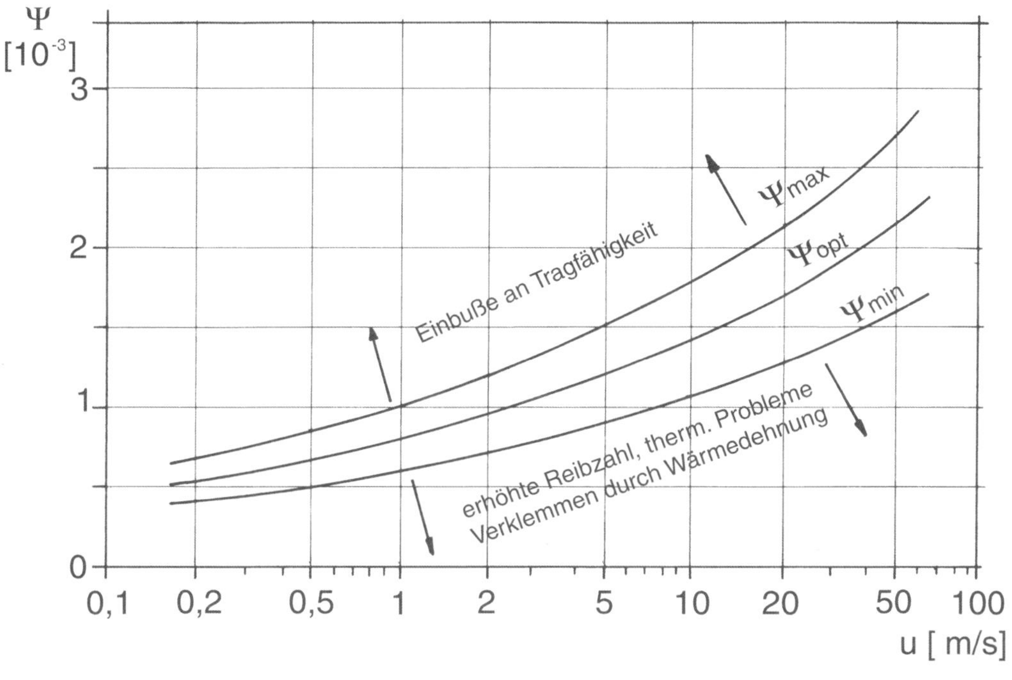

Bild 5.68: Optimierte Schmierspaltweite

Der damit ermittelte Wert für die Spaltweite S kann aus fertigungstechnischen Gründen nicht genau eingehalten werden, sondern muss als Spielpassung mit einer gewissen Toleranz ausgeführt werden. Nach betrieblichen Erfahrungen darf er um ein Viertel über- bzw. unterschritten werden:

$S_{min} = 0,75 \cdot S$ und $S_{max} = 1,25 \cdot S$

Zur Ermittlung der Reibzahl f gemäß Gl. 5.31 können noch zwei Bestimmungsgleichungen angesetzt werden:

$$u = \omega \cdot \frac{D}{2} \qquad \text{Gl. 5.34}$$

Die durch die Lagerlast F_N verursachte spezifische Lagerbelastung lässt sich durch eine fiktive „mittlere" Flächenpressung ausdrücken:

$$\bar{p} = \frac{F_N}{D \cdot B} \quad \text{bzw.} \quad F_N = \bar{p} \cdot D \cdot B \qquad \text{Gl. 5.35}$$

Setzt man Gl. 5.34 und 5.35 in Gl. 5.31 ein, so ergibt sich:

$$f = \frac{\eta \cdot \omega \cdot \frac{D}{2} \cdot D \cdot \pi \cdot B}{\psi \cdot \frac{D}{2} \cdot \bar{p} \cdot D \cdot B} = \frac{\eta \cdot \omega \cdot \pi}{\psi \cdot \bar{p}} = \frac{\pi}{\frac{\bar{p} \cdot \psi^2}{\eta \cdot \omega}} \cdot \psi \qquad \text{Gl. 5.36}$$

Die letzte Umformung ist vorgenommen worden, um die definitionsgemäß festgelegte Sommerfeldzahl So einfügen zu können:

$$So = \frac{\bar{p} \cdot \psi^2}{\eta \cdot \omega} \qquad \text{Gl. 5.37}$$

Damit führt Gl. 5.36 auf den Ausdruck

$$f = \frac{\pi \cdot \psi}{So} \quad \text{zentrischer Lauf, Schnelllaufbereich} \qquad \text{Gl. 5.38}$$

Diese Formulierung trifft nur für den zentrischen Lauf zu, weil bei obigen Festlegung von ψ von genau dieser Voraussetzung ausgegangen worden ist. Zentrischer Lauf tritt jedoch nur dann auf, wenn eine hohe Drehzahl vorliegt und wird deshalb „Schnelllaufbereich" genannt. Die zahlenmäßige Abgrenzung wird durch das Kriterium So ≤ 1 getroffen. Ist hingegen die Lagerlast groß und demzufolge der Lauf exzentrisch, so befindet man sich im „Schwerlastbereich", der durch So > 1 gekennzeichnet ist. Für diesen Fall berechnet sich die Reibzahl f zu

$$f = \frac{\pi \cdot \psi}{\sqrt{So}} \quad \text{exzentrischer Lauf, Schwerlastbereich} \qquad \text{Gl. 5.39}$$

Auf die explizite Herleitung der Reibzahl für den Schwerlastbereich soll an dieser Stelle verzichtet werden. Wenn also die Reibzahl f berechnet wird, so muss grundsätzlich die Fallunterscheidung nach Schnelllaufbereich und Schwerlastbereich getroffen werden:

Schnelllaufbereich zentrischer Lauf	Schwerlastbereich exzentrischer Lauf
$So \leq 1$	$So > 1$
$f = \dfrac{\pi \cdot \psi}{So}$	$f = \dfrac{\pi \cdot \psi}{\sqrt{So}}$

Die im Lager entstehende Reibleistung P_R formuliert sich als Produkt aus Kraft und Geschwindigkeit hier zu

$$P_R = F_R \cdot u \qquad \text{Gl. 5.40}$$

wobei u die Geschwindigkeit im Schmierspalt und F_R die Reibkraft im Lager ist, die sich aber ihrerseits wiederum als Produkt aus Reibzahl f und belastender Kraft F ausdrücken lässt:

$$P_R = F_N \cdot f \cdot u \qquad \text{Gl. 5.41}$$

Da diese Verlustleistung als Wärme abgeführt wird, hat sie auch Einfluss auf das Viskositätsverhalten des Schmierstoffs.

5.3.4 Viskosität und Temperatur (E)

In den vorangegangenen Gleichungen wurde modellhaft angenommen, dass die Viskosität η als „Materialkonstante" des Schmierstoffs eingesetzt werden kann. Tatsächlich wurde aber bereits im Zusammenhang mit der Stribeck-Kurve erkannt, dass die Viskosität von der Temperatur abhängt. Andererseits hängt die Temperatur aber von der Wärmeentwicklung des Lagers und damit ihrerseits von der Viskosität ab.

Das Viskositätsverhalten eines Öls lässt sich aus der praktischen Beobachtung qualitativ als Kurvenzug wie in Bild 5.69 beschreiben. Zunächst wird beispielhaft von der mittleren der drei Kurven (mittelviskoses Öl) ausgegangen.

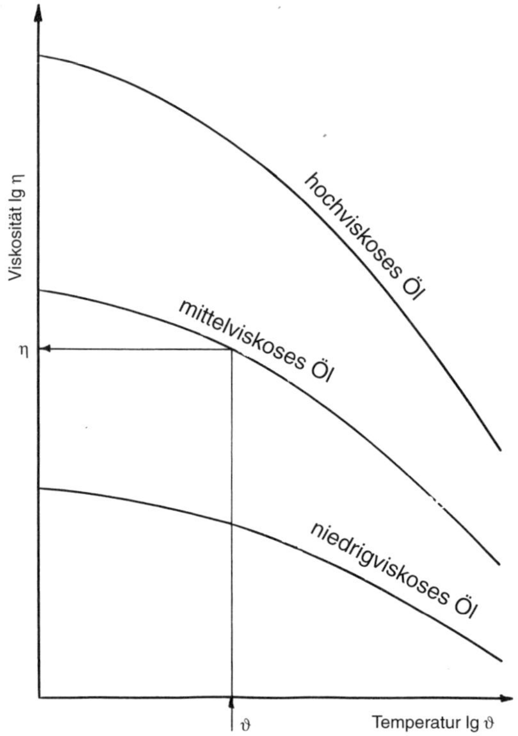

Bild 5.69: Temperaturabhängigkeit der Viskosität

Je höher die Temperatur ϑ ist, desto dünnflüssiger wird das Öl und desto mehr sinkt dessen Viskosität η ab. Andererseits steigt die Viskosität mit sinkender Temperatur. Vergleicht man hingegen verschiedene Ölsorten miteinander, so weisen sie bezüglich ihres Viskosität-Temperatur-Verhaltens prinzipiell die gleiche Tendenz auf. Die Kurven höherviskoser Öle sind dabei weiter rechts oben im Diagramm angeordnet, während niedrigerviskose Öle weiter unten links wieder zu finden sind. Ist die Auswahl des Öls einmal getroffen, so ist damit zwar noch nicht die Betriebsviskosität, wohl aber sein Viskositäts-Temperaturverhalten festgelegt. Ein hochviskoses Öl bei hoher Temperatur kann also die gleiche Betriebsviskosität aufweisen wie ein niedrigviskoses Öl bei geringer Temperatur. Ist die Ölsorte einmal ausgewählt, so muss der Betriebspunkt eines Gleitlagers also auf der Viskositätskennlinie dieses Öls liegen. Während Bild 5.69 den Zusammenhang zwischen Viskosität und Temperatur zunächst nur qualitativ skizziert, geben die Bilder 5.70 und 5.71 den experimentell ermittelten quantitativen Sachverhalt wieder. Der diesbezüglich identische Sachverhalt wird in zwei verschiedenen Bildern dokumentiert, weil eine weiter unten noch zu führende Diskussion zusätzliche Informationen einschließt und Sachverhalte klärt.

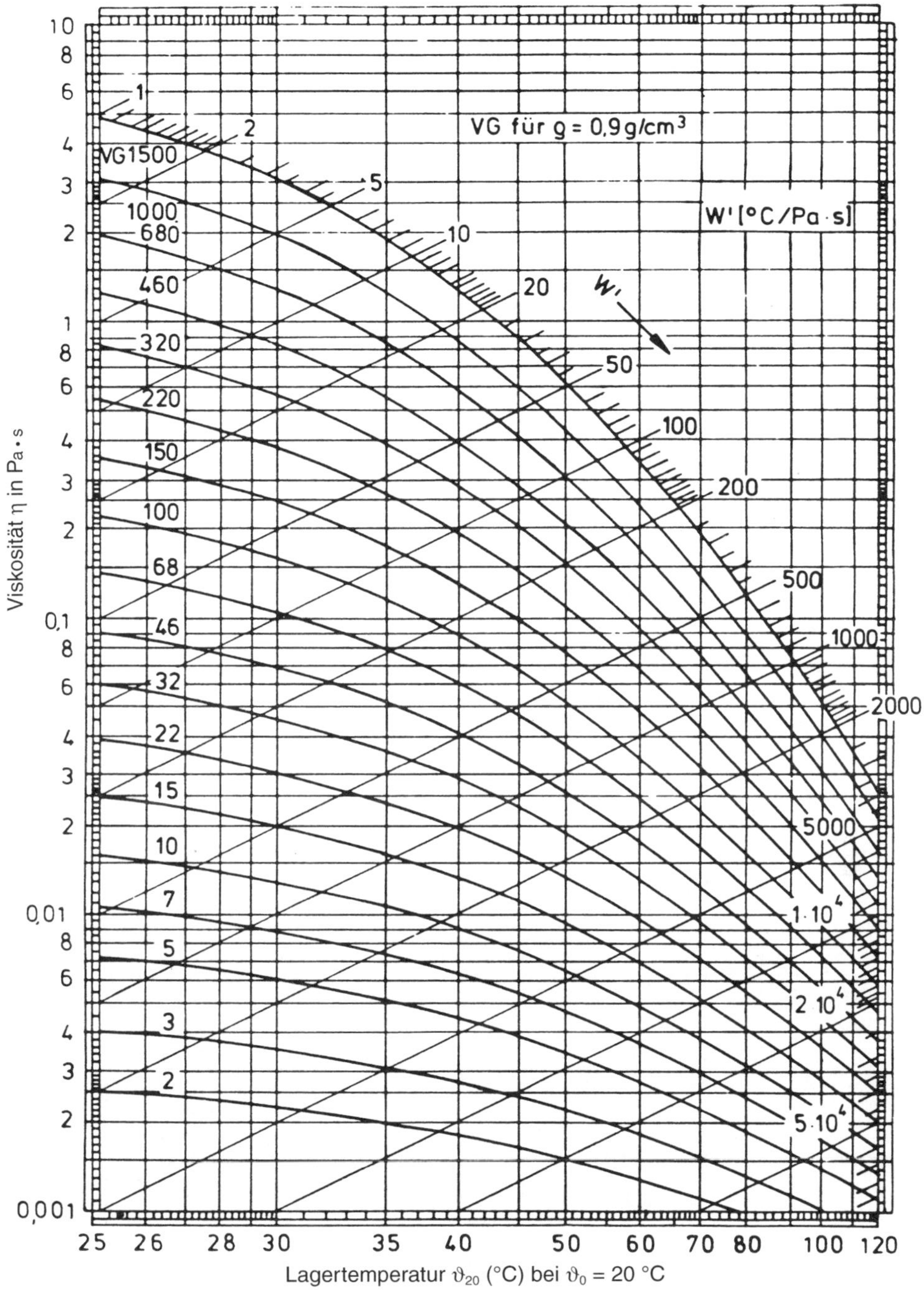

Bild 5.70: Viskositäts-Temperaturdiagramm für Schnelllaufbereich ($So \leq 1$) zur Berechnung der Lagertemperatur

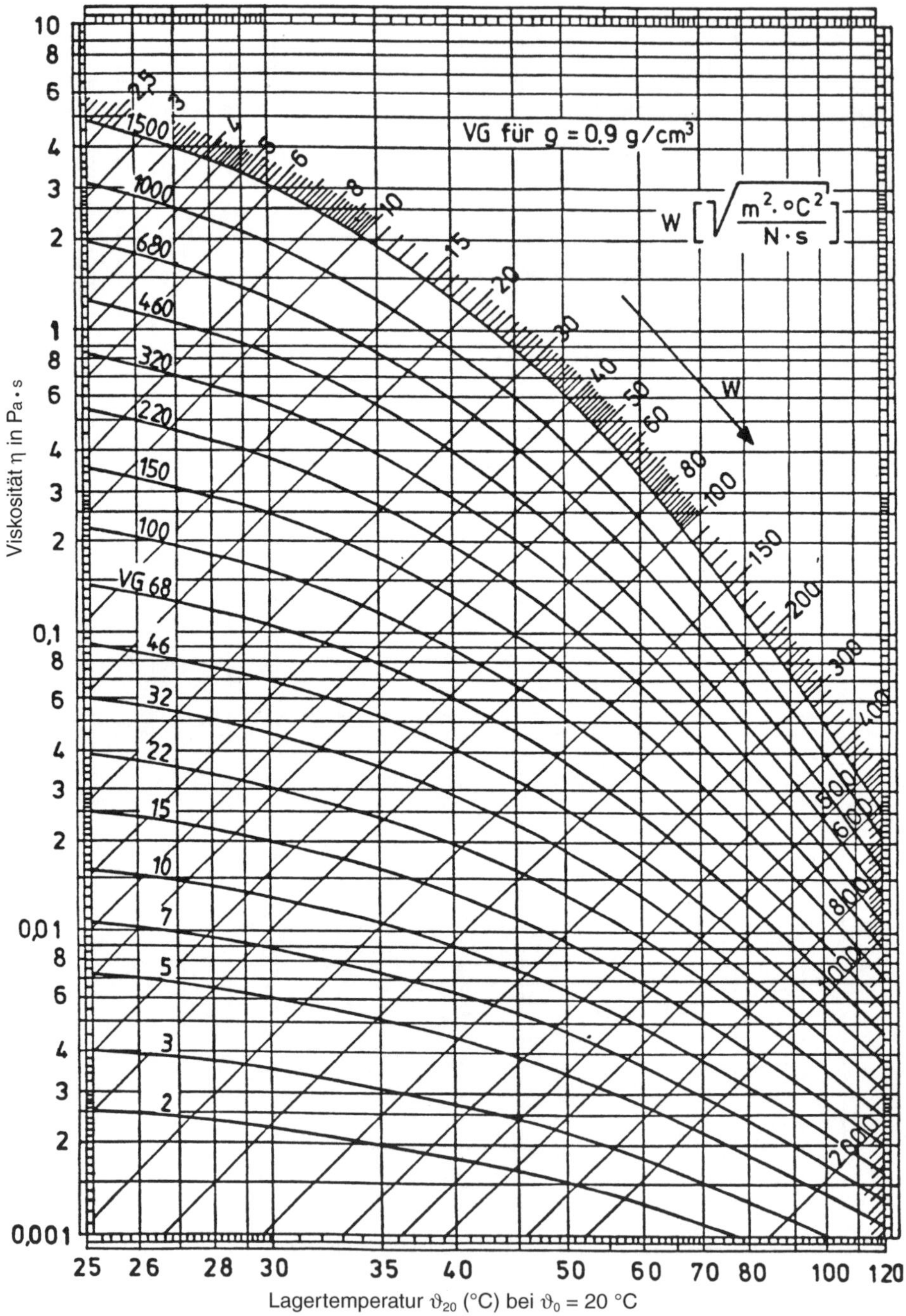

Bild 5.71: Viskositäts-Temperaturdiagramm für Schwerlastbereich ($So > 1$) zur Berechnung der Lagertemperatur

Tatsächlich kann auch noch eine Druckabhängigkeit der Viskosität beobachtet werden, die allerdings so gering ist, dass sie für die hier untersuchten Belange vernachlässigt werden kann. Für die endgültige Festlegung des Betriebspunktes (Temperatur ϑ und Viskosität η) ist also noch eine weitere Bestimmungsgröße notwendig, wobei sich die in den beiden folgenden Abschnitten vorgestellten Modellfälle unterscheiden lassen:

5.3.4.1 Lagerberechnung bei bekannter Temperatur (E)

Die Temperatur ist bekannt, wenn sie an einer bereits vorhandenen Gleitlagerkonstruktion gemessen werden kann oder wenn die Öltemperatur mit einem Ölkühler auf einem vorgegebenen Niveau gehalten werden kann. In diesem Fall ist die Ermittlung der Viskosität η besonders einfach, weil sie sich dann in einem der beiden oben angegebenen Diagramme (Bild 5.70 und 5.71) direkt als Funktion der Temperatur ϑ ablesen und in die Berechnung einführen lässt.

Wird beispielhaft ein Lager mit dem Durchmesser D = 80 mm, der Breite B = 100 mm und der relativen Spaltweite $\psi = 1{,}2 \cdot 10^{-3}$ (entspricht einer absoluten Spaltweite S = 96 µm) mit dem Öl der Viskositätsklasse VG 10 auf 68 °C gehalten und mit einer Kraft von 3000 N belastet, so ergeben sich mit steigender Drehzahl n die in Bild 5.72 dargestellten Zusammenhänge.

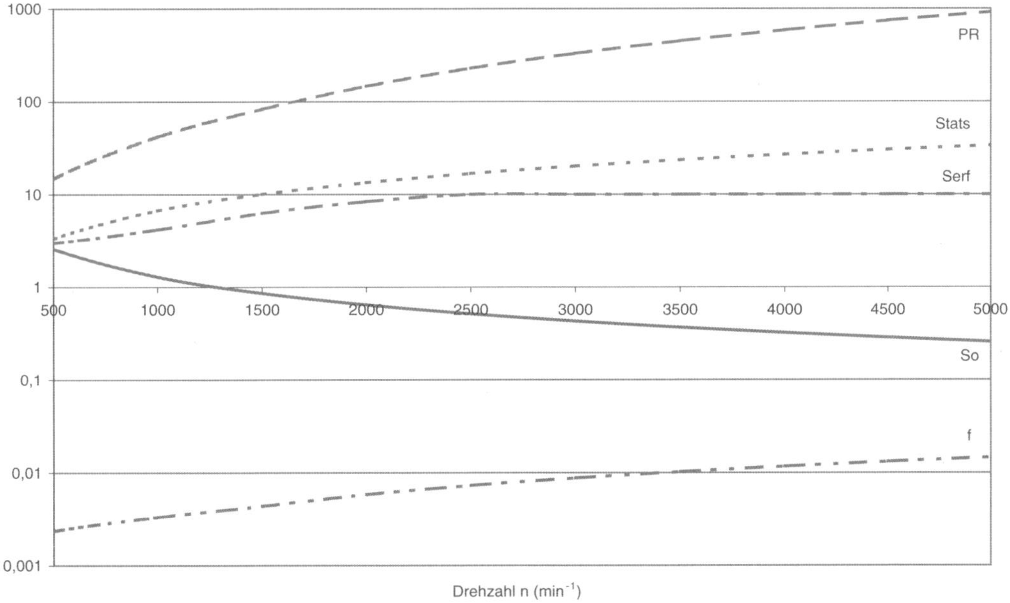

Bild 5.72: Variation der Drehzahl

- Die Sommerfeldzahl *So* sinkt mit steigender Drehzahl. Sie ist für Drehzahlen bis etwa 1.250 min^{-1} größer als 1 (Schwerlastbereich) und darüber hinaus kleiner als 1 (Schnelllaufbereich).
- Die Reibzahl *f* steigt mit zunehmender Drehzahl n, bleibt aber immer im Hundertstelbereich (bei Coulombscher Reibung sind Reibzahlen im Zehntelbereich üblich). Die Reibleistung P_R erhöht sich ebenfalls mit zunehmender Geschwindigkeit, die im Diagramm angegebenen hohen Drehzahlen sind praktisch jedoch kaum mehr realisierbar, weil eine Reibleistung von 1 kW aus einem Lager dieser Größenordnung nicht mehr bei diesem Temperaturniveau abzuleiten ist.
- Die tatsächlich vorliegende Sicherheit S_{tats} steigt wegen der zunehmenden Hydrodynamik bei höheren Drehzahlen und ist im hier wiedergegebene Bereich stets größer als die ebenfalls mit bei höheren Drehzahlen anwachsende erforderliche Sicherheit S_{erf}.

Wird dasselbe Lager mit einer Drehzahl von 1.200 min^{-1} betrieben und die Lagerbelastung variiert, so ergibt sich die in Bild 5.73 dokumentierte Situation.

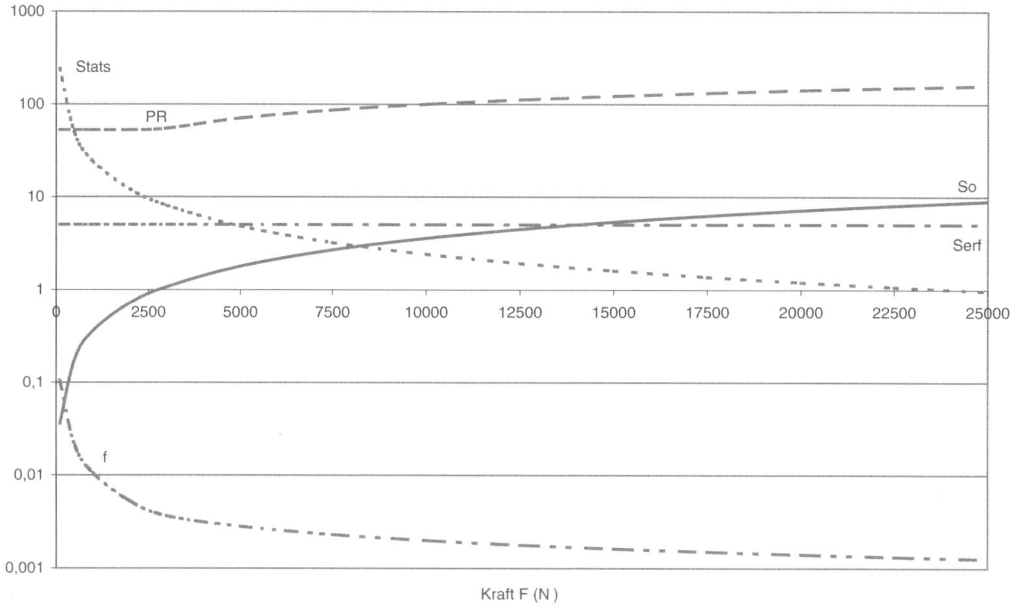

Bild 5.73: Variation der Lagerbelastung

- Die Sommerfeldzahl *So* steigt mit zunehmender Lagerbelastung. Bei geringer Last kommt es kaum zu einer Auslenkung des Lagers aus seiner zentrischen Lage, es liegt Schnelllaufbereich vor. Mit der Lagerlast steigt auch die Auslenkung aus der zentrischen Lage, bei einer Kraft von etwas über 2.500 N wird die Sommerfeldzahl 1 überschritten, bei größerer Last befindet sich das Lager im Schwerlastbereich.
- Die Reibzahl *f* sinkt mit zunehmender Last, weil sie sich definitionsgemäß durch die Division der Reibkraft durch die Lagerlast ergibt. Im Schnelllaufbereich ist die Reibleistung konstant, im Schwerlastbereich steigt sie mit zunehmender Lagerlast leicht an.

- Die erforderliche Sicherheit S_{erf} ist bei vorgegebener Drehzahl konstant. Die tatsächlich vorliegende Sicherheit S_{tats} sinkt mit zunehmender Lagerlast stetig und wird bei knapp 5.000 N kleiner als die geforderte Sicherheit. Ab hier wird der Betrieb des Lagers problematisch, auch wenn die Hydrodynamik rechnerisch noch bis zu einer Last von über 23.000 N aufrecht erhalten wird.

Die Variation des Lagerspiels ψ führt zu den in Bild 5.74 aufgezeigten Konsequenzen.

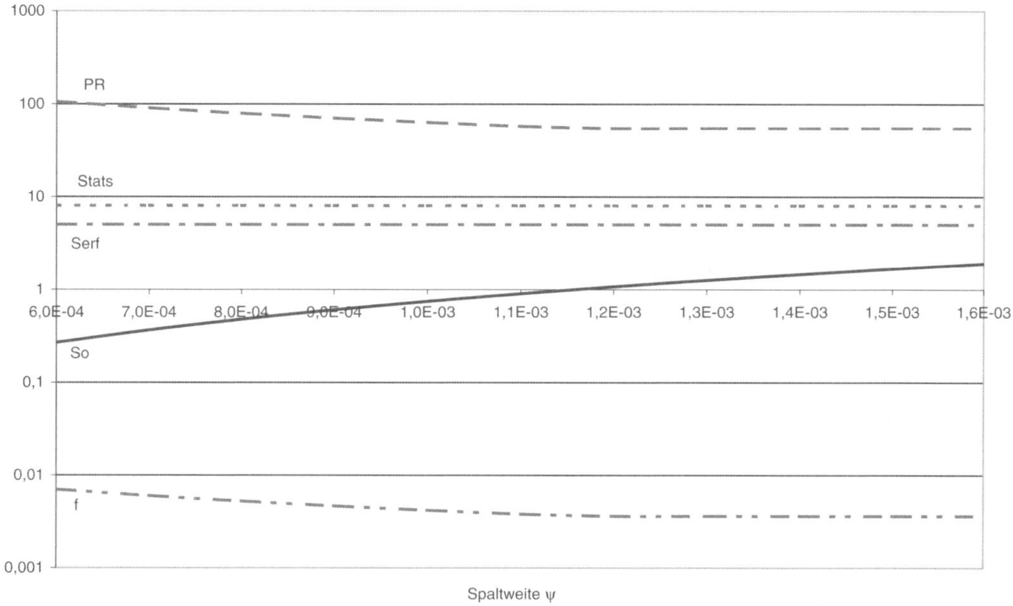

Bild 5.74: Variation des Lagerspiels

- Bei einer Vergrößerung des Lagerspiels weicht die Welle zunehmend aus der zentrischen Lage aus, was sich in einer höheren Sommerfeldzahl ausdrückt. Bei Absenkung des Lagerspiels bleibt zunehmend weniger Platz für ein Ausweichen aus der zentrischen Lage, bei den hier vorliegenden Parametern ergibt sich eine Sommerfeldzahl *So* im Schnelllaufbereich.
- Die Reibzahl *f* (und damit die Reibleistung P_R) wird mit abnehmender Spaltweite immer größer. Steigt die Spaltweite jedoch über den Wert $\psi_{opt} = 1{,}15 \cdot 10^{-3}$ (entspricht dem Übergang vom Schwerlast- in den Schnelllaufbereich), so ändern sich weder die Reibzahl *f* noch die Reibleistung P_R.
- Die erforderliche Sicherheit S_{erf} und die tatsächlich vorliegende Sicherheit S_{tats} bleiben konstant.

Abschließend zeigt Bild 5.75, dass die Variation der Temperatur zunächst Einfluss auf die Betriebsviskosität nimmt:

- Bei Erhöhung der Temperatur sinkt die Betriebsviskosität, das Öl wird „dünnflüssiger".

- Das Lager verlässt mit sinkender Viskosität zunehmend seine zentrische Lage, die Sommerfeldzahl steigt entsprechend.
- Die Tragfähigkeit des Lagers wird geringer, was zu einem Absinken der Sicherheit S_{tats} führt. Im vorliegenden Fall wird bei einer Temperatur von ca. 92 °C die erforderliche Sicherheit S_{erf} unterschritten, bei darüber liegenden Temperaturen wird der Betrieb des Lagers kritisch.
- Die Reibzahl und die Reibleistung sinken bei steigender Temperatur.

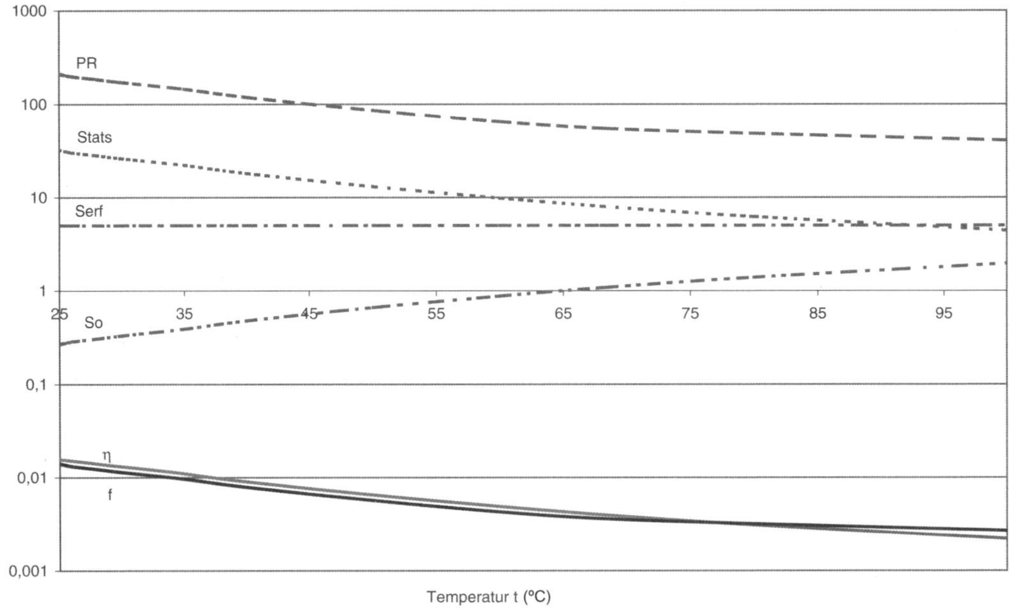

Bild 5.75: Variation der Lagertemperatur

Aufgaben A.5.25 bis A.5.31

5.3.4.2 Lagerberechnung bei Wärmeabfuhr durch Konvektion (V)

Entsteht im Lager nur eine geringe Wärmemenge, so lässt sich in vielen Fällen der konstruktive Aufwand eines Ölkühlers vermeiden. Die Lagertemperatur und damit die Viskosität des Schmierstoffs ergibt sich nach längerem stationären Betrieb aus einem thermodynamischen Gleichgewicht: Die durch die Flüssigkeitsreibung im Lager entstehende Reibleistung P_R muss als Wärmeleistung P_{th} mittels Konvektion über die wärmeabgebende Oberfläche des Lagers A abgeführt werden:

$$P_R = f \cdot F_N \cdot u \qquad P_{th} = \alpha \cdot A \cdot (\vartheta_{Öl} - \vartheta_0) \qquad \text{Gl. 5.42}$$

Dabei bedeutet α die Wärmeübergangszahl, A die wärmeabgebende Oberfläche und ($\vartheta_{Öl}$–ϑ_0) die Temperaturdifferenz des Öls zur Umgebung des Lagers. Die wärmeabgebende Oberfläche A lässt sich durch geometrische Näherung der vorliegenden Konstruktion bestimmen. Die DIN 31652 gibt dafür folgende Anhaltswerte:

für zylindrische Gehäuse: $$A = \frac{\pi}{2} \cdot \left(D_H^{\,2} - d^2\right) + \pi \cdot D_H \cdot B_H$$ Gl. 5.43

für Stehlager $$A = \pi \cdot H \cdot \left(B_H + \frac{H}{2}\right)$$ Gl. 5.44

für Lager im Maschinenverband $$A = (15...20) \cdot B \cdot d$$ Gl. 5.45

d: Wellendurchmesser

B_H: Gehäusebreite in Axialrichtung

D_H: Gehäuseaußendurchmesser

H: Gesamthöhe des Stehlagers

Durch Gleichsetzen von P_R und P_{th} gewinnt man

$$F_N \cdot f \cdot u = \alpha \cdot A \cdot (\vartheta_{Öl} - \vartheta_0) \quad \Rightarrow \quad \vartheta_{Öl} - \vartheta_0 = \frac{F_N \cdot f \cdot u}{\alpha \cdot A}$$ Gl. 5.46

Für die Wärmeübergangszahl α muss folgende Unterscheidung getroffen werden:

Für den Fall der freien Konvektion (keine Luftbewegung) gilt:	Für den Fall der erzwungenen Konvektion muss die Luftgeschwindigkeit w berücksichtigt werden. Für $w > 1{,}2$ m/s gilt:
$\alpha = 15 \, \frac{\text{W}}{\text{m}^2 \cdot {}^\circ\text{C}}$ Gl. 5.47 für Lager im Maschinenverband $\alpha = 20 \, \frac{\text{W}}{\text{m}^2 \cdot {}^\circ\text{C}}$ Gl. 5.48 für freistehende Lagergehäuse	$\alpha \left[\frac{\text{W}}{\text{m}^2 \cdot {}^\circ\text{C}}\right] = 7 + 12 \cdot \sqrt{w\left[\frac{\text{m}}{\text{s}}\right]}$ Gl. 5.49 In dieser Größengleichung sind die angegeben Einheiten zu berücksichtigen!

Da die Reibzahl f davon abhängt, ob das Lager im Schnelllauf- oder Schwerlastbereich betrieben wird, muss auch hier die bereits oben getroffene Fallunterscheidung berücksichtigt werden (Tabelle 5.9).

Tabelle 5.9: Schnelllaufbereich versus Schwerlastbereich.

Schnelllaufbereich (zentrischer Lauf)		**Schwerlastbereich** (exzentrischer Lauf)
	$\vartheta_{Öl}-\vartheta_0=\frac{F_N\cdot f\cdot u}{\alpha\cdot A}$	
$So\le 1$		$So>1$
$f=\frac{\pi\cdot\psi}{So}$		$f=\frac{\pi\cdot\psi}{\sqrt{So}}$
$(\vartheta_{Öl}-\vartheta_0)=$	(Substitutionen)	$(\vartheta_{Öl}-\vartheta_0)=$
$=\frac{F_N\cdot\frac{\pi\cdot\psi}{So}\cdot u}{\alpha\cdot A}$	$So=\frac{\bar{p}\cdot\psi^2}{\eta\cdot\omega}$	$=\frac{F_N\cdot\frac{\pi\cdot\psi}{\sqrt{So}}\cdot u}{\alpha\cdot A}$
$=\frac{F_N\cdot\frac{\pi\cdot\psi}{\frac{\bar{p}\cdot\psi^2}{\eta\cdot\omega}}\cdot u}{\alpha\cdot A}$		$=\frac{F_N\cdot\frac{\pi\cdot\psi}{\sqrt{\frac{\bar{p}\cdot\psi^2}{\eta\cdot\omega}}}\cdot u}{\alpha\cdot A}$
$=\frac{F_N\cdot\pi\cdot u\cdot\eta\cdot\omega}{\bar{p}\cdot\psi\cdot\alpha\cdot A}$	$\bar{p}=\frac{F_N}{D\cdot B}$	$=\frac{F_N\cdot\pi\cdot u}{\alpha\cdot A}\cdot\sqrt{\frac{\eta\cdot\omega}{\bar{p}}}$
$=\frac{F_N\cdot\pi\cdot u\cdot B\cdot D\cdot\eta\cdot\omega}{F_N\cdot\psi\cdot\alpha\cdot A}$	$\omega=\frac{2\cdot u}{D}$	$=\frac{F_N\cdot\pi\cdot u}{\alpha\cdot A}\cdot\sqrt{\frac{\eta\cdot\omega\cdot B\cdot D}{F_N}}$
$=\frac{\pi\cdot u\cdot B\cdot D\cdot 2\cdot u}{\psi\cdot\alpha\cdot A\cdot D}\cdot\eta$		$=\frac{F_N\cdot\pi\cdot u}{\alpha\cdot A}\cdot\sqrt{\frac{\eta\cdot\frac{2\cdot u}{D}\cdot B\cdot D}{F_N}}$
$=\frac{\pi\cdot u^2\cdot B\cdot 2}{\psi\cdot\alpha\cdot A}\cdot\eta$		$=\pi\cdot\sqrt{2}\cdot\sqrt{\frac{F_N\cdot u^3\cdot B}{\alpha^2\cdot A^2}}\cdot\sqrt{\eta}$
$\vartheta_{Öl}-\vartheta_0=W'\cdot\eta$ wobei $W'=\frac{6{,}28\cdot u^2\cdot B}{\psi\cdot\alpha\cdot A}\left[\frac{°C}{Pas}\right]$ Gl. 5.50 F_N hat keinen Einfluss auf Temperatur und Betriebsviskosität		$\vartheta_{Öl}-\vartheta_0=W\cdot\sqrt{\eta}$ wobei $W=4{,}44\cdot\sqrt{\frac{F_N\cdot u^3\cdot B}{\alpha^2\cdot A^2}\left[\frac{m^2\cdot°C^2}{N\cdot s}\right]}$ Gl. 5.51 ψ hat keinen Einfluss auf Temperatur und Betriebsviskosität

Die in der jeweils letzten Zeile vorgenommene Substitution durch *W'* bzw. *W* ist insofern eine Erleichterung, weil dadurch ein funktionaler Zusammenhang gewonnen wird, der sich nahezu als Geradengleichung der Form $y = a \cdot x$ darstellen lässt. Die Steigung dieser Geraden *W* für den Schwerlastbereich und *W'* für den Schnelllaufbereich kann entsprechend der letzten Zeile berechnet und dann als Gerade in einem der beiden Diagramme Bild 5.70 und 5.71 wiedergegeben werden. Der Schnittpunkt dieser Geraden mit dem Kurvenzug des verwendeten Öls ergibt dann den Betriebspunkt des Lagers. Damit liegen schließlich sowohl die Temperatur $\vartheta_{Öl}$ als auch die Betriebsviskosität η fest. Bei der praktischen Berechnung ist im allgemeinen Fall nicht bekannt, ob das Lager im Schnelllauf- oder im Schwerlastbereich betrieben wird. Es müssen also zunächst einmal beide Varianten (Schnelllauf- und Schwerlastbereich) betrachtet werden, bevor die Berechnung der Sommerfeldzahl dann darüber entscheidet, welcher Bereich tatsächlich vorliegt.

In der industriellen Praxis wird dieses Verfahren meist rein rechnerisch auf Datenverarbeitungsanlagen durchgeführt, wobei allerdings die Anschaulichkeit der Sachzusammenhänge weitgehend verloren geht. Auch mit der hier erläuterten graphischen Vorgehensweise gewinnt man ausreichend genaue Zahlenergebnisse, zumal die Ermittlung der Wärmeübergangszahl α und der wärmeabgebenden Oberfläche *A* weit größeren Unsicherheiten unterworfen ist.

5.3.5 Ölbedarf (V)

Der für den sicheren Betrieb des Lagers erforderliche Öldurchsatz richtet sich nach zwei verschiedenen Kriterien. Die für den sicheren hydrodynamischen Betrieb des Lagers erforderliche „Tragölmenge“ Q_T kann berechnet werden zu:

$$Q_T = 1{,}3 \ldots 2{,}0 \cdot (B \cdot u \cdot S) \qquad \text{Gl. 5.52}$$

Bei Betrieb mit Ölkühler muss andererseits der Öldurchsatz im Lager so groß sein, dass die anfallende Reibleistung als Wärme abgeführt werden kann. Dazu ist die sog. „Kühlölmenge“ Q_K erforderlich,

$$Q_K = \frac{P_R}{k \cdot (\vartheta_a - \vartheta_e)} \qquad \text{Gl. 5.53}$$

Dabei bedeuten:

k spezifische Wärmekapazität des Öls ($1{,}8 \cdot 10^6 \left[\frac{\text{Nm}}{\text{m}^3 \cdot {}^\circ\text{C}}\right]$)

$(\vartheta_a - \vartheta_e)$ Temperaturdifferenz zwischen Lagereintritt und -austritt, also zwischen Ölkühlereintritt und -austritt

Ist die Kühlölmenge Q_K größer als die Tragölmenge Q_T so wird die Ölverteilnut axial durchbrochen, damit mehr Öl durchfließen kann als zum hydrodynamischen Betrieb des Lagers erforderlich ist.

5.3.6 Konstruktionsbeispiele (E)

Die folgenden beiden Beispiele in Bild 5.76 und 5.77 zeigen Ausführungsformen, bei denen das Lager durch Konvektion, also ohne separaten Ölkühler betrieben wird.

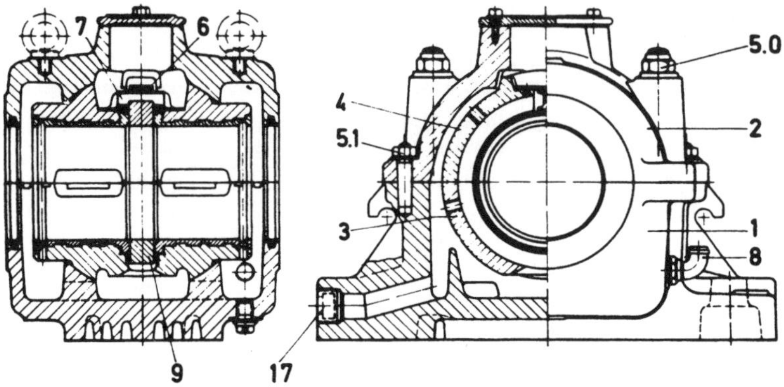

Bild 5.76: Hydrodynamisches Radialgleitlager [Werksbild Fa. Renk] Durchmesserbereich 100–520 mm, Schmierung mittels Festring, Winkeleinstellbarkeit durch kugelförmigen Stützkörper

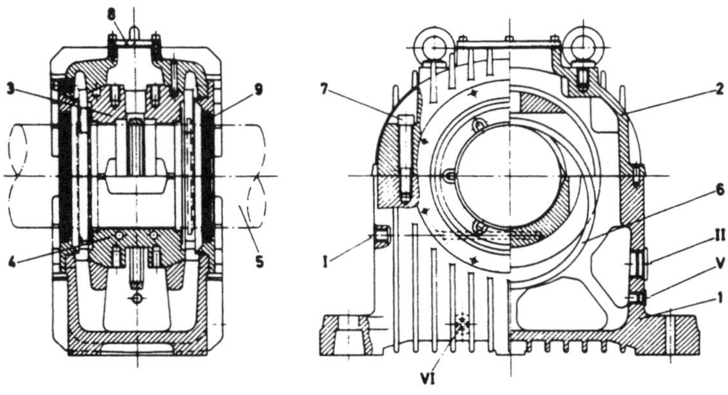

Bild 5.77: Elektro- und Turbomaschinenlager [Werksbild Fa. Renk] Durchmesserbereich 65–1180 mm, Kombination eines Radiallagers mit zwei Axiallagern, Schmierung mittels Losring (Pos. 6), Winkeleinstellbarkeit durch kugelförmigen Stützkörper

Aufgaben A.5.32 bis A.5.35

5.4 Anhang

5.4.1 Literatur

[1] Bartz, W.J.: Gleitlagertechnik; Expert-Verlag Grafenau/Württemberg 1981

[2] Brändlein, Eschmann, P.; Hasbargen, K.: Die Wälzlagerpraxis; Handbuch für die Berechnung und Gestaltung von Lagerungen; Vereinigte Fachverlage Mainz 1995

[3] Butenschön, H.-J.: Das hydrodynamische, zylindrische Gleitlager endlicher Breite unter stationärer Belastung; Dissertation TU Karlsruhe 1976

[4] Dahlke, H.: Handbuch der Wälzlagertechnik; Deutsche Koyo Wälzlager-Verkaufsgesellschaft Hamburg 1987

[5] DIN-Taschenbuch 24: Wälzlager; Beuth-Verlag Berlin 1989

[6] DIN-Taschenbuch 126: Gleitlager; Beuth-Verlag Berlin 1989

[7] Fut, A.: Dreidimensionale thermodynamische Berechnung von Axialgleitlagern mit punktförmig abgestützten Segmenten; Institut für Grundlagen der Maschinenkonstruktion, ETH Zürich 1981

[8] Gersdorfer, O.: Werkstoffe für Gleitlager; VDI-Bericht Nr. 141, Düsseldorf 1970

[9] Hampp, W.: Wälzlagerungen; Springer-Verlag Berlin 1971

[10] Hermes, G.F.: Die Grenztragfähigkeit hochbelasteter hydrodynamischer Radialgleitlager; Dissertation Institut für Maschinenelemente und Maschinengestaltung, RWTH Aachen 1986

[11] Ioanides, E.; Beswick, J.M.: Moderne Wälzlagertechnik; Vogel-Verlag Würzburg 1991

[12] Knoll, G.: Tragfähigkeit zylindrischer Gleitlager unter elastohydrodynamischen Bedingungen; Dissertation Institut für Maschinenelemente und Maschinengestaltung, RWTH Aachen 1974

[13] Lang, O.R.; Steinhilper, W.: Gleitlager; Springer-Verlag Berlin 1978

[14] Lundberg, G.: Die dynamische Tragfähigkeit der Wälzlager; Forsch. Ing.-Wesen 18, 1952

[15] Mayer, E.: Axiale Gleitringdichtungen; 7. Auflage, VDI-Verlag Düsseldorf 1982

[16] Motosh, N.: Das konstant belastete zylindrische Gleitlager unter Berücksichtigung der Abhängigkeit der Viskosität von Temperatur und Druck; Dissertation TH Karlsruhe 1962

[17] Müller, H.K.: Abdichtung bewegter Maschinenteile; Medienverlag Waiblingen 1991

[18] NN: Anwendungsbeispiele für Wälzlager; Druckschrift der Firma INA Wälzlager Schaeffler KG, Herzogenaurach

[19] NN: SKF Hauptkatalog; Druckschrift der Firma SKF, Schweinfurt

[20] NN: Wälzlager, Bauarten, Eigenschaften, neue Entwicklungen; Verlag Moderne Industrie

[21] Ott, H.H.: Elastohydrodynamische Berechnung der Übergangsdrehzahl von Radialgleitlagern; Z. VDI 118 (Mai 1976), Nr. 10, S. 456-459

[22] Palmberg, A.: Grundlagen der Wälzlagertechnik; Franckscher Verlagsbuchhandlung Stuttgart 1964

[23] Palmberg, J.O.: On thermo-elasto-hydrodynamic fluid film bearings; Doctoral Thesis Chalmers University Gothenburg/Sweden 1975

[24] Palmgren, A.: Grundlagen der Wälzlagertechnik; 3. Auflage Stuttgart 1963

[25] Peeken, H.: Hydrostatische Querlager; Z. Konstruktion 16 (1964)

[26] Peeken, H.: Tragfähigkeit und Steifigkeit von Radiallagern mit fremderzeugtem Tragdruck (Hydrostatische Radiallager); Z. Konstruktion 1 (1966)

[27] Peeken, H.: Verformungsgerechte Konstruktion steigert die Gleittragfähigkeit; Z. Antriebstechnik 21 (1981) Nr. 11, S. 558-563

[28] Peeken, H.; Benner, J.: Berechnung von hydrostatischen Radial- und Axialgleitlagern; in „Goldschmitt informiert" 61 (1984), Nr. 2, S. 42-148

[29] Peeken, H.; Knoll, G.: Zylindrische Gleitlager unter elastohydrodynamischen Bedingungen; Z. Konstruktion 27 (1975), S. 176-181

[30] Rodermund, H.: Berechnung der Temperaturabhängigkeit der Viskosität von Mineralölen aus dem Viskositätsgrad; Z. Schmiertechnik & Tribologie (1978), Nr. 2, S. 56-57

[31] Schmitt, E.: Handbuch der Dichtungstechnik; Expert-Verlag Grafenau / Württemberg, 1981

[32] Thier, B.; Faragallah, W.H.: Handbuch Dichtungen; Verlag und Bildarchiv W.H. Faragallah Sulzbach i.Ts., 1990

[33] Trutnovsky, K.: Berührungsdichtungen an ruhenden und bewegten Maschinenteilen; 2. Auflage, Springer-Verlag Berlin 1975

[34] Trutnovsky, K.: Berührungsfreie Dichtungen; 4. Auflage, VDI-Verlag Düsseldorf 1981

[35] VDI Richtlinie 2201 Bl 1: Gestaltung von Lagerungen; Einführung in die Wirkungsweise von Gleitlagern

[36] VDI Richtlinie 2201: Gestaltung von Lagerungen; VDI-Verlag Düsseldorf 1980

[37] VDI Richtlinie 2202: Schmierstoffe und Schmiereinrichtungen für Gleit- und Wälzlager; VDI-Verlag Düsseldorf 1970

[38] VDI Richtlinie 2204: Auslegung von Gleitlagerungen; VDI-Verlag Düsseldorf 1992

[39] VDI Richtlinie 2541: Gleitlager aus thermoplastischen Kunststoffen; VDI-Verlag Düsseldorf 1975

[40] VDI Richtlinie 2543: Verbundlager mit Kunststofflaufschicht

[41] Vogelpohl, G.: Die Stribeck-Kurve als Kennzeichen des allgemeinen Reibungsverhaltens geschmierter Gleitflächen; Z. VDI 96 (1954) S. 261-268

[42] Vogelpohl, G.: Betriebssichere Gleitlager; 2. Auflage; Springer-Verlag Berlin 1967

[43] Zargari, P.: Einfluss der Makrogeometrie auf die Tragfähigkeit und Betriebssicherheit von Gleitlagern; Dissertation Institut für Maschinenelemente und Maschinengestaltung RWTH Aachen 1980

5.4.2 Normen

[44] DIN 38: Gleitlager; Lagermetallausguß in dickwandigen Verbundgleitlagern

[45] DIN ISO 76: Wälzlager; Statische Tragzahlen

[46] DIN 118 T1: Antriebselemente; Stehgleitlager für allgemeinen Maschinenbau

[47] DIN ISO 281: Wälzlager; Dynamische Tragzahlen und nominelle Lebensdauer

[48] DIN 322: Gleitlager; Lose Schmierringe für allgemeine Anwendung

[49] DIN ISO 355: Wälzlager; Metrische Kegelrollenlager

[50] DIN 471: Sicherungsringe für Wellen

[51] DIN 472: Sicherungsringe für Bohrungen

[52] DIN 502: Antriebselemente; Flanschlager, Befestigung mit zwei Schrauben

[53] DIN 504: Antriebselement; Außenlager

[54] DIN 505: Antriebselemente; Deckellager, Lagerschalen, Lagerbefestigung mit zwei Schrauben

[55] DIN 505: Antriebselemente; Deckellager, Lagerschalen, Lagerbefestigung mit vier Schrauben

[56] DIN 615: Wälzlager; Schulterkugellager

[57] DIN 616: Wälzlager; Maßpläne für äußere Abmessungen

[58] DIN 617: Wälzlager; Nadellager mit Käfig

[59] DIN 620 T1: Wälzlager; Meßverfahren für Maß- und Lauftoleranzen

[60] DIN 620 T2: Wälzlager; Wälzlagertoleranzen; Toleranzen für Radiallager

[61] DIN 620 T3: Wälzlager; Wälzlagertoleranzen; Toleranzen für Axiallager

[62] DIN 620 T4: Wälzlager; Wältzlagertoleranzen; Radiale Lagerluft

[63] DIN 620 T6: Wälzlager; Metrische Lagerreihen; Grenzmaße für Kantenabstände

[64] DIN 623 T1: Bezeichnung für Wälzlager; Allgemeine Lagerreihenzeichen für Kugellager, Zylinderrollenlager und Pendelrollenlager

[65] DIN 625 T1: Wälzlager; Rillenkugellager, einreihig

[66] DIN 625 T3: Wälzlager; (Radial-)Rillenkugellager, zweireihig, mit Füllnuten

[67] DIN 628 T1: Wälzlager; (Radial-)Schrägkugellager, einreihig und zweireihig

[68] DIN 628 T2: Wälzlager; (Radial-)Schrägkugellager, nicht selbsthaltend, einreihig

[69] DIN 630 T1: Wälzlager; (Radial-)Pendelkugellager, zylindrische und kegelige Bohrung

[70] DIN 630 T2: Wälzlager; (Radial-)Pendelkugellager, breiter Innenring; Innenring mit Klemmhülse

[71] DIN 635 T1: Wälzlager; Pendelrollenlager; Tonnenlager, einreihig

[72] DIN 635 T2: Wälzlager; Pendelrollenlager; Tonnenlager, zweireihig

[73] DIN 711: Wälzlager; Axialrillenkugellager, einseitig wirkend

[74] DIN 715: Wälzlager; Axialrillenkugellager, zweiseitig wirkend

[75] DIN 720: Wälzlager; Kegelrollenlager

[76] DIN 722: Wälzlager; Axial-Zylinderrollenlager, einseitig wirkend

[77] DIN 728 T1: Wälzlager; Axial-Pendelrollenlager, einseitig wirkend, mit unsymmetrischen Rollen

[78] DIN 981: Wälzlagerzubehör; Nutmuttern

[79] DIN 983: Sicherungsringe mit Lappen für Wellen

[80] DIN 984: Sicherungsringe mit Lappen für Bohrungen

[81] DIN 620 T2: Wälzlager; Wälzlagertoleranzen; Toleranzen für Radiallager

[82] DIN 1494 T1: Gleitlager; gerollte Buchsen für Gleitlager

[83] DIN 1591: Gleitlager; Schmierlöcher, Schmiernuten und Schmiertaschen für allgemeine Anwendung

[84] DIN 1850 T3: Buchsen für Gleitlager, aus Sintermetall

[85] DIN E 1850 T5: Buchsen für Gleitlager, aus Duroplasten

[86] DIN 2909: Mineralölerzeugnisse; Berechnung des Viskositätsindex aus der kinematischen Viskosität

[87] DIN E 4381: Gleitlager; Blei- und Zinn-Gußlegierungen für Verbundgleitlager

[88] DIN E 4382: Gleitlager; Kupferlegierungen

[89] DIN E 4383: Gleitlager; Metallische Verbundwerkstoffe für dünnwandige Gleitlager

[90] DIN 5412 T1: Wälzlager; Zylinderrollenlager, einreihig, mit Käfig, Winkelringe

[91] DIN 5412 T4: Wälzlager; Zylinderrollenlager, zweireihig, mit Käfig

[92] DIN 5412 T9: Wälzlager; Zylinderrollenlager, zweireihig, vollrollig, nicht zerlegbar

[93] DIN 5417: Befestigungsteile für Wälzlager; Sprengringe für Lager mit Ringnut

[94] DIN E 5418: Wälzlager; Maße für den Einbau

[95] DIN 5425 T1: Wälzlager; Toleranzen für den Einbau; Allgemeine Richtlinien

[96] DIN 7473: Gleitlager; Dickwandige Verbundgleitlager mit zylindrischer Bohrung, ungeteilt

[97] DIN E 31651 T1: Gleitlager; Kurzzeichen und Benennungen; Grundsystem

[98] DIN E 31651 T2: Gleitlager; Berechnung und Konstruktion

[99] DIN 31651 T1: Gleitlager; Hydrodynamische Radialgleitlager im stationären Betrieb; Berechnung von Kreiszylinderlagern

[100] DIN 31651 T2: Gleitlager; Hydrodynamische Radialgleitlager im stationären Betrieb; Funktionen für die Berechnung von Kreiszylinderlagern

[101] DIN 31651 T3: Gleitlager; Hydrodynamische Radialgleitlager im stationären Betrieb; Betriebsrichtwerte für die Berechnung von Kreiszylinderlagern

[102] DIN E 31653: Gleitlager; Hydrodynamische Axial-Gleitlager im stationären Betrieb

[103] DIN E 31654: Gleitlager; Hydrodynamische Axial-Gleitlager im stationären Betrieb

[104] DIN E 31655 und DIN E 31655: Gleitlager; Hydrostatische Radial-Gleitlager im stationären Betrieb

[105] DIN 31661: Gleitlager; Begiffe, Merkmale und Ursachen von Veränderungen und Schäden

[106] DIN 31690: Gleitlager; Gehäusegleitlager; Zusammenstellung, Stehlagergehäuse

[107] DIN 31693: Gleitlager; Gehäusegleitlager; Zusammenstellung, Flanschlagergehäuse

[108] DIN 31696: Axialgleitlager; Segment-Axiallager; Einbaumaße

[109] DIN 31697: Axialgleitlager; Ring-Axiallager; Einbaumaße

[110] DIN 31698: Gleitlager; Passungen

[111] DIN 53015: Viskosimetrie; Messung der Viskosität mit dem Kugelfall-Viskosimeter nach Höppler

[112] DIN 53018 T1: Viskosimetrie; Messung der dynamischen Viskosität Newtonscher Flüssigkeiten mit Rotationsviskosimetern, Grundlagen

[113] DIN 55519: Schmierstoffe; ISO-Viskositäts-Klassifikation für flüssige Industrie-Schmierstoffe

[114] DIN 51561: Prüfung von Mineralölen, flüssigen Brennstoffen und verwandten Flüssigkeiten; Messung der Viskosität mit dem Vogel-Ossag-Viskosimeter: Temperaturbereich: ungefähr 10 bis 150 °C

[115] DIN 51562 T1: Viskosimetrie; Messung der kinematischen Viskosität mit dem Ubbelohde-Viskosimeter, Normal-Ausführung

5.5 Aufgaben: Lagerungen

Lager mit Festkörperreibung

Bolzen

A.5.1 Bolzen

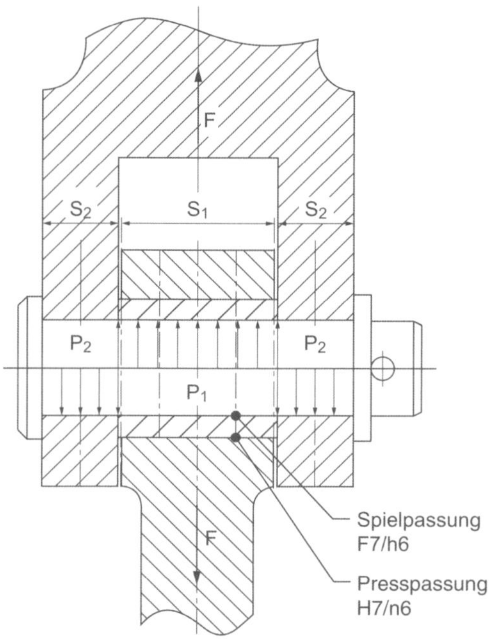

Gegeben ist die nebenstehende Bolzenverbindung, die einen oberen Gabelkopf mit einer unteren Lasche, die mit einer Buchse aus Bronze ausgestattet ist, gelenkig verbindet. Es sind folgende geometrische Daten gegeben:

Durchmesser des Bolzens aus St50: 28 mm

Mittelteilbreite: s_1 = 36 mm

Breite des Gabelkopfs aus GG: s_2 = 20 mm

Wie groß darf die Kraft F maximal werden, wenn sie quasistatisch aufgebracht wird. Berücksichtigen Sie dabei alle Festigkeitsaspekte und füllen Sie zweckmäßigerweise das untenstehende Schema aus.

	F_{max} [N]
aufgrund der Bolzenbiegung	
aufgrund des Querkraftschubes im Bolzen	
aufgrund der Pressung im Gabelkopf	
aufgrund der Pressung an der Gleitbuchse	
insgesamt übertragbar	

An der vorhandenen Konstruktion werden die unten aufgeführten Veränderungen vorgenommen. Überprüfen Sie, ob und wie sich dabei die übertragbare Kraft F_{max} ändert.

	F_{max} wird größer	F_{max} bleibt gleich	F_{max} wird kleiner
Bolzendurchmesser wird vergrößert			
Bolzenwerkstoff St50 wird durch St70 ersetzt			
Gabelkopfbreite s_2 wird vergrößert			
Mittelteilbreite s_1 wird vergrößert			
Mittelteil mitsamt Buchse wird aus GG hergestellt			

A.5.2 Anhängerkupplung

Mit der nachfolgend dargestellten klassischen Anhängerkupplung wird eine Zugkraft gelenkig von der innenliegenden Lasche auf das außenliegende Anhängermaul aus GG übertragen. Damit die Relativbewegung tatsächlich zwischen Lasche und Bolzen aus St50 stattfindet, ist der Bolzen konstruktiv verdrehsicher mit dem Anhängermaul verbunden. Um den Verschleiß im Gleitsitz möglichst gering zu halten, wird in die Lasche eine Gleitbuchse aus Bronze eingepresst.

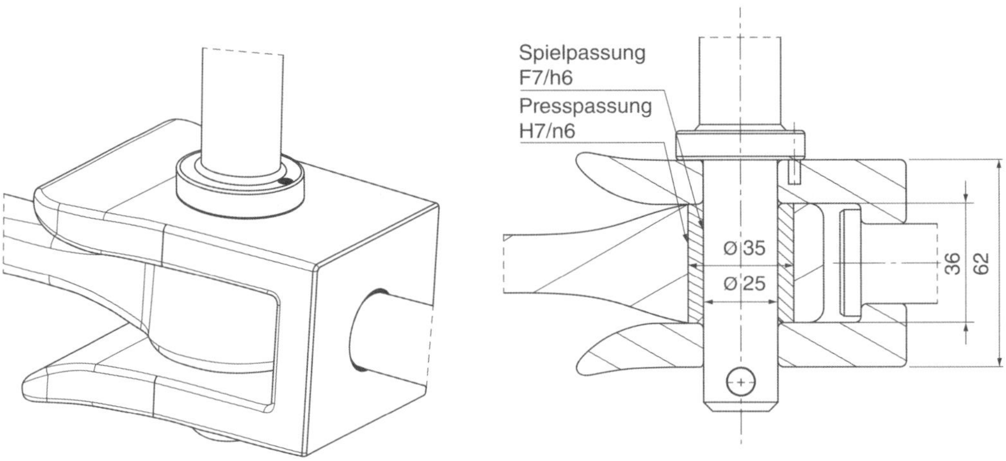

Die Bolzenverbindung ist aufgrund verschiedener Belastungskriterien zu dimensionieren. Führen Sie die Rechnung sowohl für quasistatische als auch für dynamische Lastaufbringung durch.

		quasistatisch	wechselnd
aufgrund der Bolzenbiegung	[N]		
aufgrund des Querkraftschubes im Bolzen	[N]		
aufgrund der Pressung im Anhängermaul	[N]		
aufgrund der Pressung in der Lasche	[N]		
insgesamt übertragbar	[N]		

Zur Vergrößerung der übertragbaren Kraft werden die folgenden Maßnahmen vorgeschlagen. Kreuzen Sie an, ob bei der jeweiligen Maßnahme die übertragbare Kraft vergrößert oder verkleinert wird oder gleich bleibt. Dieser Aufgabenteil kann nur dann gelöst werden, wenn die vorangehende Fragestellung geklärt ist.

	wird größer	bleibt gleich	wird kleiner
Bronzebuchse wird durch GG ersetzt			
St50 wird durch St37 ersetzt			
Bolzendurchmesser wird vergrößert			
innenliegende Lasche wird verbreitert			
Anhängermaul wird verbreitert			

A.5.3 Laufrolle Tor

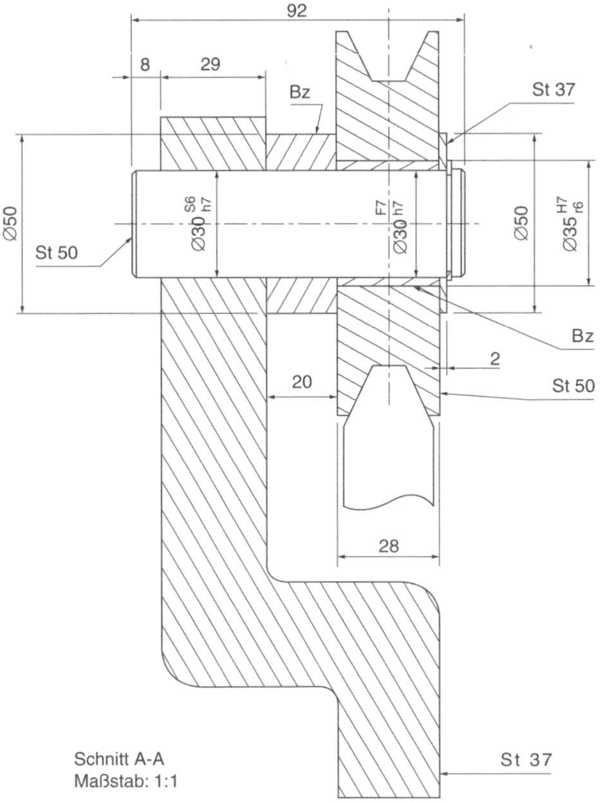

Schnitt A-A
Maßstab: 1:1

Die nebenstehende Laufrolle dient dazu, ein Tor auf einer Laufschiene in der Horizonten zu verfahren. Wie groß darf die quasistatisch belastende Kraft F_{max} (anteiliges Gewicht des Tores) maximal werden, wenn sie

a) nach der Biegung von Stift bzw. Bolzen berechnet wird?

b) nach dem Querkraftschub von Stift bzw. Bolzen dimensioniert wird?

c) nach der Pressung an der Einspannstelle von Stift bzw. Bolzen berechnet wird?

d) nach der Pressung in der Gleitbuchse dimensioniert wird?

e) Welche Maximalkraft F_{max} ist insgesamt übertragbar?

		F_{max} [N]
a	Biegung von Stift/Bolzen	
b	Querkraftschub im Stift/Bolzen	
c	Pressung an der Einspannstelle	
d	Pressung in der Gleitbuchse	
e	insgesamt übertragbar	

An der vorhandenen Konstruktion werden die unten aufgeführten Veränderungen vorgenommen. Überprüfen Sie, ob und wie sich dabei die übertragbare Kraft F_{max} ändert.

	F_{max} wird größer	F_{max} bleibt gleich	F_{max} wird kleiner
Durchmesser von Stift/Bolzen wird geringfügig vergrößert			
Gleitbuchse wird zu beiden Seiten hin geringfügig verlängert			
Einspannlänge des Stiftes wird zu beiden Seiten verlängert			
Die Einspannstelle wird geringfügig nach links verlagert			
Einspannwerkstoff St37 wird durch St50 ersetzt			

Verschleißansatz

A.5.4 Gleitlager mit Festkörperreibung

Das unten dargestellte kombinierte Axial-/Radiallager mit einer Stahlwelle und einer Buchse aus Permaglide P1 wird bei einer Drehzahl von 500 min^{-1} im Bereich der **Festkörperreibung** betrieben. Es wird radial mit 300 N und axial mit 120 N belastet.

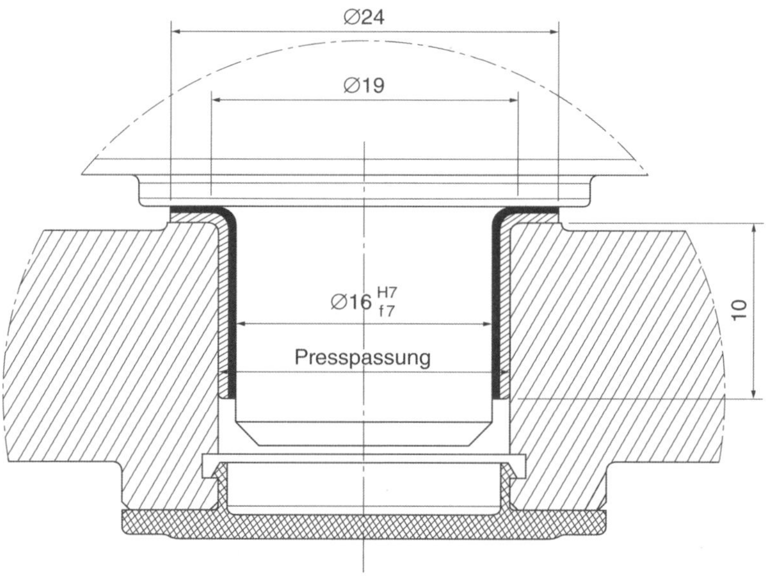

Axiallager

Berechnen Sie zunächst die spezifische Lagerbelastung p und die an der Gleitfläche wirkende Geschwindigkeit v am Außenrand des Lagers. Ermitteln Sie den pv-Wert. Überprüfen Sie, ob die Gültigkeit für die Lebensdauerberechnung erfüllt ist. Berechnen Sie ggf. die nominelle Lebensdauer L_h unter der Voraussetzung, dass

$f_A = f_p = f_\vartheta = f_W = 1$ und $f_v = f_R = 0{,}98$

spezifische Lagerbelastung p	[N/mm²]	
Geschwindigkeit v	[m/s]	
pv-Wert	[N/mm² · m/s]	
nominelle Lebensdauer L_h	[h]	

Radiallager

Berechnen Sie zunächst die spezifische Lagerbelastung p, die an der Gleitfläche wirkende Geschwindigkeit v sowie den pv-Wert. Überprüfen Sie, ob die Gültigkeit für die Lebensdauerberechnung erfüllt ist. Berechnen Sie ggf. die nominelle Lebensdauer L_h unter der Voraussetzung, dass

$f_p = f_v = f_\vartheta = f_W = 1$ und $f_R = 0{,}96$

Differenzieren Sie danach, ob die Radialkraft als Punktlast oder als Umfangslast eingebracht wird.

		Punktlast	Umfangslast
spezifische Lagerbelastung p	[N/mm²]		
Geschwindigkeit v	[m/s]		
pv-Wert	[N/mm² · m/s]		
nominelle Lebensdauer L_h	[h]		

A.5.5 Lenkbares Laufrad

Das unten dargestellte Laufrad mit einer Welle und einem Zapfen aus Stahl und Buchsen aus Permaglide P1 wird im Bereich der **Festkörperreibung** betrieben. Die waagrechte Achse läuft bei einer Drehzahl von 350 min^{-1}, der senkrechte Zapfen wird 25 min^{-1} gedreht.

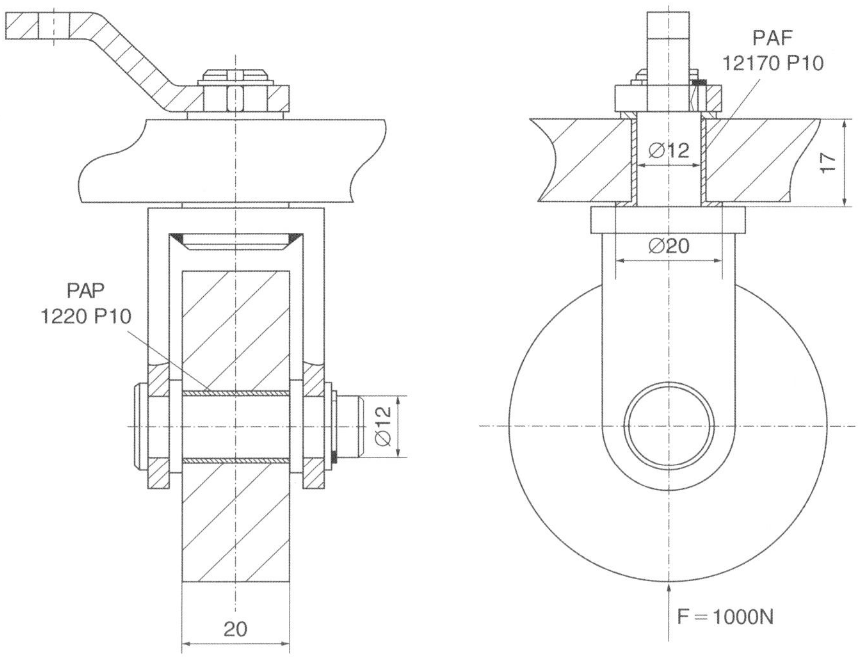

Axiallager

Die Zapfenlagerung wird im Wesentlichen nur axial belastet. Berechnen Sie zunächst die spezifische Lagerbelastung p und die an der Gleitfläche wirkende Geschwindigkeit v am Außenrand des Lagers. Ermitteln Sie den pv-Wert. Überprüfen Sie, ob die Gültigkeit für die Lebensdauerberechnung erfüllt ist. Berechnen Sie ggf. die nominelle Lebensdauer L_h unter der Voraussetzung, dass

$f_A = f_p = f_\vartheta = f_W = 1$ und $f_v = f_R = 0{,}98$

spezifische Lagerbelastung p	[N/mm²]	
Geschwindigkeit v	[m/s]	
pv-Wert	[N/mm² · m/s]	
nominelle Lebensdauer L_h	[h]	

Radiallager

Berechnen Sie zunächst die spezifische Lagerbelastung p, die an der Gleitfläche wirkende Geschwindigkeit v sowie den pv-Wert. Überprüfen Sie, ob die Gültigkeit für die Lebensdauerberechnung erfüllt ist. Berechnen Sie ggf. die nominelle Lebensdauer L_h unter der Voraussetzung, dass

$f_p = f_v = f_\vartheta = f_W = 1$ und $f_R = 0{,}96$

spezifische Lagerbelastung p	[N/mm²]	
Geschwindigkeit v	[m/s]	
pv-Wert	[N/mm² · m/s]	
nominelle Lebensdauer L_h	[h]	

Wälzlager

Konstante Lagerlast

A.5.6 Belastbarkeit und Gebrauchsdauer Wälzlager

Ein Kugellager 16013 mit C_0 = 16.600 N und C = 21.250 N soll bezüglich Tragfähigkeit und Gebrauchsdauer untersucht werden. Mit welcher Kraft F_{rmax} darf das Lager maximal belastet werden, wenn das Lager

	F_{rmax} [N]
nicht umläuft, sondern Schwenkbewegungen ausführt	
langsam umläuft und an die Laufruhe keine besonderen Ansprüche gestellt werden	
langsam umläuft und an die Laufruhe hohe Ansprüche gestellt werden	

Bei schnell umlaufendem Lager ist die Gebrauchsdauer in Stunden für die in der untenstehenden Tabelle angegebenen Radiallasten F_r und Drehzahlen n zu ermitteln. Rechnen Sie die Gebrauchsdauerwerte ggf. in Tage, Wochen, Monate und Jahre um.

	F_r = 1.000 N	F_r = 2.000 N	F_r = 4.000 N
n = 1.000 min^{-1}			
n = 2.000 min^{-1}			
n = 4.000 min^{-1}			

A.5.7 Seilscheibelagerung Hubvorrichtung

Mit der unten dargestellten Hubvorrichtung wird eine Last von 135 kg angehoben.

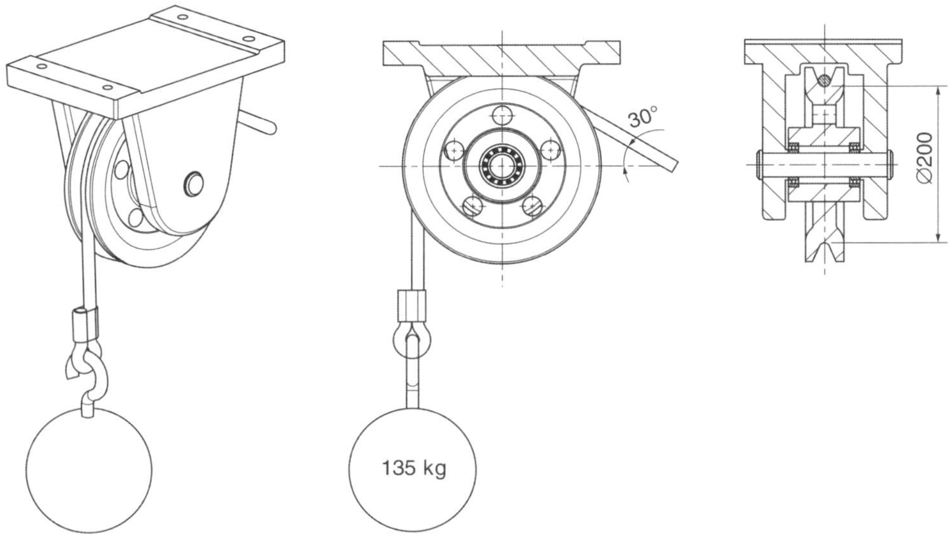

Während eines Hubvorganges wird die Last auf eine Höhe von 6 m angehoben und wieder abgesenkt. Die Lager sollen diesen Hubvorgang 10.000 mal überdauern, bevor sie ausgetauscht werden.

a) Ermitteln Sie die Kraft, die ein einzelnes Lager radial belastet!

b) Wie hoch ist die Anzahl der Überrollungen, die hier gefordert werden?

c) Wie hoch ist der Lebensdauerkennwert L_{10}?

d) Wie groß muss dann die dynamische Tragzahl des Lagers sein?

A.5.8 Fahrradvorderradlagerung

Die unten dargestellt Vorderradnabe eines Fahrrades ist mit Kugellagern ausgestattet, die eine dynamische Tragzahl von 1330 N aufweisen. Das Fahrrad wiegt 16 kg, der Fahrer 78 kg und es sind 10 kg Gepäck zu transportieren. Die Gesamtmasse verteilt sich wie 2:3 auf Vorder- und Hinterrad. Das Fahrrad ist mit einem Reifen ausgerüstet, dessen Laufflächenumfang 2100 mm beträgt. Es kann eine perfekte Dichtung vorausgesetzt werden.

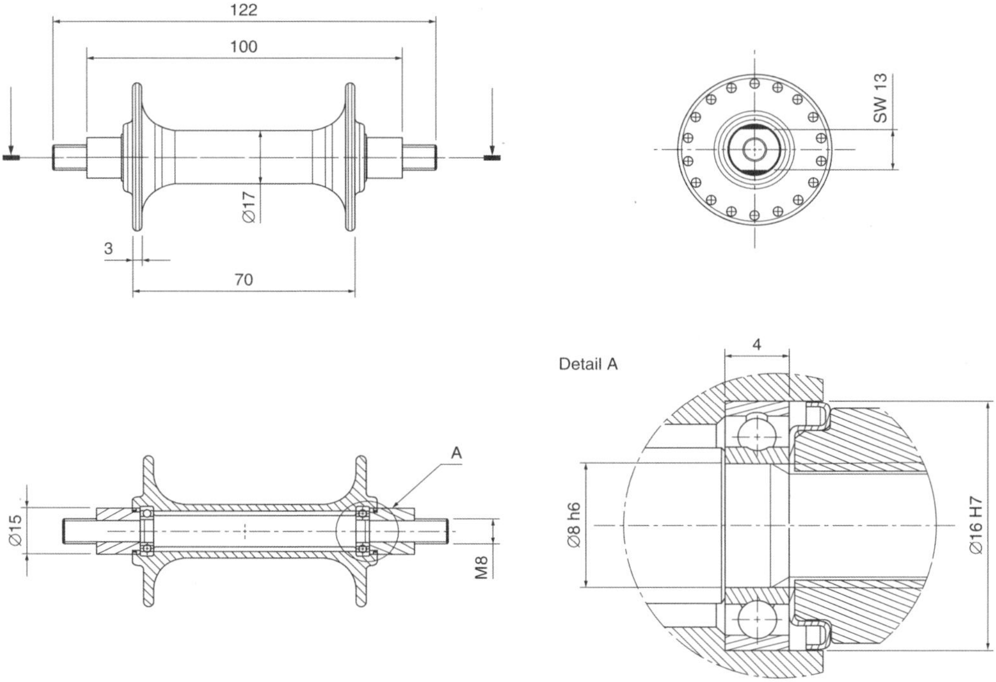

a) Welche Fahrstrecke ist bei dieser Lagerung zu erwarten?

Fahrstrecke [km] =

b) Welche Fahrstrecke ist zu erwarten, wenn eine 55 kg leichte Beifahrerin mitgenommen wird, die im ungünstigsten Fall genau über der Vorderradnabe platziert wird?

Fahrstrecke [km] =

A.5.9 Lagerung Kettenradwelle

Mit der untenstehenden Kettenradwelle wird eine Leistung von 825 W bei einer Drehzahl von 82 min^{-1} übertragen. Die Leertrumkräfte der Kettentriebe sind vernachlässigbar klein. Alle Kettenkräfte wirken in die gleiche Richtung.

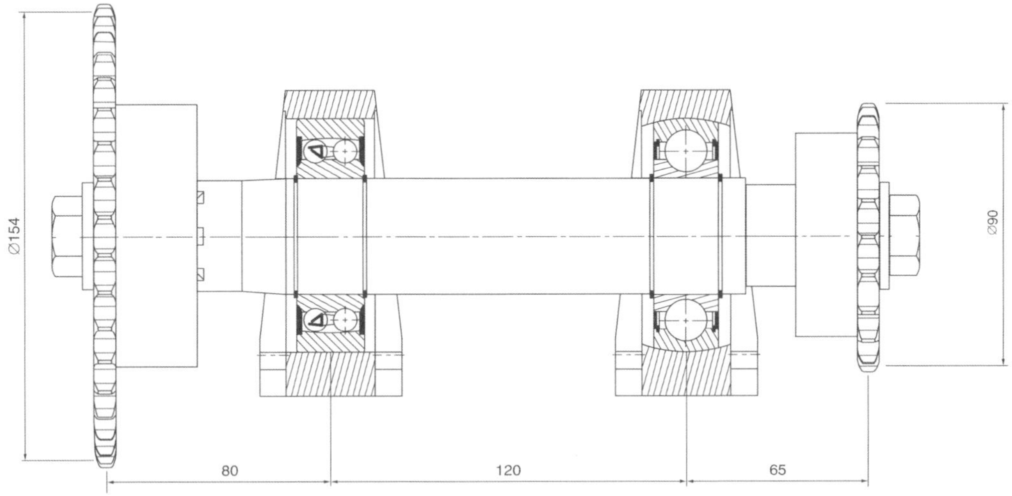

a) Wie groß sind die Kettenkräfte?

b) Wie groß sind die Lagerkräfte?

c) Wie groß ist die erforderliche Tragzahl der beiden Lager, wenn eine Lebensdauer von 8000 h gefordert wird? Berechnen Sie dazu zunächst den Lebensdauerkennwert L_{10}.

			links	rechts
a	Kettenkraft	N		
b	Lagerkraft	N		
c	L_{10}	-		
	erforderliche Tragzahl	N		

Äquivalente Lagerlast

A.5.10 Einzelnes Lager

Ein Rillenkugellager nach DIN 625 wird mit einer Radiallast F_r = 10 kN und einer Axiallast F_a = 2,8 kN bei einer Drehzahl von n = 850 min^{-1} betrieben und soll eine Lebensdauer von 6.000 Stunden erreichen. Es kommen die Lager 6215 und 6315 in Frage. Nach den Unterlagen der Lagerhersteller weisen die beiden Lager folgende Daten auf:

Lager 6215: C_{dyn} = 66,3 kN, hier X = 0,56, Y = 1,7

Lager 6315: C_{dyn} = 114 kN, hier X = 0,56, Y = 1,9

Welches der beiden Lager erreicht tatsächlich die geforderte Gebrauchsdauer?

A.5.11 Ventilatorlagerung

Gegeben ist die untenstehend skizzierte Lagerung eines Ventilators.

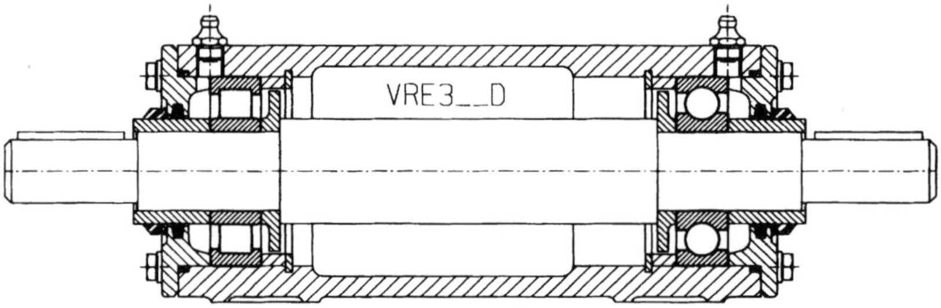

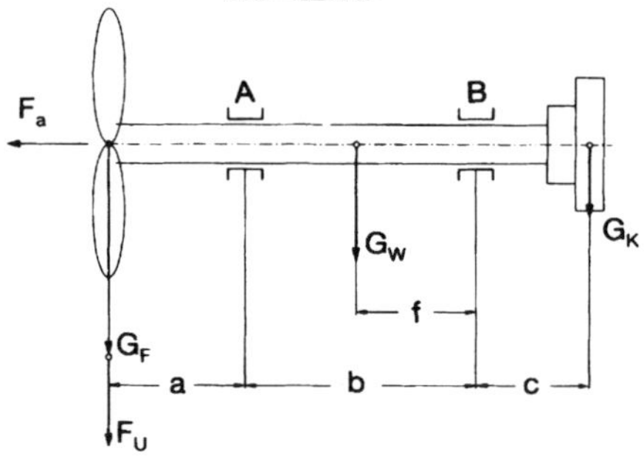

Es sind die folgenden Konstruktions- und Betriebsdaten gegeben:

Axialschub des Ventilators:	F_{ax} = 5 kN	Unwucht des Ventilatorflügels:	F_u = 2 kN
Flügelradgewicht:	G_F = 4 kN	Kupplungsgewicht:	G_K = 0,15 kN
Wellengewicht:	G_W = 0,256 kN	Betriebsdrehzahl:	n = 3000 min^{-1}

a = 170 mm, b = 423 mm, c = 126 mm, f = 216 mm

Die dynamischen Tragzahlen der verwendeten Lager betragen:

Lager A: 190 kN Lager B: 80 kN (hier: X = 0,56, Y = 1,6)

a) Ermitteln Sie zunächst die Belastung für beide Lager. Benutzen Sie dazu folgendes Schema:

	Radiallast F_r	Axiallast F_a
Lager A		
Lager B		

b) Für die Lebensdauerberechnung ermitteln Sie die äquivalente dynamische Lagerlast P, L_{10} und die Lebensdauer in Stunden L_h. Benutzen Sie dazu folgendes Schema:

	Dynamische Lagerlast P	L_{10}	Lebensdauer in Stunden L_h
Lager A			
Lager B			

Zeitlich veränderliche Betriebsgrößen

A.5.12 Seilscheibenlagerung Kran

Die Seilscheibenlagerung eines Krans ist zu berechnen. Die maximale Drehzahl beträgt 280 min^{-1}, die volle radiale Belastung auf das einzelne Kugellager beträgt 12 kN. Die Lebensdauer des Lagers soll bei täglich fünfstündiger Benutzung 8 Jahre betragen. Der Kran weist folgende Betriebsdaten auf:

20 % seiner Gebrauchsdauer Vollast	bei halber Geschwindigkeit
30 % seiner Gebrauchsdauer halbe Last	bei voller Geschwindigkeit
50 % seiner Gebrauchsdauer keine Last	bei voller Geschwindigkeit

Welche Tragzahl muss das einzelne Lager mindestens aufweisen, damit die geforderte Lebensdauer erreicht wird?

A.5.13 Fahrstuhl

Die Antriebslagerung eines Fahrstuhls ist zu berechnen. Die maximale Drehzahl beträgt 3.000 min^{-1}, die volle radiale Belastung auf das Kugellager 1,0 kN. Die Lebensdauer des Lagers soll bei täglich zweistündiger Benutzung 10 Jahre betragen.

Der Fahrstuhl fährt während 10 % seiner Lebensdauer mit halber Geschwindigkeit und voller Belastung, während 60 % seiner Lebensdauer mit voller Geschwindigkeit und ¾ Belastung und während 30 % seiner Lebensdauer mit halber Geschwindigkeit und halber Belastung.

Welche Tragzahl muss das Lager mindestens aufweisen, damit die geforderte Lebensdauer erreicht wird?

A.5.14 Schneckenradlagerung

Die Lagerung der unten abgebildeten Schneckenradwelle ist zu dimensionieren:

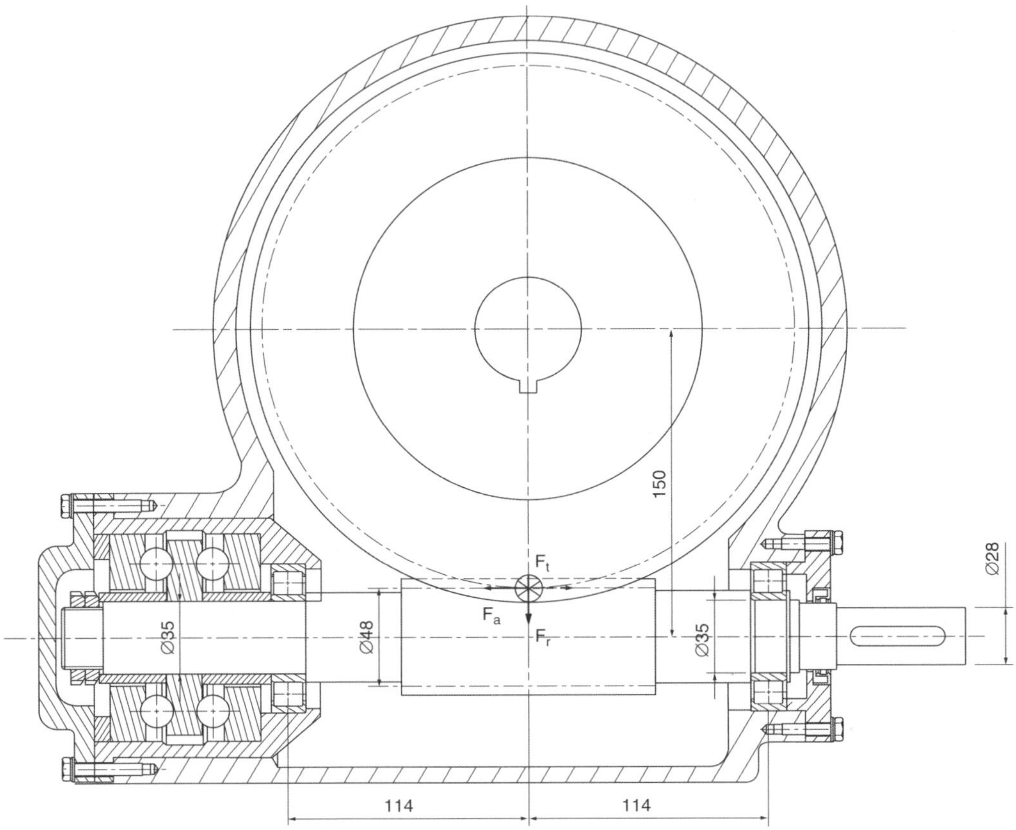

Es werden folgende Kräfte wirksam:

Axialkraft $F_a = 18$ kN

Radialkraft $F_r = 4{,}8$ kN

Tangentialkraft $F_t = 2{,}5$ kN

Die Schnecke dreht sich jeweils zur Hälfte ihrer Betriebsdauer in die eine bzw. in die andere Drehrichtung. Die dabei entstehende Axialkraft stützt sich je nach Drehrichtung nach rechts oder nach links ab. Es kann vereinfachend angenommen werden, dass F_a in Wellenmitte angreift und F_t und F_r mittig zwischen den beiden Radiallagern wirksam werden. Das Getriebe wird zur Hälfte seiner Betriebsdauer mit Volllast und zur anderen Hälfte mit halber Last betrieben. Die Schneckenwelle läuft bei einer Drehzahl von 800 min^{-1} und soll eine Lebensdauer von 30.000 h erreichen.

Berechnen Sie die erforderliche Tragzahl für jedes der beiden Axial- bzw. Radiallager. Dokumentieren Sie Zwischenergebnisse in untenstehendem Schema.

		Radiallager	Axiallager
Kraft bei Volllast	N		
äquivalente Lagerlast	N		
L_{10}	-		
erforderliche Tragzahl	N		

A.5.15 Kettengetriebene Seiltrommel

Die untenstehende Seiltrommel wird mit einer Kette am linken Wellenende angetrieben. Die Skizze auf der rechten Seite gibt an, wie die antreibende Kette geführt wird. Für die Berechnung der Lagerkräfte können folgende vereinfachende Annahmen getroffen werden:

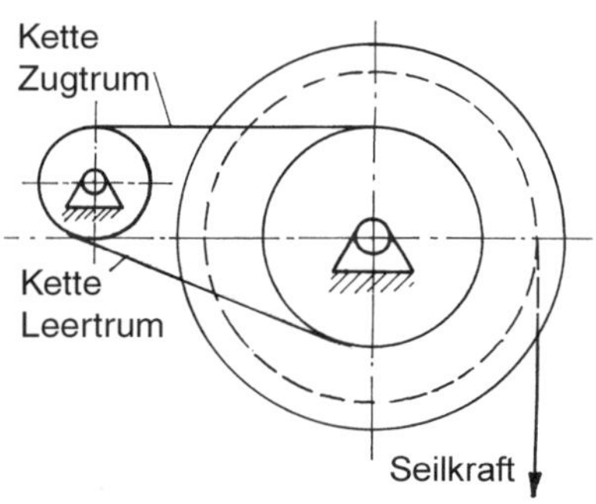

- Die Leertrumkraft des Kettentriebs ist zu vernachlässigen.
- Das Seil bewegt sich beim Auf- und Abrollen in axialer Richtung, aber langfristig kann für die Lagerbelastung die in der Skizze dargestellte mittige Lasteinleitung angenommen werden.

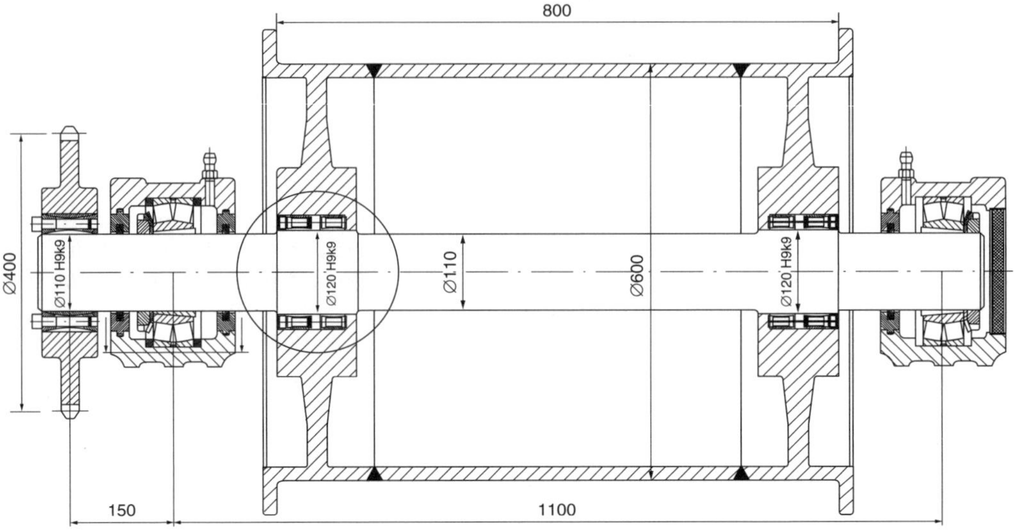

Für die Gebrauchsdauerberechnung gelten folgende Randbedingungen:

- Die Hubhöhe beträgt 12 m.
- Stündlich werden 20 Hubvorgänge (auf und ab) ausgeführt.
- Die Seiltrommel ist 8 Stunden pro Tag in Betrieb.
- Bei 200 Betriebstagen pro Jahr soll die Lagerung für eine Gebrauchsdauer von 8 Jahren dimensioniert werden.

Es soll eine maximale Last von 8.621 kg befördert werden. Für den praktischen Betrieb wird die folgende zeitliche Verteilung angenommen:

- 10% Maximallast
- 20% Dreiviertellast
- 20% halbe Last
- 50% Leerlauf (Leerfahrten)

Ziel der vorliegenden Berechnung ist die Ermittlung der Tragzahlen für beide Lager. Gehen Sie dazu folgendermaßen vor:

Berechnen Sie zunächst die im Seil und in der Kette wirkenden Kräfte:

F_{Seil} [N]		F_{Kette} [N]	

Berechnen Sie entsprechend dem untenstehenden Schema die Kräfte auf die Lager in y-Richtung (Zeichenebene) und z-Richtung (senkrecht dazu) bei Volllast. Berechnen Sie daraus die resultierende Radiallast auf das Lager. Ermitteln Sie unter Berücksichtigung des Lastkollektivs die äquivalente Lagerlast. Unter Berücksichtigung des Lebensdauerkennwertes L_{10} ergibt sich schließlich die erforderliche Tragzahl.

	linkes Lager	rechtes Lager
Kraft in y-Richtung bei Volllast [N]		
Kraft in z-Richtung bei Volllast [N]		
resultierende Lagerlast bei Volllast [N]		
äquivalente Lagerlast [N]		
L_{10}		
erforderliche Tragzahl [N]		

A.5.16 Seilscheibe Fördertechnik

Die anschließend abgebildete Förderseilscheibe wird im Untertagebergbau eingesetzt und in den Fördertürmen über den Schächten angeordnet. Der Förderkorb ist an dem senkrecht von der Seilscheibe herunterhängenden Seilende befestigt. Auf der anderen Seite wird das Seil unter einem Winkel von 40° zur Fördermaschine geführt. Der Förderkorb wiegt insgesamt 30 t, bei der Aufwärtsbewegung müssen zusätzlich 10 t Kohle transportiert werden. Die Seilscheibe selber einschließlich der Welle wiegt 7,5 t. Der Durchmesser der Seilscheibe beträgt 6,3 m. Beschleunigungskräfte und Massewirkungen bleiben bei dieser Betrachtung unberücksichtigt.

a) Wie groß sind die maximale und die minimale Kraft, die ein einzelnes Lager radial belasten?
b) Wie groß ist die äquivalente Lagerlast?
c) Der Förderkorb fährt auf 200 m Tiefe. Wie groß muss die dynamische Tragzahl eines einzelnen Lagers mindestens sein, wenn das Lager erst nach 50.000 Fördervorgängen erneuert werden soll?

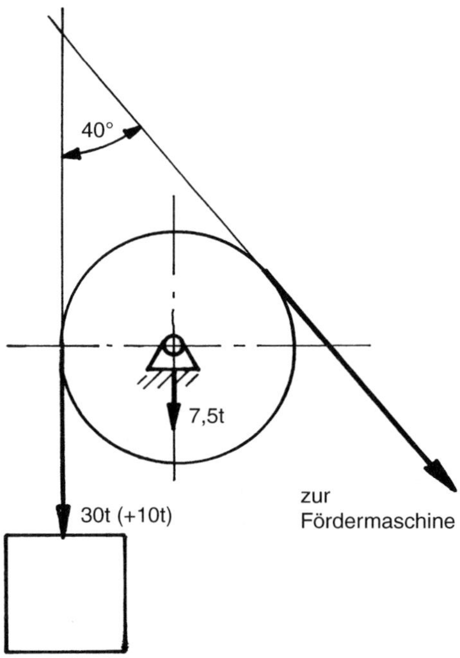
40°
7,5t
30t (+10t)
zur
Fördermaschine

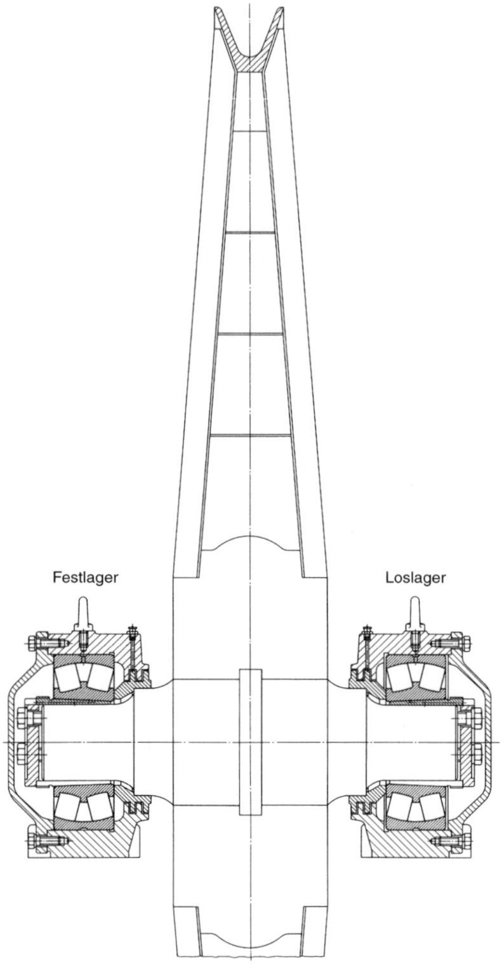
Festlager
Loslager

A.5.17 Hakenflasche

Im Kranbau wird sehr häufig das Prinzip des Flaschenzugs ausgenutzt, um die Seilkräfte zu reduzieren. Die links unten stehende Skizze zeigt prinzipiell eine solche Anordnung, bei der der Flaschenzugeffekt doppelt ausgenutzt wird. Die reale Konstruktion fasst die beiden unteren Laufrollen zur sog. „Unterflasche" zusammen (rechte Darstellung).

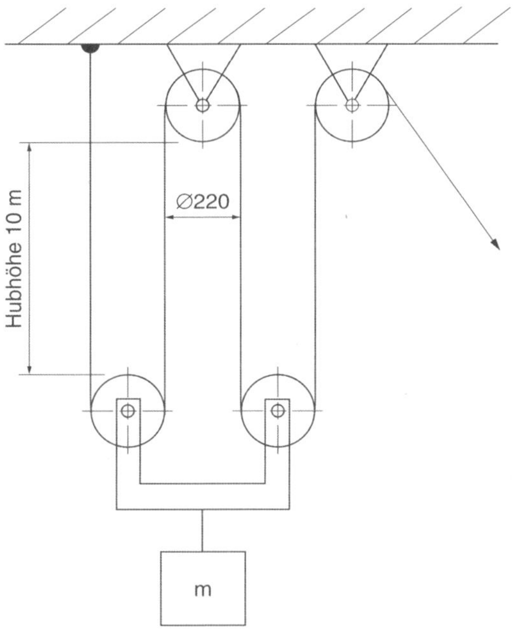

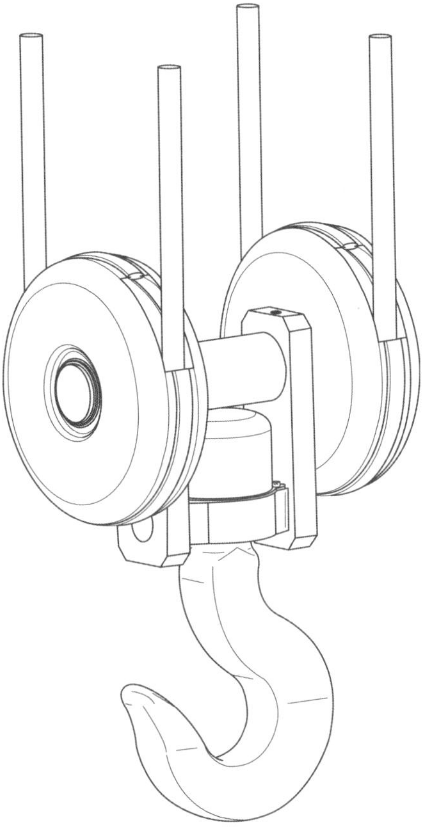

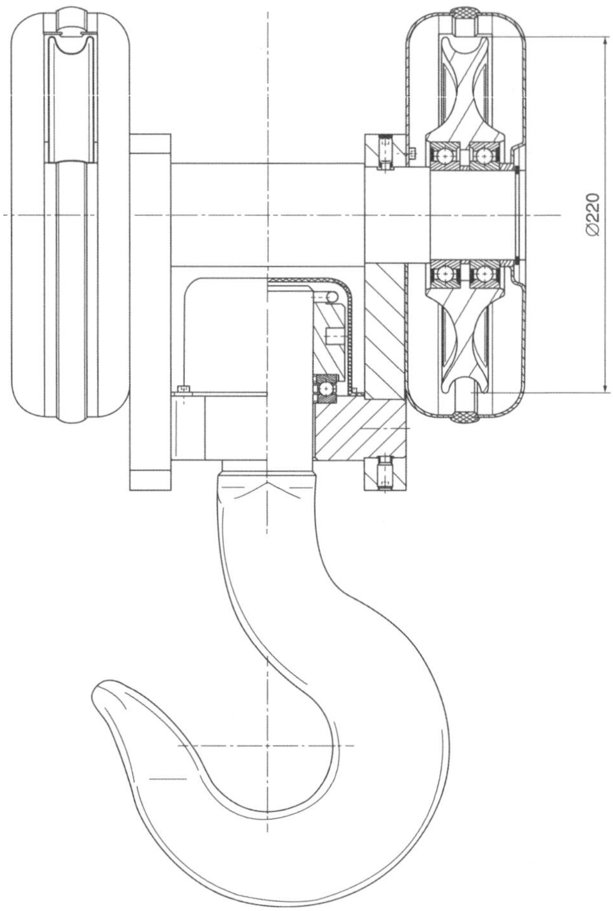

Die nebenstehende Darstellung in Form einer Zusammenstellungszeichnung zeigt auch die Lagerung der Seilrollen. Um bei einer Drehung der Last die Hubseile nicht zu verdrillen, wird der Kranhaken über ein Axiallager mit der Unterflasche verbunden. Die Hubhöhe beträgt 10 m. Für die Dimensionierung der Wälzlagerungen können folgende Annahmen getroffen werden:

- Der Kran wird zur Hälfte seiner Gebrauchsdauer unter Vollast von 10 t betrieben, zu einem weiteren Viertel seiner Gebrauchsdauer wird die halbe Last befördert und im restlichen Viertel wird keine Last befördert (Leerfahrten).
- $f_s = 1{,}0$
- Es sollen 30.000 Hubvorgänge ausgeführt werden können, bevor die Lager erneuert werden müssen.

a) Welche Tragzahl muss das Axiallager mindestens aufweisen?

b) Welche Tragzahl muss jedes der Lager der Seilrollenlagerung aufweisen?

A.5.18 Schiffsdrucklager

Ein mit Wälzlagern ausgestattetes Schiffsdrucklager ist bezüglich seiner Lebensdauer zu berechnen.

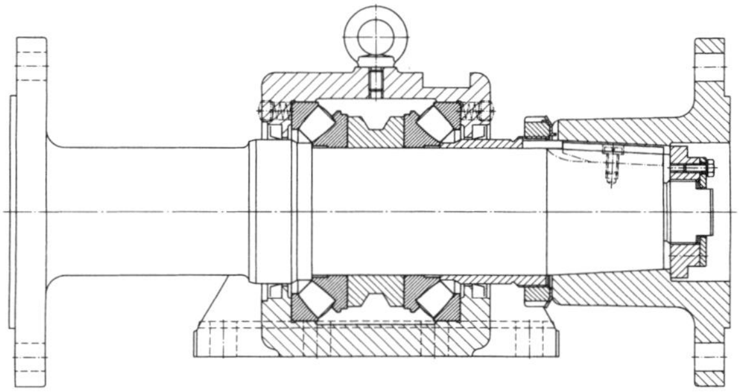

Das Drucklager überträgt die vom Propeller erzeugte Schubkraft auf das Schiff. Außer einer vernachlässigbaren Radialbelastung durch das Gewicht der Welle tritt eine rein zentrische Axialkraft auf, die je nach Drehrichtung des Propellers vorwärts oder rückwärts gerichtet ist. Durch Federn werden die beiden Lager gegeneinander verspannt, die dadurch eingeleitete Axialkraft ist jedoch so gering, dass sie bei der Lebensdauerberechnung der Lager keine wesentliche Rolle spielt.

Im hier vorliegenden Fall wird eine Flussfähre angetrieben, wobei etwa gleich häufig vorwärts und rückwärts gefahren wird. Der sich zeitlich ändernde Betriebszustand der Lagerung lässt sich bei ausreichender Näherung in die drei Fahrstufen „langsam", „mittel" und „schnell" aufgliedern, wobei die unten jeweils markierten Zeitanteile, Drehzahlen und Axialbelastungen auftreten.

Welche dynamische Tragzahl C_{erf} muss das einzelne Lager mindestens aufweisen, damit die gesamte Lagerung unter den oben angegebenen Betriebsbedingungen eine Lebensdauer von 40.000 Betriebsstunden erreicht? Orientieren Sie sich bei der Berechnung an dem untenstehenden Schema, welches auch die Zwischenergebnisse dokumentiert.

	langsam	mittel	schnell
Zeitanteil [%]	20	30	50
Drehzahl [min^{-1}]	400	600	800
Axialschub [kN]	30	40	55
mittlere Drehzahl n_m [min^{-1}]			
mittlere Axialbelastung P_m [kN]			
L_{10}			
C_{erf} [kN]			

Erweiterte Lebensdauerberechnung

A.5.19 Lagerung Trockenzylinder

Das untenstehende Bild zeigt die Lagerung des Trockenzylinders einer Papiermaschine.

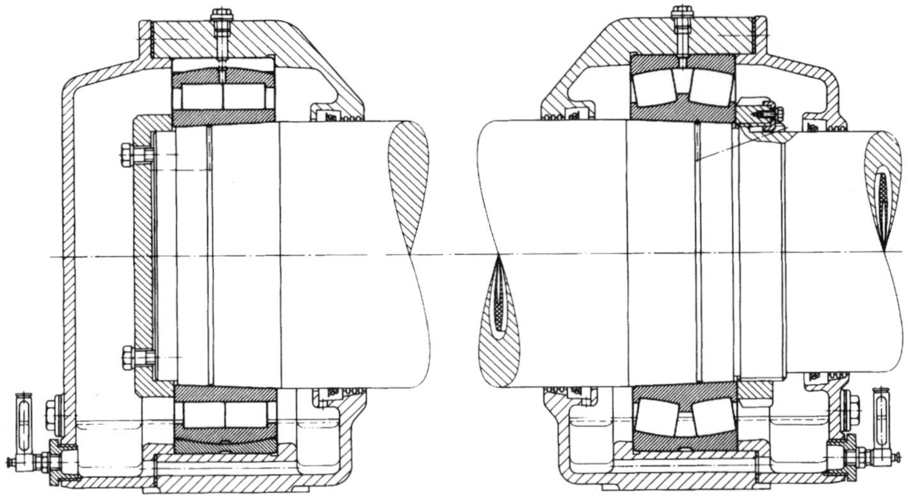

Die noch feuchte Papierbahn wird mit einer Geschwindigkeit von 800 m/min am Umfang des hohlgebohrten Trockenzylinders vorbeigeführt, der von innen beheizt werden kann, um das restliche Wasser im Papier zu verdampfen. Der Zylinderaußendurchmesser beträgt 1240 mm. Es kann angenommen werden, dass die Lagerung radial genau mittig mit einer Kraft von 230 kN belastet wird, während keine nennenswerten Axialkräfte auftreten. Da die Anlage mit hoher Betriebssicherheit laufen muss, darf die Ausfallwahrscheinlichkeit nur 5 % betragen.

a) Das Festlager wird mit einem Pendelrollenlager 23144BK.MB.C4 ausgestattet (C = 1630 kN). Welche Lebensdauer ist zu erwarten?

b) Das Loslager wird mit einem Zylinderrollenlager NU 3144 (C = 1460 kN) bestückt. Welche Lebensdauer ist zu erwarten?

Konstruktion mit Wälzlagern

A.5.20 Lagerung Elektromotor

Das folgende Bild zeigt einen Fahrmotor für einen elektrischen Triebzug im Nahverkehr.

Beantworten Sie die untenstehenden Fragen durch Ankreuzen.

a) Geben Sie an, welche Art von Lagerung vorliegt!

O Fest-Los-Lagerung

O schwimmende Lagerung

O angestellte Lagerung

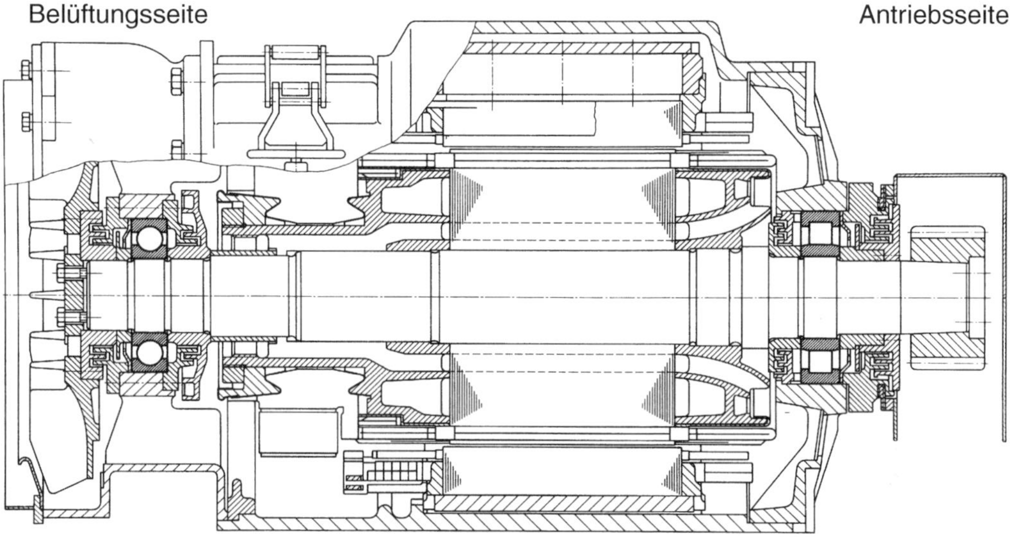

b) Klären Sie die Lastverhältnisse ab und geben Sie an, welche Passungen vorzusehen sind:

		Punktlast	Umfangslast	Spielpassung	Presspassung
linkes Lager	Innenring				
linkes Lager	Außenring				
rechtes Lager	Innenring				
rechtes Lager	Außenring				

A.5.21 Schneckengetriebe

Das Schneckengetriebe für einen Personenaufzug nach Bild 5.56 soll bezüglich seiner konstruktiven Gestaltung überprüft werden. Beantworten Sie dazu die folgenden Fragen durch Ankreuzen.

a) Geben Sie an, welche Art von Lagerung vorliegt!

	Fest-Los-Lagerung	schwimmende Lagerung	angestellte Lagerung
Schneckenwelle			
Großradwelle			

b) Geben Sie für die beiden Wellen an, welche Lastverhältnisse vorliegen!

	Innenring-Welle	Außenring-Gehäuse
Schneckenwelle linkes Lager	O Punkt- O Umfangslast	O Punkt- O Umfangslast
Schneckenwelle rechtes Lager	O Punkt- O Umfangslast	O Punkt- O Umfangslast
Großradwelle linkes Lager	O Punkt- O Umfangslast	O Punkt- O Umfangslast
Großradwelle rechtes Lager	O Punkt- O Umfangslast	O Punkt- O Umfangslast

c) Geben Sie für die beiden Wellen an, welche Passungen vorzusehen sind!

	Innenring-Welle	Außenring-Gehäuse
Schneckenwelle linkes Lager	O Presssitz O Spielsitz	O Presssitz O Spielsitz
Schneckenwelle rechtes Lager	O Presssitz O Spielsitz	O Presssitz O Spielsitz
Großradwelle linkes Lager	O Presssitz O Spielsitz	O Presssitz O Spielsitz
Großradwelle rechtes Lager	O Presssitz O Spielsitz	O Presssitz O Spielsitz

d) Das linke Lager der Schneckenwellenlagerung wird aus zwei einzelnen Lagern zusammengestellt, die gegeneinander angestellt sind. Klären Sie die Anordnung der Lager!

	X-Anordnung
	O-Anordnung

A.5.22 Festpropeller-Querschubanlage

Das untenstehende Bild zeigt eine sog. „Festpropeller-Querschubanlage" eines Schiffes. Dieser Propeller ist ein Hilfsantrieb, der die Manövrierfähigkeit eines Schiffes deutlich erhöht: Er ist um seine Hochachse schwenkbar, so dass sein Schub in jede beliebigen Richtung, also auch quer zur Fahrtrichtung eingeleitet werden kann, wobei die Kegelradpaarung ständig im Eingriff bleibt. Der Propeller wird „Fest"-Propeller genannt, weil sich die Neigung der Blätter nicht verstellen lässt.

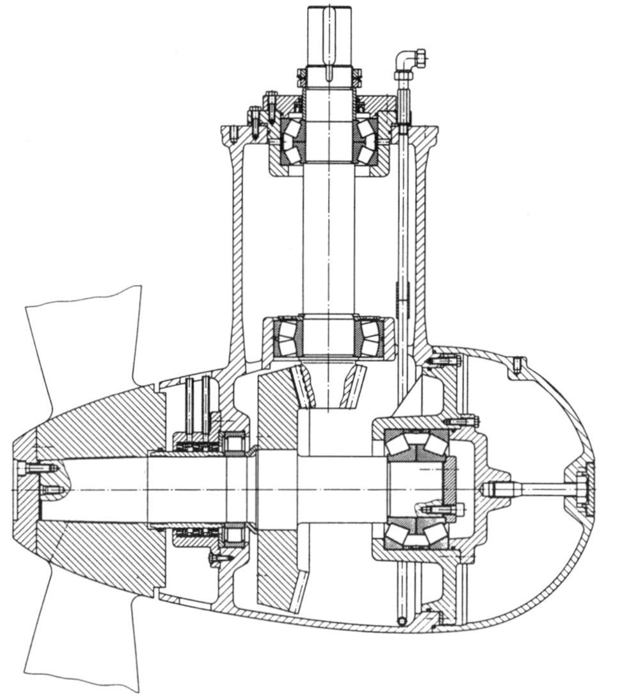

Beantworten Sie die folgenden Fragen durch Ankreuzen.

a) Geben Sie an, welche Art von Lagerung vorliegt!

	Fest-Los-Lagerung	schwimmende Lagerung	angestellte Lagerung
waagerechte Propellerwelle			
senkrechte Antriebswelle			

b) Geben Sie für die beiden Wellen an, welche Lastverhältnisse vorliegen!

	Innenring-Welle	Außenring-Gehäuse
Propellerwelle linkes Lager	O Punkt- O Umfangslast	O Punkt- O Umfangslast
Propellerwelle rechtes Lager	O Punkt- O Umfangslast	O Punkt- O Umfangslast
Antriebswelle oberes Lager	O Punkt- O Umfangslast	O Punkt- O Umfangslast
Antriebswelle unteres Lager	O Punkt- O Umfangslast	O Punkt- O Umfangslast

c) Geben Sie für die beiden Wellen an, welche Passungen vorzusehen sind!

	Innenring-Welle	Außenring-Gehäuse
Propellerwelle linkes Lager	O Presssitz O Spielsitz	O Presssitz O Spielsitz
Propellerwelle rechtes Lager	O Presssitz O Spielsitz	O Presssitz O Spielsitz
Antriebswelle oberes Lager	O Presssitz O Spielsitz	O Presssitz O Spielsitz
Antriebswelle unteres Lager	O Presssitz O Spielsitz	O Presssitz O Spielsitz

A.5.23 Stirnradgetriebekonstruktion

Das Kegel-Stirnradgetriebe nach Bild 5.58 sei bezüglich seiner konstruktiven Gestaltung näher analysiert. Beantworten Sie dazu die folgenden Fragen durch Ankreuzen.

a) Das Getriebe verfügt über drei Wellen. Geben Sie an, welche Art von Lagerung vorliegt!

	Fest-Los-Lagerung	schwimmende Lagerung	angestellte Lagerung
Antriebswelle			
Zwischenwelle			
Abtriebswelle			

Womit wird die Antriebswelle axial eingestellt?

O durch Abstimmen des Ringes A

O durch Abstimmen des Ringes B

O durch Abstimmen des Ringes C

Geben Sie für die Zwischenwelle an, welche Lastverhältnisse vorliegen!

	Innenring-Welle		Außenring-Gehäuse	
oberes Lager	O Punktlast	O Umfangslast	O Punktlast	O Umfangslast
unteres Lager	O Punktlast	O Umfangslast	O Punktlast	O Umfangslast

Geben Sie für die Abtriebswelle an, welche Passungen vorzusehen sind!

	Innenring-Welle		Außenring-Gehäuse	
oberes Lager	O Presssitz	O Spielsitz	O Presssitz	O Spielsitz
unteres Lager	O Presssitz	O Spielsitz	O Presssitz	O Spielsitz

A.5.24 Vibrationsmotor

Mit sog. „Vibrationsmotoren" werden Rüttelbewegungen erzeugt, mit denen beispielsweise Siebe und Schüttelrinnen bewegt werden. Ein Vibrationsmotor nach Bild 5.14 dreht mit 3.000 min^{-1} und wird mit Zylinderrollenlagern des Typs NJ 2306 EC (C = 73.700 N, C_0 = 75.000 N) ausgestattet. Auf jeder Seite ist eine Unwuchtmasse von 1,27 kg montiert, deren Schwerpunkt 52 mm von der Rotationsachse entfernt ist.

a) Wie groß ist die Gebrauchsdauer der Lagerung?

L_h [h] =

b) Geben Sie an, welche Art von Lagerung vorliegt!

O Fest-Los-Lagerung
O schwimmende Lagerung
O angestellte Lagerung

c) Klären Sie die Lastverhältnisse ab und geben Sie an, welche Passungen vorzusehen sind:

	Punktlast	Umfangslast	Spielpassung	Presspassung unbedingt erforderlich	Presspassung ratsam
Innenring					
Außenring					

Hydrodynamische Radialgleitlager

A.5.25 Variation der Lagerbelastung

Gegeben ist ein hydrodynamisches Radialgleitlager mit dem Durchmesser D = 120 mm und der Breite B = 96 mm. Das Lager soll mit 1500 min^{-1} und mit einem Öl der Viskositätsklasse 15 betrieben werden. Die Temperatur im Schmierspalt wird mit einem Ölkühler konstant auf 80 °C gehalten.

Bedienen Sie sich zur Dokumentation der Ergebnisse des untenstehenden Schemas.

a) Wie groß ist die optimale relative Spaltweite ψ_{opt} und die absolute Spaltweite $2s$? Welche minimale Spaltweite $2s_{min}$ und maximale Spaltweite $2s_{max}$ ergibt sich daraus?

b) Mit welcher Kraft F_{max} darf das Lager im unrealistischen Grenzfall höchstens belastet werden, wenn es an der Grenze der Mischreibung betrieben werden soll?

c) Ermitteln Sie die Sommerfeldzahl So und entscheiden Sie, ob das Lager im Schwerlast- oder Schnelllaufbereich betrieben wird!

d) Ermitteln Sie die Reibzahl f und die Reibleistung P_R!

e) Das Lager wird nun realistischerweise mit einer Kraft von 10.000 N belastet. Berechnen Sie für diesen Betriebszustand ebenfalls die vorgenannten Betriebsgrößen So, f, und P_R!

f) Das Lager wird nun mit einer Kraft von 2.000 N belastet. Berechnen Sie für diesen Betriebszustand ebenfalls die vorgenannten Betriebsgrößen So, f, und P_R!

ψ_{opt} =	$2s_{min}$ [µm] =	$2s_{max}$ [µm] =

Lagerlast	[N]	F_{max} =	10 000	2 000
Sommerfeldzahl So	[-]			
Reibzahl f	[-]			
Reibleistung P_R	[W]			

A.5.26 Variation der Drehzahl I

Mit einem hydrodynamischen Radialgleitlager soll eine Last von 15.000 N bei einer Drehzahl von 3.000 min^{-1} übertragen werden. Um genügend Abstand zum Mischreibungsgebiet zu haben, soll das Lager für die dreifache Last ausgelegt werden. Als Schmierstoff ist ein Öl der Viskositätsklasse 32 vorgesehen, welches durch einen Ölkühler konstant auf 65 °C gehalten wird. Die relative Spaltweite ψ wird optimiert. Der Lagerdurchmesser D und die Lagerbreite B sollen gleich sein und auf volle fünf Millimeter aufgerundet werden.

a) Dimensionieren Sie den Lagerdurchmesser D und die Lagerbreite B!
b) Wird das Lager im Schwerlast- oder im Schnelllaufbereich betrieben?
c) Wie groß sind die Reibzahl f und die Reibleistung P_R?
d) Die Drehzahl des Lagers wird unter Beibehaltung der Öltemperatur und der zuvor festgelegten Spaltweite verdoppelt. Wie groß sind dann die Reibzahl f und die Reibleistung P_R?
e) Wäre das Lager auch dann noch betriebssicher, wenn bei der Drehzahlverdopplung auch die belastende Kraft verdoppelt wird?

A.5.27 Variation der Drehzahl II

Das unten skizzierte hydrodynamische Radialgleitlager wird mit einem relativen Lagerspiel von $\psi = 1{,}2 \cdot 10^{-3}$ gefertigt und mit einer Radialkraft von $F = 1.200$ N belastet. Das Öl der Viskositätsklasse ISO VG 10 wird durch einen Ölkühler auf einer Temperatur von 68 °C gehalten. Das Verhalten des Lagers soll in Abhängigkeit von der Drehzahl betrachtet werden.

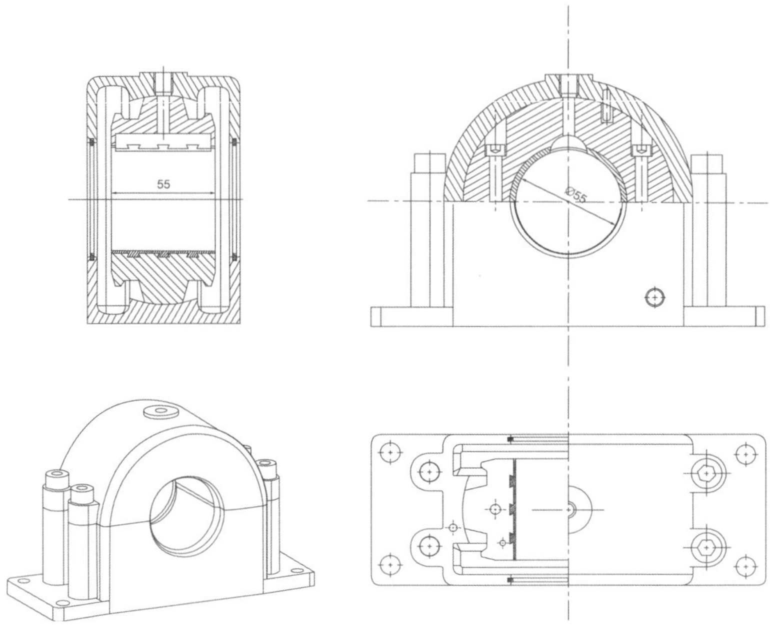

Variieren Sie die Drehzahl n in den unten angegebenen Stufen

- Berechnen Sie jeweils die Sommerfeldzahl So.
- Ermitteln Sie jeweils die erforderliche Sicherheit S_{erf} und die tatsächliche Sicherheit S_{tats}.
- Markieren Sie, ob Mischreibung oder Flüssigkeitsreibung vorliegt und stellen Sie fest, ob die tatsächlich vorliegende Sicherheit größer als die geforderte Sicherheit ist.
- Berechnen Sie jeweils die Reibzahl f und die Reibleistung P_R.

n	[min^{-1}]	286	400	560	784	1.098	1.537	2.151
So	[-]							
S_{erf}	[-]							
S_{tats}	[-]							
Mischreibung?								
Flüssigkeitsreibung?								
$S_{tats} \geq S_{erf}$?		O nein O ja	O nein O ja	O nein O ja	O nein O ja	O nein O ja	O nein O ja	O nein O ja
f	[10^{-3}]							
P_R	[W]							

A.5.28 Variation der Drehzahl III

Ein hydrodynamisches Radialgleitlager weist folgende Konstruktionsdaten auf:

Lagerbreite:	$B = 100$ mm
Lagerdurchmesser:	$D = 80$ mm
relatives Lagerspiel:	$\psi = 1{,}2 \cdot 10^{-3}$
Lagerkraft:	$F = 3000$ N
Ölviskositätsklasse:	ISO VG 10
Lagertemperatur:	68 °C

Variieren Sie die Drehzahl n nach folgender Tabelle und berechnen Sie die Sommerfeldzahl So, die erforderliche Sicherheit S_{erf}, die tatsächliche Sicherheit S_{tats}, die Reibzahl f und die Reibleistung P_R.

n	[min^{-1}]	400	600	900	1350	2025	3037	4556
So	[-]							
S_{erf}	[-]							
S_{tats}	[-]							
f	[10^{-3}]							
P_R	[W]							

A.5.29 Erforderliche Ölviskosität

Ein hydrodynamisches Radialgleitlager misst einen Durchmesser von 38 mm und eine Breite von 44 mm. Mit diesem Lager soll eine Last von 6.500 N bei einer Drehzahl von 2.800 min^{-1} aufgenommen werden. Mit einem Ölkühler wird die Lagertemperatur auf 72 °C gehalten.

a) Wie groß ist die optimale relative Spaltweite ψ_{opt}?
b) Welche Passung muss vorgesehen werden, wenn die Lagerschale als Einheitsbohrung ausgeführt ist?
c) Welche Betriebsölviskosität ist erforderlich, wenn ein ausreichender Abstand zum Mischreibungsgebiet gewährleistet werden soll?
d) Welche Viskositätsklasse ist zu wählen?
e) Wird das Lager im Schwerlast- oder im Schnelllaufbereich betrieben?
f) Wie groß sind die Reibzahl f und die Reibleistung P_R?

A.5.30 Variation des absoluten Lagerspiels

Ein hydrodynamisches Radialgleitlager mit einem Durchmesser von 26 mm und einer Breite von 34 mm soll bei einer Last von 3.800 N und einer Drehzahl von 7.800 min^{-1} betrieben werden. Mit einem Ölkühler wird die Lagertemperatur auf 85 °C gehalten. Wegen der präzisen Fertigung und Montage kann ein $C_ü = 2 \cdot 10^{-2}$ angenommen werden.

a) Wie groß ist die optimale relative Spaltweite ψ_{opt}?
b) Welche Betriebsölviskosität ist erforderlich, wenn ein ausreichender Abstand zum Mischreibungsgebiet gewährleistet werden soll?
c) Welche Viskositätsklasse ist zu wählen?
d) In Erweiterung der Aufgabe a. stehen verschiedene Fertigungsverfahren zur Auswahl, mit denen Spaltweiten $2s$ von 10 µm, 20 µm, 30 µm, 50 µm, 70 µm, 100 µm und 150 µm sicher beherrscht werden können. Die vorher ermittelte Viskositätsklasse und die Betriebstemperatur werden beibehalten. Wie groß sind in diesen Fällen das relative Lagerspiel ψ, die Sommerfeldzahl So, die Reibzahl f und die Reibleistung P_R? Tragen Sie die Ergebnisse in untenstehendem Schema zusammen.

Spaltweite $2s$		10 µm	20 µm	30 µm	50 µm	70 µm	100 µm	150 µm
relative Spaltweite	ψ [10^{-3}]							
Sommerfeldzahl	So [-]							
Reibzahl	f [10^{-3}]							
Reibleistung	P_R [W]							

A.5.31 Variation des relativen Lagerspiels

Ein hydrodynamisches Radialgleitlager weist folgende Konstruktionsdaten auf:

Lagerbreite:	$B = 100$ mm
Lagerdurchmesser:	$D = 80$ mm
Drehzahl:	$n = 1200\ \text{min}^{-1}$
Lagerkraft:	$F = 3000$ N
Ölviskositätsklasse:	ISO VG 10
Lagertemperatur:	68 °C

Variieren Sie das relative Lagerspiel ψ nach folgender Tabelle und berechnen Sie die Sommerfeldzahl So, die erforderliche Sicherheit S_{erf}, die tatsächliche Sicherheit S_{tats}, die Reibzahl f und die Reibleistung P_R.

ψ	$[10^{-3}]$	0,6	0,8	1,0	1,2	1,4	1,6	1,8
So	[-]							
S_{erf}	[-]							
S_{tats}	[-]							
f	$[10^{-3}]$							
P_R	[W]							

A.5.32 Ölwechsel

Ein hydrodynamisches Radialgleitlager hat einen Lagerdurchmesser von 34 mm und eine Lagerbreite von 42 mm. Die radiale Lagerbelastung beträgt 720 N bei einer Drehzahl von 850 min^{-1}. Die Spaltweite ψ wird optimiert. Es wird ein Öl der Viskositätsklasse 32 verwendet und ohne Ölkühler stellt sich eine Lagertemperatur von 72 °C ein.

a) Ist die Sicherheit gegenüber Mischreibung $S_{tats} = n / n_ü$ ausreichend?
b) Wird das Lager im Schnelllauf- oder Schwerlastbereich betrieben?
c) Wie groß sind die Reibzahl f und die Reibleistung P_R?
d) Das Öl wird ausgewechselt und gegen die Viskositätsklasse 150 getauscht. Welche Lagertemperatur ist dann zu erwarten?
e) Wie groß sind dann die Reibzahl f und die Reibleistung P_R?

A.5.33 Wärmeabfuhr durch freie Konvektion I

Ein hydrodynamisches Radialgleitlager weist folgende Konstruktionsdaten auf:

Lagerbreite:	$B = 90$ mm
Lagerdurchmesser:	$D = 90$ mm
relatives Lagerspiel:	$\psi = 1{,}5 \cdot 10^{-3}$
Drehzahl:	$n = 2.000\ \text{min}^{-1}$
Lagerkraft:	$F = 18.500$ N
Ölviskositätsklasse:	ISO VG 22
Konstruktionsbeiwert:	$C_ü = 2 \cdot 10^{-2}$
wärmeabgebende Oberfläche des Lagers:	$A = 0{,}5$ m², keine Luftbewegung, freistehendes Lagergehäuse

Das Lager wird ohne Ölkühler betrieben.

a) Ermitteln Sie, ob das Lager im Schwerlast- oder Schnelllaufbereich betrieben wird. Bestimmen Sie die im Betriebszustand auftretende Temperatur ϑ und die Viskosität η.
b) Ist das Lager betriebssicher?
c) Wie groß sind die Reibzahl f und die Reibleistung P_R?

A.5.34 Wärmeabfuhr durch freie Konvektion II

Ein hydrodynamisches Radialgleitlager misst einen Durchmesser von 24 mm und eine Breite von 38 mm. Mit diesem Lager soll eine Last von 1.200 N bei einer Drehzahl von 1.800 min^{-1} aufgenommen werden. Das Lager wird mit der Viskositätsklasse VG 150 ohne Ölkühler betrieben, die Wärmeabfuhr erfolgt also ausschließlich über die Konvektion des Lagergehäuses.

a) Wie groß ist die optimale relative Spaltweite ψ_{opt}?
b) Welche Betriebsviskosität η und welche Öltemperatur ϑ stellen sich ein, wenn die wärmeabführende Fläche der fünffachen Oberfläche des von der Wirkfläche des Lagers umschlossenen Volumens Vol entspricht und wenn angenommen werden kann, dass sich das Lager im Maschinenverband befindet und keiner Luftbewegung ausgesetzt ist?
c) Wird das Lager im Schwerlast- oder im Schnelllaufbereich betrieben?
d) Besteht ausreichende Sicherheit gegenüber dem Mischreibungsgebiet?
e) Wie groß sind die Reibzahl f und die Reibleistung P_R?

A.5.35 Wärmeabfuhr durch erzwungene Konvektion

Ein vollumschlossenes hydrodynamisches Radialgleitlager weist einen Durchmesser von 90 mm und eine Breite von 108 mm auf. Das Lagerspiel ψ beträgt $1{,}8 \cdot 10^{-3}$. Mit diesem Lager soll eine Last von 5.000 N bei einer Drehzahl von 800 min^{-1} aufgenommen werden. Das Lager wird mit der Viskositätsklasse VG 220 ohne Ölkühler betrieben, die Wärmeabfuhr erfolgt also ausschließlich über die Konvektion des Lagergehäuses. Es kann angenommen werden, dass die wärmeabführende Fläche 120.000 mm² beträgt und dass das Lager einer Luftströmung von 2,2 m/s ausgesetzt ist.

Zur Dokumentierung der Ergebnisse bedienen Sie sich des untenstehenden Schemas.

a) Welche Betriebsviskosität η und welche Öltemperatur ϑ stellen sich ein?
b) Mit welcher Sommerfeldzahl wird das Lager betrieben?
c) Welche Sicherheit S_{tats} gegenüber dem Mischreibungsgebiet besteht tatsächlich und welche Sicherheit S_{erf} ist erforderlich?
d) Wie groß sind die Reibzahl f und die Reibleistung P_R?
e) Bezüglich der Reibleistung ist das oben angegebene Öl nicht optimal. Wie müsste die Viskositätsklasse geändert werden, um die Reibverluste des Lagers zu minimieren, ohne dabei die Betriebsicherheit zu gefährden? Ermitteln Sie die optimierte Viskositätsklasse und die Betriebsdaten wie zuvor!

	Ursprüngliche Viskositätsklasse	Optimierte Viskositätsklasse
	VG 220	
Betriebsviskosität η [Pas]		
Lagertemperatur ϑ [°C]		
Sommerfeldzahl So		
erforderliche Betriebsicherheit S_{erf}		
tatsächliche Betriebsicherheit S_{tats}		
Reibzahl f		
Reibleistung P_R [W]		

6 Welle-Nabe-Verbindungen

Lagerungen zielen bewusst darauf ab, eine Relativbewegung zwischen einer Welle oder Achse gegenüber der Umgebungskonstruktion zu ermöglichen, wobei im Idealfall zwischen Welle und Gehäusekonstruktion keinerlei Drehmoment übertragen wird. Es wird lediglich ein Reibmoment wirksam, welches jedoch durch konstruktive Maßnahmen minimiert wird. Da Wellen aber zur Übertragung von Drehmomenten dienen, muss dieses Drehmoment also von einem weiteren Bauteil in die Welle eingeleitet und schließlich wieder von der Welle in ein benachbartes Bauteil abgeleitet werden, wobei eine Relativbewegung gezielt ausgeschlossen werden muss. Diese Aufgabe wird von sog. Welle-Nabe-Verbindungen übernommen, wobei der Begriff „Nabe" hier sehr weit gefasst wird: Mit Welle-Nabe-Verbindungen werden sämtliche momentenübertragenden Verbindungen einer Welle mit ihrer Umgebungskonstruktion bezeichnet. Wenn die Welle-Nabe-Verbindung neben dem Torsionsmoment auch noch eine zusätzliche Längskräft sicher übertragen kann, so liegt ein Festsitz vor. Wird die Welle-Nabe-Verbindung hingegen axial beweglich ausgeführt, so weicht sie gezielt der Axialkraft aus und es handelt sich um einen Schiebesitz. Lagerungen und Welle-Nabe-Verbindungen werden damit zu sich gegenseitig ergänzenden Komponenten der Antriebstechnik.

		Lager	Welle-Nabe-Verbindung
Belastung	Torsions- moment ...	wird nicht übertragen (Reibmoment wird minimiert)	wird übertragen
	Längskraft ...	wird übertragen $\Rightarrow$ Festlager wird nicht übertragen $\Rightarrow$ Loslager	wird übertragen $\Rightarrow$ Festsitz wird nicht übertragen $\Rightarrow$ Schiebesitz
Bewegung	rotatorisch ...	wird ermöglicht	wird verhindert
	translatorisch ...	wird verhindert $\Rightarrow$ Festlager wird ermöglicht $\Rightarrow$ Loslager	wird verhindert $\Rightarrow$ Festsitz wird ermöglicht $\Rightarrow$ Schiebesitz

Entsprechend ihrer konstruktiven Ausführung werden die Welle-Nabe-Verbindungen in stoffschlüssige, formschlüssige und kraft- bzw. reibschlüssige Welle-Nabe-Verbindungen unterteilt.

6.1 Stoffschlüssige Welle-Nabe-Verbindungen (B)

Der Begriff „stoffschlüssig“ wird wie in der Verbindungstechnik (Kapitel 3, Band 1) verwendet: Die Bauteile (hier Welle und Nabe) werden unter Hinzugabe eines zusätzlichen „Stoffes“ so miteinander verbunden, dass eine vollständige, also „nicht lösbare“ Materialverbindung entsteht. Der Ausdruck „stoffschlüssig“ wird damit auch hier zum Sammelbegriff für Schweißen, Löten und Kleben. Bild 6.1 gibt einen Überblick über die stoffschlüssigen Welle-Nabe-Verbindungen.

Klebe- und Lötverbindungen:

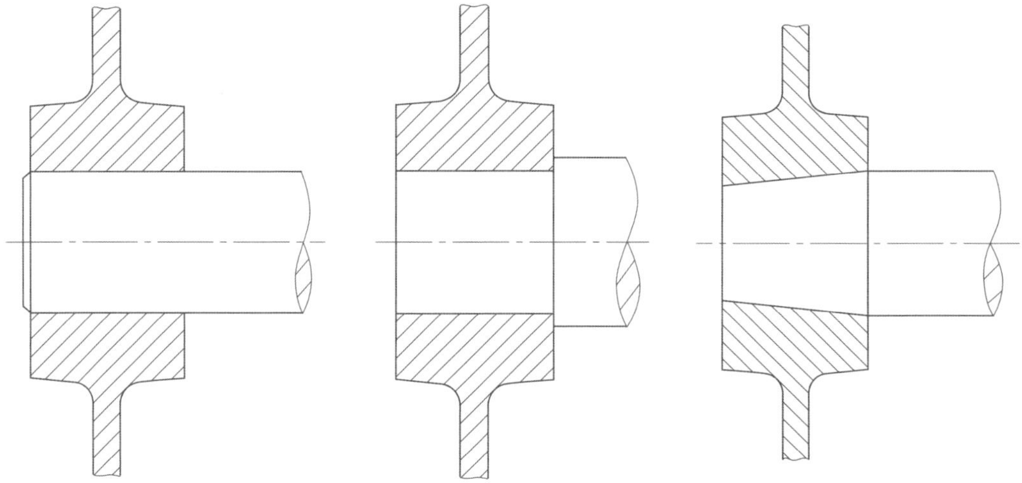

Schweißverbindungen:

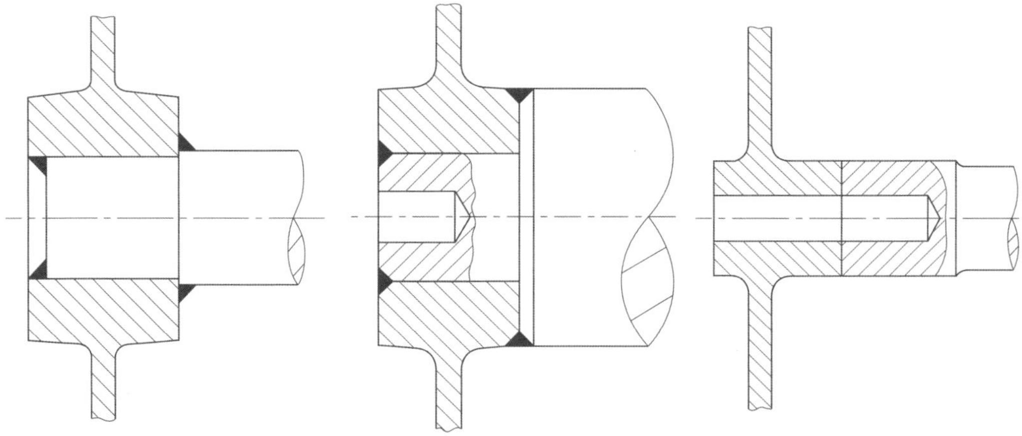

Bild 6.1: Stoffschlüssige Welle-Nabe-Verbindungen

Die Modellbildung für die rechnerische Beschreibung dieser Welle-Nabe-Verbindungen kann sich dabei vielfach an die der Verbindungstechniken anlehnen (s. auch Band 1, Aufgaben 3.10, 3.11 und 3.15), die nachfolgenden Ausführungen konzentrieren sich deshalb auf einige zusätzliche Hinweise. Liegt die fertigungstechnisch einfache zylindermantelförmige Trennfuge zwischen Welle und Nabe vor, so lässt sich deren Geometrie nach Bild 6.2 mit dem Durchmesser *d* und der Länge *L* beschreiben. Die diesen Wellenabschnitt umgebende Nabe ist hier nicht dargestellt.

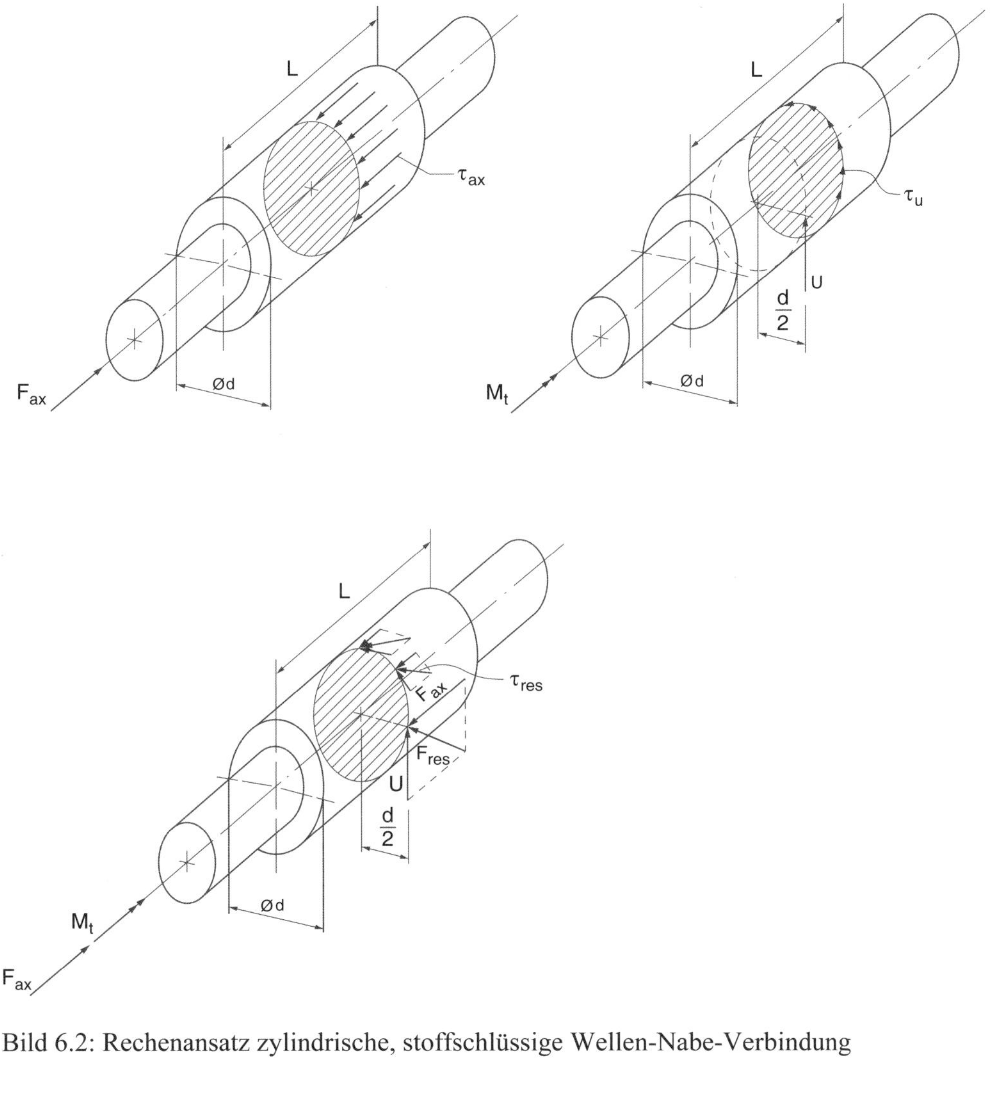

Bild 6.2: Rechenansatz zylindrische, stoffschlüssige Wellen-Nabe-Verbindung

Entsprechend der Lasteinleitung könne drei Fälle unterschieden werden:

- **Längskraftbelastung**
  Bei Längskraft- oder Axialkraftbelastung (oben links in Bild 6.2) wird davon ausgegangen, dass sich die Kraft weitgehend als Schubspannung an der Trennfuge überträgt:

$$\tau_{tats} = \frac{F_{ax}}{A} \leq \tau_{zul} \quad mit \quad A = d \cdot \pi \cdot L \qquad \text{Gl. 6.1}$$

  Die Fläche A ist die Fläche, an der die beiden Bauteile miteinander in stoffschlüssigem Kontakt stehen. Die Schubspannung τ_{tats} darf den für das Verbindungsverfahren zulässigen Wert τ_{zul} (Band 1, S. 268 und 272) nicht überschreiten, ggf. ist die Sicherheit als Quotient dieser beiden Werte zu formulieren.

- **Torsionsbelastung**
  Die durch das Torsionsmoment M_t hervorgerufene Belastung (oben rechts in Bild 6.2) lässt sich zunächst durch eine fiktive Umfangskraft U ausdrücken, die sich ihrerseits als reale Schubspannung τ auf der lastübertragenden Fläche verteilt.

$$M_t = U \cdot \frac{d}{2} \quad \text{mit} \quad U = \tau \cdot A = \tau \cdot d \cdot \pi \cdot L \qquad \text{Gl. 6.2}$$

  Über diese Substitution lässt sich zwischen Lastmoment M_t und Schubspannung τ eine Beziehung herstellen:

$$M_t = \frac{d^2}{2} \cdot L \cdot \pi \cdot \tau \quad \text{bzw.} \quad M_{t\max} = \frac{d^2 \cdot \pi \cdot L}{2} \cdot \tau_{zul} \qquad \text{Gl. 6.3}$$

- **Kombinierte Längskraft- und Torsionsmomentenbelastung**
  Sollen ein Torsionsmoment M_{tmax} und eine Axialkraft F_{ax} gleichzeitig übertragen werden (Bild 6.2 unten), so setzt sich die insgesamt zu übertragende Kraft F_{res} als Vektorsumme aus der Umfangskraft U und der Axialkraft F_{ax} zusammen.

  Mit $U = 2 \cdot M_t / d$ wird dann

$$F_{res} = \sqrt{U^2 + F_{ax}^2} = \sqrt{\left(\frac{2 \cdot M_t}{d}\right)^2 + F_{ax}^2} \qquad \text{Gl. 6.4}$$

  und die Schubspannungsbelastung

$$\tau = \frac{F_{res}}{A} = \frac{\sqrt{\left(\frac{2 \cdot M_t}{d}\right)^2 + F_{ax}^2}}{\pi \cdot d \cdot L} \qquad \text{Gl. 6.5}$$

Nach den vorgenannten Ansätzen steigt die übertragbare Belastung proportional mit der Länge der Verbindung *L*. Voraussetzung für diesen Ansatz ist die Annahme einer gleichmäßigen Schubspannungsverteilung. Tatsächlich kommt es jedoch zu einem Effekt, der in ähnlicher Weise bei den Klebverbindungen bereits erläutert worden ist (vgl. Bild 3.17, Band 1): Auf der Seite, wo die Belastung in die Welle-Nabe-Verbindung eingeleitet wird, ist die Welle selber noch der vollen Belastung, also auch der vollen damit verbundenen Verformung ausgesetzt, während die sie umgebende Nabe an dieser Stelle noch keine Belastung aufzunehmen hat und sich demzufolge in diesem Bereich auch noch nicht verformt. Diese Ungleichmäßigkeit der Verformungen zweier benachbarter Bauteile verursacht eine Ungleichmäßigkeit der Schubspannungsverteilung, die mit zunehmender axialer Erstreckung der Welle-Nabe-Verbindung kritischer wird. Dieser Sachverhalt lässt sich nur durch eine Messung oder durch die Finite-Elemente-Berechnung genauer quantifizieren. Entsprechende Auswertungen haben ergeben, dass man für den Normalfall diesen Einfluss vernachlässigen kann, wenn die Länge L nicht wesentlich größer ist als der Durchmesser *d* der Verbindung.

6.2 Formschlüssige Welle-Nabe-Verbindungen (B)

Der Begriff „formschlüssig" gibt an, dass die zu verbindenden Bauteile aufgrund ihrer Formgebung ineinander greifen und damit Kräfte und Momente übertragen können.

6.2.1 Keilwellenverbindungen (B)

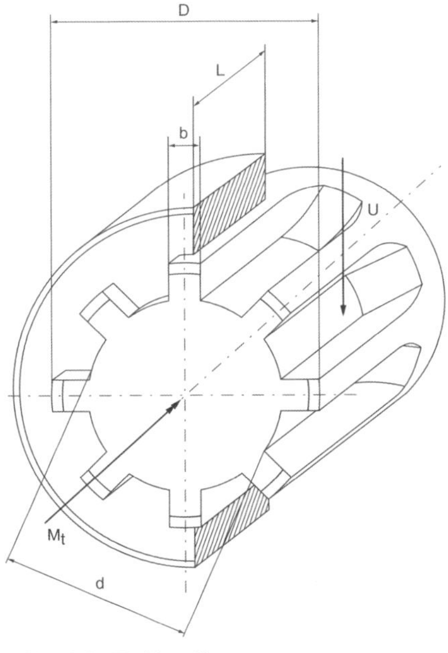

Bild 6.3: Keilwelle

Eine Keilwelle weist nach Bild 6.3 einen inneren Durchmesser *d* auf, aus dem konzentrische Vorsprünge mit der Breite *b* und der Eingriffslänge *L* bis zum äußeren Durchmesser *D* herausragen. Tabelle 6.1 gibt einen Auszug aus der Norm für Keilwellenverbindungen mit geraden Flanken wieder:

Tabelle 6.1: Keilwellen

	Leichte Reihe nach DIN ISO 14				Mittlere Reihe nach DIN ISO 14				Schwere Reihe nach DIN 5464			
d	Kurzzeichen	Anzahl Keile	D	b	Kurzzeichen	Anzahl Keile	D	b	Kurzzeichen	Anzahl Keile	D	b
16					6x16x20	6	20	4	10x16x20	10	20	2,5
18					6x18x22	6	22	5	10x18x23	10	23	3
21					6x21x25	6	25	5	10x21x26	10	26	3
23	6x23x26	6	26	6	6x23x28	6	28	6	10x23x29	10	29	4
26	6x26x30	6	30	6	6x26x32	6	32	6	10x26x32	10	32	4
28	6x28x32	6	32	7	6x28x34	6	34	7	10x28x35	10	35	4
32	8x32x36	8	36	6	8x32x38	8	38	6	10x32x40	10	40	5
36	8x36x40	8	40	7	8x36x42	8	42	7	10x36x45	10	45	5
42	8x42x46	8	46	8	8x42x48	8	48	8	10x42x52	10	52	6
46	8x46x50	8	50	9	8x46x54	8	54	9	10x46x56	10	56	7
52	8x52x58	8	58	10	8x52x60	8	60	10	16x52x60	16	65	5
56	8x56x62	8	62	10	8x56x65	8	65	10	16x56x65	16	65	5
62	8x62x68	8	68	12	8x62x72	8	72	12	16x62x72	16	72	7

Während für den Festigkeitsnachweis der Welle der innere Durchmesser d maßgebend ist, vollzieht sich die Momentenübertragung zwischen Welle und Nabe über Flächenpressung an den Flanken. Zu deren Festigkeitsnachweis wird ähnlich wie bei der stoffschlüssigen Welle-Nabe-Verbindung zunächst eine Umfangskraft U eingeführt, die sich hier auf halbem Wege zwischen d/2 und D/2 abstützt:

$$M_t = U \cdot \frac{D+d}{2 \cdot 2} \qquad \Rightarrow \qquad U = \frac{4 \cdot M_t}{D+d} \qquad \text{Gl. 6.6}$$

Die Pressung p an den rechteckförmigen Flanken formuliert sich zu

$$p = \frac{U}{A} = \frac{\dfrac{4 \cdot M_t}{D+d}}{z \cdot \dfrac{D-d}{2} \cdot L \cdot \phi}$$

$$p = \frac{8 \cdot M_t}{(D+d) \cdot (D-d) \cdot z \cdot L \cdot \phi} \le p_{zul} \qquad \text{für Keilwellen} \qquad \text{Gl. 6.7}$$

Dabei bedeutet z die Anzahl der Keile und L die tragende Länge der Verbindung. Mit zunehmender Anzahl von Keilen stößt jedoch die präzise Anordnung der einzelnen Flanken zueinander zunehmend auf fertigungstechnische Probleme, so dass die kraftübertragende Fläche um den Traganteil φ reduziert werden muss. Dieser hängt von den konstruktiven Randbedingungen und von den Fertigungsgenauigkeiten ab, für Keilwellen kann etwa φ = 0,75 angenommen werden. Für die Festlegung der werkstoffkundlich zulässigen Flächenpressung ist weiterhin folgende Differenzierung angebracht:

- **Festsitz**: Mit einer Passfederverbindung können **nur Torsionsmomente** übertragen werden, eventuell aufzunehmende Längskräfte müssen durch weitere konstruktive Maßnahmen (z.B. Wellenbund) gesondert abgestützt werden.
- **Schiebesitz**: Sollen die Welle und die Nabe jedoch **axial zueinander verschoben** werden können, so wird die Welle-Nabe-Verbindung zum Schiebesitz. Unter diesen Umständen können nur deutlich geringere Flächenpressungen zugelassen werden.

Tabelle 6.2 gibt einen Überblick über die zulässige Flankenpressung für einige gebräuchliche Werkstoffkombinationen:

Tabelle 6.2: zulässige Flankenpressung p_{zul} für Festsitz

	Drehmoment konstant	Drehmoment schwellend	Drehmoment wechselnd
St/Messing, Bronze	40 N/mm²	30 N/mm²	12 N/mm²
St/G-AlSi	56 N/mm²	42 N/mm²	18 N/mm²
St/GG	72 N/mm²	54 N/mm²	22 N/mm²
St/AlCuMg	80 N/mm²	60 N/mm²	25 N/mm²
St/GS und St/St	120 N/mm²	75 N/mm²	32 N/mm²

Die folgenden beiden Bilder zeigen zwei Konstruktionsbeispiele aus dem Getriebebau:

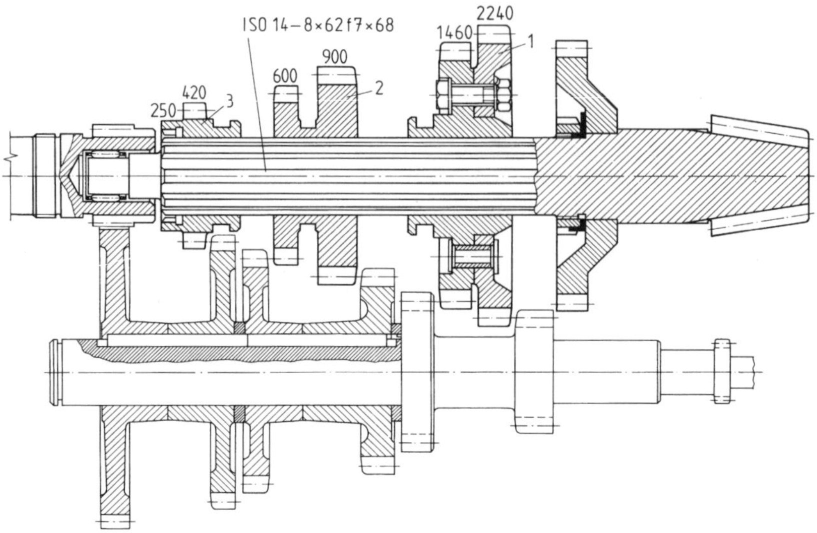

Bild 6.4: Keilwelle als längsverschiebbare Welle-Nabe-Verbindung

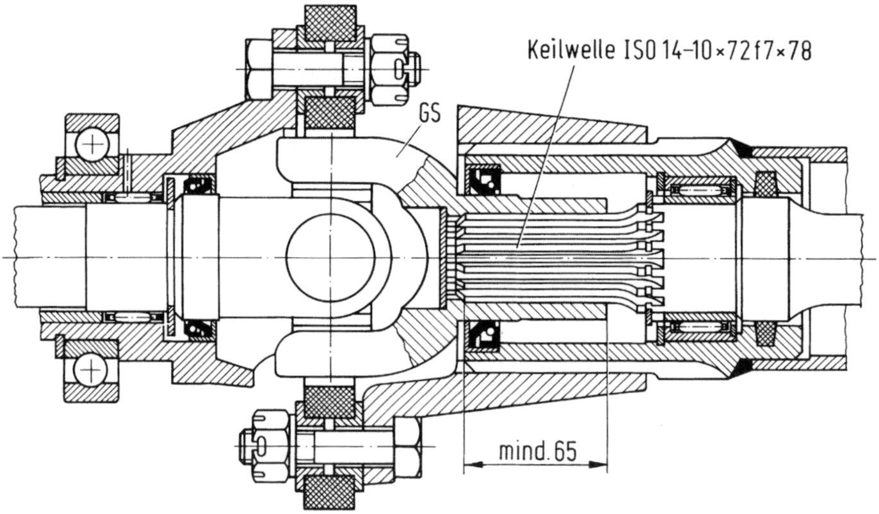

Bild 6.5: Konzentrisch angeordnete, doppelte Keilwelle

Die in Bild 6.5 dargestellte Verbindung überträgt zwei voneinander unabhängige Drehbewegungen jeweils durch eine Keilwelle:

- Die innere Drehbewegung wird über die innere Keilwelle und ein Kardangelenk geleitet.

- Die äußere Drehbewegung wird durch die äußere Keilwelle und eine zusätzliche Flanschverbindung übertragen.
- Die Relativbewegung von innerer und äußerer Welle wird durch Nadellager ermöglicht.

6.2.2 Zahnwellenverbindungen (E)

Zahnwellenverbingen können zunächst als eine konstruktive Abwandlung der Keilwellenverbindung betrachtet werden. Bild 6.6 zeigt die beiden Ausführungsformen als Kerbzahnwelle und als Evolventenzahnwelle:

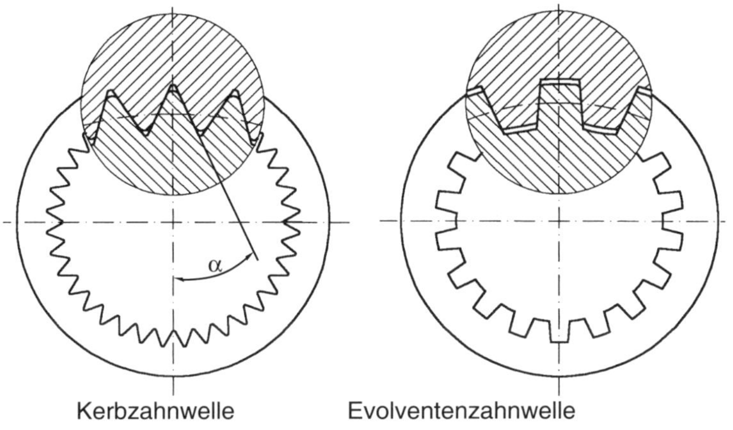

Bild 6.6: Zahnwellen

Tabelle 6.3 gibt zunächst die wichtigsten Abmessungen der Kerbverzahnung nach DIN 5481 wieder.

Tabelle 6.3: Kerbverzahnung nach DIN 5481

Bezeichnung d_1 x d_3	Nennmaß Nabe d_1 A11	Nennmaß Welle d_3 a11	Zähnezahl z
10x12	10,1	12,0	30
12x14	12,0	14,2	31
15x17	14,9	17,2	32
17x20	17,3	20,0	33
21x24	20,8	23,9	34
26x30	26,5	30,0	35
30x34	30,5	34,0	36
36x40	36,0	39,9	37

Gegenüber der Keilwelle weist die Kerbzahnwelle wesentlich mehr lastübertragende Formelemente auf, die jedoch weniger tief in die Welle eingreifen, wodurch die Kerbwirkung auf die Welle deutlich reduziert wird ($\beta_{kt} \approx 1{,}5$). Auch hier ist für den Festigkeitsnachweis der Welle der innere Durchmesser d_1 maßgebend. Kerbzahnwellen werden über die Flanken zentriert, meist fest aufgezogen und sind deshalb axial nicht verschiebbar. Bei nicht allzu großer Axialkraftbelastung benötigen sie demzufolge auch keine axiale Sicherung. Durch die Neigung der pressungsübertragenden Flanke um 30° wird zwar die Kraft um den Faktor 1/cos 30° vergrößert, die pressungsübertragende Fläche vergrößert sich jedoch um den gleichen Faktor. Dadurch wird die Flächenpressung in dieser Näherung unabhängig von diesem Winkel:

$$p = \frac{\frac{U}{\cos 30°}}{\frac{A}{\cos 30°}} = \frac{U}{A} = \frac{\frac{4 \cdot M_t}{d_3 + d_1}}{z \cdot \frac{d_3 - d_1}{2} \cdot L \cdot \phi}$$

$$p = \frac{8 \cdot M_t}{(d_3 + d_1) \cdot (d_3 - d_1) \cdot z \cdot L \cdot \phi} \le p_{zul} \quad \text{für Kerbverzahnung} \qquad \text{Gl. 6.8}$$

Der Traganteil verschlechtert sich allerdings gegenüber der Keilwelle, so dass $\varphi \approx 0{,}5$ gesetzt werden muss. Für die Evolventenzahnwelle ergeben sich in Anlehnung an DIN 5481 die in Tabelle 6.4 gegebenen wichtigen Abmessungen.

Tabelle 6.4: Evolventenzahnwelle nach DIN 5481

Bezugs-durchmesser	Nabeninnen-durchmesser d_2	Wellenaußen-durchmesser d_3	Zähnezahl z
20	17	19,7	12
22	19	21,7	13
25	22	24,7	15
26	23	25,7	16
28	24,5	27,65	14
30	25,5	29,65	16
32	28,5	31,65	17
35	31	34,6	16
37	33	36,6	17
40	36	39,6	18
42	38	41,6	20
45	41	44,6	21
48	44	47,6	22
50	46	49,6	24

In ähnlicher Weise kann auch für die Evolventenzahnwelle mit den entsprechend angepassten Bezeichnungen formuliert werden:

$$p = \frac{U}{A} = \frac{\dfrac{4 \cdot M_t}{d_3 + d_2}}{z \cdot \dfrac{d_3 - d_2}{2} \cdot L \cdot \phi}$$

$$p = \frac{8 \cdot M_t}{(d_3 + d_2) \cdot (d_3 - d_2) \cdot z \cdot L \cdot \phi} \leq p_{zul} \qquad \text{für Evolventenzahnwelle} \quad \text{Gl. 6.9}$$

Der Traganteil kann hier mit $\varphi \approx 0{,}75$ angesetzt werden.

6.2.3 Polygonwellenverbindung (E)

Bei Polygonwellenverbindungen wird der Formschluss so optimiert, dass eine Kerbwirkung weitestgehend vermieden wird, die Kerbwirkungszahl ist nahezu 1, so dass beim Festigkeitsnachweis der Welle kaum Abstriche gemacht werden müssen.

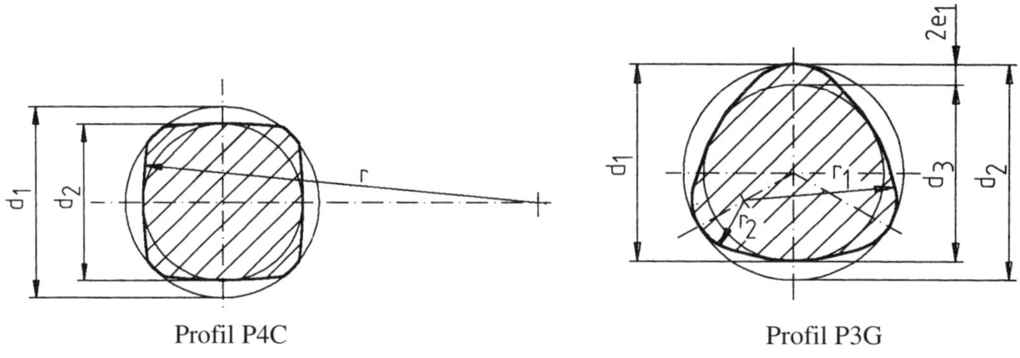

Bild 6.7: Polygonwellen

Die Profile von Welle und Nabe lassen sich in der Toleranzklasse 6 herstellen, so dass eine genaue Zentrierung gewährleistet ist. Die Wellen werden auf speziellen Maschinen geschliffen, die Naben werden geräumt. Eine wirtschaftliche Verwendung ist also nur in der Massenfertigung möglich. Im Gegensatz zum P3G-Profil erlaubt das P4C-Profil eine axiale Verschiebemöglichkeit auch unter Last. Der oben vorgestellte Rechenansatz bezüglich des übertragbaren Momentes in Funktion der zulässigen Flächenpressung trifft hier nur noch in ganz grober Näherung zu, es sind vielmehr die in DIN 32711 und DIN 32712 angeführten Gleichungen anzuwenden.

6.2.4 Passfeder- und Keilverbindungen (B)

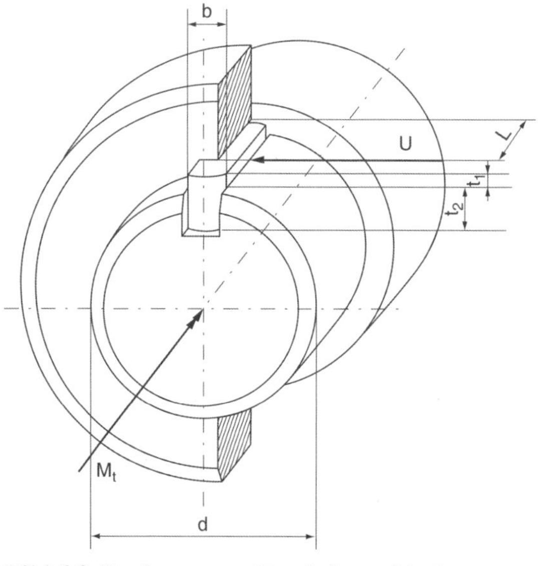

Bild 6.8: Rechenansatz Passfederverbindung

Die klassische Passfederverbindung nach nebenstehender Darstellung lässt sich bezüglich ihrer Belastbarkeit näherungsweise mit dem oben benutzten Ansatz beschreiben. Die Umfangskraft muss hier über zwei hintereinander geschaltete Stellen übertragen werden: Am Übergang zwischen der Passfeder und der Welle tritt die Pressung p_W und an der Kontaktfläche zwischen der Passfeder und der Nabe tritt die Pressung p_N auf. Wegen der unterschiedlichen Abmessungen und Werkstoffpaarungen müssen i.a. Fall beide Kriterien abgeschätzt werden:

$$p = \frac{U}{A}$$

$$p_W = \frac{2 \cdot M_t}{d \cdot t_1 \cdot L \cdot \phi} \leq p_{Wzul}$$ Verbindungungsstelle Welle-Passfeder Gl. 6.10

$$p_N = \frac{2 \cdot M_t}{d \cdot t_2 \cdot L \cdot \phi} \leq p_{Nzul}$$ Verbindungungsstelle Passfeder-Nabe Gl. 6.11

Für d kann näherungsweise der Nenndurchmesser der Welle gesetzt werden, obwohl der Hebelarm an der Nabe etwas größer und an der Welle etwas kleiner ist. Dabei bedeutet t_1 die Eindringtiefe der Passfeder in die Welle und t_2 die der Nabe. Von der konstruktiv vorhandenen Passfederlänge gelangt man zur rechnerisch ausnutzbaren Länge L durch das Abziehen der eventuell vorhandenen nichttragenden Ausrundungsradien. Der Traganteil kann nahezu $\varphi \approx 1$ gesetzt werden, da hier nicht das Problem besteht, dass die Gesamtlast auf mehrere Lastübertragungsstellen aufgeteilt werden muss. Tabelle 6.5 gibt in Anlehnung an DIN 6885 die für die Dimensionierung wichtigen Abmessungen an.

Tabelle 6.5: Passfederverbindungen nach DIN 6885

Wellendurchmesser d über	10	12	17	22	30	38	44	50	58	65	75	85
bis einschließlich	12	17	22	30	38	44	50	58	65	75	85	95
Passfederbreite b [mm]	4	5	6	8	10	12	14	16	18	20	22	25
Passfederhöhe h [mm]	4	5	6	7	8	8	9	10	11	12	14	14
Wellennuttiefe t_1 [mm]	2,5	3	3,5	4	5	5	5,5	6	7	7,5	9	9
Nabennuttiefe t_2 [mm]	1,8	2,3	2,8	3,3	3,3	3,3	3,8	4,3	4,4	4,9	5,4	5,4

Die Norm enthält noch weitere zur Fertigung notwendige Maßangaben (Passungen, Ausrundungsradien, Passfederlängen usw.) und weitere Bauformen.

- **Festsitz**: Sowohl am Durchmesser als auch an den Flanken ist ein **leichter Presssitz** vorzuziehen, um mögliche Anlagewechsel auszuschließen. Die einwirkenden Kräfte sollen keine Verlagerungen hervorrufen können, so dass eine unvorteilhafte Ungleichmäßigkeit der Pressungsverteilung weitgehend vermieden wird.
- **Schiebesitz**: In diesem Fall wird die Passfeder meist auf der Welle festgeschraubt und in der Nabe eine Spielpassung vorgesehen.

Wie der Normauszug nach Bild 6.9 zeigt, wird die Passfederverbindung in vielfachen Konstruktionsvarianten abgewandelt.

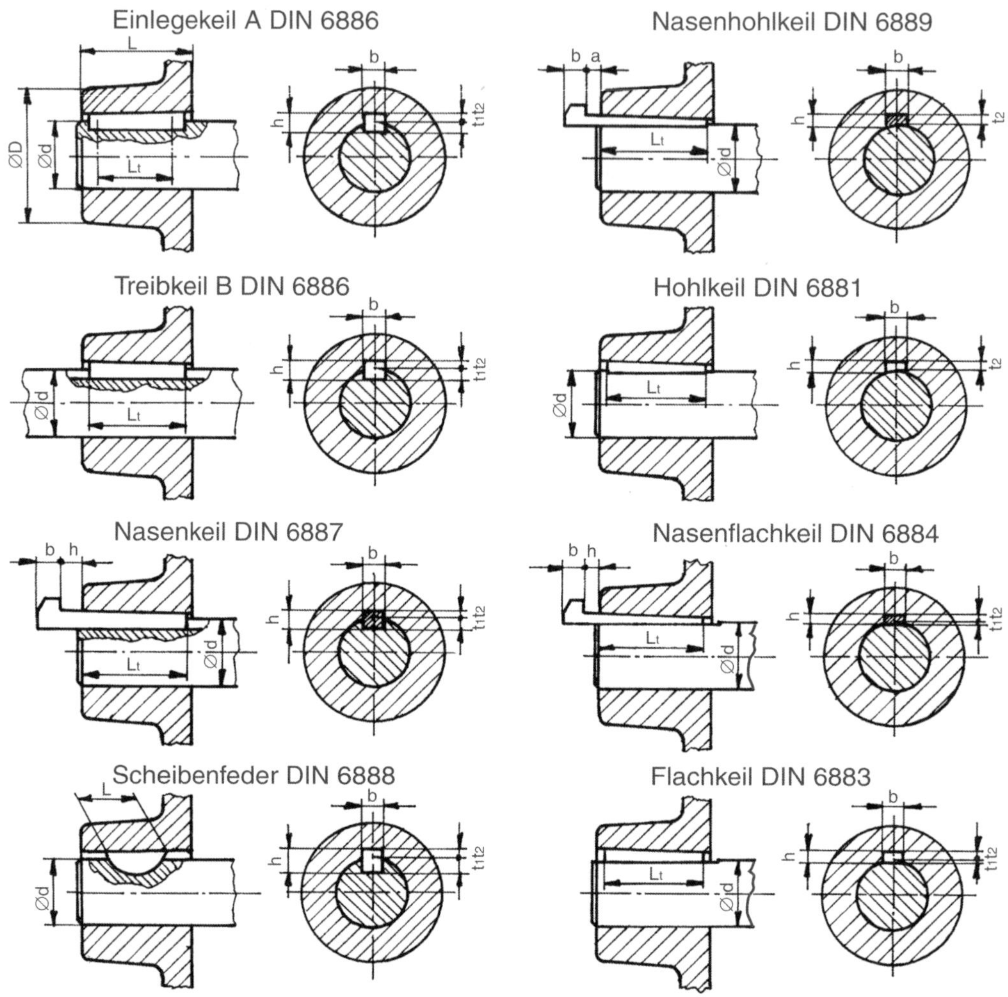

Bild 6.9: Welle-Nabe-Verbindungen mit Federn und Keilen

Die in der linken Spalte aufgeführten Ausführungsformen können mit einem aus der obigen Gleichung abgeleiteten Ansatz dimensioniert werden. Bei den anderen Fällen aus der rechten Spalte handelt es sich nur bei der Verbindung zur Nabe um einen Formschluss, die Verbindung zur Welle beruht auf Reibschluss, der mit einem Ansatz nach Coulombscher Reibung beschrieben werden kann. Diese Konstruktionsvarianten haben den Vorteil, dass die spanende Bearbeitung der Welle entfallen kann; die letzten beiden Varianten erfordern lediglich ein Abflachen der Welle, was jedoch mit einfachen Mitteln bewerkstelligt werden kann. Die Passfederverbindungen und die daraus abgeleiteten Bauformen haben in der Geschichte des Maschinenbaus eine große Rolle gespielt. Ihre Momentenkapazität ist jedoch aus dreierlei Gründen begrenzt:

- Die Welle wird festigkeitsmäßig durch eine z.T. erhebliche Kerbwirkung geschwächt.

- Das Moment wird als Umfangskraft nur an einer einzigen oder an wenigen Stellen des Umfangs übertragen, eine optimale Lastverteilung findet nicht statt.
- Die Vorbearbeitung von Welle und Nabe (Stoßen und Fräsen von Nuten) ist relativ aufwendig.

Diese Einschränkungen führen dazu, dass diese Konstruktionen für hochbelastete Welle-Nabe-Verbindungen immer mehr an Bedeutung verlieren.

Aufgabe A.6.1

6.3 Kraft- bzw. reibschlüssige Welle-Nabe-Verbindungen (B)

Kraft- bzw. reibschlüssige Welle-Nabe-Verbindungen verklemmen Welle und Nabe miteinander und stellen die Momentenübertragbarkeit unter Ausnutzung der Coulombschen Reibung her. Die Funktionsflächen dieser Welle-Nabe-Verbindungen werden fertigungstechnisch besonders einfach als ebene Fläche oder in Form eines Zylinders ausgeführt. Die im folgenden Schema zusätzlich angeordnete Spalte mit kegeliger Funktionsfläche kann als Zwischenform angesehen werden. Kennzeichen der Kraftschlüssigkeit ist das Fehlen von ineinander greifenden Materialvorsprüngen und -vertiefungen. Weiterhin kann nach folgendem Schema unterschieden werden, ob direkt oder mit Zwischenelementen übertragen wird.

	Übertragungsfläche		
	axial, eben	kegelig (6.3.4)	radial, zylindrisch
ohne Zwischen-elemente	axiales Verklemmen (6.3.1.1)	Kegelpresssitz (6.3.4.1) Druckölpressverband	radiales Verklemmen (6.3.1.2) Längspressverband (6.3.2) Querpressverband (6.3.2) Schrumpfscheibe (6.3.5)
mit Zwischen-elementen		Spannelement (6.3.4.2) Spannsatz (6.3.4.2) Spannscheibe Sternscheibe	hydraulische Spannbuchse (6.3.3) Spannhülse (6.3.5) Toleranzring Zug-/Druckhülse (6.3.5)

Die folgenden Ausführungen können nur einen repräsentativen Ausschnitt aus dieser Vielfalt behandeln. Das Schema enthält die Nummer des Abschnitts, in dem die Verbindung näher vorgestellt wird.

Für die Dimensionierung von reibschlüssigen Welle-Nabe-Verbindungen ist die Kenntnis des Reibwertes von entscheidender Bedeutung. In der folgenden Tabelle sind für Querpressverbände die Reibwerte einiger gebräuchlicher Werkstoffkombinationen von Welle und Nabe nach DIN 7190 zusammengestellt.

Tabelle 6.6: Reibzahlen reibschlüssiger Welle-Naben-Verbindungen nach DIN 7190

Werkstoffpaarung, Schmierung, Fügeverfahren	Haftbeiwert μ
Paarung Stahl/Stahl	
Druckölverbände normal gefügt mit Mineralöl	0,12
Druckölverbände mit entfetteten Pressflächen, mit Glyzerin gefügt	0,18
Schrumpfverbände, normal, nach Erwärmen des Außenteils bis 300 °C im Elektroofen	0,14
Schrumpfverbände mit entfetteten Pressflächen, nach Erwärmen des Außenteils bis 300 °C im Elektroofen	0,20

Werkstoffpaarung, Schmierung, Fügeverfahren	Haftbeiwert μ
Paarung Stahl/Gusseisen	
Druckölverbände normal gefügt mit Mineralöl	0,10
Druckölverbände mit entfetteten Pressflächen	0,16
Paarung Stahl/Mg-Al, trocken	0,10–0,15
Paarung St-Cu/Zn, trocken	0,17–0,25

In Anlehnung daran können auch die Reibwerte für andere reibschlüssige Welle-Nabe-Verbindungen abgeschätzt werden.

6.3.1 Klemmverbindungen (B)

6.3.1.1 Axialklemmverbindungen (B)

Die einfachste Art der kraftschlüssigen Welle-Nabe-Verbindung besteht darin, die beiden Bauteile nach Bild 6.10 axial zu verklemmen.

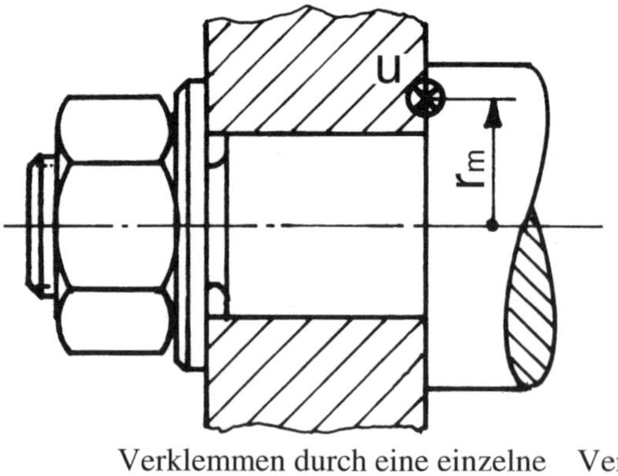

Verklemmen durch eine einzelne zentral angeordnete Schraube

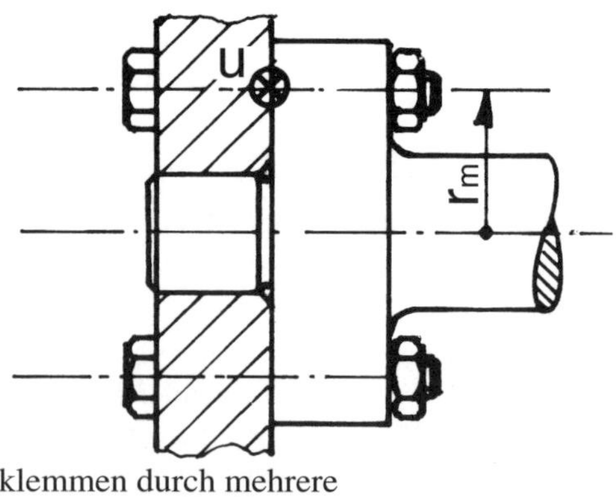

Verklemmen durch mehrere auf einem Lochkreis angeordnete Schrauben

Bild 6.10: Axiales Verspannen von Welle und Nabe

Bei der Dimensionierung dieser Klemmverbindung können drei Versagenskriterien in Erscheinung treten:

a) Der Reibschluss kann überlastet werden, die Verbindung rutscht (Überlast im Betrieb).

b) Die Flächenpressung an der reibschlussübertragenden Fläche kann überlastet werden (Überbeanspruchung bei der Montage).

c) Die Vorspannkraft von *n* Schrauben ist nicht in der Lage, die für den Reibschluss erforderliche Axialkraft F_{ax} aufzubringen (Überbeanspruchung bei der Montage).

Die Beziehung dieser drei Festigkeitskriterien untereinander lässt sich nach Bild 6.11 qualitativ darstellen.

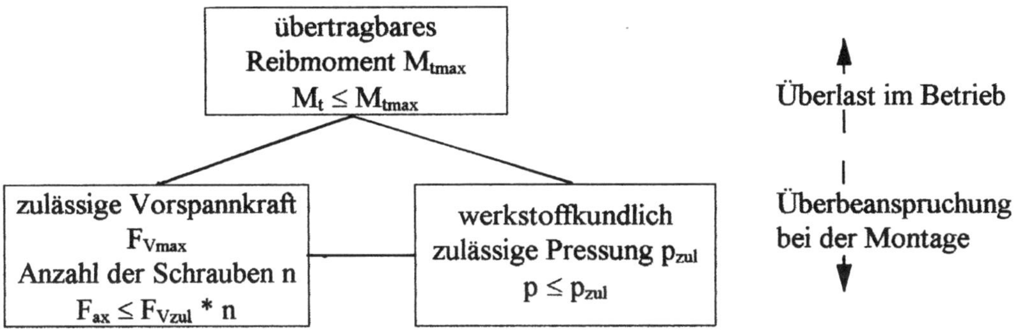

Bild 6.11: Grenzen des axialen Verspannens qualitativ

Zur rechnerischen Beschreibung des Problems müssen für jede der im Schema markierten Verbindungen Gleichungen formuliert werden. Für die waagerechte Verbindungslinie zwischen der Axialkraft F_{ax} und Flächenpressung p ist dies besonders einfach:

$$p = \frac{F_{ax}}{A} \leq p_{zul} \qquad \text{Gl. 6.12}$$

Bei der Formulierung des übertragbaren Momentes M_{tmax} muss eine Fallunterscheidung nach Bild 6.12 getroffen werden.

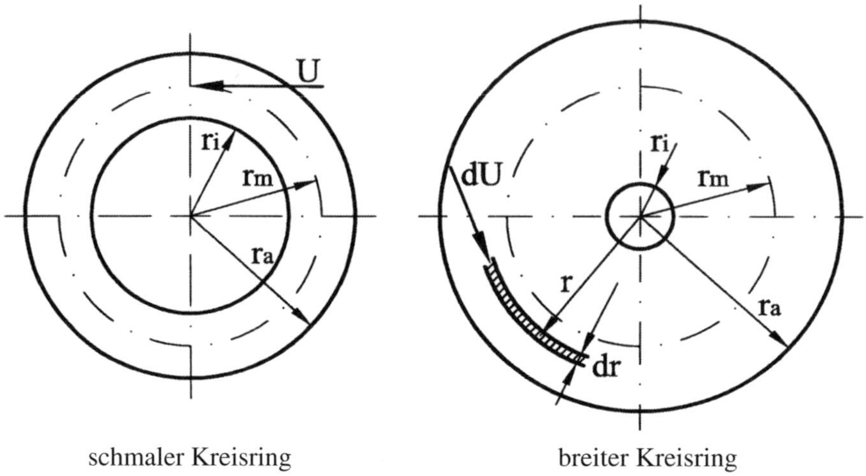

Bild 6.12: Kräfte, Momente und Pressungen bei axialer Klemmverbindung

- Handelt es sich um einen schmalen Kreisring, so wird eine formale Umfangskraft U eingeführt:

  $$M_t = U \cdot r_m$$

  Diese Vorgehensweise wurde bereits bei der Kopfreibung von Schrauben (Bild 4.7, Band 1) praktiziert. Der wirksame Hebelarm r_m reicht bis zur Mitte der kraftübertragenden Kreisringfläche:

  $$r_m = \frac{r_i + r_a}{2}$$

  Andererseits wird die Umfangskraft U über Reibung durch axiales Verspannen mit F_{ax} aufgebracht:

  $$\mu = \frac{U}{F_{ax}}$$

  Es ergibt sich also der einfache Zusammenhang:

  $$M_{tmax} = \mu \cdot F_{ax} \cdot r_m \qquad \text{(schmaler Kreisring)} \qquad \text{Gl. 6.13}$$

- Liegt ein breiter Kreisring vor, so trifft der vorgenannte Ansatz nur noch sehr grob zu, weil jeder Flächenpressungsanteil mit seinem aktuellen Hebelarm r zum Gesamtmoment beiträgt:

$$M_{t\max} = \int_{r_i}^{r_a} dU \cdot r = \int_{r_i}^{r_a} \mu \cdot p \cdot dA \cdot r$$

μ und *p* sind von der Integration nicht betroffen. Die Kreisringfläche *dA* lässt sich durch $dA = 2 \cdot \pi \cdot r \cdot dr$ ausdrücken:

$$M_{t\max} = \mu \cdot p \cdot 2 \cdot \pi \cdot \int_{r_i}^{r_a} r^2 dr = \mu \cdot p \cdot \pi \cdot 2 \cdot \left[\frac{r^3}{3}\right]_{r_i}^{r_a}$$

$$M_{t\max} = \mu \cdot p \cdot \pi \cdot \frac{2}{3} \cdot \left(r_a^3 - r_i^3\right) \qquad \text{Gl. 6.14}$$

Mit $p = F_{ax} / A$ und $A = \pi \cdot (r_a^2 - r_i^2)$ folgt:

$$M_{t\max} = \mu \cdot F_{ax} \cdot \frac{2 \cdot \left(r_a^3 - r_i^3\right)}{3 \cdot \left(r_a^2 - r_i^2\right)} \qquad \text{(breiter Kreisring)} \qquad \text{Gl. 6.15}$$

Stellt man Gl. 6.13 und Gl. 6.15 gegenüber, so kann auch für den breiten Kreisring ein „mittlerer" Radius r_m formuliert werden:

$$r_m = \frac{2 \cdot \left(r_a^3 - r_i^3\right)}{3 \cdot \left(r_a^2 - r_i^2\right)} \qquad \text{(breiter und schmaler Kreisring)} \qquad \text{Gl. 6.16}$$

Somit lässt sich also auch für den breiten Kreisring eine einfache Gleichung angeben, bei der lediglich der effektive Radius r_m nach Gleichung 6.16 modifiziert berechnet werden muss. Diese letzte Formulierung gilt damit auch für den Fall des schmalen Kreisringes und ergibt für diesen Grenzfall den gleichen Zahlenwert. Die Formulierung für den breiten Kreisring schließt also die für den schmalen Kreisring mit ein und lässt sich damit allgemeingültig verwenden. Das in Bild 6.11 skizzierte Schema lässt also nun mit Angabe der benötigten Gleichungen zu Bild 6.13 vervollständigen.

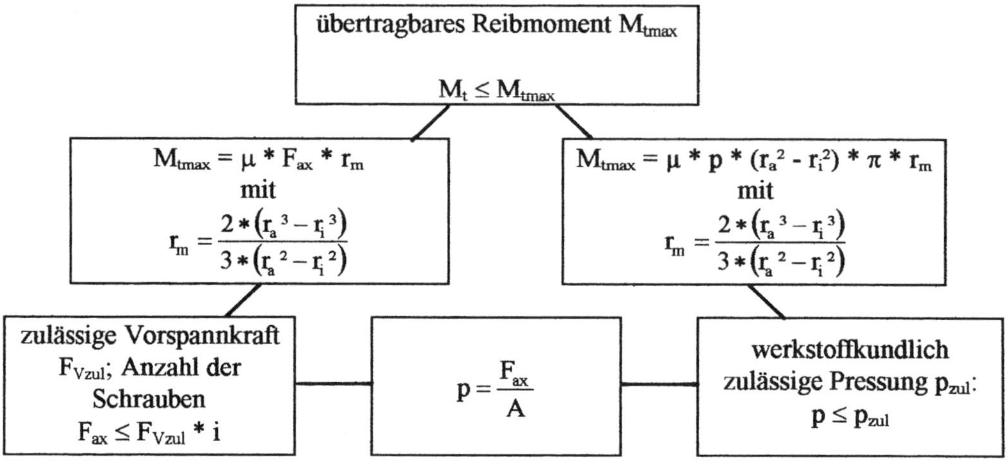

Bild 6.13: Grenzen des axialen Verspannens quantitativ

Aufgaben A.6.2 und A.6.3

6.3.1.2 Radialklemmverbindungen (E)

Bei Radialklemmverbindungen findet die reibschlüssige Übertragung von Momenten oder Axialkräften auf der Zylindermantelfläche zwischen Welle und Nabe statt, wobei die Nabe meist aus zwei schalenförmigen Hälften besteht, die untereinander verschraubt werden und damit auf die Welle gepresst werden. Bei der Dimensionierung der Radialklemmverbindung lassen sich wie im vorangegangenen Fall drei Kriterien ausmachen und ein dreieckförmiges Schema skizzieren, für dessen Verbindungslinien Gleichungen zu formulieren sind. (vgl. Bild 6.11 und 6.13):

- Bei Überschreitung des **Moment**es rutscht die Nabe auf der Welle.
- Bei Überschreitung der **Pressung** wird die Kontaktfläche zwischen Welle und Nabe beschädigt.
- Bei Überschreitung der **Vorspannkraft** wird die zulässige Belastung der Schrauben überschritten.

Zunächst sei die Klemmverbindung mit geteilter Nabe betrachtet. Zur rechnerischen Beschreibung dieser Klemmverbindung können drei verschiedene Ansätze formuliert werden:

Ansatz „weites Spiel"

Es wird ein weites Spiel zwischen Welle und Nabe angenommen, so dass die Vorspannkraft $2 \cdot F_V \cdot i$ (i: Anzahl der Schrauben**paare**) nur in einem schmalen Bereich am oberen und unteren Scheitelpunkt der Verbindung eine Klemmwirkung hervorrufen kann.

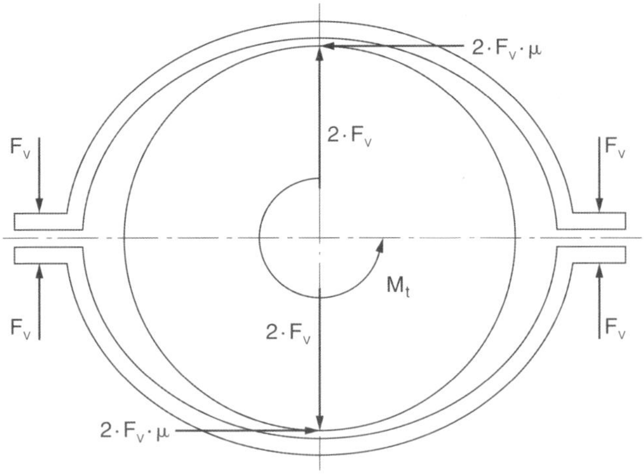

Bild 6.14: Radialklemmverbindung mit „weitem Spiel“

In diesem Fall ergibt sich das maximal übertragbare Moment zu zwei gleichen Anteilen aus unterer und oberer Nabenhälfte:

$$M_{t\,max} = 2 \cdot \frac{2 \cdot F_V \cdot i \cdot \mu \cdot d}{2} = 2 \cdot \mu \cdot d \cdot i \cdot F_V \qquad \text{Gl. 6.17}$$

i: Anzahl der Schrauben**paare**

Diese Einbauverhältnisse weisen die folgenden beiden Besonderheiten auf:

- An den kraftübertragenden Stellen zwischen Welle und Nabe entsteht örtlich begrenzt eine hohe Flächenpressung, was zu einer plastischen Verformung an diesen Kontaktzonen führt.
- In der schalenförmigen Nabenhälfte selber kommt es durch die Vorspannkräfte zu einer hohen Biegemomentenbelastung.

Sowohl die Einbauverhältnisse als auch der daraus abgeleitete Ansatz sind also wenig brauchbar, die Betrachtung würde sich auf die linke Dreieckseite des Schemas reduzieren.

Ansatz „Presspassung mit biegestarrer Nabe“

Wird die Passung als leichte Presspassung (H8/n7) ausgeführt und ist die Nabenhälfte biegesteif, so kann angenommen werden, dass die Verspannung in den beiden Nabenhälften keine wesentliche Biegeverformung hervorruft. Unter diesen Umständen stellt sich an der Kontaktfläche zwischen Welle und Nabe eine weitgehend konstante Flächenpressung p nach Bild 6.15 ein.

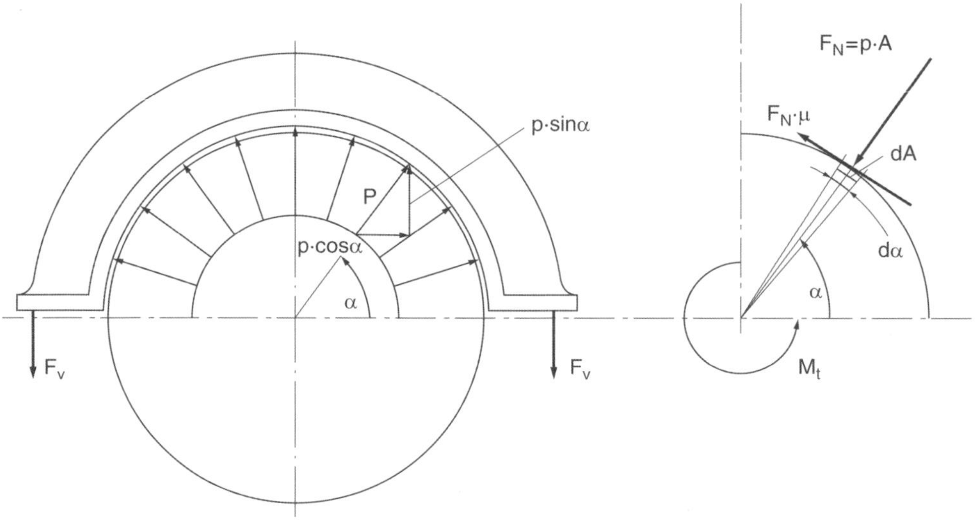

Bild 6.15: Radialklemmverbindung mit biegestarrer Nabe

Die Formulierung des Zusammenhanges zwischen Pressung und Moment M_t wird wesentlich erleichtert, wenn die in der gesamten Trennfuge wirksame Pressung zu einer Normalkraft F_N zusammengefasst wird (rechte Bildhälfte):

$$p = \frac{F_N}{A} = \frac{F_N}{\pi \cdot d \cdot L} \leq p_{zul} \quad \text{bzw.} \quad F_N = \pi \cdot d \cdot L \cdot p \qquad \text{Gl. 6.18}$$

Mit dieser Normalkraft F_N kann eine Reibkraft $F_R = \mu \cdot F_N$ und damit das Moment M_{tmax} übertragen werden:

$$M_{t\,max} = F_N \cdot \mu \cdot \frac{d}{2}$$

Führt man den Ausdruck für F_N nach Gl. 6.18 ein, so ergibt sich das übertragbare Moment zu:

$$M_{t\,max} = \frac{d^2 \cdot \pi \cdot L}{2} \cdot \mu \cdot p$$

Lässt man für die Pressung p einen maximalen Wert p_{zul} zu, so ergibt sich für das maximal übertragbare Moment:

$$M_{t\,max} = \frac{\pi}{2} \cdot L \cdot d^2 \cdot \mu \cdot p_{zul} \qquad \text{Gl. 6.19}$$

Die Pressung muss durch die Schrauben aufgebracht werden. Ein Zusammenhang zwischen der Pressung p und der Vorspannkraft der Schrauben F_V lässt sich herstellen, wenn das Kräftegleichgewicht in y-Richtung für die obere Nabenhälfte formuliert wird:

$$2 \cdot F_V \cdot i = \int_{\alpha=0}^{\alpha=180^\circ} p \cdot \sin\alpha \cdot dA$$

mit p = const. und $dA = d\alpha \cdot \frac{d}{2} \cdot L$

$$2 \cdot F_V \cdot i = \frac{p \cdot d \cdot L}{2} \cdot \int_{\alpha=0}^{\alpha=180^\circ} \sin\alpha \cdot d\alpha = \frac{p \cdot d \cdot L}{2} \cdot [-\cos\alpha]_{\alpha=0}^{\alpha=180^\circ}$$

$$2 \cdot F_V \cdot i = \frac{p \cdot d \cdot L}{2} \cdot 2 = p \cdot d \cdot L$$

$$F_V = \frac{d \cdot L}{2 \cdot i} \cdot p$$

Lässt man für die Pressung p einen maximalen Wert p_{zul} zu, so kann die Schraubenvorspannkraft bis F_{Vmax} gesteigert werden:

$$F_{V\,max} = \frac{d \cdot L}{2 \cdot i} \cdot p_{zul} \qquad \text{Gl. 6.20}$$

Damit wird die untere Dreieckseite im Schema des Bildes 6.17 geklärt. Dabei muss sichergestellt werden, dass die Schrauben auch tatsächlich diese Vorspannkraft aufnehmen können (s. Kap. 4, Band 1). Unter diesem kritischen Aspekt lässt sich der letztgenannte Ausdruck so umstellen, dass die in Folge der zulässigen Schraubenvorspannkraft F_{Vzul} erzielbare Pressung p_{max} zum Ausdruck kommt:

$$p_{max} = \frac{2 \cdot i}{d \cdot L} \cdot F_{Vzul} \qquad \text{Gl. 6.21}$$

Setzt man den Ausdruck nach Gl. 6.21 in Gl. 6.19 ein, so stellt man einen Zusammenhang zwischen der Schraubenvorspannkraft und dem übertragbaren Moment her und vervollständigt damit das Schema in Bild 6.17 auf der linken Dreieckseite:

$$M_{t\,max} = \pi \cdot \mu \cdot d \cdot i \cdot F_{V\,max} \qquad \text{Gl. 6.22}$$

Ist die Schraube konstruktiv bereits festgelegt, so kann die erforderliche Anpresswirkung über die Anzahl der Schraubenpaare angepasst werden. Dazu wird die obige Gleichung nach der Anzahl der erforderlichen Schraubenpaare i_{min} aufgelöst:

$$i_{min} = \frac{M_{t\,max}}{\pi \cdot \mu \cdot d \cdot F_{V\,max}} \qquad \text{Gl. 6.23}$$

Ansatz „biegeweiche Nabe“

Die zuvor verfolgte Annahme trifft nicht zu, wenn die Nabe selber nachgiebig ausgebildet ist, weil dann die Nabenhälften keinen seitlichen Druck auf die Welle ausüben. In diesem Fall stellt sich im Extremfall eine sinusförmige Flächenpressungsverteilung nach Bild 6.16 ein:

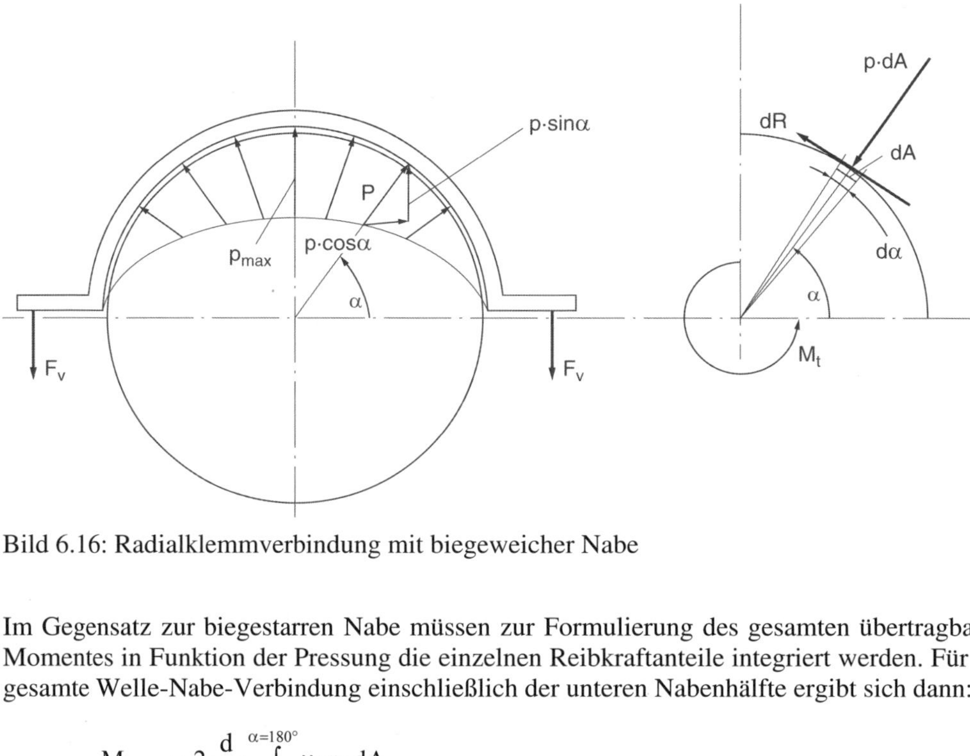

Bild 6.16: Radialklemmverbindung mit biegeweicher Nabe

Im Gegensatz zur biegestarren Nabe müssen zur Formulierung des gesamten übertragbaren Momentes in Funktion der Pressung die einzelnen Reibkraftanteile integriert werden. Für die gesamte Welle-Nabe-Verbindung einschließlich der unteren Nabenhälfte ergibt sich dann:

$$M_{t\,max} = 2 \cdot \frac{d}{2} \cdot \int_{\alpha=0}^{\alpha=180^\circ} \mu \cdot p \cdot dA$$

mit $p = p_{max} \cdot \sin\alpha$ und $dA = d\alpha \cdot \frac{d}{2} \cdot L$

$$M_{t\,max} = 2 \cdot \frac{d}{2} \cdot \int_{\alpha=0}^{\alpha=180^\circ} \mu \cdot p_{max} \cdot \sin\alpha \cdot d\alpha \cdot \frac{d}{2} \cdot L$$

$$M_{t\,max} = \frac{d^2 \cdot L \cdot \mu \cdot p_{max}}{2} \cdot \int_{\alpha=0}^{\alpha=180°} \sin\alpha \cdot d\alpha = \frac{d^2 \cdot L \cdot \mu \cdot p_{max}}{2} \cdot [-\cos\alpha]_{\alpha=0}^{\alpha=180°}$$

$$M_{tmax} = f_{(pmax)} = d^2 \cdot L \cdot \mu \cdot p_{max} \qquad \text{Gl. 6.24}$$

Damit ist die rechte Dreieckseite in Schema 6.21 geklärt. Der Zusammenhang zwischen der Pressung p und der Vorspannkraft der Schrauben F_V lässt sich auch in diesem Fall durch die Formulierung des Kräftegleichgewicht in y-Richtung für die obere Nabenhälfte herstellen:

$$2 \cdot F_V \cdot i = \int_{\alpha=0}^{\alpha=180°} p \cdot \sin\alpha \cdot dA \qquad \text{Gl. 6.25}$$

mit $p = p_{max} \cdot \sin\alpha$ und $dA = d\alpha \cdot \frac{d}{2} \cdot L$

$$2 \cdot F_V \cdot i = \frac{p_{max} \cdot d \cdot L}{2} \cdot \int_{\alpha=0}^{\alpha=180°} \sin^2\alpha \cdot d\alpha \qquad \text{mit} \qquad \int_{\alpha=0}^{\alpha=180°} \sin^2\alpha \, d\alpha = \frac{\pi}{2}$$

$$2 \cdot F_V \cdot i = p_{max} \cdot \frac{d \cdot L}{2} \cdot \frac{\pi}{2}$$

$$F_V = \frac{d \cdot L \cdot \pi}{8 \cdot i} \cdot p_{max} \qquad \text{Gl. 6.26}$$

Diese Gleichung stellt die untere Seite im Schema von Bild 6.17 klar. Lässt man für den Höchstwert der Pressung p_{max} den werkstoffkundlich zulässigen Wert p_{zul} zu, so ergibt sich die maximale Schraubenkraft F_{Vmax}, mit der die Verbindung montiert werden darf:

$$F_{V\,max} = \frac{\pi}{8} \cdot \frac{d \cdot L}{i} \cdot p_{zul}$$

Ist hingegen die Schraubenvorspannkraft F_V durch einen Wert F_{Vzul} begrenzt, so ergibt sich die damit maximal erzielbare Pressung p_{max} zu:

$$p_{max} = \frac{8 \cdot i}{d \cdot L \cdot \pi} \cdot F_{Vzul} \qquad \text{Gl. 6.27}$$

Setzt man Gl. 6.27 in die Gl. 6.24 ein, so wird auch die linke Seite im Schema von Bild 6.17 mit einer Gleichung belegt:

$$M_{t\,max} = \frac{8 \cdot d}{\pi} \cdot i \cdot \mu \cdot F_{Vzul} \qquad \text{Gl. 6.28}$$

Auch diese Gleichung lässt sich nach der Anzahl der erforderlichen Schraubenpaare umstellen:

$$i_{min} = \frac{\pi \cdot M_{t\,max}}{8 \cdot d \cdot \mu \cdot \pi \cdot F_{Vzul}} \qquad \text{Gl. 6.29}$$

Die Formulierungen nach Gl. 6.28 und 6.29 sind unabhängig von der Länge der Verbindung L.

Gegenüberstellung der Ansätze

Trägt man die Dimensionierungsgleichungen zusammen, so ergibt sich die folgende Übersicht:

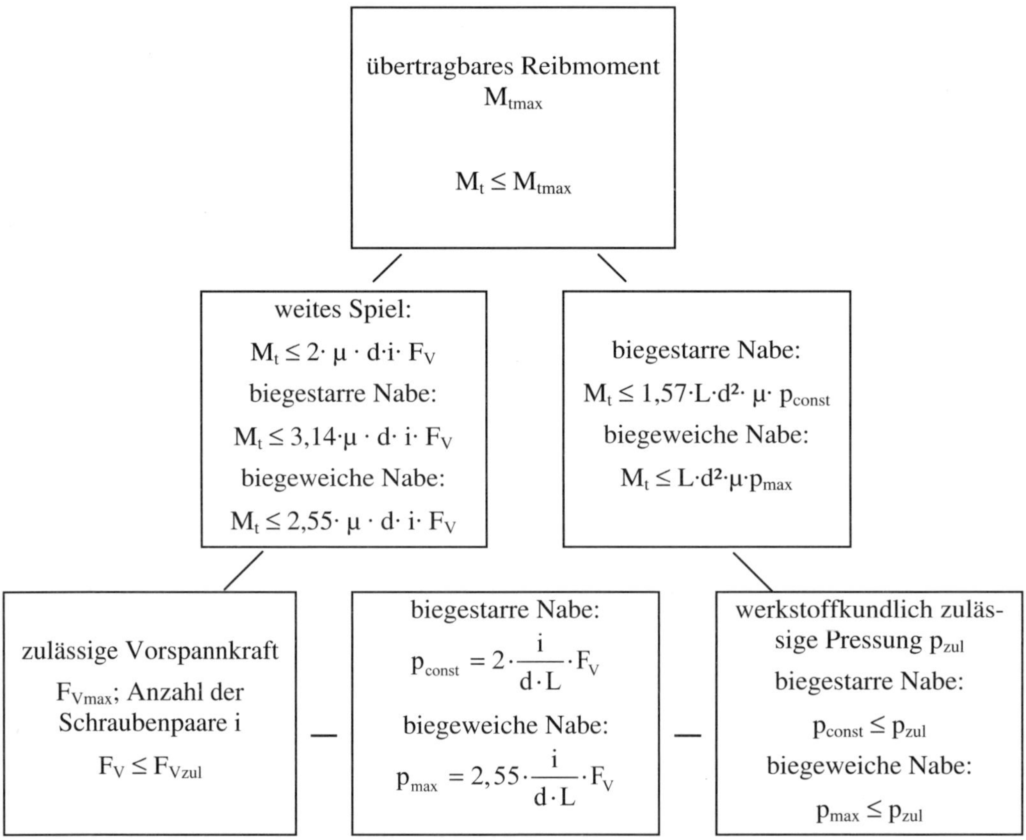

Bild 6.17: Dimensionierungsgleichungen radiale Klemmverbindung

Aus dieser Zusammenstellung geht hervor, dass die Rechnung für den Fall der „biegeweichen“ Nabe stets auf der sicheren Seite liegt. Bei nicht klar zu übersehenden Randbedingungen ist dieser Ansatz also stets zu bevorzugen. Der erste Ansatz (weites Spiel) reduziert die ganze Problematik unzulässigerweise auf die linke Dreieckseite und muss deshalb als unbrauchbar gelten.

Die Flächenpressung p darf folgende zulässige Werte nicht überschreiten:

für Stahlwelle / GG-Nabe	$p_{zul} = \frac{R_{mNabe}}{S}$	S = 2...3	Gl. 6.30
für Stahlwelle / Stahlnabe	$p_{zul} = \frac{R_{emin}}{S}$	S = 1, 2...3	Gl. 6.31

Aufgaben A.6.4 bis A.6.6

Klemmverbindung mit geschlitzter Nabe

Die vorangegangene Betrachtung mit geteilter Nabe lässt sich ohne großen Aufwand auf eine geschlitzte Nabe erweitern. In vielen Fällen kann angenommen werden, dass sich der Schlitz bezüglich der Vorspannkraft sehr nachgiebig verhält, so dass für die mechanische Betrachtung des Gebildes im Schlitzgrund ein Gelenk (Biegegelenk) angenommen werden kann (Bild 6.18).

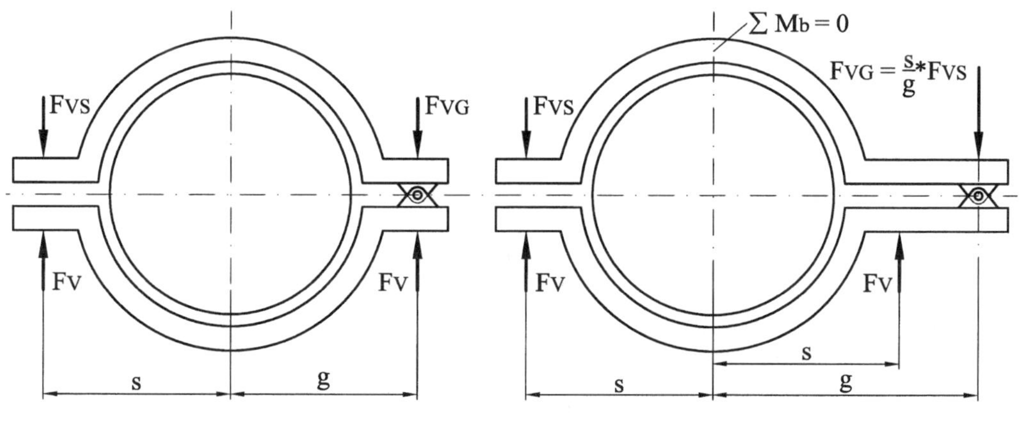

Bild 6.18: Vorspannkräfte an geschlitzter Nabe

Für den Fall, dass der schraubenseitige Abstand s gleich dem gelenkseitigen Abstand g ist, tritt nicht nur schraubenseitig die Vorspannkraft F_{VS}, sondern aus Symmetriegründen gelenkseitig eine gleichgroße Vorspannkraft F_{VG} auf, eine getrennte Indizierung ist also überflüssig (linke Bildhälfte). In diesem Falle können also die oben hergeleiteten Gleichungen ohne

Modifikation übernommen werden, die Schraube wird gemeinsam mit dem gegenüberliegenden Biegegelenk als ein Schraubenpaar gezählt.

Ist $s \neq g$ (rechte Bildhälfte), so kann eine einfache Umrechnung die Beziehung zum Fall $s = g$ herstellen: Formuliert man für eine Nabenhälfte $\sum M_b = 0$ um den Scheitelpunkt einer Nabenhälfte und setzt dabei weiterhin eine symmetrische Flächenpressungsverteilung zwischen Welle und Nabe voraus, so ergibt sich:

$$F_{VS} \cdot s = F_{VG} \cdot g \qquad \text{Gl. 6.32} \qquad \Rightarrow \qquad F_{VG} = \frac{s}{g} \cdot F_{VS} \qquad \text{Gl. 6.33}$$

Um die oben aufgestellten Gleichungen auch in diesem Fall verwenden zu können, werden ersatzweise zwei in gleichem Abstand angreifende Vorspannkräfte F_V eingeführt (hier beispielsweise s in der unteren Bildhälfte), die sich als arithmetisches Mittel von F_{VS} und F_{VG} ausdrücken lassen:

$$F_V = \frac{F_{VS} + F_{VG}}{2} = \frac{F_{VS} + \frac{s}{g} F_{VS}}{2} = \frac{1 + \frac{s}{g}}{2} \cdot F_{VS} = \frac{g + s}{2 \cdot g} \cdot F_{VS} \qquad \text{Gl. 6.34}$$

Diese Substitution gilt sowohl für die Annahme der biegestarren als auch der biegeweichen Nabe, so lange die Symmetrie der Flächenpressungsverteilung zwischen Welle und Nabe nicht gestört wird. Auf jeden Fall ist aber bei geschlitzter Nabe mit Unwuchtproblemen zu rechnen, so dass solche Konstruktionen nur bei geringen Drehzahlen Verwendung finden.

Aufgabe A.6.7

6.3.2 Zylinderpressverband (B)

Ähnlich wie beim radialen Klemmverband nutzt auch der Zylinderpressverband die fertigungstechnisch einfache Zylindermantelfläche zwischen Welle und Nabe aus. Die Nabe wird allerdings weder geteilt noch geschlitzt, sondern Welle und Nabe werden als Presspassung ausgeführt. Beim Fügen der Verbindung wird die Nabe aufgeweitet und die Welle zusammengedrückt. Durch diese meist elastischen Deformationen wird an der Kontaktfläche zwischen Welle und Nabe eine Pressung hervorgerufen, die die reibschlüssige Übertragung von Momenten oder Axialkräften ermöglicht. Je nach Art des Fügens unterscheidet man zwischen Quer- und Längspressverband:

- **Längspressverband**
  Der Längspressverband wird „längs" (in Axialrichtung) gefügt, also durch Aufbringung von Axialkraft bei Raumtemperatur eingepresst. Dabei werden zwangsläufig die Spitzen der Oberflächenrauheiten plastisch eingeebnet. Da dadurch die Trennfuge beschädigt werden kann, ist die erzielbare Pressung und die Momentenübertragbarkeit eines solchen Verbandes eher gering. Unter Umständen kann der Längspressverband wieder gelöst und erneut montiert werden.

- **Querpressverband**
  Der Querpressverband vermeidet diese Probleme, in dem er ohne den Einsatz von Axialkraft gefügt wird: Die Nabe wird erwärmt oder die Welle wird abgekühlt, so dass die dadurch hervorgerufenen thermischen Verformungen das Übermaß der Passung bei der Montage überbrücken. Erst beim Abklingen des Temperaturgefälles nach dem Fügen baut sich die Pressung auf. Eine Demontage bedeutet häufig eine Zerstörung des Querpressverbandes. Dieser Nachteil wird vermieden, wenn der Querpressverband als Druckölverband ausgeführt wird.

6.3.2.1 Minimal erforderliche Pressung: Reibschluss und Momentenübertragung (B)

Im Gegensatz zur radialen Klemmverbindung ist beim Zylinderpressverband die Differenzierung nach biegeweicher und biegestarrer Nabe gegenstandslos: Die Klemmwirkung ist stets radial gerichtet, so dass sich bei rotationssymmetrischer Nabe in jedem Fall eine konstante Pressungsverteilung ergibt. Der oben abgeleitete Zusammenhang zwischen dem maximal übertragbaren Moment M_{tmax} und der in der Fügefläche wirkenden Flächenpressung p kann also mit dem gleichen Ansatz ausgedrückt werden, Gl. 6.19 gilt also hier in gleicher Weise:

$$M_{t\max} = \frac{d^2 \cdot \pi \cdot L}{2} \cdot \mu \cdot p \qquad \text{bzw.} \qquad p_{\min} = \frac{2}{\pi \cdot L \cdot d^2} \cdot \frac{1}{\mu} \cdot M_t \qquad \text{Gl. 6.35}$$

Auch hier muss sichergestellt werden, dass aus den bereits bekannten Gründen die Länge (axiale Erstreckung) der Verbindung nicht wesentlich größer ist als ihr Durchmesser:

$$\frac{L}{d} \leq 1{,}2 \ldots 1{,}5 \qquad \text{Gl. 6.36}$$

Sollen ein Torsionsmoment M_{tmax} und eine Axialkraft F_{ax} gleichzeitig übertragen werden, so sind die beiden am Umfang wirkenden Kraftanteile vektoriell zu addieren (vgl. Gl. 6.5). Damit erweitert sich der obige Ausdruck für die minimal erforderliche Flächenpressung zu

$$p_{\min} = \frac{\sqrt{\left(\frac{2 \cdot M_t}{d}\right)^2 + F_{ax}{}^2}}{\pi \cdot d \cdot L \cdot \mu} \qquad \text{Gl. 6.37}$$

Aufgaben A.6.8 und A.6.9

Die so ermittelte Flächenpressung p_{min} stellt aber nur einen minimalen Wert dar, der auf jeden Fall vorhanden sein muss, um die reibschlüssige Übertragung des Momentes und der Axialkraft sicher zu stellen. Bei der weiteren Analyse des Problems treten zwei weitere Fragestellungen in den Vordergrund:

- Eine höhere Flächenpressung wäre bezüglich des Reibschlusses zwar vorteilhaft, belastet aber sowohl die Nabe als auch die Welle zusätzlich. Ein Festigkeitsnachweis muss diesen Sachverhalt klären und eine festigkeitsmäßig zulässige Flächenpressung p_{max} formulieren (Abschnitt 6.3.2.2).
- Die Flächenpressung muss über eine Presspassung definiert aufgebracht werden. Für diesen Zusammenhang zwischen Pressung p und Übermaß U wird eine Analogie zu Kapitel 2 (Federn) bemüht: Die Steifigkeit c einer Feder setzt die Kraft F zum Federweg f in Beziehung. Auch der Zylinderpressverband ist eine „Feder" mit einer Steifigkeit, die einen Zusammenhang zwischen der Pressung p als Belastung und dem Übermaß U als „Federweg" herstellt (Abschnitt 6.3.2.3).

6.3.2.2 Maximal mögliche Pressung: Festigkeit von Welle und Nabe (E)

Im allgemeinen Fall liegt sowohl in der Welle als auch in der Nabe ein Spannungszustand vor, der eine Differenzierung nach Radialspannung σ_r und Tangentialspannung σ_t erforderlich macht. Bild 6.19 gibt beide Spannungsverläufe für den Fall der Nabe und der Hohlwelle wieder (die Hohlwelle ist aufgrund ihrer Bohrung gefährdeter als die Vollwelle).

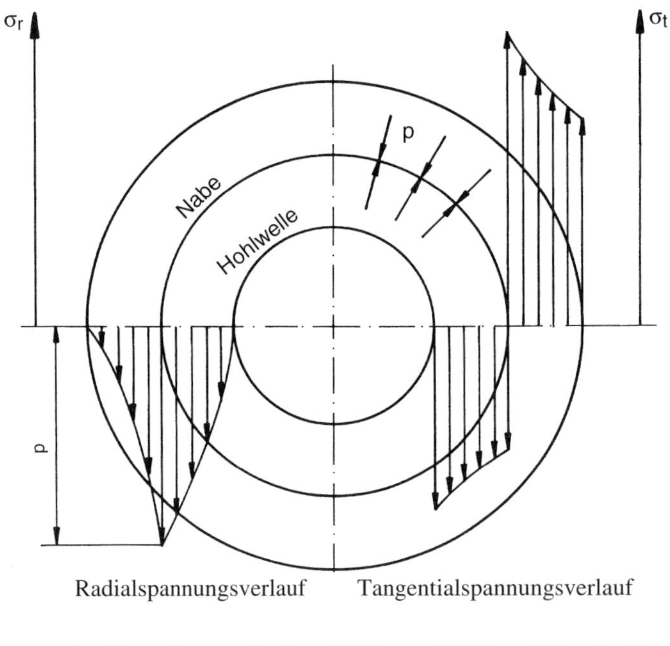

Bild 6.19: Spannungsverläufe eines Zylinderpressverbandes mit hohlgebohrter Welle

Der an der Trennfuge zwischen Welle und Nabe wirkende Druck *p* macht sich in genau dieser Größe in den benachbarten Zonen von Welle und Nabe als negative Radialspannung σ_r bemerkbar (linke Bildhälfte). Diese Spannung muss jedoch innerhalb des Bauteils in radialer Richtung abklingen, da sowohl am Außenrand der Nabe als auch am Innenrand der Welle keine Radialspannung vorliegen kann. Weiterhin erzeugt der Druck p, der von innen auf die Nabe wirkt, über deren Querschnittsfläche eine (Zug-)Tangentialspannung σ_t (rechte Bildhälfte). Für dünne Wandstärken kann eine konstante Zugspannungsverteilung angenommen werden (Kesselformel), aber für die hier vorliegenden dickeren Wandstärke erhöht sich die Zugspannung innen, während sie nach außen hin abklingt (nähere Diskussion s. Assmann: Technische Mechanik, Band 2, 16. Auflage, S. 389). An der Hohlwelle liegen ähnliche Verhältnisse vor, allerdings wirkt hier der Druck von außen, wodurch die Tangentialspannung negativ (Druck) wird. Für den Sonderfall der Vollwelle liegt in der Welle ein „hydrostatischer Spannungszustand" vor, d.h. dass sowohl die Radial- als auch die Tangentialspannung an jedem Punkt gleich sind und damit die Spannungsverteilung konstant ist.

Sowohl die Radialspannung σ_r als auch die Tangentialspannung σ_t ließen sich an jeder beliebigen Stelle der Verbindung berechnen. Für die hier erforderliche Festigkeitsbetrachtung interessiert jedoch nur die Vergleichsspannung σ_V an der meistbeanspruchten Stelle, die nach Bild 6.19 an der Trennfuge zwischen Welle und Nabe lokalisiert werden kann. Nach der Schubspannungshypothese lassen sich die folgenden einfachen Ansätze formulieren:

für die Nabe: $$\sigma_{VN} = \frac{2}{1-\rho_N{}^2} \cdot p \qquad \text{mit} \qquad \rho_N = \frac{d_{iN}}{d_{aN}}$$ Gl. 6.38

für die Hohlwelle: $$\sigma_{VW} = \frac{2}{1-\rho_W{}^2} \cdot p \qquad \text{mit} \qquad \rho_W = \frac{d_{iW}}{d_{aW}}$$ Gl. 6.39

für die Vollwelle: $$\sigma_{VW} = p$$ Gl. 6.40

Dabei gibt ρ_N das konstruktiv festgelegte Verhältnis von Innendurchmesser d_{iN} zu Außendurchmesser d_{aN} der Nabe wieder, der Ausdruck ρ_W gilt in entsprechender Weise für die Welle. Ist die werkstoffkundlich zulässige Spannung σ_{zul} gegeben, so lässt sich daraufhin der maximal zulässige Druck p_{max} durch Umstellen der obigen Gleichung berechnen:

für die Nabe: $$p_{\max N} = \frac{1-\rho_N{}^2}{2} \cdot \sigma_{zulN}$$ Gl. 6.41

für die Hohlwelle: $$p_{\max W} = \frac{1-\rho_W{}^2}{2} \cdot \sigma_{zulW}$$ Gl. 6.42

für die Vollwelle: $$p_{maxW} = \sigma_{zulW}$$ Gl. 6.43

Der Pressverband ist nach dem kleineren der beiden berechneten Werte zu dimensionieren, da weder in der Welle noch in der Nabe die zulässige Spannung überschritten werden darf. Die Beanspruchung ist statisch, es können für die zulässigen Spannungen folgende Richtwerte angesetzt werden:

für Stahl: $$\sigma_{zul} = \frac{R_e}{S_S} \qquad S_S = 1{,}1 \ldots 1{,}3$$ Gl. 6.44

für Gusseisen: $$\sigma_{zul} = \frac{R_m}{S_B} \qquad S_B = 2 \ldots 3$$ Gl. 6.45

Bestehen Vollwelle und Nabe aus einem Werkstoff ähnlicher Festigkeit, so ist in aller Regel die Nabe mehr gefährdet als die Welle. Die Wellenfestigkeit wird nur dann kritisch, wenn es sich um einen Werkstoff geringerer Festigkeit handelt oder wenn die Welle hohlgebohrt ist.

Die Funktion des Pressverbandes ist natürlich nur dann gewährleistet, wenn die aufgrund des zu übertragenden Momentes erforderliche Flächenpressung p_{min} tatsächlich kleiner ist als die werkstoffkundlich zulässige Flächenpressung p_{maxN} bzw. p_{maxW}:

$$p_{min} < p_{maxN}, p_{maxW} \qquad \text{Gl. 6.46}$$

Ist diese Bedingung nicht erfüllt, so kann bereits in diesem Stadium der Betrachtung festgestellt werden, dass der Zylinderpressverband seinen vorgesehenen Zweck nicht erfüllen kann. In diesem Fall kann nur eine Änderung der Konstruktionsdaten helfen (höherwertige Werkstoffe, größerer Fügedurchmesser, größere Fügelänge).

6.3.2.3 Pressung und Übermaß (E)

Die nach den obigen Überlegungen geforderte Pressung an der Trennfuge muss nach Bild 6.20 durch ein gezieltes Übermaß U verwirklicht werden.

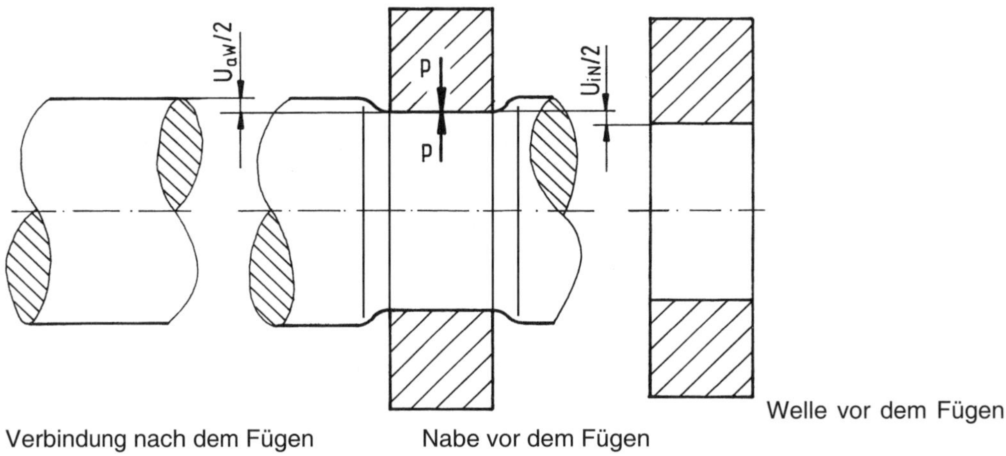

Bild 6.20: Deformation von Welle und Nabe beim Fügen

Beim Fügen der Verbindung verhalten sich Welle und Nabe wie Federn. Dabei spielen die elastischen und beim Querpressverband auch die thermischen Kenngrößen der verwendeten Werkstoffe eine entscheidende Rolle:

Tabelle 6.7: Kenngrößen verschiedener Werkstoffe beim Pressverband.

Werkstoff	Elastizitätsmodul E [10^5 N/mm²]	Querkontraktionszahl ν [–]	Ausdehnungskoeffizient für Erwärmen (Nabe) α_N [10^{-6}/°C]	Ausdehnungskoeffizient für Abkühlen (Welle) α_W [10^{-6}/°C]
Stahl, Stahlguss	2,00–2,35	0,30–0,31	11	-8,5
Temperguss	0,90–1,00	0,25	11	-8,5
GG-10; GG-15	0,70–0,80	0,24	10	-8
GG-20; GG-25	1,05–1,30	0,24–0,26	10	-8
GGG-50	1,4	0,28–0,29	10	-8
Bronze	0,80–0,85	0,35	16	-14
Kupfer	0,80–0,85	0,35	16	-14
Rotguss	0,80–0,85	0,35–0,36	17	-15
CuZn 40 Pb3	0,80–0,85	0,37	18	-16
CuZn 37	0,80–0,85	0,36	18	-16
Messing	0,80–0,85	0,36	18	-16
Al-Legierungen	0,65–0,75	0,30–0,34	23	-18
Mg-Legierungen	0,65–0,75	0,30–0,34	26	-21

Unter der Annahme, dass sich die Deformationen auf den elastischen Bereich beschränken, kann ein Zusammenhang zwischen p und U formuliert werden (rechnerische Beschreibung s. Assmann: Technische Mechanik, Band 2, 14. Auflage, S. 375):

Der von innen auf die Nabe wirkende **Druck *p* weitet die Nabe auf**. Dieser Zusammenhang lässt sich auch an einem unter Druck stehenden Gartenschlauch anschaulich beobachten: Je stärker der Druck p wird, desto mehr weitet sich der Durchmesser des Gartenschlauches auf. Hier interessiert vor allen Dingen die Aufweitung U_{iN} an der Innenseite der Nabe:

$$U_{iN} = \frac{d}{E_N} \cdot \left(\frac{1+\rho_N^2}{1-\rho_N^2} + \nu_N \right) \cdot p \qquad \text{Gl. 6.47}$$

Der von außen auf die Welle wirkende Druck ist genau so groß wie der links erwähnte Druck, der die Nabe aufweitet. Dieser **Druck *p* drückt die Welle zusammen:** Je stärker der Druck p wird, desto größer wird auch die Zusammendrückung U_{aW} an der Außenseite der Welle.

$$U_{aW} = \frac{d}{E_W} \cdot \left(\frac{1+\rho_W^2}{1-\rho_W^2} - \nu_N \right) \cdot p \qquad \text{Gl. 6.48}$$

ν_N bedeutet die Querkontraktionszahl oder Poissonsche Zahl des Nabenwerkstoffes und ν_W die Querkontraktionszahl des Wellenwerkstoffes (s. Tabelle 6.7).

Der Zusammenhang zwischen der Belastung p und der Verformung U kann auch als Feder verstanden werden:

$$c = \frac{p}{U} \qquad \text{bzw.} \qquad U = \frac{p}{c}$$

Ungewöhnlich bei der Formulierung der Steifigkeit ist allerdings, dass sie sich als Druck pro Längenänderung, hier also als (N/mm²) / µm ausdrückt. Damit ergibt sich:

$$U_{iN} = \frac{p}{c_N} = \frac{d}{E_N} \cdot \left(\frac{1+\rho_N{}^2}{1-\rho_N{}^2} + \nu_N \right) \cdot p$$

Gl. 6.49

$$U_{aW} = \frac{p}{c_W} = \frac{d}{E_W} \cdot \left(\frac{1+\rho_W{}^2}{1-\rho_W{}^2} - \nu_W \right) \cdot p$$

Gl. 6.50

$$c_N = \frac{p}{U_{iN}} = \frac{E_N}{d_{iN} \cdot \left(\frac{1+\rho_N{}^2}{1-\rho_N{}^2} + \nu_N \right)}$$

Gl. 6.51

$$c_W = \frac{p}{U_{aW}} = \frac{E_W}{d_{aW} \cdot \left(\frac{1+\rho_W{}^2}{1-\rho_W{}^2} - \nu_W \right)}$$

Gl. 6.52

Die gesamte radiale Deformation U setzt sich als Summe der Aufweitung der Nabe und der Zusammendrückung der Welle zusammen:

$$U = U_{iN} + U_{aW} = \frac{p}{c_N} + \frac{p}{c_W} = \left(\frac{1}{c_N} + \frac{1}{c_W} \right) \cdot p \qquad \text{Gl. 6.53}$$

Die beiden Einzelsteifigkeiten c_N und c_W können formal zu einer Gesamtsteifigkeit c_{ges} zusammengezogen werden. Da die Kraft (bzw. der Druck) auf die Nabe und auf die Welle gleich sind und sich die Federwege (Aufweitungen) addieren, handelt es sich hier um eine Hintereinanderschaltung von Federn, es müssen also die Nachgiebigkeiten (Kehrwerte der Steifigkeiten) addiert werden:

$$\frac{1}{c_{ges}} = \frac{1}{c_N} + \frac{1}{c_W} \qquad \text{Gl. 6.54}$$

Mit dieser Gesamtsteifigkeit kann ein Zusammenhang zwischen Pressung und Gesamtverformung hergestellt werden:

$$U = \frac{1}{c_{ges}} \cdot p$$

$$U = \left[\frac{1}{E_N} \cdot \left(\frac{1+\rho_N{}^2}{1-\rho_N{}^2} + \nu_N \right) + \frac{1}{E_W} \cdot \left(\frac{1+\rho_W{}^2}{1-\rho_W{}^2} - \nu_W \right) \right] \cdot d \cdot p \qquad \text{Gl. 6.55}$$

Die Gesamtnachgiebigkeit

$$\frac{1}{c_{ges}} = \left[\frac{1}{E_N} \cdot \left(\frac{1+\rho_N{}^2}{1-\rho_N{}^2} + \nu_N \right) + \frac{1}{E_W} \cdot \left(\frac{1+\rho_W{}^2}{1-\rho_W{}^2} - \nu_W \right) \right] \cdot d$$ Gl. 6.56

enthält dann sämtliche Daten zum Verformungsverhalten der Verbindung und kann für eine einmal ausgeführte Verbindung als Konstante angesehen werden. Dieser Term lässt sich in vielen praktischen Fällen noch deutlich vereinfachen: Sind sowohl Welle als auch Nabe aus einem Werkstoff mit gleichem Elastizitätsverhalten (z.B. Stahl/Stahl), so sind deren Elastizitätsmodule und Querkontraktionszahlen gleich ($\nu_N = \nu_W = \nu$; $E_W = E_N = E$). Dadurch ergibt sich:

$$\frac{1}{c_{ges}} = \frac{1}{E} \cdot \left[\frac{1+\rho_N{}^2}{1-\rho_N{}^2} + \frac{1+\rho_W{}^2}{1-\rho_W{}^2} \right] \cdot d$$ für Werkstoffe gleicher Elastizität

Gl. 6.57

Wird darüber hinaus noch eine Vollwelle ($\rho_W = 0$) verwendet, so vereinfacht sich der Ausdruck nochmals:

$$\frac{1}{c_{ges}} = \frac{1}{E} \cdot \frac{2}{1-\rho_N{}^2} \cdot d$$ für Werkstoffe gleicher Elastizität und Vollwelle

Gl. 6.58

Diese letztgenannte Gleichung lässt sich ohne großen Aufwand so umstellen, dass die Steifigkeit c_{ges} explizit zum Ausdruck kommt:

$$c_{ges} = E \cdot \frac{1-\rho_N{}^2}{2 \cdot d}$$ für Werkstoffe gleicher Elastizität und Vollwelle

Gl. 6.59

6.3.2.4 Darstellung im Verspannungsdiagramm (E)

Geht man wieder zu den getrennt formulierten Steifigkeiten c_N und c_W zurück, so lässt sich der Verspannungszustand des Querpressverband ähnlich wie der Verspannungszustand einer Schraubverbindung im Verspannungsschaubild darstellen, womit die Betrachtung der wesentlichen Einflussparameter deutlicher wird. Während das Verspannungsdiagramm der Schraube die Kraft über den Verformungsweg aufträgt, wird hier die Pressung über dem Weg dokumentiert.

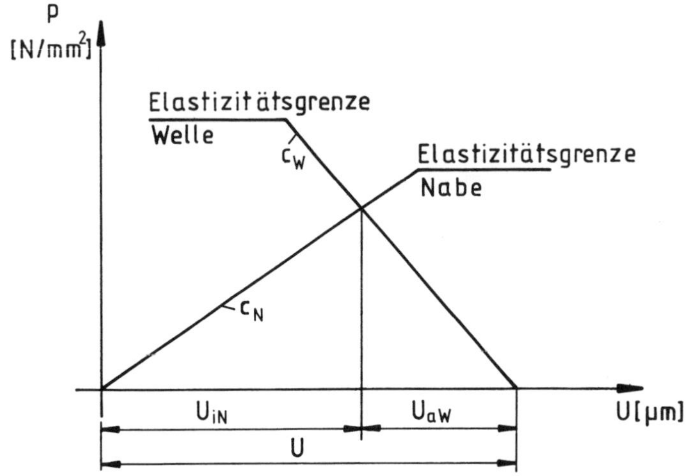

Bild 6.21: Querpressverband im Verspannungsschaubild

In Bild 6.21 ist nicht nur die Steifigkeit von Nabe und Welle, sondern auch deren Streckgrenze dargestellt: Die Elastizitätsgerade endet da, wo die Streckgrenze des Werkstoffs erreicht ist. Im hier beispielhaft dargestellten Fall kann die Welle einen höheren Druck aufnehmen als die Nabe. Die weitere Diskussion wird durch ein konkretes Rechenbeispiel erleichtert, wobei folgende Daten angenommen werden:

Innendurchmesser der Hohlwelle:	$d_{iW} = 10$ mm
Außendurchmesser der Welle = Innendurchmesser der Nabe:	$d_{aW} = d_{iN} = 20$ mm
Außendurchmesser der Nabe:	$d_{aN} = 30$ mm
axiale Erstreckung der Verbindung:	$L = 22$ mm
Reibwert an der Trennfuge:	$\mu = 0{,}12$
Elastizitätsmodul für Stahl:	$E_W = E_N = 2{,}1 \cdot 10^5$ N/mm²
Querkontraktionszahl für Stahl:	$\nu = 0{,}3$
zulässige Spannung für Welle und Nabe:	$\sigma_{zulW} = \sigma_{zulN} = 450$ N/mm²
zu übertragendes Moment:	$M_{tmax} = 50$ Nm

Daraus lässt sich zunächst errechnen:

$$\rho_N = \frac{d_{iN}}{d_{aN}} = \frac{20\text{ mm}}{30\text{ mm}} = 0{,}667 \quad \text{und} \quad \rho_W = \frac{d_{iW}}{d_{aW}} = \frac{10\text{ mm}}{20\text{ mm}} = 0{,}5$$

Dabei ergibt sich eine Nabensteifigkeit von

$$c_N = \frac{E_N}{d_{iN} \cdot \left(\frac{1+\rho_N{}^2}{1-\rho_N{}^2} + \nu_N \right)} = \frac{2{,}1 \cdot 10^5 \, \frac{\text{N}}{\text{mm}^2}}{20 \text{ mm} \cdot \left(\frac{1+0{,}667^2}{1-0{,}667^2} + 0{,}3 \right)} = 3{,}617 \frac{\frac{\text{N}}{\text{mm}^2}}{\mu\text{m}}$$

und eine Wellensteifigkeit von

$$c_W = \frac{E_W}{d_{aW} \cdot \left(\frac{1+\rho_W{}^2}{1-\rho_W{}^2} - \nu_W \right)} = \frac{2{,}1 \cdot 10^5 \, \frac{\text{N}}{\text{mm}^2}}{20 \text{ mm} \cdot \left(\frac{1+0{,}5^2}{1-0{,}5^2} - 0{,}3 \right)} = 7{,}683 \frac{\frac{\text{N}}{\text{mm}^2}}{\mu\text{m}}$$

Die Welle ist in diesem Beispiel steifer als die Nabe, die Nabe nimmt also den größeren Anteil der Gesamtverformung auf. Für die weitere Berechnung ergibt sich die Gesamtnachgiebigkeit zu

$$\frac{1}{c_{ges}} = \frac{1}{c_N} + \frac{1}{c_W} = \frac{1}{3{,}617 \frac{\frac{\text{N}}{\text{mm}^2}}{\mu\text{m}}} + \frac{1}{7{,}683 \frac{\frac{\text{N}}{\text{mm}^2}}{\mu\text{m}}} = 0{,}4066 \frac{\mu\text{m}}{\frac{\text{N}}{\text{mm}^2}} \Rightarrow c_{ges} = 2{,}459 \frac{\frac{\text{N}}{\text{mm}^2}}{\mu\text{m}}$$

Der Verspannungszustand kann nicht beliebig gewählt werden, sondern hat zwei Aspekte zu berücksichtigen:

- **Kriterium Rutschgrenze**
  Der Querpressverband muss mit U_{min} mindestens so weit vorgespannt werden, dass eine zur Momentenübertragung erforderliche Mindestpressung p_{min} erzielt wird, was bereits oben durch die Formulierung von p_{min} zum Ausdruck kam:

$$U_{\min} = \frac{p_{\min}}{c_{ges}}$$

- **Kriterium Festigkeitsgrenze**
  Der Querpressverband darf jedoch höchstens mit U_{max} vorgespannt werden, so dass weder die Elastizitätsgrenze der Nabe noch die der Welle überschritten wird, was bereits oben durch die Formulierung von p_{max} zum Ausdruck kam:

$$U_{\max} = \frac{p_{\max}}{c_{ges}}$$

Das Übermaß U darf also zwischen den Werten U_{min} und U_{max} schwanken. Die (toleranzbehaftete) Presspassung von Welle und Nabe muss also entsprechend ausgeführt werden.

Die zur rutschsicheren Momentenübertragung minimal erforderliche Pressung lässt sich nach Gl. 6.35 ausdrücken durch

$$p_{min} = \frac{2 \cdot M_{t\,max}}{\pi \cdot \mu \cdot L \cdot d^2} = \frac{2 \cdot 50\,Nm}{\pi \cdot 0{,}12 \cdot 22\,mm \cdot (20\,mm)^2} = 30{,}1 \frac{N}{mm^2}$$

Die Belastbarkeit von Welle und Nabe in Form der maximal ertragbaren Flächenpressung ergibt sich für dieses Rechenbeispiel nach Gl. 6.41 bis 6.43 zu

$$p_{max\,N} = \frac{1-\rho_N^2}{2} \cdot \sigma_{zulN} = \frac{1-0{,}667^2}{2} \cdot 450 \frac{N}{mm^2} = 124{,}9 \frac{N}{mm^2}$$

$$p_{max\,W} = \frac{1-\rho_W^2}{2} \cdot \sigma_{zulW} = \frac{1-0{,}5^2}{2} \cdot 450 \frac{N}{mm^2} = 168{,}7 \frac{N}{mm^2}$$

Die Nabe ist also in diesem Beispiel das gefährdete Bauteil, insgesamt ist nur ein Fugendruck von 124,9 N/mm² zulässig. Zur weiteren Diskussion werden diese Zwischenergebnisse im Verspannungsschaubild (Bild 6.22) dargestellt.

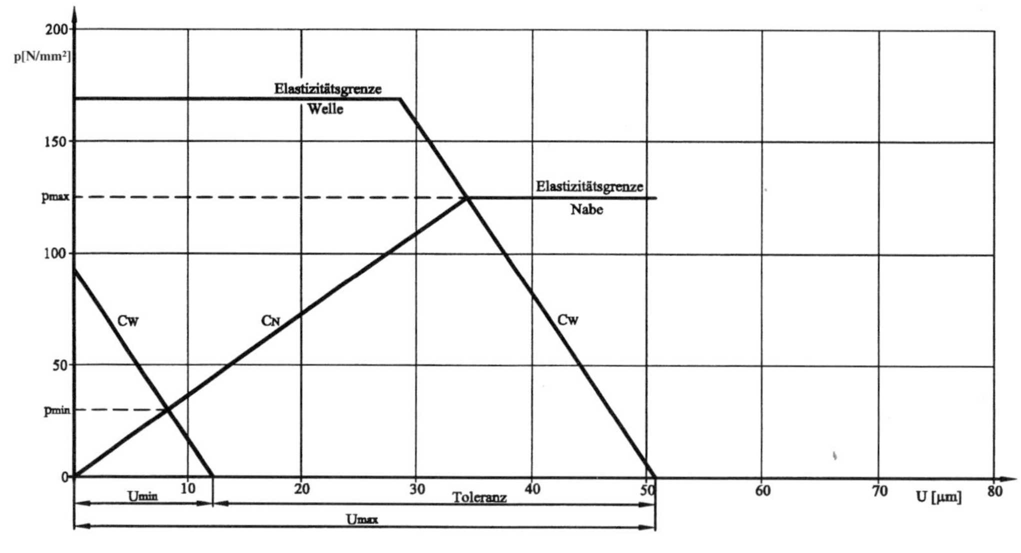

Bild 6.22: Zylinderpressverband, toleranzbehaftete Verspannung. d_{iW} = 10 mm, $d_{aW} = d_{iN}$ = 20 mm, d_{aN} = 30 mm, L = 22 mm, μ = 0,12, $E_W = E_N = 2{,}1 \cdot 10^5$ N/mm², ν = 0,3, $\sigma_{zulW} = \sigma_{zulN}$ = 450 N/mm², M = 50 Nm $\Rightarrow$ Toleranzfeld: 38,6 μm

Der dazu erforderliche Verspannungsweg errechnet sich zu:

$$U_{\min} = \frac{p_{\min}}{c_{ges}} = \frac{30{,}1\,\dfrac{\text{N}}{\text{mm}^2}}{2{,}459\,\dfrac{\dfrac{\text{N}}{\text{mm}^2}}{\mu\text{m}}} = 12{,}2\ \mu\text{m} \qquad U_{\max} = \frac{p_{\max}}{c_{ges}} = \frac{124{,}9\,\dfrac{\text{N}}{\text{mm}^2}}{2{,}459\,\dfrac{\dfrac{\text{N}}{\text{mm}^2}}{\mu\text{m}}} = 50{,}8\ \mu\text{m}$$

6.3.2.5 Passungsauswahl (E)

Mit den zuvor ermittelten Werten für U_{min} und U_{max} ist eine geeignete Passung auszusuchen. Wird die Bohrungspassung H7 vorgegeben, so ergibt sich die in Bild 6.23 dargestellte Konstellation.

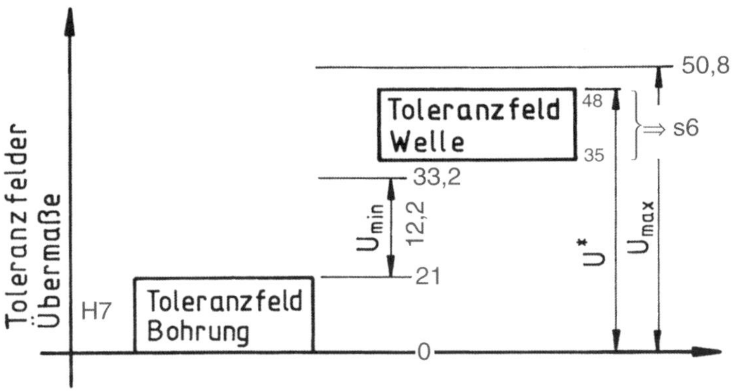

Bild 6.23: Passungsauswahl Querpressverband

Die berechneten Werte für U_{min} und U_{max} grenzen dann das Toleranzfeld der Welle in der folgenden Weise ein:

- Zwischen dem oberen Abmaß der Bohrungstoleranz (21 µm) und dem unteren Abmaß der Wellentoleranz muss U_{min} (12,2 µm) Platz finden können. Ist die Toleranz kleiner als 21 µm + 12,2 µm = 33,2 µm, so kann es zum Durchrutschen der Verbindung kommen.
- Die Differenz zwischen dem oberen Abmaß der Wellentoleranz und dem unteren Abmaß der Bohrungstoleranz (0 µm) darf höchstens so groß sein wie U_{max} (50,8 µm). Andernfalls wird es zu einer plastischen Deformation der Verbindung (in diesem Falle der Nabe) kommen.

Das tatsächliche Toleranzfeld der Welle muss zwischen den Grenzen 33,2 µm und 50,8 µm liegen. Die Tabelle 6.8 lehnt sich an die DIN 7157 an und weist für das häufig praktizierte System Einheitsbohrung einige Wellentoleranzfelder aus, die für einen Querpressverband in Frage kommen. In diesem Fall ist das Toleranzfeld der Welle s6 tauglich, welches zwischen 35 µm und 48 µm liegt. Vom ursprünglich zulässigen Toleranzfeld von 38,6 µm werden in diesem Falle nur 34 µm ausgenutzt. Ist das Toleranzfeld der Welle vorgegeben, so geht man in entsprechend umgekehrter Reihenfolge vor. In beiden Fällen sind die Passungen aus der Vorzugsreihe nach Tabelle 6.8 auszuwählen.

Tabelle 6.8: Passungstabelle Querpressverband

Nenn ∅ [mm]	Toleranzfeld Welle [µm]									Toleranzfeld Nabe [µm]			
	x5	x6	x7	u5	u6	u7	s5	s6	s7	H5	H6	H7	H8
1<d≤3	+24	+26	+30	+22	+24	+28	+18	+20	+24	+4	+6	+10	+14
	+20	+20	+20	+18	+18	+18	+14	+14	+14	0	0	0	0
3<d≤6	+33	+36	+40	+28	+31	+35	+24	+27	+31	+5	+8	+12	+18
	+28	+28	+28	+23	+23	+23	+19	+19	+19	0	0	0	0
6<d≤10	+40	+43	+49	+34	+37	+43	+29	+32	+38	+6	+9	+15	+22
	+34	+34	+34	+28	+28	+28	+23	+23	+23	0	0	0	0
10<d≤14	+48	+51	+58	+41	+44	+51	+36	+39	+46	+8	+11	+18	+27
	+40	+40	+40	+33	+33	+33	+28	+28	+28	0	0	0	0
14<d≤18	+53	+56	+58	+41	+44	+51	+36	+39	+46	+8	+11	+18	+27
	+45	+45	+45	+33	+33	+33	+28	+28	+28	0	0	0	0
18<d≤24	+63	+67	+75	+50	+54	+62	+44	+48	+56	+9	+13	+21	+33
	+54	+54	+54	+41	+41	+41	+35	+35	+35	0	0	0	0
24<d≤30	+73	+77	+85	+57	+61	+69	+44	+48	+56	+9	+13	+21	+33
	+64	+64	+64	+48	+48	+48	+35	+35	+35	0	0	0	0
30<d≤40	+91	+96	+105	+71	+76	+85	+54	+59	+68	+11	+16	+25	+39
	+80	+80	+80	+60	+60	+60	+43	+43	+43	0	0	0	0
40<d≤50	+108	+113	+122	+81	+86	+95	+54	+59	+68	+11	+16	+25	+39
	+97	+97	+97	+70	+70	+70	+43	+43	+43	0	0	0	0
50<d≤65	+135	+141	+152	+100	+106	+117	+66	+72	+88	+13	+19	+30	+46
	+122	+122	+122	+87	+87	+87	+53	+53	+53	0	0	0	0
65<d≤80	+159	+165	+176	+115	+121	+132	+66	+78	+89	+13	+19	+30	+46
	+146	+146	+146	+102	+102	+102	+59	+59	+59	0	0	0	0
80<d≤100	+193	+200	+213	+139	+146	+159	+86	+93	+106	+15	+22	+35	+54
	+178	+178	+178	+124	+124	+124	+71	+71	+71	0	0	0	0
100<d≤120	+225	+232	+245	+159	+166	+179	+94	+101	+114	+15	+22	+35	+54
	+210	+210	+210	+144	+144	+144	+79	+79	+79	0	0	0	0

Mit der Passungsauswahl ergibt sich auch das tatsächlich auftretende größte Übermaß U^*, welches beim Fügen überbrückt werden muss. Im allgemeinen Fall ist U^* geringfügig kleiner als U_{max}.

Findet sich keine geeignete Passung, so können folgende Maßnahmen ergriffen werden:

- Es kann eine nicht genormte Passung verwendet werden, wobei allerdings der damit verbundene Fertigungsaufwand zu berücksichtigen ist.
- Es können die Abmessungen der Verbindung (d, L) vergrößert werden. Eine Aufstockung des Durchmessers ist besonders effektiv, weil das übertragbare Moment dadurch quadratisch ansteigt.

Eine detaillierte Diskussion weiterer Parameter folgt im Kapitel 6.3.2.7.

6.3.2.6 Thermisches Fügen von Welle und Nabe (E)

Um eine ordnungsgemäße Montage zu ermöglichen, muss das Übermaß U* (in diesem Beispiel 48µm) noch um ein Fügespiel K vergrößert werden. Insgesamt muss also zum thermischen Fügen ein Betrag U_{therm} von

$$U_{therm} = U^* + K \qquad \text{Gl. 6.60}$$

thermisch überbrückt werden. Das Fügespiel berechnet sich zu

$$K = 40i \ldots 64i \qquad \text{wobei } i[\mu m] = 0{,}45 \cdot \sqrt[3]{d[mm]} + 0{,}001 \cdot d[mm]$$

Gl. 6.61

Im hier vorliegenden Fall ergibt sich

$$i[\mu m] = 0{,}45 \cdot \sqrt[3]{20[mm]} + 0{,}001 \cdot 20[mm] = 1{,}24\,\mu m$$

Wegen der knappen Verhältnisse wird hier die untere Grenze des Fügespiels ausgenutzt:

$$K \approx 40i = 49{,}6\ \mu m$$

Damit erhält man für U_{therm} folgenden Zahlenwert:

$$U_{therm} = 48\mu m + 49{,}6\mu m = 97{,}6\mu m$$

Zur Ermittlung der erforderlichen Temperaturdifferenz wird die Gleichung der Wärmeausdehnung

$$U_{therm} = d \cdot \alpha \cdot \Delta\vartheta \qquad \text{Gl. 6.62}$$

herangezogen. Dabei ist α der Wärmeausdehnungskoeffizient nach Tabelle 6.7 und $\Delta\vartheta$ die Temperaturdifferenz. Der Wärmeausdehnungskoeffizient ist genau genommen von der Temperatur abhängig. Für praktische Anwendungsfälle reicht es jedoch aus, nach einem Wärmeausdehnungskoeffizienten α_N für Erwärmung der Nabe und einem solchen für die Abkühlung der Welle α_W zu unterscheiden. Für das vorliegende Beispiel entsteht unter der Annahme, dass die Welle auf –196 °C abgekühlt wird und die Umgebungstemperatur ϑ_U = 20 °C beträgt, eine Temperaturdifferenz für die Nabe von $\Delta\vartheta_N$ = 196 °C + 20 °C = 216 °C und damit die folgende thermisch bedingte Verformung:

$$U_{thermW} = 20\ mm \cdot 8{,}5 \cdot 10^{-6}\ 1/°C \cdot 216\ °C = 36{,}7\ \mu m$$

Der Rest der erforderlichen Wärmeausdehnung muss von der Nabe übernommen werden:

$$U_{thermN} = U_{therm} - U_{thermW} = 97{,}6\ \mu m - 36{,}7\ \mu m = 60{,}9\ \mu m$$

Die für die Nabe erforderliche Erwärmung ergibt sich durch:

$$\Delta\vartheta_N = \frac{U_{thermN}}{d \cdot \alpha_N} = \frac{60{,}9\ \mu m}{20\ mm \cdot 11 \cdot 10^{-6}\ \frac{1}{°C}} = 276{,}8\ °C$$

Die für das Erwärmen der Nabe erforderliche Temperatur ergibt sich als:

$$\vartheta_N = \vartheta_U + \Delta\vartheta_N = 20\ °C + 276{,}8\ °C = 296{,}8\ °C$$

Die für das Fügen erzielbaren Temperaturen sind beschränkt:

- durch das Erwärmungsverfahren (Wärmeplatte bis ca. 100 °C, im Ölbad bis 370 °C)
- durch das Abkühlungsverfahren (Trockeneis –70 °C bis –79 °C, flüssige Luft –190 °C bis –196 °C)
- durch die Forderung, den Werkstoff in seinem Gefüge nicht zu verändern. Im allgemeinen Fall sollen die folgenden Grenzwerte nicht überschritten werden:

Tabelle 6.9.

Nabenwerkstoff	zulässige Fügetemperatur
Baustahl niedriger Festigkeit, Stahlguss, Gusseisen mit Kugelgraphit	350 °C
Stahl oder Stahlguss, vergütet	300 °C
Stahl, randschichtgehärtet	250 °C
Stahl einsatzgehärtet oder hochvergüteter Baustahl	200 °C

Aufgaben A.6.10 bis A.6.18

6.3.2.7 Variation der entscheidenden Parameter (V)

Die Auslegung und erst recht die gezielte Optimierung eines Zylinderpressverbandes wird durch die komplexe Vielfalt der beteiligten Parameter (Abmessungen und Werkstoffeigenschaften) erschwert. Das in Bild 6.21 und 6.22 angeführte Verspannungsschaubild versucht mehr Übersichtlichkeit und darauf aufbauend sollen die folgenden Überlegungen dazu beitragen, den Einfluss der entscheidenden Konstruktionsparameter systematisch darzustellen. Ausgangspunkt der folgenden Parametervariationen ist der oben ausgeführte Standardfall. Die relativ zu diesem Standardbeispiel auftretenden Veränderungen sind in der jeweiligen Bildlegende *kursiv* markiert.

Die **Fertigungstoleranz** beeinträchtigt die Momentenübertragbarkeit der Verbindung in entscheidendem Maße. Würde man ideal ohne jede Toleranz fertigen können, so würde die gesamte werkstoffkundlich zulässige Pressung p_{max} für die Momentenübertragung ausgenutzt werden können, in diesem Falle wäre $p_{min} = p_{max}$. Diese unrealistische Annahme würde im vorliegenden Beispiel das übertragbare Moment auf 410 % steigern. Bild 6.24 zeigt den etwas realistischeren Fall, dass das ursprüngliche Toleranzfeld von 38,6 µm auf 19,3 µm halbiert wird, was zweifellos mit einer deutlichen Kostensteigerung verbunden ist.

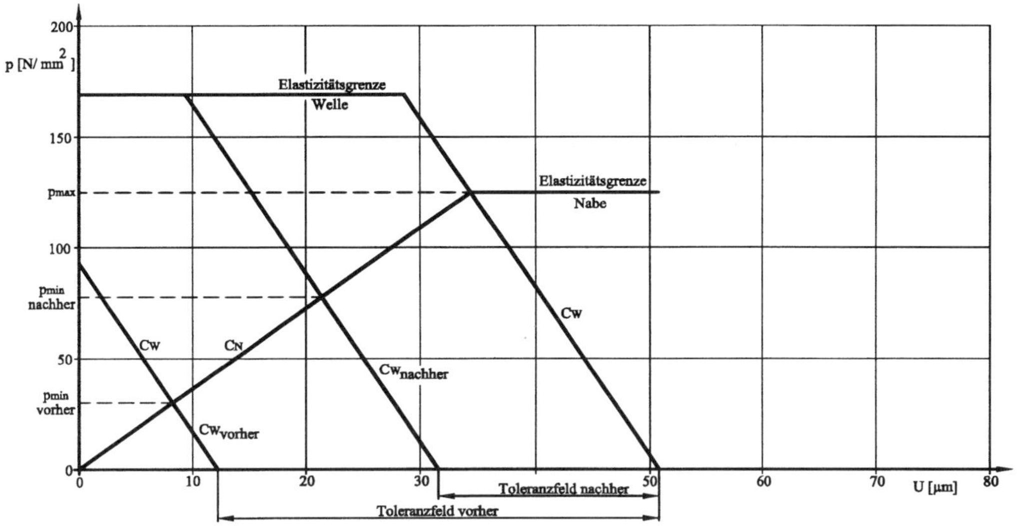

Bild 6.24: Zylinderpressverband, *Variation des Toleranzfeldes* (d_{iW} = 10 mm, $d_{aW} = d_{iN}$ = 20 mm, d_{aN} = 30 mm, L = 22 mm, μ = 0,12, $E_W = E_N = 2{,}1 \cdot 10^5$ N/mm², ν = 0,3, $\sigma_{zulW} = \sigma_{zulN}$ = 450 N/mm², Toleranzfeld: 19,3 µm $\Rightarrow$ M = 129,1 Nm)

In diesem Fall wird das halbierte Toleranzfeld möglichst weit oben (größtmögliche Vorspannung) angeordnet, um die werkstoffkundlich zulässige Pressung auch tatsächlich ausnutzen zu können. U_{min} wir dadurch auf 31,5 µm angehoben, wodurch sich eine Steigerung von p_{min} auf etwa 77,7 N/mm² ergibt, was eine Erhöhung des übertragbaren Momentes von 50 Nm auf ca. 129,1 Nm (Steigerung auf 258 %) bedeutet.

Im Ausgangsbeispiel von Bild 6.22 wurde p_{max} nicht weiter gesteigert, um eine plastische Deformation des **Nabenwerkstoffs** zu vermeiden. Die Verwendung eines höherfesten Werkstoffes ist also in diesem Beispiel nur für die Nabe angebracht. Eine Steigerung der zulässigen Spannung des Nabenwerkstoffes σ_{zulN} durch Auswahl eines höherfesten Materials ist zunächst einmal soweit sinnvoll, bis die durch die Nabe begrenzte maximale Pressung die maximale Pressung der Welle erreicht hat: $p_{maxN} = p_{maxW}$. Diese Maßnahme, die eine Erhöhung der zulässigen Spannung für den Nabenwerkstoff von σ_{zulN} = 450 N/mm² auf σ_{zulN} = 607,8 N/mm² bedeutet, ist in Bild 6.25 skizziert.

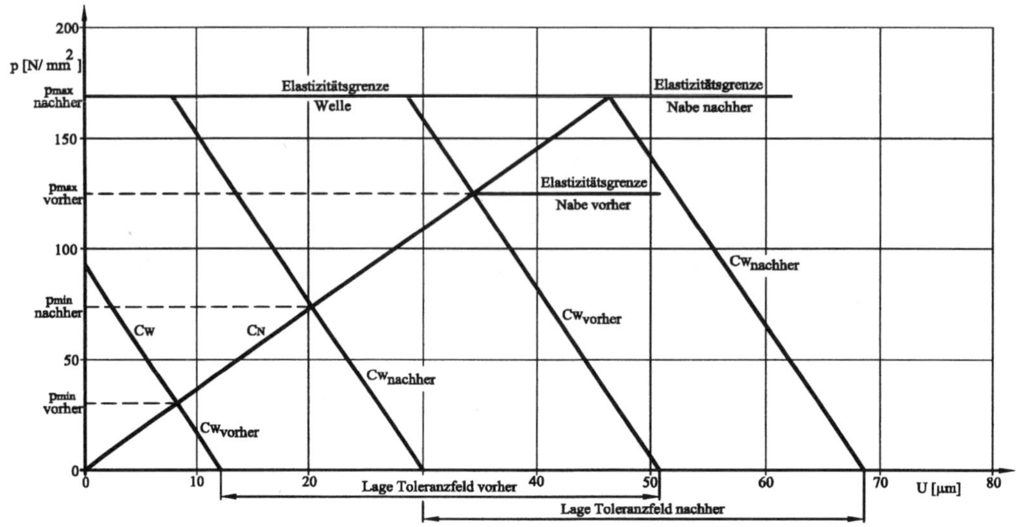

Bild 6.25: Zylinderpressverband, *Variation der zulässigen Spannung des Nabenwerkstoffes* (d_{iW} = 10 mm, $d_{aW} = d_{iN}$ = 20 mm, d_{aN} = 30 mm, L = 22 mm, μ = 0,12, $E_W = E_N = 2{,}1 \cdot 10^5$ N/mm², ν = 0,3, σ_{zulW} = 450 N/mm², σ_{zulN} = 607,8 N/mm², Toleranzfeld: 38,6 µm $\Rightarrow$ M = 122,5 Nm)

Diese Maßnahme erhöht aber nur dann das übertragbare Moment, wenn gleichzeitig höher vorgespannt wird, also U_{max} in entsprechendem Maße gesteigert wird. Nimmt man gleiche Fertigungsgenauigkeit wie im Basisbeispiel an, so bleibt die Größe des Toleranzfeldes von 38,6 µm erhalten, seine Lage wird allerdings verschoben. Dadurch lässt sich eine erhöhte minimale Pressung p_{min} von 73,8 N/mm² erzielen, wodurch das übertragbare Moment von zuvor 50 Nm auf nunmehr 122,5 Nm (auf 245 %) gesteigert wird.

Das Basisbeispiel ging von einem **Elastizitätsmodul** von $2{,}1 \cdot 10^5$ N/mm² sowohl für die Welle als auch für die Nabe aus. Wird nun der Elastizitätsmodul der Nabe auf $1{,}3 \cdot 10^5$ N/mm² (z.B. Guss) abgesenkt, so sinkt die Nabensteifigkeit von c_N = 3,617 (N/mm²)/µm auf c_N = 2,239 (N/mm²)/µm ab (vergleiche Bild 6.26). Es sei weiterhin angenommen, dass die ursprüngliche zulässige Spannung des Nabenwerkstoffes erhalten bleibt.

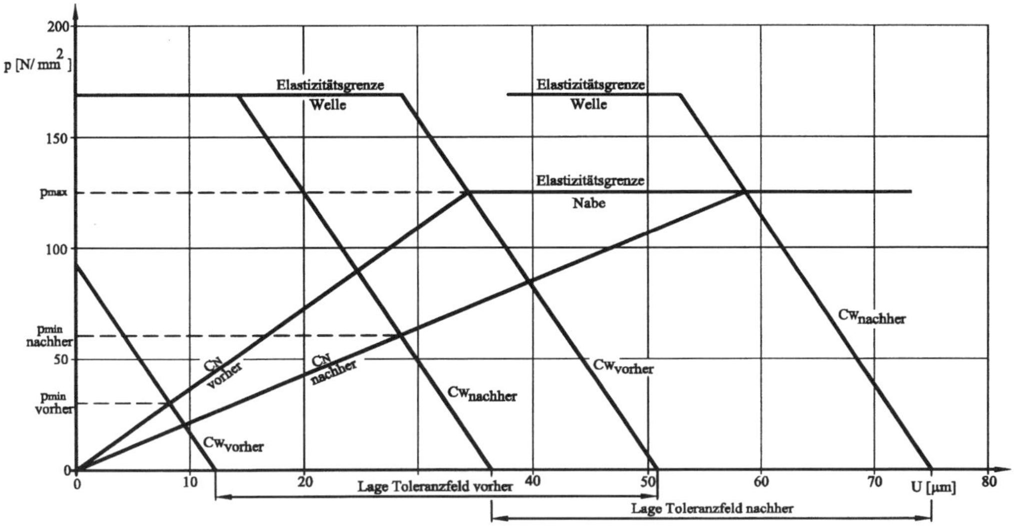

Bild 6.26: Zylinderpressverband, *Variation des Elastizitätsmoduls des Nabenwerkstoffes* (d_{iW} = 10 mm, $d_{aW} = d_{iN}$ = 20 mm, d_{aN} = 30 mm, L = 22 mm, μ = 0,12, $E_W = 2{,}1 \cdot 10^5$ N/mm², $E_N = 1{,}3 \cdot 10^5$ N/mm², ν = 0,3, $\sigma_{zulW} = \sigma_{zulN}$ = 450 N/mm², Toleranzfeld: 38,6 µm $\Rightarrow$ M = 96,2 Nm)

Diese Veränderung alleine würde jedoch ein Absinken von p_{min} und damit eine Reduzierung des übertragbaren Momentes bedeuten. Der reduzierte Elastizitätsmodul kann nur dann sinnvoll ausgenutzt werden, wenn gleichzeitig höher vorgespannt wird, also U_{max} in entsprechendem Maße gesteigert wird. Nimmt man gleiche Fertigungsgenauigkeit wie im Basisbeispiel an, so bleibt die Größe des Toleranzfeldes von 38,6 µm erhalten, lediglich seine Lage wird verschoben. Dadurch lässt sich ein erhöhte minimale Pressung von 58,9 N/mm² erzielen, wodurch das übertragbare Moment von zuvor 50 Nm auf nunmehr 96,3 Nm (auf 192 %) gesteigert wird.

Neben den Werkstoffdaten können auch die Abmessungen variiert werden. Die lineare Abhängigkeit des übertragbaren Momentes von der **Fügelänge** wird aus den zuvor hergeleiteten Gleichungen unmittelbar einsichtig. Aber auch hier kann die Länge der Verbindung nicht beliebig gesteigert werden. Weiterhin lässt der **Fügedurchmesser** das übertragbare Moment quadratisch ansteigen und braucht deshalb nicht gesondert dargestellt zu werden.

Wird bei ansonsten gleich bleibenden Abmessungen der **Nabenaußendurchmesser** vergrößert (vergleiche Bild 6.27), so wird damit nicht nur die Steifigkeit, sondern auch die maximale Pressung p_{max} der Nabe erhöht. Im hier vorliegenden Beispiel wird der Nabendurchmesser d_{aN} von zuvor 30 mm auf 40 mm gesteigert. Damit erreicht die nabenseitig begrenzte maximale Pressung genau die wellenseitig zulässige Pressung: $p_{maxN} = p_{maxW}$ = 168,7 N/mm², die Nabensteifigkeit vergrößert sich von c_N = 3,617 (N/mm²)/µm auf c_N = 5,339 (N/mm²)/µm. Wird die Lage des gleichgroßen Toleranzfeldes entsprechend angepasst, so steigt die minimale Pressung auf p_{min} = 47,1 N/mm², wodurch sich das übertragbare Moment auf 78,3 Nm (auf 156 %) erhöht.

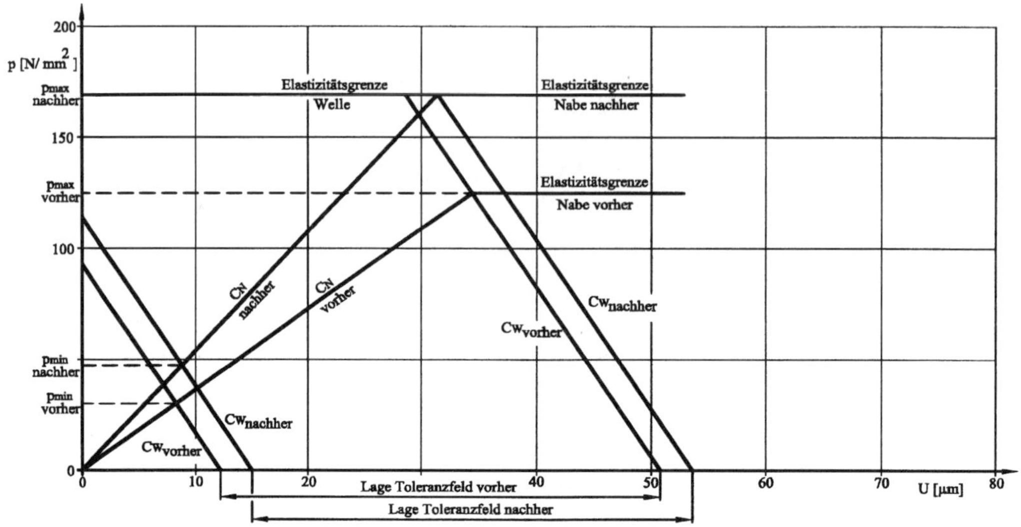

Bild 6.27: Zylinderpressverband, *Variation des Nabenaußendurchmessers* (d_{iW} = 10 mm, $d_{aW} = d_{iN}$ = 20 mm, d_{aN} = 40 mm, L = 22 mm, μ = 0,12, $E_W = E_N = 2{,}1 \cdot 10^5$ N/mm², ν = 0,3, $\sigma_{zulW} = \sigma_{zulN}$ = 450 N/mm², Toleranzfeld: 38,6 µm $\Rightarrow$ M = 78,3 Nm)

Das elastische Verhalten der Welle kann nur durch eine Variation des **Welleninnendurchmessers** verändert werden, weil für den Wellenwerkstoff praktisch nur Stahl mit seinem festgelegten Elastizitätsmodul in Frage kommt. Durch eine Änderung des Welleninnendurchmessers ergeben sich sowohl Konsequenzen für die Steifigkeit als auch für die Festigkeit. Im hier vorliegenden Beispiel wird der Bohrungsdurchmesser genau so weit vergrößert, dass die Festigkeit der Welle nicht unter die Festigkeit der Nabe absinkt. Dies ist dann der Fall, wenn $\rho_W = \rho_N$ = 0,667 ist, was einem Welleninnendurchmesser d_{iW} = 13,3 mm entspricht. Dadurch wird $p_{maxW} = p_{maxN}$ = 124,9 N/mm², die Wellensteifigkeit sinkt auf c_W = 4,565 (N/mm²)/ µm ab (siehe Bild 6.28).

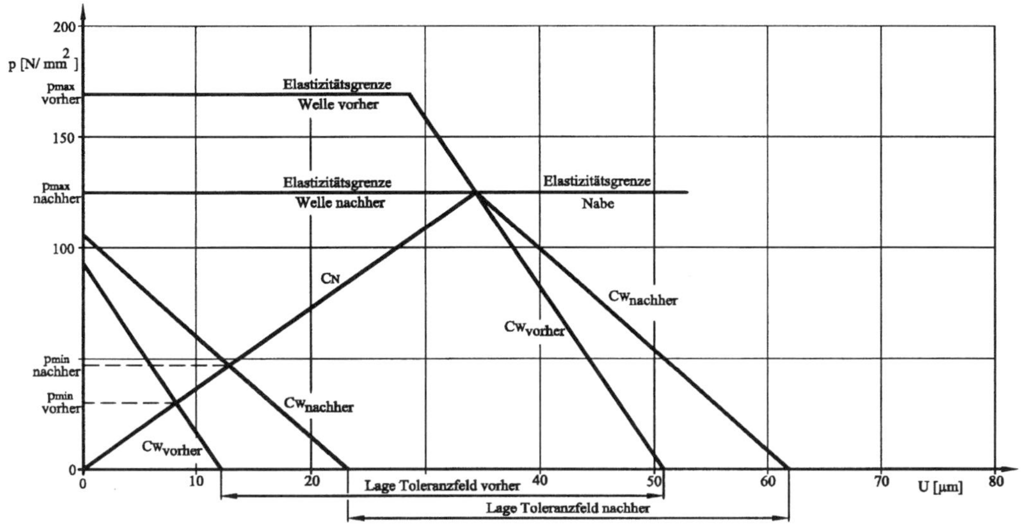

Bild 6.28: Zylinderpressverband, *Variation des Welleninnendurchmessers* (d_{iW} = 13,3 mm, $d_{aW} = d_{iN}$ = 20 mm, d_{aN} = 30 mm, L = 22 mm, μ = 0,12, $E_W = E_N = 2{,}1 \cdot 10^5$ N/mm², ν = 0,3, $\sigma_{zulW} = \sigma_{zulN}$ = 450 N/mm², Toleranzfeld: 38,6 µm $\Rightarrow$ M = 78,1 Nm)

Die verminderte Steifigkeit stellt sich dadurch dar, dass die $c_{Wnachher}$-Gerade flacher verläuft als die $c_{Wvorher}$-Gerade. Diese Änderung wird dann optimal ausgenutzt, wenn maximal, also unter Ausnutzung von p_{max} vorgespannt wird. Die Größe des Toleranzfeldes soll auch in dieser Gegenüberstellung erhalten bleiben, die $c_{Wnachher}$-Gerade für den unteren Grenzfall wird also entsprechend parallel angelegt. Dadurch steigt die minimale Pressung p_{min} auf 47 N/mm², wodurch sich das übertragbare Moment auf 78,1 Nm (auf 156 %) erhöht. Trotz Einsparung an Material (größerer Bohrungsdurchmesser) wird also die Belastbarkeit der Verbindung deutlich erhöht.

Die vorangegangenen Parametervariationen wurden anhand eines konkreten Zahlenbeispiels ausgeführt. Die dabei berechnete Steigerung des übertragbaren Momentes soll vor allen Dingen ein Gespür dafür vermitteln, wie zusätzliche Reserven in der Momentenübertragbarkeit erschlossen werden können. Die für dieses Beispiel ermittelten Steigerungsraten sind natürlich nicht auf andere Anwendungsfälle direkt übertragbar.

6.3.2.8 Abschließende Bemerkungen (V)

Bei den bisherigen Betrachtungen wurde von idealen zylindrischen Fügeflächen ausgegangen. Tatsächlich handelt es sich hier jedoch um technisch reale Oberflächen, deren Rauheitsspitzen durch den Fugendruck teilweise plastisch eingeebnet werden. Dadurch kommt es zu einem „Glättungsverlust“ U_{GV}:

$$U_{GV} = 0{,}8 \cdot (R_{Z\,Welle} + R_{Z\,Nabe})$$

Dieser Glättungsverlust reduziert die Vorspannung und damit das übertragbare Moment. Um diesen Verlust auszugleichen, muss das Übermaß um U_{GV} erhöht werden. Dieser Einfluss ist im weiteren Sinne vergleichbar mit dem Setzen der Schraube (vgl. Kap. 4.4.2 in Band 1).

Reicht die elastische Deformation nicht aus, um eine ausreichende hohe Pressung p_{min} aufzubringen, so kann unter gewissen Voraussetzungen das Übermaß über die Elastizitätsgrenze hinaus gesteigert werden und eine plastische Deformation zugelassen werden. Nach den bisherigen Betrachtungen ist davon vor allen Dingen die Nabe betroffen. Wie bereits in Bild 6.19 aufgezeigt wurde, ist die spezifische Bauteilbeanspruchung am Innenrand der Nabe am größten, so dass dort am ehesten plastische Deformation auftritt. Je mehr über die Elastizitätsgrenze hinaus vorgespannt wird, desto größer wird der Durchmesser, innerhalb dessen die Verformung plastisch ist, während die weiter außen liegenden Bereich weiterhin im elastischen Bereich verbleiben. In diesem Falle spricht man von einer „teilplastischen" Deformation. Diese Vorgehensweise ist bei zähen, duktilen Werkstoffen mit einer Bruchdehnung von 10 % und mehr möglich, bei spröden Werkstoffen jedoch nicht anwendbar, weil es dabei lokal schon zum Überschreiten der Bruchgrenze kommen kann. Die DIN 7190 gibt dazu ein Berechnungsverfahren an.

Bei den bisherigen Betrachtungen wurde auf die Einbeziehung von Fliehkrafteinflüssen verzichtet. Tatsächlich sind bei Drehzahlen, die normalerweise in der Antriebstechnik üblich sind, solche Zusatzbelastungen nur von vernachlässigbarer Größenordnung. Treten jedoch extreme Drehzahlen auf, so rufen die dadurch bedingten Fliehkräfte zusätzliche Spannungen in der Nabe hervor, die auf zweierlei Art problematisch werden können:

- Die Festigkeit der Nabe kann gefährdet werden.
- Die Nabe wird zusätzlich aufgeweitet, wodurch der Reibschluss gefährdet werden kann.

Auf eine rechnerische Formulierung wird hier verzichtet. Die gleiche Problematik tritt jedoch auch bei schnell laufenden Riementrieben auf und wird dort (Kapitel 7.3.4.2) in Ansatz gebracht.

6.3.3 Hydraulisch wirkende Spannbuchse (V)

Die hydraulische wirkende Spannbuchse lässt sich aus dem oben vorgestellten Querpressverband ableiten:

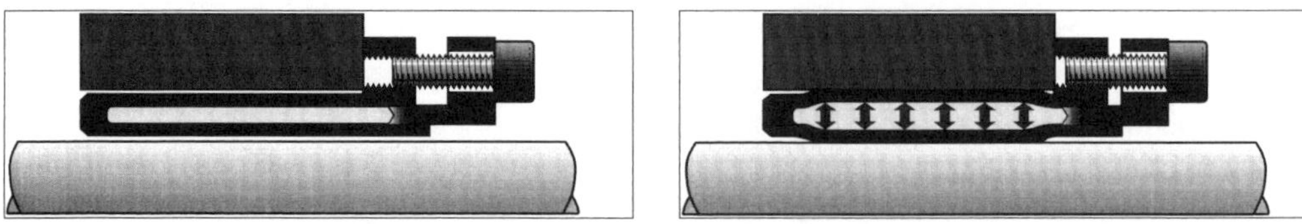

Bild 6.29: Hydraulisch wirkende Spannbuchse

Zwischen Welle und Nabe wird für eine doppelwandige Zwischenhülse Platz gelassen, die mit einem Fluid aufgefüllt ist, welches unter Druck gesetzt werden kann. Dazu wird ein ringförmiger Kolben verwendet, der über Schrauben mit einer Kraft belastet wird. Unter diesem Druck weitet sich die doppelwandige Büchse auf und verspannt sich zwischen Welle (die in h9 zu fertigen ist) und Nabe (die in H7 gebohrt werden muss). Wegen der Elastizität der Wandungen der Spannbuchse sind die Anforderungen an die Passungen hier weit weniger kritisch als beim vorstehenden Querpressverband ohne Zwischenelemente. In erster grober Näherung kann angenommen werden, dass die dünne Wandung der Spannbuchse dem Flüssigkeitsdruck keinen nennenswerten Verformungswiderstand entgegensetzt, so dass dieser Flüssigkeitsdruck auch in voller Höhe an den beiden Trennfugen wirksam wird.

Tatsächlich liegt hier eine zweifach hintereinander geschaltete Welle-Nabe-Verbindung vor: Das Moment bzw. die Axialkraft wird von der Welle auf die Spannbuchse und von dieser dann auf die Nabe übertragen. Da innen jedoch sowohl der Hebelarm als auch die pressungsübertragende Zylindermantelfläche kleiner sind als außen, ist der Reibschluss innen stets kritischer als außen. Der Zusammenhang zwischen übertragbarem Moment und Pressung kann ähnlich wie in den Bilden 6.13 und 6.17 dargestellt werden. Der Sachverhalt reduziert sich hier jedoch auf die rechte Dreieckseite, wobei aber der Maximaldruck p von drei Kriterien abhängt:

- Entweder durch den Ringkolben oder durch die Spannschrauben wird der Druck auf p_{zulRK} begrenzt.
- Wie beim Querpressverband darf die Belastbarkeit von Welle und Nabe nicht überschritten werden: Die in der Nabe zulässige Spannung σ_{zulN} erlaubt einen Druck p_{zulN}, die in der Welle zulässige Spannung σ_{zulW} ergibt p_{zulW}.
- Da es sich hier um eine lösbare, also wieder verwendbare Nabe-Welle-Verbindung handelt, darf der Druck p die Oberflächen der beiden Trennfugen nicht beschädigen, darf also p_{zulTF} nicht überschreiten (ähnlich wie beim Axialklemmverband).

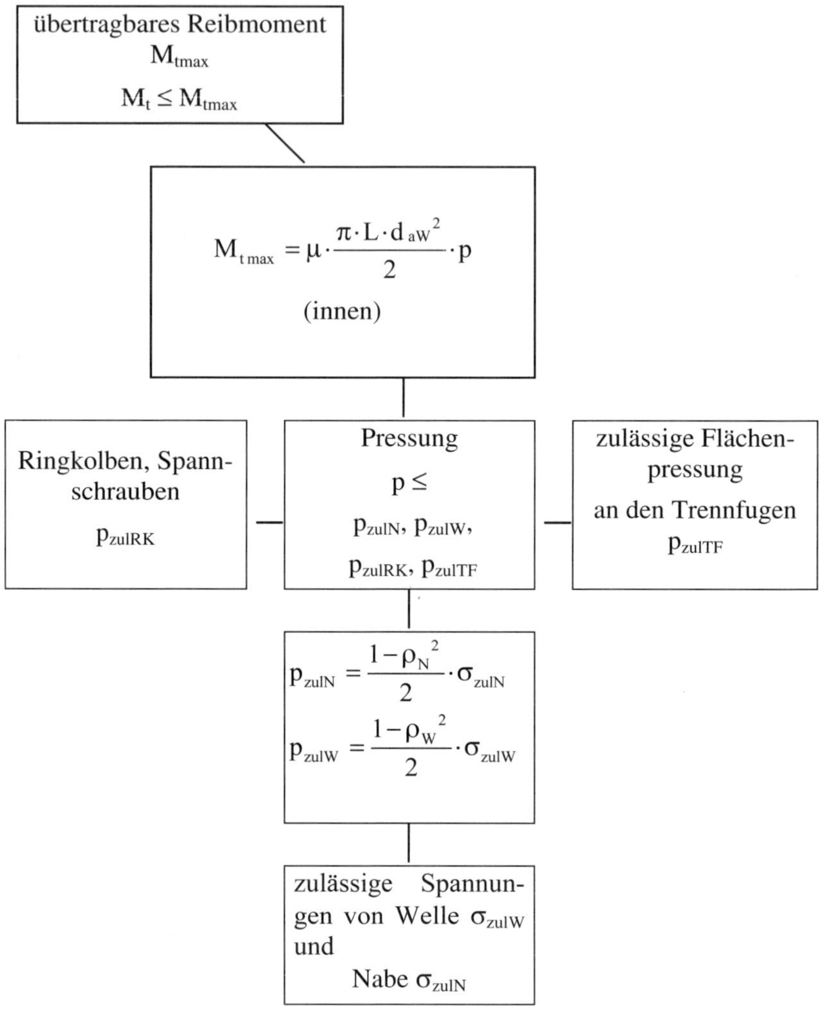

Bild 6.30: Belastungsgrenzen der hydraulischen Spannbuchse

Aufgabe A.6.19

6.3.4 Kegelpressverbindung (B)

Die Kegelpressverbindung stellt eine weitere Möglichkeit dar, eine lösbare Welle-Nabe-Verbindung reibschlüssig auszuführen. Ersetzt man die zylindrische Wirkfläche durch eine kegelige und bringt man dann die erforderliche Flächenpressung unter Ausnutzung des Keileffektes durch axiales Verspannen auf, so lässt sich die Verbindung wiederholt montieren und demontieren.

6.3.4.1 Kegelpressverbindung ohne Zwischenelemente (B)

Die Kegelverbindung lässt sich in ihrer einfachsten Form ohne Zwischenelemente ausführen: Eine abschnittsweise kegelig ausgebildete Welle wird mit einer Nabe zusammengefügt, die auf der Innenseite einen Hohlkegel mit genau der gleichen Neigung aufweist. Kegel im Sinne von DIN 254 sind kegelige Wellenstücke mit kreisförmigem Querschnitt. Der Begriff „Kegel" bezieht sich dabei sowohl auf spitze Kegel als auch auf die hier verwendeten Kegelstümpfe (Bild 6.31).

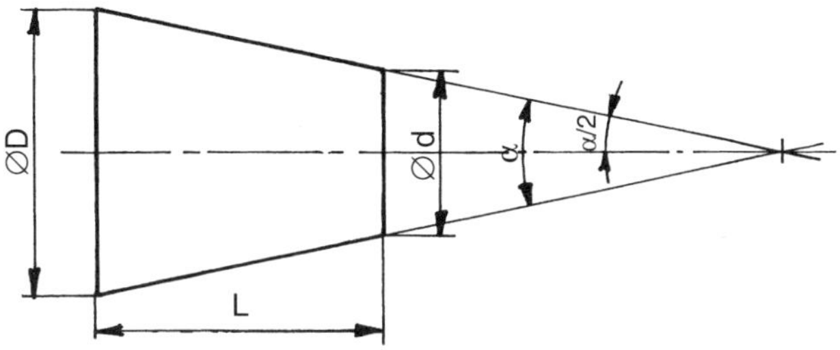

$$\tan\frac{\alpha}{2} = \frac{\frac{D-d}{2}}{L} \quad \text{Gl. 6.63}$$

Das Kegelverhältnis C wird ausgedrückt durch

$$C = \frac{D-d}{L} = 2 \cdot \tan\frac{\alpha}{2} \quad \text{Gl. 6.64}$$

und ist eine dimensionslose Größe, die meist als Verhältnis $C = 1 : x$ angegeben wird.

Bild 6.31: Bezeichnungen am Kegel

Tabelle 6.10 stellt einige normgerechte Kegelabmessungen zusammen, die als Welle-Nabe-Verbindung in Frage kommen und in Bild 6.32 sind alle wesentlichen Bezeichnungen für die Dimensionierung des Kegelverbandes aufgeführt.

Tabelle 6.10: Normgerechte Kegelabmessungen für Welle-Nabe-Verbindungen.

Kegelwinkel α	Kegelverhältnis C	Anwendungsbeispiele
60°	1:0,866	Spannzangen, Zentrierspitzen
16,60°	7:24	Steilkegel für Frässpindelköpfe, Fräsdorne, Werkzeugschäfte nach DIN 2079 und DIN 2080
14,25°	1:4	Spindelköpfe
5,72°	1:10	Wellenenden, Kupplungen
4,77°	1:12	Spann- und Abziehhülsen
3,82°	1:15	Propellernaben für Schiffe
2,87°	1:20	Morsekegelverbindung nach DIN 228
1,92°	1:30	Werkzeuge

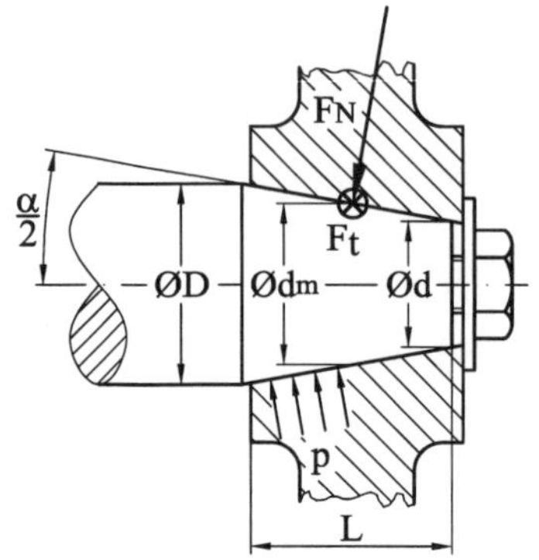

Bild 6.32: Kegelpressverbindung

Für die hier verwendeten Wellen-Nabe-Verbindungen kommen vorzugsweise Kegel mit geringem Kegelwinkel in Betracht, um den Keileffekt möglichst gut auszunutzen. Für diesen Fall lässt sich die Pressungsfläche *A* mit ausreichender Näherung ersatzweise als Mantelfläche eines Kreiszylinders mit dem Durchmesser d_m (s. Bild 6.32) darstellen:

$$d_m = \frac{D+d}{2} \quad \text{und} \quad A = \pi \cdot d_m \cdot L = \frac{\pi \cdot (D+d) \cdot L}{2} \qquad \text{Gl. 6.65}$$

Der Kegel verhält sich bezüglich seiner Kraftwirkung wie ein rotationssymetrischer Keil: Die Einpresskraft F_{ax} ruft an den Kegelmantelfläche eine zunächst normal gerichtete Kraft F_N hervor, die ihrerseits eine tangential gerichtete Reibkraft F_t erlaubt, mit der das Drehmoment M_t übertragen werden kann. Die Axialkraft wird meist durch Schrauben oder durch eine Wellenmutter aufgebracht. Setzt man die Normalkraft F_N formal jeweils zur Hälfte oben und unten an, so wird damit die Analogie zum Keil deutlich, schließlich ist auch der Kegelpressverband querkraftfrei. Bei Momentenübertragung (Bild 6.33) sind die Reibkräfte in Umfangsrichtung wirksam (hier als herausgeklappte Dreiecke dargestellt).

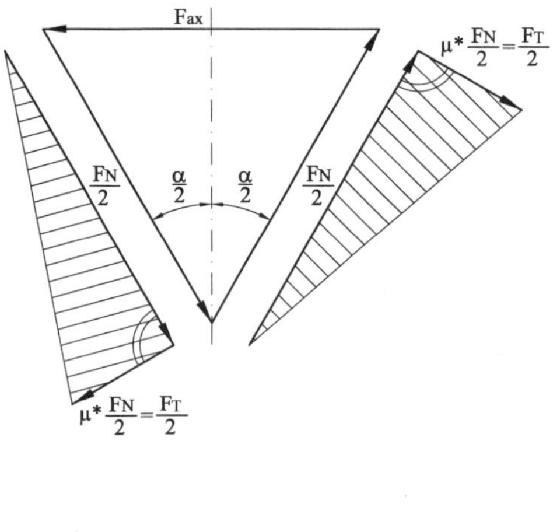

Bild 6.33: Kräfte bei Momentenübertragung

Die Normalkraft F_N entsteht durch die Keilwirkung mit F_{ax}:

$$\sin\frac{\alpha}{2} = \frac{\frac{F_{ax}}{2}}{\frac{F_N}{2}} \quad \Rightarrow \quad F_N = \frac{F_{ax}}{\sin\frac{\alpha}{2}} \qquad \text{Gl. 6.66}$$

Damit ergibt sich das übertragbare Moment in Abhängigkeit der Axialkraft zu:

$$M_{t\,max} = F_T \cdot \frac{d_m}{2} = \mu \cdot F_N \cdot \frac{d_m}{2} = \mu \cdot \frac{F_{ax}}{\sin\frac{\alpha}{2}} \cdot \frac{d_m}{2} \qquad \text{Gl. 6.67}$$

Bei der bisherigen Betrachtung wurde allerdings außer Acht gelassen, dass der Reibeinfluss nicht nur in Umfangsrichtung auftritt, sondern auch bei der Montage und Demontage in Axialrichtung wirksam wird. Die zuvor zur Momentenübertragung in Umfangsrichtung erläuterten Reibdreiecke werden dabei in der Axialebene wirksam (Bild 6.34).

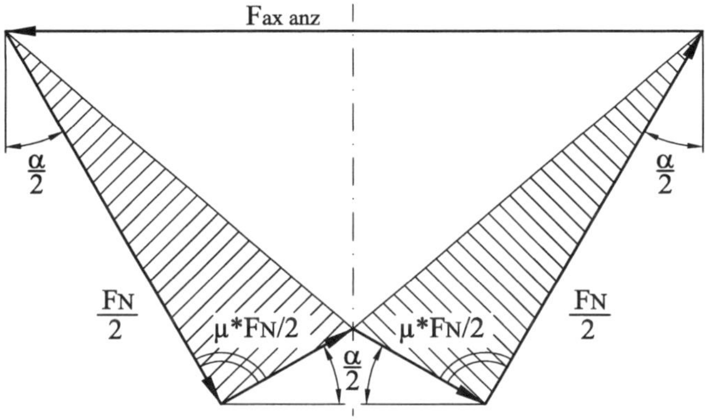

Bild 6.34: Kräfte bei der Montage

Damit die zur Momentenübertragung erforderliche Kraft F_N auch tatsächlich in der erforderlichen Höhe zustande kommt, müssen neben der Keilwirkung $F_N \cdot \sin(\alpha/2)$ auch noch der axiale Bewegungswiderstand $F_N \cdot \mu \cdot \cos(\alpha/2)$ überwunden werden. Setzt man die Summe aller axial wirkenden Kräfte gleich null ($\Sigma F_X = 0$), so ist für die Montage die Kraft F_{axanz} aufzubringen:

$$F_{axanz} = F_N \cdot \left(\sin\frac{\alpha}{2} + \mu \cdot \cos\frac{\alpha}{2} \right) \qquad \text{(Montage)} \qquad \text{Gl. 6.68}$$

bzw. $$F_N = \frac{F_{axanz}}{\sin\frac{\alpha}{2} + \mu \cdot \cos\frac{\alpha}{2}} \qquad \text{Gl. 6.69}$$

Bei der Demontage hingegen wirkt die Reibkomponente in umgekehrter Richtung (zunächst linke Hälfte des Bildes 6.35).

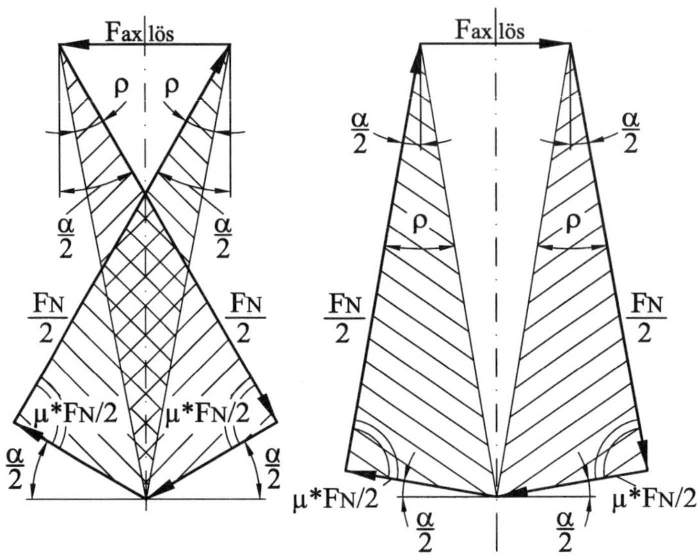

Bild 6.35: Kräfte bei der Demontage

Damit ergibt sich die axiale Demontagekraft $F_{axlös}$ zu:

$$F_{axlös} = F_N \cdot \left(\sin\frac{\alpha}{2} - \mu \cdot \cos\frac{\alpha}{2} \right) \quad \text{(Demontage)} \qquad \text{Gl. 6.69}$$

bzw. $$F_N = \frac{F_{axanz}}{\sin\frac{\alpha}{2} - \mu \cdot \cos\frac{\alpha}{2}} \qquad \text{Gl. 6.70}$$

Damit erweitert sich Gl. 6.67 zu

$$M_{t\,max} = \mu \cdot \frac{F_{axanz}}{\sin\frac{\alpha}{2} + \mu \cos\frac{\alpha}{2}} \cdot \frac{d_m}{2} \qquad \text{Gl. 6.71}$$

Mit der bisherigen Betrachtung ist aber nur ein wichtiges Dimensionierungskriterium des Kegelpressverbandes überprüft. In Anlehnung an das Schema für axiale Klemmverbindungen (Bild 6.13) und radiale Klemmverbindungen (Bild 6.17) lässt sich zunächst einmal nur die linke Dreieckseite mit einer Gleichung belegen:

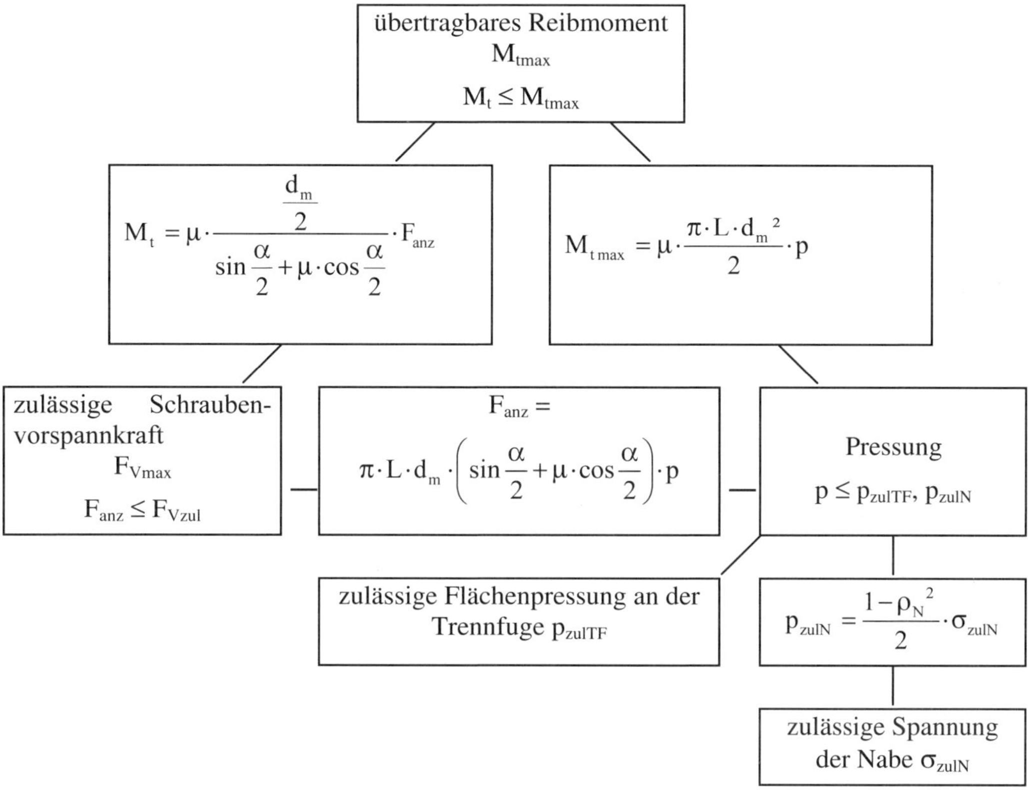

Bild 6.36: Belastungsgrenzen der Kegelpressverbindung

Ähnlich wie beim Zylinderpressverband wird die in der Trennfuge wirksame Normalkraft als Pressung wirksam:

$$p = \frac{F_N}{\pi \cdot d_m \cdot L} \leq p_{zul} \qquad \text{Gl. 6.72}$$

Wird für F_N der Ausdruck nach Gl. 6.70 eingesetzt, so ergibt sich der Zusammenhang zwischen Anzugskraft und Flächenpressung

$$p = \frac{\dfrac{F_{axanz}}{\sin\frac{\alpha}{2} + \mu \cdot \cos\frac{\alpha}{2}}}{\pi \cdot d_m \cdot L} = \frac{F_{axanz}}{\pi \cdot d_m \cdot L \cdot \left(\sin\frac{\alpha}{2} + \mu \cdot \cos\frac{\alpha}{2} \right)} \qquad \text{Gl. 6.73}$$

Wird diese Gleichung nach F_{axanz} aufgelöst, so kann damit die untere Dreieckseite besetzt werden:

$$F_{axanz} = p \cdot \pi \cdot L \cdot \left(\sin\frac{\alpha}{2} + \mu \cdot \cos\frac{\alpha}{2} \right) \qquad \text{Gl. 6.74}$$

Der Zusammenhang zwischen dem übertragbaren Moment M_{tmax} und der Flächenpressung p als rechter Dreieckseite kann vom Zylinderpressverband (Gl. 6.35) übernommen werden, wobei hier allerdings der mittlere Durchmesser d_m maßgebend ist. Die gleiche Formulierung würde sich auch ergeben, wenn man die Gleichung der unteren Dreieckseite (Gl. 6.74) und die der linken Dreieckseite Gl. 6.71 kombiniert.

$$M_{t\,max} = \mu \cdot \frac{\pi \cdot L \cdot d_m^{\;2}}{2} \cdot p \qquad \text{Gl. 6.75}$$

Bei der Dimensionierung einer Kegelpressverbindung ist gegebenenfalls auch zu berücksichtigen, dass der zur reibschlüssigen Momentenübertragung erforderliche Druck p die Nabe mit einer Vergleichsspannung σ_{VN} beansprucht. Da die Lastverhältnisse denen des Zylinderpressverbandes weitgehend entsprechen, können die dort formulierten Ansätze auch hier verwendet werden (rechte untere Ecke in Bild 6.36).

Die Gegenüberstellung in Bild 6.35 macht noch eine weitere Unterscheidung deutlich: Ist der Neigungswinkel $\alpha/2$ groß (links), so löst sich die Verbindung von selbst, wenn die Axialkraft kleiner als $F_{axlös}$ wird. Kleine Neigungswinkel hingegen führen zur **Selbsthemmung** des Kegelverbandes: Zur Demontage genügt nicht nur die Reduzierung der Axialkraft, sondern die Axialkraft $F_{axlös}$ muss entgegen der Montagerichtung aufgebracht werden. Dieser Grenzfall für $\alpha_G/2$ wird dann erreicht, wenn der Klammerausdruck der obigen Gleichung gleich null wird:

$$\sin\frac{\alpha_G}{2} = \mu \cdot \cos\frac{\alpha_G}{2} \quad \Rightarrow \quad \frac{\sin\frac{\alpha_G}{2}}{\cos\frac{\alpha_G}{2}} = \mu \quad \Rightarrow \quad \tan\frac{\alpha_G}{2} = \mu \qquad \text{Gl. 6.76}$$

Dieser Sachverhalt lässt sich auch aus der Betrachtung des selbsthemmenden Keils unmittelbar ableiten. Demnach können die folgenden drei Fälle unterschieden werden, wobei der Reibwinkel $\rho = \arctan \mu$ mit $\mu = 0{,}10 \ldots 0{,}12$ angesetzt wird:

C = 1:2,5	$\alpha/2 = 11{,}3°$	$>$	$\rho = 5{,}7 \ldots 6{,}8°$	leicht lösbar
C = 1:4	$\alpha/2 = 7{,}1°$	$\approx$	$\rho = 5{,}7 \ldots 6{,}8°$	an der Grenze der Selbsthemmung
C = 1:5	$\alpha/2 = 5{,}7°$	$\approx$	$\rho = 5{,}7 \ldots 6{,}8°$	an der Grenze der Selbsthemmung
C = 1:10	$\alpha/2 = 2{,}9°$	$<$	$\rho = 5{,}7 \ldots 6{,}8°$	selbsthemmend

Die Selbsthemmung kann erwünscht sein, wenn die Klemmung nach der Montage entfernt werden soll (beispielsweise Werkzeughalter einer Bohr- oder Fräsmaschine). Handelt es sich allerdings um ein automatisches Werkzeugwechselsystem, so ist die Selbsthemmung eher hinderlich, da sie einen zusätzlichen Demontagemechanismus erfordert. In diesem Fall soll bewusst auf die Selbsthemmung verzichtet werden und man verwendet sog. Steilkegel.

Aufgabe A.6.20 bis A.6.23

6.3.4.2 Kegelpressverbindung mit Zwischenelementen (V)

Der vorgenannte Kegelpressverband ohne Zwischenelemente hat den fertigungstechnischen Nachteil, dass sowohl die Welle als auch die Nabe kegelig ausgebildet werden müssen, wozu in der Regel eine kostenaufwändige spanende Bearbeitung erforderlich ist. Zur Vermeidung dieses Aufwandes können aber auch Zwischenglieder eingesetzt werden, die zwar eine konische Wirkfläche aufweisen, aber zwischen zylindrischer Welle und zylindrischer Nabenbohrung montiert werden und damit als standardisierte Bauteile in der Massenherstellung sehr kostengünstig sind. Ringfeder-Spannelemente nach Bild 6.37 bestehen aus jeweils einem Ringpaar: Der Innenring wird mit seiner zylindrischen Innenmantelfläche auf die Welle geschoben, liegt aber mit seiner konischen Außenmantelfläche am umliegende innenkonischen Außenring an, der wiederum mit seiner zylindrischen Außenmantelfläche mit der Nabe in Kontakt steht:

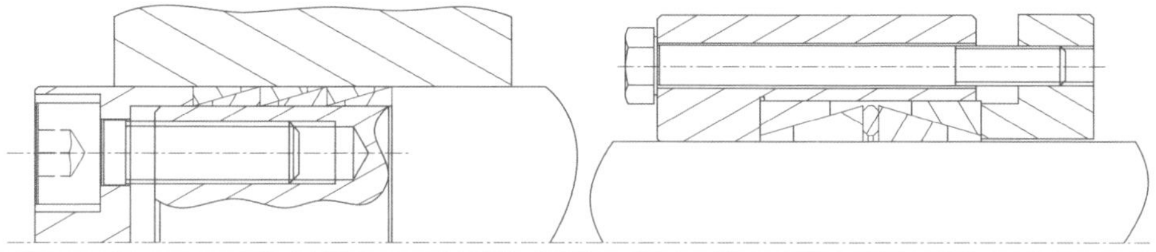

Durchmesser	Passung Welle	Passung Ringfederelement	Passung Bohrung
bis 36 mm	h6	E7 / f7	H7
über 36 mm	h8	E8 / h8	H8

Bild 6.37: Ringfederspannelemente

Das Torsionsmoment wird übertragen

- von der Welle auf das innere Ringfederelement mittels Zylinderpressverband
- vom inneren Ringfederelement auf das äußere Ringfederelement mittels Kegelpressverband
- vom äußeren Ringfederelement auf die Nabe mittels Zylinderpressverband

Es handelt sich hier also um drei hintereinander geschaltete reibschlüssige Welle-Nabe-Verbindungen. Wegen der ebenfalls dreifach hintereinander geschalteten Rundlaufungenauigkeiten müssen solche Verbindungen im allgemeinen Fall zusätzlich zentriert werden. Bei dem Versuch, diese Welle-Nabe-Verbindung rechnerisch zu beschreiben, müssen die zuvor aufgeführten Ansätze entsprechend angepasst werden. Ausgangspunkt dieser Überlegung sei die linke Skizze in Bild 6.38.

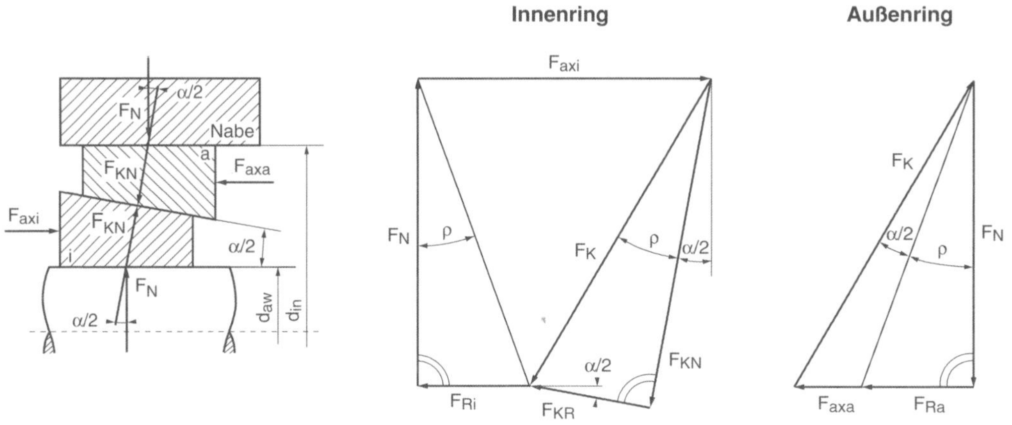

Bild 6.38: Rechenansatz Ringfederspannelement

Lässt man zunächst einmal die axialen Reibeinflüsse außer Acht und leitet am inneren Ringfederspannelement die axiale Kraft F_{axi} ein, so wird an der Trennfuge zur Welle die innere Normalkraft F_N und an der kegeligen Trennfuge zwischen Innenring und Außenring die Kraft F_{KN} hervorgerufen. Die letztgenannte Kraft wird als Reaktion auch am Außenring wirksam und hält sich dort das Gleichgewicht mit der zwischen Außenring und Nabe wirkenden Normalkraft F_N und der axial gerichteten Kraft F_{axa}. Die einerseits zwischen Welle und Innenring wirkende Normalkraft F_N und die andererseits zwischen Außenring und Nabe auftretende Normalkraft F_N müssen untereinander gleich sein, da in radialer Richtung keine weiteren Kräfte wirksam werden.

Die Reibkräfte, die die reibschlüssige Momentenübertragung erst ermöglichen, werden aber wie beim Kegelpressverband auch bei der Montage wirksam, so dass sich die in Bild 6.38 rechts skizzierten Kraftecke ergeben:

- Am inneren Ringfederspannelement (linkes Krafteck) ruft die eingeleitete Kraft F_{axi} nicht nur die normal gerichteten Kräfte F_N und F_{KN}, sondern auch deren jeweilige Reibkraftkomponenten F_{Ri} und F_{KR} hervor, so dass sich ein Gleichgewicht zwischen F_{axi}, F_{KN}, F_{KR}, F_{Ri} und F_N einstellen muss.
- Die Kraft F_K als Resultierende von F_{KN} und F_{KR} wird als Reaktion auch am Außenring (rechtes Krafteck) wirksam.
- Am äußeren Ringfederspannelement tritt F_K mit der von der Nabe wirkenden Normalkraft F_N und deren Reibkraftkomponente F_{Ra} sowie mit der Kraft F_{axa} ins Gleichgewicht, wobei F_N und F_{Ra} unter dem Reibwinkel ρ stehen.

Von den drei „hintereinandergeschalteten" Welle-Nabe-Verbindungen ist die Kegelverbindung zwischen Innen- und Außenring unkritisch, weil die dort wirkende Normalkraft F_{KN}

größer ist als die Normalkraft F_N an den beiden anderen Verbindungen. Der Querpressverband zwischen Welle und Innenring ist kritischer als der zwischen Außenring und Nabe, weil wie bei der hydraulischen Spannbuchse innen sowohl der für die Momentenübertragung wirksame Hebelarm als auch die pressungsübertragende Fläche kleiner sind. Für die reibschlüssige Momentenübertragung ist also stets der Kontakt zwischen Innenring und Welle kritisch.

Für die rechnerische Beschreibung kann sowohl für den Innen- als auch für den Außenring das Kräftegleichgewicht in Axialrichtung formuliert werden.

Innenring: $$F_{axi} = F_N \cdot \tan\rho + F_N \cdot \tan\left(\rho + \frac{\alpha}{2}\right) = F_N \cdot \left[\tan\left(\rho + \frac{\alpha}{2}\right) + \tan\rho\right] \qquad \text{Gl. 6.77}$$

Außenring: $$\tan\left(\rho + \frac{\alpha}{2}\right) = \frac{F_{axa} + F_{Ra}}{F_N} = \frac{F_{axa}}{F_N} + \frac{F_{Ra}}{F_N}$$

$$\frac{F_{axa}}{F_N} = \tan\left(\rho + \frac{\alpha}{2}\right) - \frac{F_{Ra}}{F_N} = \tan\left(\rho + \frac{\alpha}{2}\right) - \tan\rho$$

$$F_{axa} = F_N \cdot \left[\tan\left(\rho + \frac{\alpha}{2}\right) - \tan\rho\right] \qquad \text{Gl. 6.78}$$

Nach Gl. 6.77 ergibt sich die am ersten Ringpaar wirkende Normalkraft zu

$$F_N = \frac{F_{axi}}{\tan\left(\rho + \frac{\alpha}{2}\right) + \tan\rho} \qquad \text{Gl. 6.79}$$

Die dadurch an der Außenseite der Welle hervorgerufene Pressung p_{aW} und die an der Innenseite der Nabe entstehende Pressung p_{iN} sind wegen der unterschiedlichen Durchmesser unterschiedlich groß:

$$p_{aW} = \frac{F_N}{d_{aW} \cdot \pi \cdot L} \qquad \text{Gl. 6.80} \qquad\qquad p_{iN} = \frac{F_N}{d_{iN} \cdot \pi \cdot L} \qquad \text{Gl. 6.81}$$

$$\frac{p_{iN}}{p_{aW}} = \frac{d_{aW}}{d_{iN}} \qquad \text{Gl. 6.82}$$

Die Pressung an der Außenseite der Welle ist maßgebend für die reibschlüssige Momentenübertragung. Analog zum Zylinderpressverband ergibt sich:

$$M_{t\,max} = \mu \cdot \frac{\pi \cdot L \cdot d_{aW}{}^2}{2} \cdot p_{aW} \qquad \text{Gl. 6.83}$$

Die Pressung an der Innenseite der Nabe gefährdet möglicherweise die Festigkeit der Nabe. Analog zum Zylinderpressverband ergibt sich:

$$\sigma_{VN} = \frac{2}{1-\rho_N{}^2} \cdot p_{iN} \qquad \text{Gl. 6.84}$$

Aus Gl. 6.80 ergibt sich $F_N = p_{aW} \cdot d_{aW} \cdot \pi \cdot L$. Setzt man diesen Ausdruck in Gl. 6.79 ein, so gewinnt man einen Zusammenhang zwischen Axialkraft und Pressung:

$$F_{axi} = d_{aW} \cdot \pi \cdot L \cdot \left[\tan\rho + \tan\left(\rho + \frac{\alpha}{2} \right) \right] \cdot p_{aW} \qquad \text{Gl. 6.85}$$

Diese Aussagen lassen sich wie in den Bildern 6.13, 6.17 und 6.36 zu einem zentralen Schema zusammenfügen: Gl. 6.83 beschreibt die linke und Gl. 6.85 die untere Dreieckseite. Durch Kombination dieser beiden Gleichungen wird die untere Dreieckseite vervollständigt. Gl. 6.84 stellt die Verbindung zur Nabenbelastung her.

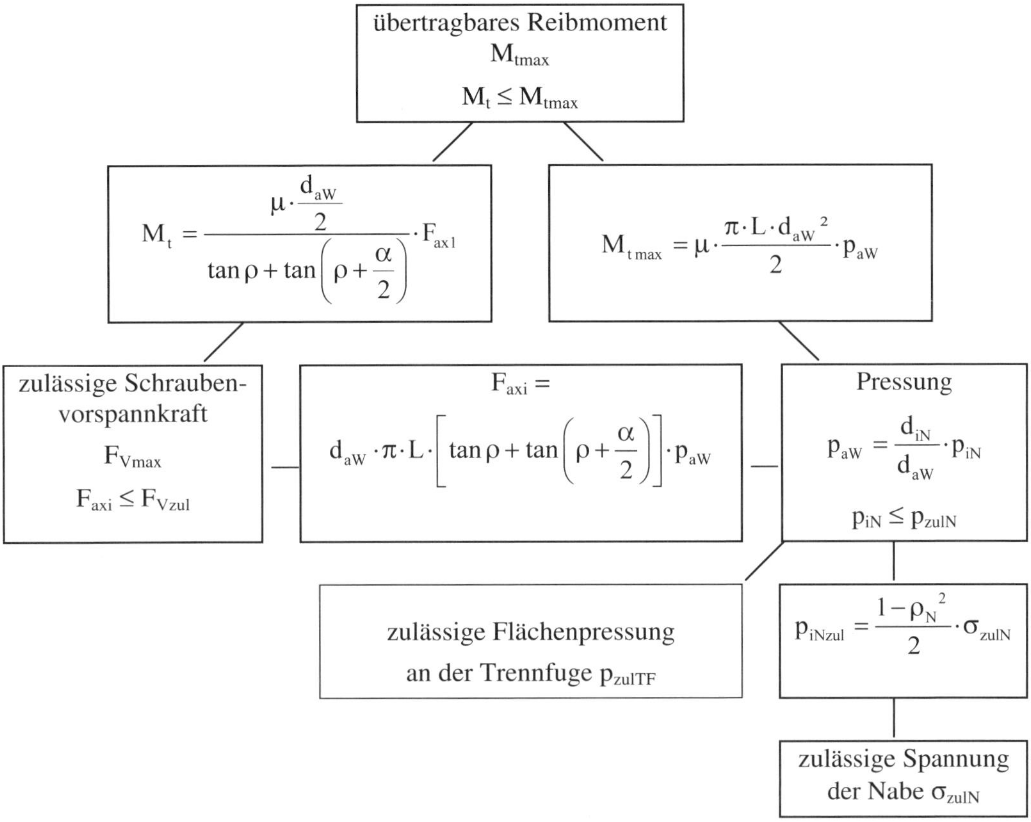

Bild 6.39: Belastungsgrenzen einer Welle-Nabe-Verbindung mit Ringfederspannelementen

Wenn die einzelnen Ringe geschlitzt sind, so lassen sie sich ohne nennenswerten Verformungswiderstand an die Reibflächen anlegen und können dabei die Wirkung der Vorspannkraft nicht behindern. Festigkeitsmäßig sind die Ringe unproblematisch, da sie in Umfangsrichtung weder Zug- noch Druckkräfte aufnehmen. Die in Bild 6.37 empfohlenen Passungen sind so aufeinander abgestimmt, dass die Elemente ohne Zwang in Position gebracht werden können und erst bei der anschließenden Verspannung ihren Reibschluss entwickeln. Die Lage des Toleranzfeldes des Ringfederelementes wurde so platziert, dass es mit dem System Einheitswelle an der Welle und Einheitsbohrung an der Nabe kombiniert wird.

Durch Division von Gl. 6.78 durch Gl. 6.77 gewinnt man ein Verhältnis K zwischen den beiden Kräfte F_{axa} und F_{axi}:

$$\frac{F_{axa}}{F_{axi}} = \frac{\tan\left(\rho + \frac{\alpha}{2}\right) - \tan\rho}{\tan\left(\rho + \frac{\alpha}{2}\right) + \tan\rho} = K \qquad \text{Gl. 6.86}$$

Der Faktor K ist also stets kleiner als 1 und gibt den relativen Axialkraftverlust zum nächsten Ringpaar an. In das nächste Ringpaar wird dann nur noch die Vorspannkraft F_{axa} eingeleitet. Die Feststellung, dass der Faktor K stets kleiner als 1 ist, hat besondere Bedeutung, wenn die Kraft F_{axi} zur Verspannung weiterer Ringfederspannelemente (wie in Bild 6.37) herangezogen wird. Für die Anordnung weiterer Ringpaare lässt sich die folgende Reihe entwickeln:

Tabelle 6.11: Reihenentwicklung Mehrfachanordnung Ringfederspannelemente

Ring-paar	Axialkraft	Einzelmoment	Gesamtmoment M_{ges} =
1	$F_{ax1} = 1 \cdot F_{ax1} = K^0 \cdot F_{ax1}$	$M_1 = 1 \cdot M_1 = K^0 \cdot M_1$	$1 \cdot M_1$
2	$F_{ax2} = K \cdot F_{ax1} = K^1 \cdot F_{ax1}$	$M_2 = K \cdot M_1 = K^1 \cdot M_1$	$(1 + K^1) \cdot M_1$
3	$F_{ax3} = K \cdot F_{ax2} = K^2 \cdot F_{ax1}$	$M_3 = K \cdot M_2 = K^2 \cdot M_1$	$(1 + K^1 + K^2) \cdot M_1$
4	$F_{ax4} = K \cdot F_{ax3} = K^3 \cdot F_{ax1}$	$M_4 = K \cdot M_3 = K^3 \cdot M_1$	$(1 + K^1 + K^2 + K^3) \cdot M_1$
5	$F_{ax5} = K \cdot F_{ax4} = K^4 \cdot F_{ax1}$	$M_5 = K \cdot M_4 = K^4 \cdot M_1$	$(1 + K^1 + K^2 + K^3 + K^4) \cdot M_1$
6	$F_{ax6} = K \cdot F_{ax5} = K^5 \cdot F_{ax1}$	$M_6 = K \cdot M_5 = K^5 \cdot M_1$	$(1 + K^1 + K^2 + K^3 + K^4 + K^5) \cdot M_1$

Da sich das übertragbare Moment proportional zur Vorspannkraft verhält, lässt sich für das vom jeweiligen Ringpaar übertragbare Einzelmoment die gleiche Reihenentwicklung formulieren. Das Gesamtmoment setzt sich schließlich aus der Summe der Einzelmomente zusammen. Bild 6.40 wertet diesen Zusammenhang für einen Reibwert $\mu = 0{,}12$ aus.

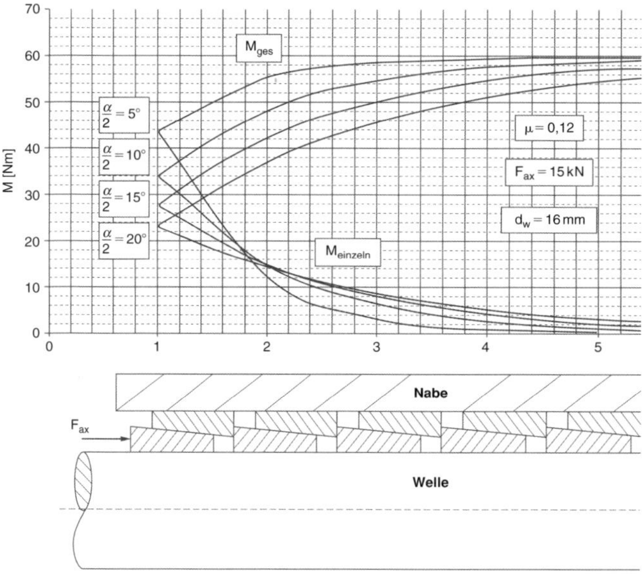

Bild 6.40: Ringfederspannelement; Abnahme des übertragbaren Reibmomentes für nachfolgende Ringpaare

- Die abfallenden Kurvenzüge geben das durch das einzelne Ringpaar übertragbare Moment $M_{einzeln}$ wieder. Bei vorgegebener Axialkraft F_{ax1} lassen sich mit kleinen Steigungswinkeln hohe Pressungen und damit hohe übertragbare Momente übertragen, aber der Axialkraftverlust zu den nachfolgenden Ringpaaren wird auch besonders hoch. Bei größeren Kegelwinkeln lässt sich zwar weniger Pressung aufbauen und damit weniger Reibmoment übertragen, aber der Axialkraftverlust für die folgenden Ringpaare fällt nicht so hoch aus.
- Die ansteigenden Kurvenzüge repräsentieren das von der Verbindung insgesamt übertragbare Moment M_{ges}. Mit zunehmender Anzahl an Ringpaaren steigt zwar das insgesamt übertragbare Moment an, aber dieser Anstieg ist stark degressiv und läuft schließlich asymptotisch gegen einen Grenzwert. Das insgesamt übertragbare Moment lässt sich also durch das Hinzufügen weiterer Ringpaare nur mühsam steigern. Die Kurvenzüge nähern sich ungeachtet des Kegelwinkels immer mehr aneinander an.

Die Verwendung des kleinen Kegelwinkels von 5° ist übrigens sehr problematisch, weil er innerhalb der Selbsthemmung liegt, die Verbindung ist dann nur noch sehr umständlich lösbar.

Auch der in Bild 6.41 aufgeführte Ringfederspannsatz nutzt die fertigungstechnisch einfache Konstellation von zylindrischer Welle und zylindrischer Bohrung aus, aber im Gegensatz zum Ringfederelement umfasst hier ein schraffiert dargestellter Kegelring zwei hintereinandergeschaltete Kegelsitze. Dadurch entsteht insgesamt eine Parallelanordnung von jeweils vier hintereinandergeschalteten Reibschlüssen (zwei kegelig, zwei zylindrisch).

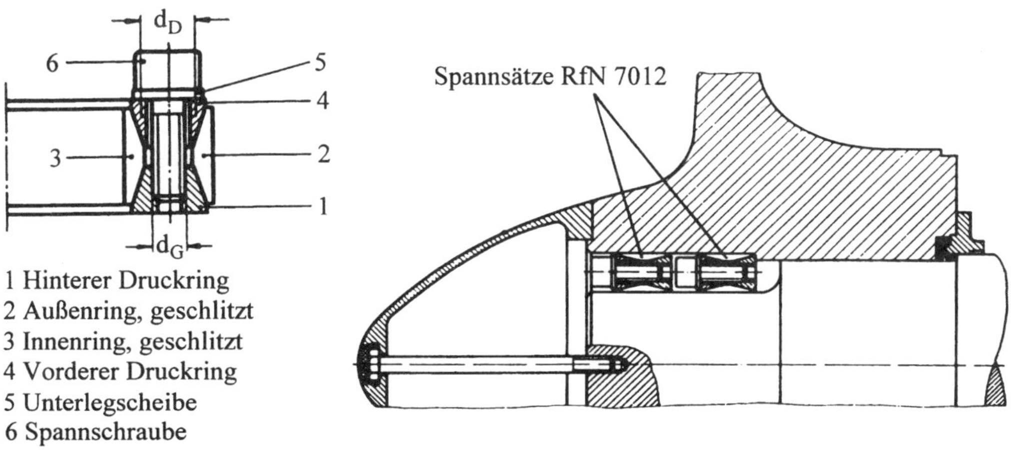

Bild 6.41: Schiffspropeller, mit Ringfederspannsatz befestigt

Eine detaillierte Berechnung dieses Zylinderpressverbandes kann in Ergänzung zu den oben aufgeführten Gleichungen vorgenommen werden, was sich jedoch zumeist erübrigt, da Ringfederspannsätze als einbaufertige Zukaufteile unter der Angabe der übertragbaren Momente katalogisiert sind. Da die Axialkraft bei dieser Konstruktion in jedem Ringfederspannsatz erneut in voller Höhe erzeugt wird, kommt es hier nicht zu einem Abfall der Momentenübertragbarkeit nachfolgender Spannsätze.

Aufgaben A.6.24 bis A.6.25

6.3.5 Weitere reibschlüssige Welle-Nabe-Verbindungen (E)

Über die zuvor beschriebenen Konstruktionsbeispiele hinaus gibt es noch eine ganze Reihe weiterer reibschlüssiger Welle-Nabe-Verbindungen, deren rechnerische Beschreibung und Dimensionierung sich teilweise aus den bisherigen Ausführungen ableiten lässt.

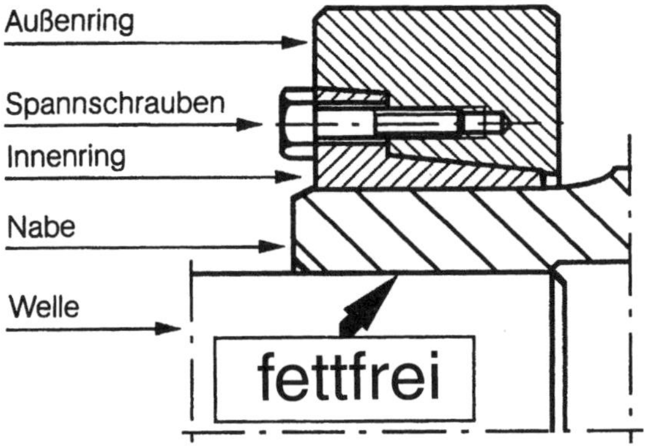

Bild 6.42: Schrumpfscheibe, mechanisch gespannt [nach STÜWE]

Schrumpfscheiben, Bild 6.42, sind Querpressverbände, deren Flächenpressung durch eine kegelige Verbindung auf der Außenseite der elastischen Nabe mechanisch erzeugt wird: Ein auf der Innenseite kegeliger Außenring und ein auf der Außenseite kegeliger Innenring werden auf die elastische Nabe gestülpt und axial so verspannt, dass sie die Nabe auf der Welle festklemmen. Die axiale Verspannung der beiden Schrumpfscheibenringe ist hier durch eine axiale Anlagefläche begrenzt. Zur Steigerung der Reibzahl soll die Fügefläche zwischen Welle und Nabe fettfrei gehalten werden.

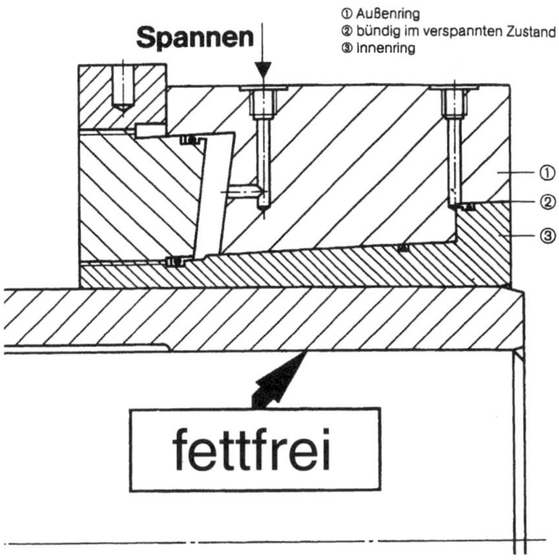

Bild 6.43: Schrumpfscheibe, hydraulisch gespannt [nach STÜWE]

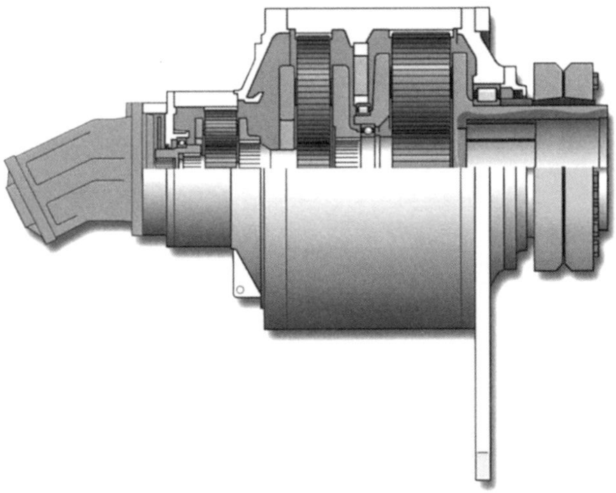

Bild 6.44: Schrumpfscheibe am Abtrieb eines dreistufigen Planetengetriebes [nach Lohmann + Stolterfoht]

Schrumpfscheiben können auch hydraulisch gespannt werden (Bild 6.43). Das unter Druck eintretende Hydrauliköl schiebt den Außenring der Schrumpfscheibe bis in die hier dargestellte rechte Endstellung und ruft damit zwischen der innenliegende Nabe und der Welle eine Flächenpressung hervor, die zur reibschlüssigen Übertragung von Momenten und Axialkräften genutzt werden kann. Um nicht den Öldruck ständig aufrechterhalten zu müssen, wird die links oben dargestellte Wellenmutter ohne nennenswertes Moment gegen den Außenring gedreht. Die Demontage kann durch Öldruck in der echten Bohrung erleichtert werden.

Bild 6.44 zeigt ein dreistufiges Planetengetriebe, welches auf der linken Seite von einem Hydromotor angetrieben wird. Am Abtrieb wird ein sehr großes Moment mit einer Schrumpfscheibe auf die Abtriebswelle übertragen. Dieses Moment wird über den nach unten herausragendem Hebelarm am Maschinengestell abgestützt.

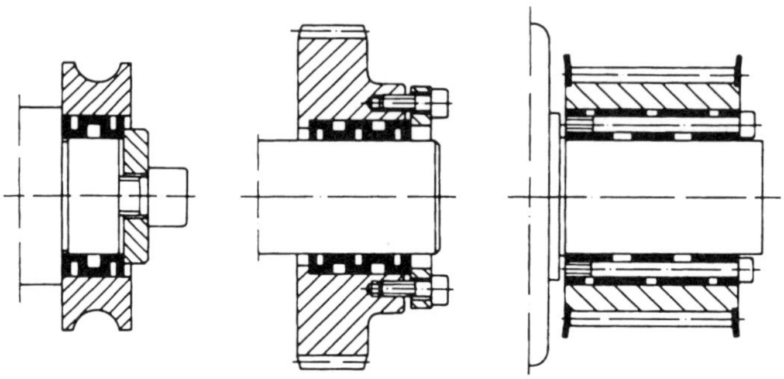

Bild 6.45: Spannhülse [nach Spieth]

Der rotationssymmetrische Hülsenkörper einer Spannhülse ist wechselweise an der Innen- und an der Außenmantelfläche mit trapezförmigen Ausdrehungen versehen. Dazwischen bleiben abschnittsweise flachkegelige Scheiben zurück, die sich bei axialer Zusammendrückung zwischen Welle und Nabe aufspreizen und damit eine reibschlüssige Übertragung von Momenten und Axialkräften ermöglichen. Die Spannhülse wird als Druckhülse für externe (Bild 6.45 links und Mitte) und integrierte Spanneinleitung (Bild 6.45 rechts) ausgeführt.

6.4 Anhang

6.4.1 Literatur

[1] Beitz, W.: Berechnung von Welle-Nabe-Passfederverbindungen; Z Antriebstechnik 16 (1977) Nr. 10

[2] Eberhard, G.: Theoretische und experimentelle Untersuchungen an Klemmverbindungen mit geschlitzter Nabe; Dissertation Universität Hannover 1980

[3] Findeisen, D.: Verspannungsschaubild der Welle-Nabe-Verbindung „rotierender Querpressverband“; Analogie zur Schraubenverbindung unter axialer Zugkraft mit Querkraftschub; Z. Konstruktion 30 (1978), H. 11

[4] Hinzen, H.: Zylinderpressverband, die optimale Welle-Nabe-Verbindung für hochbelastete Klemmkörperfreiläufe; Konstruktion 41 (1989) Nr. 6, S. 173-181

[5] Kollmann, Franz G.: Welle-Nabe-Verbindungen; Konstruktionsbücher Band 32, Springer-Verlag

[6] Muschard, W.D.: Klebgerechte Gestaltung einer Welle-Nabe-Verbindung; Z. Konstruktion 36 (1984) H. 9

6.4.2 Normen

[7] DIN ISO 14: Keilwellenverbindungen mit geraden Flanken und Innenzentrierung

[8] DIN 254: Kegel

[9] DIN 748 T1: Zylindrische Wellenenden; Abmessungen, Nenndrehmomente

[10] DIN 748 T3: Zylindrische Wellenenden für elektrische Maschinen

[11] DIN 1448 T1: Kegelige Wellenenden mit Außengewinde; Abmessungen

[12] DIN 1449: Kegelige Wellenenden mit Innengewinde; Abmessungen

[13] DIN ISO 3040: Kegelverbindungen

[14] DIN 5464: Keilwellenverbindungen mit geraden Flanken; Schwere Reihe

[15] DIN E 5466 T1: Tragfähigkeitsberechnung von Zahn- und Keilwellenverbindungen

[16] DIN 5472: Werkzeugmaschinen; Keilwellen- und Keilwellenprofile mit 6 Keilen

[17] DIN 5480: Zahnwellenverbindung mit Evolventenflanken

[18] DIN 5481: Zahnwellen

[19] DIN 6881: Hohlkeil

[20] DIN 6883: Flachkeil

[21] DIN 6884: Nasenflachkeil

[22] DIN 6885 T2: Passfedern

[23] DIN 6886: Einlegekeil A; Treibkeil B;

[24] DIN 6887: Nasenkeil

[25] DIN 6888: Scheibenfeder

[26] DIN 6889: Nasenhohlkeil

[27] DIN 7157: Passungstabelle mit Vorzugsreihen

[28] DIN 7178 T1: Kegeltoleranz- und Kegelpaßsystem für Kegel von Verjüngung C = 1:3 bis 1:500 und Längen von 6 bis 630 mm, Kegeltoleranzsystem

[29] DIN 7190: Querpressverbände

[30] DIN 7290: Preßverbände; Berechnungsgrundlagen und Gestaltungsregeln

[31] DIN 32711: Antriebselemente; Polygonprofile P3G

[32] DIN 32712: Antriebselemente; Polygonprofile P4C

6.5 Aufgaben: Welle-Nabe-Verbindungen

Formschluss

A.6.1 Vergleich formschlüssiger Welle-Nabe-Verbindungen

In der untenstehenden Darstellung sind sowohl eine Passfederverbindung als auch drei Keilwellenverbindungen aufgeführt.

Passfederverbindung
DIN 6885

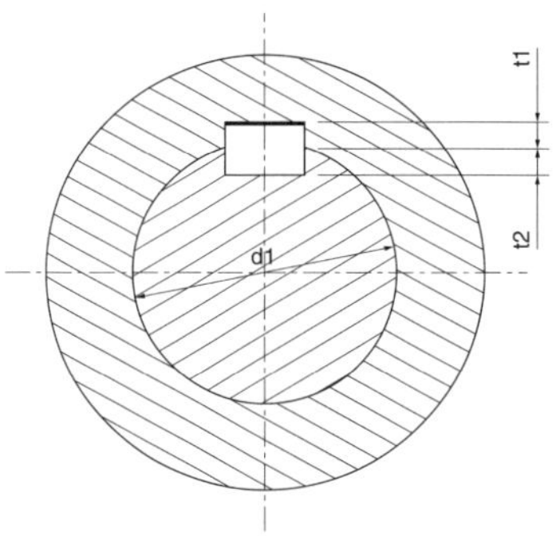

Keilwellenverbindung
DIN ISO 14 leichte Reihe

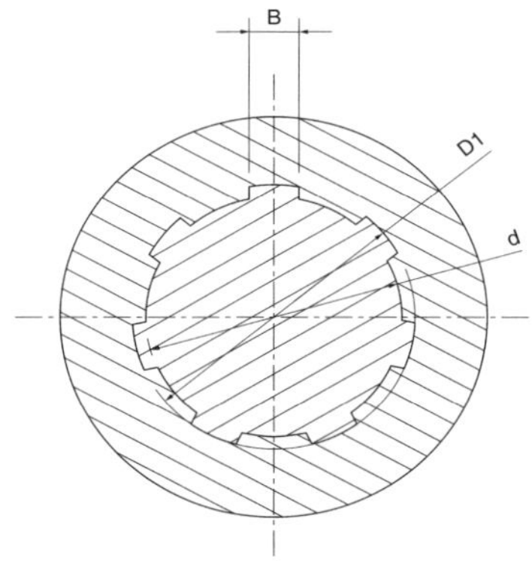

Keilwellenverbindung
DIN ISO 14 mittlere Reihe

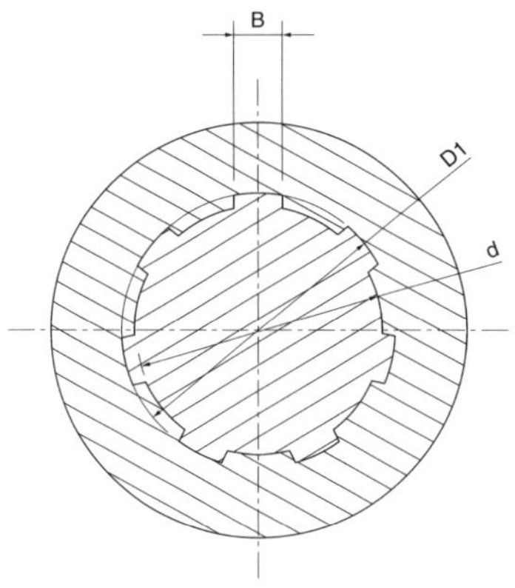

Keilwellenverbindung
DIN 5464 schwere Reihe

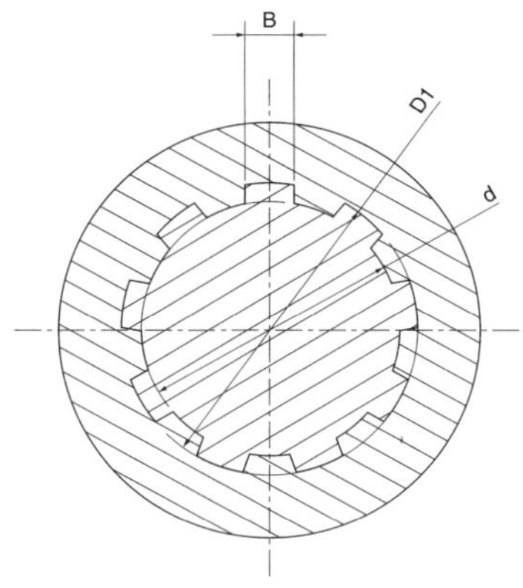

Es kann ein Flächenpressung von $p_{zul} = 60$ N/mm² zugelassen werden. Für die Welle steht aus konstruktiven Gründen ein maximaler Durchmesser von 40 mm zur Verfügung und die Nabe ist 32 mm lang. Berechnen Sie für alle vier Varianten das übertragbare Torsionsmoment, wenn für die Passfederverbindung der Traganteil $\varphi = 1$ und für die Keilwellenverbindungen der Traganteil $\varphi = 0{,}75$ angenommen werden kann.

	M_{tmax} [Nm]
Passfederverbindung DIN 6885	
Keilwellenverbindung DIN ISO 14 leichte Reihe	
Keilwellenverbindung DIN ISO 14 mittlere Reihe	
Keilwellenverbindung DIN 5464 schwere Reihe	

Kraftschluss: Axialklemmverbindungen

A.6.2 Hilfsantrieb I

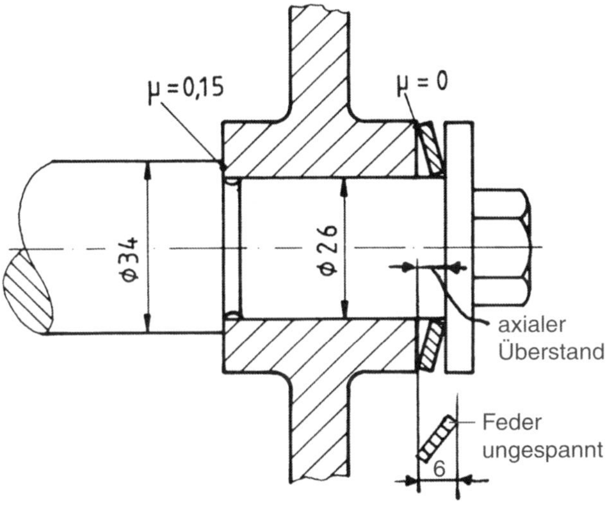

Die skizzierte Welle-Nabe-Verbindung eines Hilfsantriebes hat nur ein geringes Drehmoment zu übertragen. Insofern genügt es, die Welle axial gegen einen Wellenbund zu verspannen. Durch die axial aufgebrachte Verspannung wird sowohl an der linken als auch an der rechten Nabenstirnfläche Moment übertragen, welches jedoch wegen der Nachgiebigkeiten auf der rechten Seite sehr viel kleiner sein wird. Um einen einfachen Ansatz formulieren zu können, wird hier nur das links übertragene Moment berücksichtigt. Aus diesem Grunde wird auf der rechten Seite die Reibzahl μ formal zu null gesetzt.

a) Wie groß ist das übertragbare Moment, wenn eine Flächenpressung von p_{zul} = 40 N/mm² zugelassen werden kann und die Reibzahl μ = 0,15 beträgt?

b) Um die Welle-Nabe-Verbindung auch ohne Drehmomentschlüssel definiert vorspannen zu können, wird zwischen der überstehenden Welle und der Nabe eine Tellerfeder montiert, die dadurch vorgespannt wird, dass die Schraube bis zum Anschlag in die Welle eingeschraubt wird. Die ungespannte Länge der Feder beträgt 6 mm, ihre Steifigkeit kann mit 4000 N/mm angenommen werden. Wie groß muss der axiale Überstand der Welle sein?

A.6.3 Hilfsantrieb II

Auch bei der Welle-Nabe-Verbindung in diesem Beispiel wird davon ausgegangen, dass das Torsionsmoment wegen der geringen Verdrehfedersteifigkeit der Schraube nur zwischen Wellenbund und Nabe, nicht aber an der Verschraubung übertragen wird. Zwischen Wellenbund und Nabenstirnseite darf wegen einer Oberflächenbeschichtung eine Flächenpressung von $p_{zul} = 40$ N/mm² nicht überschritten werden. Der Reibwert beträgt für sämtliche Reibpaarungen $\mu = 0{,}12$. Es kann weiterhin angenommen werden, dass das Kopfreibungsmoment so groß ist wie das Gewindemoment beim Anziehen der Schraube.

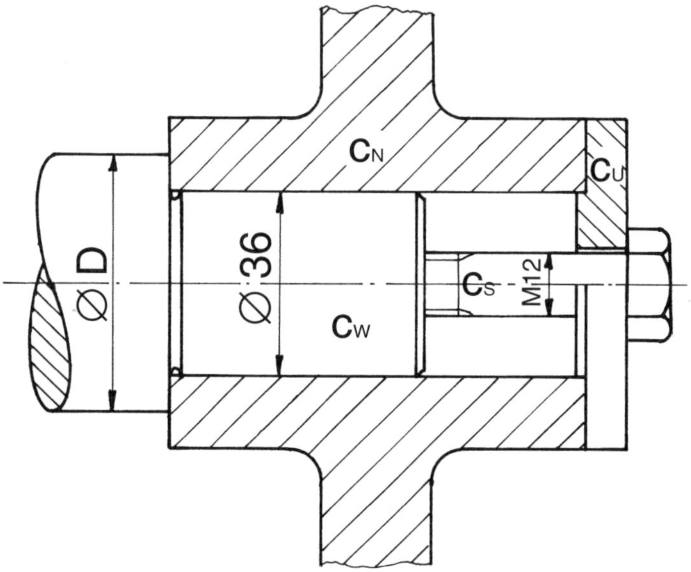

axiale Steifigkeit der Schraube: $c_S = 760$ N/µm

axiale Steifigkeit der Unterlegscheibe: $c_U = 360$ N/µm

axiale Steifigkeit der Nabe: $c_N = 1.956$ N/µm

axiale Steifigkeit der Welle: $c_W = 4.548$ N/µm

a) Die Schraube wird mit einem Gesamtmoment von 60 Nm angezogen. Wie groß ist die Vorspannkraft F_{VM} nach der Montage? Die Setzbeträge der geschlichteten Kontaktflächen sind mit je 8 µm und der des Gewindes mit 5 µm zu berücksichtigen. Wie groß ist die Vorspannkraft F_V nach dem Setzen?

F_{VM} [N] =	F_V [N] =

b) Wie groß muss der Außendurchmesser der Wellen D mindestens bemessen sein, damit die zulässige Flächenpressung unter keinen Umständen überschritten wird?

D [mm] =

c) Welches maximale Torsionsmoment M_{oN} kann mit dieser Welle-Nabe-Verbindung langfristig übertragen werden, wenn die Schraube nicht nachgezogen wird? Welches maximale Torsionsmoment M_{mN} kann übertragen werden, wenn die Schraube nachgezogen wird?

M_{oN} [Nm] =	M_{mN} [Nm] =

d) Beim Nachziehen der Schraube kann das Schraubenanzugsmoment durch Festhalten der Welle abgestützt werden. Ist es auch möglich, durch Festhalten der Nabe nachzuziehen?

Kraftschluss: Radialklemmverbindungen

A.6.4 Schalenkupplung

Gegeben ist eine nichtschaltbare Kupplung als reibschlüssige Verbindung zwischen zwei Wellenenden. Sie wird mit Presssitz (H7/n7) ausgeführt und aufgrund der konstruktiven Ausführung liegt eine biegesteife Nabe vor. Der Reibwert zwischen Welle und Nabe kann mit $\mu = 0{,}12$ angenommen werden.

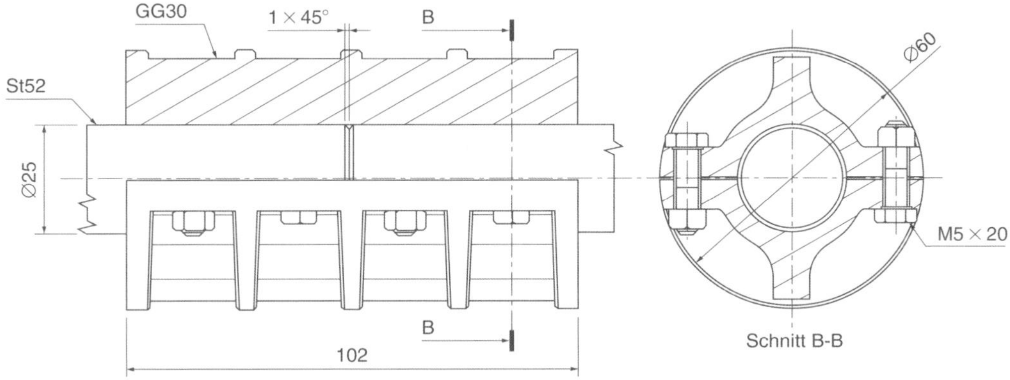

a) Welches maximale Moment kann übertragen werden, wenn die Verbindung nach der zulässigen Flächenpressung zwischen Welle und Nabe von $p_{zul} = 80$ N/mm² (St/GG) dimensioniert wird?

b) Welches maximale Moment kann übertragen werden, wenn die Verbindung nach der zulässigen Vorspannkraft der Schrauben (M5, Schraubengüte 8.8) mit $F_{Vmax} = 7{,}2$ kN dimensioniert wird?

c) Kreuzen Sie in der folgenden Rubrik an, welche Maßnahme zur Erhöhung des übertragbaren Momentes sinnvoll ist.

	ja	nein
Verwendung von Schrauben höherer Festigkeit		
Verwendung einer Nabe höherer Festigkeit		
Verwendung von Schrauben größeren Durchmessers		
Erhöhung der Schraubenanzahl		
Verwendung einer Welle höherer Festigkeit		

A.6.5 Metallfaltenbalgkupplung

Die unten dargestellte Metallfaltenbalgkupplung ist eine nicht-schaltbare Kupplung, die zwei Wellenenden verbindet und dabei Radial-, Axial- und Winkelversatz der beiden Wellen ausgleicht. Sie setzt sich aus zwei hintereinandergeschalteten radialen Klemmverbindungen zusammen: Das Moment wird von der linken Welle auf die linke Kupplungsnabe übertragen, von dort über den Metallfaltenbalg auf die rechte Kupplungsnabe übergeleitet und schließlich auf die rechte Welle abgestützt. Die Kupplung ist aufgrund ihrer Konstruktion sehr torsionssteif, so dass die Drehbewegung winkelgetreu übertragen wird. Wesentlicher Bestandteil der Kupplung sind zwei identische, hintereinander geschaltete Wellen-Nabe-Verbindungen als radialer Klemmverband mit einer axialen Erstreckung von jeweils 28 mm. Aufgrund der konstruktiven Ausführung kann eine biegesteife Nabe angenommen werden. Zwischen Welle und Nabe liegt ein Reibwert $\mu = 0{,}08$ vor.

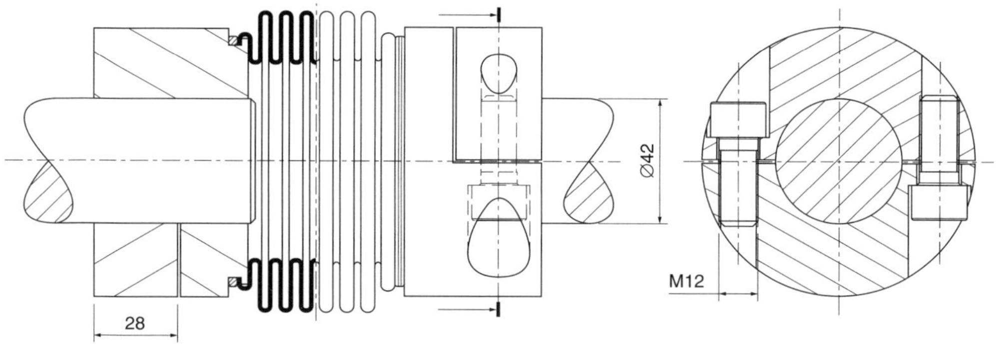

a) Die Schrauben werden in der Schraubengüte 10.9 ausgeführt. Mit welcher maximalen Vorspannkraft können die Schrauben belastet werden, wenn sowohl die Zugspannung als auch die durch das Anziehen bedingte Torsion berücksichtigt werden, wobei im Gewinde der Reibwert $\mu = 0{,}12$ angenommen werden kann.

b) Welches maximale Kupplungsmoment kann übertragen werden, wenn die Verbindung nach der zulässigen Vorspannkraft der Schrauben dimensioniert wird?

c) Welche Flächenpressung tritt dann zwischen Welle und Nabe auf?

d) Mit welchem Moment müssen die Schrauben angezogen werden, wenn an der Kopfauflage ein Reibwert $\mu = 0{,}12$ angenommen werden kann?

A.6.6 Variation der Ansätze

Die unten dargestellte nicht-schaltbare Kupplung verbindet zwei Wellenenden. Das Moment wird von der linken Welle auf die linke Hälfte der Kupplungsnabe übertragen, von dort auf die rechte Hälfte der Kupplungsnabe übergeleitet und schließlich auf die rechte Welle abgestützt. Wesentlicher Bestandteil der Kupplung sind zwei identische, hintereinander geschaltete Welle-Nabe-Verbindungen als radialer Klemmverband. In einer gegenüberstellenden Betrachtung wird die Kupplung sowohl mit biegesteifer als auch mit biegeweicher Nabe ausgeführt. Zwischen Welle und Nabe liegt ein Reibwert $\mu = 0{,}1$ vor.

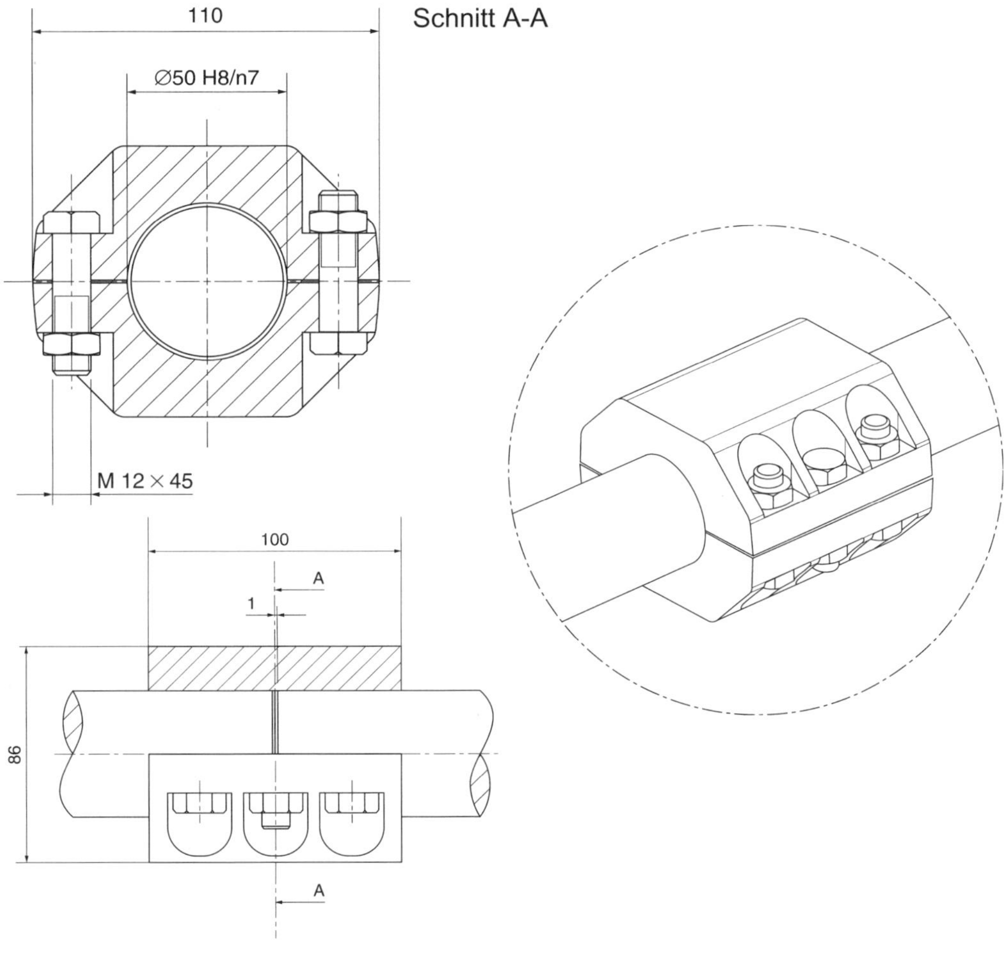

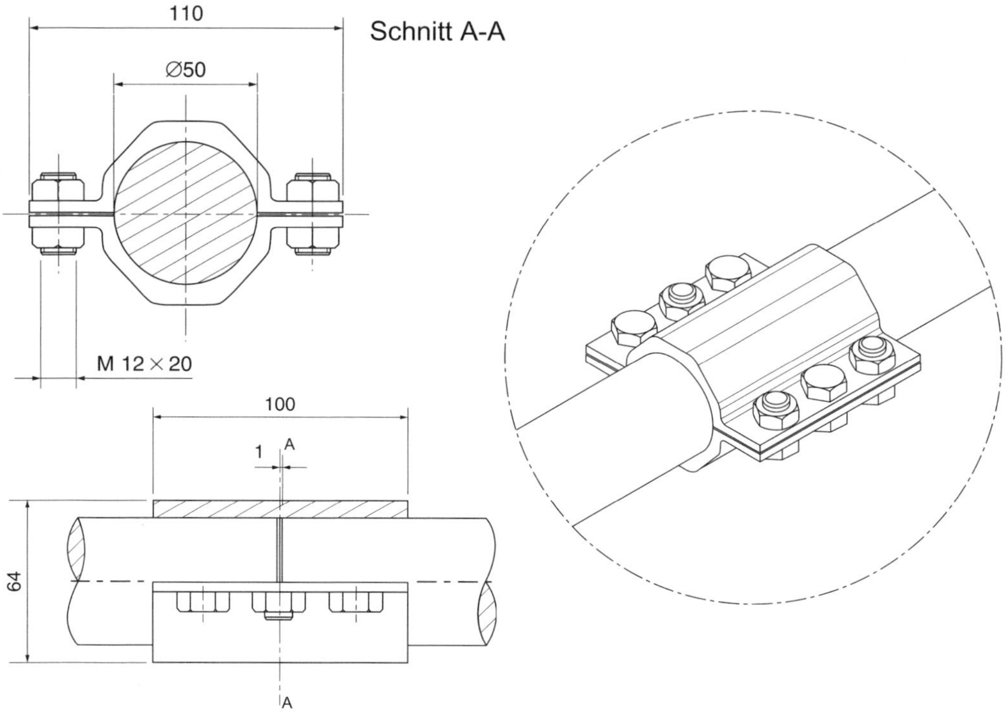

Die folgenden Berechnungen sind sowohl für die Annahme „biegesteife Nabe“ als auch für „biegeweiche Nabe“ anzustellen. Zur Dokumentation der Ergebnisse bedienen Sie sich der untenstehenden Schemata.

a) Dimensionierung nach der **zulässigen Pressung**:

Es wird die Werkstoffpaarung verwendet, die eine Flächenpressung zwischen Welle und Nabe von $p_{zul} = 60$ N/mm² zulässt. Welches Torsionsmoment M_t ist dann übertragbar und mit welcher Vorspannkraft F_V muss die einzelne Schraube dann angezogen werden?

	Annahme „biegesteife Nabe“	Annahme „biegeweiche Nabe“
$p_{max} = p_{zul}$ [N/mm²]	60	60
M_t [Nm]		
F_V [kN]		

b) Dimensionierung nach dem zu **übertragenden Moment**:

Es soll ein Torsionsmoment von M_t = 800 Nm übertragen werden. Mit welcher Vorspannkraft F_V müssen dann die Schrauben angezogen werden? Wie groß ist in diesem Fall die tatsächlich auftretende maximale Pressung p_{max}?

	Annahme „biegesteife Nabe“	Annahme „biegeweiche Nabe“
p_{max} [N/mm²]		
M_t [Nm]	800	800
F_V [kN]		

c) Dimensionierung nach der **maximalen Schraubenvorspannkraft**:

Die Vorspannkraft F_V der einzelnen Schraube ist auf 44 kN (Schraubengüte 8.8) begrenzt. Wie groß ist in diesem Fall die tatsächlich auftretende maximale Pressung p_{max}? Welches Torsionsmoment M_t kann dann übertragen werden?

	Annahme „biegesteife Nabe“	Annahme „biegeweiche Nabe“
p_{max} [N/mm²]		
M_t [Nm]		
$F_V = F_{Vmax}$ [kN]	44	44

A.6.7 Sattelstütze Fahrrad

Die Sattelstütze eines Fahrrades wird in das Rahmenrohr eingeführt und dort durch eine Schraube reibschlüssig fixiert (s. nachfolgende Skizze), wodurch eine längskraftübertragende Welle-Nabe-Verbindung entsteht.

Es kann von folgenden Annahmen ausgegangen werden:

- Das Maximalgewicht des Fahrers sei 100 kg. Die während der Fahrt auftretende Dynamik und sonstige Unwägbarkeiten werden durch einen Sicherheitsfaktor S = 3 berücksichtigt.
- Die Belastung wirkt ausschließlich als Längskraft, weitere Anteile (Biegemoment und Querkraft) können vernachlässigt werden.
- Das Rahmenrohr gilt als geschlitzte, „biegeweiche“ Nabe.
- Der Reibbeiwert für Welle-Nabe-Verbindung, Schraubgewinde und Schraubenkopfauflage wird einheitlich mit $\mu = 0{,}12$ angenommen.
- Die axiale Erstreckung der Welle-Nabe-Verbindung wird für die Dimensionierung mit 20 mm angenommen.

- Die Verbindung wird mit einer normgerechten Schraube M8 fixiert, der für die Kopfreibung maßgebende Radius beträgt $r_k = 5{,}25$ mm.

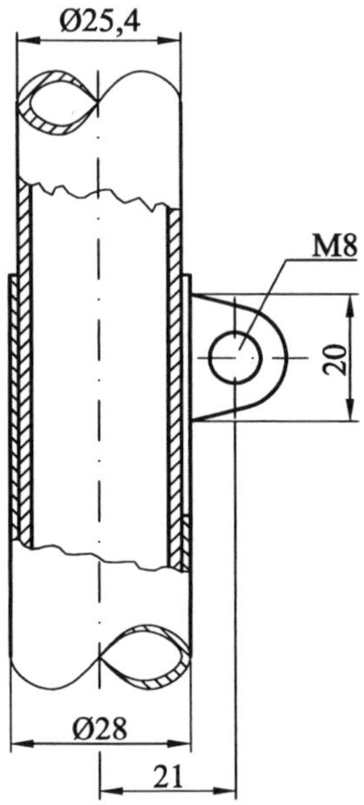

Für die Dimensionierung der Verbindung berechnen Sie bitte die folgenden Werte:

maximale Flächenpressung der Verbindung	[N/mm²]	
Vorspannkraft der Schraube F_{VS}	[N]	
Vergleichsspannung in der Schraube σ_V	[N/mm²]	
Anzugsmoment der Schraube M_{an}	[Nm]	

Kraftschluss: Zylinderpressverband

Erforderliche Mindestpressung

A.6.8 Erforderliche Pressung bei Torsions- und Längskraftbelastung

Ein Zylinderpressverband hat einen Durchmesser von d = 38 mm und eine Fügelänge L = 32 mm. Es kann eine Reibzahl μ = 0,12 angenommen werden.

a) Welche Pressung ist erforderlich, wenn eine Axialkraft F_{ax} = 10 kN übertragen werden soll?
b) Welche Pressung ist erforderlich, wenn ein Torsionsmoment M_t = 500 Nm übertragen werden soll?
c) Welche Pressung ist erforderlich, wenn sowohl die o.a. Axialkraft F_{ax} als auch das Torsionsmoment M_t gleichzeitig übertragen werden sollen?

A.6.9 Erforderlicher Durchmesser bei Torsions- und Längskraftbelastung

Die Flächenpressung einer Querpressverbindung beträgt p = 70 N/mm², der Reibwert μ wird sicherheitshalber mit 0,08 angenommen. Die Pressverbindung soll zugleich ein Torsionsmoment M_t = 820 Nm und eine Axialkraft F_{ax} = 42 kN übertragen. Das Längen/Breiten-Verhältnis der Verbindung beträgt L/d = 0,9.

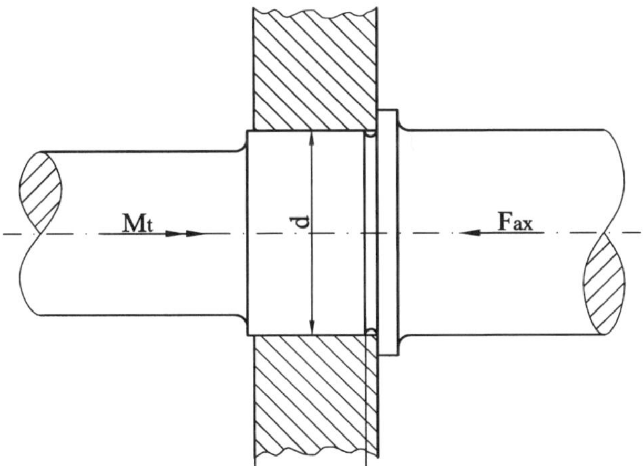

a) Bestimmen Sie den erforderlichen Fügedurchmesser d der Verbindung, wenn die Axialkraft so eingeleitet wird wie in der Skizze dargestellt.
b) Bestimmen Sie den erforderlichen Fügedurchmesser d der Verbindung, wenn die Axialkraft in umgekehrter Richtung eingeleitet wird. Hinweis: Die Berechnung vereinfacht sich, wenn Sie iterativ vorgehen.

Berücksichtigung der Festigkeiten und elastischen Verformungen

A.6.10 Torsionsbelastung

Gegeben ist ein Querpressverband mit einem Fügedurchmesser von 42 mm und einem Länge/Breiten-Verhältnis $L/d = 0{,}8$. Welle und Nabe bestehen aus Stahl. Der Außendurchmesser der Nabe beträgt 58 mm, die Welle ist eine Vollwelle. Die zulässige Spannung in Welle und Nabe beträgt σ_{zul} = 550 N/mm². Es soll ein Moment von 300 Nm übertragen werden. Der Reibwert μ kann mit 0,1 angenommen werden.

a) Welche minimale Pressung p_{min} ist erforderlich, um das Moment sicher zu übertragen?
b) Welche maximale Pressung p_{max} kann der Querpressverband maximal ertragen?
c) Ist p_{min} tatsächlich kleiner als p_{max}?
d) Wie groß sind das minimale und das maximale Übermaß U_{min} und U_{max}?
e) Die Nabe ist mit H7 gebohrt. Geben Sie eine geeignete Wellenpassung an!
f) Die Umgebungstemperatur beträgt 20 °C. Zum thermischen Fügen wird die Welle auf eine Temperatur von –130 °C abgekühlt. Auf welche Temperatur muss die Nabe erhitzt werden, um ein einwandfreies Fügen zu gewährleisten?

A.6.11 Graugussnabe

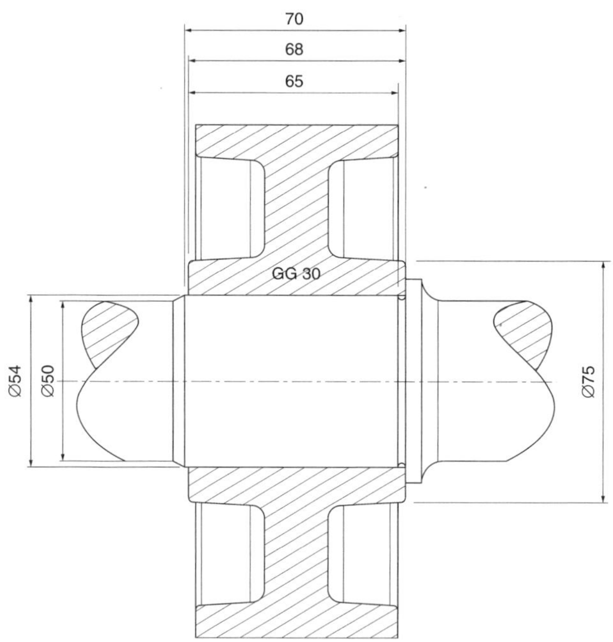

Die nebenstehende Welle-Nabe-Verbindung weist einen Reibwert von 0,08 auf und ist mit folgenden Werkstoffen ausgestattet:

	Welle	Nabe
E [N/mm²]	$2{,}1 \cdot 10^5$	$1{,}25 \cdot 10^5$
ν	0,30	0,28
Toleranz	10 μm	H6

Während die Nabe mit H6 gebohrt ist, kann die Welle unabhängig von Normpassungen mit einer Genauigkeit von 10 μm bearbeitet werden.

Die Umgebungstemperatur beträgt 20 °C.

Es stehen zwei Nabenwerkstoffe zur Verfügung, die mit einer zulässigen Spannung von σ_{zulN} = 150 bzw. 100 N/mm² belastet werden dürfen. Berechnen Sie das jeweils übertragbare Torsionsmoment und die erforderliche Fügetemperatur der Nabe. Ermitteln Sie dazu zunächst die unten aufgeführten Kenndaten.

zulässige Spannung des Nabenwerkstoffs σ_{zulN}	N/mm²	150	100
Gesamtnachgiebigkeit $1/c_{ges}$	$\frac{\mu m}{N/mm^2}$		
maximales Übermaß U_{max}	µm		
minimales Übermaß U_{min}	µm		
maximale Pressung p_{max}	N/mm²		
minimale Pressung p_{min}	N/mm²		
maximal übertragbares Torsionsmoment M_{tmax}	Nm		
Fügeübermaß U_{therm}	µm		
Erwärmungstemperatur der Nabe	°C		

A.6.12 Maximaler Bohrungsdurchmesser Hohlwelle

Gegeben ist ein Querpressverband mit dem Fügedurchmesser 100 mm, bei dem Welle und Nabe aus dem gleichen Stahl bestehen. Die Nabe hat einen Außendurchmesser von 120 mm.

Um die Verbindung möglichst elastisch zu gestalten und damit eine möglichst grobe Fertigungstoleranz zu erlauben, soll die Welle hohl gebohrt werden. Wie groß darf der Bohrungsdurchmesser der Welle maximal sein, wenn die Hohlwelle die gleiche Beanspruchung erfahren darf wie die Nabe?

A.6.13 Torsionsmoment und Längskraft

Gegeben ist ein Querpressverband mit einem Nenndurchmesser von 46 mm und einer Länge von 50 mm. Welle und Nabe bestehen aus Stahl. Der Außendurchmesser der Nabe beträgt 64 mm, die Welle ist eine Vollwelle. Die zulässige Spannung in Welle und Nabe beträgt σ_{zul} = 680 N/mm². Es soll ein Moment von 230 Nm und gleichzeitig eine Axialkraft von 5360 N übertragen werden. Der Reibwert µ kann mit 0,12 angenommen werden.

a) Welche minimale Pressung p_{min} ist erforderlich, um das Moment und die Axialkraft sicher zu übertragen?
b) Welche maximale Pressung p_{max} kann der Querpressverband aufnehmen?
c) Wie groß sind das minimale und das maximale Übermaß U_{min} und U_{max}?
d) Die Nabe ist mit H7 gebohrt. Geben Sie eine geeignete Wellenpassung an!
e) Die Umgebungstemperatur beträgt 20 °C. Auf welche Temperatur muss die Nabe erwärmt werden, um ein einwandfreies Fügen zu gewährleisten?
f) Darf der Wellenwerkstoff geschwächt werden, ohne dass die übertragbare Belastung darunter leidet? Berechnen Sie ggf. einen neuen Werkstoffkennwert σ_{zulW}!
g) Darf der Nabenwerkstoff geschwächt werden, ohne dass die übertragbare Belastung darunter leidet? Berechnen Sie ggf. einen neuen Werkstoffkennwert σ_{zulN}!

A.6.14 Variation von Werkstoff- und Konstruktionsparametern

Gegeben ist ein Querpressverband mit einem Fügedurchmesser von 36 mm und einem Länge/Breiten-Verhältnis L/d = 1,2. Welle und Nabe bestehen aus Stahl. Der Außendurchmesser der Nabe beträgt 44 mm, die Welle ist mit 20 mm hohlgebohrt. Die zulässige Spannung der Welle beträgt σ_{zulW} = 460 N/mm², die zulässige Spannung der Nabe beträgt σ_{zulN} = 420 N/mm². Es soll ein Moment von 180 Nm übertragen werden. Der Reibwert μ kann mit 0,1 angenommen werden.

a) Welche minimale Pressung p_{min} ist erforderlich, um das Moment sicher zu übertragen?
b) Welche maximale Pressung p_{max} kann der Querpressverband aufnehmen?
c) Wie groß sind das minimale Übermaß U_{min} und das maximale Übermaß U_{max}?
d) Die Nabe ist mit H7 gebohrt. Geben Sie eine geeignete genormte Wellenpassung an!
e) Die Umgebungstemperatur beträgt 20 °C. Zum thermischen Fügen wird die Nabe auf 350 °C erwärmt. Auf welche Temperatur muss die Welle abgekühlt werden, um ein einwandfreies Fügen zu ermöglichen?
f) Für das oben angeführte Beispiel werden die nachstehenden Konstruktionsparameter variiert und deren Auswirkungen auf das übertragbare Moment tendenziell abgeschätzt. Bei der Änderung eines jeden einzelnen Parameters wird vorausgesetzt, dass das fertigungstechnisch bedingte Toleranzfeld in seiner Größe zwar nicht verändert wird, in seiner Lage jedoch optimal angepasst wird. Hinweise: Die Bearbeitung dieser Aufgabe wird wesentlich erleichtert, wenn das Verspannungsschaubild skizziert wird.

	Das übertragbare Moment		
	wird kleiner	ändert sich nicht	wird größer
Die Festigkeit des Wellenwerkstoffs wird erhöht			
Die Festigkeit des Nabenwerkstoffs wird erhöht			
Der Welleninnendurchmesser wird verkleinert			
Der Nabenaußendurchmesser wird vergrößert			
Der Elastizitätsmodul der Nabe wird verringert			

A.6.15 Variation der Passung I

Es wird ein Zylinderpressverband mit einem Durchmesser von 46 mm und einer Breite von 38 mm betrachtet. Bei der Welle handelt es sich um eine Vollwelle und der Außendurchmesser der Nabe beträgt 62 mm. Sowohl Welle als auch Nabe sind aus Stahl, der Reibwert beträgt μ = 0,14. In der folgenden Gegenüberstellung kann angenommen werden, dass alle Verformungen ungeachtet der auftretenden Spannungen elastisch sind.

Es werden die unten aufgeführten Passungen verwendet, wobei stets vom System Einheitsbohrung ausgegangen wird. Nach rechts hin wird die Vorspannung erhöht und nach unten wird die Toleranzklasse gesteigert.

Ermitteln Sie zunächst das minimale Übermaß U_{min}, das maximale Übermaß U_{max}, dann die Vergleichsspannung in der Nabe σ_{VN} und in der Welle σ_{VW} und berechnen Sie schließlich das übertragbare Moment M_{tmax}!

H7/s7	**H7/u7**	**H7/x7**
U_{min} [µm] =	U_{min} [µm] =	U_{min} [µm] =
U_{max} [µm] =	U_{max} [µm] =	U_{max} [µm] =
p_{min} [N/mm²] =	p_{min} [N/mm²] =	p_{min} [N/mm²] =
p_{max} [N/mm²] =	p_{max} [N/mm²] =	p_{max} [N/mm²] =
σ_{VN} [N/mm²] =	σ_{VN} [N/mm²] =	σ_{VN} [N/mm²] =
σ_{VW} [N/mm²] =	σ_{VW} [N/mm²] =	σ_{VW} [N/mm²] =
M_{tmax} [Nm] =	M_{tmax} [Nm] =	M_{tmax} [Nm] =
H6/s6	**H6/u6**	**H6/x6**
U_{min} [µm] =	U_{min} [µm] =	U_{min} [µm] =
U_{max} [µm] =	U_{max} [µm] =	U_{max} [µm] =
p_{min} [N/mm²] =	p_{min} [N/mm²] =	p_{min} [N/mm²] =
p_{max} [N/mm²] =	p_{max} [N/mm²] =	p_{max} [N/mm²] =
σ_{VN} [N/mm²] =	σ_{VN} [N/mm²] =	σ_{VN} [N/mm²] =
σ_{VW} [N/mm²] =	σ_{VW} [N/mm²] =	σ_{VW} [N/mm²] =
M_{tmax} [Nm] =	M_{tmax} [Nm] =	M_{tmax} [Nm] =
H5/s5	**H5/u5**	**H5/x5**
U_{min} [µm] =	U_{min} [µm] =	U_{min} [µm] =
U_{max} [µm] =	U_{max} [µm] =	U_{max} [µm] =
p_{min} [N/mm²] =	p_{min} [N/mm²] =	p_{min} [N/mm²] =
p_{max} [N/mm²] =	p_{max} [N/mm²] =	p_{max} [N/mm²] =
σ_{VN} [N/mm²] =	σ_{VN} [N/mm²] =	σ_{VN} [N/mm²] =
σ_{VW} [N/mm²] =	σ_{VW} [N/mm²] =	σ_{VW} [N/mm²] =
M_{tmax} [Nm] =	M_{tmax} [Nm] =	M_{tmax} [Nm] =

A.6.16 Variation der Passung II

Der Durchmesser eines Zylinderpressverbandes beträgt 24 mm, seine Breite 20 mm. Bei der Stahlwelle handelt es sich um eine Vollwelle und der Außendurchmesser der Stahlnabe beträgt 30 mm, der Reibwert kann mit $\mu = 0{,}12$ angenommen werden.

Es werden die unten aufgeführten Passungen verwendet, wobei stets vom System Einheitsbohrung ausgegangen wird. Nach rechts hin wird die Vorspannung erhöht und nach unten wird die Toleranzklasse gesteigert.

- Ermitteln Sie zunächst das minimale Übermaß U_{min}, das maximale Übermaß U_{max}. Sowohl der Wellen- als auch der Nabenwerkstoff dürfen bis zu einer Vergleichsspannung von 560 N/mm² belastet werden.
- Geben Sie die Sicherheit an, die sich als Quotient dieser Spannung durch die beim Fügen tatsächlich aufgebrachte Vergleichsspannung ergibt.
- Ist diese Sicherheit größer als der Wert 1, so berechnen Sie das übertragbare Moment M_{tmax}!
- Die Welle wird mit flüssiger Luft auf –190 °C abgekühlt. Ermitteln Sie, auf welche Temperaturdifferenz ϑ die Nabe erwärmt werden muss, um ein einwandfreies Fügen zu ermöglichen.

H7/s7 U_{min} [µm] = U_{max} [µm] = $S = \sigma_{zul} / \sigma_{Vtats}$ = M_{tmax} [Nm] = ϑ_N[°C] =	**H7/u7** U_{min} [µm] = U_{max} [µm] = $S = \sigma_{zul} / \sigma_{Vtats}$ = M_{tmax} [Nm] = ϑ_N [°C] =	**H7/x7** U_{min} [µm] = U_{max} [µm] = $S = \sigma_{zul} / \sigma_{Vtats}$ = M_{tmax} [Nm] = ϑ_N [°C] =
H6/s6 U_{min} [µm] = U_{max} [µm] = $S = \sigma_{zul} / \sigma_{Vtats}$ = M_{tmax} [Nm] = ϑ_N [°C] =	**H6/u6** U_{min} [µm] = U_{max} [µm] = $S = \sigma_{zul} / \sigma_{Vtats}$ = M_{tmax} [Nm] = ϑ_N [°C] =	**H6/x6** U_{min} [µm] = U_{max} [µm] = $S = \sigma_{zul} / \sigma_{Vtats}$ = M_{tmax} [Nm] = ϑ_N [°C] =
H5/s5 U_{min} [µm] = U_{max} [µm] = $S = \sigma_{zul} / \sigma_{Vtats}$ = M_{tmax} [Nm] = ϑ_N [°C] =	**H5/u5** U_{min} [µm] = U_{max} [µm] = $S = \sigma_{zul} / \sigma_{Vtats}$ = M_{tmax} [Nm] = ϑ_N [°C] =	**H5/x5** U_{min} [µm] = U_{max} [µm] = $S = \sigma_{zul} / \sigma_{Vtats}$ = M_{tmax} [Nm] = ϑ_N [°C] =

A.6.17 Aufpresskraft Wälzlagerringe

Ein Kugellager soll entsprechend der Skizze montiert werden. Der Reibwert kann mit μ = 0,12 angenommen werden.

$\varnothing\ 60_{k6}$: 60,002 ... 60,021

$\varnothing\ 110^{J7}$: 109,987 ... 110,022

Lageraußenring: $\varnothing\ 110^{\ 0}_{-0.015}$

Lagerinnenring: $\varnothing\ 60^{\ 0}_{-0.015}$

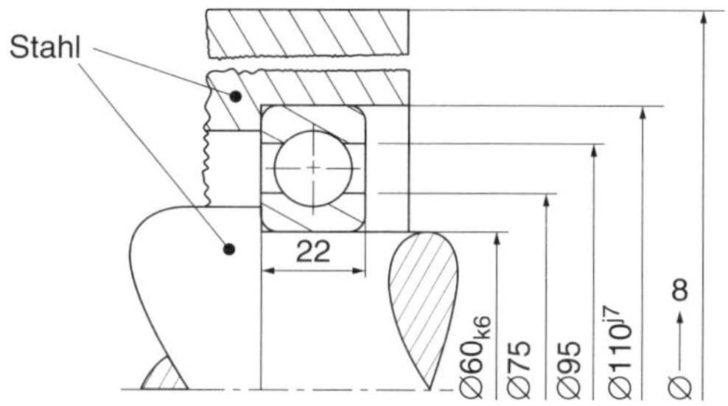

Welche Kraft ist erforderlich, um den Innen- bzw. der Außenring axial aufzupressen? Dabei kann angenommen werden, dass im Kugellager selber ein geringfügiges Spiel auftritt, also von den Kugeln keine Kräfte ausgehen, die den Montagevorgang beeinflussen. Das folgende Schema dient der groben Orientierung bei der Dokumentierung der Zwischenergebnisse.

		Innenring – Welle	Außenring – Gehäuse
minimales Übermaß	μm		
maximales Übermaß	μm		
c_{ges}	N/mm²/ μm		
minimale Pressung	N/mm²		
maximale Pressung	N/mm²		
minimale axiale Aufpresskraft	N		
maximale axiale Aufpresskraft	N		

A.6.18 Korken im Flaschenhals

In einem Flaschenhals von 17,5 mm Innendurchmesser steckt ein 40 mm langer Korken, der vor der Montage einen Außendurchmesser von 18,5 mm hatte. Die Verformungseigenschaften von Kork können modellhaft mit einem Elastizitätsmodul von 4 N/mm² und einer Querkontraktionszahl von 0,2 beschrieben werden. Die Verformung des Korkens sei rein elastisch, während die Verformungen des Flaschenhalses so gering sind, dass sie vernachlässigt werden können. Kork weist gegenüber Glas einen Reibwert von 0,5 auf.

a) Wie groß ist die Kraft F_{ax}, die man mit dem Korkenzieher aufbringen muss, um den Korken aus der Flasche zu ziehen?

F_{ax} [N]	

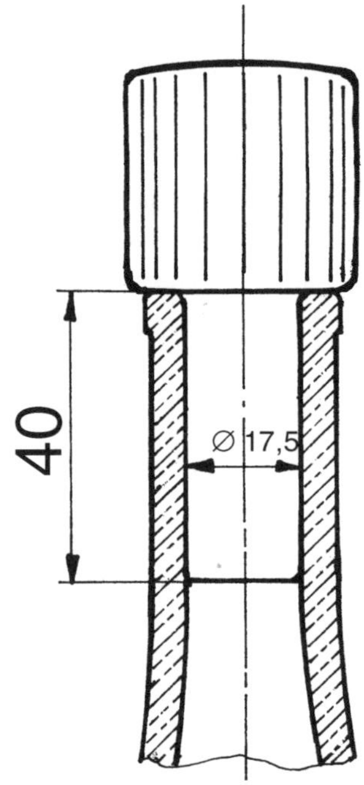

b) Da es sich beim Inhalt der Flasche um Schaumwein handelt, soll versucht werden, das Entfernen des Korkens durch kräftiges Schütteln der Flasche zu erleichtern. Auf welchen Betrag müsste man den Innendruck der Flasche steigern, damit der Korken ohne weitere Einwirkung aus der Flasche schießt?

p [bar]	

c) Trotz aller Bemühungen wird nur ein Innendruck von 6 bar erreicht. Welches Drehmoment muss dann zusätzlich am Korken angesetzt werden, um die Flasche zu öffnen?

M [Nm]	

d) Welcher Schubspannung wäre der Korken dann ausgesetzt?

τ [N/mm²]	

Kraftschluss: Hydraulische Spannbuchse

A.6.19 Hydraulische Spannbuchse

Die nachfolgend abgebildete hydraulisch wirkende Spannbuchse ist zu dimensionieren:

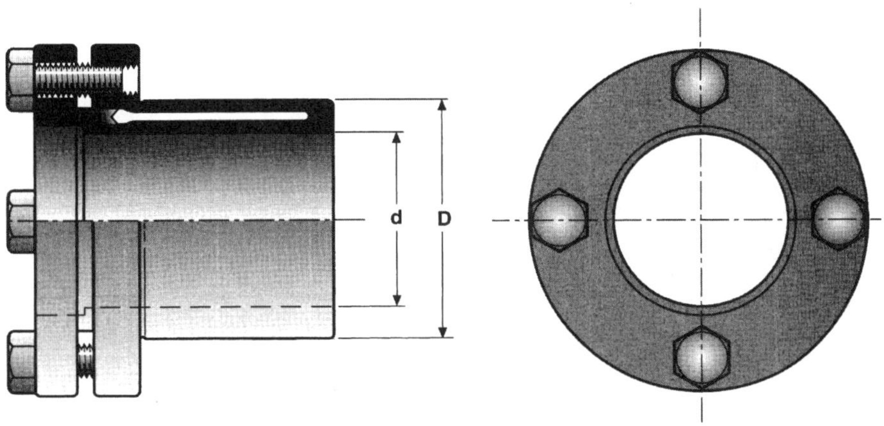

- Die Welle hat einen Außendurchmesser d = 65 mm und ist mit 52 mm hohlgebohrt. Sie besteht aus einem Stahlwerkstoff, der mit einer Druckspannung σ_{dzul} = 320 N/mm² belastet werden kann.
- Die Nabe hat einen Innendurchmesser von D = 84 mm und einen Außendurchmesser von 100 mm und darf mit einer Zugspannung σ_{Zzul} = 280 N/mm² belastet werden.
- Der Zwischenraum zwischen Welle und Nabe ist mit einer hydraulisch wirkenden Spannbuchse ausgefüllt. Die nutzbare pressungsübertragende Länge beträgt 68 mm und der Reibwert μ kann mit 0,12 angenommen werden.

a) Welcher Druck p_{SB} muss mit der Spannbuchse aufgebracht werden, wenn einerseits mit der Verbindung das maximal mögliche Moment übertragen werden soll, andererseits aber weder die Welle noch die Nabe über die oben angegebenen Werte belastet werden dürfen. Dabei kann angenommen werden kann, dass die Nachgiebigkeit der Spannbuchse diesem Druck keinen nennenswerten Widerstand entgegensetzt.

p_{SB}	[N/mm²]	

b) Mit Ringkolben und Schrauben wird der Druck p_{SB} aufgebracht. Wie groß ist das maximale Torsionsmoment M_{tmax}, welches mit dieser Verbindung übertragen werden kann?

M_{tmax}	[Nm]	

c) Mit Ringkolben und Schrauben wird der Druck p_{SB} aufgebracht. Wie groß ist die maximal übertragbare Axialkraft F_{ax}, welche mit dieser Verbindung übertragen werden kann?

F_{ax}	[N]	

d) Die Momenten- bzw. Axialkraftübertragbarkeit der Verbindung soll erhöht werden. Kreuzen Sie an, ob die aufgeführten Maßnahmen dazu ausgenutzt werden können.

	Maßnahme wirksam	Maßnahme **un**wirksam
Verringerung des Bohrungsdurchmessers der Welle		
Vergrößerung des Außendurchmessers der Nabe		
Steigerung der Festigkeit des Wellenwerkstoffes		
Steigerung der Festigkeit des Nabenwerkstoffes		
Vergrößerung der Fügelänge		

Kraftschluss: Kegelpressverband

A.6.20 Übertragbares Moment und Einpresskraft

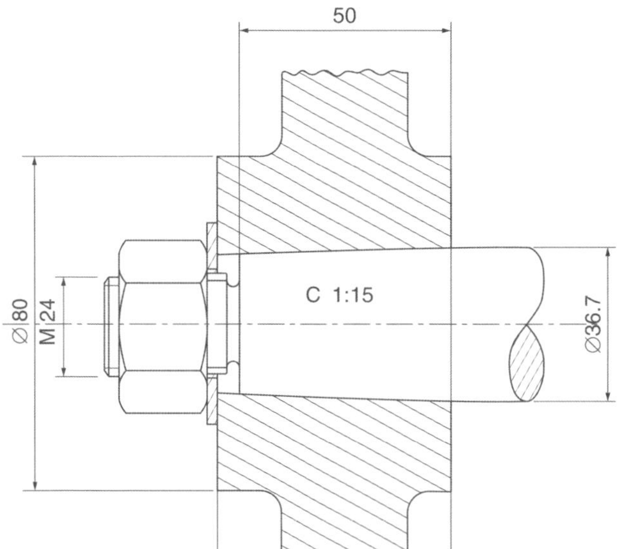

Der nebenstehende Kegelpressverband darf mit einer Flächenpressung von 80 N/mm² belastet werden.

Sowohl in der Trennfuge als auch im Schraubengewinde liegt ein Reibwert von 0,1 vor.

Das Kopfreibungsmoment an der Schraube ist so groß wie das Gewindemoment beim Anziehen.

Welches maximale Torsionsmoment ist übertragbar?	M_{tmax} [Nm] =
Wie groß ist die axiale Kraft, die zur Montage der Verbindung aufgebracht werden muss?	F_{axanz} [N] =
Wie groß ist die axiale Kraft, die zum Lösen der Verbindung aufgebracht werden muss?	$F_{axlös}$ [N] =
Wie groß ist die Vergleichsspannung in der Nabe der Verbindung?	σ_{VN} [N/mm²] =
Wie groß ist das Schraubenmoment bei der Montage der Verbindung?	M_{anz} [Nm] =
Das Schraubenmoment beim Anziehen kann auf jeden Fall an der Welle abgestützt werden. Ist es auch möglich, dieses Moment durch Blockieren der Nabe abzustützen?	O ja O nein

A.6.21 Berücksichtigung der Nabenfestigkeit

Eine Kegelpressverbindung mit der Steigung 1:10 soll ein Moment von 80 Nm übertragen. Der mittlere Durchmesser d_m soll so groß sein wie die Länge L des Verbandes. Der Reibwert kann zu $\mu = 0{,}08$ angenommen werden. Der Werkstoff der Nabe kann mit einer Pressung von $p = 80$ N/mm² und einer Vergleichsspannung von $\sigma_{Nzul} = 300$ N/mm² belastet werden.

a) Wie groß muss der mittlere Durchmesser des Kegelsitzes d_m mindestens sein?

d_m [mm] =

b) Wie groß ist die Einpress- bzw. Lösekraft der Verbindung?

F_{axanz} [N] =	$F_{axlös}$ [N] =

c) Wie groß muss der Außendurchmesser der Nabe d_{aN} mindestens gewählt werden?

d_{aN} [mm] =

A.6.22 Gegenüberstellung der Festigkeitskriterien

Gegeben ist ein Kegelpressverband mit der Steigung 1:10, bei dem sowohl der mittlere Wellendurchmesser als auch die axiale Erstreckung der Kontaktfläche 24 mm betragen. Die Nabe misst im Außendurchmesser 32 mm. Der Reibwert beträgt 0,12.

Diese Konstruktion soll für vier verschiedene Anwendungsfälle dimensioniert werden, die jeweils durch verschiedene Kriterien begrenzt sind:

- Anwendungsfall I ist durch eine maximale Pressung an der Kegelmantelfläche von 80 N/mm² begrenzt.

- Im Anwendungsfall II sollen 250 Nm übertragen werden.
- Im Anwendungsfall III kann die Schraube eine maximale Axialkraft von 25 kN aufbringen.
- Anwendungsfall IV lässt im Nabenwerkstoff eine Vergleichsspannung von 450 N/mm² zu.

Ermitteln Sie für jeden der vier Anwendungsfälle die jeweils anderen Daten.

		I	II	III	IV
p	[N/mm²]	80			
M_{tmax}	[Nm]		250		
F_{ax}	[N]			25.000	
σ_V	[N/mm²]				450

A.6.23 Variation der Kegelsteigung

Ein Kegelpressverband mit einem mittleren Wellendurchmesser von 64 mm und einer axialen Erstreckung der Kontaktfläche von 72 mm soll ein Moment von 1800 Nm übertragen. Die Nabe misst im Außendurchmesser 78 mm und der Reibwert beträgt 0,1.

Notieren Sie zunächst für die vier unten angegebenen Kegelsteigungen die Steigungswinkel $\alpha/2$ und entscheiden Sie, ob Selbsthemmung vorliegt oder nicht oder ob sich der Kegelpressverband an der Grenze der Selbsthemmung befindet.

Berechnen Sie die sich an der Kegelmantelfläche einstellende Pressung p und die Vergleichsspannung in der Nabe σ_V. Weiterhin sollen die Axialkräfte für Anziehen $F_{ax\ anz}$ und Lösen $F_{ax\ lös}$ jeweils vorzeichenrichtig (positiv für Aufpressrichtung und negativ für Abziehrichtung) dokumentiert werden.

		C = 1 : 2,5	C = 1 : 4	C = 1 : 5	C = 1 : 10
$\alpha/2$	[°]				
Selbsthemmung?		O ja O Grenze O nein	O ja O Grenze O nein	O ja O Grenze O nein	O ja O Grenze O nein
P	[N/mm²]				
σ_V	[N/mm²]				
$F_{ax\ anz}$	[N]				
$F_{ax\ lös}$	[N]				

A.6.24 Ringfederspannelement I

Ein Ringfederspannelement mit Innendurchmesser d = 12 mm und Außendurchmesser D = 15 mm weist eine axiale Erstreckung von 4,5 mm auf. Der Neigungswinkel an der schiefen Ebene beträgt $\alpha/2 = 16°42'$, der Reibwert kann mit $\mu = 0{,}12$ angenommen werden. Die Nabe misst am Außendurchmesser 20 mm und ihr Werkstoff darf mit $\sigma_{zul} = 410$ N/mm² belastet werden. Die Ringfederspannelemente sind geschlitzt, so dass der Widerstand gegenüber radialer und tangentialer Aufweitung der Spannelemente vernachlässigt werden kann.

a) Welche Pressung p_{iN} kann maximal zwischen Ringfederspannelement und Nabe aufgebracht werden?

b) Welche Pressung p_{aW} ergibt sich daraufhin zwischen dem Ringfederspannelement und der Welle?

c) Wie groß ist das dabei übertragbare Torsionsmoment $M_{einzeln}$ des einzelnen Ringfederspannelementes?

d) Wie hoch muss die Axialkraft F_{ax1} sein, um diesen Verspannungszustand zu erzielen?

e) Es werden insgesamt 3 Ringfederspannelemente montiert. Wie groß ist das insgesamt übertragbare Torsionsmoment M_{ges}?

A.6.25 Ringfederspannelement II

Ein Ringfederspannelement hat den Innendurchmesser d = 28 mm und den Außendurchmesser D = 32 mm und eine axiale Erstreckung von 6,3 mm. Der Neigungswinkel an der schiefen Ebene beträgt $\alpha/2 = 16°42'$, der Reibwert kann mit 0,12 angenommen werden. Mit der Verbindung sollen insgesamt 120 Nm übertragen werden. Die axiale Vorspannkraft ist auf 25.200 N begrenzt. Der Nabenwerkstoff darf mit σ_{zul} = 460 N/mm² belastet werden. Die Ringfederelemente sind geschlitzt, so dass der Widerstand gegenüber radialer und tangentialer Aufweitung der Spannelemente vernachlässigt werden kann.

a) Welche Pressung p_{aW} kann mit dieser Vorspannkraft im ersten Ringfederelement aufgebracht werden?

b) Welches Torsionsmoment $M_{einzeln}$ kann mit einem einzelnen Ringpaar übertragen werden?

c) Welche Wandstärke c muss die Nabe aufweisen?

d) Wie viele Ringpaare z müssen insgesamt montiert werden?

7 Grundsätzliche Bauformen gleichförmig übersetzender Getriebe

7.1 Anforderungen und Aufgaben (B)

Der Begriff „gleichförmig übersetzende Getriebe" gibt an, dass bei Einleitung einer gleichförmigen Bewegung am Antrieb auch am Abtrieb eine gleichförmige Bewegung vorliegt. Diese Getriebe dienen dazu, eine Leistung zu übertragen und sie dabei in ihren Faktoren Drehmoment und Drehzahl zu wandeln. Die Ergänzung dazu bilden die „ungleichförmig übersetzenden" Getriebe (z.B. Kurbeltriebe), die aber nicht Gegenstand der vorliegenden Betrachtung sind, sondern vielmehr dem Fach „Getriebelehre" zuzuordnen sind.

Die nahezu unüberschaubare Vielfalt der gleichförmig übersetzenden Getriebe verleitet allzu leicht, sich in konstruktive Details und möglicherweise sogar in Nebensächlichkeiten zu verlieren. Es ist deshalb sinnvoll, zunächst eine Betrachtung zu den grundsätzlichen Aufgaben und Anforderungen eines Getriebes in seinem Umfeld anzustellen, ohne dabei schon näher auf seine spezielle Bauform und die konstruktive Ausführung einzugehen. Schließlich kann ein Getriebe nur im Zusammenhang mit seiner antriebstechnischen Umgebung verstanden werden, das Getriebe dient stets als Bindeglied zwischen verschiedenen Gliedern einer Antriebskette. Die folgende Eingangsbetrachtung konzentriert sich auf die globale Funktion solcher Getriebe und soll anhand einiger einfacher Beispiele und Modellvorstellungen den Blick für die wesentlichen Kenngrößen gleichförmig übersetzender Getriebe schärfen. Erst in den folgenden Abschnitten soll das Augenmerk auf die konstruktive Ausführung und die Dimensionierung solcher Getriebe gerichtet werden.

7.1.1 Momentenwandlung (B)

Aus den Grundlagen der Mechanik ist der Begriff des Momentes M als das Produkt aus Kraft F und Hebelarm h (Bild 7.1) bekannt.

$$M = F \cdot h$$

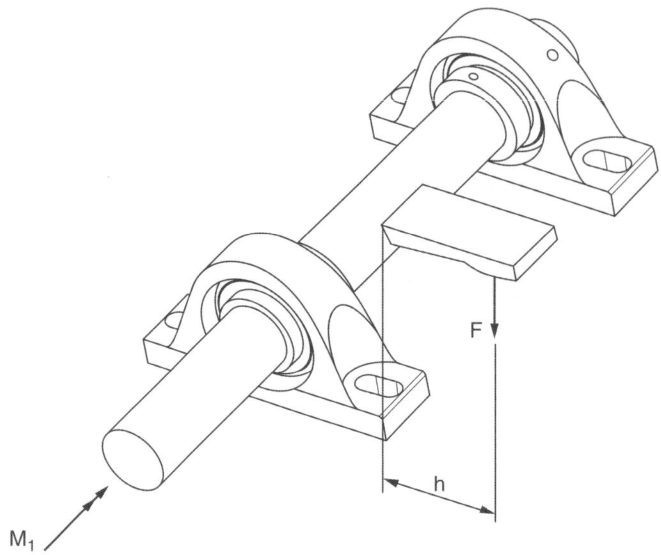

Bild 7.1: Einarmiger Hebel

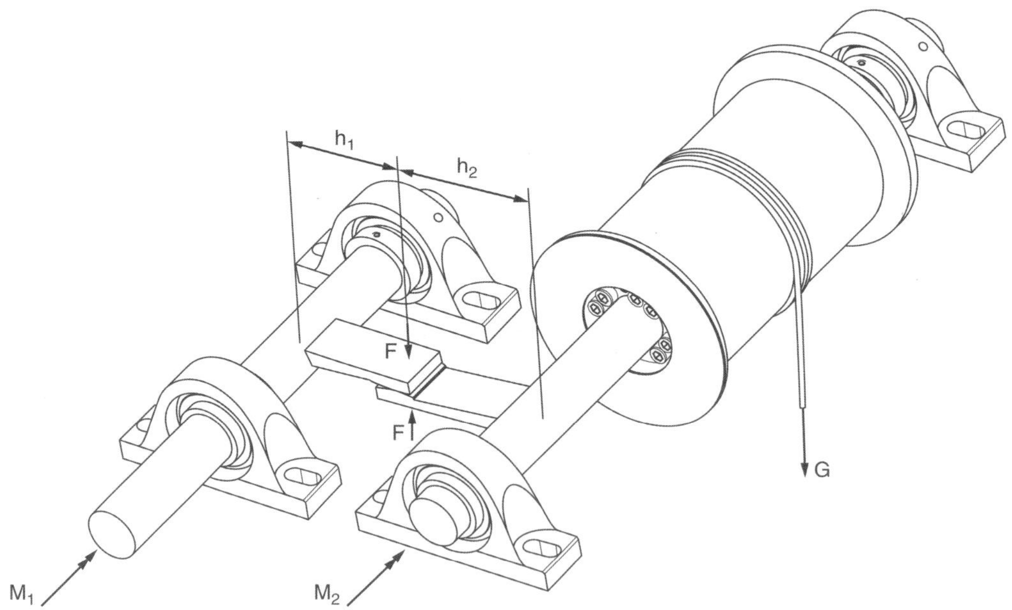

Bild 7.2: Doppelanordnung zweier einarmiger Hebel

Ordnet man den Hebel doppelt an (Bild 7.2), so bewirkt die Kraft F in jeder der beiden Wellen ein im allgemeinen Fall unterschiedliches Moment:

$$M_1 = F \cdot h_1 \qquad \text{und} \qquad M_2 = F \cdot h_2$$

Durch Auflösen der beiden Gleichungen nach F und Gleichsetzen gewinnt man:

$$\frac{M_1}{h_1} = \frac{M_2}{h_2} \qquad \text{bzw.} \qquad M_2 = M_1 \cdot \frac{h_2}{h_1} \qquad \text{Gl. 7.1}$$

Der Quotient h_2 / h_1 wird auch als das „Übersetzungsverhältnis" i bezeichnet:

$$i = \frac{h_2}{h_1} \qquad \Rightarrow \qquad M_2 = M_1 \cdot i \qquad \text{Gl. 7.2}$$

Zum Anheben einer Last wird ein Moment M_2 als Produkt aus Gewichtskraft G und Trommelradius gefordert. Ein gegebenes Moment M_1 lässt sich in dieses geforderte Moment M_2 wandeln, indem man die dazugehörenden Hebelarme h_2 und h_1 in das entsprechende Verhältnis i zueinander setzt. Die in Bild 7.2 skizzierte Anordnung erlaubt zunächst einmal nur eine Kraftübertragung in der dargestellten Hebelstellung. In Erweiterung dazu muss aber ein reales Getriebe in der Lage sein, die Momentenübertragung in jeder beliebigen Stellung der Wellen zu gewährleisten. Dazu werden die Hebel von Bild 7.2 durch Räder mit entsprechenden „Wirkradien" nach Bild 7.3 ersetzt. Die Momentenwandlung findet auch dann statt, wenn das System in Bewegung ist, also die am Seil befindliche Masse auf oder ab bewegt wird, sie vollzieht sich also bei drehenden Rädern. Bei der konstruktiven Ausführung der Räderpaarung muss durch weiter unten noch vorzustellende Maßnahmen sichergestellt werden, dass die Kraft F von einem Rad auf das andere übertragen werden kann.

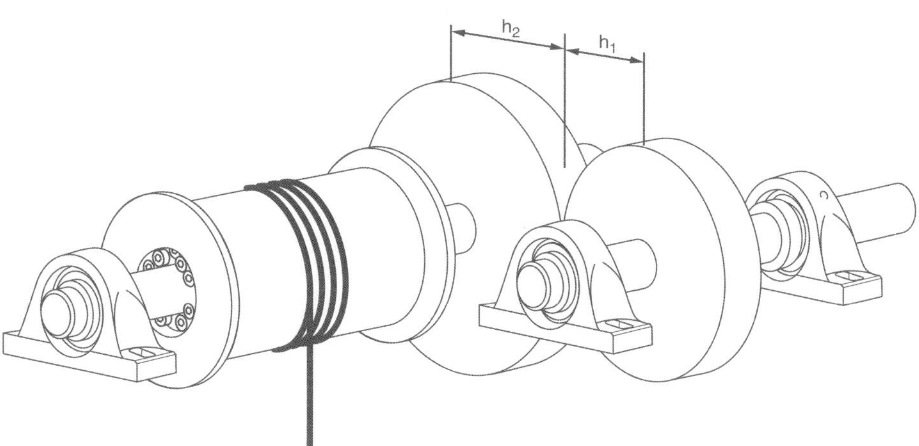

Bild 7.3: Doppelanordnung von Hebeln wird zum Getriebe

Die in Zusammenhang mit Bild 7.2 beobachtete Kraftübertragung von einem auf den anderen Hebel kann auch dann stattfinden, wenn zwischen den beiden Hebeln ein Seil im Sinne der Statik als Zwischenglied angebracht wird (obere Hälfte von Bild 7.4).

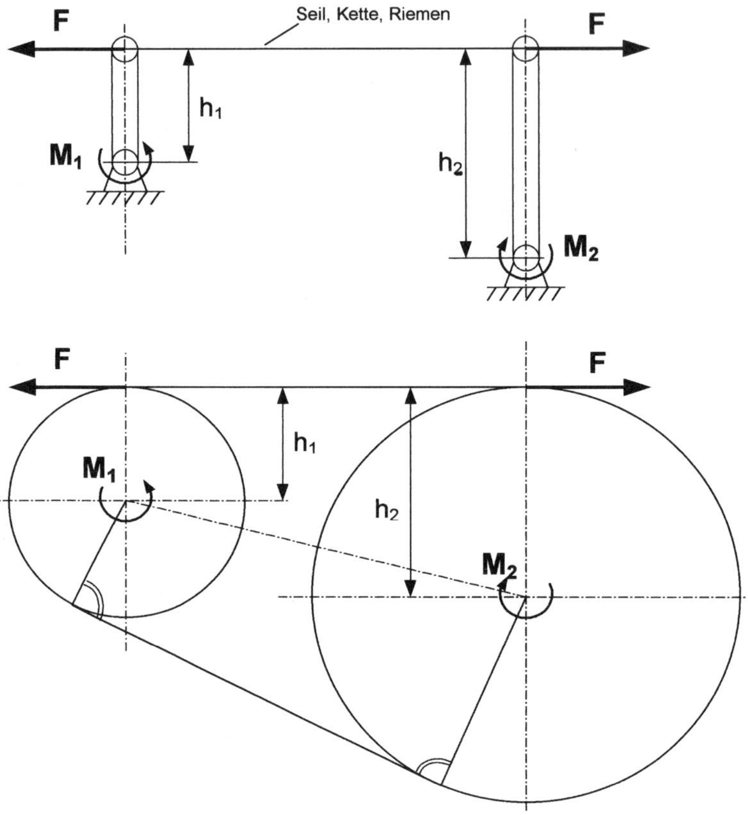

Bild 7.4: Momentenübertragung über Zwischenglied

Auch hier muss die Momentenübertragung in jeder beliebigen Stellung der Wellen wirksam sein. Aus diesem Grunde wird das Zwischenglied endlos ausgeführt und beispielsweise als Seil, Kette oder Riemen über die beiden Räder geschlungen (untere Bildhälfte), wobei auch hier die ursprünglichen Hebelarme h_1 und h_2 zu entsprechenden Wirkradien werden. Die Kraftwirkung des Zugmittels greift dabei immer senkrecht zum Hebelarm bzw. Wirkradius an, weil das Zugorgan aus geometrischen Gründen tangential zum jeweiligen Rad angeordnet sein muss.

7.1.2 Drehzahlwandlung (B)

An den in Bild 7.5 skizzierten Räderpaarungen lässt sich nicht nur das Zusammenspiel von Kräften und Momenten, sondern auch das von Bewegungen und Geschwindigkeiten betrachten. Dabei ist es unerheblich, ob die Räder direkt miteinander gepaart sind (z.B. Zahnrad) oder über ein Zwischenglied (z.B. Kette) miteinander in Verbindung stehen.

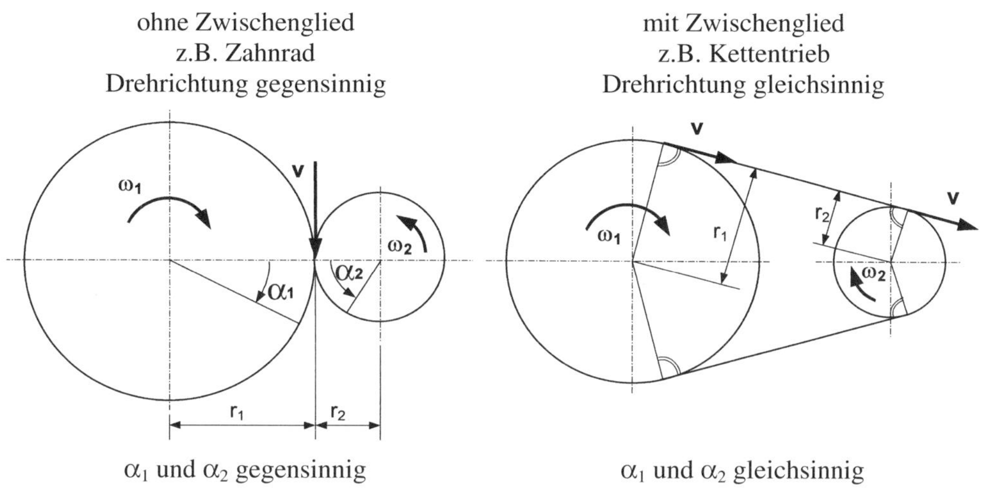

Bild 7.5: Geschwindigkeiten bei Räderpaaren ohne und mit Zwischenglied

Wird das Zahnrad 1 in der linken Darstellung um den Winkel α_1 verdreht, so legt ein Punkt am Umfang des Rades 1 einen entsprechenden Bogenabschnitt zurück. Der gleiche Bogenabschnitt muss bei dieser Drehung jedoch auch am Umfang des Rades 2 überstrichen werden, so dass formuliert werden kann:

$$\alpha_1 \cdot r_1 = \text{Bogenabschnitt} = \alpha_2 \cdot r_2$$

Dabei ist der Winkel α jeweils in Bogenmaß einzusetzen. Diese kinematische Verträglichkeitsbedingung muss auch dann erfüllt sein, wenn die beiden Räder über eine Kette (Bild 7.5, rechts) miteinander in Verbindung stehen. Werden die beiden Winkel zueinander ins Verhältnis gesetzt, so ergibt sich der Kehrwert des Übersetzungsverhältnisses:

$$\frac{\alpha_2}{\alpha_1} = \frac{r_1}{r_2} = \frac{1}{i} \qquad \text{Gl. 7.3}$$

Wird diese Gleichung nach der Zeit abgeleitet, so ergibt sich die gleiche Verhältnismäßigkeit:

$$\frac{\frac{d\alpha_2}{dt}}{\frac{d\alpha_1}{dt}} = \frac{r_1}{r_2} = \frac{1}{i} \qquad \text{Gl. 7.4}$$

Dabei bedeutet der Ausdruck dα/dt die „Winkelgeschwindigkeit" ω, die in Bogenmaß pro Sekunde [1 / s] angegeben wird.

$$\frac{\omega_2}{\omega_1} = \frac{r_1}{r_2} = \frac{1}{i} \qquad \text{Gl. 7.5}$$

Mit einer gegebenen Winkelgeschwindigkeit ω_1 lässt sich also eine weitere Winkelgeschwindigkeit ω_2 hervorrufen, indem man die dazugehörenden Scheibenradien r_1 und r_2 in das entsprechende Verhältnis zueinander setzt. Bei Getrieben ohne Zwischenglied sind die Winkelgeschwindigkeit von An- und Abtrieb gegensinnig, bei Getrieben mit Zwischenglied gleichsinnig. Die am Wirkradius des einen Rades auftretende, tangentiale Geschwindigkeit v ergibt sich als das Produkt aus Winkelgeschwindigkeit ω und Radradius r:

$$v = \omega \cdot r \qquad \text{Gl. 7.6}$$

Die Geschwindigkeit v tritt bei Getrieben mit Zwischenglied als Absolutgeschwindigkeit dieses Zwischengliedes auch tatsächlich in Erscheinung (rechte Hälfte von Bild 7.5). Während die Angabe der Winkelgeschwindigkeit ω mehr für die Physik typisch ist, wird im Maschinenbau häufig die Drehzahl n verwendet. Beide Größen stehen aber in unmittelbarem Zusammenhang:

$$\omega = 2 \cdot \pi \cdot f \qquad f\text{: Drehfrequenz} \qquad \text{Gl. 7.7}$$

Erweitert man diesen Ausdruck durch 1 min/60 s, so ergibt sich eine leicht zu handhabende Größengleichung:

$$\omega\left[\mathrm{s}^{-1}\right] = 2 \cdot \pi \cdot \mathrm{f}\left[\mathrm{s}^{-1}\right] \cdot \frac{1\,\mathrm{min}}{60\ \mathrm{s}} = \frac{\pi \cdot \mathrm{n}\left[\mathrm{min}^{-1}\right]}{30} \qquad \text{Gl. 7.8}$$

7.1.3 Formschluss und Reibschluss (B)

Die Momenten- bzw. Drehzahlübertragung von einem Rad auf das andere kann grundsätzlich auf zweierlei Arten vollzogen werden: Bei formschlüssigen Getrieben nach Bild 7.6 links sind die Ränder am Umfang mit Formelementen (z.B. Zähnen) besetzt, wobei das Formelement des einen Rades genau in ein entsprechendes Formelement des anderen Rades eingreift. In diesem Fall ergibt sich das Übersetzungsverhältnis i auch als das Verhältnis der Formelemente: $i = z_2/z_1$. Dadurch wird das **Übersetzungsverhältnis** in **genau** dieser Form **reproduzierbar**: Wenn man beispielsweise ein Zahnradgetriebe um eine gewisse Anzahl an Umdrehungen vorwärts bewegt und anschließend wieder um die gleiche Anzahl von Umdrehungen zurückdreht, so wird wieder exakt die Ausgangsstellung eingenommen.

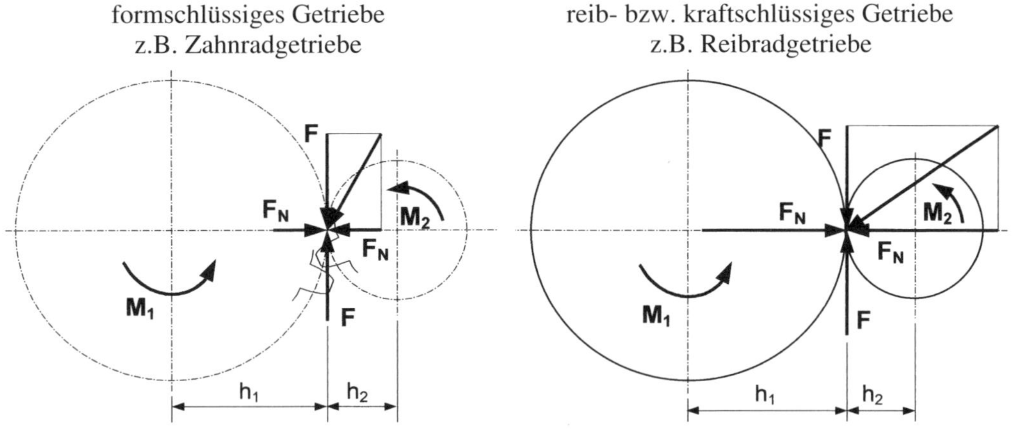

Bild 7.6: Gegenüberstellung formschlüssiges – reibschlüssiges Getriebe

Bei dem Getriebe nach Bild 7.6 rechts handelt es sich um ein reib- oder kraftschlüssiges Getriebe: Die beiden zylindrischen, scheibenförmigen Räder werden mit einer radial gerichteten Normalkraft F_N so gegeneinander gedrückt, dass die momentenerzeugende Kraft als Reibkraft F_R übertragen werden kann. Dabei tritt **Schlupf** auf: Da an der reibschlüssigen Kraftübertragungsstelle stets physikalisch notwendige Gleitvorgänge auftreten, bleibt das angetriebene Getriebeglied stets hinter dem treibenden Getriebeglied zurück, so dass die Getriebestellungen **nie genau reproduzierbar** sind. Wenn also ein Reibradgetriebe um eine gewisse Anzahl an Umdrehungen vorwärts bewegt wird und anschließend wieder um die gleiche Anzahl an Umdrehungen zurückgedreht wird, so wird nicht wieder genau der Ausgangszustand erreicht. Die Größe des Schlupfes hängt von der Höhe der zu übertragenden Kraft ab. Dieser systembedingte, unvermeidliche Fehler kann in manchen technischen Problemstellungen nicht geduldet werden (z.B. Ventiltrieb eines Verbrennungsmotors).

Die Gegenüberstellung in Tabelle 7.1 macht die charakteristischen Besonderheiten dieser beiden Kraftübertragungsmechanismen deutlich. Die gleichen Feststellungen gelten auch für Getriebe mit Zwischenglied. Hier kann ebenfalls zwischen Formschluss (z.B. Kette, Zahnriemen) und Reibschluss (z.B. Flachriemen, Keilriemen) unterschieden werden. Während formschlüssige Getriebe mit Zwischenglied keine große Vorspannung benötigen, muss bei reibschlüssigen Getrieben eine Normalkraftvorspannung zur Aufrechterhaltung des Reibschlusses aufgebracht werden.

Tabelle 7.1: Gegenüberstellung formschlüssiges – reibschlüssiges Getriebe

Formschlüssiges Getriebe	Reibschlüssiges Getriebe
Vorteile:	Nachteile:
Reproduzierbare, winkelgetreue Übertragung der Drehbewegung, kein sog. Schlupf	Schlupfbehaftete, nicht exakt reproduzierbare, nicht exakt winkelgetreue Übertragung der Drehbewegung
Geringe Normalkraftbelastung: Neben der zur Momentenübertragung erforderlichen Kraft F tritt noch eine relativ geringe Kraft F_N auf, die durch die kinematisch bedingte Schiefstellung der Zahnflanken im Berührpunkt verursacht wird; daher insgesamt kompakte Bauweise	Hohe Normalkraftbelastung: Neben der zur Momentenübertragung erforderlichen Kraft F ist zur Sicherstellung des Reibschlusses eine hohe Normalkraft F_N erforderlich, was auch zu einer hohen Belastung von Wellen und Lagern führt; daher insgesamt platz- und gewichtsbeanspruchende Bauweise
Nachteile:	Vorteile:
Komplizierte Übertragungskinematik: Die Hebelarme der Räder sind als Radien konstruktiv **nicht** vorhanden; die komplizierte Formgebung der ineinandergreifenden Formelemente ist Gegenstand des Verzahnungsgesetzes	Einfache Übertragungskinematik: Hebelarme liegen als Radius der Räder konstruktiv vor
Überlast gefährdet die Festigkeit und führt ggf. zu Bauteilversagen, z.B. Zerstörung von Zähnen	Kurzzeitige Überlast kann ggf. durch Überschreiten der Haftreibung (Durchrutschen) schadlos aufgenommen werden
Übersetzungsverhältnis nur als (ganzzahliges) Verhältnis ineinandergreifender Formelemente (hier Zähne) möglich, daher Übersetzungsverhältnis nur in diskreten Stufen, nicht aber stufenlos möglich	In gewissen Grenzen jedes Übersetzungsverhältnis realisierbar, je nach Bauart auch stufenlos

7.1.4 Getriebe als Wandler mechanischer Leistung (B)

Ausgangspunkt für die folgenden Überlegungen sei die nachstehende Modellvorstellung:

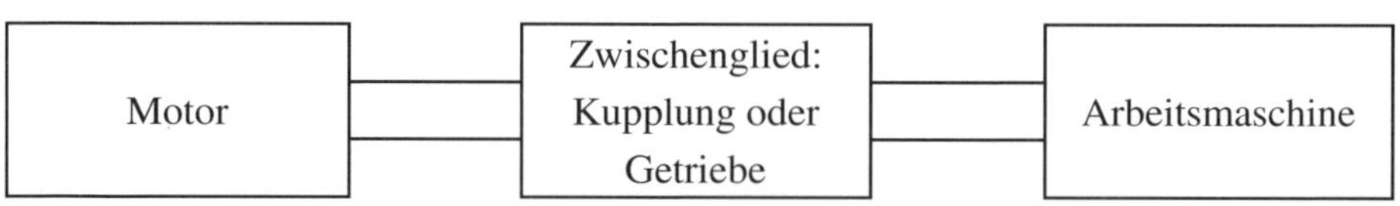

Der **Motor** gilt dabei ganz allgemein als „Antreiber“, der elektrische (z.B. Elektromotor), thermische (z.B. Verbrennungsmotor) oder Strömungsleistung (z.B. Turbine) in mechanische Leistung umsetzt. Die **Arbeitsmaschine** hingegen ist der „Verbraucher“ mechanischer Leistung. Dies kann z.B. eine Pumpe, ein Verdichter, ein Kranhubwerk, ein Fahrzeugantrieb oder auch ein Fertigungsprozess (z.B. Bohren) sein.

Wird keine Drehzahl-Drehmomentenwandlung vorgenommen (n = const., M = const.), so ist das **Zwischenglied** eine Kupplung, bei Drehzahl-Drehmomentenwandlung wird ein Getriebe erforderlich.

Diese Modellvorstellung erlaubt die übersichtliche Verallgemeinerung antriebstechnischer Problemstellungen. Aus den Grundlagen der Physik ist die mechanische Arbeit W für die geradlinige (translatorische) Bewegung als das Produkt aus Kraft F und Weg s bekannt:

$$W_{trans} = F \cdot s \qquad \text{Gl. 7.9}$$

Bei der rotatorischen Bewegung wird der Weg s als Produkt von Winkel α und Wirkradius r zurückgelegt:

$$s = \alpha \cdot r \qquad \text{Gl. 7.10}$$

Setzt man Gl. 7.10 in Gl. 7.9 ein, so gewinnt man einen Ausdruck für die rotatorische Arbeit:

$$W_{rot} = F \cdot r \cdot \alpha = M \cdot \alpha \qquad \text{Gl. 7.11}$$

Die mechanische Leistung P formuliert sich in beiden Fällen als die Ableitung der Arbeit nach der Zeit:

$$P_{trans} = F \cdot \frac{ds}{dt} = F \cdot v \quad \text{Translation} \qquad \text{Gl. 7.12}$$

$$P_{rot} = M \cdot \frac{d\alpha}{dt} = M \cdot \omega \quad \text{Rotation} \qquad \text{Gl. 7.13}$$

Bei den zuvor betrachteten Getrieben liegt die Leistung am Antrieb mit den Kenngrößen M_1 und ω_1 und am Abtrieb mit M_2 und ω_2 vor:

$$P_1 = M_1 \cdot \omega_1 \qquad P_2 = M_2 \cdot \omega_2$$

Wird bei dieser vereinfachten Betrachtung zunächst angenommen, dass das Getriebe ohne Verluste arbeitet, so ist der Wirkungsgrad η als das Verhältnis von Nutzen (Leistung am Abtrieb) zu Aufwand (Leistung am Antrieb) genau 1:

$$\eta = \frac{P_2}{P_1} = \frac{M_2}{M_1} \cdot \frac{\omega_2}{\omega_1} = \frac{M_1 \cdot i}{M_1} \cdot \frac{\omega_1 \cdot \frac{1}{i}}{\omega_1} = 1 \qquad \text{Gl. 7.14}$$

Daraus ergibt sich die an sich triviale Konsequenz, dass Antriebs- und Abtriebsleistung des Getriebes gleich groß sind: $P_1 = P_2$. Das Getriebe verändert also nicht die Leistung, sondern es wandelt die sie bestimmenden Faktoren Moment und Winkelgeschwindigkeit untereinander. In der Elektrotechnik gibt es einen analogen Sachverhalt: Der elektrische Transformator ändert nicht die elektrische Leistung, wandelt sie allerdings in ihren Komponenten Spannung und Stromstärke. Das Getriebe der Mechanik und der Transformator der Elektrotechnik entsprechen sich also.

Der Wirkungsgrad η ist aber nur im Idealfall *1*, in der technischen Realität treten stets Wirkungsgradverluste auf. Dabei lässt sich folgende Differenzierung treffen:

- Da bei **formschlüssigen** Getrieben das Verhältnis der Drehzahlen $i = n_1/n_2$ bzw. $i = \omega_1/\omega_2$ fest vorgegeben ist, äußert sich der Wirkungsgradverlust ausschließlich darin, dass das Ausgangsmoment stets kleiner als das nach dem Übersetzungsverhältnis berechnete ist. Beispielsweise bedeutet die Angabe des Wirkungsgrades von 90 %, dass $M_2 = M_1 \cdot i \cdot 0{,}90$ ist.
- Bei **reibschlüssigen** Getrieben treten außerdem noch zusätzliche Wirkungsgradverluste durch den schlupfbedingten Geschwindigkeitsverlust auf. Aus der alleinigen Angabe des Wirkungsgradverlustes kann also noch nicht auf das Abtriebsmoment oder den Schlupf und damit die Abtriebsdrehzahl geschlossen werden.

Je nach Anwendungsfall wird man mit dem Getriebe mehr eine Drehzahlwandlung oder mehr eine Momentenwandlung beabsichtigen. Das Schema in Bild 7.7 und Tabelle 7.2 trägt die oben aufgeführten Kenngrößen rotatorischer Getriebe in der linken Spalte noch einmal zusammen und stellt sie dem translatorischen Getriebe in der rechten Spalte gegenüber. Das Schema wird in der mittleren Spalte vervollständigt durch Getriebe, die Rotation und Translation miteinander verbinden, wobei hier die wesentlichen Zusammenhänge am Beispiel der Bewegungsschraube (Band 1, Kapitel 4.7) ausgeführt werden. Bei Schrauben kann der Quotient $(d_2 \cdot \tan\varphi)/2$ als Übersetzungsverhältnis i aufgefasst werden.

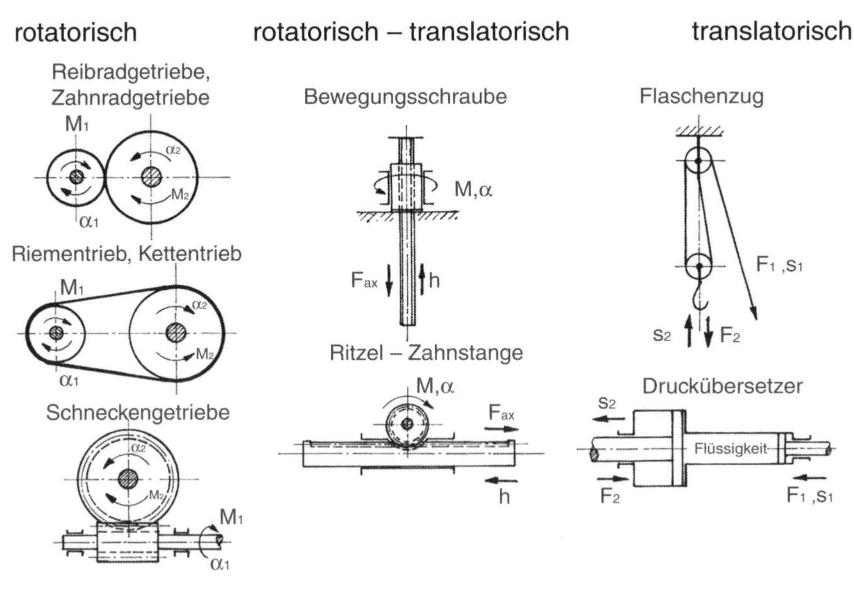

Bild 7.7: Gegenüberstellung Rotation – Translation gleichförmig übersetzender Getriebe; Konstruktionsbeispiele

Tabelle7.2: Gleichförmig übersetzende Getriebe, wandelbare Größen

rotatorisch	rotatorisch–translatorisch	translatorisch
Moment M: $M_2 = M_1 \cdot i$	Moment M – Kraft F_{ax}: $M = \frac{d_2 \cdot \tan\varphi}{2} \cdot F_{ax}$ $\frac{d_2 \cdot \tan\varphi}{2} = i$	Kraft F: $F_2 = F_1 \cdot i$
Drehwinkel α: $\alpha_2 = \frac{\alpha_1}{i}$	Drehwinkel α – Strecke h: $\alpha = \frac{2}{d_2 \cdot \tan\varphi} \cdot h = \frac{1}{i} \cdot h$	Strecke s: $s_2 = \frac{s_1}{i}$
Winkelgeschwindigkeit ω: $\omega_2 = \frac{\omega_1}{i}$	Winkelgeschwindigkeit $d\alpha/dt$ – translatorische Geschwindigkeit dh/dt: $\frac{d\alpha}{dt} = \frac{2}{d_2 \cdot \tan\varphi} \cdot \frac{dh}{dt} = \frac{1}{i} \cdot \frac{dh}{dt}$	Geschwindigkeit v: $v_2 = \frac{v_1}{i}$
Arbeit W: $W = M_1 \cdot \alpha_1 = M_2 \cdot \alpha_2$	Arbeit W: $W_{rot} = W_{trans}$ $W = M \cdot \alpha = F_{ax} \cdot h$	Arbeit W: $W = F_1 \cdot s_1 = F_2 \cdot s_2$
Leistung P: $P = M_1 \cdot \omega_1 = M_2 \cdot \omega_2$	Leistung P: $P_{rot} = P_{trans}$ $P = M \cdot d\alpha/dt = F_{ax} \cdot dh/dt$	Leistung P: $P = \mathrm{F}_1 \cdot \mathrm{v}_1 = F_2 \cdot \mathrm{v}_2$

Bei den rein rotatorischen Getrieben ist neben den Aspekten der Drehzahl- und Momentenwandlung in vielen Fällen auch die Optimierung der Leistungsanpassung das entscheidende Kriterium: Das Übersetzungsverhältnis wird dahingehend optimiert, dass der Motor im Bereich seiner maximalen Leistungsentfaltung betrieben wird (z.B. Gangschaltung eines Fahrrades oder eines Kraftfahrzeuges).

Ausgangspunkt für die Festigkeitsbetrachtung eines jeden Getriebes ist das zu übertragende Moment (rotatorisch) oder die zu übertragende Kraft (translatorisch). In aller Regel sind zusätzliche Dynamikeinflüsse zu berücksichtigen, die häufig nicht so ohne weiteres zu erfassen sind und in erster grober Näherung in Anlehnung an DIN 3990 mit einem Anwendungsfaktor K_A berücksichtigt werden:

$$M_{tmax} = M_t \cdot K_A \qquad \text{Gl. 7.15}$$

Dieser Faktor K_A gibt die für die Festigkeitsberechnung maßgebende Lastüberhöhung wieder. Er wird berechnet oder im Experiment gewonnen und kann nach Tabelle 7.3 häufig mit ausreichender Genauigkeit als Erfahrungswert ausgedrückt werden.

Tabelle 7.3: Anwendungsfaktor K_A

Motor	Arbeitsmaschine		
	gleichmäßig	mittlere Stöße	starke Stöße
	Stromerzeuger, Gurtförderer, Lüfter, Gebläse, Rührer für homogene Gemische	Rührer für inhomogene Gemische, Mehrzylinderpumpen, Hauptantrieb Werkzeugmaschine	Einzylinderpumpen, Pressen, Stanzen, Walzwerkmaschinen, Scheren, Löffelbagger
gleichmäßig z.B. Elektromotor, Turbine, Hydraulikmotor	1,00	1,25	1,75
mittlere Stöße z.B. Verbrennungsmotor mit mehreren Zylindern	1,25	1,50	2,00 oder höher
starke Stöße z.B. Verbrennungsmotor mit einem Zylinder	1,50	1,75	2,25 oder höher

Aufgabe A.7.1

7.2 Reibradgetriebe (Wälzgetriebe) (B)

Beim Reibradgetriebe sind die für das Übersetzungsverhältnis entscheidenden Wirkradien auf Scheiben, Zylindern oder Kegeln konstruktiv tatsächlich vorhanden und die Kraftübertragung lässt sich durch die Coulombsche Reibung relativ einfach beschreiben. Insofern sind Reibradgetriebe ein geeigneter Einstieg in das Verständnis der gleichförmig übersetzenden Getriebe.

7.2.1 Geschwindigkeiten im Wälzkontakt (B)

Zur Minimierung von Reibung und Verschleiß soll bei der Reibkraftübertragung eine kinematisch verursachte Relativbewegung der sich abwälzenden Reibräder vermieden werden, was sich jedoch je nach Konstruktion nicht immer ganz ausschließen lässt. Die folgende Gegenüberstellung (Bild 7.8) macht diesen Sachverhalt deutlich:

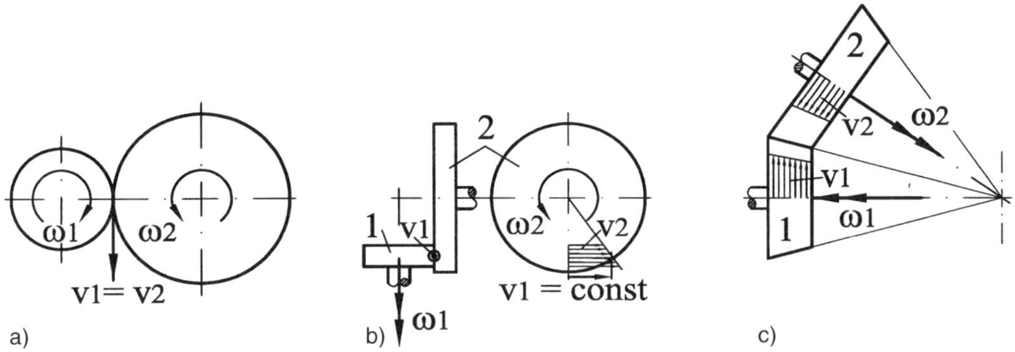

Bild 7.8: Umfangsgeschwindigkeit Wälzgetriebe

a) Die Achsen der beiden Reibräder sind parallel: Es ist ein kinematisch eindeutiges Abwälzen möglich, ohne dass dabei eine Relativbewegung der beiden Scheiben untereinander im Wälzkontakt erzwungen wird.
b) Die Achsen der beiden Reibräder schneiden einander: Da der wirksame Radius von Rad 2 durch die Konstruktion nicht genau festgelegt ist, sondern sich über einen gewissen Bereich erstreckt, wird zwangsläufig eine Relativbewegung im Wälzkontakt (sog. Bohrreibung) erzwungen.
c) Die Achsen der beiden Reibräder schneiden auch hier einander, aber ähnlich wie beim Kegelrollenlager werden durch die Kegelgeometrie der Räder Relativbewegungen ausgeschlossen. Dies setzt voraus, dass sich die konstruktiv nicht vorhandenen Kegelspitzen in einem Punkt treffen.

7.2.2 Belastungen im Wälzkontakt (B)

Um die Kraftübertragung und damit die Momentenübertragung erst zu ermöglichen, muss eine relativ hohe Normalkraft $F_N = F_U / \mu$ aufgebracht werden. Dies führt nicht nur zu einer hohen Materialbeanspruchnung im Wälzkontakt, sondern belastet auch Wellen und Lager. Alleine aus diesem Grunde sind reibschlüssige Getriebe schwerer und beanspruchen mehr Bauraum als formschlüssige, sie haben eine geringere Leistungsdichte.

$$\mu = \tan\rho \geq \frac{F_U}{F_N} \qquad \Rightarrow \qquad F_N \geq \frac{F_U}{\mu} \qquad \text{Gl. 7.16}$$

Bei der rechnerischen Beschreibung der Belastung im Wälzkontakt lässt sich nach Reibradgetrieben mit der Materialpaarung Stahl/Stahl einerseits und Gummi/Stahl andererseits unterschieden werden:

- Bei **metallischen Werkstoffen** wird die Werkstoffbelastung wie bei Wälzlagern in Form der Hertzschen Pressung ausgedrückt (vgl. auch Kapitel 5.1.3, S. 19):

$$\sigma_{Hz} = -\frac{1}{\pi} \cdot \sqrt[3]{\frac{6 \cdot F_N \cdot E^2}{d_0{}^2 \cdot (1-\nu^2)}}$$ Kontakt Kugel – Ebene („Punkt"-Berührung)

Gl. 7.17

$$\sigma_{Hz} = -\sqrt{\frac{F_N \cdot E}{\pi \cdot d_0 \cdot L \cdot (1-\nu^2)}}$$ Kontakt Rolle – Ebene („Linien“-Berührung)

Gl. 7.18

Dabei bedeuten:

σ_{Hz}	Hertzsche Pressung
F_N	die den Wälzkontakt belastende Normalkraft
E	Elastizitätsmodul
$d_0 = \frac{d_1 \cdot d_2}{d_1 + d_2}$	Wird ein Wälzelement nicht auf eine Ebene, sondern auf ein anderes Wälzelement gedrückt, so wird ersatzweise ein „Ersatzkrümmungsdurchmesser d_0“ formuliert, der den Krümmungseinfluss der beiden Durchmessern d_1 und d_2 zusammenfasst. Die hier angegebene Gleichung gilt für konvex-konvexe Berührverhältnisse, für konvex-konkav steht im Nenner anstatt der Summe die Differenz.
L	Länge der Linienberührung (nur bei Linienberührung)
ν	Querkontraktionszahl (Stahl: $\nu = 0{,}3$)

Die tatsächlich auftretende Hertzsche Pressung ist gegenüber den in Tabelle 7.4 angegebenen zulässigen Werten abzuschätzen.

- Bei **nichtmetallischen Werkstoffen** wird meist auf die historische Formulierung der „Wälzpressung *k*“ zurückgegriffen, die die belastende Kraft auf die Projektion des Wälzzylinders mit Ersatzkrümmungsradius bezieht:

$$k = \frac{F_N}{d_0 \cdot L}$$ Gl. 7.19

Bei der Festlegung der zulässigen Wälzpressung nach Tabelle 7.4 gilt es jedoch, noch einen weiteren Umstand zu berücksichtigen: Die Berührzonen am Umfang des Wälzkörpers wirken nicht nur als Federn, die verformt werden, wenn sie in die Laststellung hinein rollen und die zurück federn, wenn sie die Laststellung wieder verlassen. Da Gummi nicht nur Feder, sondern gleichzeitig auch Dämpfer ist (vgl. Kap. 2.5.2, Band 1), wird der Werkstoff mit zunehmender Geschwindigkeit immer mehr thermisch belastet, was seine mechanische Belastbarkeit reduziert. Die zulässige Wälzpressung wird deshalb nach Tabelle 7.4 in Funktion der im Wälzpunkt vorliegenden Umfangsgeschwindigkeit v formuliert. Bei Geschwindigkeiten von über 30 m/s wird die thermische Belastung so hoch, dass der Werkstoff nicht mehr mechanisch belastet werden kann, was einen praktischen Betrieb unmöglich macht.

Obwohl die Zahlenwerte für σ_{Hz} und k die gleiche Dimension [N/mm²] aufweisen, sind sie **nicht** untereinander vergleichbar. Eine Zusammenstellung der zulässigen Werkstoffbelastungen nach Tabelle 7.4 ist nicht ganz unproblematisch und beschränkt sich auf erste grobe Anhaltswerte. Diese Zahlenwerte sind nur als Richtwerte für Reibradgetriebe mit annähernd konstanter Übersetzung anzusehen und spielen sich in jedem Fall nur im Zeitfestigkeitsbereich ab. Ähnlich wie bei Wälzlagern gibt es auch bei Reibradgetrieben keine Dauerfestigkeit.

Tabelle 7.4: Materialwerte für Reibradgetriebe

Materialpaarung	μ	$\sigma_{Hz\ zul}$ [N/mm²]	k_{zul} [N/mm²]
Gummi (aufvulkanisiert) – Stahl	0,6 – 0,8		0,48 für $v \leq 1$ m/s $\frac{0{,}48}{\left(v\left[\frac{m}{s}\right]\right)^{0,75}}$ für $1 \leq v \leq 30$ m/s
Gummi (aufgepresst) – Stahl	0,6 – 0,8		0,48 für $v \leq 0{,}6$ m/s $\frac{0{,}33}{\left(v\left[\frac{m}{s}\right]\right)^{0,75}}$ für $0{,}6 \leq v \leq 30$ m/s
organischer Reibwerkstoff – Stahl (trocken)	0,3 – 0,6		0,8 – 1,4
St 70 – GG 21 (trocken)	0,08 – 0,12	350	
Stahl – Stahl, gehärtet, geschmiert	0,02 – 0,04	650	

Bild 7.9 zeigt in einer beispielhaften Gegenüberstellung die markanten Unterschiede der Materialpaarungen Stahl/Stahl und Gummi/Stahl.

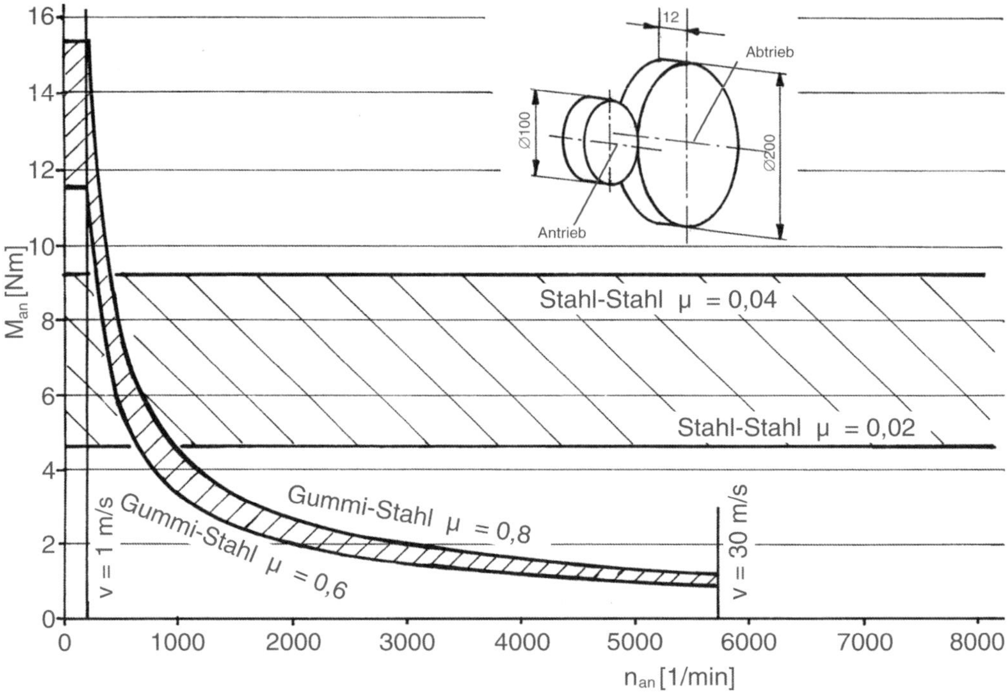

Bild 7.9: Übertragbares Antriebsmoment Reibradgetriebe Stahl/Stahl und Gummi/Stahl

Es sei die oben rechts im Diagramm skizzierte Anordnung gegeben, die in gleichen Abmessungen sowohl in Stahl/Stahl als auch in Gummi/Stahl ausgeführt wird. Das Diagramm drückt die Belastbarkeit des Getriebes als übertragbares Antriebsmoment in Funktion der Antriebsdrehzahl aus. Aus dieser Darstellung lassen sich die folgenden Feststellungen ableiten:

- Bei der Materialpaarung Stahl/Stahl ist das übertragbare Moment nahezu unabhängig von der Geschwindigkeit. Die im Wälzkontakt entstehende Verlustleistung wird durch das Schmiermittel abgeführt. Die relativ große Unsicherheit bei der Festlegung der Reibzahl (μ = 0,02–0,04), für die vor allen Dingen die Beschaffenheit des Schmierstoffs verantwortlich ist, führt zu einer großen Bandbreite bei der Bestimmung des übertragbaren Momentes.
- Die Normalkraftbelastbarkeit von Gummi/Stahl ist zwar wesentlich geringer, aber wegen des hohen Reibwertes (μ = 0,6–0,8) kann mit diesem Getriebe bei geringen Geschwindigkeiten deutlich mehr Moment übertragen werden. Bei Umfangsgeschwindigkeiten von mehr als 1 m/s wird die elastische Verformung im Wälzkontakt zunehmend von der für Gummiwerkstoffe typischen Materialdämpfung begleitet, die zu einem Verlust an mechanischer Leistung und damit zu einer Erwärmung des Gummis führt. Wegen der Trockenreibung und wegen der geringen Wärmeleitfähigkeit des Gummis kann diese Wärme nur schlecht abgeführt werden. Um thermisch bedingte Materialschädigungen auszuschließen, muss mit steigender Geschwindigkeit die Normalkraftbelastung und damit das

übertragbare Moment reduziert werden. Geschwindigkeiten von über 30 m/s schließen die Verwendbarkeit von Gummi völlig aus. Da die Unsicherheit der Schmierstoffbeschaffenheit hier entfällt, lässt sich der Reibwert relativ genau beziffern, so dass sich die Bandbreite des übertragbaren Momentes in engeren Grenzen hält.

Aus dieser Gegenüberstellung lässt sich schlussfolgern, dass bei hohen Geschwindigkeiten nur die Materialpaarung Stahl/Stahl in Frage kommt, während bei geringen Drehzahlen Gummi/Stahl vorteilhaft eingesetzt werden kann. Bei diesen Getrieben muss zwar ein geringer Wirkungsgrad in Kauf genommen werden, aber sie erfordern wegen der trockenen Reibung nur einen vergleichsweise geringen konstruktiven Aufwand.

Aufgaben A.7.2 und A.7.3

7.2.3 Stufenlose Übersetzungsmöglichkeiten (B)

Ein grundlegender Lehrsatz der Getriebelehre, der an dieser Stelle nicht weiter zur Diskussion gestellt werden soll, besagt, dass sich nur mit reibschlüssigen Getrieben stufenlose Übersetzungsverhältnisse realisieren lassen. Aus diesem Grunde werden Reibradgetriebe vielfach nur dann eingesetzt, wenn dieser Vorteil auch tatsächlich ausgenutzt wird. Wie die nachfolgenden Beispiele zeigen, übertragen solche Getriebe eine Leistung entweder unmittelbar zwischen Rotationskörpern (die ersten beiden Beispiele in Bild 7.10) oder über verstellbar angeordnete Zwischenkörper (die letzten beiden Beispiele in Bild 7.10).

Die Getriebe ohne Zwischenglied sind zwar konstruktiv einfacher, erfordern aber die axiale Verschiebbarkeit eines Reibrades. Konstruktiv wird dies meist mit einer längsverschiebbaren Welle-Nabe-Verbindung gelöst.

Wird hingegen ein Zwischenglied angeordnet, so muss dieses zwar auch längsverschiebbar sein, übernimmt dabei aber nicht die Aufgabe einer Welle-Nabe-Verbindung, da das Moment nicht auf die Zwischenwelle übertragen wird.

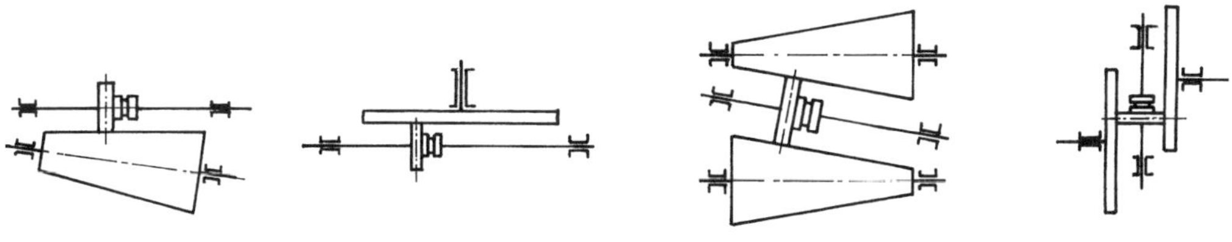

ohne Zwischenglied mit Zwischenglied

Bild 7.10: Prinzipien von Reibradgetrieben mit stufenloser Übersetzung

Bild 7.11 zeigt schließlich einige konstruktive Ausführungsformen.

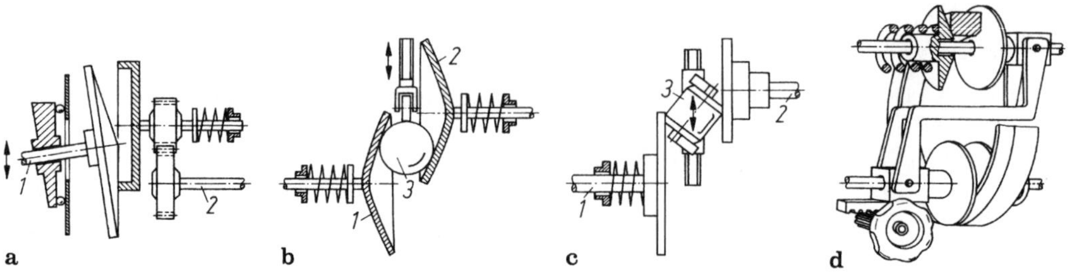

Bild 7.11: Schematische Darstellung einiger Wälzgetriebe mit Zwischenglied (1 Antrieb, 2 Abtrieb, 3 verschiebbares Zwischenglied) [nach Dubbel]

Der Stell- oder Regelbereich R eines solchen Getriebes ergibt sich als Quotient aus dem maximalen und minimalen Übersetzungsverhältnis

$$R = \frac{i_{max}}{i_{min}} \qquad \text{Gl. 7.20}$$

Aufgabe A.7.4

7.2.4 Selbsttätige Anpresskraftregelung (E)

Das von einem Reibradgetriebe übertragene Moment ist im allgemeinen Fall zeitlich nicht konstant. Dies bedeutet zunächst, dass die Anpresskraft und damit die Belastung im Wälzkontakt nach dem maximal zu übertragenden Moment dimensioniert werden müssen.

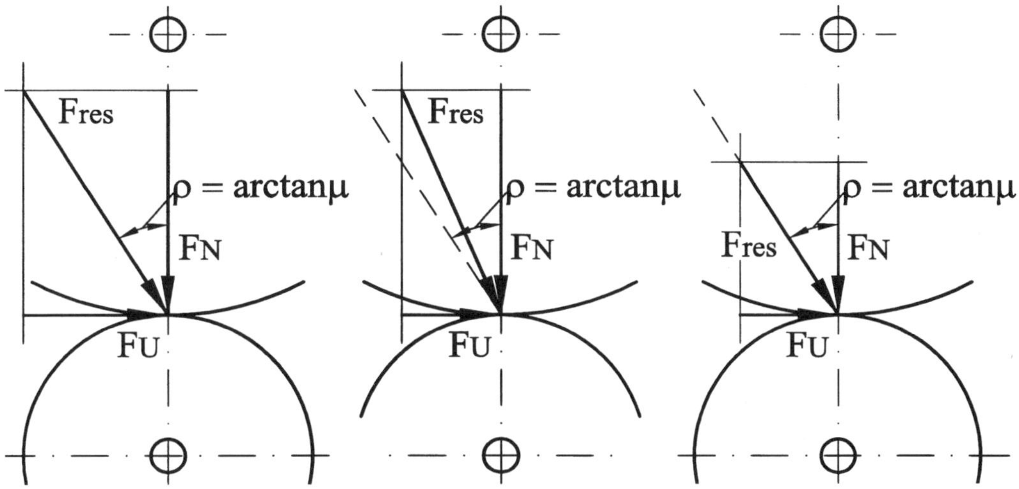

a) Vollast an der Rutschgrenze b) Teillast ohne Normalkraftreduzierung c) Teillast mit Normalkraftreduzierung

Bild 7.12: Reibradgetriebe bei Teillast

a) Bei der größtmöglichen Umfangskraft F_U im Wälzkontakt wird die Normalkraftkomponente F_N so bemessen, dass der Reibwinkel $\rho = \arctan \mu$ vollständig ausgenutzt wird. Geringere Normalkräfte hätten ein Durchrutschen zur Folge.
b) Wird die Umfangkraft auf ein Teillastniveau reduziert und die Normalkraftkomponenten konstruktionsbedingt beibehalten, so reduziert sich dabei die Kraft F_{res}, die die gesamte Konstruktion mechanisch belastet, nur unwesentlich.
c) Wird jedoch bei reduzierter Umfangskraft auch die Anpresskraft in gleichem Maße vermindert, so verringert sich damit auch in gleicher Verhältnismäßigkeit die Kraft F_{res} und damit die mechanische Belastung der gesamten Konstruktion.

Wird die Anpresskraft F_N durch weiter unten noch zu erläuternde konstruktive Maßnahmen ständig dem Lastniveau angepasst, so ergeben sich daraus die folgenden Konsequenzen:

- **Zeitfeste** Bauteile des Getriebes (z.B. Wälzlager und Wälzkontakt am Reibrad) steigern ihre Gebrauchsdauer teilweise beträchtlich.
- **Dauerfeste** Bauteile des Getriebes (z.B. Wellen) können von einer Reduzierung der Anpresskraft nicht profitieren.

Die Prinzipskizze in Bild 7.13 zeigt einen Mechanismus, der die Anpresskraft selbsttätig in Abhängigkeit vom gerade aktuell übertragenen Moment regelt.

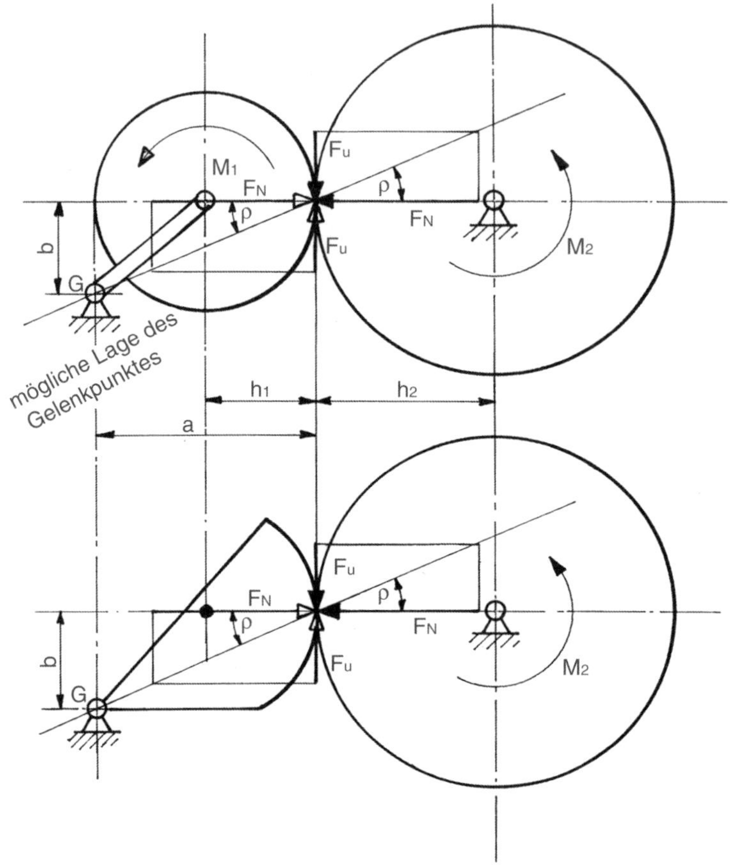

Bild 7.13: Anpresskraftregelung radial wirkend

Zum besseren Verständnis geht man zunächst von der in der unteren Hälfte des Bildes 7.13 skizzierten Ersatzmodellvorstellung aus: Wird an der rechten Scheibe ein Moment M_2 eingeleitet, so stützt sich dieses als Umfangskraft F_u ab:

$$F_U = \frac{M_2}{h_2}$$

Formuliert man das Momentengleichgewicht an der gelenkigen Abstützung G des linken Scheibensegmentes, so ergibt sich:

$$M_G = 0 = F_{\mathrm{U}} \cdot a - F_N \cdot b$$

Daraus lässt sich die Verhältnismäßigkeit ableiten:

$$\frac{F_U}{F_N} = \frac{b}{a} \qquad \text{optimal:} \qquad \frac{F_U}{F_N} = \frac{b}{a} = \mu = \arctan \rho \qquad \text{Gl. 7.21}$$

Der Quotient F_U / F_N kann konstruktiv als das Streckenverhältnis b/a festgelegt werden. Die für die untere Bildhälfte hergeleiteten Beziehungen gelten aber in gleicher Weise auch für den in der oberen Bildhälfte skizzierten Fall des auf einer Gelenkwippe angeordneten Antriebes. Dabei sind folgende Sachverhalte zu berücksichtigen:

- Je weiter der Gelenkpunkt G in dieser Darstellung nach unten platziert wird, desto geringer wird die Anpresskraft bei vorgegebener Umfangskraft. Andererseits steigt die Anpresswirkung, je höher der Gelenkpunkt G angeordnet wird. Optimalerweise wird er genau am Rande des Reibwinkels ρ platziert. Damit wird die Reibschlussbedingung unabhängig vom Lastzustand stets genau erfüllt, es wird immer nur so viel Anpresskraft hervorgerufen wie für die Übertragung des aktuellen Momentes erforderlich ist. Anlenkpunkte oberhalb der Mittellinie sind nicht praktikabel.
- Die Entfernung des Gelenkpunktes vom Wälzpunkt spielt für das Momentengleichgewicht keine Rolle, er kann also an jeder beliebigen Stelle der unteren Begrenzungslinie des Reibwinkels platziert werden. Er wird also dort angebracht, wo es konstruktiv am günstigsten ist.
- Eine Anpresswirkung kommt nur bei der hier skizzierten Richtung des Momentes zustande. Bei umgekehrter Momentenrichtung oder beim Bremsen des Antriebes kommt keinerlei Anpresswirkung zustande.
- Ist das Lastmoment zu Beginn gleich Null, so kann die Anpresswirkung ohne fremde Hilfe nicht zustande kommen. Bei dem hier angedeuteten Mechanismus würde sich aber bereits aufgrund des Eigengewichtes der gelenkig gelagerten Stütze eine Anfangspressung einstellen. Dies wäre jedoch nicht der Fall, wenn der gesamte Antrieb nicht wie hier dargestellt horizontal, sondern vertikal angeordnet wäre. Dann müsste die Anpresswirkung beispielsweise durch eine vorgespannte Feder in Gang gebracht werden. Diese Anfangspressung kann aber so schwach ausgeführt werden, dass sie für die festigkeitsmäßige Beanspruchung des Getriebes keine Rolle spielt.

Die zuvor erläuterte Anpressregelung wirkte radial, sie kann auch als axial wirkender Mechanismus (Prinzipskizze Bild 7.14) ausgeführt werden:

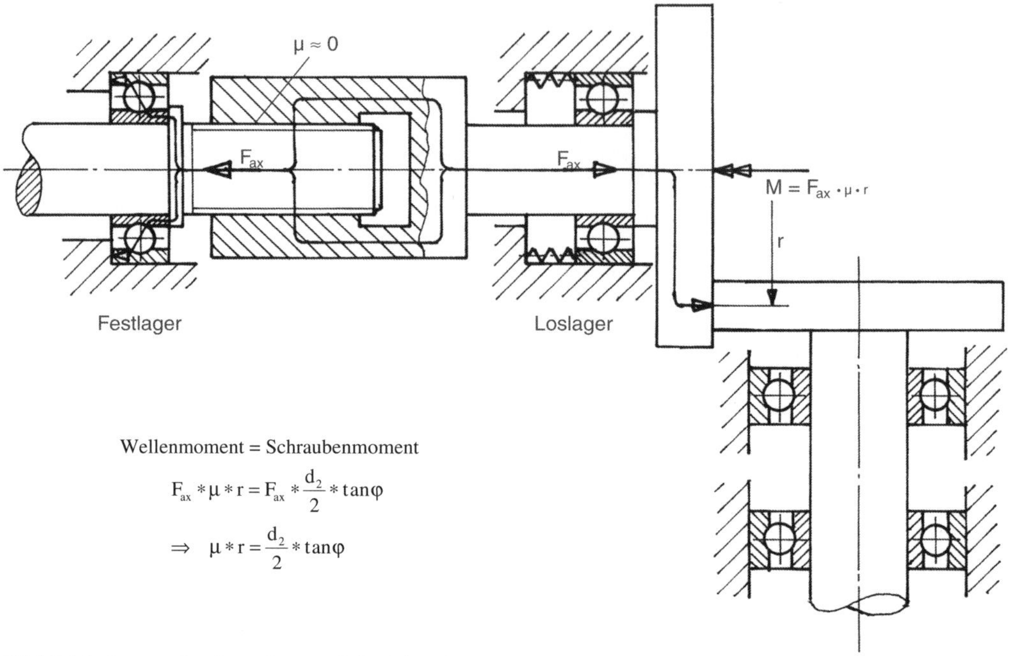

$$F_{ax} * \mu * r = F_{ax} * \frac{d_2}{2} * \tan\varphi$$

$$\Rightarrow \quad \mu * r = \frac{d_2}{2} * \tan\varphi$$

Bild 7.14: Anpresskraftregelung axial wirkend

- Die waagrechte Welle besteht aus zwei Hälften, die über eine reibungsarme Schraube miteinander verbunden sind. Das anliegende Wellenmoment ruft als Schraubenmoment eine Axialkraft F_{ax} hervor, die sich einerseits am linken Lager als Festlager abstützt und andererseits als Anpresskraft an der Reibscheibe wirksam wird. Die Axialkraft der Schraube und damit die Anpresskraft an der Reibscheibe steigt linear mit der Höhe des Lastmomentes. Da in der Regel der Radius r und der Reibwert μ festgelegt sind, lässt sich die Reibradpaarung durch entsprechende Abstimmung von Flankendurchmesser d_2 und Gewindesteigungswinkel φ (also durch das „Übersetzungsverhältnis" der Schraube) ständig an der Rutschgrenze betreiben.
- Um den Zusammenhang zwischen Moment und Axialkraft möglichst hysteresearm herzustellen, ist eine möglichst reibungsarme Schraube wünschenswert, sie darf auf keinen Fall selbsthemmend sein. Entgegen der Prinzipskizze wird die Schraube deshalb mit Wälzkörpern ausgestattet. Da sie sich nur in ganz engen Grenzen bewegt und auch nur Last in eine Richtung aufnehmen muss, kann sich die praktisch ausgeführte Konstruktion auf eine Mehrfachanordnung von schiefen Ebenen beschränken (Konstruktionsbeispiele Abschnitt 7.2.6). Außerdem müssen die beiden Wellenhälften zueinander zentriert werden.
- Auch hier muss sichergestellt werden, dass selbst im momentenlosen Zustand eine geringe Anfangsanpresskraft vorliegt. Aus diesem Grunde wird im vorliegenden Beispiel das Loslager mit einer geringen Federvorspannung versehen.

Der Vorteil der geregelten Anpresskraft kann jedoch auch ein großer Nachteil sein: Das Getriebe wird bei Überlast nicht durchrutschen und kann damit der Überlast nicht durch Gleitschlupf ausweichen. Eine Überlast führt damit zu hohen Kräften, die die Lager und Wellen möglicherweise zerstören können. Das Reibradgetriebe kann dann im Überlastfall also nicht mehr als Sicherheitskupplung dienen.

7.2.5 Keilrad (E)

Der Keilriemen hat gegenüber dem Flachriemen den Vorteil, dass er unter Ausnutzung der Keilwirkung bei gleicher von außen eingeleiteter Vorspannung wesentlich größere Anpresskräfte zwischen Riemen und Scheibe hervorruft. In gleicher Weise kann ein Reibrad zu einem „Keilrad" modifiziert werden. Dadurch werden die Kräfte, die die Welle und die Lager belastenden, deutlich reduziert (vergleiche Bild 7.15).

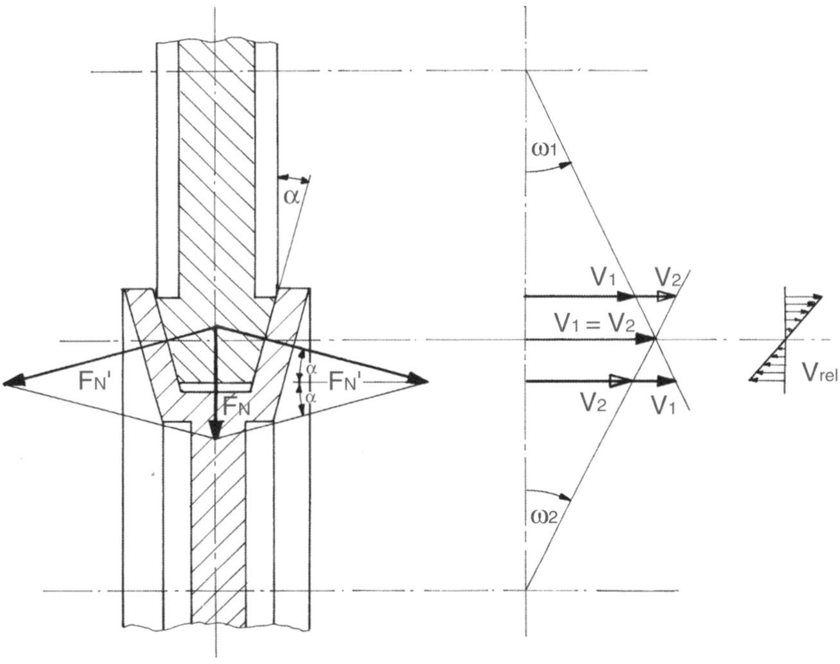

Bild 7.15: Keilrad

Die von außen eingeleitete Kraft F_N und die tatsächlich an der Pressungsstelle vorliegende Normalkraft F_N' lassen sich geometrisch in Zusammenhang bringen:

$$\sin\alpha = \frac{\frac{F_N}{2}}{F_N'} \quad \Rightarrow \quad F_N' = \frac{F_N}{2 \cdot \sin\alpha} \qquad \text{Gl. 7.22}$$

Die am Radumfang mit Reibung übertragbare Kraft kann einerseits als $2 \cdot \mu \cdot F_N'$, anderseits aber als Produkt der von außen eingeleiteten Normalkraft F_N mit einem effektiven Reibwert μ_{eff} ausgedrückt werden:

$$2 \cdot \mu \cdot F_N' = F_N \cdot \mu_{eff}$$

Setzt man für F_N' den Ausdruck nach Gl. 7.22 ein, so gewinnt:

$$2 \cdot \mu \cdot \frac{F_N}{2 \cdot \sin\alpha} = F_N \cdot \mu_{eff} \quad \Rightarrow \quad \mu_{eff} = \frac{\mu}{\sin\alpha} \qquad \text{Gl. 7.23}$$

Setzt man für α den gebräuchlichen Wert 12° ein, so ergibt sich

$$\mu_{eff} = \frac{\mu}{\sin 12°} \approx 4{,}8 \cdot \mu \qquad \text{Gl. 7.24}$$

Noch kleinere Winkel für α würden diesen Verstärkungseffekt noch unterstützen, aber andererseits würde damit auch die Selbsthemmung problematisch werden. Nachteilig bei diesen Keilrädern ist allerdings der Umstand, dass es aus kinematischen Gründen zu einer erzwungenen Relativbewegung zwischen den Scheiben kommen muss: Die Umfangsgeschwindigkeit v_1 für Rad 1 ergibt sich als $\omega_1 \cdot r_1$ und verhält sich damit linear zum Abstand vom Mittelpunkt des Rades 1. Da für Rad 2 der gleiche Sachverhalt gilt, ist nur für einen einzigen Punkt die Bedingung $v_1 = v_2$ erfüllt und es liegt reines Abwälzen vor. Je weiter man sich von diesem Punkt entfernt, desto größer wird die Relativgeschwindigkeit der Reibpartner. Dies hat Wirkungsgradverluste und Verschleiß zur Folge.

7.2.6 Konstruktionsbeispiele (E)

Bild 7.16 zeigt ein Wälzgetriebe mit Reibring. Der Antriebsmotor 1 treibt die leicht kegelige Scheibe 2, die ihrerseits über den Reibring 3 mit der Abtriebswelle in Verbindung steht. Die für die reibschlüssige Momentenübertragung zwischen Reibring 3 und Kegelscheibe 2 erforderliche Anpresskraft stellt sich in Funktion des Drehmomentes durch die axial wirkende Anpresskraftregelung 4 ein. Die in die Abtriebswelle integrierte Feder sorgt für eine drehmomentenunabhängige minimale Anpressung. Die Verstellung des Übersetzungsverhältnisses erfolgt über das Handrad 5, welches über das Zahnrad 6 und die Zahnstange 7 den Schlitten 8 und damit den Motor 1 mit Kegelscheibe 2 vertikal verfährt. Die Abtriebsdrehzahl dieses trocken laufenden Getriebes lässt sich bis 1:6 variieren, durch Verwendung polumschaltbarer Motoren kann dieser Bereich vergrößert werden.

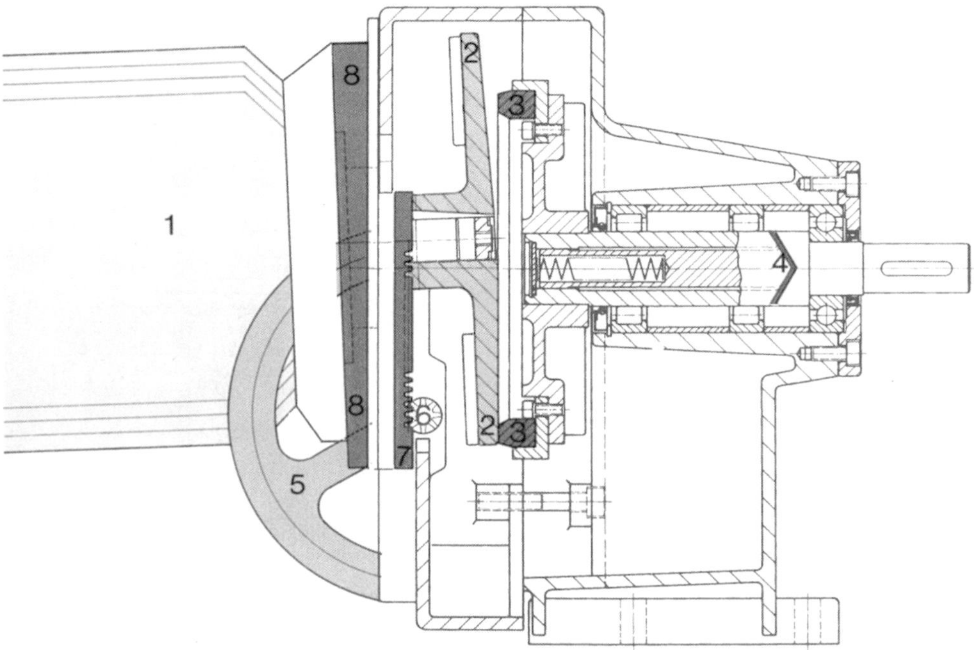

Bild 7.16: Wälzgetriebe mit Kegelscheibe – Reibring nach Knödler

In dem in Bild 7.17 vorgestellten Getriebe ist die Paarung Kegelscheibe – Reibring zweifach hintereinander angeordnet.

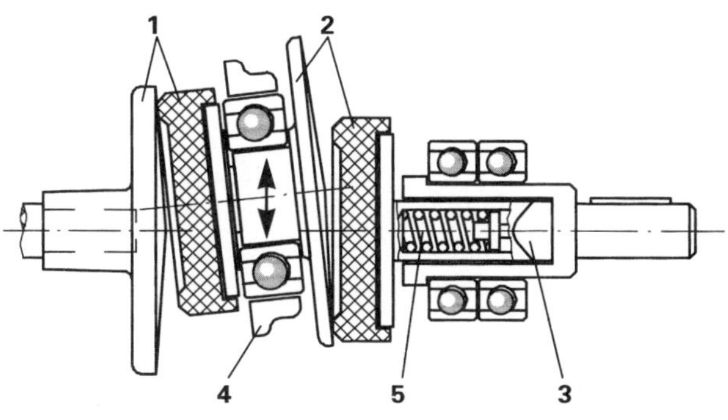

Bild 7.17: Wälzgetriebe mit Kegelscheibe – Reibring nach Stöber

Die Änderung des Übersetzungsverhältnisses erfolgt über die vertikale Verschiebung des Mittelteils 4. Durch die Doppelanordnung ergibt sich ein Regelbereich von ca. 1:10. Sowohl die Antriebs- als auch die Abtriebswelle behalten ihre Lage bei Verstellung des Übersetzungsverhältnisses bei, lediglich das Mittelteil 4 verändert als Zwischenglied seine Stellung.

Das Getriebe in Bild 7.18 nutzt ebenfalls die Kegel-Reibring-Kombination aus, weist aber in der konstruktiven Ausführung wesentliche Unterschiede auf.

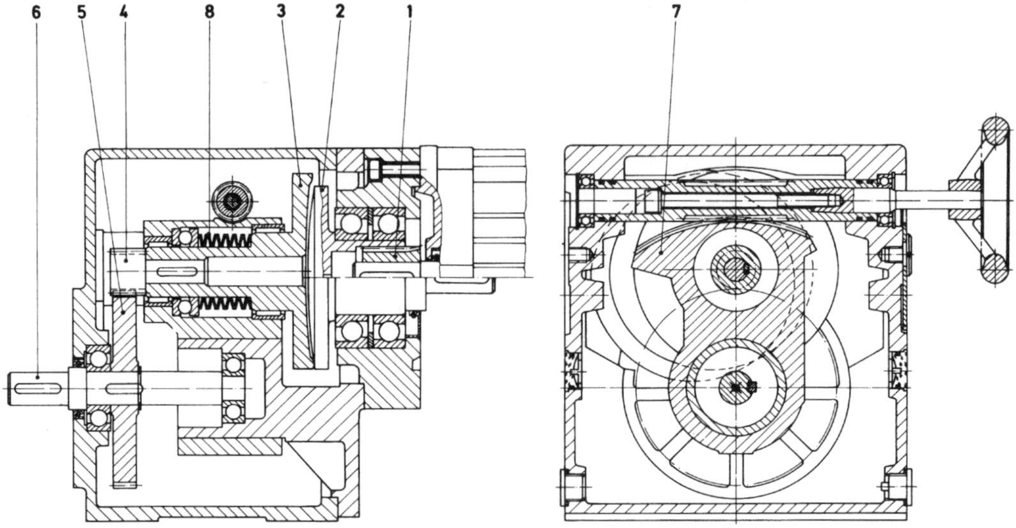

Bild 7.18: Wälzgetriebe mit Laufteller nach Ströter

Die Reibpaarung läuft im Ölbad und wird gemeinsam mit den anderen Maschinenelementen des Getriebes geschmiert. Der Antrieb erfolgt vom angeflanschten Motor oder über ein freies Wellenende über eine Zahnkupplung 1 auf die Antriebsscheibe 2 und mit Reibschluss auf den Laufteller 3. Die erforderliche Anpresskraft wird durch das Tellerfederpaket 8 aufgebracht. Die Zahnräder 4 und 5 übersetzen das Moment schließlich auf die Abtriebswelle 6. Um das Übersetzungsverhältnis im Regelbereich von 1:10 variieren zu können, wird die Schwinge 7 um die Abtriebswelle herum verschwenkt. Dabei wird der wirksame Antriebsradius auf der Kegelscheibe 2 und damit das Übersetzungsverhältnis verändert, andererseits bleibt der Eingriff zwischen den Zahnrädern 4 und 5 aber immer erhalten. Sowohl Antrieb als auch Abtrieb behalten ihre Lage bei Verstellung des Übersetzungsverhältnisses bei, lediglich die Schwinge 7 verändert als Zwischenglied ihre Stellung.

Auch beim nächsten Getriebe in Bild 7.19 wird die Lage von Antriebswelle und Abtriebswelle beibehalten.

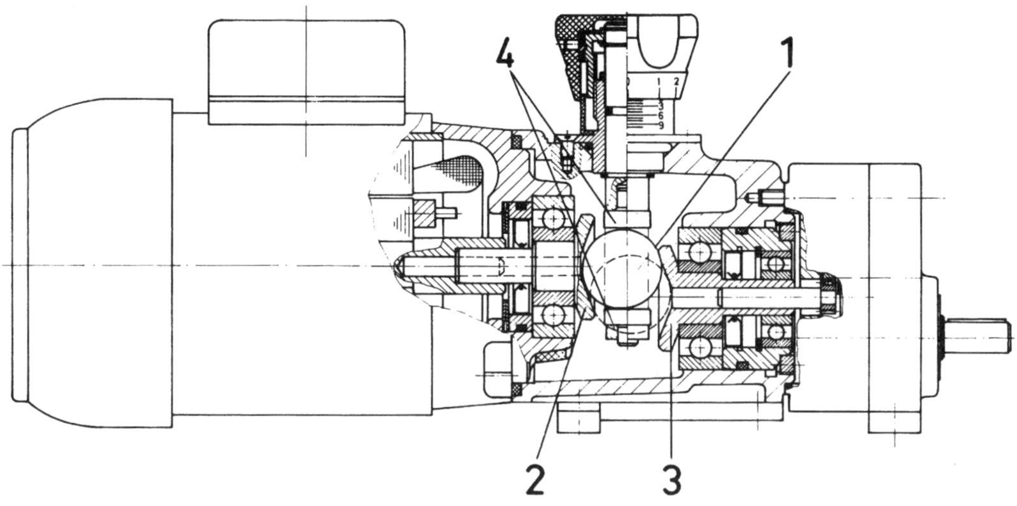

Bild 7.19: Wälzgetriebe mit Hohlkegelscheiben nach Heynau

Wesentlicher Bestandteil dieses Getriebes ist die Stahlkugel 1, die zwischen den Hohlkegelscheiben 2 und 3 angeordnet ist. Die linke Hohlkegelscheibe 2 wird vom Motor links angetrieben. In der hier skizzierten Stellung hat die linke Antriebshohlkegelscheibe im Kontaktpunkt zur Kugel eine kleine Umfangsgeschwindigkeit, die Kugel dreht sich also relativ langsam. Mit der gleichen Drehung treibt sie die Abtriebshohlkegelscheibe 3 an einem großen Radius an, das Übersetzungsverhältnis ist in diesem Fall 1:3. Wird die Kugel über die Stelleinrichtung 4 in die untere Stellung gefahren, so werden die wirksamen Radien vertauscht und es ergibt sich ein Übersetzungsverhältnis von 3:1, der Stellbereich des Getriebes ist also $R = 9$. Mit steigendem Lastmoment wird die Übertragungskugel zunehmend in den von den Hohlkegeln gebildeten Keilwinkel eingezogen, womit sich zwangsläufig eine drehmomentenproportionale Anpresskraft ergibt. Die Kugel und die Hohlkegel sind also nicht nur Getriebe, sondern gleichzeitig auch axial wirkende Anpresskraftregelung.

Beim Getriebe in Bild 7.20 wird die zu übertragende Last auf mehrere Kugeln aufgeteilt. Die Antriebsscheiben 2 und 3 sind drehfest, aber axial beweglich mit der Antriebswelle 1 verbunden. Diese beiden Scheiben lassen die Übertragungskugeln 5 auf dem stillstehenden Verstellring 6 abrollen. Dadurch werden der Abtriebsring 7 und die damit verbundene Abtriebswelle 8 angetrieben. Der Verstellring 6 kann axial verschoben werden und ändert damit das Übersetzungsverhältnis.

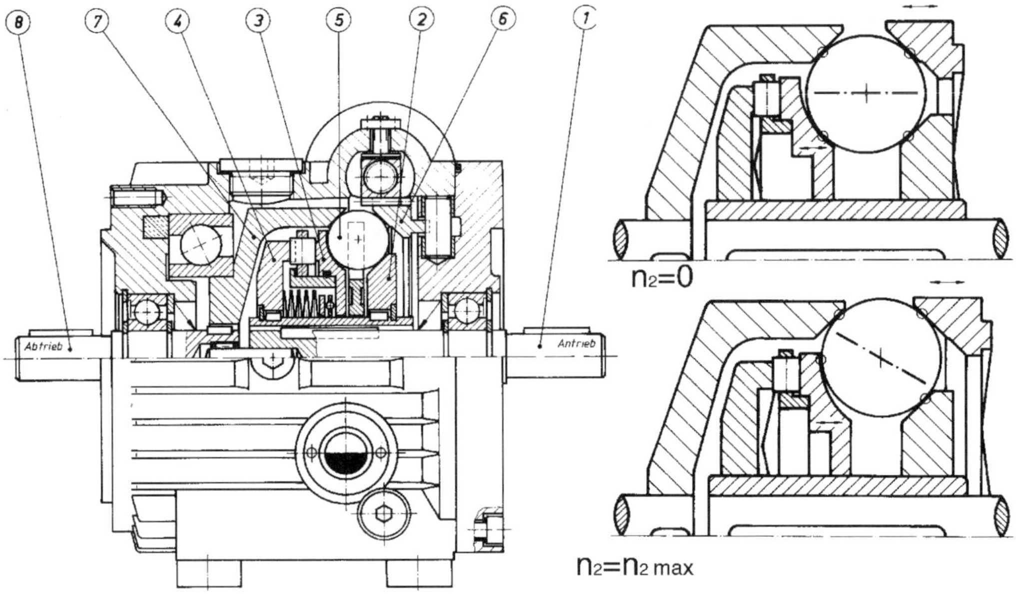

Bild 7.20: Wälzgetriebe Planetroll

Es soll eine einzelne Übertragungskugel mit ihrem konstruktiven Umfeld detailliert betrachtet werden (Bild 7.20 rechts):

- Verfährt der Verstellring in seine linke Endposition (Skizze oben), so werden die Kugeln ganz nach innen verlagert, wobei die beiden Antriebsscheiben axial auseinander geschoben werden. Durch die Drehung der Antriebsscheiben rollen die Kugeln nur noch auf dem Verstellring und der dann still stehenden Abtriebsscheibe ab, die Abtriebsdrehzahl ist null.
- Wird der Verstellring zunehmend nach rechts verfahren (Skizze unten), so nimmt die Kugel eine weiter außen liegende Position ein und die Lage der Berührpunkte zwischen Kugel und angrenzenden Bauteilen verändert sich. Vor allen Dingen verlagert sich der Berührpunkt zur linken Antriebsscheibe nach außen und es kommt zunehmend zu einer Abrollbewegung, die die Abtriebsscheibe in Drehung versetzt. In der hier skizzierten Position hat die Abtriebsscheibe maximale Drehzahl.

Die drehmomentenproportionale Anpresskraft wird durch eine axial wirkende Anpresskraftvorrichtung zwischen den Bauteilen 3 und 4 hervorgerufen. Für Einsatzfälle, bei denen das Getriebe vom Abtrieb her angetrieben werden kann, ist diese Anpresskraftregelung nicht geeignet. In diesem Fall wird die Anpresskraft vom weiter innen skizzierten Tellerfederpaket aufgebracht.

Aufgaben A.7.5 und A.7.6

7.3 Riemengetriebe (B)

Der Riementrieb dient zur Übertragung von Moment, Drehbewegung und Leistung von einer Welle auf die andere, wobei große Achsabstände kostengünstig überbrückt werden können. Er kann dabei zwei elementare Aufgaben der Antriebstechnik übernehmen:

- **Kupplung**: Ist das Übersetzungsverhältnis 1:1, so nimmt der Riementrieb die Aufgaben einer nicht schaltbaren Kupplung wahr: Er ist in der Lage, Maßabweichungen im Achsabstand und geringe Schiefstellungen der Wellen untereinander auszugleichen. Unter gewissen Einschränkungen kann der Riementrieb auch als Sicherheitskupplung dienen: Bei Momentenüberlastung wird ein Gleitschlupf („Rutschen") erzwungen, wodurch andere Maschinenteile vor Überlastung geschützt werden.
- **Getriebe**: Der Riementrieb kann als drehzahl- und drehmomentenwandelndes Getriebe verwendet werden. Dazu müssen die Radien der Riemenscheiben in ein Verhältnis gesetzt werden, welches dem Übersetzungsverhältnis entspricht.

Der Reibschluss zwischen Riemen und Scheibe erfordert eine Anpressung des Riemens auf die Scheibe und damit eine Vorspannung des Riementriebes.

7.3.1 Seilreibung (B)

Wie beim Reibradgetriebe liegt auch zwischen Riemen und Scheibe ein Reibzustand vor, der mit dem Coulombschen Gesetz beschrieben werden kann. Die rechnerische Formulierung dieses Reibschlusses wird jedoch durch einige Umstände erschwert:

- Die Kraftübertragung zwischen Scheibe und Riemen findet nicht an einer einzigen Stelle statt, sondern wird auf dem gesamten Umschlingungsbogen zwischen Riemen und Scheibe als Pressung aufgebracht.
- Die Anpresswirkung zwischen Riemen und Scheibe ist nicht an allen Stellen gleich, sondern ändert sich entlang des Umschlingungsbogens.
- Die reibschlüssige Kraftübertragung vollzieht sich zweimal (von der treibenden Scheibe zum Riemen und dann wieder vom Riemen auf die getriebene Scheibe).

Da dieser Sachverhalt in gleicher Weise bei einem Seil auftritt, welches um eine Seilrolle geschlungen ist und dabei ein Moment überträgt, wird diese Reibung auch häufig als „Seilreibung" bezeichnet. Mit der Modellvorstellung von Bild 7.21 und 7.22 sollen zunächst einmal die grundsätzlichen Einflussnahmen der Seilreibung qualitativ abgeklärt werden.

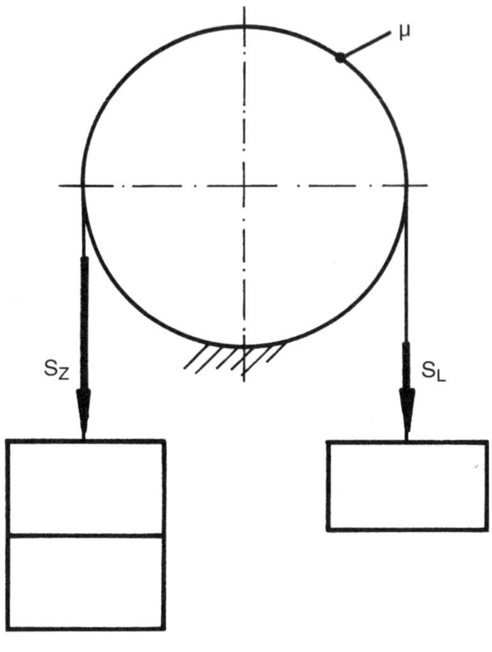

Bild 7.21: Seilreibung und Reibzahl

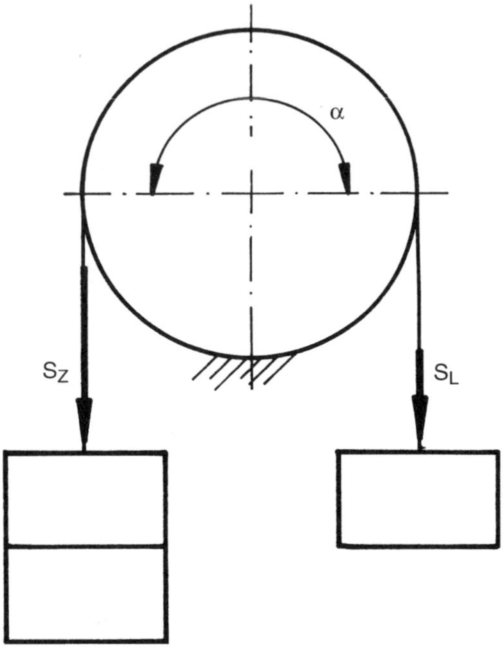

Bild 7.22: Seilreibung und Umschlingungswinkel

Ein Seil wird über eine drehfest angeordnete Scheibe gelegt und an jedem Ende mit zunächst gleich großen Gewichtskräften S_Z und S_L belastet (Bild 7.21). Das System bleibt in jedem Fall im Gleichgewicht, das Seil rutscht nicht. Würde man jedoch die Kraft S_Z wie hier dargestellt durch zusätzliche Gewichte zunehmend vergrößern, dann wächst damit auch der Quotient S_Z/S_L an. Dabei wird die größere der beiden Seilkräfte S_Z als „Zugtrumkraft" und die kleinere der beiden Kräfte S_L als „Leertrumkraft" bezeichnet. Bei weiterer Vergrößerung dieses Quotienten wird schließlich das Seil durchrutschen. Dieser Grenzfall wird bei geringer Reibzahl (z.B. Stahl/Stahl) früher eintreten als bei hohem μ (z.B. Gummi/Gummi). Dieser Grenzwert G_1 für S_Z/S_L ist also offenbar von der zwischen Seil und Scheibe wirkenden Reibzahl μ abhängig:

$$\frac{S_Z}{S_L} \leq G_1 = f_{(\mu)} \qquad \text{Gl. 7.25}$$

Auch in der Modellvorstellung von Bild 7.22 wird der Kraftquotient S_Z/S_L durch zusätzliches Auflegen von Gewicht auf der Zugtrumseite allmählich vergrößert. Wenn sich ein Durchrutschen ankündigt, wird der „Umschlingungswinkel" α, der in der bisherigen Betrachtung 180° betragen hat, durch eine weiteres Herumführen des Seils um die Scheibe um weitere 360° vergrößert. Man wird dann feststellen, dass sich anschließend der Kraftquotient S_Z/S_L deutlich vergrößern lässt, ohne dass ein Durchrutschen eintritt. Bei weiterer Vergrößerung von α lässt sich S_Z/S_L immer weiter steigern. Der Seemann, der ein Schiff am Hafenpoller befestigt, macht sich genau diesen Effekt zu Nutze: Er schlingt das Seil gleich mehrfach um den Poller und ist damit in der Lage, mit seiner sehr geringen Handkraft S_L riesige Schiffe mit enormen Zugkräften S_Z festzuhalten. Der Quotient S_Z/S_L kann also offenbar bis zu einem weiteren Grenzwert G_2 gesteigert werden, der eine Funktion des Umschlingungswinkels α ist:

$$\frac{S_Z}{S_L} \leq G_2 = f_{(\alpha)} \qquad \text{Gl. 7.26}$$

Zur quantitativen Beschreibung dieses Sachverhaltes wird ein infinitesimal kleines Riemenelement nach Bild 7.23 betrachtet.

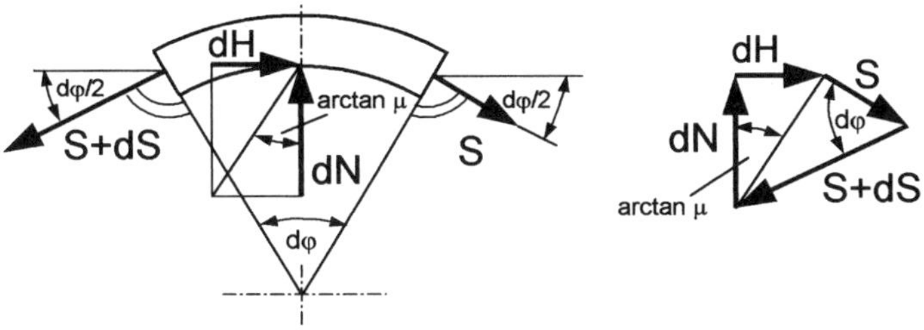

Bild 7.23: Kräfte am Riemenelement

Das Riemenelement wird von der Scheibenmitte aus unter dem Winkel $d\varphi$ gesehen. Am Riemenelement wirkt die Normalkraftkomponente dN, so dass unter Berücksichtigung des Reibwertes μ eine Horizontalkraft dH übertragen werden kann. An der rechten Seite des Riemenelementes liegt tangential die Seilkraft S an. Aufgrund der Reibkraft kann demzufolge auf der linken Seite $S + dS$ als tangentiale Zugkraft zugelassen werden. Alle diese Kräfte stehen untereinander im Gleichgewicht, so dass sowohl das Kräftegleichgewicht in x-Richtung als auch in y-Richtung formuliert werden kann:

$$\sum F_x = 0 = \mathrm{dH} + \mathrm{S} \cdot \cos\frac{\mathrm{d}\phi}{2} - (\mathrm{S} + \mathrm{dS}) \cdot \cos\frac{\mathrm{d}\phi}{2}$$

Wegen der sehr kleinen Winkel kann cos ($d\varphi$ / 2) = 1 gesetzt werden. Damit gewinnt man:

$$dH + S - S + dS = 0 \quad \Rightarrow \quad dH = dS \qquad \text{Gl. 7.27}$$

Die zweite Gleichgewichtsbedingung liefert:

$$\sum F_y = 0 = dN - S \cdot \sin\frac{d\varphi}{2} - (S + dS) \cdot \sin\frac{d\varphi}{2}$$

Da es sich hier um sehr kleine Winkel handelt, kann sin dφ = dφ gesetzt werden:

$$dN - S \cdot \frac{d\varphi}{2} - (S + dS) \cdot \frac{d\varphi}{2} = 0 \quad \text{oder} \quad dN - S \cdot \frac{d\varphi}{2} - S \cdot \frac{d\varphi}{2} - dS \cdot \frac{d\varphi}{2} = 0$$

Der letzte Ausdruck dieser Gleichung $dS \cdot d\varphi / 2$ ist „von höherer Ordnung klein", da zwei infinitesimal kleine Größen miteinander multipliziert werden. Dadurch verkürzt sich die letztgenannte Gleichung auf:

$$dN - 2 \cdot S \cdot \frac{d\varphi}{2} = 0 \qquad \Rightarrow \qquad dN = S \cdot d\varphi \qquad \text{Gl. 7.28}$$

Setzt man das Coulombschen Reibungsgesetz am einzelnen Riemenelement an und führt für die Reibkraft dH den Ausdruck nach Gl. 7.27 und für die Normalkraft dN das Ergebnis nach Gl. 7.28 ein, so ergibt sich

$$\mu = \frac{dH}{dN} = \frac{dS}{S \cdot d\varphi} \qquad \Rightarrow \qquad \frac{dS}{S} = \mu \cdot d\varphi \qquad \text{Gl. 7.29}$$

Diese letztgenannte Gleichung wird auch als „Differentialgleichung der Seilreibung" bezeichnet. Bei deren Lösung muss über den gesamten Umschlingungswinkel α integriert werden, wobei an dem einen Seilende die größere Seilkraft S_Z und am anderen die kleinere Seilkraft S_L vorliegt:

$$\int_{S=S_L}^{S=S_Z} \frac{dS}{S} = \mu \cdot \int_{\varphi=0}^{\varphi=\alpha} d\varphi$$

Auch das linke Integral ist besonders einfach zu lösen, da der Zähler genau die Ableitung des Nenners ist:

$$\left[\ln S\right]_{S=S_L}^{S=S_Z} = \mu \cdot \left[\varphi\right]_{\varphi=0}^{\varphi=\alpha} \quad \Rightarrow \quad \ln S_Z - \ln S_L = \mu\,(\alpha - 0)$$

Werden beide Gleichungsseiten in die e-te Potenz erhoben, so erhält man:

$$e^{\ln S_Z - \ln S_L} = e^{\mu\alpha}$$

$$\frac{S_Z}{S_L} = e^{\mu\alpha} \qquad \alpha \text{ in Bogenmaß!!} \qquad \text{Gl. 7.30}$$

Diese Gleichung gibt genau den Fall wieder, dass die Reibzahl μ gänzlich ausgenutzt wird, sie beschreibt also den Grenzfall, dass S_Z / S_L maximal wird. Natürlich kann S_Z / S_L auch kleiner als der Grenzwert $e^{\mu\alpha}$ sein.

$$\frac{S_Z}{S_L} \leq e^{\mu\alpha} \qquad \alpha \text{ in Bogenmaß!!} \qquad e^{\mu\alpha} = m \qquad \text{Gl. 7.31}$$

Diese Gleichung wird als „Eytelweinsche Gleichung" bezeichnet und ist von elementarer Bedeutung für die Seilreibung und damit auch für die Kraftübertragungsverhältnisse zwischen Riemen und Scheibe. Die Handhabung dieser Gleichung ist besonders einfach, da bei einer einmal ausgeführten Konstruktion sowohl die Reibzahl μ als auch der Umschlingungswinkel α konstant sind. Der Ausdruck $e^{\mu\alpha}$ ist deshalb ebenfalls konstant und wird mit m bezeichnet.

7.3.2 Treibscheiben (B)

In Erweiterung der oben vorgestellten Modellvorstellung der feststehenden Scheibe wird die Seilreibung nun an der drehenden Scheibe betrachtet.

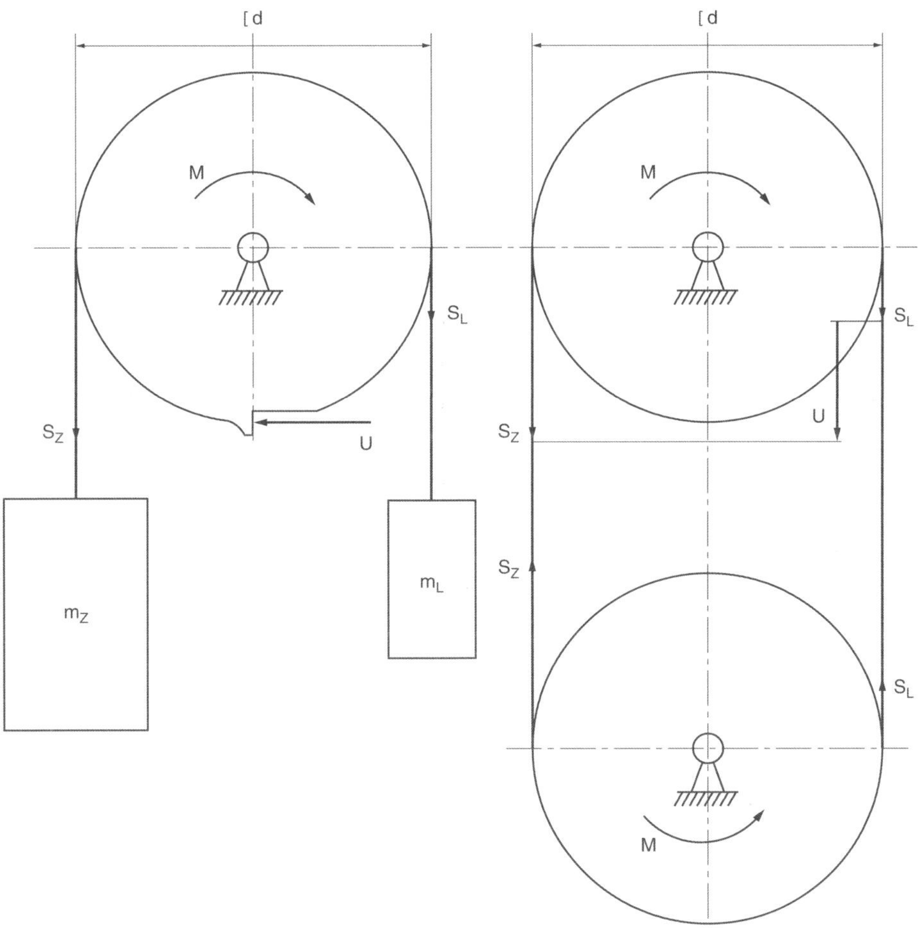

Bild 7.24: Treibscheibe Fördertechnik und Momentenübertragung über zwei gleich große Seilscheiben

Die in der linken Bildhälfte dargestellte Konstellation findet in der Fördertechnik zum Heben und Senken von Lasten Verwendung: Eine Last m_Z (z.B. Förderkorb) soll mit einem Seil angehoben werden. Wenn das Seil direkt auf die Hubtrommel aufgewickelt wird, so muss der Antriebsmotor die gesamte Hubarbeit aufbringen. Wird das Seil hingegen nach der skizzierten Anordnung über eine Scheibe geführt und am anderen Ende mit einer weiteren Masse m_L verbunden, so wird das Antriebsmoment, welches der Motor auf die Scheibe aufzubringen hat, deutlich reduziert, weil nur noch die Differenz der beiden Massen angehoben werden muss. Es muss allerdings sichergestellt werden, dass das um die Scheibe geschlungene Seil der Eytelweinschen Gleichung genügt und damit nicht durchrutscht. In der Fördertechnik werden solche Anordnungen „Treibscheiben" genannt. Das Antriebsmoment *M* errechnet sich zu

$$M = \left(S_Z - S_L\right) \cdot \frac{d}{2} \qquad \text{Gl. 7.32}$$

Die Seilkraftdifferenz (S_Z–S_L) kann auch durch die fiktive Umfangskraft *U* ausgedrückt werden, die im Bild formal am unteren Scheitelpunkt der Seilscheibe angetragen ist:

$$U = S_Z – S_L \qquad \text{Gl. 7.33}$$

Die Umfangskraft *U* erreicht dann ihren Maximalwert U_{max}, wenn der Betriebspunkt auf der Rutschgrenze liegt, wenn also $S_Z = S_L \cdot e^{\mu\alpha}$ oder $S_L = S_Z / e^{\mu\alpha}$ ist:

$$U_{max} = f_{(SL)} = S_L\, e^{\mu\alpha} – S_L = S_L\,(e^{\mu\alpha} – 1) \quad \text{oder:} \quad U_{max} = f_{(SZ)} = S_Z - \frac{S_Z}{e^{\mu a}} = S_Z \cdot \left(1 - \frac{1}{e^{\mu a}}\right)$$

Gl. 7.34

Das maximal übertragene Moment M_{max} formuliert sich schließlich zu:

$$M_{\max} = U_{\max} \cdot \frac{d}{2} = S_L \cdot \left(e^{\mu\alpha} - 1\right) \cdot \frac{d}{2} = S_Z \cdot \left(1 - \frac{1}{e^{\mu\alpha}}\right) \cdot \frac{d}{2} \qquad \text{Gl. 7.35}$$

Aufgabe A.7.7

7.3.3 Momentenübertragung und Vorspannung (B)

Die in der linken Hälfte von Bild 7.24 für eine einzelne Scheibe angestellten Überlegungen gelten natürlich auch dann, wenn die Zug- und Leertrumkraft über eine weitere Eytelweinsche Seilreibung auf eine weitere Scheibe übertragen werden und damit ein Seil- oder Riementrieb entsteht (rechte Bildhälfte). Der Einfachheit halber wird zunächst der Fall betrachtet, dass die Antriebs- und die Abtriebsscheibe gleichen Durchmesser aufweisen und damit ein Getriebe mit dem Übersetzungsverhältnis $i = 1$, also eine Kupplung entsteht.

Bei der Klärung der Frage nach dem maximal übertragbaren Moment ist aber nicht nur die Rutschgrenze, sondern auch die Festigkeitsgrenze maßgebend: Der Riemen darf unter Einwirkung der anliegenden Kräfte nicht über seine werkstoffkundlichen Grenzen hinaus belastet werden. Diese Problematik stellt sich beim Riementrieb aber besonders einfach dar, weil im Wesentlichen nur Zugkräfte vorliegen und die größtmögliche Zugkraft im Zugtrum auftritt:

$$S_{Zmax} = A_{Riemen} \cdot \sigma_{zul} \qquad \text{Gl. 7.36}$$

Die spannungsübertragende Querschnittsfläche des Riemens A_{Riemen} ergibt sich als Rechteckfläche aus Riemenbreite b und Riemenstärke s. Die zulässige Spannung σ_{zul} ist bei Riemenwerkstoffen ein Zeitfestigkeitswert und besagt damit, dass dieser Wert eine bestimmte Anzahl von Lastwechseln, also eine gewisse Gebrauchsdauer zulässt. Der Werkstoff des Riemens ist nicht dauerfest. Stellt man das Festigkeitskriterium (charakterisiert durch die zulässige Spannung nach Gl. 7.36) und die Rutschgrenze (charakterisiert durch Eytelwein nach Gl. 7.30) zusammen, so kann Gl. 7.35 erweitert werden:

$$M_{max} = S_{Z\,max} \cdot \left(1 - \frac{1}{e^{\mu\alpha}}\right) \cdot \frac{d}{2} = A_{Riemen} \cdot \sigma_{zul} \cdot \left(1 - \frac{1}{e^{\mu\alpha}}\right) \cdot \frac{d}{2} \qquad \text{Gl. 7.37}$$

Im theoretischen Grenzfall (sehr große Reibzahl μ und sehr großer Umschlingungswinkel α) kann der Riementrieb das Moment $M_{max} = A_{Riemen} \cdot \sigma_{zul} \cdot d/2$ übertragen. Werden für μ und α realistische Werte angenommen, so ergibt sich die in Bild 7.25 gezeigte Situation: Das übertragbare Moment steigt mit zunehmender Reibzahl und mit zunehmendem Umschlingungswinkel.

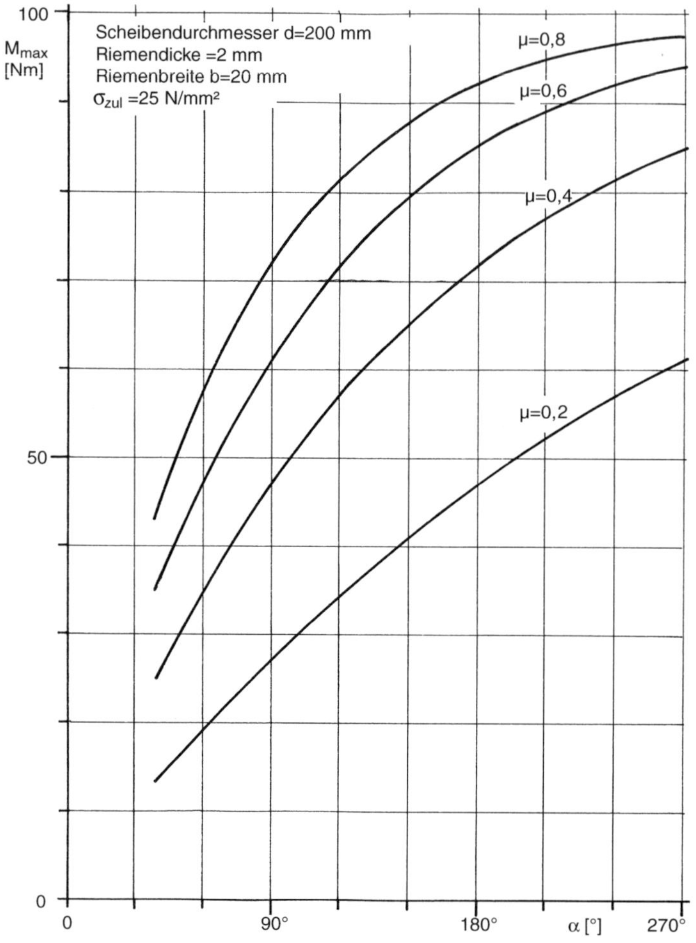

Bild 7.25: Übertragbares Moment Riementrieb

Kleine Umschlingungswinkel sind sinnlos, weil dann keine Umfangskraft und damit kein Moment übertragen werden kann. Andererseits sind Umschlingungswinkel von mehr als 270° (Dreiviertelkreis) kaum realisierbar, weil der Riemen wieder von der Scheibe abgeführt werden muss. Für den allgemeinen Fall, dass zur Drehzahl- und Drehmomentenwandlung unterschiedlich große Riemenscheiben verwendet werden, müssen noch einige geometrische Beziehungen geklärt werden:

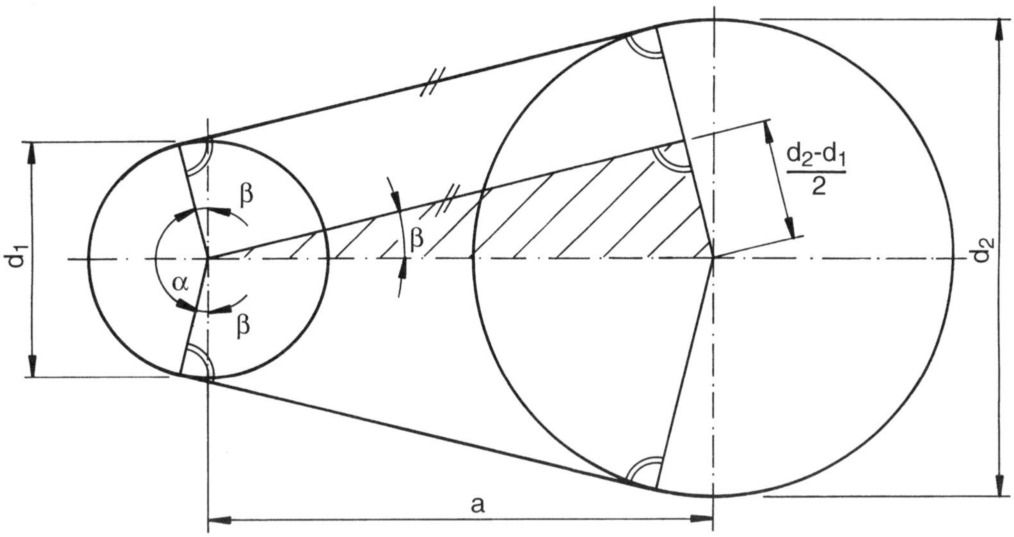

Bild 7.26: Geometrie Riementrieb mit unterschiedlich großen Scheiben

Im hier vorliegenden Fall (Bild 7.26) erreicht der Riemen an der kleineren Scheibe zuerst seine Rutschgrenze, weil dort der kleinere Umschlingungs**winkel** vorliegt und nicht etwa wegen des kürzeren Umschlingungs**bogen**s. Der Umschlingungswinkel α lässt sich geometrisch ermitteln:

$$\alpha[°] = 180° - 2 \cdot \beta[°] \qquad \text{Gl. 7.38}$$

Wenn die Scheibendurchmesser d_1 und d_2 und der Achsabstand a gegeben sind, so lässt sich der Winkel β am schraffierten Hilfsdreieck formulieren zu:

$$\sin\beta = \frac{d_2 - d_1}{2 \cdot a} \quad \Rightarrow \quad \alpha[°] = 180° - 2 \cdot \arcsin\frac{d_2 - d_1}{2 \cdot a} \qquad \text{Gl. 7.39}$$

An dieser Stelle wird der Umschlingungswinkel in Grad ausgewiesen und auch ausdrücklich so gekennzeichnet. Diese Unterscheidung ist deshalb angebracht, weil der Umschlingungswinkel in die Eytelweinsche Gleichung stets in Bogenmaß eingesetzt werden muss. Weiterhin ist die Länge des gesamten Riemens L_{Riemen} von Interesse. Sie lässt sich als Summe der beiden freien Trumlängen und der auf den Riemenabschnitten aufliegenden Riemenbögen ausdrücken:

L_{Riemen} = 2 · freie Trumlänge
+ Umschlingungsbogen kleine Scheibe
+ Umschlingungsbogen große Scheibe

Da sich die Angabe der Riemenlänge auf die Riemenmitte als neutraler Faser bezieht, muss die Riemendicke s berücksichtigt werden.

$$L_{Riemen} = 2 \cdot a \cdot \cos\beta[°] + \pi \cdot (d_1 + s) \cdot \frac{180° - 2 \cdot \beta[°]}{360°} + \pi \cdot (d_2 + s) \cdot \frac{180° + 2 \cdot \beta[°]}{360°} \qquad \text{Gl. 7.40}$$

Diese Gleichung kann auch für Winkelangaben in Bogenmaß ausgedrückt werden:

$$L_{Riemen} = 2 \cdot a \cdot \cos\beta + \pi \cdot (d_1 + s) \cdot \frac{\pi - 2 \cdot \beta}{2 \cdot \pi} + \pi \cdot (d_2 + s) \cdot \frac{\pi + 2 \cdot \beta}{2 \cdot \pi}$$

$$L_{Riemen} = 2 \cdot a \cdot \cos\beta + (d_1 + s) \cdot \frac{\pi - 2 \cdot \beta}{2} + (d_2 + s) \cdot \frac{\pi + 2 \cdot \beta}{2} \qquad \text{Gl. 7.41}$$

Häufig ist der Riemen nur in gewissen gestuften Längen erhältlich, so dass auf die nächste Riemenlänge gerundet werden muss. In diesem Fall kann der dazu passende Achsabstand durch Umstellung der obigen Gleichung berechnet werden:

$$a = \frac{L_{Riemen} - \pi \cdot (d_1 + s) \cdot \frac{180° - 2 \cdot \beta[°]}{360°} - \pi \cdot (d_2 + s) \cdot \frac{180° + 2 \cdot \beta[°]}{360°}}{2 \cdot \cos\beta[°]} \qquad \text{Gl. 7.42}$$

Dabei ist allerdings zu berücksichtigen, dass durch die Anpassung des Achsabstandes auch die Winkel α und β geringfügig verändert werden, so dass je nach Genauigkeitsanforderung die Berechnung des Achsabstandes mit einem korrigierten β iterativ wiederholt werden muss. Die voranstehende Betrachtung gilt für den offenen Riementrieb. Andere Riementriebgeometrien mit möglicherweise zusätzlichen Spann- und Umlenkrollen erfordern entsprechend modifizierte Ansätze.

Die Trumkräfte verursachen sowohl an der treibenden als auch an der getriebenen Scheibe eine Querkraft auf die Welle, die sich als Vektorsumme von S_Z und S_L ergibt. Ihr Betrag ist für den Festigkeitsnachweis von Wellen und Lagern von besonderer Bedeutung. Die an der Scheibe wirkenden Kräfte ergeben sich aus Bild 7.27.

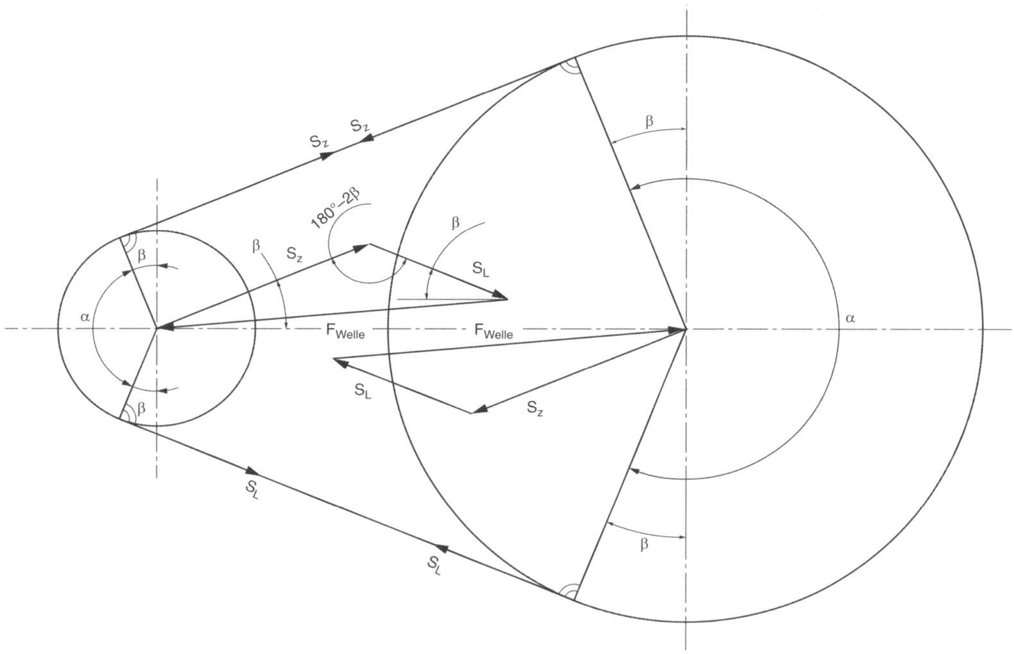

Bild 7.27: Wellenbelastung der Riemenscheiben

Die Winkelsumme eines jeden Dreiecks beträgt 180°, so dass sich der obere Winkel im Krafteck zu 180° – 2 · β berechnen lässt. Dadurch lässt sich der Kosinussatz ansetzen und die auf die Welle wirkende Kraft F_{Welle} berechnen:

$$F_{Welle} = \sqrt{S_Z^2 + S_L^2 - 2 \cdot S_Z \cdot S_L \cdot \cos\left(180° - 2 \cdot \beta[°]\right)} = \sqrt{S_Z^2 + S_L^2 - 2 \cdot S_Z \cdot S_L \cdot \cos\alpha}$$

Gl. 7.43

Dabei ist es für den vorliegenden Fall nach Bild 7.27 übrigens unerheblich, ob der Umschlingungswinkel α der größeren oder der kleineren Scheibe eingesetzt wird, da deren Kosinuswert gleich ist. Die Belastung auf die beiden Wellen ist ja ohnehin nach dem Gleichgewichtsprinzip der Mechanik gleich.

Während sich bei dem eingangs zitierten Beispiel der Treibscheibe aus der Fördertechnik in Ein-Scheiben-Anordnung die für die Momentenübertragung erforderliche Vorspannung im Seil quasi von selbst ergibt, muss sie bei der Zwei-Scheiben-Anordnung durch besondere konstruktive Maßnahmen gezielt eingeleitet werden.

7.3.3.1 Spannrolle (B)

In einer ersten diesbezüglichen Betrachtung wird die Vorspannkraft durch eine Spannrolle aufgebracht, die auf den Leertrum wirkt (siehe Bild 7.28).

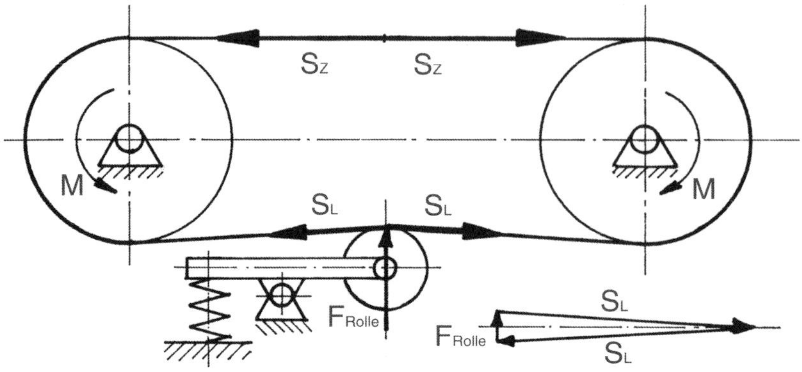

Bild 7.28: Spannrolle im Leertrum

Die bei der Momentenübertragung wirkenden Kräfte lassen sich besonders anschaulich darstellen, wenn S_Z über S_L aufgetragen wird (Bild 7.29).

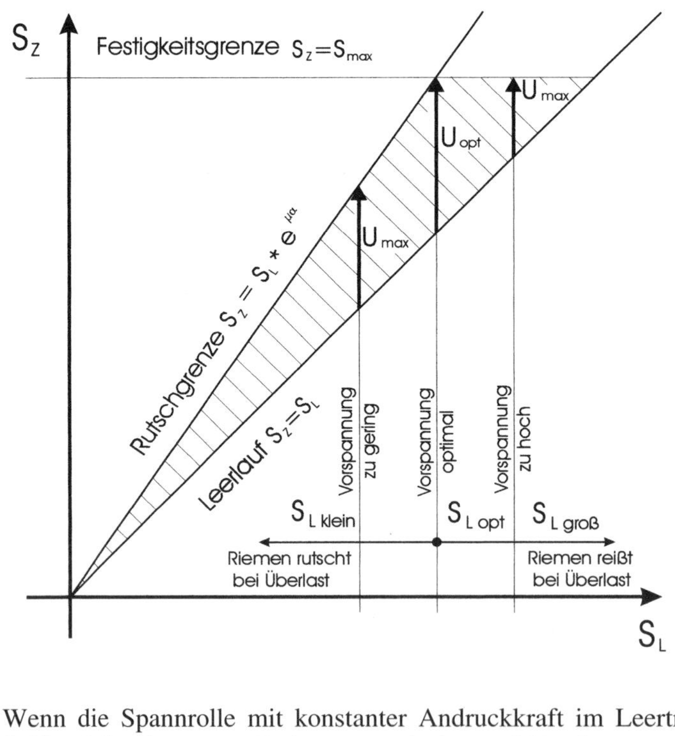

Bild 7.29: S_Z /S_L-Diagramm Spannrolle im Leertrum

Wenn die Spannrolle mit konstanter Andruckkraft im Leertrum wirkt, so bleibt auch die Seilkraft im Leertrum S_L konstant, sie ist unabhängig vom aktuell übertragenen Moment. Wird kein Moment übertragen (Leerlauf), so wirkt im Zugtrum eine Seilkraft S_Z, deren Betrag aber genauso groß ist wie die Leertrumkraft S_L. Der Leerlaufzustand wird also durch die Winkelhalbierende in Bild 7.29 repräsentiert, wobei sich mit steigender Vorspannung der Lastpunkt auf dieser Winkelhalbierenden zunehmend nach rechts oben bewegt. Wenn bei konstanter Leertrumkraft zusätzlich ein Moment übertragen wird, so wird die Zugtrumkraft S_Z um U größer als S_L, der Betriebspunkt verlagert sich im Diagramm senkrecht nach oben. Dabei zeichnet sich zwischen der Winkelhalbierenden und dem Betriebspunkt die Umfangskraft U als Ordinatenabschnitt ab. Im gleichen Diagramm kann auch die Rutschgrenze eingetragen werden. Dazu wird die Eytelweinsche Gleichung $S_Z / S_L < e^{\mu\alpha}$ (Gl. 7.30) umgeformt:

$$S_Z = S_L \cdot e^{\mu\alpha} = m \cdot S_L \qquad \text{Gl. 7.44}$$

Diese Gleichung der Form $y = m \cdot x$ spiegelt sich als Geradengleichung in Bild 7.29 wieder. Weiterhin ist in diesem Diagramm die Festigkeitsgrenze des Riemens darstellbar: Die Zugtrumkraft S_Z darf die Werkstofffestigkeit des Riemens nicht überschreiten und wird als waagerechte Gerade aufgetragen. Die Lage des Betriebspunktes wird also eingegrenzt durch:

- die Winkelhalbierende als Leerlaufgerade
- die Rutschgrenze ($S_Z = S_L \cdot e^{\mu\alpha} = m \cdot S_L$) und
- die Festigkeitsgrenze (bzw. Ermüdungsgrenze) S_{max}

Der Betriebspunkt muss sich also innerhalb des schraffierten Bereiches befinden. Das Moment kann so weit gesteigert werden, bis die dazu gehörende Umfangskraft U das schraffierte Gebiet verlässt. Bei der Frage nach der optimalen Vorspannung des Riemens lassen sich grundsätzlich die folgenden Fälle unterscheiden:

- Wird gering vorgespannt (S_{Lklein}), so kann die Zugtrumkraft S_Z so weit gesteigert werden, bis die durch die Eytelweinsche Gleichung beschriebene Gerade erreicht ist. Bei weiterer Steigung des zu übertragenden Momentes rutscht der Riemen durch.
- Wird hoch vorgespannt ($S_{Lgroß}$), so kann die Zugtrumkraft S_Z so weit gesteigert werden, bis die durch die Festigkeitsgrenze beschriebene horizontale Gerade erreicht ist. Bei weiterer Steigerung des zu übertragenden Momentes wird der Riemen durch übermäßige Zugspannung zerstört.
- Um mit dem Riementrieb ein möglichst großes Moment zu übertragen, muss eine möglichst große Umfangskraft U_{max} zugelassen werden können. Im Diagramm Bild 7.29 ist sofort erkennbar, welche Vorspannung dafür optimal ist: S_{Lopt} wird so eingestellt, dass die dazugehörende Ordinate durch den Schnittpunkt der Rutschgrenze und der Festigkeitsgrenze verläuft.

Wie das Bild 7.30 zeigt, besteht eine weitere Möglichkeit der Riemenvorspannung darin, die Spannrolle im Zugtrum anzubringen. Dabei bleiben der Leerlauf als Winkelhalbierende, die Rutschgrenze und die Festigkeitsgrenze erhalten. Die belastenden Kräfte äußern sich in diesem Fall folgendermaßen: Die Zugtrumkraft S_Z bleibt durch die gleichbleibende Rollenbelastung ständig konstant. Im Leerlauf sind Zugtrumkraft S_Z und Leertrumkraft S_L gleichgroß, der Betriebspunkt befindet sich wieder auf der Winkelhalbierenden. Wird Moment übertragen, so verlagert sich der Betriebspunkt nach links, bis er schließlich die durch $S_Z = S_L \cdot e^{\mu\alpha}$ beschriebene Rutschgrenze erreicht: Unabhängig vom Vorspannungszustand kann also keine mechanische Überlastung des Riemens eintreten, bei Überlast rutscht der Riemen vielmehr gezielt durch. Andererseits wird der Riemen aber unabhängig vom Lastzustand stets mit einer sehr hohen Kraft belastet, was beim zeitfesten Riemen eine Verkürzung der Gebrauchsdauer bedeutet.

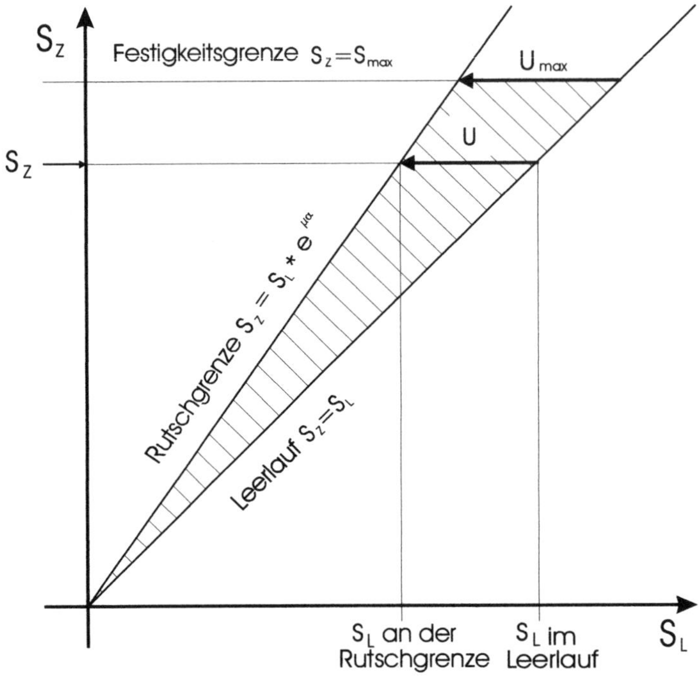

Bild 7.30: S_Z /S_L-Diagramm Spannrolle im Zugtrum

Aufgaben A.7.8 bis A.7.10

7.3.3.2 Offener Riementrieb mit gelenkig gelagerter Antriebswippe (E)

Ein Riementrieb wird als „offener Riementrieb" bezeichnet, wenn er ohne Spannrolle ausgeführt wird. In diesem Fall muss die Vorspannung direkt durch die beiden Wellen eingeleitet werden. Dazu wird eine der beiden Wellen (meist die Abtriebswelle) ortsfest gelagert, während die andere Welle (meist die Antriebswelle) parallelverschiebbar angeordnet ist. Der konstruktiv aufwendigere, aber leichter verständliche Fall liegt dann vor, wenn diese Verschiebbarkeit durch eine gelenkig gelagerte Wippe nach Bild 7.31 realisiert wird.

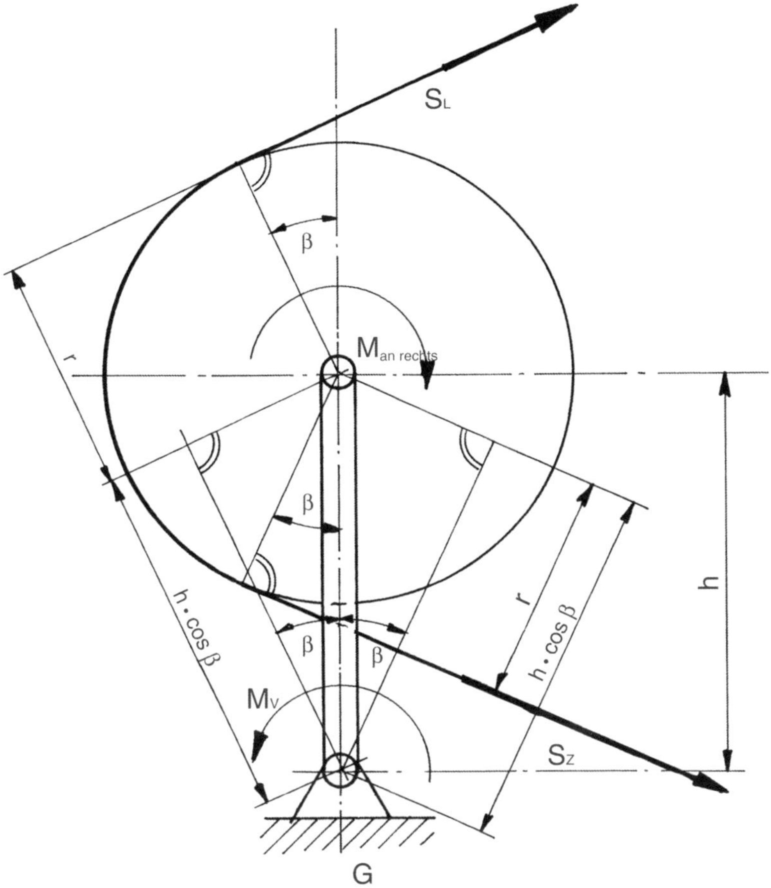

Bild 7.31: Offener Riementrieb mit gelenkiger Antriebswippe

Der Antrieb wird auf eine Wippe montiert, die bei G gelenkig an das Maschinengestell angebunden ist. Zunächst einmal wird der Fall betrachtet, dass das Antriebsmoment als $M_{an\ rechts}$ rechts herum wirkt. Das durch eine Feder oder ein Gewicht aufgebrachte Vorspannmoment M_V spannt über den Hebelarm h den Riementrieb vor. Um den Gelenkpunkt G der Wippe lässt sich das Momentengleichgewicht formulieren:

$$M_V = S_L \cdot (h \cdot \cos\beta + r) + S_Z \cdot (h \cdot \cos\beta - r) \qquad \text{Gl. 7.45}$$

Zur Darstellung im S_Z/S_L-Diagramm wird eine Funktion der Form $S_Z = f_{(SL)}$ gesucht.

$$S_Z \cdot (h \cdot \cos\beta - r) = -(h \cdot \cos\beta + r) \cdot S_L + M_V$$

$$S_Z = -\frac{h \cdot \cos\beta + r}{h \cdot \cos\beta - r} \cdot S_L + \frac{M_V}{h \cdot \cos\beta - r} \qquad \text{(gilt für } M_{an\ rechts} \text{ im Uhrzeigersinn)}$$

Diese Formulierung gilt nur, wenn der Hebelarm h senkrecht zur Verbindungslinie der beiden Riemenscheiben angeordnet ist. Andernfalls müssen die geometrischen Zusammenhänge noch allgemeiner formuliert werden. Damit gewinnt man eine Geradengleichung der Form $y = m \cdot x + b$ mit der negativen Steigung

$$m = -\frac{h \cdot \cos\beta + r}{h \cdot \cos\beta - r} \quad \text{(gilt für } M_{an\ rechts} \text{ im Uhrzeigersinn)} \qquad \text{Gl. 7.46}$$

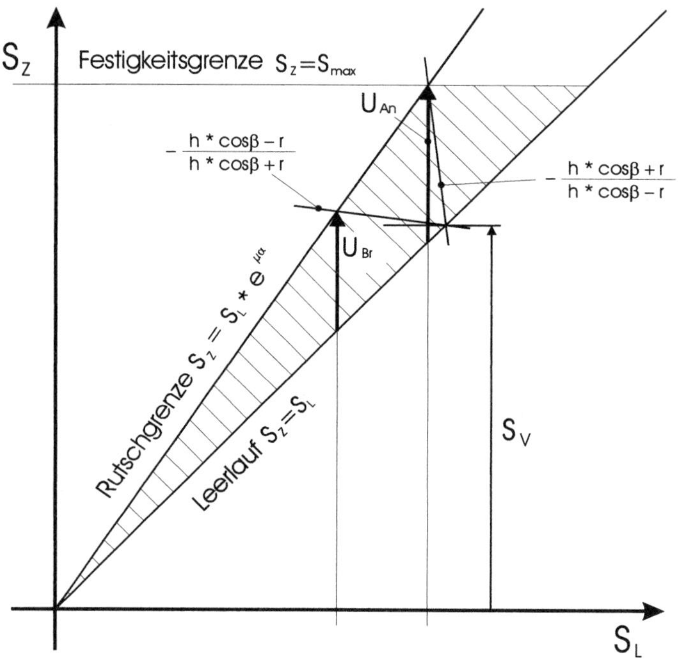

Bild 7.32: S_Z/S_L-Diagramm offener Riementrieb mit gelenkiger Antriebswippe

Diese Steigung lässt sich nach Bild 7.32 als Gerade im S_Z/S_L-Diagramm darstellen. Auch hier kann die größtmögliche Leistung dann übertragen werden, wenn die Umfangskraft U_{rechts} genau so platziert wird, dass Rutschgrenze und Festigkeitsgrenze gleichzeitig erreicht werden. In der zuvor genannten Gleichung ist bei festgelegter Geometrie (h, r und β) das Vorspannmoment M_V so zu dosieren, dass die abfallende Gerade genau durch den Schnittpunkt von Rutschgrenze und Festigkeitsgrenze verläuft.

Der Zusammenhang zwischen der im Riemen wirkenden Leerlaufvorspannkraft S_V und dem Vorspannmoment M_V lässt sich herstellen, in dem man Gl. 7.45 für den Leerlauf formuliert ($S_Z = S_L = S_V$):

$$M_V = S_V \cdot (h \cdot \cos\beta + r) + S_V \cdot (h \cdot \cos\beta - r) = S_V \cdot 2 \cdot \cos\beta \qquad \text{Gl. 7.47}$$

$$S_V = \frac{M_V}{2 \cdot h \cdot \cos\beta} \qquad \text{Gl. 7.48}$$

Wirkt das Antriebsmoment in umgekehrter Richtung (beispielsweise beim Abbremsen), so vertauschen sich Zug- und Leertrumkraft. Dann führt die Betrachtung des Momentengleichgewichtes auf die folgende Gleichung:

$$S_Z = -\frac{h \cdot \cos\beta - r}{h \cdot \cos\beta + r} \cdot S_L + \frac{M_V}{h \cdot \cos\beta + r} \quad \text{(gilt für } M_{an\ links} \text{ im Gegenuhrzeigersinn)} \qquad \text{Gl. 7.49}$$

Bei beibehaltener Leerlaufriemenvorspannkraft S_V ist das Geradengefälle mit $(h \cdot \cos\beta - r)/(h \cdot \cos\beta + r)$ wesentlich flacher und damit wird auch die übertragbare Umfangskraft U_{links} deutlich kleiner. Damit hängt die Höhe des übertragbaren Momentes von seiner Drehrichtung ab. Dies ist von besonderer Bedeutung, wenn auf der gleichen Welle sowohl angetrieben als auch gebremst wird (beispielsweise bei der Verwendung handelsüblicher Bremsmotoren).

Aufgaben A.7.11 und A.7.12

7.3.3.3 Offener Riementrieb mit Auflegevorspannung (V)

Besonders bei kleineren Riementrieben versucht man, die aufwendige Wippenkonstruktion zu vermeiden: Der Antrieb wird fest installiert und der Achsabstand genau so bemessen, dass der Riemen beim Auflegen gedehnt werden muss und dabei die gewünschte Vorspannkraft aufgrund seiner eigenen Federwirkung aufbringt. Dazu wird der Riemen selbst als Zugfeder betrachtet, siehe Bild 7.33:

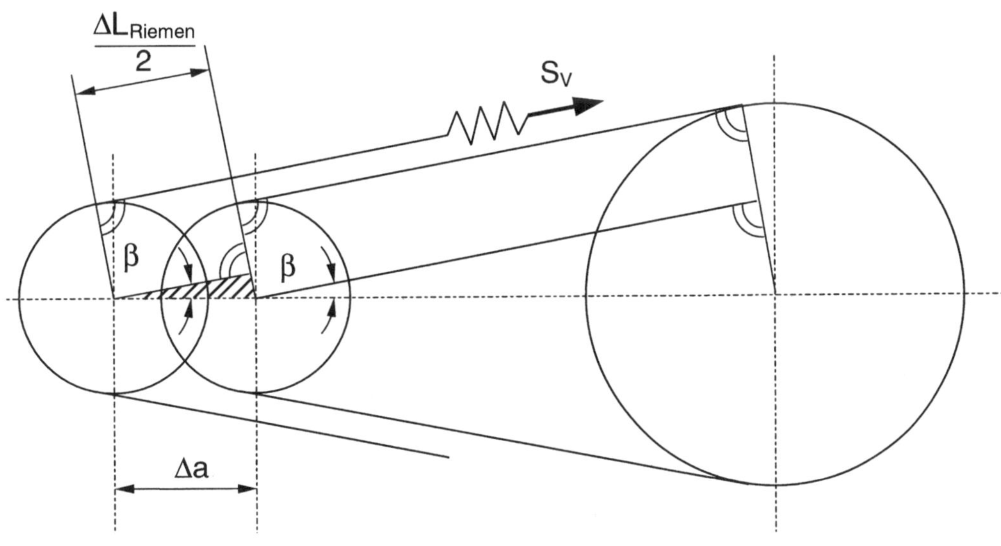

Bild 7.33: Riemenvorspannung durch Auflegevorspannung

Die Riemenvorspannung wird durch die Dehnung ε_R des Riemens mit dem Elastizitätsmodul E_R hervorgerufen (vgl. auch Band 1, Gl. 0.3):

$$\sigma_{Vor} = E_R \cdot \varepsilon_R \qquad \text{Gl. 7.50}$$

Die drei Terme dieser Gleichung können folgendermaßen ausgedrückt werden:

- Die Vorspannkraft im Riemen S_V ergibt sich aus der Vorspannung σ_{Vor} in der Riemenquerschnittsfläche A_R:

$$\sigma_{Vor} = \frac{S_V}{A_R} \qquad \text{Gl. 7.51}$$

- Für E_R muss der sog. „**statische**" Elastizitätsmodul des Riemenwerkstoffs eingesetzt werden (das Auflegen des Riemens und die damit verbundene Belastung des Riemens ist quasistatisch).
- Die relative Riemenlängung ε_R ist definitionsgemäß der Quotient aus Längenänderung ΔL_{Riemen} zu Ursprungslänge L_{Riemen}:

$$\varepsilon_R = \frac{\Delta L_{Riemen}}{L_{Riemen}} \qquad \text{Gl. 7.52}$$

Die Längenänderung ΔL_{Riemen} verteilt sich nach Bild 7.33 je zur Hälfte auf die Zug- und Leertrumseite und tritt dabei als Ankathete zum Winkel β im kleinen schraffierten Dreieck auf, dessen Hypothenuse die Achsabstandsänderung Δa ist:

$$\cos\beta = \frac{\frac{\Delta L_{Riemen}}{2}}{\Delta a} \quad \Rightarrow \quad \Delta L_{Riemen} = 2 \cdot \Delta a \cdot cos\,\beta = 2 \cdot \Delta a \cdot sin\frac{\alpha}{2} \qquad \text{Gl. 7.53}$$

Dabei wird vorausgesetzt, dass der Vorspannvorgang und die damit verbundene Achsabstandsänderung Δa keinen Einfluss auf den Umschlingungswinkel α (bzw. der Winkel β) hat. Damit wird die relative Dehnung des Riemens zu

$$\varepsilon_R = \frac{2 \cdot \Delta a \cdot \sin\frac{\alpha}{2}}{L_{Riemen}} \qquad \text{Gl. 7.54}$$

Werden die drei Einzelterme nach Gl. 7.51, 7.52 und 7.54 in Gl. 7.50 eingesetzt, so ergibt sich:

$$\frac{S_V}{A_R} = E_R \cdot \frac{2 \cdot \Delta a \cdot \sin\frac{\alpha}{2}}{L_{Riemen}} \quad \Rightarrow \quad S_V = E_R \cdot A_R \cdot \frac{2 \cdot \Delta a \cdot \sin\frac{\alpha}{2}}{L_{Riemen}} \qquad \text{Gl. 7.55}$$

Die Vorspannkraft S_V und die Achsabstandsänderung Δa stehen also wie bei einer Feder in proportionalem Zusammenhang. Einerseits erhält man dadurch eine Bestimmungsgleichung für die erforderliche Achsabstandsänderung:

$$\Delta a = \frac{L_{Riemen}}{2 \cdot A_R \cdot \sin\frac{\alpha}{2} \cdot E_R} \cdot S_V \qquad \text{Gl. 7.56}$$

Andererseits kann damit aber auch der gesamte Riementrieb bezüglich seiner Vorspannung formal als Feder mit der Vorspannfedersteifigkeit c_{VS} aufgefasst werden:

$$c = \frac{F}{f} \quad \text{hier: } c_{VS} = \frac{S_V}{\Delta a} = \frac{2 \cdot A_R \cdot \sin\frac{\alpha}{2}}{L_{Riemen}} \cdot E_R \qquad \text{Gl. 7.57}$$

Die Auflegevorspannung ist besonders einfach zu praktizieren, da sie eine Parallelverschiebbarkeit einer der beiden Wellen nur während der Montage, nicht aber im Betrieb erfordert. Im allgemeinen Fall wird sich der Riemen allerdings nach einer gewissen Gebrauchsdauer etwas längen. Da damit ein Vorspannungsverlust verbunden ist, muss gelegentlich nachgespannt werden.

Um bei der Vorspannung keine übertriebene Maßgenauigkeit des Weges Δa fordern zu müssen, ist ein „weicher" Riementrieb mit geringem c_{VS} von Vorteil. Dies lässt sich durch lange Riemen mit geringer Querschnittsfläche und geringem Elastizitätsmodul gut erreichen. Riemen mit Stahleinlagen und entsprechend hohem Elastizitätsmodul lassen sich auf diese Art kaum spannen.

Durch die Symmetrie von Zugtrum- und Leertrumseite wird der Riementrieb im Gegensatz zur Konstruktion mit gelenkiger Wippe unabhängig von der Richtung des Antriebsmomentes. Mit steigender Umfangskraft U wird die Zugtrumkraft S_Z stets um genau den Betrag größer, um den die Leertrumkraft S_L absinkt. Das zuvor aufgeführte S_Z/S_L-Diagramm für den offenen Riementrieb vereinfacht sich, die „abfallende" Gerade hat stets einen Winkel von 45° (Bild 7.34).

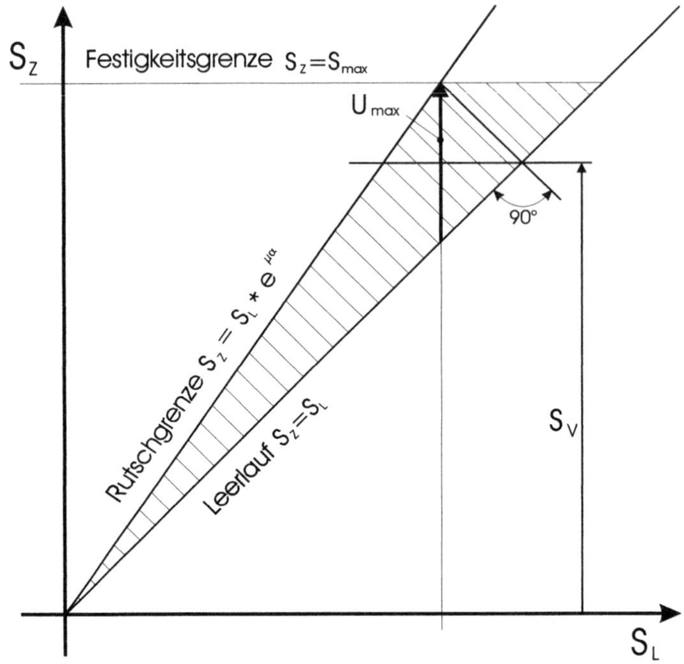

Bild 7.34: S_Z/S_L-Diagramm offener Riementrieb mit Auflegevorspannung

Die Vorspannkraft S_V ist also stets der Mittelwert von Zugtrumkraft S_Z und Leertrumkraft S_L:

$$S_V = \frac{S_Z + S_L}{2} \quad \text{Gl. 7.58}$$

Die hier aufgeführten Gleichungen orientieren sich an einem offenen Riementrieb mit zwei Riemenscheiben. Wird der Riemen über mehrere Scheiben geführt, so müssen die geometrischen Zusammenhänge entsprechend erweitert werden, was meist einen beträchtlichen Rechenaufwand bedeutet.

Aufgaben A.7.13 bis A.7.17

7.3.3.4 Selbstspannende Riementriebe (V)

Bereits bei den Reibradgetrieben wurden Mechanismen vorgestellt, die die Anpresskraft mechanisch so regeln, dass gerade nur so viel Normalkraft aufgebracht wird, wie für den Reibschluss der Momentenübertragung unbedingt erforderlich ist. Dadurch werden die kraftübertragenden Bauteile bei Teillast so weit wie möglich entlastet, was sich für die zeitfesten Bauteile im Kraftfluss lebensdauersteigernd auswirkt. Genau der gleichen Problematik begegnet man auch bei Riementrieben. Dazu wird der im vorangegangenen Abschnitt vorgestellte offene Riementrieb mit gelenkig gelagerter Wippe in modifizierter Form nochmals aufgegriffen (Bild 7.35).

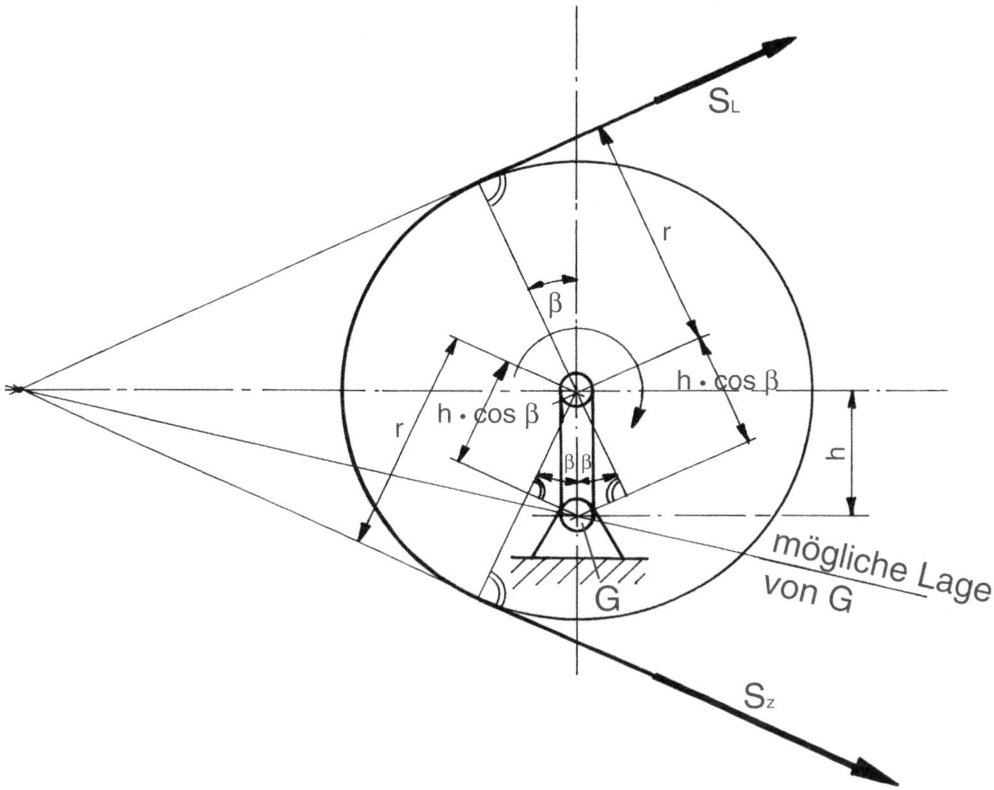

Bild 7.35: Selbstspannender offener Riementrieb mit gelenkiger Antriebswippe

Im Gegensatz zu Bild 7.31 wird hier jedoch der Gelenkpunkt nach innerhalb der Scheibe verlegt und auf das am Gelenk wirkende Vorspannmoment M_V gänzlich verzichtet. Dann ergibt sich um den Gelenkpunkt folgendes Momentengleichgewicht:

$$S_L \cdot (r + h \cdot \cos\beta) = S_Z \cdot (r - h \cdot \cos\beta) \qquad \text{Gl. 7.59}$$

$$\frac{S_Z}{S_L} = \frac{r + h \cdot \cos\beta}{r - h \cdot \cos\beta} = e^{\mu\alpha} \quad \text{(idealerweise)} \qquad \text{Gl. 7.60}$$

Für das Verhältnis S_Z/S_L ist der Wert von $e^{\mu\alpha}$ anzustreben, was sich durch eine entsprechende Anordnung des Gelenkpunktes erreichen lässt. Durch Umstellung der rechten Seite von Gl. 7.60 wird der Hebelarm h zum optimaler Hebelarm h_{opt}:

$$r + h_{opt} \cdot \cos\beta = e^{\mu\alpha} \cdot (r - h_{opt} \cdot \cos\beta) = e^{\mu\alpha} \cdot r - e^{\mu\alpha} \cdot h_{opt} \cdot \cos\beta$$

$$h_{opt} \cdot \cos\beta\,(e^{\mu\alpha} + 1) = r \cdot (e^{\mu\alpha} - 1)$$

$$h_{opt} = \frac{e^{\mu\alpha} - 1}{\left(e^{\mu\alpha} + 1\right) \cdot \cos\beta} \cdot r \qquad \text{Gl. 7.61}$$

Die optimale Lage des Gelenkpunktes ist jedoch nicht an diesen einen Punkt gebunden, es muss lediglich sichergestellt werden, dass die Verhältnismäßigkeit $(r + h \cdot \cos\beta)/(r - h \cdot \cos\beta) = e^{\mu\alpha}$ erfüllt ist. Demzufolge kann der Anlenkpunkt irgendwo auf der in Bild 7.35 skizzierten Geraden liegen und dabei auch nach außerhalb der Scheibe verlegt werden. Der Gelenkpunkt wird sinnvollerweise dort platziert, wo es für die Konstruktion geeignet ist.

Es muss sichergestellt werden, dass beim Einleiten eines Momentes der Riemen mit einer geringen Vorspannung bereits in Kontakt mit der Scheibe steht. Zu diesem Zweck wird die Wippe meist durch eine Feder oder durch ein Gewicht leicht vorgespannt, so dass eine geringe Anlaufvorspannkraft S_V vorhanden ist. Im S_Z/S_L-Diagramm (Bild 7.36) stellt sich der Sachverhalt folgendermaßen dar:

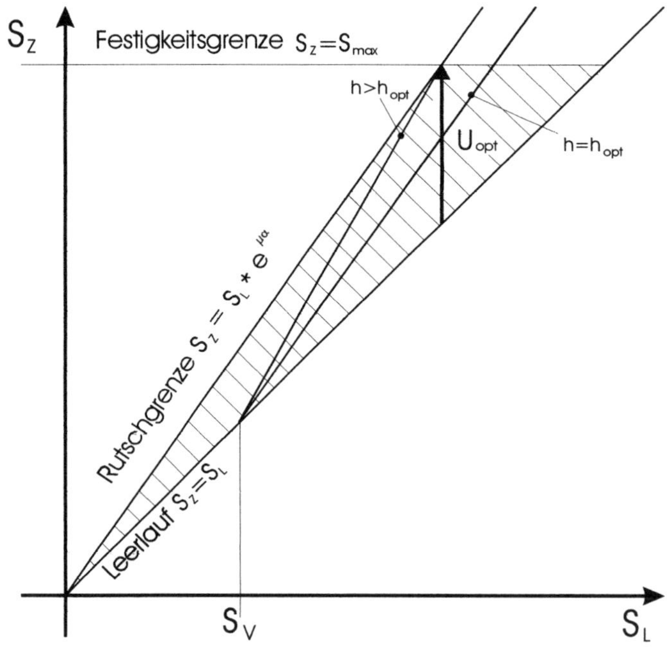

Bild 7.36: S_Z/S_L-Diagramm selbstspannender offener Riementrieb

Das Überlastverhalten dieses Riementriebes kann kritisch werden: Wird der Riementrieb genau mit $(r + h \cdot \cos\beta)/(r - h \cdot \cos\beta) = e^{\mu\alpha}$ dimensioniert, so wird er auch bei Überlast die Rutschgrenze nie überschreiten, was zwangsläufig zu einer gewaltsamen Zerstörung des Riemens führen muss. In diesem Fall kann der Riementrieb sich einer Überlast **nicht** durch Durchrutschen entziehen. Wird der Riementrieb jedoch mit S_V gering vorgespannt und gezielt mit $(r + h \cdot \cos\beta)/(r - h \cdot \cos\beta) > e^{\mu\alpha}$ ausgelegt, so kann man bei zunehmender Last den Schnittpunkt zwischen Rutschgrenze und Festigkeitsgrenze als optimalen Betriebspunkt ansteuern. Diese Vorgehensweise ist allerdings wegen des schwankenden Reibwertes problematisch.

Der oben angedeutete Riementrieb kann übrigens nur dann seine Funktion erfüllen, wenn das Moment in der angegebenen Richtung wirkt. Kehrt sich die Momentenrichtung beispielsweise beim Bremsen um, so wird jeder Reibschluss und damit jede Momentenübertragbarkeit automatisch aufgehoben. Soll die Selbstspannungswirkung in beide Richtungen aufrechterhalten werden, so wird eine ganz andere Konstruktion erforderlich (Bild 7.37). Dabei wird der Riemen selber als federndes Element ausgenutzt (siehe auch [4]).

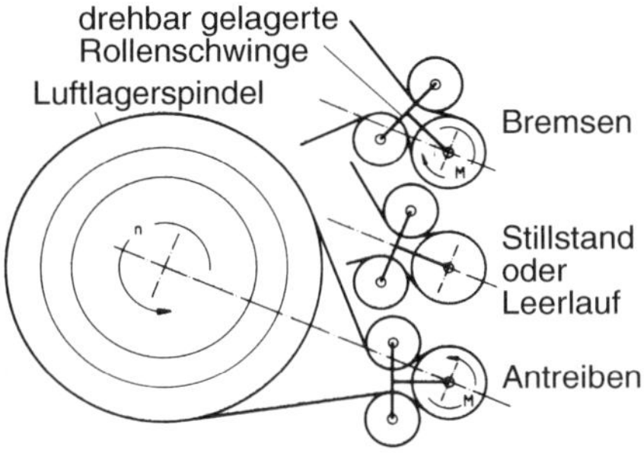

Bild 7.37: In beide Drehrichtungen selbstspannender Riementrieb

Der Riemen wird bei jedem Übergang zwischen treibender und angetriebener Scheibe zusätzlich über je eine Laufrolle geführt. Diese sind in einer gemeinsamen Rollenschwinge gelagert, deren Drehpunkt mit der Achse der antreibenden Scheibe zusammenfällt. Die Schwinge ist frei beweglich und stellt sich nur nach den eingeleiteten Riemenkräften ein. Zur Erläuterung des Selbstspanneffektes geht man am einfachsten von dem mittleren der drei Teilbilder aus.

- Für den Leerlauf ergibt sich eine symmetrische Stellung, weil Zugtrum- und Leertrumkräfte gleich groß sind. Die Riemenvorspannung ist durch entsprechend fixierten Achsabstand zwischen antreibender und angetriebener Scheibe auf einen minimalen Wert eingestellt, die Lagerbelastung ist demzufolge ebenfalls minimal.
- Wird an der getriebenen Scheibe ein Moment abverlangt, so entstehen dadurch unterschiedliche Zug- und Leertrumkräfte, denn nur deren Differenz macht sich an der Scheibe als Moment bemerkbar. Aufgrund dieser unterschiedlichen Trumkräfte stellt sich die Rollenschwinge automatisch außermittig ein. Dadurch wird der Riemen gelängt, wodurch sich von selbst eine höhere Riemenspannung ergibt. Die Riemenspannung wird um so größer, je mehr Moment übertragen wird. Dies gilt sowohl für das Antreiben (unten) als auch für das Bremsen (oben).

Für einen optimalen Betrieb muss die Lage der Laufrollen zueinander genau abgestimmt werden:

- Werden die beiden Rollen zu nahe zueinander positioniert, so ist das dadurch aufgespannte Seileck bereits in Leerlaufstellung sehr steil, so dass bei Momenenübertragung der Riemen übertrieben stark gespannt wird. Die Riemenspannung – und damit die Lagerlast – werden unnötig groß. Es kann sogar dazu kommen, dass die Riemenspannung wesentlich größer ist als bei einem Riemenantrieb mit konstanter Vorspannung.

- Ist der Abstand der Rollen untereinander zu groß, so wird das dadurch entstehende Seileck sehr flach und die Spannwirkung zu gering, der Riemen würde durchrutschen oder sogar abspringen.

Wegen der gegenseitigen Abhängigkeit von Geometrie und Belastung kann keine explizite Gleichung formuliert werden, ein solches Problem wird zweckmäßigerweise iterativ gelöst, wobei die elastischen Eigenschaften des Riemens genau bekannt sein müssen. Bei sorgfältiger Abstimmung kann an der Stellung der Rollenschwinge sogar das aktuell übertragene Moment abgelesen werden, was diesen Mechanismus zur Messvorrichtung zur Erfassung des aktuellen Drehmomentes werden lässt.

Aufgabe A.7.18

7.3.4 Weitere Spannungen im Riemen (V)

In den vorangegangenen Betrachtungen wurde davon ausgegangen, dass der Riemen nur durch das zu übertragende Moment und die Vorspannung auf Zug belastet wird. Tatsächlich treten jedoch noch weitere Beanspruchungen auf, die je nach Einsatz- und Betriebsbedingungen einen großen Anteil an der tatsächlichen Riemenbelastung ausmachen können.

7.3.4.1 Biegebelastung (V)

Bekanntlich wird ein Biegebalken unter Einfluss eines Biegemomentes durchgebogen, er erfährt also eine elastische Verformung. Beim Riemen muss dieser Zusammenhang in umgekehrter Richtung betrachtet werden: Beim Auflaufen des Riemens auf die Scheibe wird dem Riemen als sehr elastischem Biegebalken eine Verformung aufgezwungen, die ihrerseits eine Biegespannung σ_b zur Folge hat. Der Biegeeinfluss wird am einfachsten verständlich, wenn man den Riemen beim Übergang von seiner freien Trumlänge auf die Scheibe betrachtet (Bild 7.38).

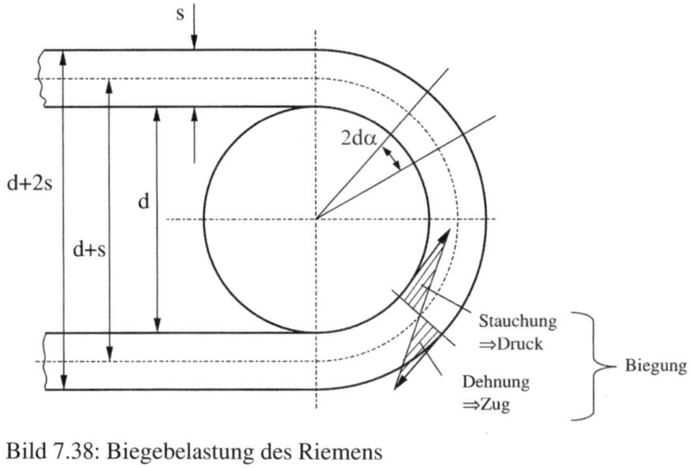

Bild 7.38: Biegebelastung des Riemens

Die rechnerische Beschreibung dieses Zusammenhanges geht von der elementaren Verformungsgleichung der Elastizitätslehre aus:

$$\sigma = E \cdot \varepsilon \qquad \text{mit} \qquad \varepsilon = \frac{\Delta L}{L}$$

Die relative Längenänderung $\Delta L \,/\, L$ lässt sich für den vorliegenden Fall jedoch einfach als geometrisch erzwungene Längenänderung zum Ausdruck bringen: In seiner neutralen Faser wird der Riemen nicht verformt, während er in der Außenfaser seine maximale Längung und in der Innenfaser seine maximale Stauchung erfährt:

$$\varepsilon = \frac{L_{Außenfaser} - L_{neutraleFaser}}{L_{neutraleFaser}} = \frac{d\alpha \cdot (r_{Scheibe} + s) - d\alpha \cdot \left(r_{Scheibe} + \frac{s}{2} \right)}{d\alpha \cdot \left(r_{Scheibe} + \frac{s}{2} \right)} = \frac{\frac{s}{2}}{r_{Scheibe} + \frac{s}{2}} \qquad \text{Gl. 7.62}$$

Die halbe Riemendicke $s/2$ ist als additives Glied relativ klein gegenüber dem Scheibenradius $r_{Scheibe}$ und kann deshalb vernachlässigt werden. Dadurch vereinfacht sich die relative Dehnung zu:

$$\varepsilon = \frac{s}{d_{Scheibe}} \qquad \text{Gl. 7.63}$$

An der Innenseite des Riemens tritt die gleiche Verformung als Stauchung auf. Die relative Dehnung ist aber auch hier $\varepsilon = \Delta L \,/\, L = s \,/\, d_{Scheibe}$, die Biegespannung formuliert sich also zu

$$\sigma_b = E_{dyn} \cdot \varepsilon = E_{dyn} \cdot \frac{s}{d_{Scheibe}} \qquad \text{Gl. 7.64}$$

An dieser Gleichung können die grundlegenden Einflussgrößen für die im Riemen herrschende Biegespannung abgelesen werden:

- Die Biegespannung im Riemen ist dann besonders gering, wenn der Riemen selbst sehr dünn ist.
- Die Biegespannung im Riemen ist dann besonders hoch, wenn der Scheibendurchmesser sehr klein ist. Dies kann besonders bei kleinen Spannrollen kritisch werden.
- Nachgiebige Riemenwerkstoffe erfahren wegen ihres geringen E-Moduls eine geringere Biegebelastung. Die Angabe des Elastizitätsmoduls ist für Riemenwerkstoffe einigermaßen problematisch. Während bei der Riemenvorspannung der statische Elastizitätsmodul anzusetzen ist, ist hier der dynamische E-Modul maßgebend. Damit wird dem Umstand Rechnung getragen, dass zumindest der Matrixwerkstoff fast immer viskoelastische Eigenschaften aufweist (s. Kap. 2.5.2, Band 1, Gummifedern), wodurch der Elastizitätsmodul von der Belastungsgeschwindigkeit abhängig wird. Die Ermittlung des E-Modul wird weiterhin dadurch erschwert, dass es sich beim Riemenwerkstoff häufig um einen Verbundwerkstoff mit stark unterschiedlich elastischen bzw. viskoelastischen Eigenschaften der Einzelkomponenten handelt.

- Der Biegeeinfluss ist unabhängig vom Umschlingungswinkel, er tritt also auch dann auf, wenn der Riemen die Scheibe nur auf einem kurzen Bogen berührt (z.B. Spannrolle).

Die beim Biegen in den Riemen eingebrachte Verformungsenergie wird bei der Entlastung wegen der viskoelastischen Eigenschaften und der damit verbundenen Dämpfung nicht wieder vollständig zurückgewonnen, vielmehr macht sich die im Riemen verbleibende Energie als Hysterese und schließlich als Erwärmung des Riemens bemerkbar. Es muss sichergestellt werden, dass diese Erwärmung nicht zu werkstoffkundlich unzulässig hohen Temperaturen führt. Dieser komplexe Sachverhalt wird in erster grober Näherung durch eine Begrenzung der Anzahl der Biegelastwechsel pro Zeiteinheit (sog. „Biegefrequenz“) erfasst. Dazu lässt sich zunächst einmal für einen Riemenumlauf formulieren:

$$\textit{Anzahl der Biegevorgänge} = \frac{\textit{vom Riemen zurückgelegte Wegstrecke} \cdot \textit{Anzahl der Rollen}}{\textit{Riemenlänge}}$$

Gl. 7.65

Für das weitere Vorgehen wird die Anzahl der Rollen mit z und die Riemengeschwindigkeit mit v bezeichnet. Bezieht man Gl. 7.65 auf die Zeiteinheit, so gewinnt man einen einfachen Ausdruck für die Biegefrequenz f_B in Funktion der Riemengeschwindigkeit v:

$$f_B = \frac{v \cdot z}{L}$$

Gl. 7.66

Die zulässige Biegefrequenz f_{Bmax} ist von den Werkstoffeigenschaften und dessen zulässiger Temperatur abhängig. Die folgende Aufstellung liefert erste grobe Anhaltswerte:

Tabelle 7.5: zulässige Biegefrequenz

Riemenwerkstoff	zulässige Biegefrequenz f_{Bmax} [1/s]
Leder	5–25
Gewebe	10–50
Textil	40–80
Mehrschichtriemen	100

Die Brauchbarkeit dieses Ansatzes wird aber schon dadurch eingeschränkt, dass bei dieser Betrachtung die Höhe der Biegespannung unberücksichtigt bleibt. Tatsächlich sind jedoch beispielsweise bei großen Scheiben auch deutlich höhere, bei besonders kleinen Scheiben allerdings nur wesentlich geringere Biegefrequenzen zulässig.

Aufgabe A.7.19

7.3.4.2 Fliehkraftbelastung (V)

Beim Umlauf auf der Scheibe ist der Riemen einer Fliehkraft F_f ausgesetzt, die die Anpresswirkung auf die Scheibe reduziert. Um dennoch die für die Momentenübertragung notwendige Vorspannkraft aufzubringen, muss entsprechend stärker vorgespannt werden. Dieser Zusammenhang lässt sich an der Betrachtung eines einzelnen Riemenelementes dm ableiten (Bild 7.39).

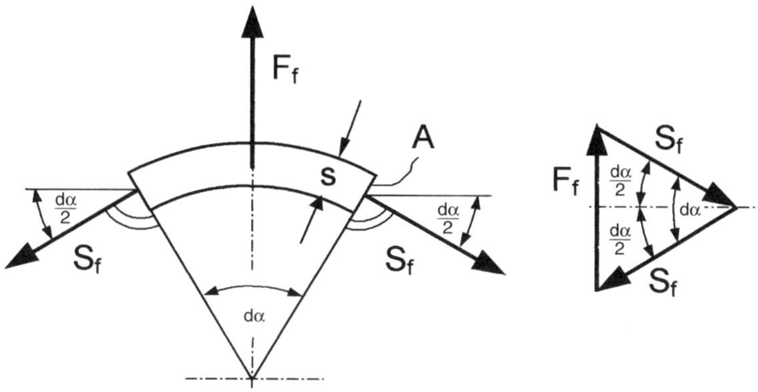

Bild 7.39: Fliehkraftbelastung des Riemens, Kräfte am Riemenelement

Die auf das einzelne Riemenelement wirkende Fliehkraft F_f lässt sich formulieren zu:

$$F_f = dm \cdot r \cdot \omega^2 = dm \cdot \frac{d_{Scheibe}}{2} \cdot \left(\frac{2 \cdot v}{d_{Scheibe}} \right)^2 = dm \cdot \frac{2 \cdot v^2}{d_{Scheibe}} \qquad \text{Gl. 7.67}$$

Die Masse des einzelnen Riemenelementes dm ergibt sich als Produkt aus dessen Volumen dV und dem spezifischen Gewicht ρ:

$$dm = dV \cdot \rho$$

Das Volumen seinerseits stellt sich als Quader aus der Riemenbreite b, der Riemendicke s als Quaderhöhe und dem Bogen $d\alpha \cdot d_{Scheibe} / 2$ als Quaderlänge dar:

$$dV = d\alpha \cdot \frac{d_{Scheibe}}{2} \cdot s \cdot b \qquad \Rightarrow \qquad dm = d\alpha \cdot \frac{d_{Scheibe}}{2} \cdot s \cdot b \cdot \rho$$

Für die Fliehkraft F_f ergibt sich schließlich:

$$F_f = d\alpha \cdot \frac{d_{Scheibe}}{2} \cdot s \cdot b \cdot \rho \cdot \frac{2 \cdot v^2}{d_{Scheibe}} = d\alpha \cdot s \cdot b \cdot \rho \cdot v^2 \qquad \text{Gl. 7.68}$$

Die Fliehkraft F_f kann nur durch eine entsprechende Zugkraft im Riemen S_f aufgenommen werden. Nach dem Krafteck in Bild 7.39 herrscht Kräftegleichgewicht am Riemenelement, wenn

$$\sin\frac{d\alpha}{2} = \frac{\frac{F_f}{2}}{S_f}$$

Da hier sehr kleine Winkel betrachtet werden, kann der Winkel mit seinem Sinus gleichgesetzt werden. Somit ergibt sich

$$d\alpha = \frac{F_f}{S_f} \quad \Rightarrow \quad S_f = \frac{F_f}{d\alpha}$$

Damit wird die im Riemen wirksame, durch die Fliehkraft bedingte Zugkraft zu

$$S_f = \frac{d\alpha \cdot s \cdot b \cdot \rho \cdot v^2}{d\alpha} = s \cdot b \cdot \rho \cdot v^2 \qquad \text{Gl. 7.69}$$

Um den Reibschluss sicherzustellen, muss die Vorspannkraft um S_f erhöht werden. Für die durch die Fliehkraft verursachte Riemenspannung σ_f folgt schließlich

$$\sigma_f = \frac{S_f}{b \cdot s} = \rho \cdot v^2 \qquad \text{Gl. 7.70}$$

An dieser Gleichung lassen sich die wesentlichen Zusammenhänge erkennen:

- Die Fliehkraftbelastung wird wegen des quadratischen Einflusses der Geschwindigkeit erst bei hohen Drehzahlen wirklich problematisch.
- Der Fliehkrafteinfluss lässt sich durch leichte Riemenwerkstoffe reduzieren.
- Kleine Riemenscheiben sind von Vorteil, weil sie wegen des geringen Durchmessers eine kleinere Geschwindigkeit v hervorrufen.
- Der Fliehkrafteinfluss ist unabhängig von der Breite b und von der Dicke s.
- Die Fliehkraftbelastung ist unabhängig vom Umschlingungswinkel α.

In diesem Zusammenhang ergibt sich die Frage, wie die übertragbare Leistung durch den Fliehkrafteinfluss beeinträchtigt wird. Dazu wird die festigkeitsmäßig kritische Zugtrumkraft S_{Zmax} als Produkt aus zulässiger Riemenspannung σ_{zul} und Riemenquerschnittsfläche A_R ausgedrückt:

$$S_{Zmax} = \sigma_{max} \cdot A_R \qquad \text{Gl. 7.71}$$

Die Fliehkraftbelastung des Riemens bedingt allerdings, dass die zulässige Spannung σ_{zul} nicht vollständig zur Kraftübertragung ausgenutzt werden kann, sondern um die Fliehkraftbelastung reduziert werden muss:

$$S_{Zmax} = (\sigma_{zul} - \sigma_f) \cdot A_R = \left[\sigma_{zul} - \rho \cdot \left(\omega \cdot \frac{d}{2}\right)^2\right] \cdot A_R \qquad \text{Gl. 7.72}$$

wobei $\sigma_f = \rho \cdot v^2$ bzw. $\sigma_f = \rho \cdot (\omega \cdot r)^2$ gesetzt wird. Das maximal übertragbare Moment wurde bereits mit Gl. 7.35 beschrieben:

$$M_{\max} = S_{Z\max} \cdot \left(1 - \frac{1}{e^{\mu\alpha}}\right) \cdot \frac{d}{2}$$

Wenn man die Leistung durch die einfache Gleichung $P = M \cdot \omega$ ausdrückt, so ergibt sich die bei der jeweiligen Geschwindigkeit übertragbare Leistung P zu

$$P = \left[\sigma_{zul} - \rho \cdot \left(\omega \cdot \frac{d}{2}\right)^2\right] \cdot A_R \cdot \left(1 - \frac{1}{e^{\mu\alpha}}\right) \cdot \frac{d}{2} \cdot \omega \qquad \text{Gl. 7.73}$$

Wird der Fliehkrafteinfluss außer Acht gelassen (entspricht $\rho = 0$ in obiger Gleichung), so stellt sich die übertragbare Leistung P über der Winkelgeschwindigkeit ω bzw. der Drehzahl n als einfache Gerade dar (siehe dazu Bild 7.40).

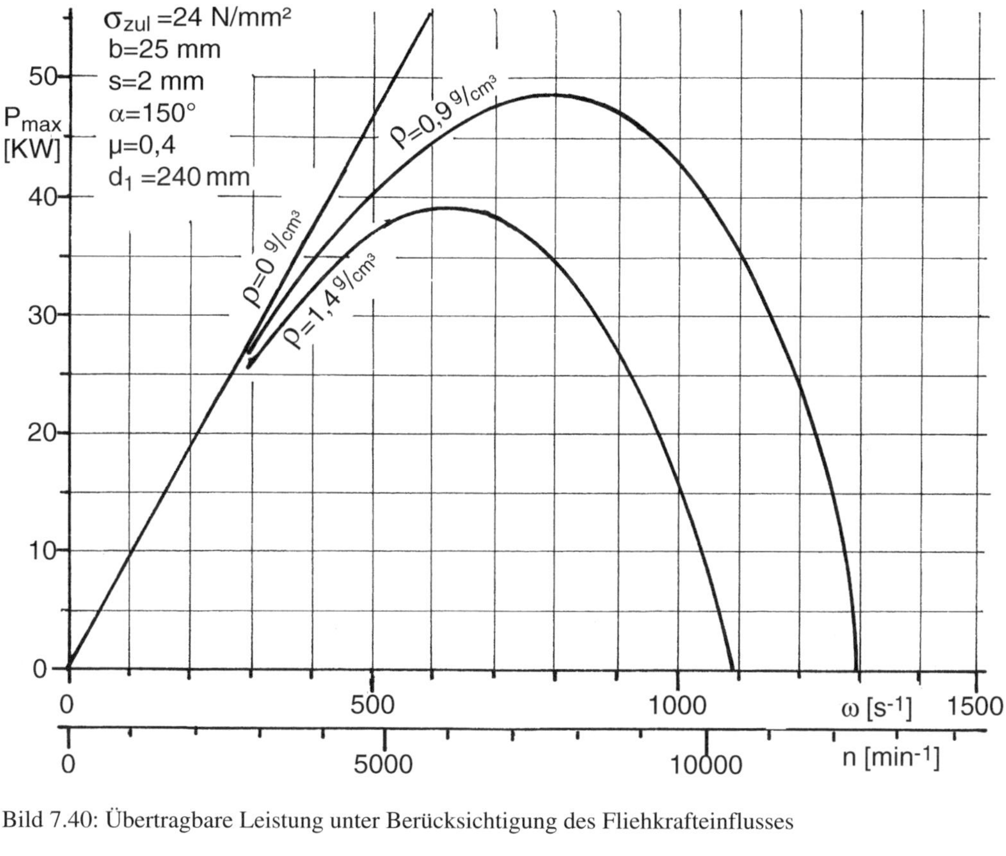

Bild 7.40: Übertragbare Leistung unter Berücksichtigung des Fliehkrafteinflusses

Wird jedoch der Fliehkrafteinfluss berücksichtigt, so überlagert sich der in Bild 7.40 aufgeführten Geraden eine negative Parabel, die real übertragbare Leistung bleibt dann mit steigender Geschwindigkeit immer mehr hinter der idealen Geraden zurück. Dieser Kurvenverlauf weist zwei markante Punkte auf:

Er erreicht die Abszisse bei einer Drehzahl, die nicht mehr gesteigert werden kann, weil die gesamte zulässige Spannung des Riemens σ_{zul} dazu ausgenutzt wird, um den Riemen auf der Scheibe zu halten. Zur Ermittlung dieser maximalen Winkelgeschwindigkeit ω_{max} wird die obige Gleichung für die Leistung zu null gesetzt:

$$P = \left[\sigma_{zul} - \rho \cdot \left(\omega_{max} \cdot \frac{d}{2} \right)^2 \right] \cdot A_R \cdot \left(1 - \frac{1}{e^{\mu\alpha}} \right) \cdot \frac{d}{2} \cdot \omega_{max} = 0 \qquad \text{Gl. 7.74}$$

Die erste Lösung ($\omega_{max} = 0$) ist trivial. Da die weiteren Faktoren A_R, $(1-1/e^{\mu\alpha})$ und $d/2$ nicht den Wert Null annehmen können, ergibt sich eine weitere Lösung für ω_{max} dadurch, dass der verbleibende Faktor gleich null gesetzt wird

$$\sigma_{zul} - \rho \cdot \left(\omega_{max} \cdot \frac{d}{2} \right)^2 = 0 \qquad \Rightarrow \qquad \rho \cdot \omega_{max}^2 \cdot \left(\frac{d}{2} \right)^2 = \sigma_{zul}$$

Durch Auflösen erhält man die maximal mögliche Winkelgeschwindigkeit für ω_{max} zu

$$\omega_{max} = \sqrt{\frac{\sigma_{zul}}{\rho \cdot \left(\frac{d}{2} \right)^2}} = \frac{2}{d} \cdot \sqrt{\frac{\sigma_{zul}}{\rho}} \qquad \text{Gl. 7.75}$$

Weiterhin weist die Leistungskurve in Bild 7.40 ein Maximum auf: Der Riementrieb kann die maximale Leistung übertragen, wenn er mit der optimalen Riemengeschwindigkeit v_{opt} bzw. mit der optimalen Winkelgeschwindigkeit ω_{opt} betrieben wird. Zu deren rechnerischer Bestimmung wird nochmals Gl. 7.73 betrachtet. Da das Maximum dieses Kurvenzuges ermittelt werden soll, wird die Gleichung zunächst durch Ausmultiplizieren für die Differentiation vorbereitet:

$$P = \sigma_{zul} \cdot A_R \cdot \left(1 - \frac{1}{e^{\mu\alpha}} \right) \cdot \frac{d}{2} \cdot \omega - \rho \cdot \left(\frac{d}{2} \right)^3 \cdot A_R \cdot \left(1 - \frac{1}{e^{\mu\alpha}} \right) \cdot \omega^3$$

Die Ableitung führt zu folgendem Ausdruck:

$$\frac{dP}{d\omega} = \sigma_{zul} \cdot A_R \cdot \left(1 - \frac{1}{e^{\mu\alpha}} \right) \cdot \frac{d}{2} - \rho \cdot \left(\frac{d}{2} \right)^3 \cdot A_R \cdot \left(1 - \frac{1}{e^{\mu\alpha}} \right) \cdot 3 \cdot \omega^2$$

Zur Bestimmung der optimale Winkelgeschwindigkeit ω_{opt} wird dieser Ausdruck zu null gesetzt:

$$\sigma_{zul} \cdot A_R \cdot \left(1 - \frac{1}{e^{\mu\alpha}}\right) \cdot \frac{d}{2} = \rho \cdot \left(\frac{d}{2}\right)^3 \cdot A_R \cdot \left(1 - \frac{1}{e^{\mu\alpha}}\right) \cdot 3 \cdot \omega^2$$

$$\sigma_{zul} = 3 \cdot \rho \cdot \left(\frac{d}{2}\right)^2 \cdot \omega_{opt}^{\,2} \qquad \Rightarrow \qquad \omega_{opt} = \sqrt{\frac{\sigma_{zul}}{3 \cdot \rho \cdot \left(\frac{d}{2}\right)^2}} = \frac{2}{d} \cdot \sqrt{\frac{\sigma_{zul}}{3 \cdot \rho}} \qquad \text{Gl. 7.76}$$

Nutzt man die in Gl. 7.75 hergeleitete Beziehung für ω_{max} aus, so folgt daraus die einfache Verhältnismäßigkeit

$$\omega_{opt} = \frac{\omega_{max}}{\sqrt{3}} \qquad \text{Gl. 7.77}$$

7.3.5 Gesamte Riemenbelastung (E)

Die gesamte Riemenbelastung setzt sich schließlich zusammen aus der Zugbelastung der jeweiligen Trumkraft, der Biegebelastung und der Fliehkraftbelastung. Das Schema in Bild 7.41 stellt diese Anteile zusammen.

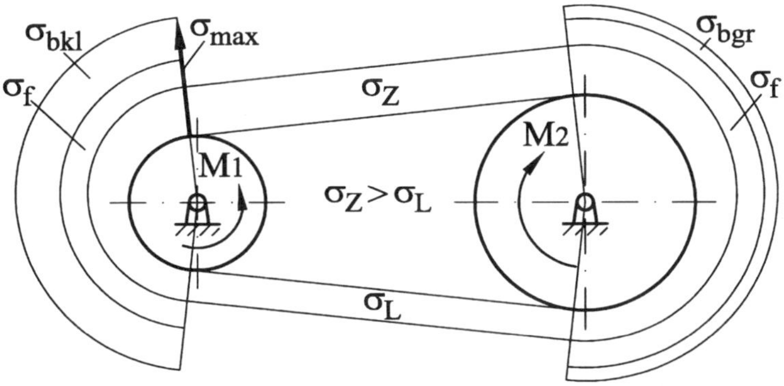

Bild 7.41: Riemen mit allen Belastungsanteilen

Diese Darstellung fasst folgende Beobachtungen zusammen:

- Im Zugtrum wirkt die durch die Zugtrumkraft verursachte Zugtrumspannung σ_Z, im Leertrum die entsprechende Leertrumspannung σ_L. Im Kontakt mit der antreibenden Scheibe wächst die Leertrumspannung kontinuierlich auf die Zugtrumspannung an, im Kontakt mit der abtreibenden Scheibe geht die Zugspannung stetig wieder auf den Leertrumwert zurück.
- Der Fliehkraftanteil σ_f und der Biegeanteil σ_b wirken nur da, wo der Riemen um die Scheibe geführt wird. Der Biegeanteil σ_b ist an der kleineren Scheibe größer.

- Da für die Dimensionierung des Riemens die größte Spannung maßgebend ist, sollte auch aus diesem Grunde die Spannrolle im Leertrum, also an der weniger kritischen Stelle angebracht werden: Der Spannrollendurchmesser ist häufig recht klein und die dadurch hervorgerufene Biegespannung entsprechend hoch.
- Die Belastung für das einzelne Riemenelement ist dynamisch, obwohl das vom Riementrieb übertragene Moment zeitlich konstant ist.

Zur Gegenüberstellung dieser Belastungsanteile sei folgendes Beispiel betrachtet: Bei einem Übersetzungsverhältnis von 1:1 soll eine Leistung von 84 kW bei einer Drehzahl von 9.000 min^{-1} übertragen werden. Dazu steht folgender Riemen zur Verfügung:

Reibzahl $\mu = 0{,}45$

Riemenbreite $b = 50$ mm

Biegeelastizitätsmodul $E_b = 600$ N/mm²

spezifisches Gewicht $\rho = 1{,}0$ kg/dm³

Bei der Festlegung von Riemenstärke s und Scheibendurchmesser d ergeben sich folgende Gesamtspannungen:

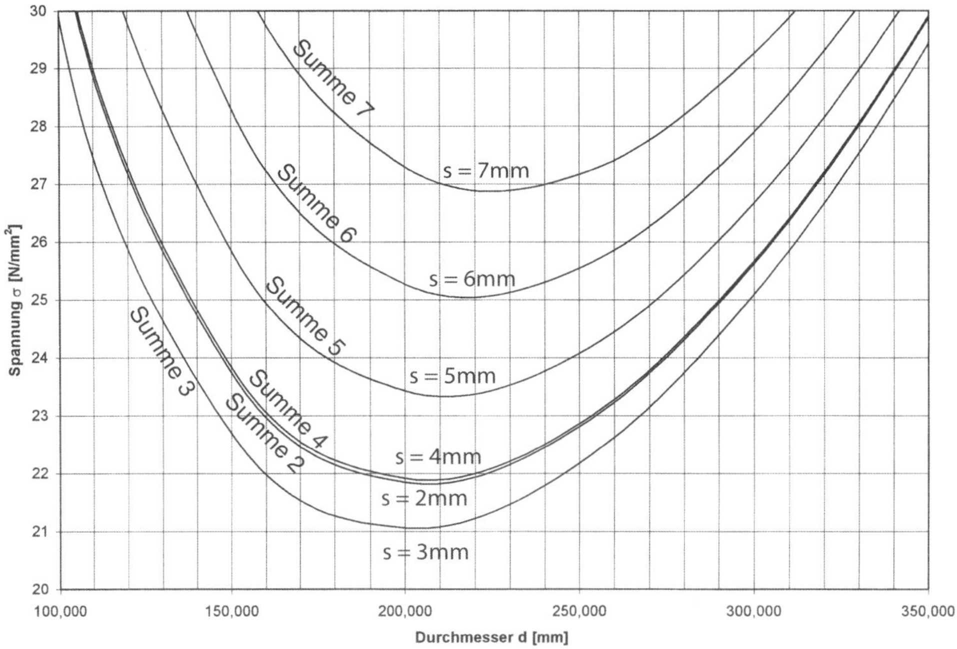

Bild 7.42: Optimierung von Scheibendurchmesser und Riemenstärke

Daraus folgen zwei wichtige Optimierungsaspekte:

- Bei kleinen Scheiben wird die Gesamtbelastung des Riemens groß, weil der kleine Hebelarm große Zugkräfte im Riemen hervorruft und weil die Biegebelastung ansteigt. Bei großen Scheiben wird die Gesamtbelastung ebenfalls hoch, weil die Fliehkraftbelastung sehr stark ansteigt. Dazwischen liegt ein optimaler Scheibendurchmesser (hier ca. 205 – 225 mm).
- Ist der Riemen sehr dick, so ist die Gesamtbelastung wegen des vorherrschenden Biegeeinflusses sehr hoch. Bei dünner werdendem Riemen schwächt sich dieser Einfluss ab, so dass die Gesamtbelastung deutlich zurückgeht. Wird allerdings ein gewisses Optimum unterschritten (hier ca. 3 mm), so steigt die Spannung im Riemen wieder an, weil zunehmend weniger Riemenquerschnittsfläche für die Übertragung der Zugkraft zur Verfügung steht.

Aufgaben A.7.20 bis A.7.23

7.3.6 Axiale Führung des Riemens durch Scheibenwölbung (E)

Selbst wenn zylindrische Riemenscheiben exakt parallel zueinander ausgerichtet sind, so ist ein axiales Abdriften des Riemens auf der Scheibe nicht auszuschließen. Sieht man axiale Anlaufscheiben vor, so würde es zu einer Berührung zwischen dieser Anlaufscheibe und der Seitenflanke des Riemens kommen, wodurch unnötigerweise Reibung und Verschleiß hervorgerufen werden. Eine Scheibenwölbung, wie in Bild 7.43 skizziert, vermeidet diesen Nachteil.

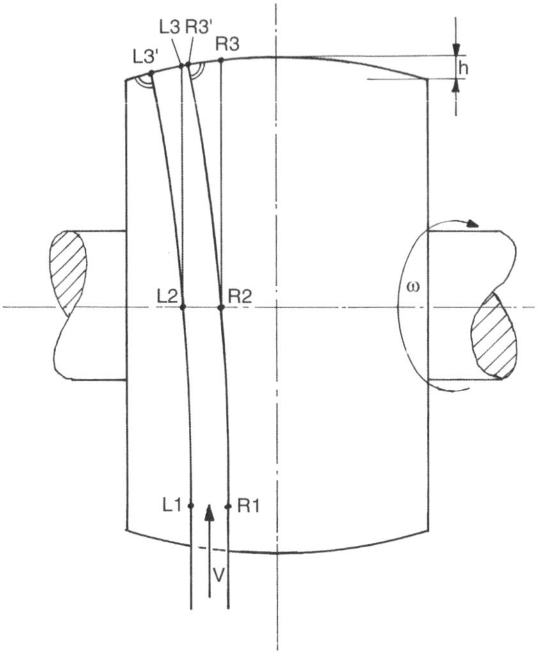

Bild 7.43: Axiale Führung des Riemens durch Scheibenwölbung

Der Riemen läuft nicht exakt in einer Ebene, sondern er trifft in einem weiten Bogen auf die Scheibe auf, um schließlich in einem rechten Winkel bei L_3‘ und R_3‘ auf der Scheibe aufzuliegen. Bei der weiteren Drehung des Riementriebes wird der rechte Flankenpunkt R_1 bei R_2 auf die Scheibe auflaufen und von dort aus durch die Drehung am Umfang der Scheibe nach R_3 geführt. Der linke Flankenpunkt L_1 wird in ähnlicher Weise bei L_2 an die Scheibe tangieren und weiter nach L_3 geführt. Der ursprünglich bei L_3‘ und R_3‘ befindliche Riemen wird also nach L_3 und R_3 verlagert. Diese Verlagerungstendenz wird sich mit flacher werdender Wölbung in abgeschwächter Form weiter fortsetzen, bis sich der Riemen genau auf dem Scheitelpunkt der Wölbung befindet.

Entgegen dieser Darstellung überdeckt bei real ausgeführten Konstruktionen der Riemen beide Seiten der Wölbung, nimmt also fast die gesamte Scheibenbreite ein. Sowohl die linke als auch die rechte Hälfte des Riemens streben also dem Scheitelpunkt der Wölbung zu. Bei zentrischem Lauf des Riemen ergibt sich daraus ein Gleichgewicht. Wird dieses Gleichgewicht durch außermittigen Lauf des Riemen gestört, so ergibt sich stets eine Resultierende, die den Riemen in die Mittellage zurücktreibt.

Durch die Wölbung wird eine zusätzliche Dehnung und damit eine weitere mechanische Belastung des Riemens hervorgerufen. Aus diesem Grunde wird eine Wölbung meist an der größeren Scheibe vorgenommen, weil dort die Biegebelastung geringer ist. Die Wölbhöhe h ist nach DIN 111 genormt und beträgt bei kleinen Scheiben weniger als ein Prozent des Scheibendurchmessers, bei großen Scheiben sinkt sie auf ein Promille ab.

7.3.7 Schlupf und schlupfbedingter Wirkungsgrad (V)

Die Tatsache, dass die Drehübertragung eines reibschlüssigen Getriebes nicht exakt reproduzierbar ist, lässt sich am Beispiel des Riementriebes vergleichsweise klar darstellen. Zu diesem Zweck werden die Spannungen und die dadurch bedingten Verformungen einerseits und die Geschwindigkeiten andererseits differenzierter analysiert.

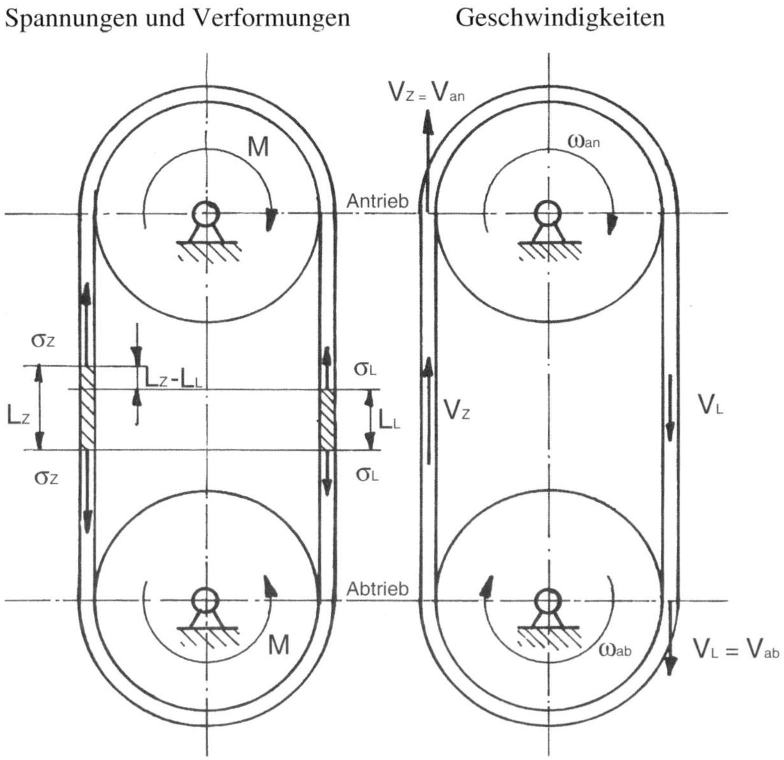

Bild 7.44: Dehnschlupf

Betrachtet man in der linken Bildhälfte ein Riemenelement, welches im unbelasteten Zustand die Länge L_0 aufweist, während eines vollständigen Umlaufes, so wird es im Zugtrum mit σ_Z belastet und deshalb auf die Länge L_Z gedehnt, während im Leertrum die Belastung σ_L vorliegt, die das gleiche Riemenelement nur auf L_L längt. Bezieht man die bei einem Umlauf auftretende Längenänderung auf die Länge des Riemenelementes L_Z, so gewinnt man einen Ausdruck für die relative Längenänderung, die das Riemenelement bei jedem Umlauf immer wieder erfährt:

$$\psi = \frac{L_Z - L_L}{L_Z} \approx \frac{L_Z - L_L}{L_0} \qquad \text{Gl. 7.78}$$

Dabei macht es nur einen vernachlässigbar kleinen Unterschied aus, ob man die Längendifferenz auf L_Z oder L_0 bezieht. Die relative Längenänderung ψ findet statt, während der elastische Riemen auf der als starr angenommenen Scheibe aufliegt. Die dadurch erzwungene

Relativbewegung zwischen Riemen und Scheibe wird als „Schlupf" bezeichnet und da dieser Schlupf auf die elastische Riemen**dehnung** zurückzuführen ist, handelt es sich hier um den sogenannten „**Dehn**schlupf". Die Längen des Riemenelementes L_Z und L_L lassen sich durch die Länge im lastlosen Zustand L_0 und die Dehnung ε ausdrücken:

$$L_Z = L_0 \cdot (1 + \varepsilon_Z) \qquad und \qquad L_L = L_0 \cdot (1 + \varepsilon_L) \qquad \text{Gl. 7.79}$$

Daraus folgt für den Dehnschlupf ψ nach Gl. 7.78:

$$\psi = \frac{L_0 \cdot (1+\varepsilon_Z) - L_0 \cdot (1+\varepsilon_L)}{L_0} = \varepsilon_Z - \varepsilon_L \qquad \text{Gl. 7.80}$$

Damit wird der Dehnschlupf unabhängig von L_0. Ersetzt man die Dehnung ε durch den Quotienten σ / E (vgl. Gl. 0.3, Band 1), so ergibt sich der Dehnschlupf in Funktion der Riemenspannung:

$$\psi = \frac{\sigma_Z - \sigma_L}{E_{dyn}} \qquad \text{Gl. 7.81}$$

Im Gegensatz zur Vorspannung des Riemens, bei der der statische E-Modul wirksam wird, muss hier der dynamische E-Modul angesetzt werden, der neben der Federwirkung auch die bei hoher Lastfrequenz wirksame Dämpfung berücksichtigt. Erweitert man mit der Riemenquerschnittsfläche A_R, so wird der Schlupf ψ nach Gl. 7.81 als Funktion der Trumkräfte ausgedrückt:

$$\psi = \frac{S_Z - S_L}{E_{dyn} \cdot A_R} = \frac{U}{E_{dyn} \cdot A_R} \qquad \text{Gl. 7.82}$$

Während im lastlosen Zustand ($S_Z = S_L$ bzw. $U = 0$) kein Dehnschlupf auftritt, beträgt er bei Übertragung eines maximalen Momentes je nach Elastizität des Riemens mehrere Promille. Die Längenänderung des Riemenelementes betrifft aber auch dessen Geschwindigkeit in gleicher Weise (rechte Hälfte von Bild 7.44): Im Zugtrum wird pro Zeiteinheit die Wegstrecke des auf L_Z gedehnten Riemenelementes zurückgelegt, während sich der Leertrum in der gleichen Zeiteinheit um das etwas kürzere Riemenelement L_L fortbewegt. Dieser Sachverhalt lässt sich einfach durch die Differentiation von Gleichung 7.78 nach der Zeit beschreiben:

$$\psi = \frac{L_Z - L_L}{L_Z} \Rightarrow \psi = \frac{v_Z - v_L}{v_Z} = 1 - \frac{v_L}{v_Z} \qquad \text{Gl. 7.83}$$

Die antreibende Riemenscheibe kann im Kontakt mit dem Riemen nie die Geschwindigkeit des Zugtrums v_Z **über**schreiten, während die abtreibende Riemenscheibe im Kontakt mit dem Riemen nie die Geschwindigkeit des Leertrums v_L **unter**schreiten kann. Der Dehnschlupf kann also den Maximalwert

$$\psi = 1 - \frac{v_{ab}}{v_{an}} \qquad \text{Gl. 7.84}$$

nicht überschreiten. Ersetzt man in dieser Gleichung die Absolutgeschwindigkeit v durch die Winkelgeschwindigkeit ω, so gewinnt man:

$$\psi = 1 - \frac{\omega_{ab} \cdot \frac{d_{ab}}{2}}{\omega_{an} \cdot \frac{d_{an}}{2}} = 1 - \frac{\omega_{\mathrm{ab}} \cdot d_{\mathrm{ab}}}{\omega_{\mathrm{an}} \cdot d_{\mathrm{an}}} \qquad \text{Gl. 7.85}$$

Zur Bestimmung des tatsächlichen Übersetzungsverhältnisses $i = \omega_{an}/\omega_{ab}$ wird diese Gleichung umgestellt:

$$\frac{\omega_{ab} \cdot d_{ab}}{\omega_{an} \cdot d_{an}} = 1 - \psi \qquad \text{Gl. 7.86}$$

Bildet man den Kehrwert dieser Gleichung, so lässt sich auf der linken Gleichungsseite das Übersetzungsverhältnis isolieren:

$$\frac{\omega_{an}}{\omega_{ab}} \cdot \frac{d_{an}}{d_{ab}} = \frac{1}{1-\psi} \quad \Rightarrow \quad i \cdot \frac{d_{an}}{d_{ab}} = \frac{1}{1-\psi} \qquad \text{Gl. 7.87}$$

Das tatsächlich vorliegende Übersetzungsverhältnis $i = \omega_{an}/\omega_{ab}$ weicht also geringfügig vom Durchmesserverhältnis der Scheiben ab:

$$i = \frac{d_{ab}}{d_{an}} \cdot \frac{1}{1-\psi} \qquad \text{Gl. 7.88}$$

Soll andererseits ein vorgegebenes Übersetzungsverhältnis i möglichst genau eingehalten werden, so muss das Durchmesserverhältnis der Scheiben entsprechend korrigiert werden:

$$d_{ab} = d_{an} \cdot i \cdot (1-\psi) \qquad \text{Gl. 7.89}$$

Setzt man den in Gl. 7.82 gewonnenen Ausdruck für ψ in Gleichung 7.88 ein, so ergibt sich:

$$i = \frac{d_{ab}}{d_{an}} \cdot \frac{1}{1 - \frac{S_Z - S_L}{E_{dyn} \cdot A_R}} = \frac{d_{ab}}{d_{an}} \cdot \frac{1}{1 - \frac{U}{E_{dyn} \cdot A_R}} \qquad \text{Gl. 7.90}$$

Aus dieser Formulierung wird ersichtlich, dass

- die Korrektur des Übersetzungsverhältnisses nur für einen konkreten Lastzustand gelten kann. Bei jeder (unvermeidlichen) Änderung dieses Lastzustandes ändert sich das Übersetzungsverhältnis entsprechend.
- die Korrektur nur bei genauer Kenntnis von E_{dyn} vorgenommen werden kann. Tatsächlich ändert sich aber dieser Materialkennwert mit den Betriebsbedingungen (zum Beispiel mit der Geschwindigkeit).

Die Gegenüberstellung im S_Z/S_L-Diagramm macht die Unterscheidung zwischen Dehnschlupf und Gleitschlupf deutlich:

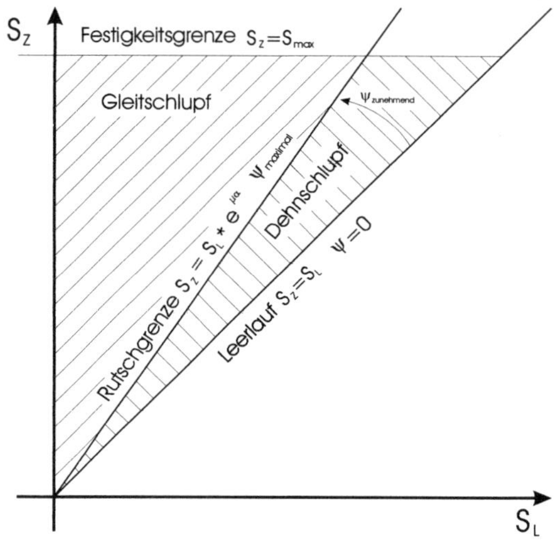

Bild 7.45: Gegenüberstellung Dehnschlupf–Gleitschlupf im S_Z/S_L-Diagramm

Damit wird das Vorhandensein und die Änderung des **Dehnschlupf**es zu einer **unvermeidlichen** Nebenwirkung von Riementrieben und führt in letzter Konsequenz dazu, dass das Übersetzungsverhältnis langfristig nie genau einzuhalten ist, es ist also keine absolut genaue Winkelübertragung der Drehbewegung realisierbar. Der Nockenwellenantrieb eines Verbrennungsmotors mit einem Flachriemen ist aus diesem Grunde nicht möglich.

Im Unterschied dazu führt der sog. **Gleitschlupf** zu einem globalen Durchrutschen des Riemens auf der Scheibe und tritt dann ein, wenn die Eytelweinsche Ungleichung verletzt wird. Im Gegensatz zum Dehnschlupf ist Gleitschlupf bei entsprechender Auslegung des Riementriebes sehr wohl **vermeidbar**. Er wird jedoch zuweilen bewusst als Überlastschutz ausgenutzt.

Mit dem Dehnschlupf ist letztlich auch ein Wirkungsgradverlust verbunden. Der Wirkungsgrad ergibt sich bekanntlich als Quotient der Leistungen von Abtrieb und Antrieb:

$$\eta = \frac{P_{ab}}{P_{an}} = \frac{M_{ab} \cdot \omega_{ab}}{M_{an} \cdot \omega_{an}} = \frac{U_{ab} \cdot r_{ab} \cdot \omega_{ab}}{U_{an} \cdot r_{an} \cdot \omega_{an}} = \frac{U_{ab}}{U_{an}} \cdot \frac{v_L}{v_Z} = \eta_F \cdot \eta_V \qquad \text{Gl. 7.91}$$

Dabei lässt sich nach einem „kraftbedingten" Wirkungsgrad $\eta_F = U_{ab}/U_{an}$ (bedingt durch Reibung und Dämpfungsverhalten) und nach einem „geschwindigkeitsbedingten" Wirkungsgrad η_V (bedingt durch den Dehnschlupf) unterscheiden. Der zweite Anteil ergibt sich als einfache Verhältnismäßigkeit der Geschwindigkeiten:

$$\eta_V = \frac{v_L}{v_Z} \qquad \text{Gl. 7.92}$$

Gl. 7.83 lässt sich umstellen nach

$$\frac{v_L}{v_Z} = 1 - \psi \qquad \text{Gl. 7.93}$$

Setzt man diesen Ausdruck in Gl. 7.92 ein, so folgt schließlich für den geschwindigkeitsbedingten Wirkungsgrad

$$\eta_V = 1 - \psi \qquad \text{Gl. 7.94}$$

Auch bei allen anderen reibschlüssigen Getrieben (z.B. Reibradgetrieben) kommt es zu elastischen Deformationen der kraftübertragenden Glieder an der kraftübertragenden Stelle, die letztlich auch einen Schlupf und damit einen Wirkungsgradverlust hervorrufen. Dieser Sachverhalt ist jedoch bei Reibradgetrieben deutlich schwieriger zu erfassen als beim Flachriementrieb.

Aufgaben A.7.24 und A.7.25

7.3.8 Riemenwerkstoffe und -bauformen (E)

Aus den bisherigen Überlegungen heraus können für den Riemen selber folgende wesentliche Anforderungen formuliert werden:

- Der Riemen soll eine möglichst hohe Zugfestigkeit haben.
- Der Riemen soll auf seiner Lauffläche eine möglichst hohe Reibzahl aufweisen.
- Zur Verringerung der Biegespannung soll der Riemen besonders bei kleinen Scheibendurchmessern möglichst dünn sein („Flach"-riemen).
- Zur Verringerung der Biegespannung soll der Riemen einen besonders niedrigen Biege-E-Modul aufweisen.
- Besonders bei hohen Geschwindigkeiten soll der Riemenwerkstoff leicht sein.

Der konventionelle Lederriemen kann diesen Anforderungen nur begrenzt gerecht werden. Neuere Bauformen zielen darauf ab, diese Anforderungen durch eine mehrschichtige Bauweise zu erfüllen: Die mittlere Zugschicht nimmt die Zugbeanspruchung des Riemens auf, während mit der darauf aufgebrachten Laufschicht eine besonders hoher Reibwert erzielt werden soll. Die beiden wesentlichen Aufgaben „Aufnahme der Zugbelastung" und „Bereitstellung einer hohen Reibung" werden also innerhalb des Verbundriemens je einem einzelnen Material zugeordnet. Das Bild 7.46 nach [Dubbel] zeigt den Aufbau einiger gebräuchlicher Riemenarten.

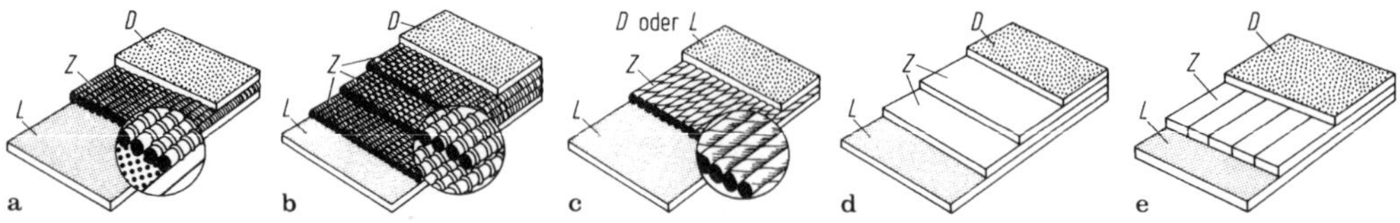

a) einlagiger Textilriemen
b) mehrlagiger Textilriemen
c) Kordriemen
d) Bandriemen mit breiten Zugbändern
e) Bandriemen mit zusammengesetzten Zugbändern

D: Deckschicht
Z: Zugschicht
L: Laufschicht

Bild 7.46: Aufbau von Schichtriemen nach [Dubbel]

Die folgende Tabelle stellt einige Materialkennwerte gegenüber:

Tabelle 7.6: Materialkennwerte Riemenwerkstoff

	Einschichtriemen	Verbundriemen	
	Lederriemen	Zugfaser Polyamid	Laufschicht Gummi oder Polyurethan
σ_{zul}	4–7 N/mm²	bis 30 N/mm²	
μ	0,3		bis 0,7

Das Zugorgan des Verbundriemens braucht auf die Reibzahl keine Rücksicht zu nehmen, so dass Materialien (Polyamid) zum Einsatz kommen, für die Zugspannungen von bis zu 30 N/mm² zugelassen werden können (Chromleder 4–7 N/mm²). Da die Laufschicht des mehrschichtigen Riemens keine Zugkräfte aufnimmt, können hier Materialien verwendet werden, die einen besonders hohen Reibwert erzielen, der bis zu 0,7 gehen kann (Leder ca. 0,3).

Da die E-Module der Verbundpartner unterschiedlich sind, muss der Zusammenhang zwischen Spannung und Dehnung differenzierter betrachtet werden. Es kann zunächst jedoch angenommen werden, dass die durch Zug- und Biegung aufgezwungene Verformung ε den in Bild 7.47 aufgezeigten Gesetzmäßigkeiten entspricht.

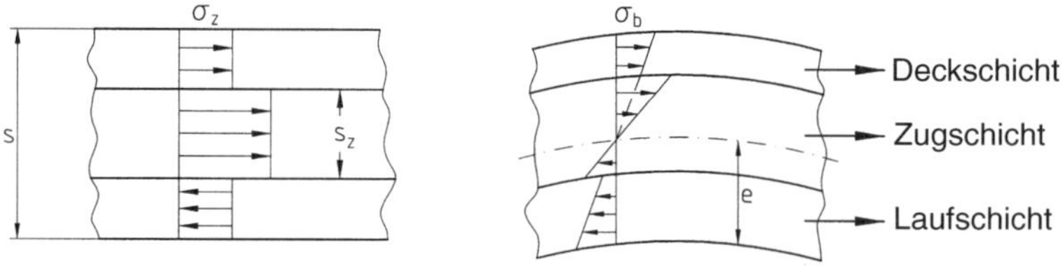

Bild 7.47: Spannung-Dehnungsverhalten von Mehrschichtriemen

Die Zugdehnung ist bei Zugbelastung über dem Querschnitt konstant, die dadurch hervorgerufene Zugspannung ist in der Zugschicht höher, weil sie über den höheren Elastizitätsmodul verfügt. Auch bei Biegung des Riemens stellt sich die Spannung nach der Dehnungsverteilung und dem unterschiedlichen E-Modul des Werkstoffs ein (rechtes Teilbild). In der folgenden Tabelle sind einige moderne Riemenwerkstoffe zusammengestellt:

Tabelle 7.7: Zulässige Spannungen und Elastizitätsmodule Riemenwerkstoff

	σ_B [N/mm²]	σ_{zul} [N/mm²]	E_{st} [N/mm²]	E_{dyn} [N/mm²]	E_b [N/mm²]
Chromleder-Riemen	30 – 45	4–7	450	-	30–70
Verbundriemen Laufschicht Leder oder Gummi Zugfaser Polyamid	200	20–30	550	2200 bei 20 °C und 1200 bei 60 °C	550
Textilriemen Nylon-Perlon	200	20	-	-	-

Für Riemenwerkstoffe gibt es keine ausgeprägte Dauerfestigkeit, die Lebensdauer des Riemens wird vielmehr durch Zermürbung begrenzt. Die Werte für σ_{zul} sind also Zeitfestigkeitswerte, die für die üblichen Lastwechselzahlen gelten, sie beträgt nur etwa 1/10 der Reißfestigkeit σ_B. Das für die Quantifizierung der Fliehkraftbelastung so entscheidende spezifische Gewicht kann für einige häufig verwendete Riemenwerkstoffe der folgenden Tabelle entnommen werden:

Tabelle 7.8: spezifische Gewichte Riemenwerkstoff

Riemenwerkstoff	spezifisches Gewicht [kg/m³]
hochwertiges Leder	900
normales Leder	1000
Zugfaser Polyamid	1140
Zugfaser Polyester	1400

7.3.9 Keilriemen (V)

Ein wesentlicher Nachteil des Flachriemens sind die hohen Vorspannkräfte, die nicht nur den Riemen selber, sondern auch Wellen und Lager belasten. Zur Reduzierung dieser Kräfte kann die Keilgeometrie ausgenutzt werden (siehe Bild 7.48).

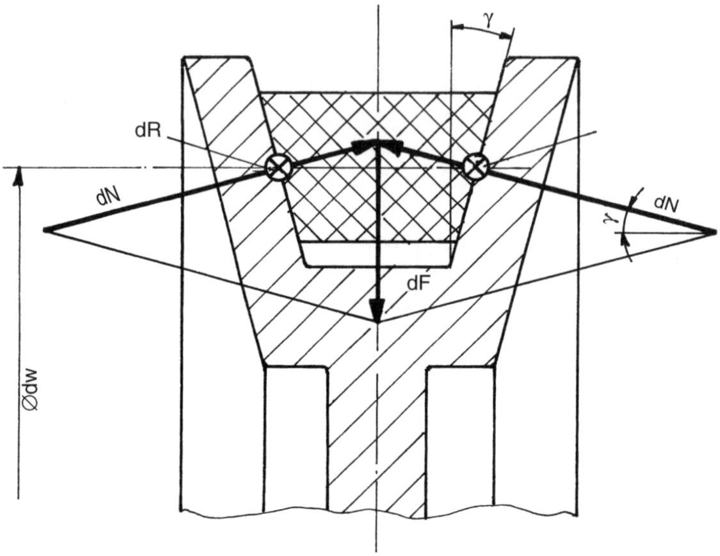

Bild 7.48: Kräfte am Keilriemen

Der Riemen berührt die Scheibe nicht wie beim Flachriemen auf der am Radumfang befindlichen Kreiszylinderfläche, sondern ausschließlich auf den sich daran anschließenden Kegelflächen, wobei der Riemen selber mit der gleichen Flankenneigung γ ausgeführt ist. Der so entstehende Riementrieb ist der weit verbreitete Keilriementrieb. Zur rechnerischen Beschreibung der durch die Keilwirkung bedingten Kraftverstärkung kann ein ähnliche wie beim Keilrad formuliert werden (vgl. Gl. 7.23):

$$\mu_{eff} = \frac{\mu}{\sin\gamma} \qquad \text{Gl. 7.95}$$

Um mit möglichst geringen Vorspannkräften möglichst hohe Anpresskräfte hervorzurufen, müsste der Winkel γ möglichst spitz ausgeführt werden. Dabei sind jedoch die folgenden Aspekte zu berücksichtigen:

- Läuft der Riemen auf die Scheibe auf, so wird er zunächst in den Keilspalt hineingezogen und verursacht dabei eine radial gerichtete Relativbewegung zwischen Riemen und Scheibe. Verlässt der Riemen die Scheibe wieder, so wird diese Bewegung wieder umgekehrt. Da sich diese Bewegung unter Last vollzieht, werden dabei Verlustleistungen verursacht. Aus diesen Gründen hat der Keilriemen einen deutlich schlechteren Wirkungsgrad als der Flachriemen und ist bei hohen Geschwindigkeiten kaum sinnvoll einsetzbar.
- Bei besonders spitzem Winkel γ würde sich sogar der Riemen beim Ablauf von der Scheibe nicht mehr aus dem Keilspalt lösen lassen, er würde der Selbsthemmung unterliegen.
- Der Ansatz nach Eytelwein trifft nicht mehr mit der vom Flachriemen her gewohnten Genauigkeit zu. Deshalb erfolgt normalerweise die Berechnung mit den in DIN 7753 angegeben Näherungsformeln.

- Ähnlich wie beim Keilrad liegt auch beim Keilriemen kein definierter Wirkdurchmesser d_W vor, was die Formulierung eines exakten Übersetzungsverhältnisses zusätzlich erschwert.

Unter Berücksichtigung dieser Umstände liegt das Optimum bei einem Winkel γ von 17°. Da der Sinus von 17° etwa 0,3 beträgt, ist für derartige Keilriementriebe der effektive Reibwert μ_{eff} etwa 3-fach so groß wie die Materialreibzahl μ. In Bild 7.49 sind die wichtigsten Bauformen von Keilriemen zusammengestellt [nach Dubbel].

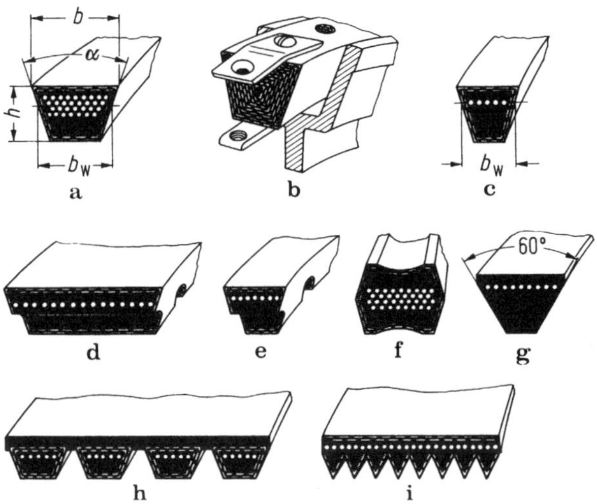

Bild 7.49: Bauformen von Keilriemen [nach Dubbel]

a) Endlose Keilriemen nach DIN 2215, dazugehörende Riemenscheiben s. DIN 2217
b) Endliche Keilriemen nach DIN 2216, vorgelocht für Riemenschloss, Vereinfachung für Montage und Lagerhaltung
c) Endlose Schmalkeilriemen nach DIN 7755 für Riemenscheiben nach DIN 2211
d) Breitkeilriemen für verstellbares Übersetzungsverhältnis
e) Keilriemen mit Quernuten an der Profilinnenfläche zur Erhöhung der Biegewilligkeit; Nuten verursachen Einlaufstöße und Geräusch
f) Hexagonalkeilriemen, keine Unterscheidung nach Vorder- und Rückseite, Scheiben können deshalb an beiden Seiten angeordnet werden
g) 60°-Keilriemen; der große Flankenwinkel $\alpha = 60°$ verhindert auch bei hohen Reibwerten sicher jegliche Selbsthemmung und sorgt damit für gute Maßhaltigkeit, Laufruhe und Gleichförmigkeit der Drehbewegung
h) Verbundkeilriemen; bis zu fünf Einzelkeilkriemen werden durch ein gemeinsames Deckband verbunden, welches nicht auf den Scheiben aufliegt; dadurch Verhinderung von Verdrillen und Verminderung der Schwingungsneigung eines einzelnen Stranges
i) Poly-V-Riemen; Versuch, die Vorteile von Flachriemen und Keilriemen miteinander zu verbinden; kann mit Eytelweinscher Gleichung berechnet werden

7.3.10 Verstellbare Riemengetriebe (V)

Wegen der reibschlüssigen Kraftübertragung können Riementriebe so ausgelegt werden, dass das Übersetzungsverhältnis sich stufenlos verändern lässt. Neben einigen Bauformen, die heute nur noch historische Bedeutung haben, werden vor allen Dingen Breitkeilriemen als stufenlos verstellbare Riementriebe verwendet (Bild 7.50). Der Riemen muss breit ausgeführt werden, um die Möglichkeit vorzusehen, durch axiales Zusammenschieben oder Auseinanderfahren der beiden kegeligen Scheibenhälften den wirksamen Scheibendurchmesser zu verändern. Die zur Kraftübertragung notwendige axial gerichtete Scheibenanpresskraft wird durch Federn aufgebracht, abtriebsseitig ist zusätzlich eine axial wirkende Anpresskraftregelung angebracht. Die axiale Verstellung der Regelscheiben kann manuell, elektromotorisch oder hydraulisch erfolgen. Um die Pressung zwischen Riemen und Scheibe nicht zu groß werden zu lassen, muss der Riemen eine gewisse Dicke aufweisen. Zur Reduktion der Biegespannung wird der Riemen an der Innenseite gezahnt, dies macht den Riemen jedoch **nicht** zu einem formschlüssigen Zahnriemen.

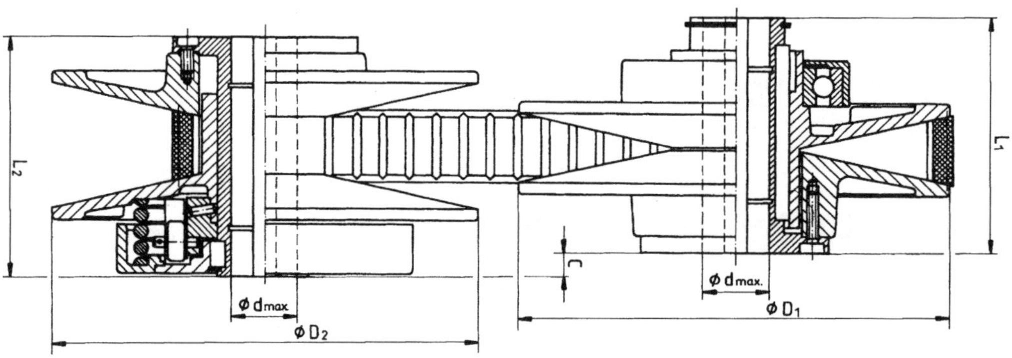

Bild 7.50: Breitkeilriemengetriebe nach Berges

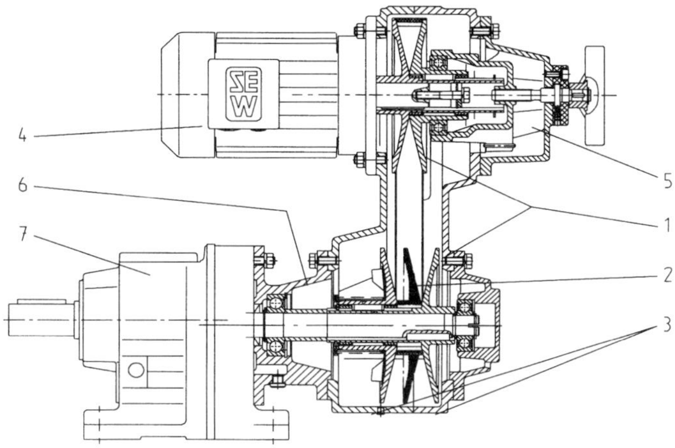

Bild 7.51: Breitkeilriemengetriebe nach SEW

Bild 7.51 zeigt ein Breitkeilriemengetriebe im konstruktiven Umfeld mit Antriebsmotor 4, Verstelleinheit 5 und nachgeschaltetem Untersetzungsgetriebe 7. Das Übersetzungsverhältnis kann in diesem Fall von 1:3 bis 1:8 variiert werden.

7.4 Formschlüssige Zugmitteltriebe (E)

Die zuvor erläuterten Riementriebe übertragen das Moment reibschlüssig über ein Zwischenglied. Da das Zwischenglied die Antriebsscheiben umschließt, gehören diese Antriebe definitionsgemäß zu den Zugmitteltrieben, die nach einer älteren Bezeichnung auch „Hülltriebe" genannt werden. Neben den zuvor genannten reibschlüssigen Zugmitteltrieben gibt es die große Gruppe der formschlüssigen Zugmitteltriebe.

Die Formschlüssigkeit der Übertragung hat zur Folge, dass sich An- und Abtrieb in einem genau vorgegebenen Verhältnis zueinander bewegen müssen. Der Schlupf, der beim Reibrad-, Flach- oder Keilriementrieb nie gänzlich zu vermeiden ist, wird hier konstruktiv ausgeschlossen, ein vorgegebenes Übersetzungsverhältnis wird also reproduzierbar genau eingehalten. Dies kann für bestimmte Anwendungsfälle (beispielsweise Ventiltrieb eines Verbrennungsmotors) unabdingbar sein. Formschlüssige Zugmitteltriebe werden konstruktiv als Synchronriementriebe (Zahnriemen) und Kettentriebe ausgeführt (vergleiche Bild 7.52).

Eine Rutschgrenze existiert bei formschlüssigen Zugmitteltrieben definitionsgemäß nicht, eine Vorspannung ist nur zur Sicherstellung eines ordnungsgemäßen Laufverhaltens erforderlich. Die Festigkeitsgrenze von Zahnriemen kann in Anlehnung an die von Flachriemen formuliert werden, auf eine ausführliche Erläuterung soll deshalb an dieser Stelle verzichtet werden. Ihre praxisorientierte Dimensionierung erfolgt mit Größengleichungen, die z.T. genormt sind. Bei Kettentrieben ist neben der Zugfestigkeit der Laschen auch noch die Flächenpressung in den Gelenken zu berücksichtigen.

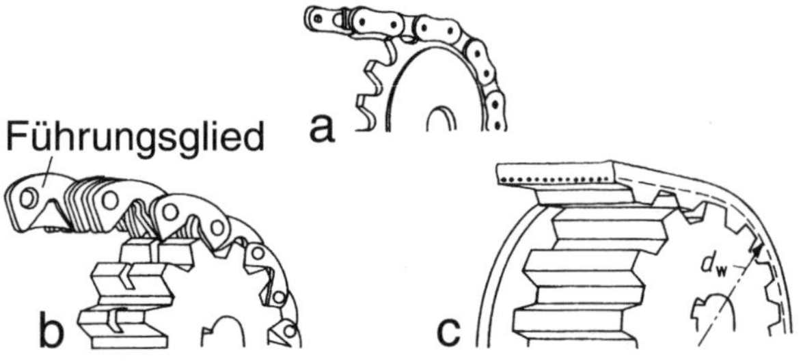

Bild 7.52: Formschlüssige Zugmittel (a Rollen- bzw. Hülsenkette, b Zahnkette, c Zahnriemen)

Alle Zugmitteltriebe sind einem Fliehkrafteinfluss ausgesetzt, so wie er oben exemplarisch für den Flachriemen erläutert worden ist. Bei Kettentrieben tritt er wegen des relativ hohen spezifischen Gewichtes schon bei relativ geringen Geschwindigkeiten in Erscheinung. Wie die Gegenüberstellung in Bild 7.53 nach [Dubbel] zeigt, hat die Kette die diesbezüglichen Reserven bei relativ geringen Geschwindigkeiten ausgeschöpft, während sie sich beim Flachriemen erst bei relativ hohen Geschwindigkeiten bemerkbar macht.

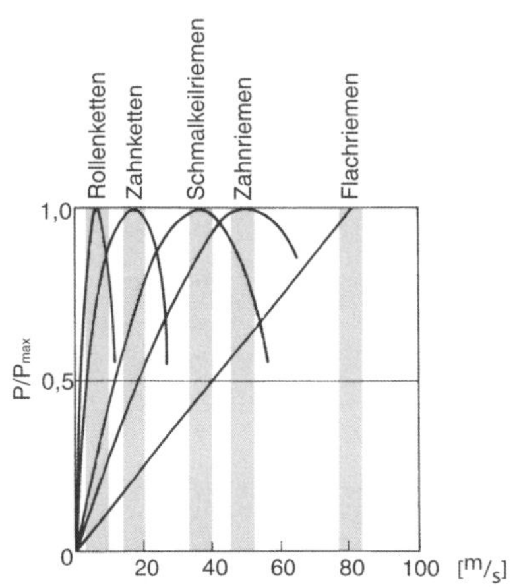

Bild 7.53: Optimale Umfangsgeschwindigkeit von Zugmitteln

Aus dieser Gegenüberstellung lassen sich folgende Schlussfolgerungen ableiten:

- Der Flachriemen ist besonders geeignet, wenn die Leistung bei hoher Geschwindigkeit übertragen wird. Dabei muss allerdings in Kauf genommen werden, dass aufgrund der relativ geringen Zugbelastbarkeit des Riemens und wegen der Vorspannung kein hohes Moment übertragen werden kann.
- Die Kette ist zwar nur bei geringen Geschwindigkeiten einsetzbar, lässt aber aufgrund ihrer Werkstoffeigenschaften besonders hohe Zugkräfte und damit besonders hohe Momente zu.

Zahnriemen und Schmalkeilriemen nehmen diesbezüglich eine Mittelstellung ein: Die übertragbare Kraft und damit das übertragbare Moment werden zwar wegen des Formschlusses (Zahnriemen) und wegen der durch die Keilwirkung bedingten Steigerung des Reibwertes am Keilriemen wesentlich erhöht, die erzielbare Geschwindigkeit bleibt aber hinter der des Flachriemens deutlich zurück.

Flachriemen und Zahnriemen können ggf. leicht tordierbar ausgeführt werden, so dass der Zugmitteltrieb nicht unbedingt in einer Ebene angeordnet werden muss. In diesem Fall können die Achsen auch eine nicht parallele Lage zueinander einnehmen.

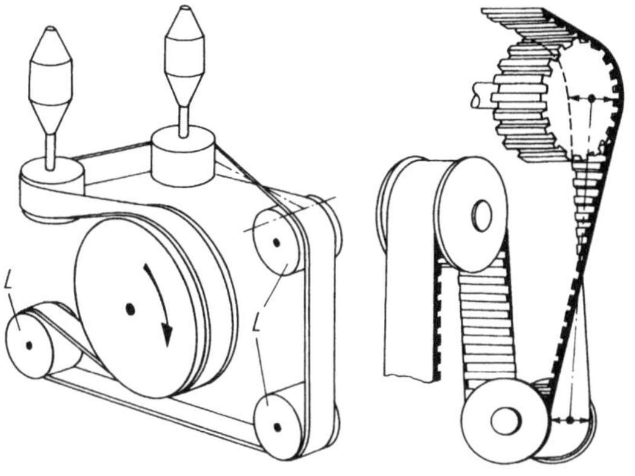

Bild 7.54: Räumliche Zugmitteltriebe

7.5 Zahnradgetriebe (B)

Das Zahnradgetriebe ist das am weitesten verbreitete gleichförmig übersetzende Getriebe, was zuweilen dazu führt, dass im umgangssprachlichen Gebrauch der Begriff „Getriebe" fälschlicherweise ausschließlich auf das Zahnradgetriebe bezogen wird. Der besondere Vorteil des Zahnradgetriebes ist seine sehr kompakte Bauweise, die durch die formschlüssige Momentenübertragung ermöglicht wird. In der Technikgeschichte ist das Zahnradgetriebe allerdings relativ jung, da die für eine hohe Leistungsdichte erforderliche Präzision der Zahnflanken lange Zeit unüberwindbare fertigungstechnische Probleme aufwarf. Die folgenden Ausführungen beziehen sich ausschließlich auf das ebene Zahnradgetriebe, welches durch eine parallele Anordnung der Achsen der beiden Räder gekennzeichnet ist. Um den Einstieg in die komplexe Geometrie der Verzahnung zu erleichtern, soll zunächst einmal versucht werden, die formschlüssige Charakteristik der Verzahnungsgeometrie aus den bereits bekannten Sachverhalten des Reibradgetriebes abzuleiten.

Beim Reibradgetriebe (Bild 7.55 links) weist jedes der beiden beteiligten Räder nur einen einzigen Durchmesser auf, so dass die Formulierung des Übersetzungsverhältnisses besonders einfach ist:

$$i = \frac{d_2}{d_1} = \frac{\omega_1}{\omega_2} = \frac{M_2}{M_1} = \frac{z_2}{z_1} \qquad \text{Gl. 7.96}$$

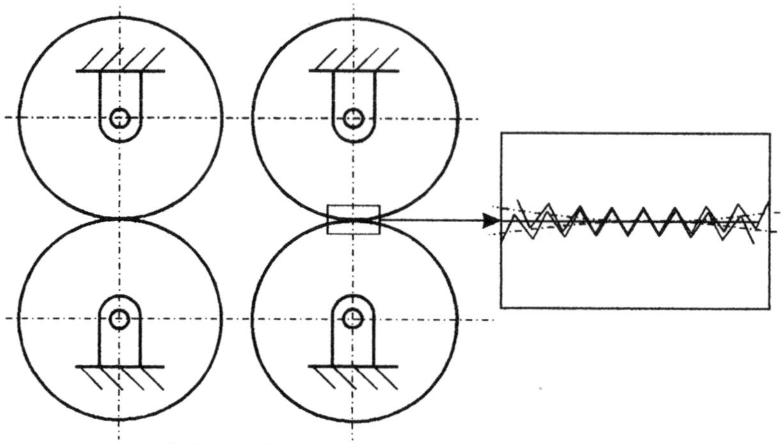

Bild 7.55: Modellvorstellung „Mikroverzahnung“

Die erste Überlegung, aus dieser reibschlüssigen Anordnung eine formschlüssige abzuleiten, besteht darin, sich die Oberflächen der beiden in Kontakt stehenden Räder als „Mikroverzahnung“ (Bild 7.55 rechts) vorzustellen. Bei diesem Gedankenmodell wird unmittelbar einsichtig, dass diese „Mikroverzahnung“ nur dann funktionsfähig ist, wenn der jeweilige Radumfang mit einer ganzzahligen Zähnezahl besetzt ist, wobei z_2 und z_1 die Zähnezahlen der beteiligten Räder bezeichnen. Aus dieser Formulierung ergibt sich, dass keine beliebigen Übersetzungsverhältnisse mehr realisiert werden können, sondern dass sich das Übersetzungsverhältnis immer als Quotient der Zähnezahlen, also als Quotient zweier natürlicher Zahlen ausdrücken muss. Der Bogenabschnitt zwischen zwei Zähnen wird mit „Teilung“ p bezeichnet und bezieht sich in einer ersten Betrachtung auf den sog. Wälzkreisdurchmesser d_W, der als Konstruktionsmaß gar nicht vorhanden ist, sondern sich vielmehr ersatzweise als der Durchmesser des Wälzgetriebes darstellt (auf eine weitere Differenzierung wird später noch eingegangen). Der Umfang U des Wälzkreises d_W lässt sich als Produkt aus Zähnezahl z und Teilung p ausdrücken:

$$\pi \cdot d_W = U = z \cdot p \qquad \Rightarrow \qquad p = \pi \cdot \frac{d_W}{z} \qquad \text{Gl. 7.97}$$

Zwei Räder können nur dann miteinander kämmen, wenn sie gleiche Teilung aufweisen.

7.5.1 Verzahnungsgeometrie (E)

7.5.1.1 Das Problem der kinematischen Verträglichkeit (E)

Es bleibt vor allen Dingen zu klären, welche Form die Zahnflanke aufweisen muss, damit ein kinematisch einwandfreies Kämmen der Zahnräder möglich ist. Dieses Problem möge durch die folgende Modellvorstellung deutlich werden.

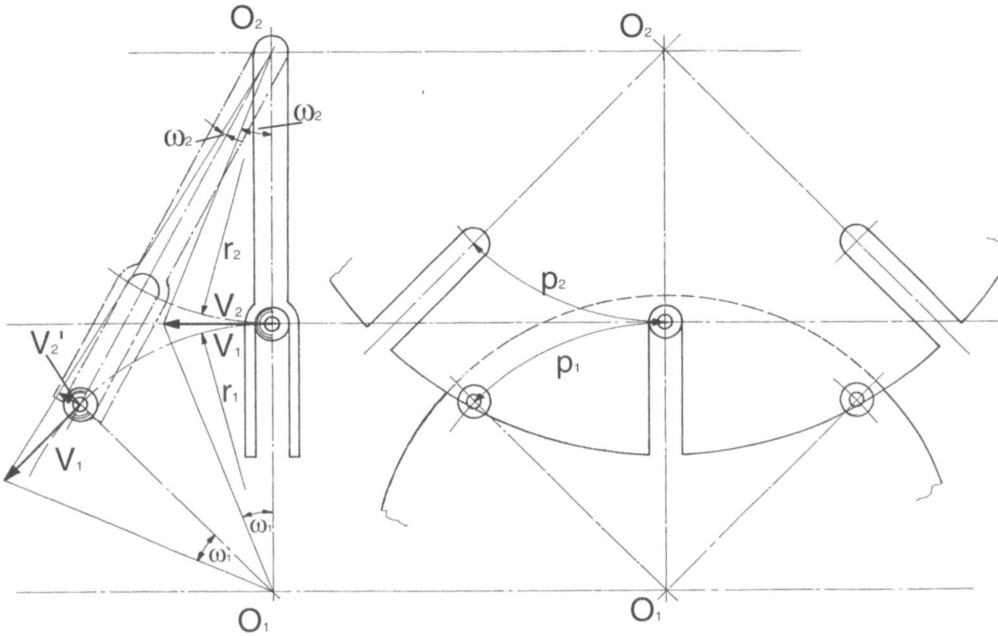

Bild 7.56: Das Problem der kinematischen Verträglichkeit

Es sei zunächst einmal ein scheibenförmiges, um O_1 drehbares Rad (Bild 7.56 links) betrachtet, auf dem ein Zapfen montiert ist, der mit einer um O_2 drehbaren Gabel in Eingriff gebracht wird. Befindet sich der Zapfen genau auf der Verbindungslinie zwischen O_1 und O_2, so kann in genau dieser Lage die Kopplung zwischen Zapfenrad und Gabelrad mit den bisher bekannten Gleichungen des Reibrades beschrieben werden:

$$v_1 = v_2 \qquad \text{und damit} \qquad \omega_1 \cdot r_1 = \omega_2 \cdot r_2$$

Wenn vereinfachend angenommen wird, dass r_1 und r_2 gleich sind, so ergibt sich für genau diese Stellung $\omega_1 = \omega_2$. Wird das untere Zapfenrad mit konstanter Winkelgeschwindigkeit ω_1 im Gegenuhrzeigersinn gedreht, so verursacht die Winkelgeschwindigkeit ω_1 weiterhin eine gleichbleibende Umfangsgeschwindigkeit v_1, die aber durch eine sich verändernde Lage eine zunehmend kleinere Umfangsgeschwindigkeit v_2 für das Gabelrad 2 nach sich zieht, was wiederum eine zunehmend kleinere Winkelgeschwindigkeit ω_2 zur Folge hat. Eine gleichförmige Drehbewegung des Zapfenrades 1 zieht also eine **un**gleichförmige Drehbewegung des Gabelrades 2 nach sich.

Dies hat auch zur Folge, dass entsprechend Bild 7.56 rechts ein Mehrfacheingriff nicht stattfinden kann: Ein Scheibenrad mit mehreren Zapfen kann **nicht** mit einem Gabelrad mit mehreren Schlitzen kämmen, auch wenn beide mit der gleichen Teilung p ausgeführt werden.

Die beiden zuvor genannten Aspekte machen folglich eine technische Anwendung dieser Konstellation für gleichförmig übersetzende Leistungsgetriebe unmöglich. Es stellt sich also vor allen Dingen die Frage nach einer brauchbaren Kontur der formschlüssigen Übertragungselemente, die folgende Bedingungen erfüllen muss:

- Die Konturen der formschlüssigen Übertragungselemente müssen kinematisch verträglich sein, d.h., die Konturen müssen miteinander kämmen können, ohne dass sie dabei ineinander eindringen oder sich voneinander entfernen.
- Zwei aufeinander folgende Übertragungskonturen müssen gleichzeitig in Eingriff kommen können, ohne sich dabei in ihrem Bewegungsablauf untereinander zu stören.

7.5.1.2 Verzahnungsgesetz (V)

Zur Klärung dieser kinematischen Verträglichkeit sei die in Bild 7.56 erwähnte Kombination von Zapfen- und Gabelrad in Bild 7.57 noch einmal näher betrachtet.

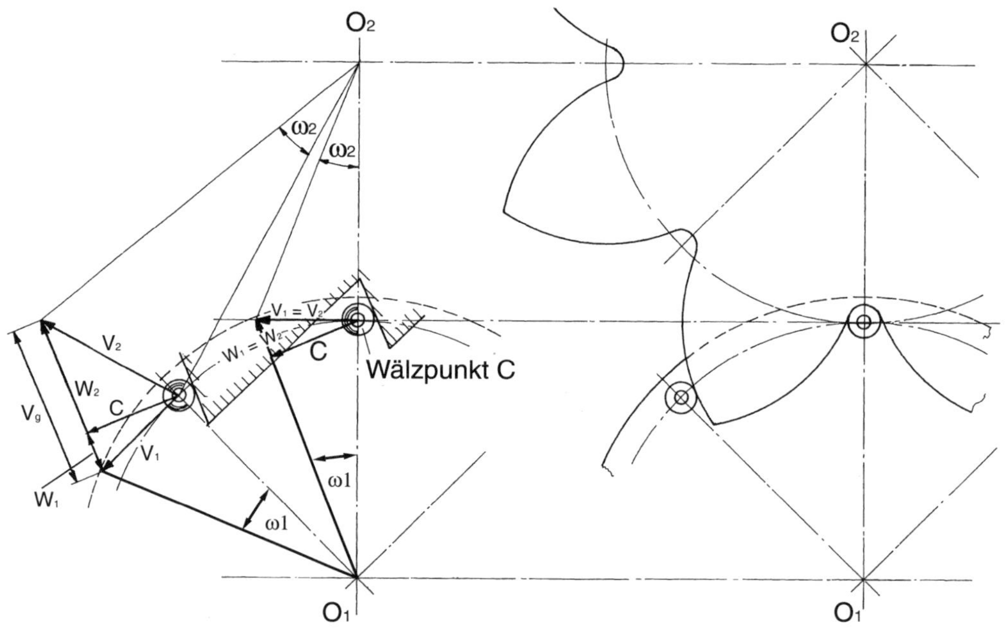

Bild 7.57: Klärung der kinematischen Verträglichkeit

Für das Rad 1 liegen alle Zapfen gleich weit vom Mittelpunkt des Rades O_1 entfernt, bei einer konstanten Winkelgeschwindigkeit ω_1 weisen sie also die konstante Umfangsgeschwindigkeit v_1 auf, die dann jeweils senkrecht auf der Verbindungslinie zum Radmittelpunkt steht. Dies gilt besonders für die Zapfenstellung genau zwischen den beiden Radmittelpunkten als auch für die hier skizzierte Stellung 45° weiter im Gegenuhrzeigersinn. Die Umfangsgeschwindigkeit des Gabelrades v_2 ist aber nur auf der Verbindungslinie der Radmittelpunkte mit v_1 identisch, während für die zweite hier skizzierte Stellung bei gleicher Winkelgeschwindigkeit ω_2 eine Umfangsgeschwindigkeit v_2 nötig wäre.

Betrachtet man die linke Stellung, so wird die gemeinsame Geschwindigkeit des Zapfens und der Flanke durch die gemeinsame Normalgeschwindigkeit c beschrieben. Diese Geschwindigkeit muss für den Zapfen und für die Flanke gleich sein, da die beiden sich ja weder voneinander entfernen noch ineinander eindringen dürfen. Diese gemeinsame Normalgeschwindigkeit c ist aber für das Rad 1 ein Komponente von v_1, wobei die andere Komponente w_I in Richtung der Flanke orientiert ist. Für das Rad 2 ist die gemeinsame Normalgeschwindigkeit c Bestandteil der Geschwindigkeit v_2, wobei eine Tangentialkomponente w_2 in Richtung der Flanke übrig bleibt. Damit ist die Gleichförmigkeit der Drehbewegungen zwischen Rad 1 und 2 gewährleistet. Die Summe der Tangentialgeschwindigkeiten w_1 und w_2 äußert sich als Relativgeschwindigkeit v_g zwischen Zapfen und Flanke. Wäre der Zapfen als Rolle drehbar gelagert, so würde sich diese Geschwindigkeit als Umfangsgeschwindigkeit der Zapfenrolle bemerkbar machen.

Soll ein Mehrfacheingriff möglich sein, so muss auch noch eine andere Bedingung erfüllt sein: Sowohl für den zuvor betrachteten linken Eingriff als auch für den Eingriff auf der Verbindungslinie der beiden Radmittelpunkte muss eine gleich große Normalgeschwindigkeit c wirksam werden, denn andernfalls würde an einem der beiden Kontakte ein Eindringen bzw. ein Klaffen von Zapfen und Flanke auftreten. In der rechten Stellung ist aber die Normalkomponente c Bestandteil einer gemeinsamen Umfangsgeschwindigkeit $v_1 = v_2$, so dass auch die Tangentialkomponente gleich sein muss: $w_1 = w_2$. In diesem Fall verschwindet also die Gleitgeschwindigkeit als Vektorsumme von w_1 und w_2. Dieser Punkt wird Wälzpunkt C genannt, weil in ihm nur ein Abwälzen des Zapfens an der Flanke des Rades 2, jedoch kein Gleiten auftritt. Würde man den Zapfen drehbar lagern, so würde er sich in genau dieser Stellung **nicht** drehen.

Die beiden Eingriffsstellungen sind also nur dann kinematisch miteinander verträglich, wenn auch für den linken Eingriffspunkt die Normalkomponente c durch den Zapfenmittelpunkt der rechten Stellung verläuft.

Dies wäre der Fall, wenn die Flanke des Rades 2 die schraffierte Kontur aufweisen würde. Bei minimaler Weiterdrehung der Räder würden jedoch wieder andere Bedingungen vorliegen, so dass dann ein neuer Punkt der Flanke des Rades 2 nach den gleichen Gesetzmäßigkeiten ermittelt werden müsste. Führt man diese Überlegung weiter fort, so ergäbe sich die in der rechten Bildhälfte dargestellte Flankenform, die nunmehr eine kontinuierliche, gleichförmige Drehübertragung zulässt. Der Wälzpunkt C teilt den Achsabstand der beiden Räder in einem Verhältnis auf, welches auch als Radienverhältnis eines Wälzgetriebes mit dem gleichen Übersetzungsverhältnis genutzt werden könnte.

Diese Frage der kinematischen Verträglichkeit gilt es nun zu verallgemeinern. Dazu seien zwei Räder mit einem beliebigem Übersetzungsverhältnis (also nicht 1:1 wie zuvor) gegeben (siehe Bild 7.58).

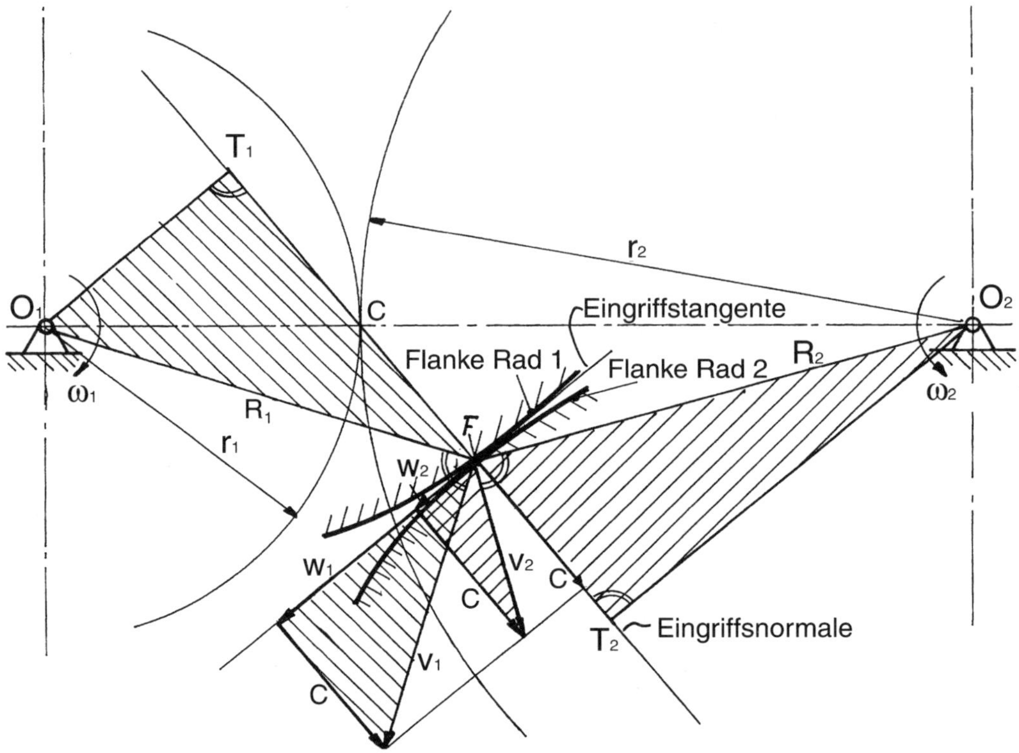

Bild 7.58: Geschwindigkeiten bei allgemeiner Lage des Eingriffspunktes

Der Eingriff soll an einem beliebigen Punkt F stattfinden, in dem sich die Flanke des Rades 1 und die Flanke des Rades 2 berühren. Es stellt sich die Frage, wie an dieser Stelle die Eingriffstangente der Zahnflanke und damit die Eingriffsnormale zu konstruieren ist, damit die Verzahnung kinematisch verträglich ist.

- Aus den bereits oben diskutierten Gründen muss auch hier die Normalkomponente c für beide Flanken gleich sein, sie braucht also nicht durch Indizierung dem Rad 1 oder 2 zugeordnet zu werden.
- Für das Rad 1 drückt sich die Normalkomponente c als Produkt der Winkelgeschwindigkeit ω_1 und dem wirksamen Radius $\overline{O_1T_1}$ aus. Für das Rad 2 ergibt sie sich als Produkt aus ω_2 und $\overline{O_2T_2}$. Durch Gleichsetzen ergibt sich folgender Ausdruck:

$$\omega_1 \cdot \overline{O_1T_1} = \omega_2 \cdot \overline{O_2T_2} \quad \Rightarrow \quad \frac{\omega_1}{\omega_2} = \frac{\overline{O_2T_2}}{\overline{O_1T_1}} = i \qquad \text{Gl. 7.98}$$

- Da die Linien O_1T_1 und O_2T_2 parallel zueinander verlaufen, entstehen zwei rechtwinklige Dreiecke O_1T_1C und O_2T_2C, deren geometrische Ähnlichkeit sich ausnutzen lässt:

$$\frac{\overline{O_1T_1}}{r_1} = \frac{\overline{O_2T_2}}{r_2} \quad \Rightarrow \quad \frac{\overline{O_2T_2}}{\overline{O_1T_1}} = \frac{r_2}{r_1} \qquad \text{Gl. 7.99}$$

- Die Gleichungen 7.98 und 7.99 lassen sich zusammenstellen:

$$\frac{\omega_1}{\omega_2} = \frac{\overline{O_2T_2}}{\overline{O_1T_1}} = i = \frac{r_2}{r_1} = \frac{\overline{O_2C}}{\overline{O_1C}} \qquad \text{Gl. 7.100}$$

- Aus dieser Gegenüberstellung lässt sich folgern, dass die Wirkungslinie der Normalkomponente c die Verbindungslinie der beiden Radmittelpunkte O_1 und O_2 im Verhältnis r_1/r_2 schneiden muss. Dies bedeutet aber, dass die Wirkungslinie der Normalkomponente c durch den Wälzpunkt C verlaufen muss.

Die Strecken r_1 und r_2 müssen also unabhängig von der sich laufend verändernden Stellung der Räder und der damit verbundenen Verlagerung des Eingriffspunktes erhalten bleiben. Es lässt sich also auch hier ersatzweise ein Reibradgetriebe vorstellen, wobei die Radien r_1 und r_2 als Reibradradien wirksam werden. Daraus folgt die zentrale Aussage des Verzahnungsgesetzes:

Die Wirkungslinie, auf der die gemeinsame Normalgeschwindigkeit *c* der Zahnflanken wirksam wird, muss durch den Wälzpunkt *C* verlaufen. Diese Bedingung muss für alle Berührpunkte der Zahnflanken erfüllt sein.

7.5.1.3 Gleitgeschwindigkeit im Kontaktpunkt (V)

Am Kontaktpunkt liegt sowohl die durch das Rad 1 verursachte Tangentialgeschwindigkeit w_1 als auch die durch das Rad 2 bedingte Tangentialgeschwindigkeit w_2 vor. Für die Tribologie im Kontakt ist jedoch vor allen Dingen die Gleitgeschwindigkeit v_g der beiden Zahnflanken als Differenz von w_1 und w_2 maßgebend:

$$v_g = w_1 - w_2 \qquad \text{Gl. 7.101}$$

Für die Berechnung von w_1 lässt sich wieder die Ähnlichkeit des Geschwindigkeitsdreiecks, welches durch w_1 und c aufgespannt wird, mit dem geometrischen Dreieck O_1T_1F ausnutzen (beide linksliegend schraffiert):

$$\frac{w_1}{v_1} = \frac{\overline{T_1F}}{R_1} \quad \Rightarrow \quad w_1 = \frac{v_1}{R_1} \cdot \overline{T_1F} = \omega_1 \cdot \overline{T_1F} \qquad \text{Gl. 7.102}$$

Für die am Rad 2 vorliegende Tangentialgeschwindigkeit lässt sich eine ähnliche Gleichung formulieren (Ähnlichkeit der beiden rechtsliegend schraffierten Dreiecke):

$$\frac{w_2}{v_2} = \frac{\overline{T_2F}}{R_2} \quad \Rightarrow \quad w_2 = \frac{v_2}{R_2} \cdot \overline{T_2F} = \omega_2 \cdot \overline{T_2F} \qquad \text{Gl. 7.103}$$

Setzt man in Gl. 7.101 für w_1 den Ausdruck nach Gl. 7.102 und für w_2 die Gl. 7.103 ein, so gewinnt die Gleitgeschwindigkeit die folgende Form:

$$v_g = \omega_1 \cdot \overline{T_1F} - \omega_2 \cdot \overline{T_2F} \qquad \text{Gl. 7.104}$$

Weiterhin lassen sich aus Bild 7.58 die folgenden Streckenadditionen ablesen:

$$\overline{T_1F} = \overline{T_1C} + \overline{CF} \quad \text{und} \quad \overline{T_2F} = \overline{T_2C} - \overline{CF}$$

Setzt man diese Ausdrücke in Gl. 7.104 ein, so ergibt sich für die Gleitgeschwindigkeit:

$$\mathrm{v_g} = \omega_1 \cdot \left(\overline{\mathrm{T_1C}} + \overline{\mathrm{CF}}\right) - \omega_2 \cdot \left(\overline{\mathrm{T_2C}} - \overline{\mathrm{CF}}\right)$$

$$v_g = \omega_1 \cdot \overline{T_1C} + \omega_1 \cdot \overline{CF} - \omega_2 \cdot \overline{T_2C} + \omega_2 \cdot \overline{CF} = \omega_1 \cdot \overline{CF} + \omega_2 \cdot \overline{CF} + \omega_1 \cdot \overline{T_1C} - \omega_2 \cdot \overline{T_2C}$$

$$v_g = (\omega_1 + \omega_2) \cdot \overline{CF} + \omega_1 \cdot \overline{T_1C} - \omega_2 \cdot \overline{T_2C} \qquad \text{Gl. 7.105}$$

Ferner lässt sich hier wieder die Ähnlichkeit der beiden Dreiecke O_1T_1C und O_2T_2C aus Bild 7.58 ausnutzen:

$$\frac{\overline{T_1C}}{r_1} = \frac{\overline{T_2C}}{r_2} \quad \Rightarrow \quad \frac{\overline{T_1C}}{\overline{T_2C}} = \frac{r_1}{r_2} = \frac{\omega_2}{\omega_1} \quad \Rightarrow \quad \overline{T_1C} \cdot \omega_1 = \overline{T_2C} \cdot \omega_2$$

Die letzten beiden Glieder aus Gl. 7.105 ergeben in ihrer Differenz also genau null, so dass sich die Formulierung für die Gleitgeschwindigkeit reduziert zu

$$v_g = (\omega_1 + \omega_2) \cdot \overline{CF} \qquad = \omega_1 \cdot \left(1 + \frac{1}{i}\right) \cdot \overline{CF} \qquad \text{Gl. 7.106}$$

Aus dieser einfachen Formulierung lassen sich folgende Aussagen ableiten:

- Die bereits oben getroffene Aussage wird bestätigt, dass die Gleitgeschwindigkeit v_g der beiden Zahnflanken untereinander im Wälzpunkt ($\overline{CF} = 0$) gleich Null ist.
- Die Gleitgeschwindigkeit v_g nimmt mit zunehmendem Abstand zum Wälzpunkt (ansteigendes $\overline{CF}$) linear zu.
- Die Gleitgeschwindigkeit v_g steigt proportional zur Drehzahl des Getriebes.
- Die obenstehende Formulierung bezieht sich darauf, dass der Eingriffspunkt den Wälzpunkt bereits hinter sich gelassen hat. In diesem Fall ist $w_1 > w_2$, die Flanke des treibenden Rades ist schneller als die des getriebenen Rades. Betrachtet man die Verhältnisse vor Erreichen des Wälzpunktes, so ist $w_1 < w_2$, die Flanke des treibenden Rades „schiebt" die Flanke des getriebenen Rades. Der Übergang zwischen „Schieben" und „Ziehen" findet genau im Wälzpunkt statt.

7.5.1.4 Flanke – Gegenflanke – Eingriffslinie (V)

Während oben die Eingriffsverhältnisse an einem einzelnen im Eingriff befindlichen Punkt betrachtet wurden, stellt sich weiterhin die Frage, wie der Verlauf der gesamten Flanke und die entsprechende Gegenflanke auszubilden sind, um die kinematische Verträglichkeit für den gesamten Bewegungsablauf sicher zu stellen. Vor der ausführlichen Diskussion dieser geometrischen Frage möge eine Modellvorstellung den grundsätzlichen Lösungsweg anschaulich aufzeigen:

Man stelle sich ein einzelnes Zahnrad mit regelmäßig angeordneten, untereinander gleichen Zähnen vor. Nun bringt man dieses „harte“ Rad mit einem „weichen“, deformierbaren Radrohling aus Knetmasse in Eingriff. Wenn die beiden Räder so zueinander gedreht werden wie es dem Übersetzungsverhältnis i am fertigen Radpaar entspricht, dann würde das harte Rad in das weiche Rad die entsprechende Gegenflanke von selbst hineinformen. Dabei ist allerdings zu berücksichtigen, dass das Übersetzungsverhältnis als ganzzahliger Quotient der beiden beteiligten Zähnezahlen realisiert werden muss.

Das allgemeine Verzahnungsgesetz ermöglicht unter gewissen Voraussetzungen die Konstruktion der Gegenflanke (Bild 7.59).

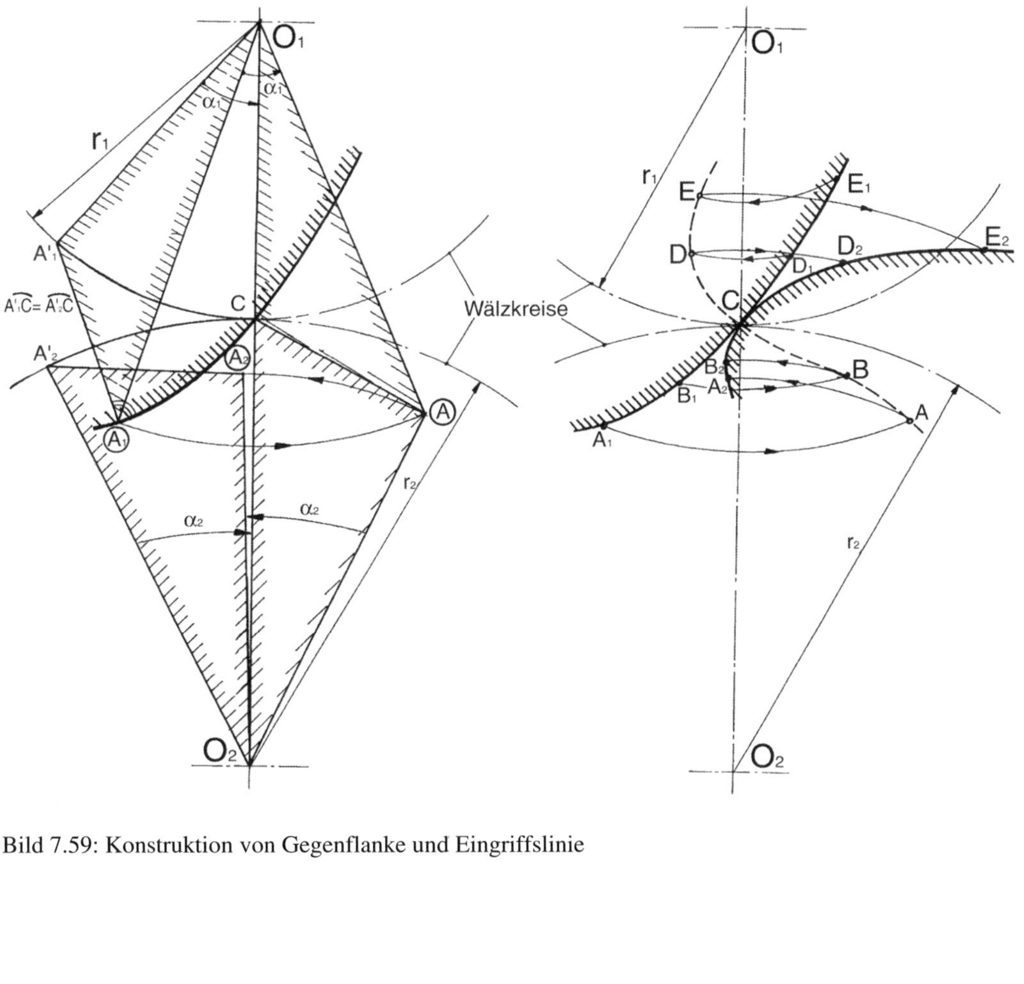

Bild 7.59: Konstruktion von Gegenflanke und Eingriffslinie

Es sind die Radmittelpunkte O_1 und O_2 und die hier dick schraffiert angedeutete Flanke des Rades 1 vorgegeben (linke Bildhälfte). Weiterhin ist mit den Wälzkreisradien r_1 und r_2 das während des ganzen Eingriffs vorhandene Übersetzungsverhältnis festgelegt. Die Flanke verläuft in der skizzierten Stellung durch den Wälzpunkt C, der damit gleichzeitig ein Punkt der Gegenflanke ist.

- Zunächst wird für einen beliebigen weiteren Punkt A_1 der Flanke des Rades 1 der entsprechende Punkt des Gegenrades A_2 gesucht. Dazu sind die folgenden Zwischenschritte sinnvoll:
- Die Normale im Punkte A_1 auf die gegebene Flanke des Rades 1 schneidet den Wälzkreis des Rades 1 im Punkt A_1'. Dadurch entsteht das schraffierte, oben links liegende Dreieck $A_1A_1'O_1$. Wird Rad 1 (und damit das Dreieck $A_1A_1'O_1$) mit dem Winkel α_1 um den Radmittelpunkt O_1 so weit gedreht, bis sich A_1' im Wälzpunkt C befindet, so verlagert sich dabei der Punkt A_1 nach A.
- Bei A kommen der Punkt A_1 des Rades 1 und der gesuchte Punkt A_2 des Rades 2 zur Deckung. Um die Lage des Punktes A_2 in der ursprünglichen (A_1 entsprechenden) Stellung zu erhalten, muss das Rad 2 (und damit das schraffierte, unten rechts liegende Dreieck O_2CA) um den Radmittelpunkt O_2 um den Winkel α_2 zurückgedreht werden. Dabei wird der ursprünglich bei der Hindrehung auf dem Wälzkreis 1 zurückgelegte Bogenabschnitt $A_1'C$ nun auf den Wälzkreis 2 übertragen und als Bogen $A_2'C$ zurückgelegt:

$$\alpha_1 \cdot r_1 = \alpha_2 \cdot r_2 \quad \Rightarrow \quad \alpha_2 = \frac{r_1}{r_2} \cdot \alpha_1$$

- Der bei dieser Drehung als dritter Dreieckpunkt von A nach A_2 mitbewegte Punkt ist nun Punkt der Gegenflanke.
- Wie bereits oben erwähnt wurde, kommt bei der Drehung beider Räder der Punkt A_1 der Flanke des Rades 1 mit dem Punkt A_2 der Gegenflanke des Rades 2 bei A in Eingriff. Aus diesem Grund wird der Punkt A „Eingriffspunkt" genannt.
- Durch die Wiederholung der Konstruktion für beliebig viele weitere Punkte B_1, D_1 und E_1 der Flanke 1 (rechte Bildhälfte) ergeben sich die zugehörigen Punkte B_2, D_2 und E_2 der Gegenflanke des Rades 2.
- Dabei entstehen die entsprechenden Eingriffspunkte A, B, C, D und E. Die Verbindungslinie der Eingriffspunkte wird als „Eingriffslinie" bezeichnet und ist damit der geometrische Ort aller aufeinanderfolgenden Berührpunkte von Flanke und Gegenflanke.

Diese Konstruktion kann auch umgekehrt werden. Die folgende Gegenüberstellung macht dies ohne weiteren Nachweis deutlich:

- entweder lässt sich, wie hier dargestellt, bei vorgegebener Flanke und bekanntem Wälzkreis die entsprechende Gegenflanke konstruieren. Dabei entsteht automatisch auch die entsprechende Eingriffslinie.
  vorgegeben: Wälzkreise, Flanke $\Rightarrow$ daraus ermitteln: Gegenflanke, Eingriffslinie
- oder man gibt bei bekannten Wälzkreisen die Eingriffslinie vor, woraus sich sowohl die Flanke als auch die entsprechende Gegenflanke konstruieren lassen.
  vorgegeben: Wälzkreise, Eingriffslinie $\Rightarrow$ daraus ermitteln: Flanke, Gegenflanke

Voraussetzung für diese Konstruktion ist allerdings, dass es tatsächlich zu einem Schnittpunkt der Flankennormalen und des Wälzkreises kommt. Trotz der durch die kinematische Verträglichkeit bedingten Einschränkung gibt es also noch beliebig viele Zahnflankenformen, die eine kinematisch verträgliche Verzahnung ermöglichen. Wie die folgende Erörterung aber zeigen wird, ist es meist vorteilhafter, die Geometrie der Verzahnung über die Wälzkreise und die Eingriffslinie zu beschreiben.

Aufgabe A.7.26

7.5.1.5 Forderungen für eine optimale Zahnflankenform (B)

Aus der theoretisch unendlich großen Vielfalt von geometrischen Zahnformen haben nur einige wenige Eingang in die industrielle Praxis gefunden. Bei der Optimierung der Zahnform spielen die folgenden Aspekte eine entscheidende Rolle:

- So wie eine Schraube nicht nur mit einer einzigen Mutter, sondern allgemein mit Muttern der entsprechenden Normabmessungen gepaart werden kann, so soll auch ein Zahnrad mit anderen Zahnrädern der gleichen Normabmessungen in Eingriff gebracht werden können (Das oben zitierte „Knetmassenrad" ist ja nur in genau dieser Paarung kinematisch verträglich).
- Der Zahn soll fertigungstechnisch einfach herstellbar sein, was besonders im Hinblick auf eine angestrebte hohe Härte der Zahnflanken ein besonderes Problem darstellt.
- Der Zahn soll festigkeitsmäßig möglichst hoch belastbar sein, die Ausbildung als Balken gleicher Biegefestigkeit wäre optimal.

7.5.2 Evolventenverzahnung (B)

Wie der weitere Verlauf dieser Ausführungen noch zeigen wird, können diese Forderungen mit der sog. „Evolventenverzahnung" besonders gut erfüllt werden, so dass diese Verzahnungsart eine besonders breite Anwendung gefunden hat und deshalb im Folgenden vorrangig ausgeführt wird.

7.5.2.1 Konstruktion der Evolvente (B)

Zweckmäßigerweise wird die Evolvente zunächst nur als geometrische Figur erläutert, wobei wahlweise zwei geometrische Konstruktionen angewendet werden können:

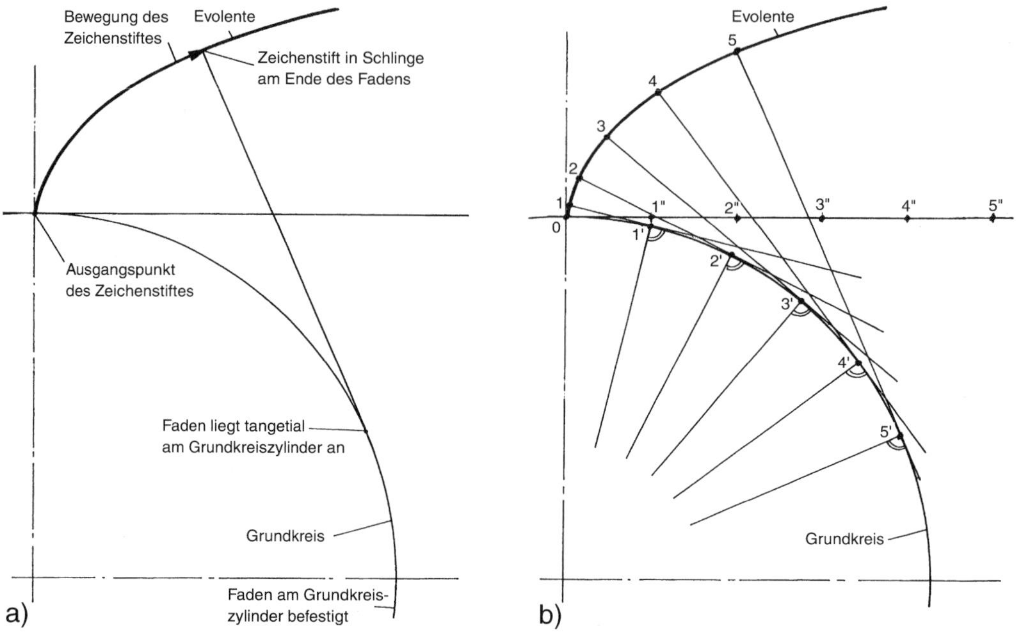

Bild 7.60: Evolventenkonstruktionen

- Die sog. Fadenkonstruktion ist besonders einfach zu übersehen (Bild 7.60a): Ein Faden wird mit dem einen Ende irgendwo am Umfang des scheibenförmigen Grundkreiszylinders befestigt, um die Grundkreisscheibe herumgeschlungen und schließlich mit dem anderen Ende an die Grundkreisscheibe angelegt. An diesem Fadenende wird nun ein Stift befestigt und auf die darunterliegende Zeichenebene aufgesetzt. Wird der Stift von der Scheibe fortbewegt und dabei der Faden stets unter Zug gehalten, so entfernt sich der Zeichenstift zunächst im rechten Winkel von der Grundkreisscheibe und beschreibt im weiteren Verlauf eine Evolvente.
- Ausgehend vom Punkt 0 (siehe Bild 7.60b) werden auf dem Grundkreis gleich lange Streckenabschnitte hintereinander aufgetragen, die jeweils durch die Endpunkte 1', 2', 3' usw. markiert werden. Trägt man die gleichen Streckenabschnitte auf der im Punkt 0 in dieser Skizze waagerecht angelegten Tangenten ab, so ergeben sich auf dieser die Punkte 1", 2", 3" usw. Wird die Tangente auf dem Grundkreis abgewälzt, so kommen nacheinander zunächst 1" mit 1', dann 2" mit 2' usw. zur Deckung. Der jeweilige Abstand $\overline{01''}$ bildet sich dabei auf der abgewälzten Tangenten als Abstand $\overline{11'}$ ab und ergibt dabei den Punkt 1. Der weitere Abwälzvorgang liefert durch ähnliche Konstruktionen die Punkte 2, 3 usw., die schließlich die gesamte Evolvente beschreiben.

Die Evolvente nimmt einerseits ihren Anfang am Grundkreis, hat aber andererseits kein Ende. Die Evolvente kann auch rechnerisch beschrieben und als Funktion tabelliert werden.

7.5.2.2 Einzeleingriff zweier Evolventen (B)

Zur weiteren Analyse des Zahneingriffs stellt Bild 7.61 zwei Grundkreise mit jeweils einer Evolvente dar. Diese beiden Grundkreisräder werden in ihrem jeweiligen Mittelpunkt drehbar gelagert und so verdreht, dass sich die beiden Evolventen an einem Punkt berühren.

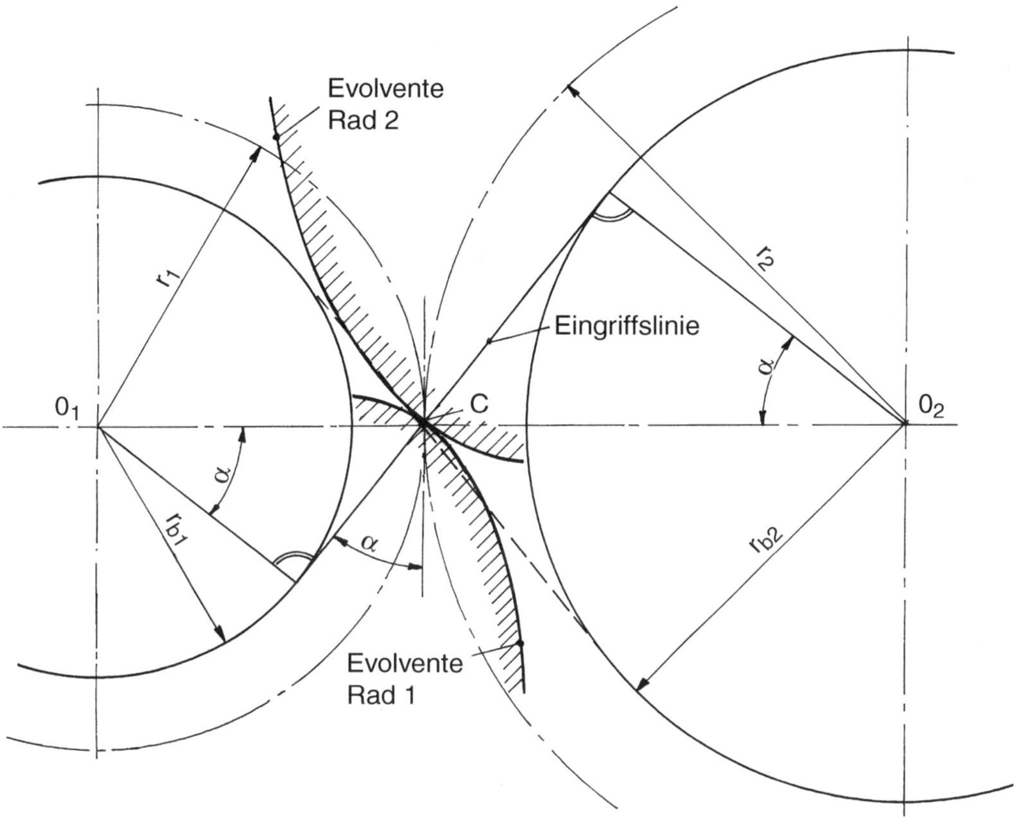

Bild 7.61: Schnurmodell

Der Berührpunkt der beiden Evolventen liegt in Bild 7.61 auf der Verbindungslinie zwischen den Radmittelpunkten O_1 und O_2 und wird damit zum Wälzpunkt C. Für die weitere Betrachtung werden die beiden Evolventen nun vorübergehend wieder weggelassen.

- Um den Mittelpunkt O_1 des Grundkreises r_{b1} kann ein weiterer Kreis durch C mit dem Radius r_1 angeordnet werden. Wird die gleiche Konstruktion für das Rad 2 wiederholt, so entsteht ein virtuelles **Reibradgetriebe** mit dem Übersetzungsverhältnis $i = r_2 / r_1 = d_2 / d_1$.

- Wird um die beiden Grundkreisscheiben ein Seil in Form einer liegenden Acht geschlungen, so entsteht ein **Schnurtrieb**, der das gleiche Übersetzungsverhältnis aufweist wie das zuvor erwähnte Wälzgetriebe. Schnurtrieb und Reibradgetriebe sind dann zwei parallele, reibschlüssige Getriebe mit dem gleichen Übersetzungsverhältnis und dem gleichen Drehsinn, sie können also gleichzeitig in Betrieb sein, ohne sich gegenseitig zu beeinflussen.
- Werden nun wieder die beiden Evolventen eingeführt, so entsteht parallel dazu ein drittes, nunmehr aber **formschlüssiges Getriebe** mit zunächst einmal nur einem einzigen Zahnflankenpaar. Der gerade Abschnitt des Schnurtriebs läuft ebenfalls durch C, steht in diesem Punkt senkrecht auf den Evolventen und wirkt dabei als Eingriffslinie, die in diesem Fall eine besonders einfache geometrische Linie darstellt, weil sie eine Gerade („Eingriffsgerade") ist.

Man stelle sich vor, dass unter der Grundkreisscheibe von Rad 1 eine weitere, größere Scheibe befestigt wird. Befestigt man nun im Punkt C einen Zeichenstift an der Schnur und dreht das Getriebe langsam durch, so beschreibt dieser Stift auf der darunter liegenden Zeichenscheibe die Evolvente von Rad 1. In gleicher Weise kann die Evolvente von Rad 2 beschrieben werden.

Die Eingriffsgerade ist gegenüber der Wälzkreistangente um den Winkel α geneigt, der auch als „Eingriffswinkel" bezeichnet wird und für die Evolventenverzahnung eine ganz besondere Rolle spielt: Die zwischen den beiden Zahnflanken zu übertragende Kraft ist, wenn man von Reibeinflüssen zunächst absieht, stets normal zur Flankenkontur gerichtet. Unabhängig von der Stellung der beiden Zahnflanken liegt die Wirkungslinie der zu übertragenden Kraft also stets auf der Eingriffsgeraden und ist deshalb in ihrer geometrischen Lage bekannt. An Hand dieser Skizze lässt sich ein geometrischer Zusammenhang zwischen Eingriffswinkel, Grundkreis und Wälzkreis formulieren:

$$\cos\alpha = \frac{r_{b1}}{r_{w1}} = \frac{d_{b1}}{d_{w1}} = \frac{d_{b2}}{d_{w2}} \qquad \text{Gl. 7.107}$$

7.5.2.3 Optimierung des Eingriffswinkels (V)

In Bild 7.61 wurde der Achsabstand zunächst einmal willkürlich gewählt und dabei ein willkürlicher Eingriffswinkel festgelegt. Die Variation des Achsabstandes in Bild 7.62 lässt bereits einige Optimierungskriterien erkennen:

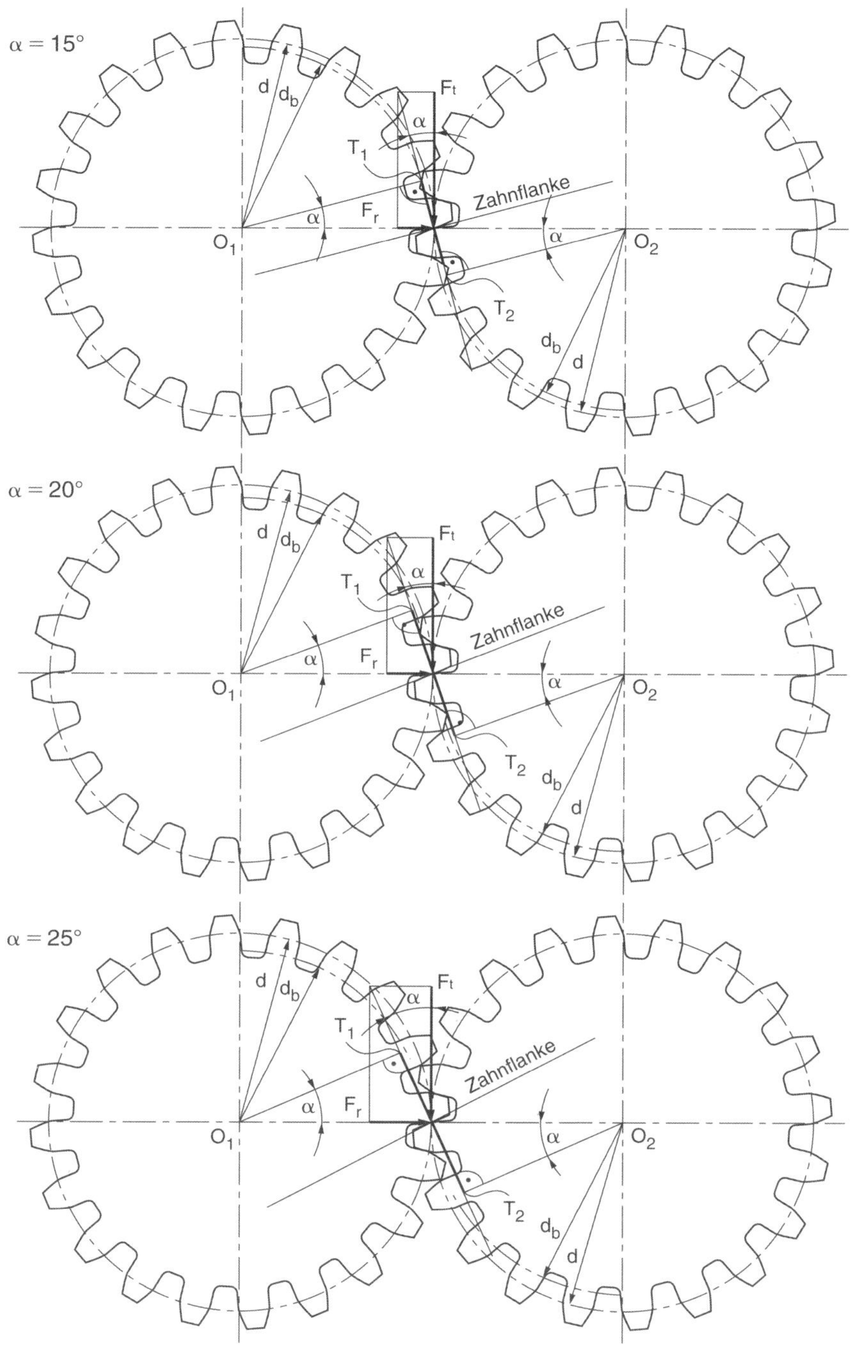

Bild 7.62: Optimierung des Eingriffswinkels

- Ist nach der oberen Detaildarstellung von Bild 7.62 der Achsabstand klein (nur unwesentlich größer als die Summe der beiden Grundkreisradien), so ergibt sich ein sehr kleiner Eingriffswinkel. Dies ist zunächst einmal vorteilhaft, weil die am Berührpunkt der beiden Flanken zu übertragende Kraft F_t nahezu senkrecht auf der Verbindungslinie zwischen O_1 und O_2 steht und damit fast vollständig für die Momentenübertragung ausgenutzt werden kann. Es entsteht nur eine relativ kleine Komponente F_r in Richtung der Radmittelpunkte, die die Wellen und Lager zusätzlich belastet. Nachteilig ist jedoch, dass der maximal nutzbare Abschnitt der Eingriffsgeraden nur sehr kurz ist, weil sie am Grundkreis endet und die damit verbundene Evolvente zur Radmitte hin nur bis zum Grundkreis definiert ist. Damit ist auch der nutzbare Abschnitt der Evolvente sehr klein, es können nur kleine, wenig tragfähige Zähne verwendet werden.
- Ist der Achsabstand übermäßig groß (untere Detaildarstellung), so ergeben sich große Eingriffswinkel, was eine lange Eingriffsstrecke ermöglicht und die Verwendung großer, belastbarer Zähne zulässt. Dadurch wird aber auch eine zunehmend größere Radialkraftkomponente hervorgerufen, die die Bauteile zwar belastet, aber nicht zur Momentenübertragung genutzt werden kann.

Der optimale Achsabstand (und damit der optimale Eingriffswinkel) muss also beiden (widersprüchlichen) Aspekten Rechnung tragen. Aus diesem Grund ist der für die Herstellung der Evolventenverzahnung maßgebende Eingriffswinkel durch Normung auf 20° festgelegt. Die vorstehende Betrachtung zeigt aber auch, dass diesbezüglich die Evolventenverzahnung (im Gegensatz zu anderen Verzahnungsarten) auf montagetechnisch erforderliche Toleranzen des Achsabstandes unempfindlich reagiert.

7.5.2.4 Kopfkreis – Fußkreis (B)

Der äußerste Punkt des realen Zahnrades und damit der Endpunkt des nutzbaren Abschnitts der Evolvente wird durch den Kopfkreis des Zahnrades festgelegt, der für die Fertigung des Rades von besonderer Bedeutung ist, weil ein Radrohling mit diesem Durchmesser durch Drehen für die weitere Fertigung des Zahnrades bereitgestellt werden muss. Der Kopfkreisradius r_{a1} ergibt sich zunächst einmal aus der Summe von Wälzkreisradius r und Kopfhöhe h_a:

$$r_{a1} = r_1 + h_a \quad \text{bzw.} \quad d_{a1} = d_1 + 2 \cdot h_a$$

und $$r_{a2} = r_2 + h_a \quad \text{bzw.} \quad d_{a2} = d_2 + 2 \cdot h_a \qquad \text{Gl. 7.108}$$

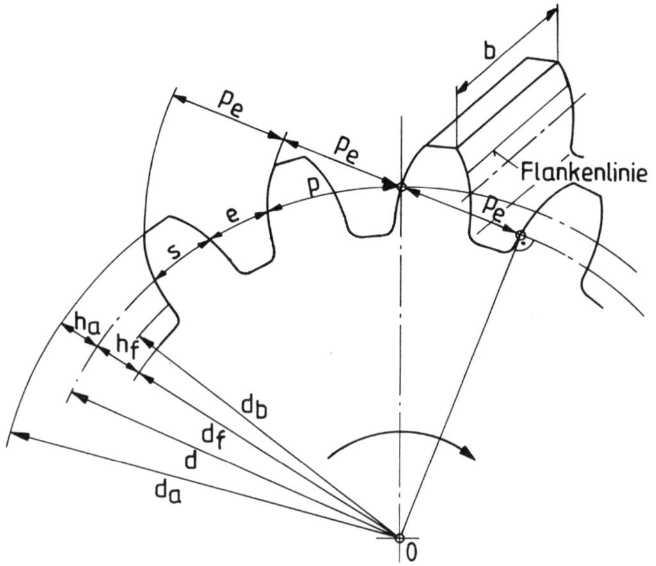

Bild 7.63: Kopfkreis, Fußkreis und Teilung

Wenn der Flankeneingriff aber durch den Kopfkreis des Rades 1 begrenzt ist, so braucht auch die Evolvente des Rades 2 nicht jenseits dieses Punktes fortgeführt zu werden. Dadurch ergibt sich der Fußkreis der Verzahnung d_f:

$$r_{f1} = r_1 - h_f \quad \text{bzw.} \quad d_{f1} = d_1 - 2 \cdot h_f$$

und $$r_{f2} = r_2 - h_f \quad \text{bzw.} \quad d_{f2} = d_2 - 2 \cdot h_f$$ Gl. 7.109

Die Zahnkopfhöhe h_a und die Zahnfußhöhe h_f sind hier zunächst einmal gleich. Weiter unten wird dieser Sachverhalt jedoch mit Rücksicht auf weitere Aspekte noch erweitert.

7.5.2.5 Mehrfacheingriff (B)

Nach der bisherigen Darstellung können sich die beiden Zahnräder zwar bewegen, können aber noch keinen vollständigen Umlauf ausführen. Spätestens dann, wenn ein Flankenpaar außer Eingriff geht, muss ein weiteres Flankenpaar in Eingriff kommen. Aus diesem Grund muss das Zusammenspiel mehrerer Zahnflankenpaare betrachtet werden. Nach einer gewissen Drehung muss der nächste, um die Teilung p versetzte Zahn die kinematische Kopplung übernehmen. Damit zwei Zahnräder überhaupt miteinander kämmen können, müssen die Teilungen der beiden Räder gleich groß sein:

$$p_1 = p_2 = p$$ Gl. 7.110

Mit der in Gl. 7.97 festgelegten Definition der Teilung $p = \pi \cdot d / z$ ergibt sich:

$$\pi \cdot \frac{d_1}{z_1} = \pi \cdot \frac{d_2}{z_2} \qquad \Rightarrow \qquad \frac{d_1}{z_1} = \frac{d_2}{z_2} \qquad \text{Gl. 7.111}$$

Für den Quotienten d / z wird in der Verzahnungstechnik der Begriff „Modul“ m definiert:

$$m = \frac{d}{z} \qquad \text{und mit} \quad d = \frac{p \cdot z}{\pi} \Rightarrow \qquad m = \frac{p}{\pi} \qquad \text{Gl. 7.112}$$

Der Modul m ist nach DIN 780 gestuft:

Tabelle 7.9: Module Evolventenverzahnung

m[mm]	0,10 1,00 10	0,12 1,25 12	0,16 1,50 16	0,20 2,00 20	0,25 2,50 25	0,30 3,00 32	0,40 4,00 40	0,50 5,00 50	0,60 6,00 60	0,70	0,80 8,00	0,90

Gleicher Modul ist die Voraussetzung dafür, dass zwei Zahnräder miteinander kämmen können. Damit ist der Modul m ein Grundmaß, auf das alle übrigen Maße der Verzahnung bezogen werden. Wie aus der obigen Darstellung hervorgeht, verteilt sich die Teilung p zunächst einmal jeweils zur Hälfte auf die Zahndicke s und die Zahnlücke e:

$$s = e = \frac{p}{2} = \frac{m \cdot \pi}{2} \qquad \text{Gl. 7.113}$$

Es bleibt immer noch die Frage offen, wie groß der Kopfkreisdurchmesser d_a und der Fußkreisdurchmesser d_f bemessen werden müssen. Diese und weitere Fragen sollen anhand von Bild 7.64 erörtert werden, wobei aufgrund der einfacheren Darstellung ein Zahneingriff betrachtet wird, der bei unendlich großem Raddurchmesser vorliegt. In diesem Fall entartet die Evolvente zu einer Geraden, der Wälzkreis zur sog. „Profilbezugslinie“.

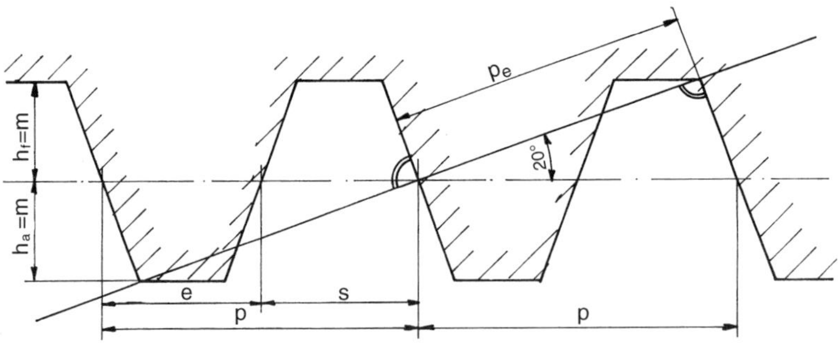

Bild 7.64: Vereinfachtes Zahnstangenprofil

Aus dieser Skizze erkennt man, dass die Teilung p und die Höhe des Zahnes in einer bestimmten Größenordnung zueinander stehen müssen:

- Ist bei vorgegebener Teilung die Zahnhöhe sehr klein, dann entstehen flache, stumpfe Zähne mit einer ungünstig kurzen Eingriffsstrecke.

- Ist die Zahnhöhe sehr groß, so nimmt der Zahn die Form eines langen, schlanken Biegebalkens mit unnötig großem Hebelarm an.

Da der reale Zahn beiden Kriterien Rechnung tragen muss, wird sowohl die Zahnfußhöhe h_f als auch die Zahnkopfhöhe h_a dem Modul gleich gesetzt:

$$h_a = h_f = m \qquad \text{Gl. 7.114}$$

Bringt man eine so gestaltete Zahnstange mit einem Rad in Eingriff, so entsteht ein Zahnstangengetriebe (Bild 7.65).

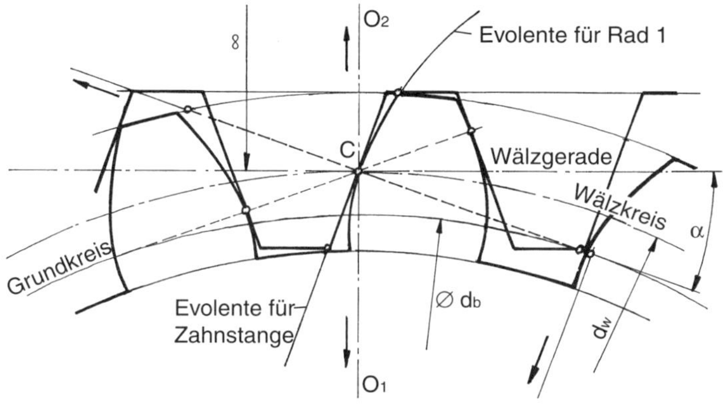

Bild 7.65: Zahnrad (z_1 = 18) im Eingriff mit Zahnstange ($z_2 = \infty$)

7.5.2.6 Eingriffsstrecke – Überdeckungsgrad (B)

Die Verzahnung erlaubt nur dann eine ordnungsgemäße Drehübertragung, wenn ein Flankenpaar erst dann außer Eingriff geht, wenn das nachfolgende Flankenpaar bereits in Eingriff gegangen ist. Bild 7.66 kennzeichnet die dafür maßgebenden geometrischen Größen.

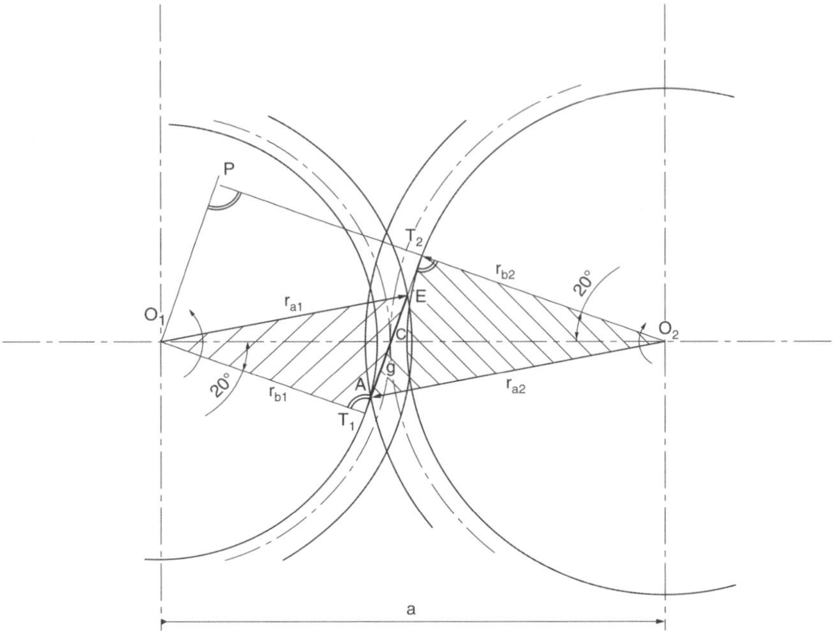

Bild 7.66: Eingriffsstrecke und Überdeckungsgrad

So wie von der geometrischen Figur der Evolvente nur ein gewisser Abschnitt als Zahnflanke tatsächlich vorhanden ist, so wird auch von der Eingriffsgeraden nur ein bestimmter Abschnitt genutzt. Der Berührpunkt der beiden Flanken wandert zwar auf der Eingriffsgeraden entlang, er ist aber nur so lange existent, wie das Zahnflankenpaar auch tatsächlich im Eingriff ist. Da aber der Kontaktpunkt am Kopfkreis außer Eingriff kommt, kann ein Kontakt nur innerhalb der beiden Kopfkreise eines Zahnradpaares stattfinden. Die beiden Kopfkreise schneiden also aus der Eingriffsgeraden den tatsächlich ausnutzbaren Abschnitt, die sog. „Eingriffsstrecke" g heraus, die sich von A (Anfang) bis E (Ende) erstreckt. Die Eingriffsstrecke muss also mindestens so groß sein wie die Eingriffsteilung p_e (s. auch Bild 7.65):

$$\text{Eingriffsstrecke} > \text{Eingriffsteilung} \quad \text{bzw.} \quad g > p_e \qquad \text{Gl. 7.115}$$

Die Eingriffsteilung p_e lässt sich als der Abschnitt der Eingriffsgeraden zwischen zwei gleichsinnigen Flankendurchgängen ausdrücken:

$$\cos\alpha = \frac{p_e}{p} \quad \Rightarrow \quad p_e = p \cdot \cos\alpha \qquad \text{Gl. 7.116}$$

Zur rechnerischen Beschreibung der Eingriffsstrecke lassen sich anhand von Bild 7.66 die folgenden Gleichungen formulieren:

$$g = \overline{T_1E} + \overline{T_2A} - \overline{T_1T_2} \qquad \text{Gl. 7.117}$$

Diese Gleichung wurde so formuliert, weil die darin vertretenen Einzelterme durch einfache geometrische Beziehungen ausgedrückt werden können:

Dreieck O_1T_1E: $r_{b1}^2 + \left(\overline{T_1E}\right)^2 = r_{a1}^2 \quad \Rightarrow \quad \overline{T_1E} = \sqrt{r_{a1}^2 - r_{b1}^2}$ Gl. 7.118

Dreieck O_2T_2A $r_{b2}^2 + \left(\overline{T_2A}\right)^2 = r_{a2}^2 \quad \Rightarrow \quad \overline{T_2A} = \sqrt{r_{a2}^2 - r_{b2}^2}$ Gl. 7.119

$\overline{T_1T_2} = \overline{O_1P}$

Dreieck O_1O_2P $\sin\alpha = \frac{\overline{O_1P}}{a} = \frac{\overline{T_1T_2}}{a} \quad \Rightarrow \quad \overline{T_1T_2} = a \bullet \sin\alpha$ Gl. 7.120

Setzt man die Gleichungen 7.118, 7.119 und 7.120 in Gleichung 7.117 ein, so ergibt sich die Länge der Eingriffsstrecke zu

$$g = \sqrt{r_{a1}^2 - r_{b1}^2} + \sqrt{r_{a2}^2 - r_{b2}^2} - a \bullet \sin\alpha \qquad \text{Gl. 7.121}$$

Drückt man die Eingriffsstrecke in Funktion der Durchmesser aus, so folgt:

$$g = \frac{1}{2} \cdot \left(\sqrt{d_{a1}^2 - d_{b1}^2} + \sqrt{d_{a2}^2 - d_{b2}^2} - 2 \cdot a \cdot \sin\alpha \right) \qquad \text{Gl. 7.122}$$

Diese Gleichung gilt in dieser Form nur für den Fall, dass die Zahnköpfe nicht abgerundet oder angefasst sind. Andernfalls lassen sich auch ausreichend genaue Zahlen gewinnen, wenn der Zahlenwert für den Kopfkreisradius r_k um den entsprechenden Betrag verringert wird. Weiterhin gilt diese Gleichung nur dann, wenn kein so genannter „Unterschnitt" (s. Abschnitt 7.5.2.6) vorliegt.

Die Bedingung $g > p_e$ liefert nur eine ja/nein-Information zur Übertragungstauglichkeit der Verzahnung und ist damit so aussagefähig wie die in Kap. 0 (Band 1) bei den Grundlagen der Bauteildimensionierung getroffene Formulierung $\sigma_{zul} > \sigma_{\text{tats}}$. So wie die Sicherheit als Quotient aus σ_{zul} und σ_{tats} eine differenziertere Aussage ergibt, so lassen sich hier die Eingriffsverhältnisse durch den Quotienten der Eingriffsstrecke zur Eingriffsteilung definitionsgemäß als sog. „Überdeckungsgrad" oder „Profilüberdeckung" ε_α ausdrücken:

$$\varepsilon_\alpha = \frac{g}{p_e} = \frac{g}{p \cdot \cos\alpha} \geq 1 \qquad \text{Gl. 7.123}$$

In Ergänzung der obigen Formulierung ist also eine einwandfreie Drehübertragung dann gewährleistet, wenn $\varepsilon_\alpha > 1$ erfüllt ist. Ersetzt man den Zähler von Gl. 7.123 durch Gl. 7.122, so folgt für den Überdeckungsgrad:

$$\varepsilon_\alpha = \frac{\sqrt{d_{a1}^2 - d_{b1}^2} + \sqrt{d_{a2}^2 - d_{b2}^2} - 2 \cdot a \cdot \sin\alpha}{2 \cdot p \cdot \cos\alpha} \qquad \text{Gl. 7.124}$$

Insgesamt ist eine große Profilüberdeckung vorteilhaft, weil damit die Laufruhe steigt.

7.5.2.7 Kopfspiel – Fußausrundung (B)

Die so ausgeführte Verzahnung weist noch zwei Unzulänglichkeiten auf:

- Der Zahn**kopf**radius des einen Rades soll zwar mit dem Zahn**fuß**radius des anderen Rades genau in Berührung kommen, aber in Folge von Toleranzen kann es zum radialen Verklemmen der beiden Zahnräder kommen.
- Am Übergang von der Flanke zum Fußkreis entsteht eine festigkeitsmäßig ungünstige Kerbe.

Aus diesem Grunde wird die tatsächlich ausgeführte Verzahnung mit einem Kopfspiel c versehen, wobei der Fußkreis und die Zahnflanke mit einer Rundung ineinander übergehen. Für das Kopfspiel wird ein Betrag von

$$c = (0{,}1...0{,}3) \cdot m \qquad \text{Gl. 7.125}$$

gewählt. Dadurch kommt es zur Evolventen-Planverzahnung (Bild 7.67).

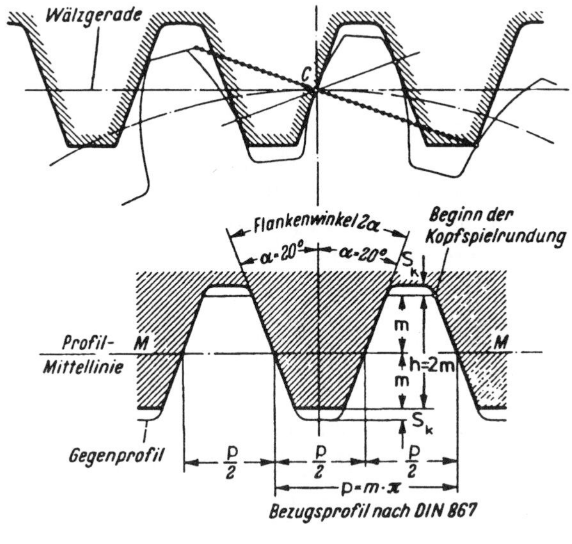

Bild 7.67: Zahnstangenprofil nach DIN 867

Ersetzt man die Zahnstange durch ein zweites Zahnrad, so entsteht eine reale Zahnradpaarung als Kernstück eines Zahnradgetriebes.

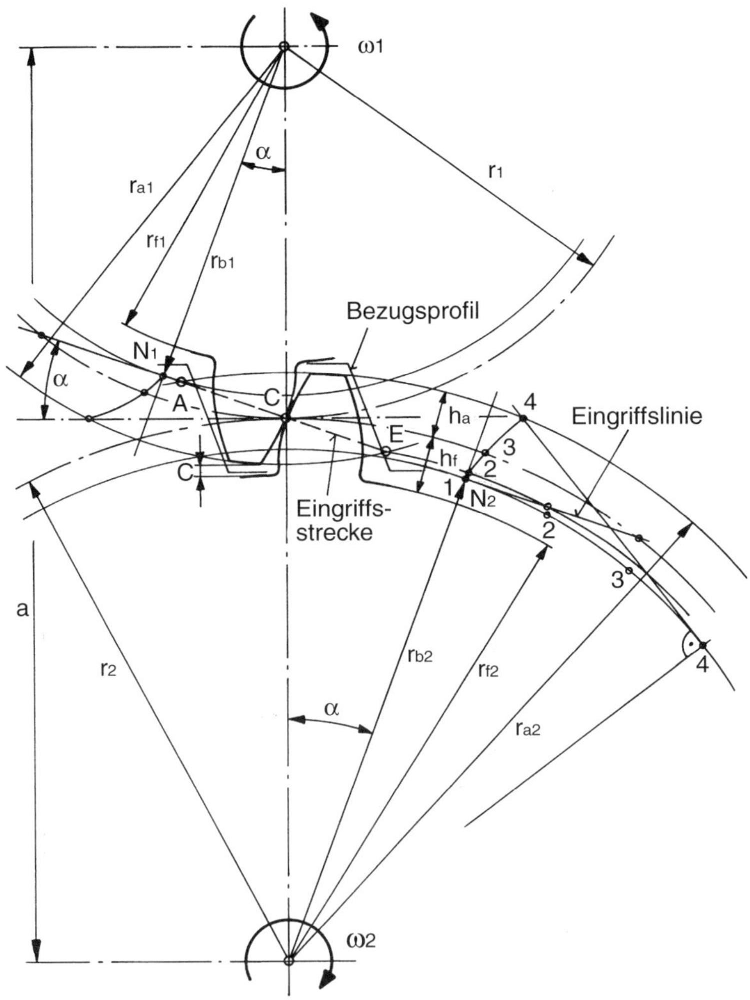

Bild 7.68: Zahnradpaar mit Evolventenverzahnung

Damit sind in Erweiterung von Gl. 7.108 und 7.109 auch Kopf- und Fußkreis festgelegt:

$$d_f = d - 2 \cdot h_f = d - 2 \cdot (m + c) \qquad \text{Gl. 7.126}$$

$$d_a = d + 2 \cdot h_a = d + 2 \cdot m \qquad \text{Gl. 7.127}$$

7.5.2.8 Zahnradherstellung (E)

Die Herstellung von Verzahnungen ist zwar nicht vorrangiger Gegenstand der vorliegenden Ausführungen, aber deren grundsätzliche Betrachtung trägt wesentlich zum Verständnis der Verzahnungskinematik bei. Dazu sei noch einmal auf das Bild 7.67 des Zahnstangenprofils nach DIN 867 verwiesen. Würde die dort dargestellte Zahnstange mit einem Radrohling aus Knetmasse kämmen und würden dabei die Drehung des Rades und die Bewegung der

Zahnstange entsprechend synchronisiert werden, dann würde die Zahnstange das gewünschte Rad formen (siehe Bild 7.69).

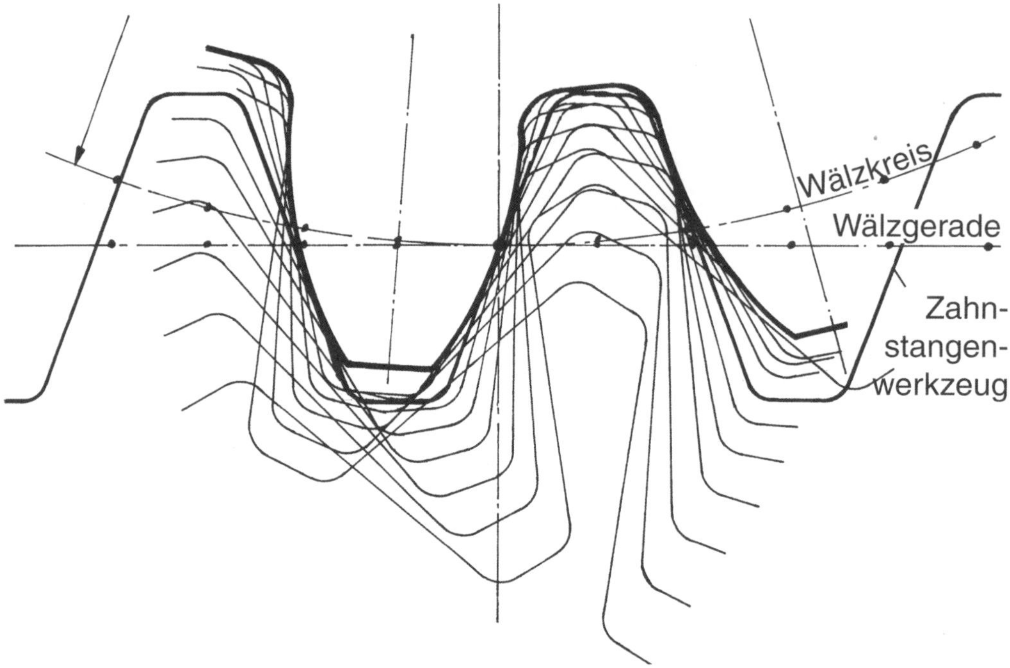

Bild 7.69: Herstellung einer Evolventenverzahnung mit geradflankigem Zahnstangenwerkzeug

Der besondere Vorteil dieser Vorgehensweise besteht darin, dass sich das Zahnstangenwerkzeug aus einer ganz einfachen Geometrie mit geraden Flanken zusammensetzt. Reale Zahnradfertigungsverfahren machen sich genau diese prinzipiell einfache Kinematik zu Nutze (siehe Bild 7.70).

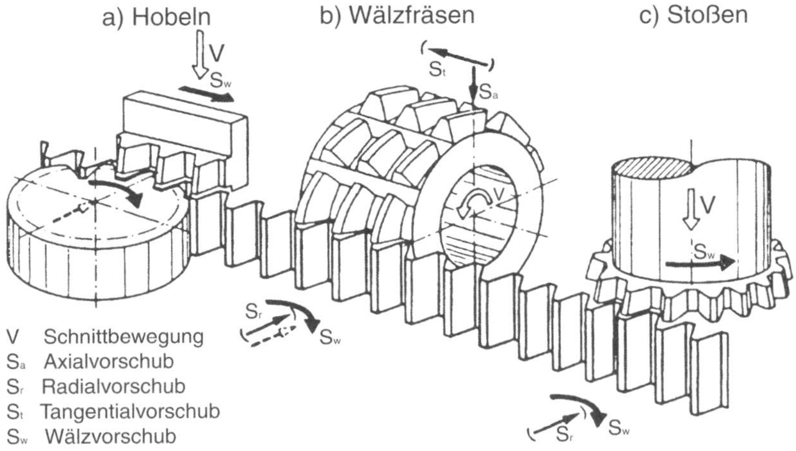

Bild 7.70: Prinzipien der Zahnradherstellung

a) Die modellhafte Zahnstange wird dabei z.B. als Hobelkamm ausgeführt, der auf- und abbewegt wird und dabei in den metallischen Radrohling schrittweise die Zahnform hineinschneidet. Da die Zahnstange zusätzlich einer Längsbewegung ausgesetzt wird und dabei der Radrohling entsprechend dem vorgegebenen Übersetzungsverhältnis Zahnstange – Rad gedreht wird, entsteht zwangsläufig die Zahnflankenform der Evolvente.

b) Eine andere weit verbreitete Möglichkeit zur Zahnradherstellung besteht darin, das Zahnstangenwerkzeug zu einem rotierenden Fräswerkzeug zu ergänzen, das mit einem Radrohling in Eingriff gebracht wird. Die Drehung des Fräswerkzeuges muss mit der Drehung des Radrohlings synchronisiert werden. Die von oben nach unten gerichtete Vorschubbewegung wird meist vom Fräswerkzeug ausgeführt.

c) Das Stoßen von Zahnrädern vollzieht sich ähnlich wie das Hobeln, wobei allerdings der gerade Hobelkamm mit geraden Zahnflanken durch ein bereits rundes Stoßwerkzeug in Radform mit evolventenförmigen Zahnflanken ersetzt wird.

Besonders zur Massenherstellung wird bevorzugt das Wälzfräsen angewendet, weil auf diese Weise eine ganze Reihe aufeinander gestapelter Radrohlinge in einer Aufspannung bearbeitet werden können. Hochbeanspruchte Zahnräder werden zunächst „vorverzahnt" (z.B. durch Wälzfräsen): Dabei wird das Werkzeug so dimensioniert, dass an der Zahnflanke noch ein gewisses Übermaß stehen bleibt. Um die erforderliche Oberflächenhärte zu erzielen, werden die Zahnflanken anschließend einsatzgehärtet. Die endgültige Geometrie der Flanke wird schließlich durch ein Feinbearbeitungsverfahren (z.B. Schleifen) durchgeführt. Die Vielfalt der möglichen Verzahnungsverfahren kann folgendermaßen klassifiziert werden:

Vorverzahnen			Feinbearbeitung	Endbearbeitung
spanend		spanlos		nach dem Härten
Formverfahren	Wälzverfahren			
Stoßen Räumen Fräsen	Hobeln Stoßen Fräsen Schälen	Gießen Sintern Schmieden Ziehen Walzen	Schälwälzfräsen Feinwalzen Schaben	Wälzschleifen Honen Schälwälzfräsen Formschleifen Läppen

Die bei der Feinbearbeitung und der Endbearbeitung nach dem Härten angewendeten Schleifverfahren machen sich eine Kinematik zu Nutze, die der oben erläuterten Fräsbearbeitung ähnlich ist, aber eben nicht mit einem Fräs-, sondern mit einem Schleifwerkzeug ausgeführt wird.

7.5.2.9 Problem der minimalen Zähnezahl (B)

Die Berechnung der Festigkeit der Verzahnung wird zwar erst weiter unten angegangen, aber an dieser Stelle lässt sich bereits ein wichtiger Aspekt ausmachen:

- Der Überdeckungsgrad ε_α muss zwar einerseits stets größer als 1 sein, erreicht aber nach den obigen Gleichungen nie den Wert 2. Aus diesem Grund muss sich die Festigkeitsberechnung auf einen einzelnen Zahnkontakt stützen. Dies gilt unabhängig von der Wahl des Moduls und damit von der Zahngröße.
- Der einzelne Zahn ist dann besonders belastungsfähig, wenn er besonders groß ist, weil dann der Einspannquerschnitt des Biegebalkens das größtmögliche Widerstandsmoment aufweist.
- Soll der Umfang eines vorgegebenen Raddurchmessers mit möglichst großen Zähnen besetzt werden, so wird die Anzahl der Zähne minimiert.

Die Zähnezahl kann aber aus geometrischen Gründen nicht beliebig reduziert werden, weil dann das Zahnstangenwerkzeug in den Grundkreis hineinschneidet, wo die Evolvente definitionsgemäß gar nicht mehr existiert. Die theoretische Mindestzähnezahl liegt bei 17 Zähnen. Praktisch kann die Zähnezahl jedoch bis auf 14 reduziert werden, ohne dass sich daraus nachteilige Konsequenzen ergeben (weitere Erläuterung s. weiter unten).

Aufgaben A.7.27 und A.7.28

7.5.2.10 Profilverschiebung (E)

In den vorstehenden Betrachtungen wurde bei der Zahnradherstellung die Profilbezugslinie so angeordnet, dass sie als Wälzgerade des Werkzeuges den Wälzkreis des zu fertigenden Rades genau tangiert. Die Profilbezugslinie des Zahnstangenwerkzeuges lässt sich jedoch prinzipiell auch sowohl weiter vom Radmittelpunkt entfernt als auch zum Radmittelpunkt hin platzieren. Wie Bild 7.71 verdeutlicht, wird durch diese Maßnahme, die man Profilverschiebung nennt, ein anderer Abschnitt der Evolvente als Zahnflanke ausgenutzt.

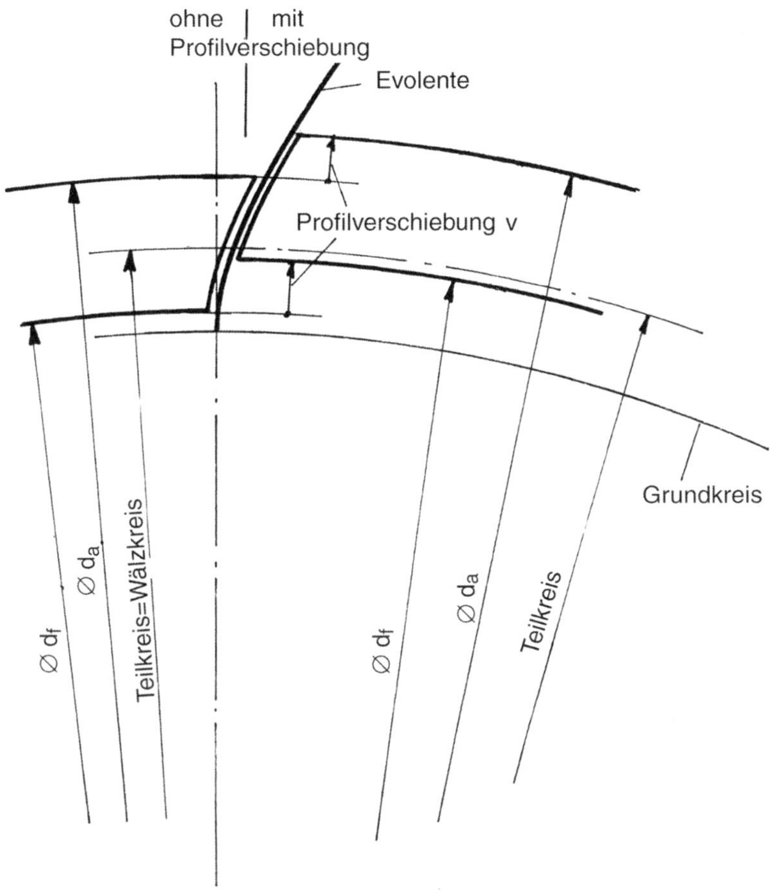

Bild 7.71: Positive Profilverschiebung

Der Betrag v dieser Profilverschiebung wird zweckmäßigerweise auf den Modul bezogen:

$$v = x \cdot m \qquad \text{bzw.} \qquad x = \frac{v}{m} \qquad \text{Gl. 7.128}$$

Ist die Profilverschiebung wie in Bild 7.71 nach außen gerichtet, so spricht man von einer positiven Profilverschiebung. Nach innen gerichtete Profilverschiebungen werden entsprechend als negativ bezeichnet. Demzufolge ändern sich auch sowohl Kopf- als auch Fußkreis mit der Profilverschiebung, so dass die Gleichungen 7.126 und 7.127 modifiziert werden müssen:

$$d_f = d - 2 \cdot (m + c) \pm 2 \cdot v \qquad \text{Gl. 7.129}$$

$$d_a = d + 2 \cdot m \pm 2 \cdot v \qquad \text{Gl. 7.130}$$

+ für positive Profilverschiebung, – für negative Profilverschiebung

Eine Radpaarung, bei der keines der beiden Räder profilverschoben ist, nennt man „Null-Räder“. Für die Profilverschiebung kann es die in den folgenden Abschnitten dargestellten Gründe geben.

Veränderung des Achsabstandes

Der Achsabstand ergibt sich als Summe der Wälzkreisradien:

$$a = \frac{d_1 + d_2}{2} = \frac{m}{2} \cdot (z_1 + z_2) \qquad \text{Gl. 7.131}$$

Dabei kann der Teilkreisdurchmesser nicht beliebig gewählt werden, sondern muss nach genormtem Modul und ganzzahliger Zähnezahl ($d = m \cdot z$) gestuft werden. Dabei stellt sich die Frage, wie die Zahnradpaarung auf eine Änderung des Achsabstandes a um einen bestimmten Betrag Δa reagiert. Anhand des Schnurmodells können die Konsequenzen veranschaulicht werden (Bild 7.72).

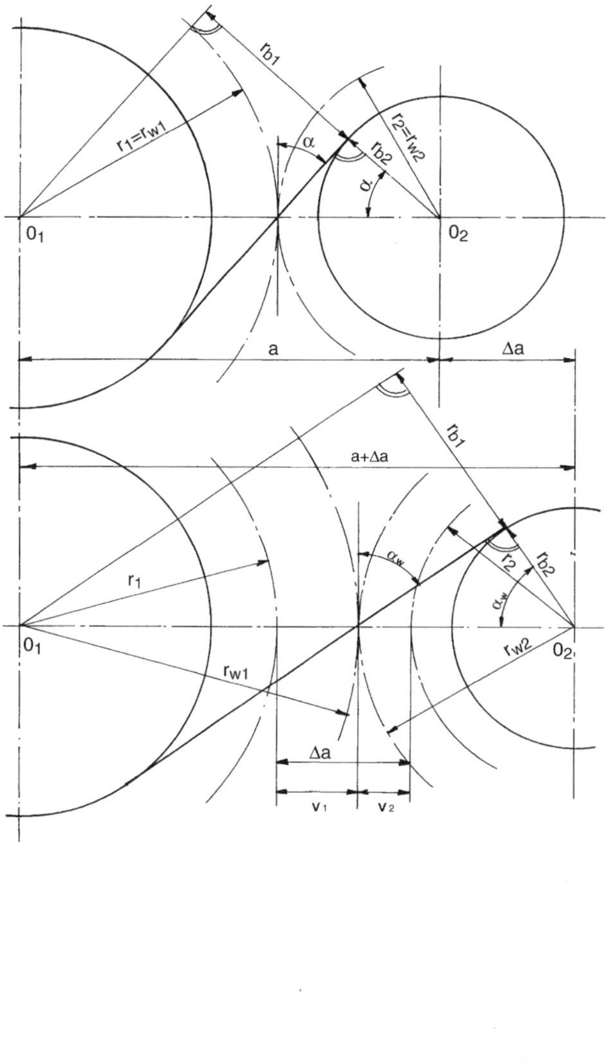

Bild 7.72: Achsabstandsänderung

Durch die Achsabstandsänderung um Δa stellt sich unter Beibehaltung der bisherigen Grundkreise d_b eine neue Lage des Wälzpunktes C ein. Das Übersetzungsverhältnis i bleibt von dieser Achsabstandsänderung jedoch unberührt und in diesem neuen Wälzpunkt können wieder Wälzkreise mit nunmehr angepassten Durchmessern angetragen werden. Diese neuen Wälzkreise unterscheiden sich allerdings von den vorherigen, so dass eine Differenzierung notwendig wird: Da am Wälzkreis vor der Achsabstandsänderung die **Teil**ung p aufgetragen wurde, wird er „**Teil**kreis" genannt. Vor der Achsabstandsänderung waren Wälzkreis und Teilkreis identisch. Während die für Modul und Zähnezahl maßgebenden Teilkreise mit r_1 und r_2 auch nach der Achsabstandsänderung erhalten bleiben, geben die neuen Wälzkreise mit r_{w1} und r_{w2} das unveränderte Übersetzungsverhältnis mit neuem Achsabstand wieder.

Es fällt weiterhin auf, dass sich durch die Achsabstandsänderung die Neigung der Eingriffsgeraden und damit der Eingriffswinkel α zum „Betriebseingriffswinkel" α_w ändert:

$$\cos\alpha = \frac{r_{b1} + r_{b2}}{a} = \frac{d_{b1} + d_{b2}}{2 \cdot a} \quad \text{und} \quad \cos\alpha_W = \frac{r_{b1} + r_{b2}}{a + \Delta a} = \frac{d_{b1} + d_{b2}}{2 \cdot (a + \Delta a)} \qquad \text{Gl. 7.132}$$

Der Herstellungseingriffswinkel α und Betriebseingriffswinkel α_w waren vor der Achsabstandsänderung identisch. Der Herstellungseingriffswinkel α bleibt auch nach der Achsabstandsänderung erhalten, während der Betriebseingriffswinkel α_w dadurch verändert wird. Der neue Wälzkreisdurchmesser ergibt sich dabei zu:

$$\cos\alpha = \frac{d_b}{d_w} = \frac{d_b}{d} \quad \text{und} \quad d_w = \frac{d_b}{\cos\alpha} \qquad \text{vor der Achsabstandsänderung}$$

Gl. 7.133

$$\cos\alpha_W = \frac{d_b}{d_w} \neq \frac{d_b}{d} \quad \text{und} \quad d_w = \frac{d_b}{\cos\alpha_w} \qquad \text{nach der Achsabstandsänderung}$$

Gl. 7.134

Diese Achsabstandsänderung ist aber nicht mehr in die Tat umzusetzen, wenn die Räder bereits für den ursprünglichen Achsabstand a gefertigt sind: Bei einer nachträglichen Achsabstands**vergrößerung** um Δa (wie im obigen Beispiel dargestellt) träte unzulässiges Spiel auf. Würde man hingegen den Achsabstand um Δa **verkleinern**, so würden die beiden Räder ineinander eindringen. Die Achsabstandsänderung lässt sich nur dann realisieren, wenn dies bereits bei der Herstellung der Zahnräder berücksichtigt wird. Zu diesem Zweck wird das Zahnstangenwerkzeug, welches im Ursprungszustand (ohne Achsabstandsänderung) mit der Profilbezugslinie den Teilkreis (= Wälzkreis) tangierte, bei der Herstellung der für die Achsabstandsänderung vorgesehenen Räder um einen definierten Betrag radial zum Rad verschoben, so dass die Profilbezugslinie nunmehr den Wälzkreis tangiert. Dies bedeutet eine Verschiebung um den Betrag v_1 für das Rad 1 und eine solche um den Betrag v_2 für das Rad 2. Die Achsabstandsänderung Δa muss als Summe der Profilverschiebungen berücksichtigt werden:

$$\Delta a = v_1 + v_2 \qquad \text{Gl. 7.135}$$

In dem hier skizzierten Fall wird die Achsabstandsänderung Δa entsprechend dem Übersetzungsverhältnis in v_1 und v_2 aufgeteilt. In Erweiterung von Gl. 7.124 für den Überdeckungsgrad ε_α kann für den Fall der profilverschobenen Räder Gl. 7.124 angegeben werden:

$$\varepsilon_\alpha = \frac{\sqrt{d_{a1}^2 - d_{b1}^2} + \sqrt{d_{a2}^2 - d_{b2}^2} - 2 \cdot (a + \Delta a) \cdot \sin\alpha}{2 \cdot p \cdot \cos\alpha} \qquad \text{Gl. 7.136}$$

Diese Gleichung gilt nunmehr für alle Null- und V-Getriebe, wobei allerdings die oben genannte Einschränkung weiterhin bestehen bleibt: r_a gilt für den Kopfkreis ohne Kopfabrundung, andernfalls muss der Zahlenwert für r_a um einen entsprechenden Betrag reduziert werden.

Unterschnitt

Bei geringen Zähnezahlen besteht die Gefahr des sog. Unterschnitts: Das Zahnstangenwerkzeug dringt in den Grundkreis des herzustellenden Rades ein und höhlt damit den Zahnfuß aus (Bild 7.73).

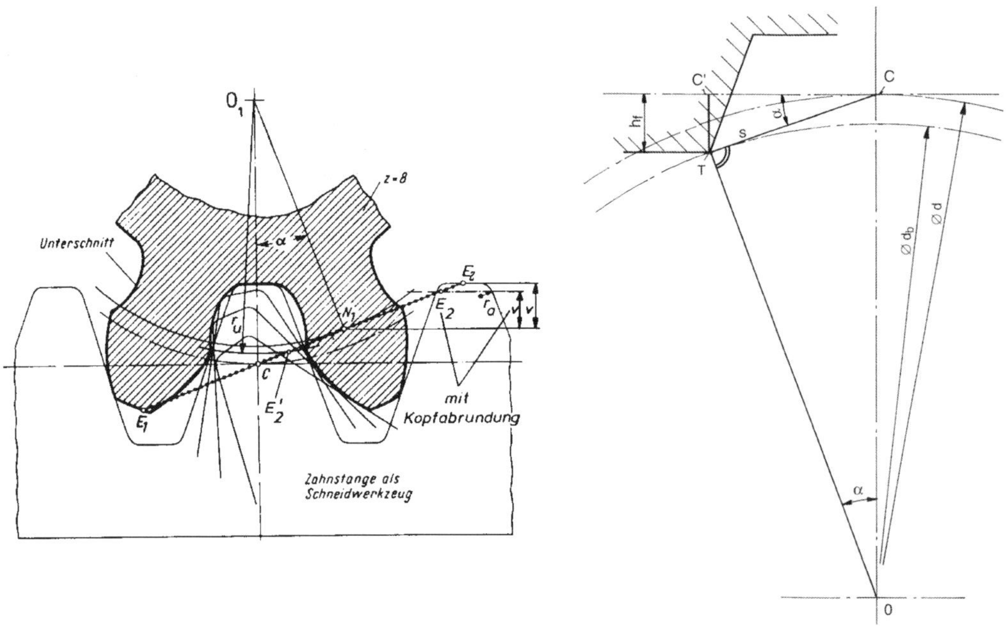

Bild 7.73: Unterschnitt

Da im Unterschnittbereich kein kraft- bzw. momentenübertragender Eingriff stattfinden kann, wird die Eingriffslinie abgekürzt, wodurch sich die Eingriffsverhältnisse zunehmend verschlechtern und der Zahn eine festigkeitsmäßig sehr ungünstige Form aufweist.

Bild 7.73 rechts stellt gerade den Grenzfall dar, dass das Zahnstangenwerkzeug den Grundkreis berührt. Durch geometrische Beziehungen lässt sich ableiten, bei welcher Zähnezahl Unterschnitt eintritt.

$$\Delta OTC \quad \Rightarrow \quad \sin\alpha = \frac{s}{\frac{d}{2}} \quad \Rightarrow \quad s = \frac{d}{2} \cdot \sin\alpha$$

$$\Delta CTC' \quad \Rightarrow \quad \sin\alpha = \frac{h_f}{s} \quad \Rightarrow \quad s = \frac{h_f}{\sin\alpha}$$

Das Gleichsetzen der beiden Ausdrücke führt auf die Gleichung

$$\frac{h_f}{\sin\alpha} = \frac{d}{2} \cdot \sin\alpha$$

Setzt man $h_f = m$ und $d = m \cdot z$ ein, so ergibt:

$$\frac{m}{\sin\alpha} = \frac{m \cdot z}{2} \cdot \sin\alpha \quad \Rightarrow \quad \frac{1}{\sin\alpha} = \frac{z}{2} \cdot \sin\alpha$$

Damit wird diese Feststellung unabhängig vom Modul. Löst man nach der Zähnezahl als Grenzzähnezahl z_{min} auf und führt den genormten Eingriffswinkel von 20° ein, so ergibt sich

$$z_{\min} = \frac{2}{\sin^2 \alpha} = 17{,}097 \approx 17 \qquad \text{Gl. 7.137}$$

Theoretisch liegt Unterschnitt bei einer Zähnezahl von weniger als 17 vor, für praktische Belange können jedoch Zähnezahlen von $z_{min} = 14$ zugelassen werden, ohne dass die negativen Auswirkungen des Unterschnitts gravierend werden. Der Unterschnitt kann durch positive Profilverschiebung vermieden werden, weil dadurch der weiter außen liegende Evolventenabschnitt ausgenutzt wird. Dabei ist folgender minimaler Profilverschiebungsfaktor x_{min} anzusetzen:

$$x_{\min} = \frac{z_{\min} - z}{z_{\min}} \qquad \text{hier:} \qquad x_{\min} = \frac{14 - z}{14} \qquad \text{Gl. 7.138}$$

Soll der für den Fall ohne Profilverschiebung ermittelte Achsabstand beibehalten werden, so kann die positive Profilverschiebung am Ritzel durch eine negative Profilverschiebung gleichen Betrages am Großrad kompensiert werden. Dabei ist jedoch darauf zu achten, dass am Großrad kein Unterschnitt entsteht.

Festigkeitsgünstigere Zahnform

Ein Rad mit positiver Profilverschiebung bezeichnet man als V_{plus}-Rad (rechte Bildhälfte), ein Rad mit negativer Profilverschiebung als V_{minus}-Rad (linke Hälfte von Bild 7.74).

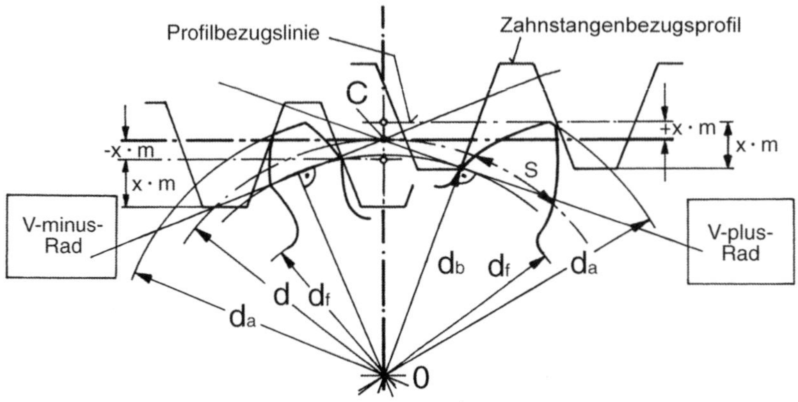

Bild 7.74: V_{minus}- Rad / V_{plus}- Rad

V_{plus}-Räder weisen eine festigkeitsmäßig günstigere Form auf: Sie sind am Zahnfuß breiter, ähneln mehr einem Balken gleicher Biegefestigkeit und sind deshalb bei der dominanten Biegebelastung höher belastbar.

Spitzgrenze

Wie die rechte Hälfte von Bild 7.74 bereits andeutet, hat die positive Profilverschiebung aber ihre Grenze: Der Zahn wird immer spitzer, was wiederum für die Belastung des Zahnkopfes ungünstig ist. Wird die positive Profilverschiebung zu weit getrieben, so wird die „Spitzgrenze“ erreicht, die beiden Flanken eines Zahnes treffen sich, bevor der Kopfkreis erreicht wird (Bild 7.75).

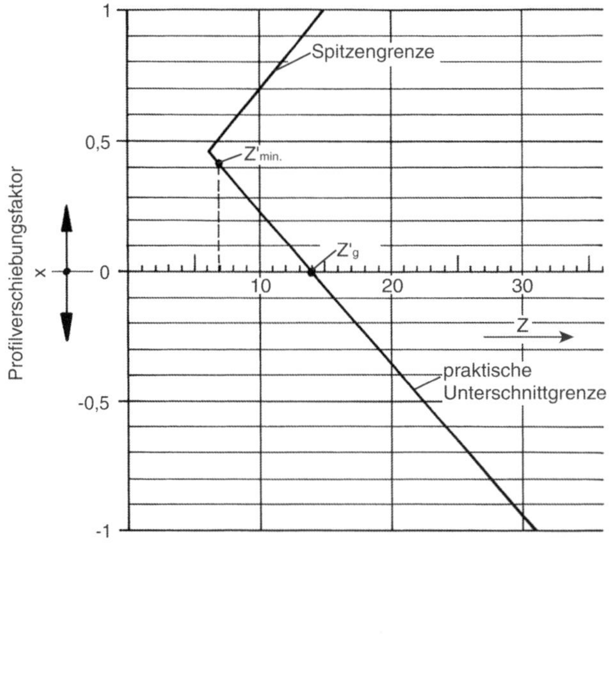

Bild 7.75: Spitzgrenze und Unterschnitt

Die Profilverschiebung hat also in jedem Fall zwei Grenzen: Sie muss einerseits ausreichend groß sein, um Unterschnitt zu vermeiden, darf andererseits aber nicht so groß sein, dass die Spitzgrenze erreicht wird. Ein gewisses Optimum ergibt sich bei positiver Profilverschiebung mit dem Profilverschiebungsfaktor $x = +\ 0{,}5$. Diese Räder sind in DIN 3994 und 3995 genormt. Wenn beide Räder als V_{plus}-Räder ausgeführt werden, so muss der Achsabstand entsprechend angepasst werden.

Aufgaben A.7.29 bis A.7.31

7.5.2.11 Ermittlung der Zahnkräfte (B)

Die am Zahn wirkenden Kräfte sind nicht nur für die Festigkeit der Verzahnung von Bedeutung, sondern sind auch die Grundlage für die korrekte Dimensionierung von Wellen und Lagern. Aus dem in der Welle wirkenden Moment M_{max} gewinnt man zunächst die Tangentialkraft am Wälzkreis F_t (vergleiche Bild 7.76).

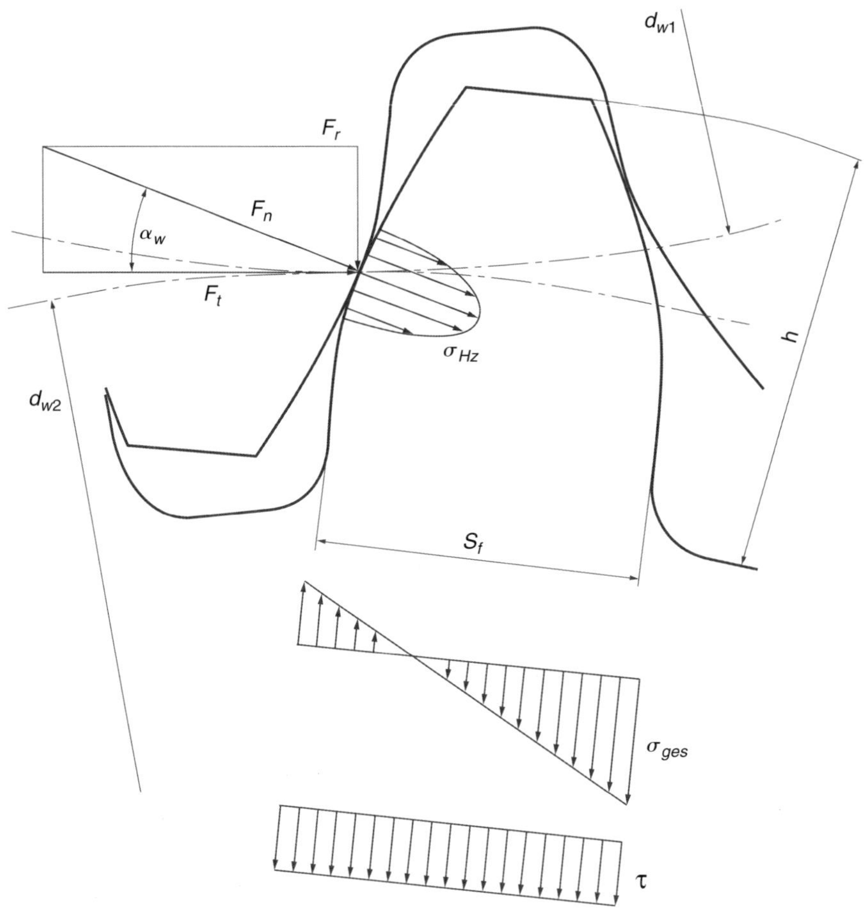

Bild 7.76: Belastungen am Zahn

$$M_{t\max} = F_t \cdot \frac{d_w}{2} \qquad \Rightarrow \qquad F_t = \frac{2 \cdot M_{t\max}}{d_w} \qquad \text{Gl. 7.139}$$

Diese Kraft wirkt auf den Zahn in Umfangsrichtung. Weiterhin ist jedoch aus den Betrachtungen zur Zahnradkinematik bekannt, dass die Zahnflanke um den Eingriffswinkel α bzw. α_W zur Wälzkreistangente geneigt ist. Die am Eingriff übertragene Gesamtkraft F_n wird also normal auf dieser Flanke wirksam und deshalb mit n indiziert. Die oben ermittelte Tangentialkraft F_t ist also nur eine Komponente von F_n, als weitere Komponente tritt die Radialkraft F_r hinzu:

$$F_n = \frac{F_t}{\cos\alpha} \quad \text{bzw.} \quad F_n = \frac{F_t}{\cos\alpha_W} \qquad \text{Gl. 7.140}$$

$$F_r = F_t \cdot \tan\alpha \quad \text{bzw.} \quad F_r = F_t \cdot \tan\alpha_w \qquad \text{Gl. 7.141}$$

Diese Kräfte sind maßgebend für jede Festigkeitsbetrachtung des Zahnes. Es sind zwar vorübergehend zwei Zähne im Eingriff ($\varepsilon > 1$), aber die kritische Belastung liegt vor, wenn gerade nur ein Zahn im Eingriff ist.

7.5.2.12 Festigkeit der Evolventenverzahnung (B)

Die Festigkeit der Verzahnung wird vor allen Dingen durch die folgenden Kriterien begrenzt:

- **Zahnfußtragfähigkeit**: Am seinem Fuß wird der Zahn wie ein Biegebalken an seiner Einspannstelle belastet.
- **Zahnflankentragfähigkeit**: Die Kraftübertragung von einer Zahnflanke auf die andere hat eine Pressungsbelastung in der Übertragungszone zur Folge.
- **Zahnfresstragfähigkeit**: Da die Zahnflanken unter Pressung einer Gleitgeschwindigkeit ausgesetzt sind, muss im allgemeinen Fall mit Fressneigung gerechnet werden.

Bei gehärteten Werkstoffen stellt die Zahnfußtragfähigkeit das entscheidende Festigkeitskriterium dar, hinter dem die beiden anderen Schadensbilder deutlich zurücktreten. Aus diesem Grunde wird vor allen Dingen dieses Kriterium betrachtet.

Beanspruchung am Zahnfuß

Die Beanspruchung im Zahnfuß wird dann am größten, wenn die in Gl. 7.139 bis 7.141 berechneten Kräfte in Erweiterung der Darstellung von Bild 7.76 am äußeren Ende der Zahnflanke angreifen. Die Belastung besteht aus einem Biege-, einem Druck- und einem Schubanteil. Der dominante Biegeanteil formuliert sich nach der elementaren Festigkeitslehre zu

$$\sigma_b = \frac{M_b}{W_{ax}} = \frac{F_t \cdot h}{\frac{b \cdot s_f^{\,2}}{6}} = \frac{6 \cdot h}{b \cdot s_f^{\,2}} \cdot F_t \qquad \text{Gl. 7.142}$$

Dabei bezeichnet b die axiale Erstreckung des Zahnfußes, die normalerweise gleichbedeutend mit der Breite des Zahnrades ist. Wird die Verzahnung normgerecht und festigkeitsoptimiert ausgeführt, so entspricht die Zahnhöhe $h \approx 2{,}25 \cdot m$ (Zahnkopfhöhe + Zahnfußhöhe + Fußausrundung) und die Zahnfußdicke $s_f \approx 2 \cdot \mathrm{m}$. Daraus ergibt sich eine Biegebeanspruchung am Zahnfuß von

$$\sigma_b \approx \frac{6 \cdot 2{,}25 \cdot m}{b \cdot (2 \cdot m)^2} \cdot F_t = \frac{3{,}375}{b \cdot m} \cdot F_t \qquad \text{Gl. 7.143}$$

Die am Zahnfuß vorliegende Druckspannung formuliert sich unter den gleichen Annahmen zu

$$\sigma_d = \frac{F_r}{b \cdot s_f} \approx \frac{F_t \cdot \tan\alpha}{b \cdot 2 \cdot m} = \frac{0{,}182}{b \cdot m} \cdot F_t \qquad \text{Gl. 7.144}$$

Die an gleicher Stelle auftretende Schubspannung lässt sich auf ähnliche Weise ausdrücken durch

$$\tau = \frac{F_t}{b \cdot s_f} \approx \frac{F_t}{b \cdot 2 \cdot m} = \frac{0{,}5}{b \cdot m} \cdot F_t \qquad \text{Gl. 7.145}$$

Daraus setzt sich eine Vergleichsspannung σ_F zusammen:

$$\sigma_F = \sqrt{(\sigma_b + \sigma_d)^2 + 3\tau^2} = \sqrt{(3{,}375 + 0{,}182)^2 + 3 \cdot 0{,}5^2} \cdot \frac{F_t}{b \cdot m} = 3{,}661 \cdot \frac{F_t}{b \cdot m} \qquad \text{Gl. 7.146}$$

Der Vergleich der Faktoren für die Biegespannung (3,375) und die Vergleichsspannung (3,661) zeigt, dass auch hier die Biegung dominant ist. Tatsächlich muss dieser modellhaft ermittelte Faktor 3,661 noch modifiziert werden, um den folgenden Umständen Rechnung zu tragen:

- Die oben formulierten Angaben (Zahnhöhe $h \approx 2{,}25 \cdot m$ und Zahnfußdicke $s_f \approx 2 \cdot m$ treffen nur grob zu, sie sind vielmehr von der Zähnezahl z und von der Profilverschiebung x abhängig. Dies drückt sich durch den „Zahnformfaktor“ Y_F aus.
- In der obigen Modellbetrachtung wurde zunächst angenommen, dass sich die Belastung nur auf einen Zahneingriff konzentriert ($\varepsilon = 1$). Tatsächlich ist zeitweise mehr als ein Zahn im Eingriff ($\varepsilon > 1$).
- Weiterhin kommt es entlang der axialen Erstreckung der Berührlinie der beiden Zahnflanken zu einer Ungleichmäßigkeit der Lastverteilung.

Wird der Faktor in Gl. 7.146 von 3,661 auf ca. 4,4 vergrößert, so ist dieser Ansatz für eine Näherungsrechnung in aller Regel ausreichend. Die DIN 3990, Teil 3 spezifiziert diese Formulierung zu

$$\sigma_F = Y_F \cdot Y_\beta \cdot Y_S \cdot K_A \cdot K_V \cdot K_{F\beta} \cdot K_{F\alpha} \cdot \frac{F_t}{b \cdot m} \qquad \text{Gl. 7.147}$$

Dabei berücksichtigen:

$Y_F \cdot Y_\beta$	die Verzahnungsgeometrie
Y_S	die Fußausrundung (Kerbe)
$K_A \cdot K_V \cdot K_{F\beta} \cdot K_{F\alpha}$	Belastungsverhältnisse, Fertigungsungenauigkeiten

Die Festigkeit des Zahnfußes ist nur dann gewährleistet, wenn die so berechnete Zahnfußspannung σ_F kleiner ist als die zulässige Zahnfußspannung σ_{FP}:

$$\sigma_F < \sigma_{FP}$$

Die zulässige Zahnfußfestigkeit σ_{FP} ergibt sich aus der Schwellfestigkeit der Zähne σ_{Fl} unter Berücksichtigung einer erforderlichen Sicherheit S_F

$$\sigma_{FP} = \frac{\sigma_{Fl}}{S_F} \qquad \text{Gl. 7.148}$$

Bei praktisch ausgeführten normalen bis hochwertigen Getrieben können Zahnfußspannungen $\sigma_F = 450–500\ \mathrm{N/mm^2}$ zugelassen werden.

Pressung an den Zahnflanken

Die Übertragung der Kraft F_n an der Zahnflanke vollzieht sich ähnlich wie die Kraftübertragung am Wälzkörper eines Zylinderrollenlagers: Auch hier liegt eine „Linien"-Berührung vor, aber die Kraft kann erst dann als Flächenpressung übertragen werden, wenn durch elastische Deformationen im Kontaktbereich eine entsprechende Fläche geschaffen worden ist. Auf dieser Fläche wird die Kraft mit einer nicht gleichmäßigen Flächenpressung übertragen. Die dabei auftretende maximale Hertzsche Pressung σ_{Hz} lässt sich für den allgemeinen Fall zweier aus Stahl oder Leichtmetall bestehender Zylinder folgendermaßen ausdrücken:

$$\sigma_{Hz} = \sqrt{\frac{0{,}175 \cdot F_n \cdot E}{r \cdot b}} \qquad \text{Gl. 7.149}$$

Darin bedeutet E den Elastizitätsmodul und r den „Ersatzkrümmungsradius", der sich aus den Krümmungsradien der beiden beteiligten Zylinder ersatzweise ermitteln lässt. Für den Fall zweier im Wälzpunkt im Kontakt stehender Zahnflanken kann Gleichung 7.149 spezifiziert werden zu

$$\sigma_{Hz} = \sqrt{0{,}35 \cdot \frac{i+1}{i} \cdot \frac{F_t \cdot E}{b \cdot d_1} \cdot \frac{1}{\cos^2\alpha \cdot \tan\alpha_W}} \qquad \text{Gl. 7.150}$$

Dieser Ansatz ist für eine Näherungsrechnung in aller Regel ausreichend. Die DIN 3990, Teil 2 verallgemeinert diese Formulierung zu

$$\sigma_{Hz} = \sqrt{\frac{i+1}{i} \cdot \frac{F_t}{b \cdot d_1}} \cdot Z_H \cdot Z_\varepsilon \cdot Z_\beta \cdot Z_E \cdot \sqrt{K_A \cdot K_V \cdot K_{H\beta} \cdot K_{H\alpha}} \qquad \text{Gl. 7.151}$$

Dabei berücksichtigen:

$\sqrt{K_A \cdot K_V \cdot K_{H\beta} \cdot K_{H\alpha}}$	die Zahngeometrie
Z_E	die Werkstoffelastizität
$Z_H \cdot Z_\varepsilon \cdot Z_\beta$	Belastungsverhältnisse, Fertigungsungenauigkeiten

Die Festigkeit an der Zahnflanke ist nur dann gewährleistet, wenn die vorliegende Hertzsche Pressung σ_H kleiner ist als die zulässige Hertzsche Pressung σ_{HP}

$$\sigma_{Hz} < \sigma_{HP} \qquad \text{Gl. 7.152}$$

Die zulässige Hertzsche Pressung σ_{HP} errechnet sich aus dem entsprechenden Materialkennwert σ_{Hl} unter Berücksichtigung einer erforderlichen Sicherheit S_H

$$\sigma_{HP} = \frac{\sigma_{Hl}}{S_H} \qquad \text{Gl. 7.153}$$

Wie bereits oben erwähnt worden ist, gilt dieser Nachweis für die Pressungsbelastung im Wälzpunkt. Da sich die Krümmungsverhältnisse jedoch entlang der Zahnflanke ändern, müsste dieser Nachweis für alle weiteren Punkte wiederholt werden. Die Praxis hat aber gezeigt, dass dies nicht nötig ist. Lediglich für Zähnezahlen unter 20 kann die Pressung auch im inneren Einzeleingriffspunkt des Ritzels kritisch werden, so dass für diese Stelle auch dort ein entsprechender Nachweis geführt werden muss.

Während bei gehärteten Zahnrädern dieses Festigkeitskriterium eher unkritisch ist, treten Flankenschäden aufgrund zu hoher Pressung bei unbehandelten oder vergüteten Zahnradwerkstoffen auf.

Fressen der Zahnflanken
Werden zwei sich berührende Flächen aufeinander gepresst und dabei einer Relativbewegung unterworfen, so wird an der Kontaktfläche Wärme generiert, die sich nach einer vereinfachten tribologischen Modellvorstellung auf die sich berührenden Rauigkeitsspitzen konzentriert. Dadurch entstehen lokal begrenzt so hohe Temperaturen, dass es zu einem Anschmelzen der Materialien und zu einer „Kaltverschweißung“ (Verschweißung ohne Wärmezufuhr) kommt. Aufgrund der winzigen Verbindungsflächen ist diese Verschweißung jedoch nicht belastbar und bricht bei fortschreitender Bewegung der Flächen zueinander sofort wieder auf. Dauert dieser Vorgang an, so werden die Berührflächen zerstört.

Dieses komplexe tribologische Problem ist nicht so einfach zu quantifizieren. Dabei spielt der Schmierstoff und die Art der Schmierung eine entscheidende Rolle: Die Reibung wird reduziert, im günstigsten Fall wird sogar ein hydrodynamischer Reibzustand erzielt. Weiterhin sorgt der Schmierstoff für die Verteilung und die Abfuhr der Wärme und vermeidet dabei das Zustandekommen der lokal hohen Spitzentemperaturen. Bei nicht zu hohen Belastungen und Geschwindigkeiten kann mit normalen Schmierverfahren (Tauchschmierung, Umlaufschmierung) eine langfristige Fresssicherheit der Zahnflanken sichergestellt werden. Extreme Verhältnisse erfordern jedoch weitere tribologische Betrachtungen und besondere Maßnahmen (Einspritzschmierung, Ölnebelschmierung).

Aufgaben A.7.32 bis A.7.35

7.5.2.13 Optimierung von Zähnezahl und Modul (V)

Der Modul m gewinnt entscheidende Bedeutung für die Belastbarkeit der Zahnradpaarung: Bei isolierter Betrachtung der Festigkeit eines einzelnen Zahns ergibt zwar ein großer Modul einen großen Biegehebelarm, da aber gleichzeitig das Widerstandsmoment im Zahnfuß quadratisch ansteigt, führt eine Vergrößerung des Moduls in erster grober Näherung zu einer linearen Tragfähigkeitsteigerung eines einzelnen Zahns. Dies wurde bereits durch Gleichung 7.147 deutlich:

$$\sigma_F = Y_F \cdot Y_\beta \cdot Y_S \cdot K_A \cdot K_V \cdot K_{F\beta} \cdot K_{F\alpha} \cdot \frac{F_t}{b \cdot m} \le \sigma_{FP}$$

Die Tangentialkraft F_t steht mit dem Lastmoment in Zusammenhang:

$$F_t = \frac{2 \cdot M_1}{d_1} \qquad \text{und mit } d_1 = z_1 \cdot m$$

$$F_t = \frac{2 \cdot M_1}{z_1 \cdot m} \qquad \text{Gl. 7.154}$$

Damit drückt sich die Zahnfußspannung aus zu

$$\sigma_F = Y_F \cdot Y_\beta \cdot Y_S \cdot K_A \cdot K_V \cdot K_{F\beta} \cdot K_{F\alpha} \cdot \frac{\frac{2 \cdot M_1}{z_1 \cdot m}}{b \cdot m}$$

$$\sigma_F = Y_F \cdot Y_\beta \cdot Y_S \cdot K_A \cdot K_V \cdot K_{F\beta} \cdot K_{F\alpha} \cdot \frac{2 \cdot M_1}{z_1 \cdot b \cdot m^2} \le \sigma_{FP} \qquad \text{Gl. 7.155}$$

Damit kann der festigkeitsmäßig optimale Modul mit der Zähnezahl in Zusammenhang gebracht werden:

$$m \ge \sqrt{\frac{Y_F \cdot Y_\beta \cdot Y_S \cdot K_A \cdot K_V \cdot K_{F\beta} \cdot K_{F\alpha} \cdot 2 \cdot M_1}{z_1 \cdot b \cdot \sigma_{FP}}} \qquad \text{Gl. 7.156}$$

Um einen möglichst großen Modul verwenden zu können, muss die Zähnezahl möglichst reduziert werden. Ohne Profilverschiebung dürfen 14 Zähne, bei Anwendung einer positiven Profilverschiebung von $x = 0{,}5$ dürfen 9 bis 10 Zähne nicht unterschritten werden. Der so berechnete Modul muss auf ein Normmaß (s. Tabelle 7.9) aufgerundet werden. Damit können dann alle anderen Maße der Verzahnung festgelegt werden.

Bei dieser Betrachtung ist die Zahnbreite b noch als beliebig wählbare Variable offen geblieben. Aus konstruktiven Gründen muss jedoch die Zahnbreite mit dem Modul in ein vernünftiges Verhältnis gesetzt werden. Bei starrer Getriebekonstruktion ist eine große Zahnbreite durchaus vorteilhaft, während bei leichter, nachgiebiger Konstruktion eine große Zahnbreite aufgrund der lastbedingten Wellendurchbiegung zu Ungleichmäßigkeiten in der Lastverteilung führt. Folgende Richtwerte sollten nicht überschritten werden:

Tabelle 7.10: Richtwerte b/m

Stahlkonstruktion mit nachgiebigem Gehäuse	$b/m \approx 10 \dots 15$
Stahlkonstruktion mit fliegend gelagertem Ritzel	$b/m \approx 15 \dots 25$
Gusskonstruktion	$b/m \approx 20 \dots 30$
starre Lagerung	$b/m \approx 25 \dots 60$

Damit gewinnt Gleichung 7.155 die folgende spezielle Form:

$$\sigma_F = Y_F \cdot Y_\beta \cdot Y_S \cdot K_A \cdot K_V \cdot K_{F\beta} \cdot K_{F\alpha} \cdot \frac{2 \cdot M_1}{z_1 \cdot \frac{b}{m} \cdot m^3} \le \sigma_{FP} \qquad \text{Gl. 7.157}$$

Damit kann der festigkeitsmäßig optimale Modul folgendermaßen formuliert werden:

$$m \ge \sqrt{\frac{Y_F \cdot Y_\beta \cdot Y_S \cdot K_A \cdot K_V \cdot K_{F\beta} \cdot K_{F\alpha} \cdot 2 \cdot M_t}{z_1 \cdot \frac{b}{m} \cdot \sigma_{FP}}} \qquad \text{Gl. 7.158}$$

Aufgaben A.7.36 bis A.7.39

7.5.3 Zykloidenverzahnung (V)

Wie bereits oben erwähnt wurde, sind nach dem Verzahnungsgesetz beliebig viele Verzahnungsgeometrien vorstellbar. Die Evolventenverzahnung ist lediglich ein Spezialfall, der allerdings besonders häufig angewendet wird. An dieser Stelle soll nur noch eine weitere Verzahnung erwähnt werden: Wird die Eingriffslinie aus Kreisbögen zusammengesetzt, so führt dies zur sog. „Zykloidenverzahnung“ (Bild 7.77).

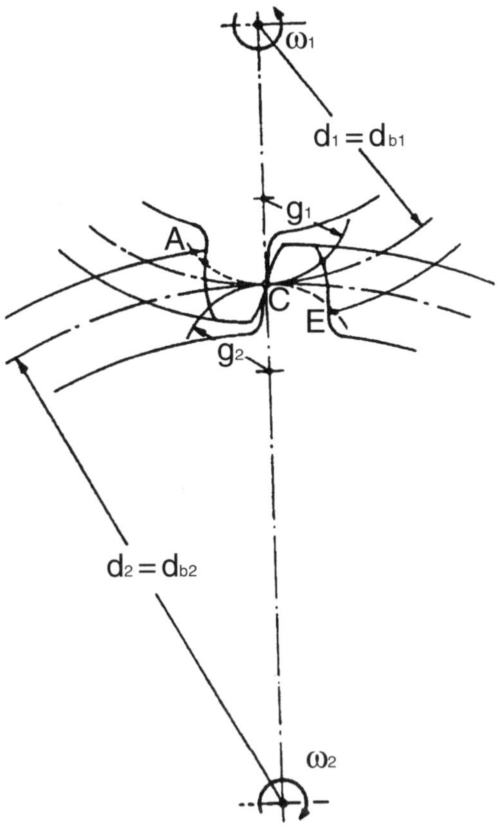

Bild 7.77: Zykloidenverzahnung

Die Zahnflanke ergibt sich als „Rollkurve" durch Abwälzen der Rollkreise auf dem Wälzkreis. Die Kopfflanke entsteht durch Abrollen außen auf dem Wälzkreis (Epizykloide oder Aufradlinie, hier mit g_1), die Fußflanke durch Abrollen innen auf dem Wälzkreis (Hypozykloide oder Inradlinie, hier mit g_2). Der Durchmesser des Rollkreises kann beliebig gewählt werden, die günstigsten Eingriffsverhältnisse ergeben sich dann, wenn er etwa dem 0,3-fachen des Wälzkreisdurchmessers entspricht.

Wie bei der Evolventenverzahnung wird die Eingriffslinie durch die Kopfkreise begrenzt. Da stets die konvexe Flanke des Zahnkopfes des einen Rades mit der konkaven Zahnflanke des Zahnfußes des Gegenrades in Kontakt steht, ergeben sich stets günstige Flächenpressungsverhältnisse. Weiterhin sind sehr geringe Zähnezahlen möglich, ohne dass Unterschnitt eintritt.

Dennoch wird die Zykloidenverzahnung nur selten angewendet, da eine vorteilhafte Kraftübertragung eine genaue Einhaltung des Achsabstandes voraussetzt. Außerdem ist die Zykloidenverzahnung aufwendig in der Fertigung, da für jede Zähnezahl ein gesondertes Fräswerkzeug erforderlich ist. Aus diesen Gründen wird die Zykloidenverzahnung nur dort eingesetzt, wo man von ihren speziellen Eigenschaften besonderen Nutzen ziehen kann. Eine gegenüberstellende Beurteilung von Evolventen- und Zykloidenverzahnung ist in Bild 7.78 und der sich daran anschließenden Auflistung zusammengefasst.

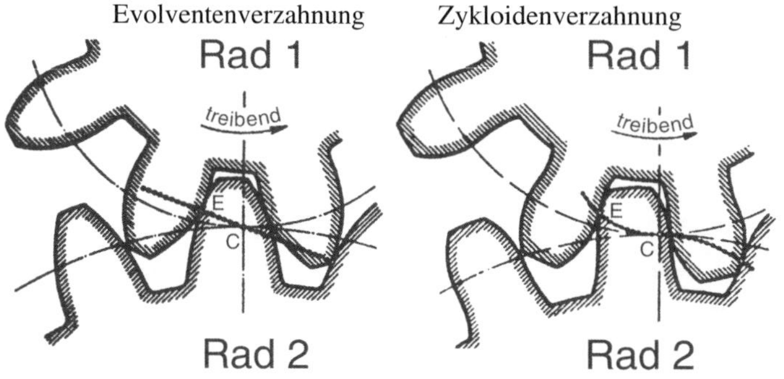

Bild 7.78: Gegenüberstellung Evolventen-/Zykloidenverzahnung

Evolventenverzahnung	Zykloidenverzahnung
Die Zahnform ist festigkeitsmäßig günstig ausgebildet (großes Widerstandsmoment am Zahnfuß).	Die Zahnform ist festigkeitsmäßig ungünstig (schlanker Zahnfuß mit geringem Widerstandsmoment).
Am Zahnflankeneingriff liegt konvex-konvexe Berührung vor, dadurch kommt es zu relativ hohen Hertzschen Pressungen.	Am Zahnflankeneingriff liegt konvex-konkave Berührung vor, was zu relativ geringen Hertzschen Pressungen und zu günstigen hydrodynamischen Schmierverhältnissen führt.
Unterschnitt kann durch Profilverschiebung verhindert werden.	Die Unterschnittgefahr ist gering, es sind kleine Zähnezahlen möglich.
Die Verzahnung ist gegenüber Achsabstandsänderungen unempfindlich.	Da die Zahnflanke einen Wendepunkt besitzt, ist die Verzahnung gegenüber Achsabstandsänderungen sehr empfindlich.
Da die Eingriffslinie eine Gerade ist, sind die Kräfte nach Größe und Richtung bekannt und lassen sich rechnerisch sehr einfach handhaben.	Die Zahnkräfte ändern sich nach Größe und Richtung und wirken schwingungsanregend.
Wegen des geometrisch einfachen Zahnstangenwerkzeuges ist die Herstellung der Verzahnung relativ einfach.	Die Herstellung der Verzahnung ist fertigungstechnisch sehr aufwendig.
Bei gleichem Modul können beliebige Räder miteinander gepaart werden.	Die kämmenden Räder müssen gleiche Rollkreisdurchmesser aufweisen.

7.5.4 Schrägverzahnung (V)

Die bisherigen Erläuterungen bezogen sich auf „Geradverzahnungen“: Die Zahnräder ändern ihre Form in axialer Richtung nicht. Aus Gründen, die weiter unten noch zur Diskussion gestellt werden, kann es jedoch vorteilhaft sein, die Zähne in axialer Richtung schräg zu stellen, wodurch die Schrägverzahnung entsteht.

7.5.4.1 Geometrie der Schrägverzahnung (V)

Die Schrägstellung der Zähne ändert zunächst einmal nichts an der Tatsache, dass es sich auch hier um ein ebenes Getriebe handelt, schließlich bleiben die Achsen der Zahnräder parallel zueinander. Die Schrägstellung der Verzahnung lässt sich grundsätzlich mit allen Verzahnungsarten ausführen, wird aber fast ausschließlich mit der Evolventenverzahnung praktiziert. Wie Bild 7.79 verdeutlicht, lässt sich die Schrägverzahnung anschaulich aus der Geradverzahnung ableiten.

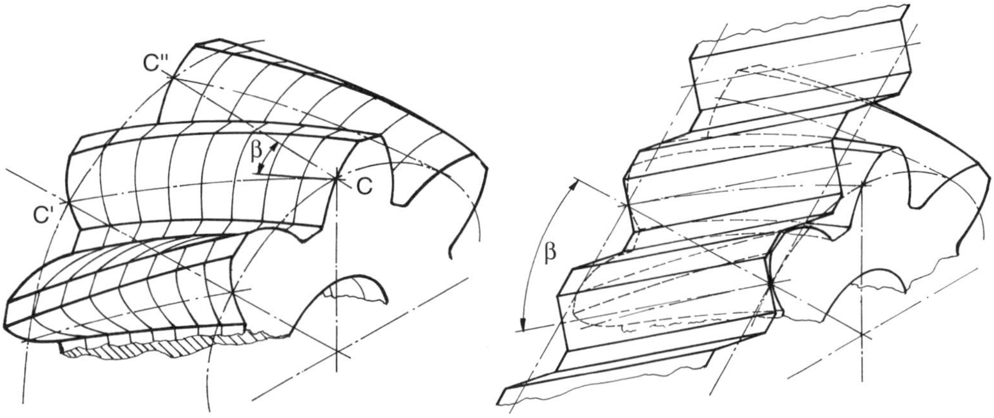

Bild 7.79: Geradverzahnung – Schrägverzahnung

Man kann sich das schrägverzahnte Rad aus dünnen, schichtweise aufeinander gestapelten geradverzahnten Rädern vorstellen, die jeweils so zueinander versetzt angeordnet sind, dass eine Schrägung des Zahnes über seiner gesamten axialen Erstreckung entsteht. Dadurch wird der Teilkreis zum Teilzylinder, auf dessen Mantellinie sich der Wälzpunkt *C* befindet. Die Mantellinie des Teilzylinders *CC*“ bildet mit der Zahnflanke auf der schraubenförmig gewendelten Linie *CC*’ den Schrägungswinkel β. Kämmen zwei schrägverzahnte Räder miteinander, so muss neben der gleichen Teilung *p* auch der Schrägungswinkel β gleich sein. So wie es bei Schrauben Rechts- und Linksgewinde gibt, so kann die Schrägung eines Zahnrades rechts- oder linkssteigend ausgeführt werden. Wie Bild 7.80 eines Paares schrägverzahnter Räder verdeutlicht, kann dabei der Schrägungswinkel β als Komplementärwinkel des Schraubensteigungswinkels γ aufgefasst werden:

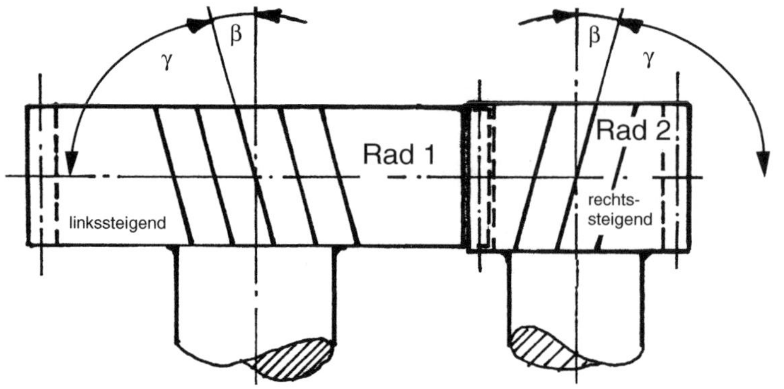

Bild 7.80: Schrägverzahntes Stirnradpaar

Sind die Räder außenverzahnt, so muss stets ein rechts- mit einem linkssteigenden Rad gepaart werden. Nimmt man wie bei der Geradverzahnung ein unendlich großes Rad an, so entsteht dabei eine Zahnstange mit um β geneigten Flanken (Bild 7.79 rechts). Diese Zahnstange ist in Bild 7.81 nochmals dargestellt.

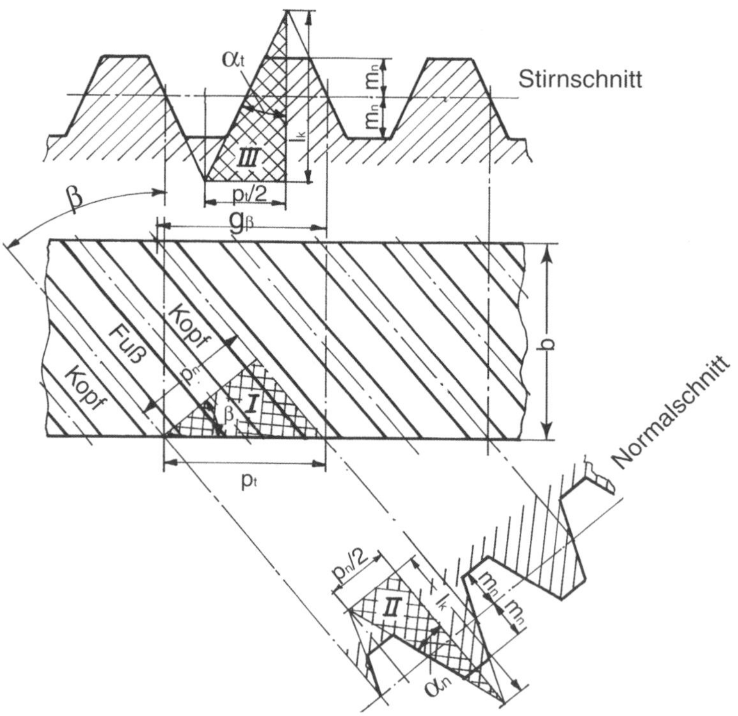

Bild 7.81: Gegenüberstellung Stirnschnitt – Normalschnitt

Wenn man im „Normalschnitt“ (senkrecht zur Flanke) die Maße der Geradverzahnung ansetzt, so lässt sich die Schrägverzahnung prinzipiell mit den gleichen Werkzeugen herstellen wie die Geradverzahnung. Zur besseren Differenzierung wird der Modul nunmehr mit Normalmodul m_n, die Teilung mit Normalteilung p_n und der Eingriffswinkel mit Normaleingriffswinkel α_n bezeichnet. Im „Stirnschnitt" (senkrecht zur Achse) ergeben sich die gleichen, nunmehr mit t indizierten Begriffe mit anderen Abmessungen. Die Größen im Normalschnitt sind mit denen im Stirnschnitt über den Schrägungswinkel β verknüpft. Aus Dreieck I ergibt sich:

$$\cos\beta = \frac{p_n}{p_t} = \frac{m_n \cdot \pi}{m_t \cdot \pi} \quad \Rightarrow \quad m_t = \frac{m_n}{\cos\beta} \qquad \text{Gl. 7.159}$$

Bei der Schrägung des Zahnes bleiben seine Höhe (hier $2 \cdot m_n$) und alle weiteren radialen Abmessungen, also auch l_k erhalten. In den Dreiecken II und III können also mit dem gleichen l_k folgende Formulierungen getroffen werden:

$$\tan\alpha_n = \frac{p_n}{2 \bullet l_k} \quad \text{und} \quad \tan\alpha_t = \frac{p_t}{2 \bullet l_k} \qquad \text{Gl. 7.160}$$

Durch Auflösen beider Gleichungen nach l_k und Gleichsetzen gewinnt man:

$$\frac{p_n}{2 \cdot \tan\alpha_n} = \frac{p_t}{2 \cdot \tan\alpha_t} \quad \Rightarrow \quad \tan\alpha_t = \frac{p_t}{p_n} \cdot \tan\alpha_n \qquad \text{Gl. 7.161}$$

Wird die obige Verknüpfung zwischen Normalteilung p_n und Stirnteilung p_t nach Gl. 7.159 eingeführt, so lässt sich formulieren:

$$\tan\alpha_t = \frac{\tan\alpha_n}{\cos\beta} \qquad \text{Gl. 7.162}$$

Daraus folgt u.a. auch, dass der Eingriffswinkel durch die Anschrägung der Verzahnung in jedem Fall vergrößert wird. Werden für die Raddurchmesser ähnliche Analogien zwischen Stirnschnitt und Normalschnitt gesucht, so ergibt sich zunächst laut Definition des Moduls:

$$m_t = \frac{d}{z} \quad \Rightarrow \quad d = m_t \cdot z = \frac{m_n}{\cos\beta} \cdot z \qquad \text{Gl. 7.163}$$

Da die Schrägverzahnung mit den gleichen Werkzeugen hergestellt wird wie die Geradverzahnung, liegt es nahe, sich im Normalschnitt ein „Ersatzrad" vorzustellen (Bild 7.82), um damit die Geometrie im Eingriffspunkt mit den bereits aus der Geradverzahnung bekannten Betrachtungen erfassen zu können.

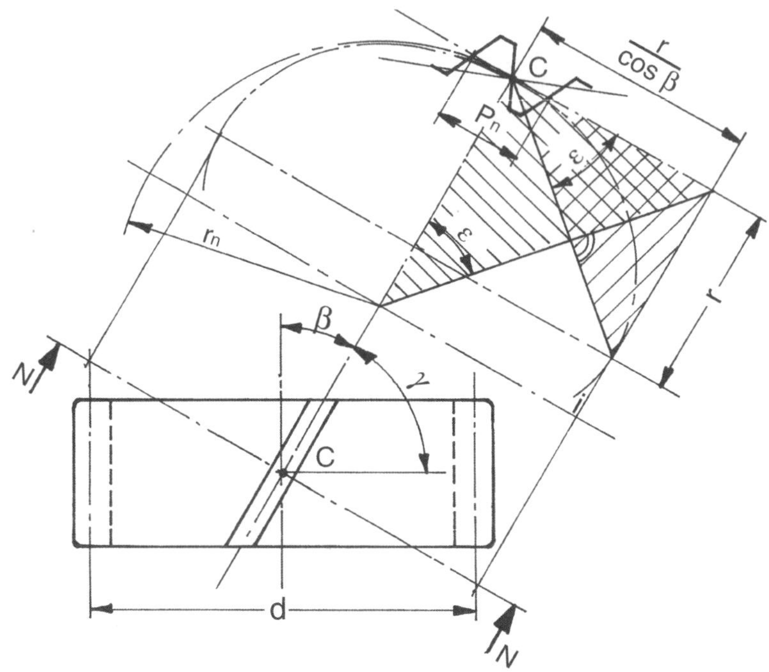

Bild 7.82: Ersatzstirnrad für Schrägverzahnung

Durch diesen Normalschnitt werden alle Kreise (Teil-, Grundkreis u.s.w.) des Stirnschnitts in Ellipsen im Normalschnitt überführt. Für die weitere Betrachtung ist jedoch nur die große Halbachse dieser Ellipsen maßgebend, da nur an dieser Stelle der Eingriff stattfindet. So gewinnt man ein fiktives Geradstirnrad, dessen Verzahnungsgrößen denen der Schrägverzahnung entsprechen. Aus der Geometrie der Skizze ergibt sich unter Ausnutzung der Ähnlichkeit der schraffierten Dreiecke tan ε = tan ε die Beziehung:

$$\frac{\frac{r}{\cos\beta}}{r_n} = \frac{r}{\frac{r}{\cos\beta}} \quad \Rightarrow \quad r_n \cdot r = \left(\frac{r}{\cos\beta}\right)^2$$

$$r_n = \frac{r}{\cos^2\beta} \quad \Rightarrow \quad d_n = \frac{d}{\cos^2\beta} \qquad \text{Gl. 7.164}$$

Daraus ergibt sich auch eine Formulierung für eine fiktive Zähnezahl z_n für das Ersatzrad:

$$d_n = m_n \cdot z_n \quad \Rightarrow \quad z_n = \frac{d_n}{m_n} = \frac{d}{\cos^2\beta \cdot m_n} \qquad \text{Gl. 7.165}$$

Mit $d = m_T \cdot z$ folgt

$$z_n = \frac{m_T}{\cos^2\beta \cdot m_n} \cdot z$$ Gl. 7.166

und mit $m_T = m_n / \cos\beta$ ergibt sich schließlich

$$z_n = \frac{m_n}{\cos\beta \cdot \cos^2\beta \cdot m_n} \cdot z = \frac{1}{\cos^3\beta} \cdot z$$ Gl. 7.167

Diese fiktive Zähnezahl z_n ist i.A. nicht ganzzahlig und stets größer als die tatsächlich vorhandene Zähnezahl z. Aus diesem Grunde ist die Grenzzähnezahl eines schrägverzahnten Rades z_{gs} stets kleiner als die eines geradverzahnten Rades z_g:

$$z_{gs} = z_g \cdot \cos^3\beta$$ Gl. 7.168

Dies betrifft sowohl die Ermittlung der theoretischen Grenzzähnzahl $z_g = 17$ als auch der praktischen Mindestzähnezahl $z_g = 14$. Wird der genormte Eingriffswinkel im Normalschnitt von $\alpha = 20°$ verwendet, so ergeben sich die folgenden Grenzzähnezahlen:

Tabelle 7.11:Grenzzähnezahlen Schrägverzahnung

Schrägungswinkel β	0°	12°	20°	30°	43°
theoretische Grenzzähnezahl z_g	17	16	14	11	7
praktische Grenzzähnezahl z_g'	14	13	12	9	6

Bei der Schrägverzahnung können also wesentlich kleinere Zähnezahlen angewendet werden als bei der Geradverzahnung.

7.5.4.2 Profilverschiebung (V)

Bei noch geringeren Zähnezahlen muss zur Vermeidung von Unterschnitt auch bei der Schrägverzahnung die Profilverschiebung praktiziert werden. Der dazu erforderliche Profilverschiebungsfaktor ergibt sich direkt aus der Betrachtung des Normalschnittes, weil die radialen Abmessungen von der Schrägung der Zähne nicht betroffen sind. Die für die Geradverzahnung betrachteten Gleichungen behalten also ihre Gültigkeit.

theoretisch: $$x_{\min} = \frac{17 - z_n}{17}$$ Gl. 7.169

praktisch: $$x_{\min} = \frac{14 - z_n}{14}$$ Gl. 7.170

Der tatsächliche Betrag der Profilverschiebung ergibt sich schließlich wie bei der Geradverzahnung als Produkt aus Profilverschiebungsfaktor x und Normalmodul (= Herstellungsmodul) m. Auch die weiteren bei der Geradverzahnung diskutierten Aspekte (Veränderung bzw. Angleichung des Achsabstandes und die festigkeitsmäßig günstigere Zahnform) können bei der Schrägverzahnung eine Profilverschiebung erfordern.

7.5.4.3 Überdeckungsgrad (V)

Ähnlich wie bei der Geradverzahnung lässt sich auch bei der Schrägverzahnung eine Profilüberdeckung formulieren:

$$\varepsilon_\alpha = \frac{\sqrt{d_{a1}{}^2 - d_{b1}{}^2} + \sqrt{d_{a2}{}^2 - d_{b2}{}^2} - 2 \cdot a \cdot \sin \alpha_W}{2 \cdot p \cdot \cos \alpha} \qquad \text{Gl. 7.171}$$

Wie Bild 7.83 zeigt, ist diese Profilüberdeckung ε_α aber nur ein Bestandteil des gesamten Überdeckungsgrades ε_γ.

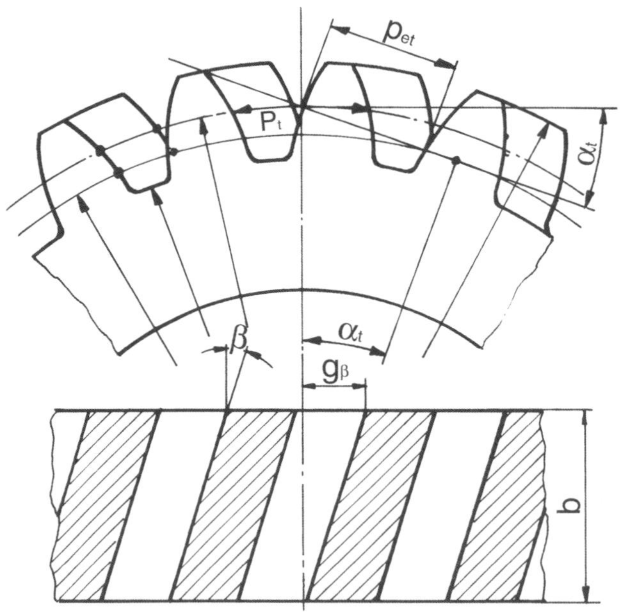

Bild 7.83: Profilüberdeckung des schrägverzahnten Rades

Der für die Schrägverzahnung maßgebende Überdeckungsgrad ε_γ setzt sich zusammen aus der bereits von der Geradverzahnung bekannten Überdeckung ε_α und der sog. Sprungüberdeckung ε_β:

$$\varepsilon_\gamma = \varepsilon_\alpha + \varepsilon_\beta \qquad \text{Gl. 7.172}$$

Bei schrägverzahnten Radpaaren wird die Eingriffsstrecke um den Weg $g_\beta = b \cdot \tan \beta$ vergrößert, die dabei entstehende Sprungüberdeckung ε_β lässt sich formulieren zu:

$$\varepsilon_\beta = \frac{g_\beta}{p_t} = \frac{b \cdot \tan \beta}{p_t} = \frac{b \cdot \dfrac{\sin \beta}{\cos \beta}}{\dfrac{m_n}{\cos \beta} \cdot \pi} = \frac{b \cdot \sin \beta}{m_n \cdot \pi} \qquad \text{Gl. 7.173}$$

Die Vergrößerung der Profilüberdeckung um die Sprungüberdeckung ε_β ist der wesentliche Vorteil der Schrägverzahnung. Meist wird $\varepsilon_\beta \approx 1$ ausgeführt. Im Gegensatz zur Geradverzahnung kann hier ganz gezielt der Fall angestrebt werden, dass immer mindestens zwei Zähne im Eingriff sind ($\varepsilon_\gamma > 2$), was für die Festigkeit der Verzahnung erhebliche Vorteile mit sich bringt. Ist das Zahnrad schmal, so treten die Vorteile der Schrägverzahnung kaum in Erscheinung, ist das Zahnrad hingegen sehr breit, so treten zunehmend Probleme der Lastverteilung über der Zahnbreite auf.

7.5.4.4 Kräfte an der Schrägverzahnung (V)

Für die Festigkeitsberechnung von Schrägverzahnungen gilt grundsätzlich die gleiche Vorgehensweise wie bei geradverzahnten Rädern, durch die Schrägstellung der Zähne wird allerdings eine zusätzliche Axialkraftkomponente hervorgerufen. Damit wird das zweidimensionale Problem der Geradverzahnung zum dreidimensionalen Problem der Schrägverzahnung. Bild 7.84 stellt diese wesentliche Erweiterung dar.

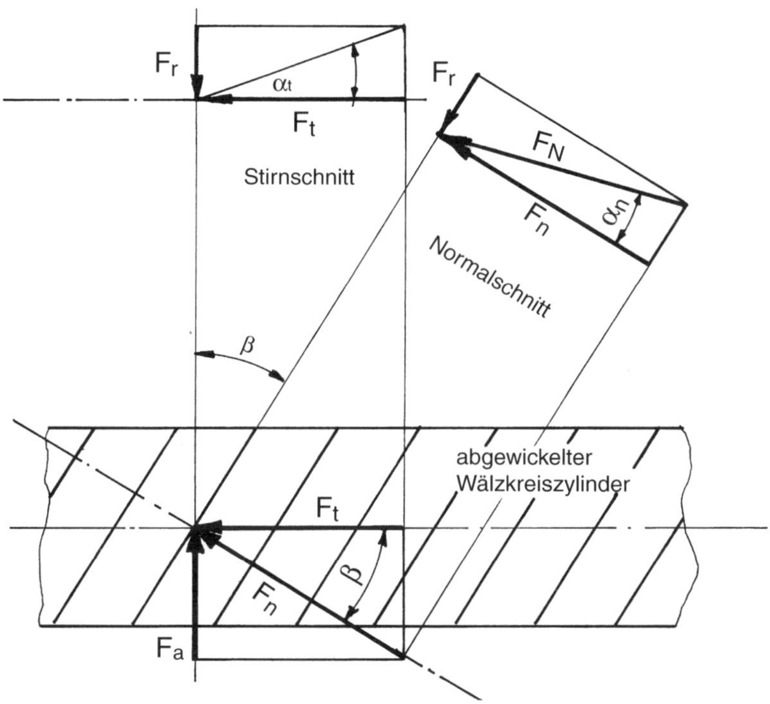

Bild 7.84: Kräfte am schrägverzahnten Rad

Die für die Momentenübertragung wirksame Kraft F_t errechnet sich wie zuvor aus dem übertragenden Moment:

$$M_t = F_t \cdot \frac{d_w}{2} \quad \Rightarrow \quad F_t = \frac{2 \cdot M_t}{d_w} \qquad \text{Gl. 7.174}$$

In der Draufsicht auf den Wälzkreiszylinder lässt sich die zusätzlich auftretende Axialkraft F_a damit leicht in Beziehung setzen:

$$\tan\beta = \frac{F_a}{F_t} \qquad \Rightarrow \qquad F_a = F_t \cdot \tan\beta \qquad \text{Gl. 7.175}$$

In dieser Ansicht lässt sich die Kraft F_n als Resultierende von F_t und F_a ausmachen:

$$\sin\beta = \frac{F_a}{F_n} \qquad \Rightarrow \qquad F_n = \frac{F_a}{\sin\beta} = \frac{F_t \cdot \tan\beta}{\sin\beta} = \frac{F_t}{\cos\beta} \qquad \text{Gl. 7.176}$$

Für die tatsächlich an der Flanke wirkende Resultierende F_N und die Radialkraft F_r wird sinnvollerweise der Normalschnitt betrachtet:

$$\tan\alpha_n = \frac{F_r}{F_n} \qquad \Rightarrow \qquad F_r = F_n \cdot \tan\alpha_n = F_t \cdot \frac{\tan\alpha_n}{\cos\beta} \qquad \text{Gl. 7.177}$$

und

$$\cot\alpha_n = \frac{F_n}{F_N} \qquad \Rightarrow \qquad F_N = \frac{F_n}{\cot\alpha_n} = \frac{F_t}{\cot\alpha_n \cdot \cos\beta} \qquad \text{Gl. 7.178}$$

7.5.4.5 Optimierung der Schrägverzahnung (V)

Der wesentliche Vorteil der Schrägverzahnung ist der Umstand, dass immer mehr Zähne im Eingriff sind als bei einem vergleichbaren geradverzahnten Radpaar. Die Belastung eines einzelnen Zahnes erfolgt nicht stoßartig, sondern kontinuierlich schräg über der Flankenfläche; die Folge davon ist eine höhere Tragfähigkeit, höhere Laufruhe und eine geringere Mindestzähnezahl. Als Nachteile müssen jedoch ein höherer Fertigungsaufwand und eine zusätzliche Axialkraft in Kauf genommen werden, die nicht nur die Verzahnung selbst, sondern auch Wellen und Lager zusätzlich belastet. Bei der Optimierung des Schrägungswinkels β sind die folgenden Aspekte maßgebend:

- Ist der Schrägungswinkel β zu klein (unter etwa 10°), so treten die Vorteile der Schrägverzahnung kaum in Erscheinung, der erhöhte Fertigungsaufwand lohnt sich dabei kaum.
- Ist der Schrägungswinkel β zu groß (größer als ca. 30°), so werden die Axialkräfte zu hoch.

Dieser letztgenannte Nachteil lässt sich jedoch mit der deutlich aufwendigeren Fertigung von Pfeil- und Doppelschrägungszahnrädern ausgleichen: Dann müssen zwei nebeneinander angeordnete Räder wechselseitig angeschrägt werden, so dass sich die Axialkräfte gegeneinander abstützen (Doppelschrägverzahnung, Pfeilverzahnung, Bild 7.85).

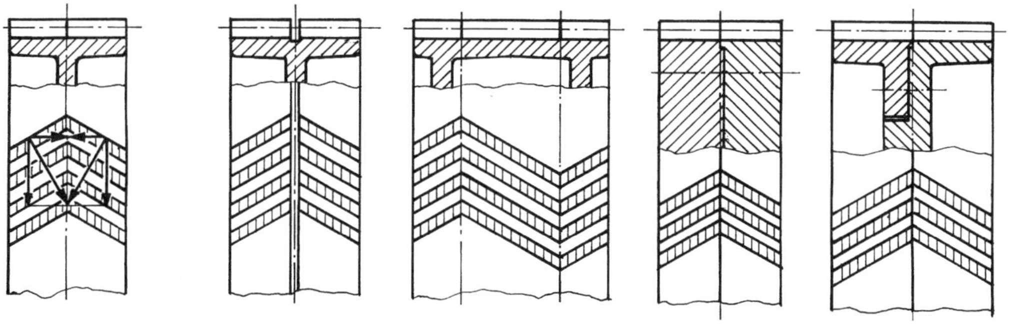

Bild 7.85: Kompensation der Axialkraft bei Schrägverzahnung

Die vorgenannten Maßnahmen sind aber nur dann nutzbar, wenn die Verzahnungsgeometrie präzise ausgeführt wird und wenn die Konstruktion so steif ist, dass nicht mit unerwünschten Verformungen zu rechnen ist. Außerdem müssen sich zum Ausgleich der Axialkräfte die beiden Räder axial gegeneinander frei einstellen können.

Aufgaben A.7.40 und A.7.42

7.6 Anhang

7.6.1 Literatur

[1] Bauer/Schneider: Hülltriebe und Reibradgetriebe; 6. Auflage Leipzig 1975

[2] Bausch, T.: Zahnradfertigung; Expert-Verlag Grafenau/Württemberg 1986

[3] Funk, W.: Zugmittelgetriebe; Springer-Verlag Berlin 1995

[4] Hinzen, H.: Unkonventionelles Spindelsystem für eine High-Tech-Werkzeugmaschine; Z. Antriebstechnik 8 (1989), S. 50-58

[5] Krause, W.: Zahnriemengetriebe; Hüthig-Verlag Heidelberg, 1988

[6] Kücükay, F.: Dynamik der Zahnradgetriebe; Springer-Verlag Berlin 1987

[7] Linke, H.: Stirnradverzahnung, Berechnung, Werkstoffe, Fertigung; Fachbuchverlag Leipzig/Carl Hanser Verlag 1996

[8] Lohmann, J.: Zahnradgetriebe; 2. Auflage Springer-Verlag Berlin 1988

[9] Peeken, H.; Hinzen, H.; Welter, R.: Das Kugelgetriebe, ein stufenlos verstellbares Leistungsgetriebe mit ungewöhnlicher Kinematik; Konstruktion 43 (1991) Nr. 7/8, S. 263-267

[10] Pietsch, P.: Kettentriebe; Einbeck 1965

[11] Rachner, H.-G.: Stahlgelenkkette und Kettengetriebe; Konstruktionsbücher, Band 20, Berlin Göttingen Heidelberg 1962

[12] Roth, A.: Zahnradtechnik, Band 1 und 2; Springer-Verlag Berlin 1989

[13] Thomas, A.K.; Charcut, W.: Die Tragfähigkeit der Zahnräder; 7. Auflage München 1971

[14] VDI Richtlinie 2155: Gleichförmig übersetzende Reibschlussgetriebe; VDI-Verlag Düsseldorf 1977

[15] VDI/VDE Richtlinie 2608: Einflanken- und Zweiflankenwälzprüfung von gerad- und schrägverzahnten Stirnrädern mit Evolventenprofil

[16] VDI Richtlinie 2758: Riemengetriebe; VDI-Verlag Düsseldorf 1991

[17] VDI Richtlinie 3336: Verzahnen von Stirnräder; VDI-Verlag Düsseldorf 1984

[18] Weck, M.: Moderne Leistungsgetriebe – Verzahnungsauslegung und Betriebsverhalten; Springer-Verlag Berlin 1992

[19] Widmer, E.: Berechnen von Zahnrädern und Getriebe-Verzahnungen; Verlag Birkhäuser Basel 1981

[20] Winter, H.: Kegelradgetriebe; Expert-Verlag Ehningen 1990

[21] Zirpke, E.: Zahnräder; Fachbuchverlag Leipzig 1989

[22] Zollner, H.: Kettentriebe; München 1966

7.6.2 Normen

[23] DIN-Taschenbuch 106: Verzahnungsterminologie; Beuth-Verlag Berlin 1985

[24] DIN-Taschenbuch 123: Zahnradfertigung; Beuth-Verlag Berlin 1987

[25] DIN-Taschenbuch 173: Zahnradkonstruktionen; Beuth-Verlag Berlin 1986

[26] DIN 37: Darstellung und vereinfachte Darstellung für Zahnräder und Räderpaarungen

[27] DIN ISO 53: Bezugsprofil für Stirnräder für den allgemeinen Maschinenbau und den Schwermaschinenbau

[28] DIN 109 T1: Antriebselemente; Umfangsgeschwindigkeiten

[29] DIN 109 T2: Antriebselemente; Achsabstände für Riementriebe mit Keilriemen

[30] DIN 111: Antriebselemente; Flachriemenscheiben; Maße, Nenndrehmomente

[31] DIN ISO 701: Internationale Verzahnungsterminologie; Symbole für geometrische Größen

[32] DIN 780: Modulreihe für Zahnräder

[33] DIN 781: Werkzeugmaschinen; Zähnezahlen der Wechselräder

[34] DIN 782: Werkzeugmaschinen; Wechselräder, Maße

[35] DIN 867: Bezugsprofile für Evolventenverzahnungen an Stirnrädern (Zylinderrädern) für den allgemeinen Maschinenbau und den Schwermaschinenbau

[36] DIN 868: Allgemeine Begriffe und Bestimmungsgrößen für Zahnräder, Zahnradpaare und Zahnradgetriebe

[37] DIN 1825: Schneidräder für Stirnräder; Geradverzahnte Scheibenschneidräder

[38] DIN 1828: Schneidräder für Stirnräder; Geradverzahnte Schaftschneidräder

[39] DIN 1829 T1: Schneidräder für Stirnräder; Bestimmungsgrößen, Begriffe, Kennzeichen

[40] DIN 1829 T2: Schneidräder für Stirnräder; Toleranzen, zulässige Abweichungen

[41] DIN ISO 2203: Technische Zeichnungen; Darstellung von Zahnrädern

[42] DIN 2211: Antriebselemente; Schmalkeilriemenscheiben

[43] DIN 2215: Endlose Keilriemen; Maße

[44] DIN 2216: Endliche Keilriemen; Maße

[45] DIN 2217: Antriebselemente; Keilriemenscheiben

[46] DIN 2218: Endlose Keilriemen für den Maschinenbau; Berechnung der Antriebe, Leistungswerte

[47] DIN 3960: Begriffe und Bestimmungsgrößen für Stirnräder (Zylinderräder) und Stirnradpaare (Zylinderradpaare) mit Evolventenverzahnung

[48] DIN 3961: Toleranzen für Stirnradverzahnungen; Grundlagen

[49] DIN 3962 T1: Toleranzen für Stirnradverzahnungen; Toleranzen für Abweichungen einzelner Bestimmungsgrößen

[50] DIN 3961 T2: Toleranzen für Stirnradverzahnungen; Toleranzen für Flankenlinienabweichungen

[51] DIN 3961 T3: Toleranzen für Stirnradverzahnungen; Toleranzen für Teilungs-Spannenabweichungen

[52] DIN 3963: Toleranzen für Stirnradverzahnungen; Toleranzen für Wälzabweichungen

[53] DIN 3964: Abstandsmaße und Achslagetoleranzen von Gehäusen für Stirnradgetriebe

[54] DIN 3965: Toleranzen für Kegelradverzahnungen

[55] DIN 3966: Angaben für Verzahnungen in Zeichnungen

[56] DIN 3967: Getriebe-Paßsystem; Flankenspiel, Zahndickenabmaße, Zahndickentoleranzen; Grundlagen

[57] DIN 3968: Toleranzen eingängiger Wälzfräser für Stirnräder mit Evolventenverzahnung

[58] DIN 3972: Bezugsprofile von Verzahnungswerkzeugen für Evolventenverzahnungen nach DIN 867

[59] DIN 3971: Begriffe und Bestimmungsgrößen für Kegelräder und Kegelradpaare

[60] DIN 3975: Begriffe und Bestimmungsgrößen für Zylinderschneckengetriebe mit Achswinkel 90°

[61] DIN 3976: Zylinderschnecken; Maße, Zuordnung von Achsabständen und Übersetzungen in Schneckenradsätzen

[62] DIN 3978: Schrägungswinkel für Stirnradverzahnungen

[63] DIN 3979: Zahnschäden an Zahnradgetrieben; Bezeichnung, Merkmale, Ursachen

[64] DIN 3990: T1: Tragfähigkeitsberechnung von Stirn- und Kegelrädern; Grundlagen und Berechnungsformeln

[65] DIN 3990: T2: Tragfähigkeitsberechnung von Stirn- und Kegelrädern; Zahnformfaktor Y_F

[66] DIN 3990: T3: Tragfähigkeitsberechnung von Stirn- und Kegelrädern; Lastanteilfaktor Y_ε, Sprungüberdeckung ε_β

[67] DIN E 3990: T4: Tragfähigkeitsberechnung von Stirn- und Kegelrädern; Hilfsfaktor q_L, Stirnlastverteilfaktor $K_{F\alpha}$ für Zahnfuß- und $K_{H\alpha}$ für Zahnflankenbeanspruchung

[68] DIN 3990: T5: Tragfähigkeitsberechnung von Stirn- und Kegelrädern; Flankenformfaktor Z_H

[69] DIN 3990: T6: Tragfähigkeitsberechnung von Stirn- und Kegelrädern; Materialfaktor Z_M

[70] DIN 3990: T7: Tragfähigkeitsberechnung von Stirn- und Kegelrädern; Ritzel- Einzeleingriffsfaktor Z_B, Rad-Einzeleingriffsfaktor Z_D, Profilüberdeckung ε_α

[71] DIN 3990: T8: Tragfähigkeitsberechnung von Stirn- und Kegelrädern; Überdeckungsfaktor $Z\varepsilon$

[72] DIN 3990: T10: Tragfähigkeitsberechnung von Stirn- und Kegelrädern; Schrägungswinkelfaktor Y_β

[73] DIN 3990: T1: Tragfähigkeitsberechnung von Stirn- und Kegelrädern; Einführung und allgemeine Einflußfaktoren

[74] DIN 3990: T2: Tragfähigkeitsberechnung von Stirn- und Kegelrädern; Berechnung der Grübchentragfähigkeit

[75] DIN 3990: T3: Tragfähigkeitsberechnung von Stirn- und Kegelrädern; Berechnung der Zahnfußtragfähigkeit

[76] DIN 3990: T4: Tragfähigkeitsberechnung von Stirn- und Kegelrädern; Berechnung der Freßtragfähigkeit

[77] DIN 3990: T5: Tragfähigkeitsberechnung von Stirn- und Kegelrädern; Dauerfestigkeitswerte und Werkstoffqualitäten

[78] DIN E 3990: T6: Tragfähigkeitsberechnung von Stirn- und Kegelrädern; Betriebsfestigkeitsberechnung

[79] DIN E 3990: T12: Tragfähigkeitsberechnung von Stirn- und Kegelrädern; Anwendungsnorm für Industriegetriebe

[80] DIN 3991 T1: Tragfähigkeitsberechnung von Kegelrädern ohne Achsversetzung; Einführung und allgemeine Einflußfaktoren

[81] DIN 3991 T2: Tragfähigkeitsberechnung von Kegelrädern ohne Achsversetzung; Berechnung der Grübchentragfähigkeit

[82] DIN 3991 T3: Tragfähigkeitsberechnung von Kegelrädern ohne Achsversetzung; Berechnung der Zahnfußtragfähigkeit

[83] DIN 3991 T4: Tragfähigkeitsberechnung von Kegelrädern ohne Achsversetzung; Berechnung der Freßtragfähigkeit

[84] DIN 3992: Profilverschiebung bei Stirnrädern mit Außenverzahnung

[85] DIN 3993 T1: Geometrische Auslegung von zylindrischen Innenradpaaren mit Evolventenverzahnung; Grundregeln

[86] DIN 3993 T2: Geometrische Auslegung von zylindrischen Innenradpaaren mit Evolventenverzahnung; Diagramme über geometrische Grenzen für die Paarung Hohlrad – Ritzel

[87] DIN 3993 T3: Geometrische Auslegung von zylindrischen Innenradpaaren mit Evolventenverzahnung; Diagramme zur Ermittlung der Profilverschiebungsfaktoren

[88] DIN 3993 T4: Geometrische Auslegung von zylindrischen Innenradpaaren mit Evolventenverzahnung; Diagramme über Grenzen für die Paarung Hohlrad – Schneidrad

[89] DIN 3994: Profilverschiebung bei geradverzahnten Stirnrädern mit 05-Verzahnung; Einführung

[90] DIN 3995 T1: Geradverzahnte Außen-Stirnräder mit 05-Verzahnung; Achsabstände und Betriebseingriffswinkel

[91] DIN 3995 T2: Geradverzahnte Außen-Stirnräder mit 05-Verzahnung; Fußkreisdurchmesser

[92] DIN 3995 T3: Geradverzahnte Außen-Stirnräder mit 05-Verzahnung; Kopfkreisdurchmesser

[93] DIN 3995 T4: Geradverzahnte Außen-Stirnräder mit 05-Verzahnung; Zahnweite

[94] DIN 3995 T5: Geradverzahnte Außen-Stirnräder mit 05-Verzahnung; Profilmaß M_a

[95] DIN 3995 T6: Geradverzahnte Außen-Stirnräder mit 05-Verzahnung; Zahndickensehne mit Zahnhöhe über der Sehne

[96] DIN 3995 T7: Geradverzahnte Außen-Stirnräder mit 05-Verzahnung; Überdeckungsgrade

[97] DIN 3995 T8: Geradverzahnte Außen-Stirnräder mit 05-Verzahnung; Gleitgeschwindigkeiten am Zahnkopf

[98] DIN 3998 T1: Benennung an Zahnrädern und Zahnradpaaren; Allgemeine Begriffe

[99] DIN 3998 T2: Benennung an Zahnrädern und Zahnradpaaren; Stirnräder und Stirnradpaare (Zylinderräder und -radpaare)

[100] DIN 3998 T3: Benennung an Zahnrädern und Zahnradpaaren; Kegelräder und Kegelradpaare, Hypoidräder und Hypoidradpaare

[101] DIN 3998 T4: Benennung an Zahnrädern und Zahnradpaaren; Schneckenradsätze

[102] DIN 3999: Kurzzeichen für Verzahnungen

[103] DIN ISO 5290: Rillenscheiben für Verbund-Schmalkeilriemen

[104] DIN E ISO 5294: Synchronriementriebe, Scheiben

[105] DIN E ISO 5296: Synchronriementriebe, Riemen; Zahnteilungskurzzeichen

[106] DIN 7721: Synchronriementriebe, metrische Teilung

[107] DIN 7722: Endlose Hexagonalriemen für Landmaschinen und Rillenprofile der dazugehörigen Scheiben

[108] DIN 7753 T1: Endlose Schmalkeilriemen für den Maschinenbau; Maße

[109] DIN 7753 T2: Endlose Schmalkeilriemen für den Maschinenbau; Berechnung der Antriebe, Leistungswerte

[110] DIN 7753 T3: Endlose Schmalkeilriemen für den Kraftfahrzeugbau; Maße der Riemen und Scheibenrillenprofile

[111] DIN 8150: Gallketten

[112] DIN 8153: Scharnierbandketten, Form S, Form D

[113] DIN 8154: Buchsenketten mit Rollenbolzen; Amerikanische Bauart

[114] DIN 8164: Buchsenketten

[115] DIN 8187: Rollenketten; Europäische Bauart

[116] DIN 8188: Rollenketten; Amerikanische Bauart

[117] DIN 8195: Rollenketten, Kettenräder; Auswahl von Kettentrieben

[118] DIN 8196 und DIN 8199: Verzahnung der Kettenräder für Rollenketten

[119] DIN 58400: Bezugsprofil für Evolventenverzahnungen an Stirnrädern für die Feinwerktechnik

[120] DIN 58405 T1: Stirnradgetriebe der Feinwerktechnik; Gestaltungsbereich, Begriffe, Bestimmungsgrößen, Einteilung

[121] DIN 58405 T2: Stirnradgetriebe der Feinwerktechnik; Getriebepassungsauswahl; Toleranzen, Abmaße

[122] DIN 58405 T3: Stirnradgetriebe der Feinwerktechnik; Angabe in Zeichnungen, Berechnungsbeispiele

[123] DIN 58405 T1: Stirnradgetriebe der Feinwerktechnik; Tabellen

[124] DIN 58411: Wälzfräser für Stirnräder der Feinwerktechnik mit Modul 0,1 bis 1 mm

[125] DIN 58412: Bezugsprofile für Verzahnungswerkzeuge der Feinwerktechnik; Evolventenverzahnungen nach DIN 5844 und DIN 867

[126] DIN 58413: Toleranzen für Wälzfräser der Feinwerktechnik

7.7 Aufgaben: Grundsätzliche Bauformen gleichförmig übersetzender Getriebe

A.7.1 Gegenüberstellung formschlüssiges - reibschlüssiges Getriebe

In der folgenden Gegenüberstellung werden die wesentlichen Unterschiede zwischen formschlüssigen und reibschlüssigen Getrieben betrachtet. Ordnen Sie die folgenden charakteristischen Merkmale einer der beiden Getriebearten durch Ankreuzen zu.

	Reib-schluss	Form-schluss
Kurzzeitige Überlast kann ggf. durch Gleitschlupf schadlos aufgenommen werden		
Hohe radiale Belastung der Räder zur Sicherstellung der Momentenübertragung erforderlich		
Übersetzungsverhältnis nur in diskreten Stufen, nicht aber stufenlos möglich		
Einfache Übertragungskinematik: Hebelarme des Übersetzungsverhältnisses als Radius der Räder konstruktiv vorhanden		
In gewissen Grenzen jedes beliebige Übersetzungsverhältnis realisierbar, je nach Bauart auch stufenlos		
Schlupfbehaftete, nicht exakt reproduzierbare, nicht exakt winkelgetreue Übertragung der Drehbewegung		
Komplizierte Übertragungskinematik: Die Hebelarme des Übersetzungsverhältnisses sind konstruktiv **nicht** vorhanden.		
Hohe Belastung von Wellen und Lager, aus diesem Grund raum- und gewichtsbeanspruchende Bauweise		
Reproduzierbare, winkelgetreue Übertragung der Drehbewegung, kein Schlupf		

Reibradgetriebe

A.7.2 Belastung im Wälzkontakt

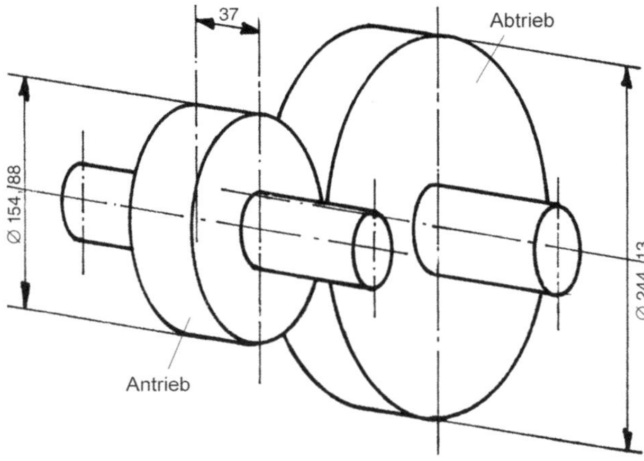

Ein Reibradgetriebe besteht aus zwei scheibenförmigen, zylindrischen Rädern, die zur Aufrechterhaltung des Reibschlusses mit konstanter Kraft gegeneinander gepresst werden. In einer vergleichenden Betrachtung soll eine Konstruktion mit zwei gehärteten Stahlscheiben (μ = 0,03) und eine Ausführung mit gleichen Abmessungen mit aufvulkanisiertem Gummi (μ = 0,7) gegenübergestellt werden. Die Querkontraktionszahl für Stahl kann mit ν = 0,3 angenommen werden.

Das entscheidende Resultat dieser vergleichenden Betrachtung ist die mit der jeweiligen Version übertragbare Leistung. Zur Ermittlung dieser Zahlenwerte berechnen Sie für beide Varianten die zulässige Normalkraft F_N, die dabei durch Reibung übertragbare Umfangskraft F_U, das sich daraus ergebende Antriebsmoment M_{an} und schließlich die übertragbare Leistung P. Diese Gegenüberstellung soll für die Antriebsdrehzahlen 30, 300 und 3000 min^{-1} angestellt werden. Zur Dokumentierung der Ergebnisse bedienen Sie sich bitte des nachstehenden Schemas.

	n_{an} = 30 min^{-1}		n_{an} = 300 min^{-1}		n_{an} = 3000 min^{-1}	
Materialpaarung	St/St gehärtet, geschmiert	St/Gummi aufvulkanisiert	St/St gehärtet, geschmiert	St/Gummi aufvulkanisiert	St/St gehärtet, geschmiert	St/Gummi aufvulkanisiert
μ	0,03	0,7	0,03	0,7	0,03	0,7
F_N [N]						
F_U [N]						
M_{an} [Nm]						
P [W]						

A.7.3 Reibradgetriebe mit Wälzlagerung

Das unten dargestellte Reibradgetriebe wird an der unteren Welle mit einer Drehzahl von 414,7 min^{-1} angetrieben.

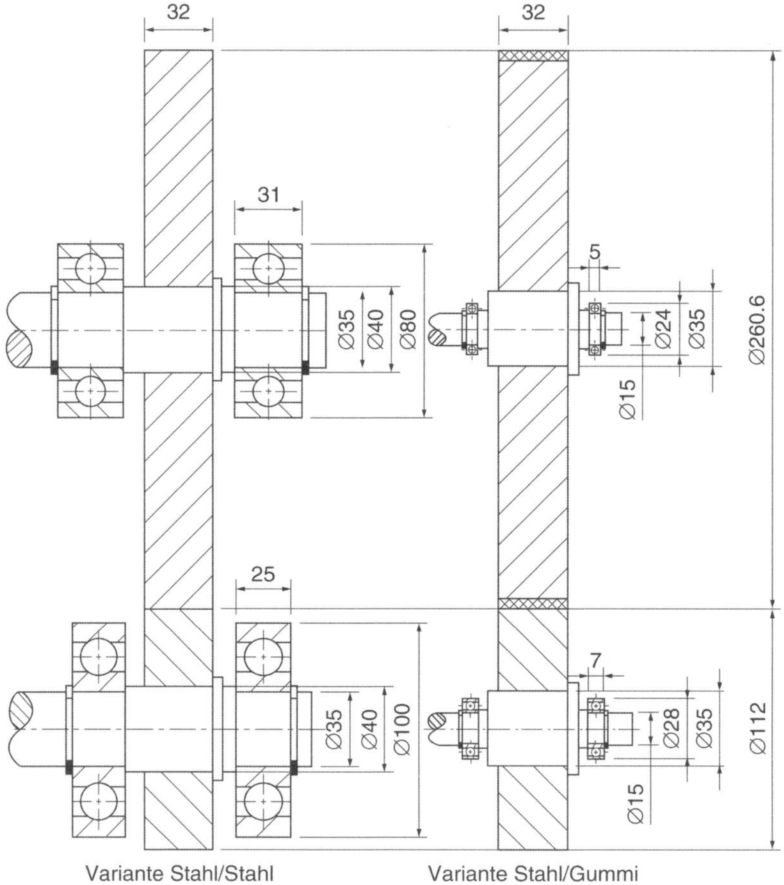

Dimensionierung der Reibräder

Das Getriebe wird sowohl als Getriebe mit zwei Stahlrädern (links) als auch als Getriebe mit Stahlrad – Gummirad (rechts) ausgeführt. Der Reibwert für Stahl/Stahl beträgt 0,03, der für Gummi/Stahl 0,7. Berechnen Sie die in der untenstehenden Tabelle aufgeführten Kenngrößen der jeweiligen Getriebevariante.

		Stahl – Stahl	Stahl – Gummi
Ersatzkrümmungsdurchmesser d_0	mm		
Umfangsgeschwindigkeit v	m/s		
zulässige Belastung $\sigma_{Hz\,zul}$ bzw. k_{zul}	N/mm²		
zulässige Normalkraft F_N	N		
übertragbare Umfangskraft F_U	N		
zulässiges Antriebsmoment M_1	Nm		
übertragbare Leistung P	kW		
Kraftresultierende im Wälzkontakt F_{res}	N		

Dimensionierung der Wälzlagerung

Das Reibradgetriebe soll mit Kugellagern gelagert werden. Alle Lager sind so angebracht, dass sich die auf das Reibrad wirkenden Kräfte gleichmäßig auf die beiden Lager verteilen. Die Anpresskraft ist so bemessen, dass der Reibschluss gerade für die Übertragung des Maximalmomentes ausreicht. Das Getriebe wird während 20% seiner Betriebsdauer mit Maximallast und während 80% der Betriebsdauer mit halber Last betrieben, wobei die Drehzahl ständig beibehalten wird. Das Getriebe soll eine Gebrauchsdauer von 8000 h aufweisen. Mit welcher Tragzahl müssen die einzelnen Lager mindestens ausgestattet sein?

		Stahl – Stahl		Stahl – Gummi	
		Antriebs-welle	Abtriebs-welle	Antriebs-welle	Abtriebs-welle
Drehzahl	min^{-1}	414,7		414,7	
Belastung pro Lager bei Volllast F_{VL}	N				
Belastung pro Lager bei Teillast F_{TL}	N				
mittlere Belastung P_m	N				
L_{10}	-				
erforderliche Tragzahl	N				

A.7.4 Reibradgetriebe mit Tellerrad

Gegeben ist das unten skizzierte, stufenlos verstellbare Reibradgetriebe: Die waagerecht angeordnete Antriebswelle wird bei A und B gelagert. Das dazwischen angeordnete Reibrad dreht sich mit dieser Welle um. Die senkrechte Abtriebswelle ist bei C und D gelagert. Eine Feder zwischen Lager C und dem darüber angeordneten Tellerrad stellt eine reibschlüssige Verbindung zwischen Tellerrad und Antriebsrad her. Durch axiales Verschieben des Antriebsrades auf seiner Welle kann das Übersetzungsverhältnis stufenlos zwischen 1:1 und 1:2 verstellt werden. Der Reibwert im Wälzkontakt der Getrieberäder kann mit $\mu = 0{,}4$ angenommen werden. Die Antriebsleistung beträgt 2,3 kW bei einer Drehzahl von 1.500 min^{-1}.

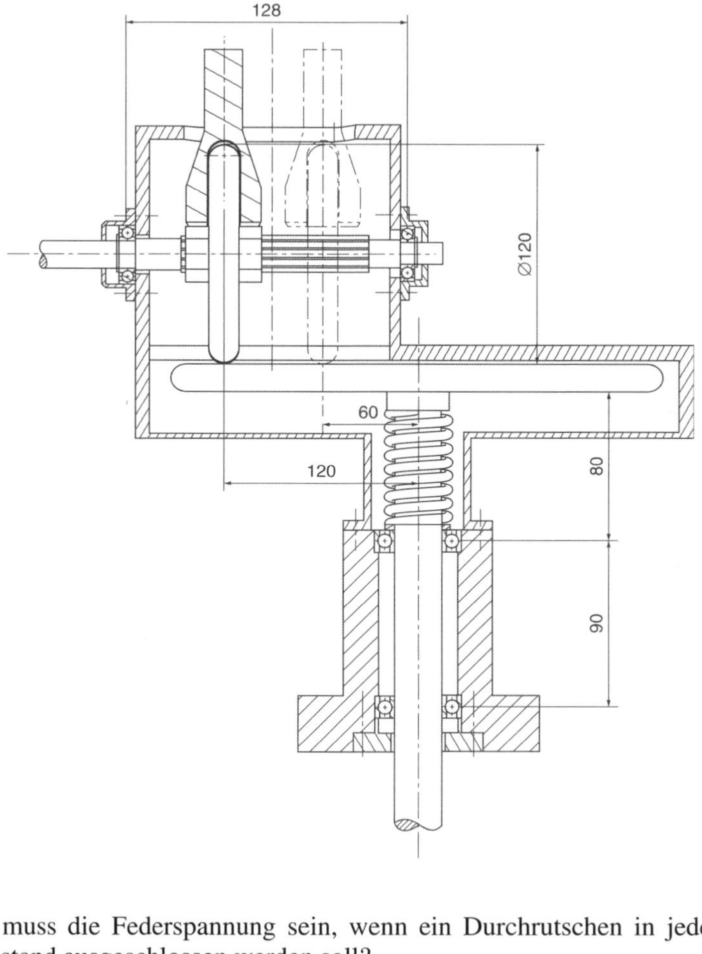

a) Wie groß muss die Federspannung sein, wenn ein Durchrutschen in jedem beliebigen Betriebszustand ausgeschlossen werden soll?

F_{Feder} =

b) Berechnen Sie die resultierenden radialen und die axialen Lagerkräfte beim Übersetzungverhältnis 1:1 und 1:2.

c) Alle Lager werden als Kugellager ausgeführt, deren Betriebsdauer 10.000 Stunden betragen soll. Die Gewichtungsfaktoren können bei Vorhandensein einer Axiallast einheitlich zu X = 0,56 und Y = 1,4 angenommen werden. Das Getriebe wird bei Vollast 20 % der Gebrauchsdauer beim Übersetzungsverhältnis 1:2 und 80 % der Gebrauchsdauer beim Übersetzungsverhältnis 1:1 betrieben. Berechnen Sie die dynamisch äquivalenten Lagerbelastungen P_m für alle Lager. Benutzen Sie zur Dokumentierung der Ergebnisse das untenstehenden Schema.

d) Welche dynamischen Tragzahlen sind für die Lager erforderlich?

	Lager A	Lager B	Lager C	Lager D
Radiallast F_{rad} bei 1:1 (80 %) Radiallast F_{rad} bei 1:2 (20 %)				
Axiallast F_{ax} bei 1:1 (80 %) Axiallast F_{ax} bei 1:2 (20 %)				
mittlere Drehzahl n_m				
L_{10}				
äquivalente Lagerlast P_m				
erforderliche Tragzahl C_{dyn}				

A.7.5 Anpresskraftregelung bei Teillast

Gegeben ist ein Reibradgetriebe, dessen Wälzlager zu dimensionieren sind.

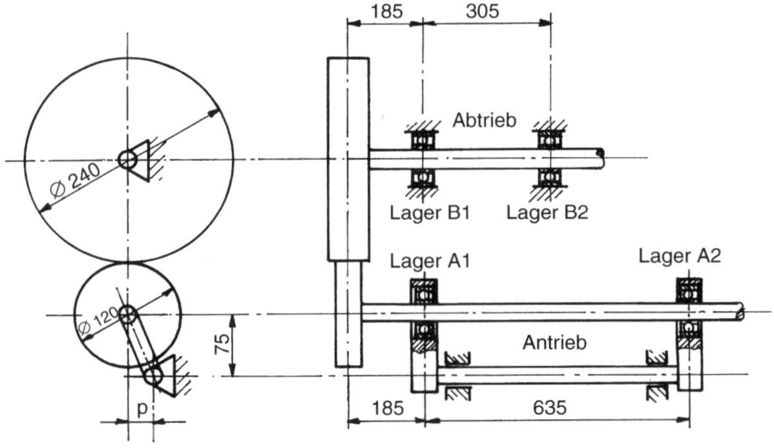

Der unten im Bild dargestellte Antrieb ist in einer Schwinge so angeordnet, damit die Anpresskraft des Wälzgetriebes lastabhängig geregelt wird: Die Anpresskraft soll gerade ausreichen, um das Moment reibschlüssig zu übertragen. Die Antriebsdrehzahl beträgt 1500 min^{-1} und ändert sich im Betrieb nicht, der Reibwert kann mit μ = 0,3 (organischer

Reibstoff/Stahl, trocken) angenommen werden. Während 20 % der Betriebsdauer wird eine Leistung von 5 kW übertragen, die restlichen 80 % läuft das Getriebe bei einer Teillast von 3,5 kW. Das Abtriebsmoment wird querkraftfrei abgenommen.

a) Zeichnen Sie den Drehsinn des Antriebes ein, der vorliegen muss, damit die Anpresskraftregelung zustande kommt.

b) Berechnen Sie den Abstand p so, dass immer gerade soviel Anpresskraft aufgebracht wird wie zur Momentenübertragung nötig ist.

p [mm] =

c) Berechnen Sie die Umfangskraft F_t, die Normalkraft F_n und die daraus resultierende Kraft F_{res}, die an der kraftübertragenden Stelle wirkt. Differenzieren Sie nach Volllastbetrieb sowie nach Teillastbetrieb ohne und mit Anpresskraftregelung. Zur Darstellung der Ergebnisse bedienen Sie sich des nachstehenden Schemas:

	Volllast (5 kW)	Teillast (3,5 kW) **ohne** Anpresskraftregelung	Teillast (3,5 kW) **mit** Anpresskraftregelung
Umfangskraft F_t			
Normalkraft F_n			
Resultierende F_{res}			

d) Dimensionieren Sie die Lager als Kugellager, indem Sie die erforderliche Tragzahl für eine Betriebsdauer von 8.000 h ermitteln. Unterscheiden Sie auch hier nach einer Dimensionierung ohne und mit Anpresskraftregelung. Zur Darstellung der Ergebnisse bedienen Sie sich des nachstehenden Schemas:

	Lager A1	Lager A2	Lager B1	Lager B2
Lagerlast [N] bei Volllast				
Lagerlast [N] bei Teillast **ohne** Anpresskraftregelung				
Lagerlast [N] bei Teillast **mit** Anpresskraftregelung				
äquivalente Lagerlast P_m [N] **ohne** Anpresskraftregelung				
äquivalente Lagerlast P_m [N] **mit** Anpresskraftregelung				
L_{10}				
erforderliche Tragzahl C_{erf} [N] **ohne** Anpresskraftregelung				
erforderliche Tragzahl C_{erf} [N] **mit** Anpresskraftregelung				

A.7.6 Anpresskraftregelung bei Änderung des Übersetzungsverhältnisses

Die folgenden beiden Bilder geben sowohl in perspektivischer Ansicht als auch im Halbschnitt die wesentlichen Bauteile eines stufenlos verstellbaren Reibradgetriebes wieder:

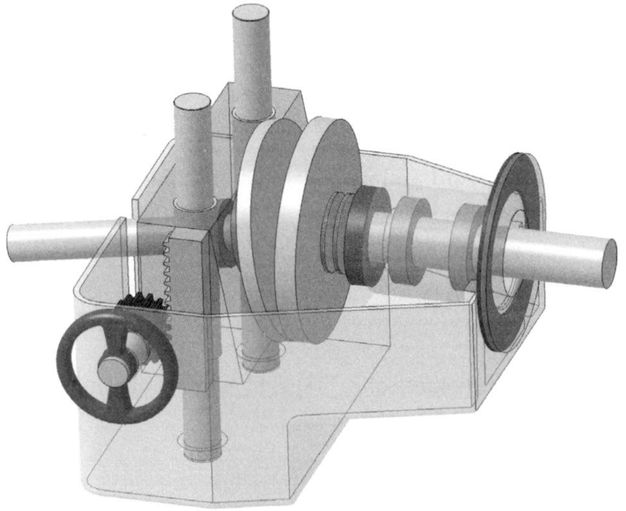

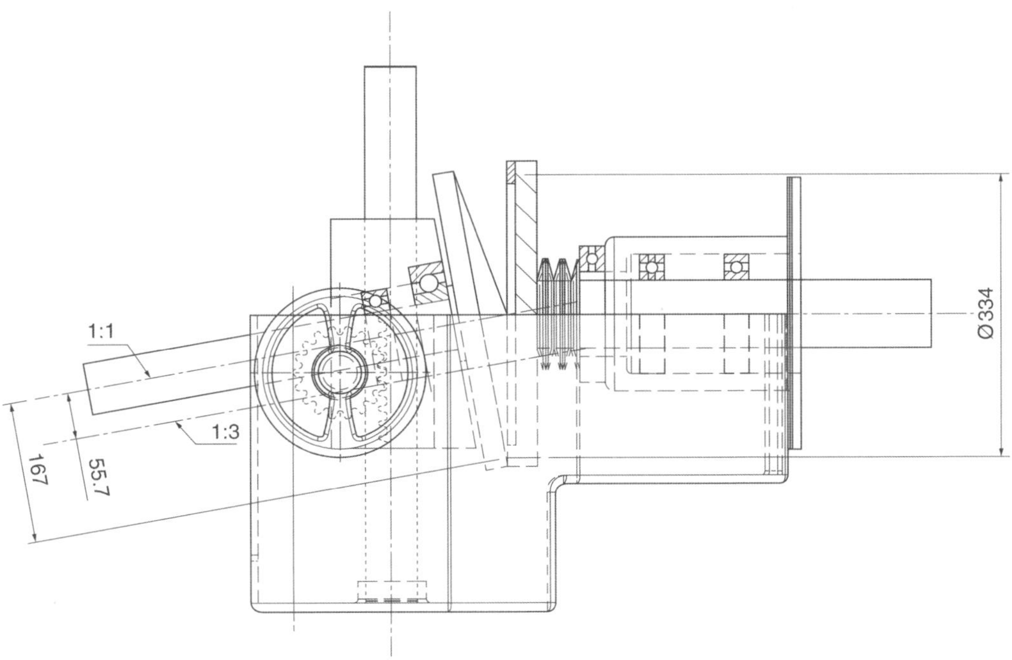

Rechts ist die ortsfeste Abtriebswelle angeordnet, die am linken Ende ein tellerförmiges Reibrad trägt, welches mit einem leicht konischen Antriebsrad in Kontakt steht. Durch Parallelverschiebung der Antriebswelle kann das Übersetzungsverhältnis zwischen 1:1 und 1:3 variiert werden. Während die Antriebswelle ein Fest- und ein Loslager hat, weist der Abtrieb zwei radiale Loslager auf, wobei die Axialkraft von einem getrennten Axiallager aufgenommen wird. Die für den Reibschluss erforderliche Axialkraft wird zunächst durch eine zwischen Tellerrad und Axiallager angeordnete Tellerfedersäule aufgebracht. Bei sämtlichen nachfolgenden Berechnungen geht es ausschließlich um dieses Axiallager.

Die Antriebsleistung beträgt 2,8 kW bei einer konstanten Antriebsdrehzahl von n_{an} = 1.480 min^{-1}. Der Reibwert zwischen den Reibrädern beträgt $\mu = 0{,}06$. Es wird angenommen dass das Getriebe ständig unter Vollast betrieben wird und dass sich die Gesamtbetriebsdauer je zur Hälfte auf das Übersetzungsverhältnis 1:1 und 1:3 aufteilt.

a) Welche Axialkraft muss von der Feder F_{Feder} aufgebracht werden?

F_{Feder} [N] =

b) Das Axiallager der Abtriebswelle weist eine dynamische Tragzahl von 40 kN auf. Welche Gebrauchsdauer ist für das Axiallager zu erwarten?

L_h [h] =

c) In einer Ausbaustufe wird das Getriebe mit einem Mechanismus entsprechend Bild 7.14 nach folgender Darstellung ausgestattet, der die Anpresskraft der Reibradpaarung automatisch so anpasst, dass nur jeweils so viel Normalkraft aufgebracht wird, wie für die Aufrechterhaltung des Reibschlusses unbedingt erforderlich ist. Alle anderen Betriebs- und Konstruktionsparameter werden beibehalten. Der Flankendurchmesser ist konstruktiv mit d_2 = 280 mm festgelegt und zur Reduzierung der Reibung werden Wälzkörper angebracht, die sich in einem schräggestellten Spalt zwischen zwei schiefen, aber untereinander parallelen Ebenen frei bewegen können.

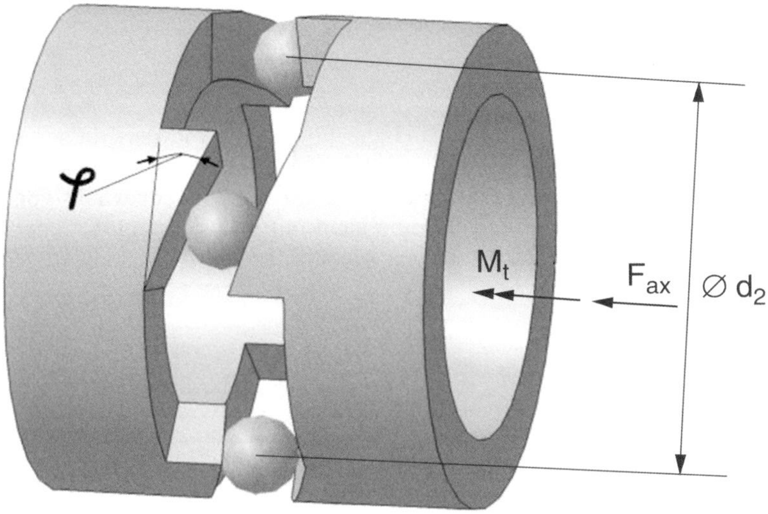

Um welchen Steigungswinkel φ müssen die schiefen Ebenen geneigt werden, damit die oben angedeutete Anpresswirkung in optimaler Weise zustande kommt?

φ [°] =

d) Welche Lebensdauer ist dann für das Axiallager zu erwarten?

L_h [h] =

Riemengetriebe

A.7.7 Treibscheibe Förderkorb

Die hier skizzierte Fördereinrichtung besteht aus einem Förderkorb mit der Masse von 4 t, mit dem eine Nutzlast von 1 t befördert werden soll. Um das Lastmoment an der Antriebsscheibe zu minimieren, wird am gegenüberliegenden Seilende ein Gegengewicht von 4,5 t angebracht. Die Reibzahl zwischen Seil und Scheibe kann mit $\mu = 0{,}07$ angenommen werden. Die Fördereinrichtung soll in vier verschiedenen Ausführungen a – d betrachtet werden.

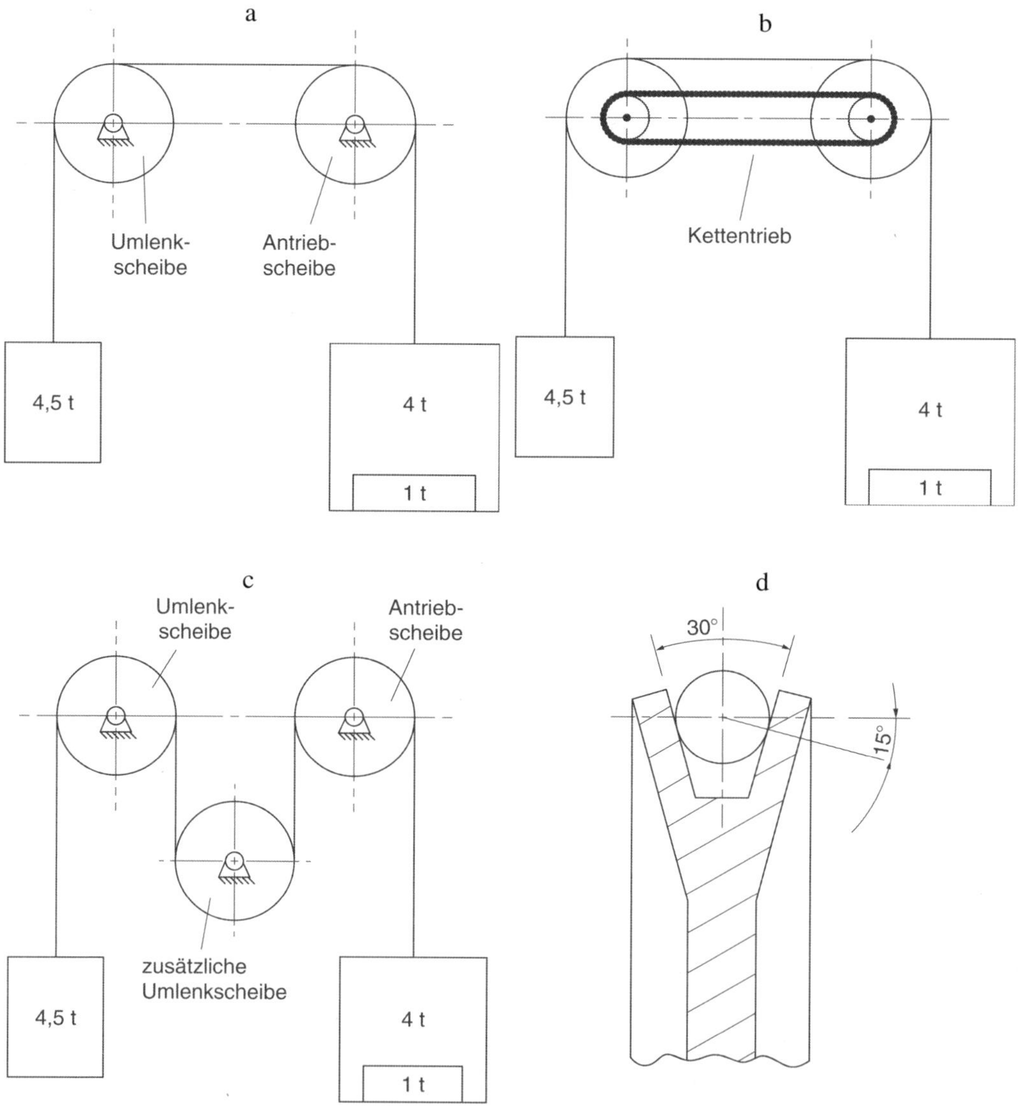

Welches Verhältnis von Zugtrumkraft zu Leertrumkraft ergibt sich, wenn die Fördereinrichtung mit bzw. ohne Nutzlast betrieben wird?

	mit Nutzlast	ohne Nutzlast
$\frac{S_Z}{S_L} =$		

a) Die Mantelflächen der Treibscheiben sind zylindrisch und das Seil wird nach Skizze a geführt. Kreuzen Sie jeweils für den Fall „mit Nutzlast“ und „ohne Nutzlast“ an, ob die Last übertragbar ist oder der Seiltrieb durchrutscht.

b) Die rechts angeordnete Antriebsscheibe wird nach Skizze b mit der linken Umlenkscheibe über einen Kettentrieb gekoppelt. Kreuzen Sie an, ob die Last übertragbar ist oder der Seiltrieb durchrutscht.

c) Die Anordnung nach a wird dahingehend modifiziert, dass eine zusätzliche Umlenkscheibe angebracht wird. Kreuzen Sie an, ob nach dieser Konstruktionsänderung die Last übertragbar ist oder der Seiltrieb durchrutscht.

d) In einer weiteren Parametervariation wird wieder von der ursprünglichen Kombination von Antriebscheibe und Umlenkscheibe nach a ausgegangen, wobei die Antriebsscheibe allerdings mit einer Keilrille ausgeführt wird. Kreuzen Sie an, ob nach dieser Konstruktionsänderung die Last übertragbar ist oder der Seiltrieb durchrutscht.

	a		b		c		d	
	mit Nutzlast	ohne Nutzlast	mit Nutzlast	ohne Nutzlast	mit Nutzlast	ohne Nutzlast	mit Nutzlast	ohne Nutzlast
Last übertragbar								
Seiltrieb rutscht durch								

Riementrieb ohne Berücksichtigung von Biege- und Fliehkrafteinfluss

A.7.8 Leertrumvorspannung, Übersetzung 1:1

Der unten dargestellte Riementrieb wird zur Kopplung von zwei Laufrollen einer Fördereinrichtung benutzt und wird bei einer Drehzahl von 48 min^{-1} betrieben. Der Riemen darf mit einer Spannung von maximal 25 N/mm² belastet werden. Der Reibwert beträgt $\mu = 0{,}6$; Biege- und Fliehkrafteinflüsse bleiben unberücksichtigt. Die durch die Spannrolle bedingte Änderung des Umschlingungswinkels kann vernachlässigt werden.

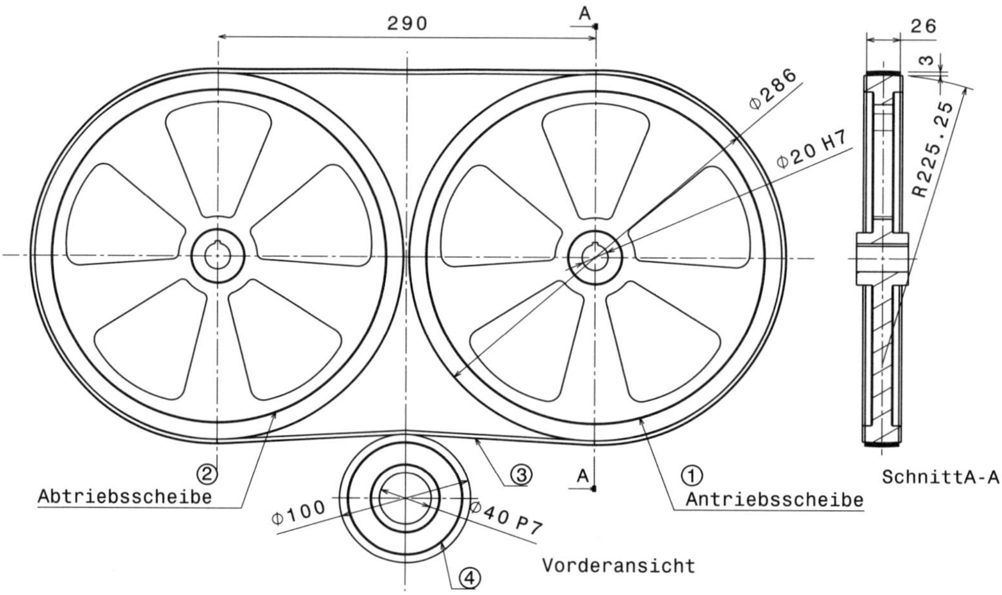

a) Die Belastbarkeit des Riementriebes soll voll ausgenutzt werden (linke Spalte des untenstehenden Schemas). Wie groß ist dann die Zugtrumkraft S_Z, Leertrumkraft S_L, die Umfangskraft U und das übertragbare Moment M? Welche Leistung kann mit diesem Riementrieb maximal übertragen werden?

b) Es wird ein Antriebsmotor verwendet, der bei gleicher Drehzahl 600 W leistet. Wie hoch sind die zuvor genannten Kenngrößen, wenn die Vorspannkraft beibehalten wird?

c) Bei Verwendung dieses Motors kann die in den Riemen eingeleitete Vorspannkraft reduziert werden. Wie hoch sind dann die zuvor genannten Kenngrößen?

		Belastbarkeit des Riementriebes voll ausgenutzt	Antriebsmotor 600 W Vorspannkraft wie bei Volllast	Antriebsmotor 600 W Vorspannkraft minimiert
Zugtrumkraft S_Z	[N]			
Leertrumkraft S_L	[N]			
Umfangskraft U	[N]			
Moment M	[Nm]			
Leistung P	[W]		600	600

A.7.9 Zugtrumvorspannung

Der unten dargestellte Riementrieb überträgt eine Leistung von 12 kW bei einer Antriebsdrehzahl von 1480 min^{-1}. Die auf den Scheiben angegebenen Pfeile geben nicht den Drehsinn, sondern die Richtung des Momentes an. Die Veränderung des Umschlingungswinkels aufgrund der Spannrolle kann vernachlässigt werden. Der Riemen ist 3 mm dick, kann mit einer Spannung von 18 N/mm² belastet werden und weist gegenüber der Scheibe einen Reibwert von $\mu = 0{,}7$ auf.

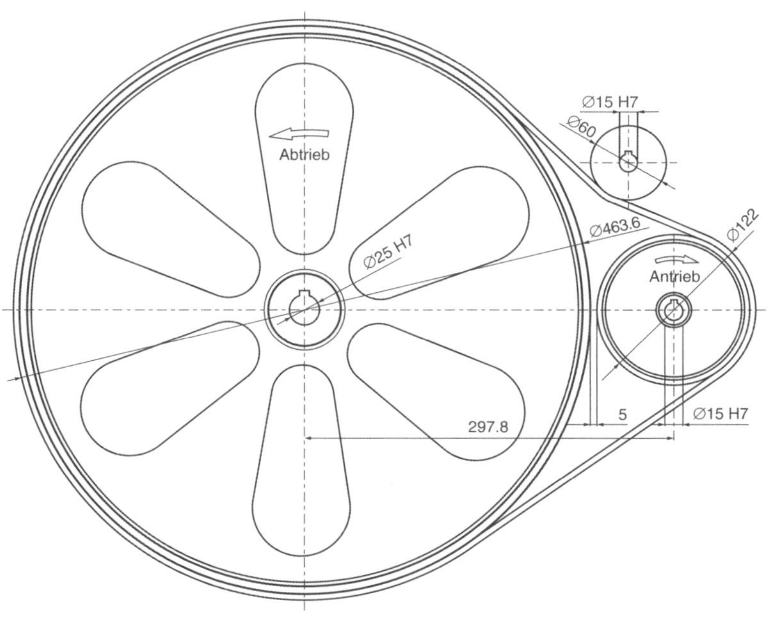

Benutzen Sie zur Dokumentierung der Ergebnisse das untenstehende Schema.

a) Wie groß sind Zug- und Leertrumkraft, wenn der Riementrieb an der Rutschgrenze betrieben wird?

b) Wie groß ist die Radialkraft A_{an} auf die Antriebswelle und die Radialkraft auf die Abtriebswelle A_{ab}?

c) Wie groß muss die durch die Spannrolle in den Riemen eingeleitete Vorspannkraft S_V sein? Hinweis: Die Bearbeitung erleichtert sich möglicherweise, wenn Sie den Betriebszustand im S_Z/S_L-Diagramm darstellen. Wie breit muss der Riemen mindestens sein?

d) Die Antriebsleistung wird unter Beibehaltung der Drehzahl auf 8 kW reduziert. Wie groß muss dann die in den Riemen eingeleitete Vorspannung sein? Wie breit muss dann der Riemen mindestens sein?

e) Wie lang ist der Riemen?

a	S_Z	[N]		S_L	[N]	
b	A_{an}	[N]		A_{ab}	[N]	
c	S_V	[N]		b	[mm]	
d	$S_{V\ 8kW}$	[N]		b_{8kW}	[mm]	
e	L_{Riemen}	[mm]				

A.7.10 Minimaler Scheibendurchmesser eines Riementriebes

Ein 1:1 übersetzender Flachriementrieb soll eine Leistung von 5 kW bei einer Drehzahl von 3000 min^{-1} übertragen und wird so vorgespannt, dass sowohl die Rutschgrenze als auch die Festigkeitsgrenze optimal ausgenutzt werden. Der Riemen ist 2 mm dick, 12 mm breit und darf maximal mit 20 N/mm² belastet werden.

Welchen Durchmesser müssen die Scheiben mindestens aufweisen, wenn vier verschiedene Riemen mit gleicher Festigkeit, aber unterschiedlichen Reibwerten zur Verfügung stehen? Berechnen Sie zweckmäßigerweise zunächst $e^{\mu\alpha}$, die Zugtrumkraft S_Z, die Leertrumkraft S_L und die Umfangskraft U.

		$\mu = 0{,}5$	$\mu = 0{,}6$	$\mu = 0{,}7$	$\mu = 0{,}8$
$e^{\mu\alpha}$	[-]				
S_Z	[N]				
S_L	[N]				
U	[N]				
d_{min}	[mm]				

A.7.11 Offener Riementrieb mit Federvorspannung

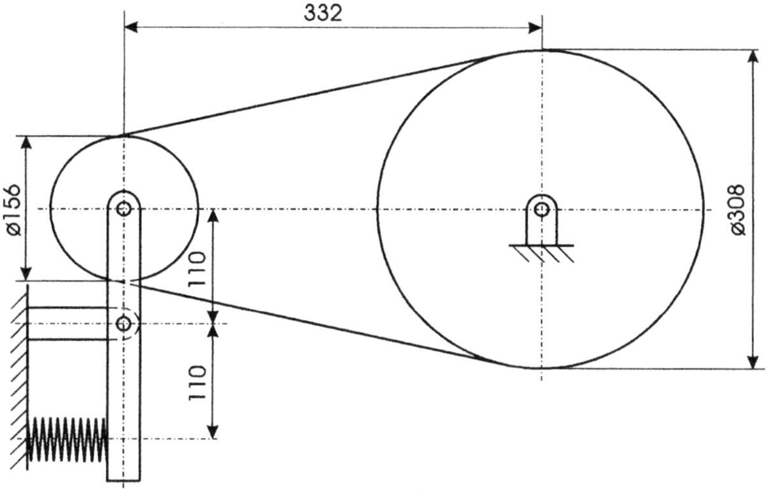

Gegeben ist der skizzierte Riementrieb. Der Riemen ist 20 mm breit und 3 mm dick und darf mit einer zulässigen Spannung von σ_{zul} = 20 N/mm² belastet werden. Zwischen Riemen und Riemenscheibe wird ein Reibwert μ = 0,4 wirksam. Die antreibende Scheibe rotiert im Uhrzeigersinn mit n_{an} = 1480 min^{-1}. Belastungen aus Biegung und Fliehkraft können vernachlässigt werden.

Zur Dokumentierung Ihrer Ergebnisse benutzen Sie bitte das Schema am Aufgabenende.

a) Wie groß ist die übertragbare Leistung, wenn sowohl die Festigkeitsgrenze als auch die Rutschgrenze voll ausgenutzt werden?

b) Der Antrieb ist in der dargestellten Weise auf einer Wippe angeordnet. Mit welcher Kraft F_{Fe} muss die Feder vorgespannt werden, wenn die zuvor ermittelte maximale Leistung übertragen wird?

c) Welches Moment ist übertragbar, wenn unter Beibehaltung der Federkraft F_{Fe} mit einer auf der Motorwelle angebrachten Bremse verzögert werden soll?

		antreiben	bremsen
Zugtrumkraft S_Z	[N]		
Leertrumkraft S_L	[N]		
Moment M_1	[Nm]		
Leistung P	[kW]		X
Federkraft F_{Fe}	[N]		

A.7.12 Riementriebvorspannung durch Gewicht des Antriebsmotors

Der unten skizzierte Riementrieb besteht aus einem ortsfesten Abtrieb links und einem gelenkig gelagerten Antrieb rechts, der Riemen spannt sich durch das Gewicht des Elektromotors von 25 kg über eine gelenkig angeordnete Pendelstütze selber vor.

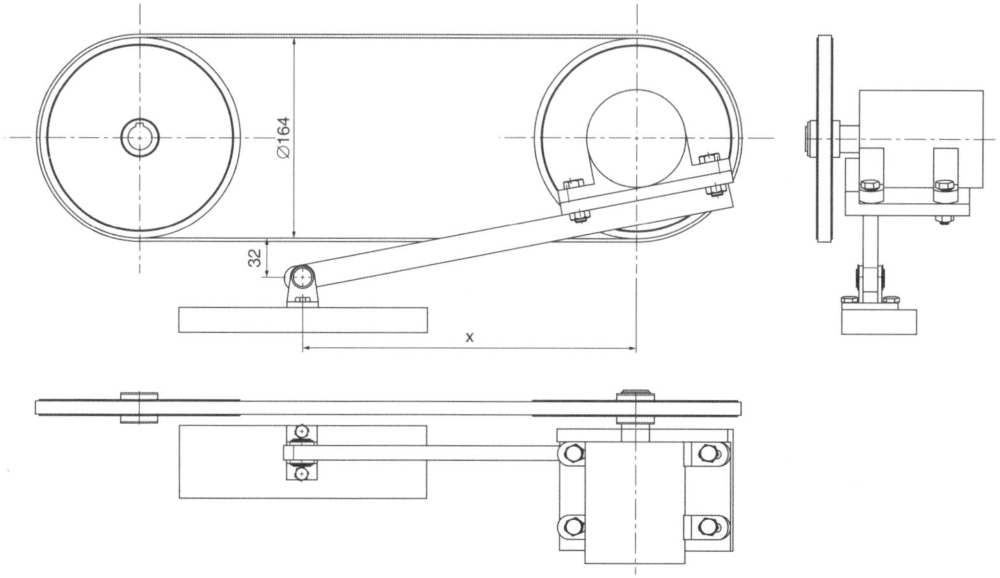

Der Riemen darf maximal mit einer Zugkraft von 824 N belastet werden und weist gegenüber der Scheibe eine Reibzahl von μ = 0,45 auf. Die Drehzahl des Motors beträgt 1480 min^{-1}.

a) Welche Leistung ist mit diesem Riementrieb maximal übertragbar?

P_{max} [kW] =	

b) Der Antrieb dreht im Uhrzeigersinn. Das Gelenk der Pendelstütze wird konstruktiv auf der eingezeichneten waagerechten Geraden angebracht. Welchen Abstand x_{opt} muss die Lage des Gelenkes aufweisen, damit der für die Übertragung der maximalen Leistung erforderliche Vorspannungszustand erzielt wird?

x_{opt} [mm] =	

c) Der Abstand x wird gegenüber dem zuvor ermittelten x_{opt} verändert. Markieren Sie durch Ankreuzen in untenstehendem Schema, ob bei einer Vergrößerung ($x > x_{opt}$) bzw. bei einer Verkleinerung ($x < x_{opt}$) die Rutschgrenze oder die Festigkeitsgrenze überschritten wird.

	Festigkeitsgrenze wird überschritten	Rutschgrenze wird überschritten
$x > x_{opt}$		
$x < x_{opt}$		

d) Der zuvor ermittelte Abstand x_{opt} wird beibehalten, das Moment wirkt jedoch im Gegenuhrzeigersinn (Bremsen). Welches Bremsmoment kann dann übertragen werden?

M_{max} [Nm] =	

A.7.13 Riementrieb mit Auflegevorspannung

Gegeben ist ein Riementrieb mit dem Achsabstand a = 550 mm und dem Übersetzungsverhältnis 1:3 ins Langsame. Der Durchmesser der Scheibe am Abtrieb ist 420 mm. Der Reibwert zwischen Riemen und Scheibe beträgt $\mu = 0,4$. Es soll eine Leistung von 8 kW bei einer Antriebsdrehzahl von 1500 min^{-1} übertragen werden. Die Antriebswelle des Riementriebes kann zur Erzeugung einer Vorspannung parallelverschoben werden.

a) Wie groß ist die Umfangskraft U?
b) Wie groß sind die Zugtrumkraft S_Z und die Leertrumkraft S_L für den Fall, dass der Riementrieb an der Rutschgrenze betrieben wird?
c) Die Riemenstärke beträgt 3 mm. Wie breit muss der Riemen sein, damit die für den Riemen zulässige Zugspannung von 15 N/mm² nicht überschritten wird? (Biege- und Fliehkrafteinflüsse können vernachlässigt werden).
d) Welche Vorspannkraft muss in den Riemen eingeleitet werden, damit er nicht durchrutscht?
e) Der Elastizitätsmodul des Riemens bezüglich Zug beträgt E_{stat} = 650 N/mm². Um welchen Betrag Δa muss der Achsabstand vergrößert werden, damit die erforderliche Riemenvorspannung erreicht wird?
f) Wie groß ist dann die Achslast?
g) Es sollen nunmehr nur noch 5 kW Leistung übertragen werden. Auf welchen Betrag kann dann die Vorspannkraft im Riemen zurückgenommen werden, so dass gerade kein Rutschen auftritt? Wie groß ist dann die Zugspannung im Riemen? Um welchen Betrag muss dann der Achsabstand vergrößert werden, damit die erforderliche Riemenvorspannung erreicht wird?

A.7.14 Förderband

Mit dem unten skizzierten Förderband („Gurtförderer") wird das Schüttgut mit der Masse m in der Ebene transportiert.

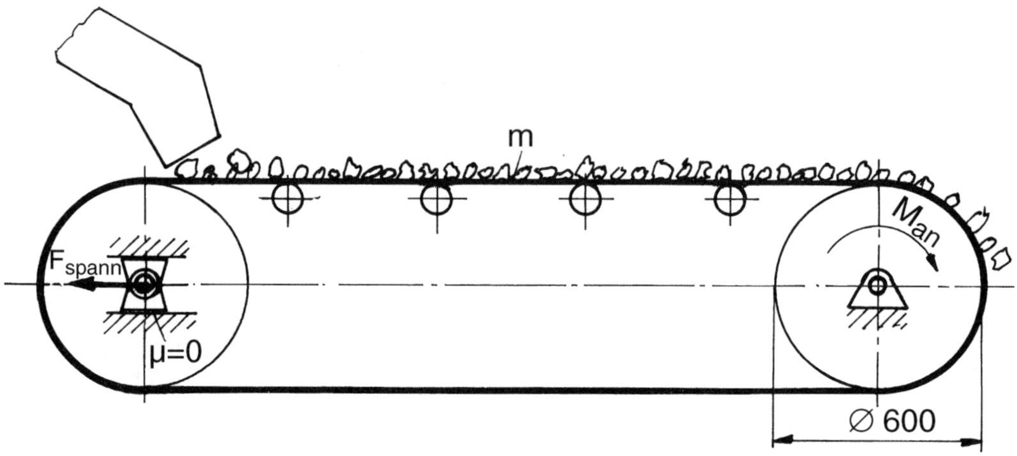

Für den Fördergurt sind folgende Daten gegeben:

Reibwert Förderband – Antriebswalze: $\mu = 0{,}3$

Zugfestigkeit des Förderbandes: $F_{zul} = 30$ kN

Die für die Transportbewegung erforderliche Kraft im Band errechnet sich als der 0,04-fache Anteil der durch das Fördergut hervorgerufenen Normalkraftbelastung.

a) Klären Sie durch Ankreuzen ab, um welche Art der Vorspannung es sich in diesem Fall handelt!

O Zugtrumvorspannung	O Leertrumvorspannung	O Achslastvorspannung

b) Wie groß muss die Spannkraft F_{Spann} sein, wenn möglichst viel Fördergut transportiert werden soll?

F_{Spann} [kN] =

c) Welches Moment kann dann auf die Antriebswalze aufgebracht werden?

M_{an} [kNm] =

d) Welche Nutzlast kann sich dann maximal auf dem Fördergurt befinden?

m_{max} [kg] =

e) Welche Antriebsleistung muss installiert werden, wenn 1600 t Schüttgut pro Stunde über eine Entfernung von 600 m befördert werden sollen?

P_{an} [kW] =

f) Welche Bandgeschwindigkeit muss dann realisiert werden?

v_{Band} [km/h] =

g) Kreuzen Sie an, ob die folgenden Möglichkeiten in Frage kommen, um die Förderleistung zu steigern, ohne das Band zu überlasten.

	ja	nein
Steigerung der Vorspannung		
Steigerung des Antriebsmomentes		
Steigerung der Antriebsdrehzahl		

h) Was wird sich ereignen, wenn die Drehrichtung umgekehrt wird und sämtliche anderen Parameter beibehalten werden?

	ja	nein
Fördergurt wird durch Überlast zerstört		
Fördergurt rutscht an der Antriebswalze durch		
Es tritt keinerlei Änderung ein		

A.7.15 Bandschleifer

Der Motor eines Bandschleifers nimmt eine Leistung von 620 W auf und es kann angenommen werden, dass im Grenzfall diese Leistung vom Schleifprozess auch verwertet werden kann. Das Band wird mit einer Geschwindigkeit von 330 m/min betrieben. Zwischen Band und Hartgummiwalze kann ein Reibwert von $\mu = 0{,}5$ ausgenutzt werden. Das Band wird über eine Andruckplatte geführt, mit der es am Werkstück angedrückt wird. Sowohl die Antriebs- als auch die Spannrolle sind von der Arbeitsebene zurückversetzt, so dass der in der Skizze eingezeichnete Winkel von 7° entsteht.

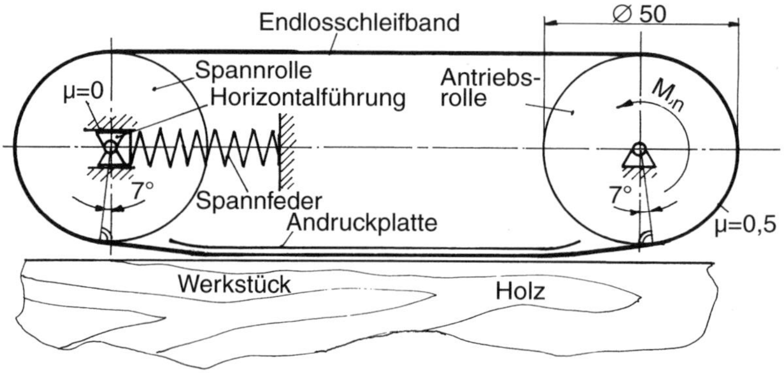

Zur Aufbringung der Spannung des Schleifbandes ist die Achse der Spannrolle in einer Horizontalführung längsbeweglich angeordnet, die Vorspannung selber wird durch eine Schraubenfeder eingeleitet.

a) Klären Sie durch Ankreuzen ab, um welche Art der Vorspannung es sich in diesem Fall handelt!

O Zugtrumvorspannung	O Leertrumvorspannung	O Achslastvorspannung

b) Berechnen Sie die Zugtrumkraft S_Z und die Leertrumkraft S_L im Schleifband.

c) Wie groß ist die Vorspannkraft S_V, mit der das Band vorgespannt werden muss? Welche Kraft muss dazu durch die Feder eingeleitet werden?

d) Die Spannfeder ist als Schraubenfeder ausgebildet (siehe Band 1, Kap. 2.2.3). Der Federwerkstoff soll mit einer Schubspannung $\tau_{zul} = 300$ N/mm² belastet werden und weist einen Schubmodul $G = 70.000$ N/mm² auf. Der Windungsdurchmesser ist konstruktiv mit $D_m = 10$ mm festgelegt, der Drahtdurchmesser d ist auf halbe Millimeter zu runden. Wie groß ist der erforderliche Drahtdurchmesser d?

d) Wie viele federnde Windungen i_w müssen vorgesehen werden, wenn der mit einem Hebelmechanismus eingebrachte Vorspannweg 4 mm beträgt?

A.7.16 Rollgliss

Das unten abgebildete sog. Rollgliss wird von der Feuerwehr und anderen Rettungskräften bei der Rettung, Bergung und Absturzsicherung von Personen eingesetzt.

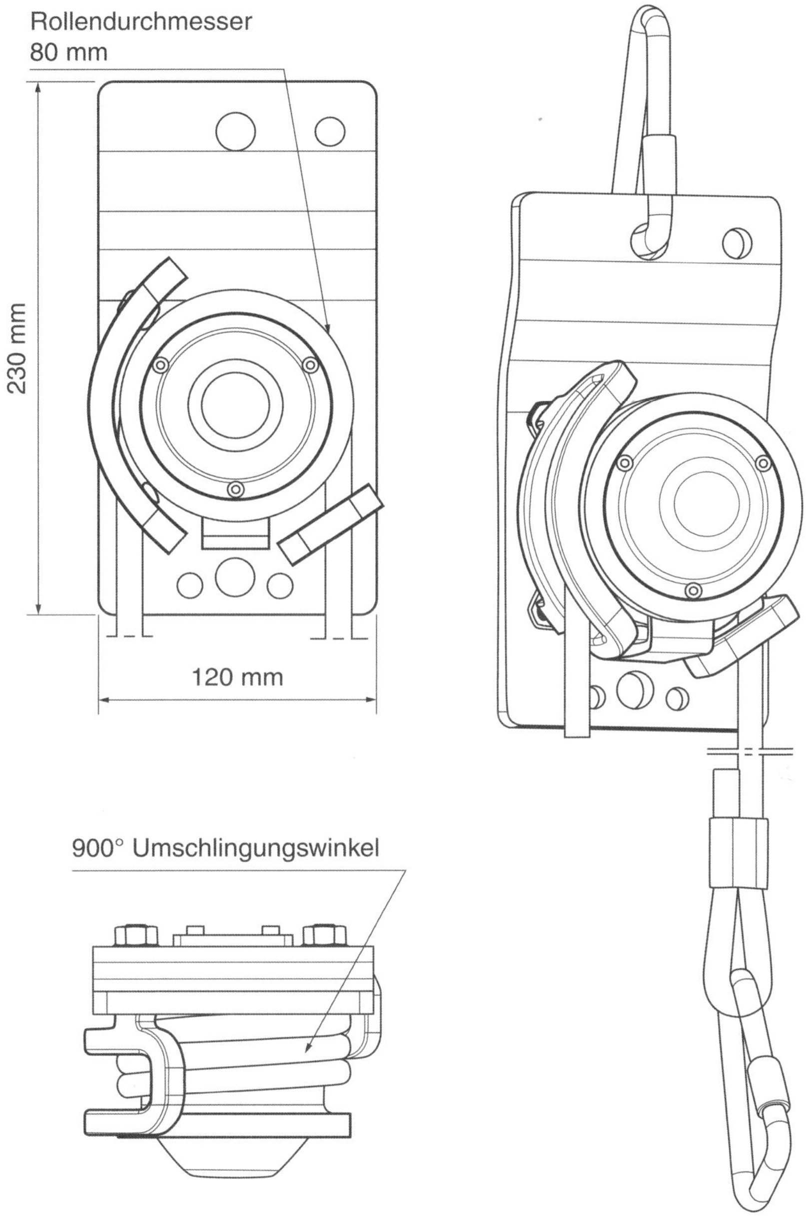

Die Vorrichtung wird mit der oberen Öse an einem auskragenden, belastbaren Objekt (z.B. Ast, Träger) befestigt. Die zu rettende oder zu sichernde Person hängt am rechten Ende des Seils, welches um die zentrale Rolle geschlungen und am linken Ende von einem Helfer gesichert wird. Die Rolle selber blockiert über einen Freilauf eine Drehung im Uhrzeigersinn.

- Soll die am rechten Seilende hängende Person lediglich gesichert werden, so wird die rechts wirkende Zugtrumkraft im Laufe der Umschlingung zum großen Teil als Reibung auf der Mantelfläche der Rolle abgestützt, so dass der Helfer am linken Seilende nur die wesentlich geringere Leertrumkraft aufbringen muss.
- Soll die am rechten Seilende hängende Person jedoch aufwärts befördert werden, so muss der Helfer am linken Seilende die volle im Zugtrum wirkende Gewichtskraft übertreffen, wobei die Rolle im Gegenuhrzeigersinn (Freilaufrichtung) in Drehung versetzt wird. Die dabei auftretende Lagerreibung der Rolle ist so klein, dass sie vernachlässigt werden kann.
- Soll die am rechten Seilende hängende Person abgelassen werden, so reduziert der Helfer am linken Seilende seine Seilkraft so weit, dass das Seil auf der Mantelfläche der Rolle kontrolliert abgleitet.

Eine Person mit einer Masse von 100 kg soll abgelassen werden. Der Reibwert zwischen Rolle (Stahl) und Seil (Nylon) kann je nach Betriebsbedingungen (Feuchtigkeit, Schmutz) zwischen 0,2 und 0,4 schwanken. Der Helfer kann das Seil so auf die Rolle auflegen, dass wahlweise ein Umschlingungswinkel von

$$\alpha = \pi$$

oder $\alpha = \pi + 2\pi$ (eine zusätzliche Umschlingung)

oder $\alpha = \pi + 2 \cdot 2\pi$ (zwei zusätzliche Umschlingungen)

entsteht. Tragen Sie in das untenstehende Schema ein, mit welcher Kraft F_{Hand} der Helfer beim Absenken der zu rettenden Person am Seil ziehen muss. Berechnen Sie dazu zweckmäßigerweise zunächst die Größe von $e^{\mu\alpha}$. Berechnen Sie anschließend, mit welchem Moment M_{FL} in diesem Betriebszustand der Freilauf belastet wird.

	$\mu = 0{,}2$			$\mu = 0{,}4$		
	$e^{\mu\alpha}$	F_{Hand} [N]	M_{FL} [Nm]	$e^{\mu\alpha}$	F_{Hand} [N]	M_{FL} [Nm]
$\alpha = \pi$						
$\alpha = \pi + 2\pi$						
$\alpha = \pi + 2 \cdot 2\pi$						

A.7.17 Rührwerkwelle

Eine Rührwerkwelle ist unten prinzipiell mit ihrem Antrieb über einen offenen Flachriementrieb am oberen Wellenende und dem Rührer am unteren Wellenende dargestellt. Die rechte Zusammenstellungszeichnung zeigt konstruktive Einzelheiten von Lagerung und Welle.

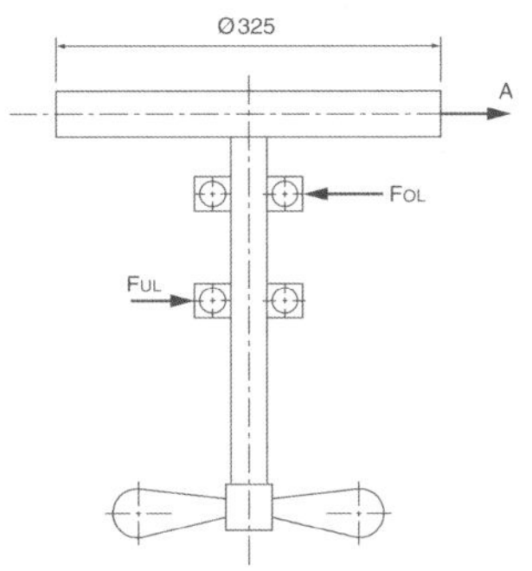

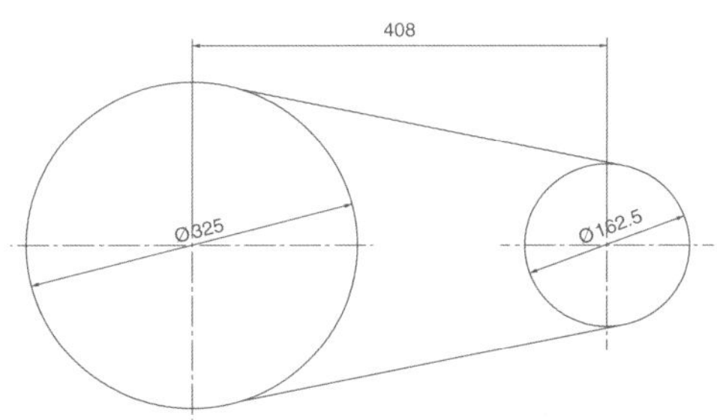

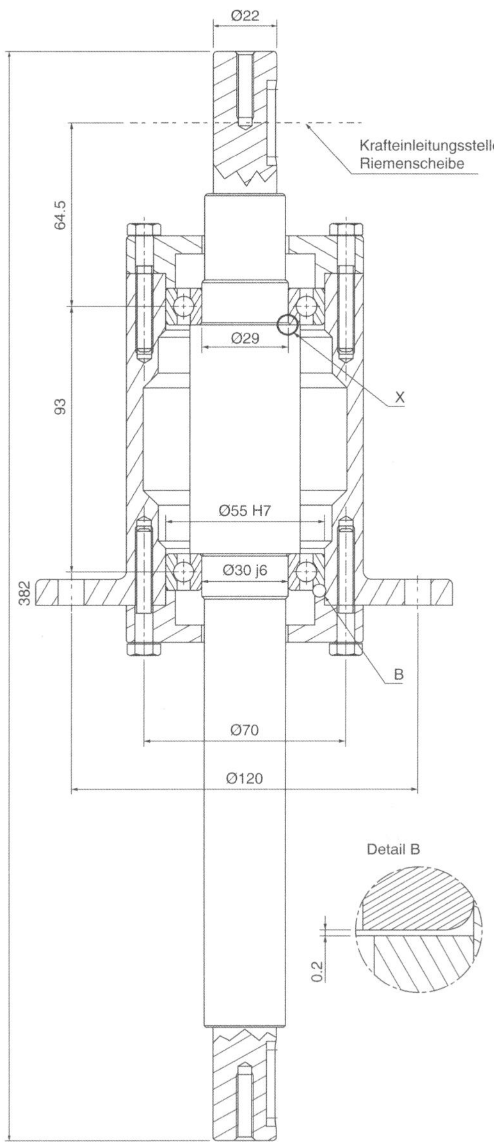

Die durch einen offenen Riementrieb eingebrachte Leistung beträgt P = 6,3 kW bei einer Rührerdrehzahl von 740 min^{-1}. Die Reibzahl μ = 0,3 zwischen Riemen und Scheibe soll vollständig ausgenutzt werden. Das Rührblatt ist so gestaltet, dass zwar keine Radialkraft, wohl aber eine Axialkraft von 285 N entsteht.

Riementrieb

Berechnen Sie die Kraft A, mit der der Riementrieb die Rührwerkwelle belastet.

A [N] =

Festigkeitsnachweis Welle

Wie groß sind die statische und die dynamische Vergleichsspannung an der Stelle X? Bedienen Sie sich zur Zusammenstellung der Ergebnisse des folgenden Schemas.

	statisch	dynamisch
L [N] =	σ_{ZDstat} [N/mm²] =	σ_{ZDdyn} [N/mm²] =
Q [N] =	τ_{Qstat} [N/mm²] =	τ_{Qdyn} [N/mm²] =
M_b [Nm] =	σ_{bstat} [N/mm²] =	σ_{bdyn} [N/mm²] =
M_t [Nm] =	τ_{tstat} [N/mm²] =	τ_{tdyn} [N/mm²] =
	σ_{vstat} [N/mm²] =	σ_{vdyn} [N/mm²] =

Der Wellenwerkstoff ist C45. Die Oberfläche ist geschlichtet und die Kerbwirkungszahl beträgt β_{kb} = 1,6. Zeichnen Sie das Dauerfestigkeitsschaubild für die gefährdete Stelle. Benutzen Sie dazu das untenstehende Schema. Ist die Welle dauerfest? Der Riementrieb ist als selbstspannender Riementrieb ausgeführt. Wie groß ist die Sicherheit gegen Dauerbruch?

Dimensionierung der Lagerung

Die beiden Rillenkugellager sind vom Typ S6006.W203B mit einer dynamischen Tragzahl von 12.700 N. Bei Auftreten von axialer Lagerbelastung ist der Faktor X = 0,53 und der Faktor Y = 1,5. Berechnen Sie die Lebensdauer der beiden Lager, wenn die Axialkraft nach oben und die Gewichtsbelastung der Welle nach unten gerichtet ist.

		oberes Lager	unteres Lager
Radialkraft	N		
Axialkraft	N		
äquivalente Lagerlast	N		
L_{10}	-		
Lebensdauer	h		

Welle-Nabe-Verbindung

Die Torsion wird von der Riemenscheibe über eine normgerechte Passfederverbindung eingeleitet und über eine identische Passfederverbindung an den Rührer abgeleitet. Die Flankenpressung an der Passfeder darf p = 120 N/mm² nicht überschreiten. Wie groß muss die wirksame Länge der Passfeder mindestens sein?

A.7.18 Selbstspannender Riementrieb

Gegeben ist der maßstäblich skizzierte Antrieb eines Flachriementriebes. Es kann angenommen werden, dass ein Reibwert von $\mu = 0{,}35$ sicher ausgenutzt werden kann.

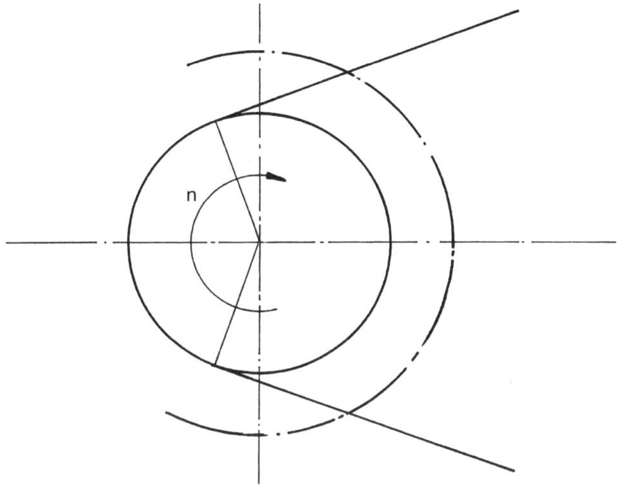

Der Antrieb soll als selbstspannender Riementrieb mit Pendelstütze konzipiert werden, wobei der Anlenkpunkt der Pendelstütze aus konstruktiven Gründen auf dem strichpunktierten Kreis angeordnet werden soll. Ermitteln Sie die Lage des Anlenkpunktes. Da die Skizze maßstäblich ist, können neben rechnerischen auch graphische Schritte ausgenutzt werden.

Riementrieb mit Berücksichtigung von Biege- und Fliehkrafteinfluss

A.7.19 Biegeeinfluss Spannrolle im Leertrum

Die beiden Scheiben eines Riementriebes mit dem Übersetzungsverhältnis 1:1 weisen einen Durchmesser von 320 mm auf. Es wird ein Moment von 48 Nm übertragen. Der Riemen ist 2 mm dick und 25 mm breit, sein Reibwert auf der Scheibe kann mit $\mu = 0{,}5$ angenommen werden. Die Spannrolle wird im Leertrum so angeordnet, dass sich an beiden Scheiben ein Umschlingungswinkel von jeweils 225° ergibt. Der Biegeeinfluss des Riemens ist mit einem Elastizitätsmodul von 635 N/mm² zu berücksichtigen.

a) Wie groß sind Zug- und Leertrumkraft an der Rutschgrenze?
b) Wie groß muss der Laufrollendurchmesser mindestens sein, damit die Riemenbelastung im Leertrum nicht die im Zugtrum übersteigt?

A.7.20 Ermittlung des Scheibendurchmessers

Mit einem offenen Riementrieb werden 18 kW bei einer Drehzahl von 1500 min^{-1} und einem Übersetzungsverhältnis von 1:1 übertragen. Der Achsabstand beträgt 632 mm. Der Riemen hat gegenüber der Scheibe einen Reibwert von $\mu = 0{,}4$, ist 2 mm dick und 20 mm breit und kann mit einer Spannung $\sigma_{zul} = 22$ N/mm² belastet werden. Biege- und Fliehkrafteinflüsse bleiben zunächst unberücksichtigt.

a) Welchen Durchmesser d müssen die beiden Scheiben mindestens aufweisen, damit die zulässige Riemenspannung nicht überschritten wird?
b) Der Riemen wird durch Achsabstandsänderung vorgespannt. Der Elastizitätsmodul gegenüber statischem Zug beträgt $E_{stat} = 2000$ N/mm². Um welchen Betrag Δa muss der Achsabstand gegenüber der ungespannten Lage vergrößert werden, damit die Leistung ohne Gleitschlupf übertragen werden kann?
c) Der Riemenwerkstoff weist einen Elastizitätsmodul gegenüber dynamischer Biegung $E_b = 200$ N/mm² auf. Berechnen Sie die Biegespannung und überprüfen Sie, ob die Biegebelastung tatsächlich vernachlässigbar klein ist.
d) Der Riemen hat ein spezifisches Gewicht von $\rho = 1{,}4$ kg/dm³. Berechnen Sie die Fliehkraftbelastung und überprüfen Sie, ob die Fliehkraftbelastung tatsächlich vernachlässigbar klein ist.
e) Auf welchen Betrag muss die Riemenvorspannkraft S_V unter Einfluss des Fliehkrafteinflusses erhöht werden? Um welchen Betrag Δa muss der Riementrieb unter Berücksichtigung der Fliehkraft vorgespannt werden?
f) Mit welcher maximalen Drehzahl kann der Riementrieb betrieben werden, wenn auf eine Leistungsübertragung gänzlich verzichtet wird?
g) Welche maximale Leistung kann mit dem Riementrieb übertragen werden? Welche Drehzahl muss dann gewählt werden?

A.7.21 Offener Riementrieb bei konstanter Vorspannung

Mit einem Flachriementrieb sollen 4 kW bei einem Übersetzungsverhältnis von 1:3 ins Langsame übertragen werden. Die antreibende Scheibe weist einen Durchmesser von 204 mm auf und rotiert mit 750 min^{-1}. Der Achsabstand beträgt 575 mm, der Riementrieb wird durch Achsabstandsänderung vorgespannt.

a) Wie groß sind Zug- und Leertrumkraft, wenn der Reibwert des Riemens an der Scheibe $\mu = 0{,}4$ vollständig ausgenutzt wird?
b) Der Riemen ist 2 mm dick. Der Riemenwerkstoff darf mit einer maximalen Spannung von 15 N/mm² belastet werden und weist einen Elastizitätsmodul von $E_b = 635$ N/mm² auf. Wie breit muss der Riemen mindestens sein (Fliehkrafteinflüsse werden vernachlässigt)?
c) Wie groß ist die Kraft, die die Wellen des Riementriebes belastet?
d) Wie lang ist der Riemen?
e) Wie hoch ist die Biegefrequenz?
f) Unter Beibehaltung der Drehzahl wird die übertragene Leistung auf 2,5 kW reduziert, ohne dass die Riemenvorspannung verändert wird. Wie groß ist dann die maximale Spannung im Riemen?

A.7.22 Schleifscheibenantrieb

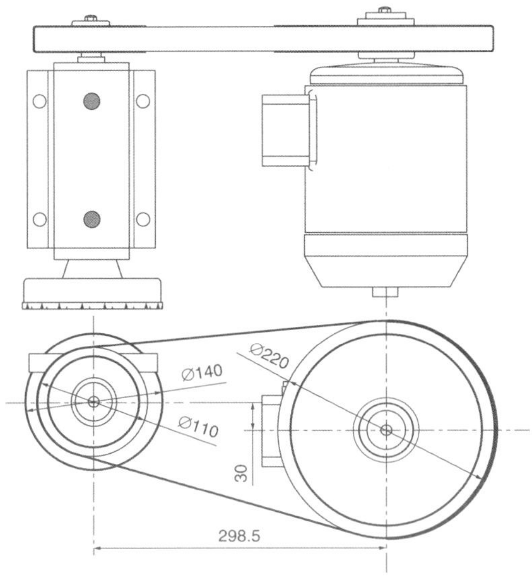

Ein schnelllaufender Riementrieb wird zum Antrieb einer sog. Topfschleifscheibe benutzt (die Topfschleifscheibe schleift mit ihrer axial nach unten gerichteten kreisringförmigen Stirnfläche).

Der Durchmesser der angetriebenen, auf der Schleifscheibenwelle montierten Scheibe beträgt 110 mm und es wird 1:2 ins Schnelle übersetzt. Die Topfschleifscheibe weist einen wirksamen Durchmesser von 140 mm auf. Der Reibwert zwischen Riemen und Scheibe kann mit $\mu = 0{,}4$ angenommen werden. Die Riemenbreite beträgt b = 25 mm, die Riemendicke s = 2 mm. Der Riemenwerkstoff kann mit einer zulässigen Spannung $\sigma_{zul} = 24$ N/mm² belastet werden.

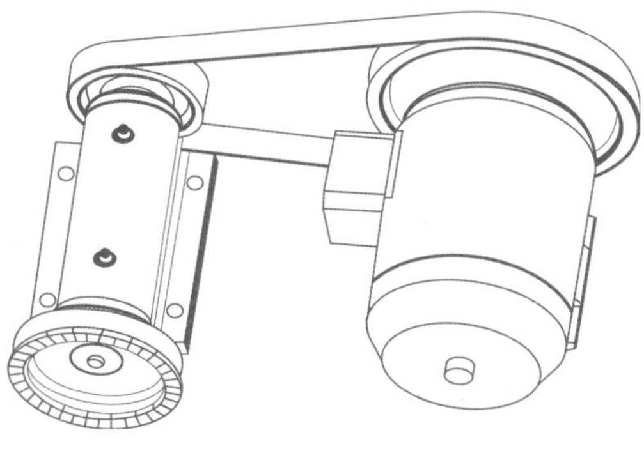

Der Biegeeinfluss wird durch die Materialkonstante Elastizitätsmodul $E_b = 635$ N/mm² und der Fliehkrafteinfluss durch das spezifische Gewicht $\rho_R = 1{,}4$ kg/dm³ berücksichtigt.

a) Welche Leistung ist mechanisch übertragbar, wenn mit einer Schnittgeschwindigkeit von v = 20 m/s geschliffen werden soll?

b) Welche Schleifgeschwindigkeit ist maximal möglich (auch wenn keine Leistung übertragen werden soll)?

c) Durch Änderung des Riemenwerkstoffs kann das spezifische Gewicht auf 0,9 kg/dm³ reduziert werden. Welche maximale Schleifgeschwindigkeit ist dann möglich?

A.7.23 Spannrolle und Umlenkrolle

Gegeben ist der unten skizzierte Riementrieb, der neben der Antriebsscheibe oben links und der Abtriebsscheibe unten rechts noch eine Umlenkrolle und eine Spannrolle aufweist, die beide kein Moment in den Riementrieb einbringen. Der Reibwert zwischen Riemen und Scheibe beträgt $\mu = 0{,}45$. Der Riemenwerkstoff darf bis zu einer zulässigen Spannung σ_{zul} = 24 N/mm² belastet werden und weist einen Elastizitätsmodul von E_b = 325 N/mm² auf. Der Riemen ist 3 mm dick und 34 mm breit.

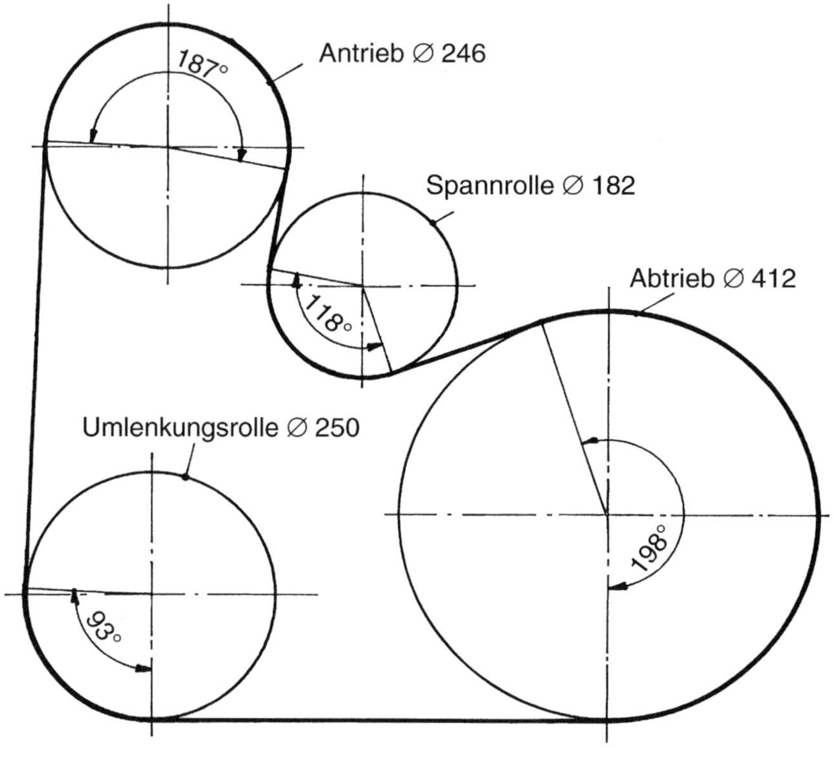

a) Berechnen Sie das zulässige Abtriebsmoment, wenn der Biegeeinfluss nicht berücksichtigt wird.
b) Berechnen Sie das zulässige Abtriebsmoment unter Berücksichtigung des Biegeeinflusses, wenn der Antrieb **links** herum dreht.
c) Berechnen Sie das zulässige Abtriebsmoment unter Berücksichtigung des Biegeeinflusses, wenn der Antrieb **rechts** herum dreht.

M_{abzul} [Nm] ohne Biegeeinfluss	M_{abzul} [Nm] links herum	M_{abzul} [Nm] rechts herum

Schlupf

A.7.24 Dehnschlupf

Ein Riementrieb wird mit 4.200 min^{-1} angetrieben. Die Antriebsscheibe misst 120 mm im Durchmesser, die Abtriebsscheibe 504 mm, der Achsabstand beträgt 384 mm. Die Reibzahl zwischen Scheibe und Riemen kann mit $\mu = 0{,}6$ angenommen werden. Der Riemen ist 18 mm breit und 2,4 mm dick und kann mit einer Spannung von 20 N/mm² belastet werden. Biege- und Fliehkrafteinflüsse sind zu vernachlässigen.

a) Welche Abtriebsdrehzahl stellt sich im Leerlauf ein?

b) Welches maximale Antriebsmoment kann übertragen werden?

c) Tatsächlich wird ein Antriebsmoment von 30 Nm übertragen. Der dynamische Elastizitätsmodul beträgt 1400 N/mm². Wie groß ist die Abtriebsdrehzahl unter Berücksichtigung des Dehnschlupfs?

d) Es wird ein anderer Riemenwerkstoff mit dem dynamischen Elastizitätsmodul von 1000 N/mm² verwendet. Wie groß ist dann die Abtriebsdrehzahl unter Berücksichtigung des Dehnschlupfs?

e) Der dynamische Elastizitätsmodul von 1400 N/mm² wird nun bei einer Riemenbreite von 26 mm verwendet. Wie groß dann ist die Abtriebsdrehzahl unter Berücksichtigung des Dehnschlupfs?

f) Der dynamische Elastizitätsmodul von 1400 N/mm² und die Riemenbreite von 18 mm werden beibehalten. Sowohl die Antriebsscheibe als auch die Abtriebsscheibe werden um 20 % vergrößert (mehr lässt der beizubehaltende Achsabstand kaum zu). Wie groß ist die Abtriebsdrehzahl unter Berücksichtigung des Dehnschlupfs?

a.	n_{ab}	min^{-1}	
b.	M_{anmax}	Nm	
c.	n_{ab}	min^{-1}	
d.	n_{ab}	min^{-1}	
e.	n_{ab}	min^{-1}	
f.	n_{ab}	min^{-1}	

A.7.25 Dehnschlupf – Gleitschlupf, Variation der Leistung

Ein Flachriementrieb wird bei einer Drehzahl von 1.480 min^{-1}, einem Scheibendurchmesser von 116 mm Durchmesser und einem Übersetzungsverhältnis von 1:1 betrieben. Der Riemen ist 24 mm breit und 2 mm dick, weist einen dynamischen Elastizitätsmodul von E_{dyn} = 1.200 N/mm² und eine Reibzahl von $\mu = 0{,}55$ auf. Er wird im Leertrum mit 168 N vorgespannt, Biege- und Fliehkrafteinflüsse sind zu vernachlässigen.

Die übertragene Leistung soll unter Beibehaltung der Antriebsdrehzahl in den unten angegebenen Stufen gesteigert werden. Untersuchen Sie zunächst, ob Dehn- oder Gleitschlupf vorliegt. Ermitteln Sie den Betrag des Schlupfes ψ und die Abtriebsdrehzahl.

	$P = 0$ kW	$P = 1$ kW	$P = 2$ kW	$P = 4$ kW	$P = 8$ kW
Dehnschlupf?	O ja O nein	O ja O nein	O ja O nein	O ja O nein	O ja O nein
Gleitschlupf?	O ja O nein	O ja O nein	O ja O nein	O ja O nein	O ja O nein
ψ [10^{-3}]					
n_{ab} [min^{-1}]					

Zahnradgetriebe: Geometrie der Verzahnung

A.7.26 Verzahnungsgesetz

Die untenstehende Skizze ist im Maßstab 1:1 erstellt, so dass die Bearbeitung der nachfolgenden Aufgaben im wesentlichen unter Zuhilfenahme zeichnerischer Konstruktionen vollzogen werden kann.

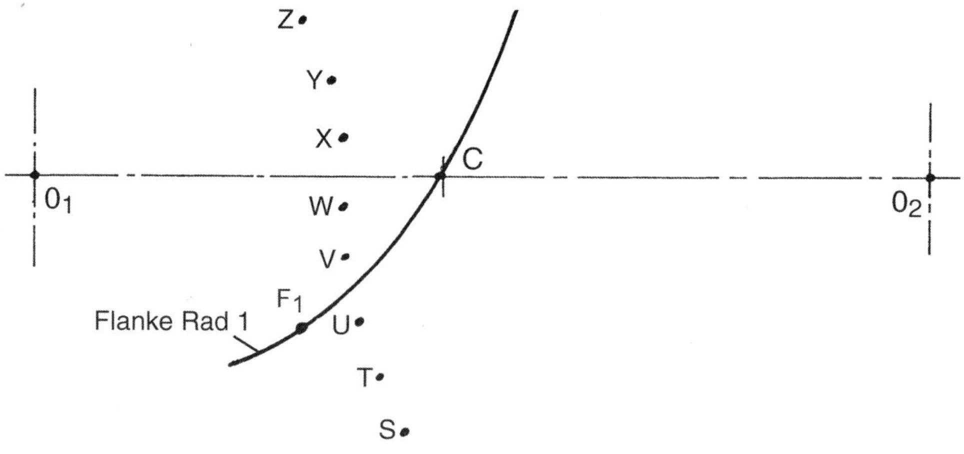

Es sind die Radmittelpunkte eines Zahnradpaares mit den Mittelpunkten O_1 und O_2 gegeben. Weiterhin ist der Wälzpunkt sowie die Flanke des Rades 1 vorgegeben.

a) Ermitteln Sie das Übersetzungsverhältnis dieses Zahnradpaares.

$i =$

b) Konstruieren Sie den Eingriffspunkt für den Punkt F_1 der Flanke 1. Markieren Sie ihn durch Ankreuzen in folgendem Schema.

Punkt *S*	Punkt *T*	Punkt *U*	Punkt *V*	Punkt *W*	Punkt *X*	Punkt *Y*	Punkt *Z*

c) Welcher der eingezeichneten Punkte ist der Punkt F_2 der Flanke des Rades 2, der mit F_1 in Eingriff kommt?

Punkt *S*	Punkt *T*	Punkt *U*	Punkt *V*	Punkt *W*	Punkt *X*	Punkt *Y*	Punkt *Z*

d) Bei Rad 1 wird mit einer Drehzahl von 1500 min^{-1} angetrieben. Wie groß ist die Gleitgeschwindigkeit v_g der beiden Zahnflanken untereinander, wenn der Punkt F_1 der Flanke 1 mit dem Punkt F_2 der Flanke 2 in Eingriff kommt?

v_g [m/s] =

Geometrie der Evolventenverzahnung ohne Profilverschiebung

A.7.27 Überdeckungsgrad Evolventenverzahnung

Mit einer nicht profilverschobenen Zahnradpaarung soll bei einem möglichst genau einzuhaltenden Achsabstand von 200 mm ein Übersetzungsverhältnis von möglichst genau 1:2,5 verwirklicht werden. Der Eingriffswinkel beträgt $\alpha = 20°$ und sowohl Kopf- als auch Fußhöhe sollen dem Modul entsprechen ($h_a = h_f = m$). Die Fußausrundung soll in diesem ersten Beispiel nicht berücksichtigt werden.

Für die Module $m = 1$ mm, 2 mm, 4 mm und 6 mm sind die unten aufgeführten geometrischen Daten der Verzahnung zu ermitteln.

	$m = 1$ mm	$m = 2$ mm	$m = 4$ mm	$m = 6$ mm
Zähnezahl des antreibenden Rades z_1				
Zähnezahl des angetriebenen Rades z_2				
tatsächliches Übersetzungsverhältnis i_{tats}				
prozentuale Abweichung vom vorgegebenen Übersetzungsverhältnis Δi [%]				
Wälzkreisdurchmesser des antreibenden Rades d_{w1} [mm]				
Wälzkreisdurchmesser des angetriebenen Rades d_{w2} [mm]				
tatsächlicher Achsabstand a_{tats} [mm]				
Grundkreisdurchmesser des antreibenden Rades d_{b1} [mm]				
Grundkreisdurchmesser des angetriebenen Rades d_{b2} [mm]				
Kopfkreisdurchmesser des antreibenden Rades d_{a1} [mm]				
Kopfkreisdurchmesser des angetriebenen Rades d_{a2} [mm]				
Fußkreisdurchmesser des antreibenden Rades d_{f1} [mm]				
Fußkreisdurchmesser des angetriebenen Rades d_{f2} [mm]				
Teilung p [mm]				
Überdeckungsgrad ε_α				

A.7.28 Gleitgeschwindigkeit

Ein geradverzahntes Stirnradpaar mit normgerechter Evolventenverzahnung ohne Profilverschiebung wird mit $n_1 = 1500\ \text{min}^{-1}$ angetrieben. Das geforderte Übersetzungsverhältnis von $i = 2{,}8$ und der zunächst vorgesehene Achsabstand von 312 mm sollen möglichst beibehalten werden.

Das Getriebe soll sowohl mit den Modulen $m = 4$, 5, 6 und 8 mm ausgeführt werden. Berechnen Sie für alle vier Varianten die Zähnezahlen z, die Teil- bzw. Wälzkreisdurchmesser d, das tatsächliche Übersetzungsverhältnis i_{tats}, die Abweichung vom geforderten Übersetzungsverhältnis Δi, den tatsächlichen Achsabstand a_{tats} sowie die Grundkreisdurchmesser d_b und Kopfkreisdurchmesser d_a. Die Länge der Eingriffsstrecke g ist ein wesentliches Zwischenergebnis bei der Ermittlung der maximal auftretenden Gleitgeschwindigkeit v_{gmax}. Machen Sie sich bei der Berechnung der Länge der Eingriffsstrecke g zu Nutze, dass bei nicht profilverschobenen Rädern der Wälzpunkt in grober Näherung in der Mitte der Eingriffsstrecke liegt. Berechnen Sie schließlich die Profilüberdeckung ε_α.

Stellen Sie Ihre Ergebnisse in dem nachstehenden Schema zusammen.

		$m = 4$ mm	$m = 5$ mm	$m = 6$ mm	$m = 8$ mm
z_1	[-]				
z_2	[-]				
d_1	[mm]				
d_2	[mm]				
i_{tats}	[-]				
Δi	[%]				
a_{tats}	[mm]				
d_{b1}	[mm]				
d_{b2}	[mm]				
d_{a1}	[mm]				
d_{a2}	[mm]				
g	[mm]				
v_{gmax}	[m/s]				
ε_α	[-]				

Geometrie der Evolventenverzahnung mit Profilverschiebung

A.7.29 V-Null-Zahnradpaarung

Es ist eine Zahnradpaarung zu entwerfen, für die ein Übersetzungsverhältnis von i = 1,58 und ein Achsabstand 100 mm gefordert wird. Das tatsächlich ausgeführte Übersetzungsverhältnis darf davon nur um 1 % abweichen. Der Herstellungseingriffswinkel beträgt $\alpha = 20°$ und der Modul m = 2,5 mm. Das Getriebe soll als V-Null-Zahnradpaarung mit dem Profilverschiebungsfaktor x = 0,4 ausgeführt werden. Die Fußausrundung beträgt ein Viertel des Moduls. Berechnen Sie die folgenden Daten:

		Rad 1	Rad 2
Zähnezahl z	[-]		
tatsächliches Übersetzungsverhältnis i_{tats}	[-]		
relative Abweichung von i	[%]		
tatsächlicher Achsabstand a_{tats}	[mm]		
Profilverschiebungsfaktor x	[-]		
Profilverschiebung v	[mm]		
Teilkreisdurchmesser d	[mm]		
Wälzkreisdurchmesser d_w	[mm]		
Betriebseingriffswinkel α_w	[°]		
Grundkreisdurchmesser d_b	[mm]		
Kopfkreisdurchmesser d_a	[mm]		
Fußkreisdurchmesser d_f	[mm]		
besteht Unterschnittgefahr?		O ja O nein	O ja O nein
Profilüberdeckung ε_α	[-]		

A.7.30 Vorgegebener Achsabstand

Ein Zahnradpaar soll im Modul m = 3 mm ausgeführt werden und ein Übersetzungsverhältnis von i = 2,4 aufweisen, welches mit einer Genauigkeit von 2 % einzuhalten ist. Dabei ist der genormte Herstellungseingriffswinkel von α = 20° zu verwenden und ein Kopfspiel von $c = 0{,}3 \cdot m$ vorzusehen. Der Achsabstand muss genau 70 mm betragen. Die dazu notwendige Profilverschiebung ist nur an einem Rad zu praktizieren.

Ergänzen Sie die Geometriedaten der Verzahnung nach untenstehendem Schema.

		Rad 1	Rad 2
Zähnezahl z			
tatsächliches Übersetzungsverhältnis i_{tats}			
relative Abweichung von i	[%]		
Teilung p	[mm]		
Achsabstand a nicht profilverschoben	[mm]		
Profilverschiebung v	[mm]		
Profilverschiebungsfaktor x			
Teilkreisdurchmesser d	[mm]		
Wälzkreisdurchmesser d_w	[mm]		
Grundkreisdurchmesser d_b	[mm]		
Kopfkreisdurchmesser d_a	[mm]		
Fußkreisdurchmesser d_f	[mm]		
Betriebseingriffswinkel α_w	[°]		
Profilüberdeckung ε_α			

A.7.31 Vermeidung von Unterschnitt

Eine normgerechte Verzahnung wird mit dem Modul m = 5 mm ausgestattet und soll bei einem Übersetzungsverhältnis von i = 3,2 einen Achsabstand a = 126 mm aufweisen, der allerdings in geringen Grenzen variiert werden kann. Eine Profilverschiebung soll nur dann angewendet werden, wenn eine Unterschneidung der Zahnflanken ausgeglichen werden muss. Diese Profilverschiebung ist möglichst gering zu halten. Die Fußausrundung soll 25 % des Moduls betragen. Bestimmen Sie alle in untenstehendem Schema aufgeführten Kenngrößen der Verzahnung.

			Rad 1	Rad 2
Zähnezahl	z			
tatsächliches Übersetzungsverhältnis	i_{tats}			
relative Abweichung von i	Δi	[%]		
Profilverschiebungsfaktor	x			
Profilverschiebung	v	[mm]		
Teilung	p	[mm]		
Teilkreisdurchmesser	d	[mm]		
Grundkreisdurchmesser	d_b	[mm]		
Achsabstand	a	[mm]		
Betriebseingriffswinkel	α_w	[°]		
Wälzkreisdurchmesser	d_w	[mm]		
Kopfkreisdurchmesser	d_a	[mm]		
Fußkreisdurchmesser	d_f	[mm]		
Profilüberdeckung	ε_α			

Zahnradgetriebe: Festigkeit der Evolventenverzahnung

Festigkeit der Verzahnung ohne Profilverschiebung

A.7.32 Beanspruchung von Zahnfuß und Zahnflanke

Die Festigkeit eines Zahnradpaares mit normgerechter Evolventenverzahnung ohne Profilverschiebung soll untersucht werden. Die Zähnezahlen betragen z_1 = 20 und z_2 = 38 Zähne, der Modul m = 3 mm und die Zahnradbreite b = 18 mm. Bei einer Ritzeldrehzahl von n_1 = 1480 min^{-1} soll eine Leistung von 26 kW übertragen werden. Es kann angenommen werden, dass das Produkt der Faktoren $Y_F \cdot Y_\beta \cdot Y_S \cdot K_A \cdot K_V \cdot K_{F\beta} \cdot K_{F\alpha}$ = 4,4 ist.

a) Wie groß wird die Spannung im Zahnfuß?
b) Welche Zahnflankenpressung entsteht bei dieser Belastung?

A.7.33 Zahnradgetriebene Hubtrommel

Das Seil der unten skizzierten Hubtrommel ist auf der Trommel aufgewickelt und läuft von dieser tangential nach unten ab. Das Seil bewegt sich beim Auf- und Abrollen in axialer Richtung, aber langfristig kann für die Lagerbelastung eine mittige Lasteinleitung angenommen werden (Schadensakkumulationshypothese). Der Antrieb am linken Wellenende erfolgt über eine nicht profilverschobene Evolventenverzahnung mit dem normgerechten Eingriffswinkel von 20°. Es soll eine maximale Last von 1,26 t befördert werden können.

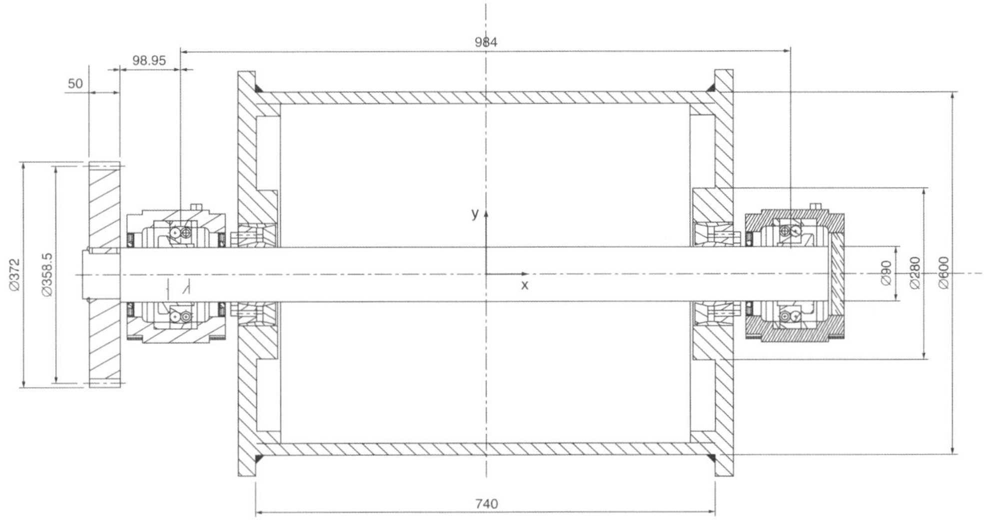

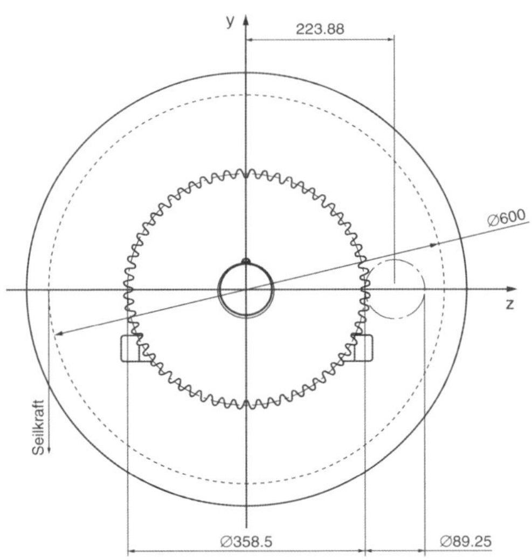

Lagerung

Für die Gebrauchsdauerberechnung gelten folgende Randbedingungen:

- Die Hubhöhe beträgt 8 m.
- Stündlich sind 30 Hubvorgänge (auf und ab) auszuführen.
- Die Seiltrommel ist 10 Stunden pro Tag in Betrieb.
- Bei 220 Betriebstagen pro Jahr soll die Lagerung für eine Gebrauchsdauer von 12 Jahren dimensioniert werden.

Die Hubtrommel fährt zur Hälfte ihrer Betriebsdauer jedoch ohne Last (Leerfahrten), zu einem weiteren Viertel mit Maximallast und zu einem letzten Viertel mit halber Last.

Bedienen Sie sich zur Dokumentierung der Ergebnisse und Zwischenergebnisse des folgenden Schemas: Ermitteln Sie zunächst die an der Verzahnung wirkenden Kräfte in y- und in z-Richtung. In beiden Ebenen werden dann die Komponenten der Lagerkräfte berechnet und zur Lagerkraft bei Volllast zusammengefasst. Nach der Berechnung der äquivalenten Lagerlast und des Lebensdauerbeiwertes L_{10} kann dann die erforderliche Tragzahl für beide Lager ermittelt werden.

	Zahnrad	linkes Lager (A)	rechtes Lager (B)
Kraft in y-Richtung [N]			
Kraft in z-Richtung [N]			
Kraft bei Volllast [N]			
Äquivalente Lagerlast [N]			
L_{10}			
Erforderliche Tragzahl [N]			

Verzahnung

Die nicht profilverschobene Zahnradpaarung soll näher betrachtet werden. Das geforderte Übersetzungsverhältnis von i = 1:4 und der zunächst vorgesehene Wälzkreisdurchmesser des Großrades von 358,5 mm sollen möglichst beibehalten werden.

Die Zahnradpaarung soll sowohl mit Modul m = 6 mm als auch mit m = 8 mm und m = 10 mm konzipiert werden. Berechnen Sie für alle drei Varianten die Zähnezahlen z, die Teil- bzw. Wälzkreisdurchmesser d, den tatsächlichen Achsabstand a, die Grundkreisdurchmesser d_b und Kopfkreisdurchmesser d_a sowie die Profilüberdeckung ε_α.

Berechnen Sie die Zahnfußspannung σ_{FP}, wenn das Produkt der Faktoren $Y_F{\cdot}Y_\beta{\cdot}Y_S{\cdot}K_A{\cdot}K_V{\cdot}K_{F\beta}{\cdot}K_{F\alpha}$ mit 4,5 angenommen werden kann, und die Hertzsche Pressung σ_{Hz} am Zahneingriff.

Stellen Sie Ihre Ergebnisse in dem nachstehenden Schema zusammen.

		m = 4 mm	m = 5 mm	m = 6 mm
z_1	[-]			
z_2	[-]			
d_1	[mm]			
d_2	[mm]			
a	[mm]			
d_{b1}	[mm]			
d_{b2}	[mm]			
d_{a1}	[mm]			
d_{a2}	[mm]			
ε_α	[-]			
σ_F	[N/mm²]			
σ_{Hz}	[N/mm²]			

A.7.34 Tragfähigkeit in Funktion des Moduls

Die Tragfähigkeit des in Aufgabe A.7.28 geometrisch untersuchten Zahnradpaares soll ermittelt werden. Es handelte sich um ein geradverzahntes Stirnradpaar mit normgerechter Evolventenverzahnung ohne Profilverschiebung, dessen Ritzel mit n_1 = 1.500 min^{-1} angetrieben wird, das Übersetzungsverhältnis beträgt ca. i = 2,8. Das Getriebe wird mit Modul m = 4, 5, 6 und 8 mm ausgeführt. Die untenstehende Tabelle gibt bereits die Ergebnisse der Geometrieberechnung wieder.

Die Zahnbreite beträgt 22 mm. Ergänzen Sie die Tabelle, in dem Sie die jeweils übertragbare Leistung berechnen, wenn eine Zahnfußspannung von σ_{FP} = 450 N/mm² zugelassen werden kann und das Produkt der Faktoren $Y_F \cdot Y_\beta \cdot Y_S \cdot K_A \cdot K_V \cdot K_{F\beta} \cdot K_{F\alpha}$ mit 4,4 angenommen werden kann.

	m = 4 mm	m = 5 mm	m = 6 mm	m = 8 mm
z_1	41	33	27	21
z_2	115	92	76	59
d_1 [mm]	164	165	162	168
d_2 [mm]	460	460	456	472
ε_α	1,793	1,759	1,724	1,676
P_{max} [kW]				

A.7.35 Erforderliche Zahnbreite

Mit einem Zahnradpaar mit normgerechter, nicht profilverschobener Verzahnung soll bei einem möglichst genau einzuhaltenden Achsabstand von 132 mm ein Übersetzungsverhältnis von möglichst genau 3,8 verwirklicht werden. Die Antriebsdrehzahl beträgt $n_1 = 2200\ \text{min}^{-1}$. Es stehen die Module m = 2,5 mm, 3 mm, 4 mm, und 5 mm zur Auswahl. Prüfen Sie zunächst, ob die Verzahnung ohne Unterschnitt zu verwirklichen ist. Für die Module, bei denen diese Gefahr nicht besteht, ermitteln Sie die minimale Zahnbreite b, wenn die unten aufgeführten Leistungen übertragen werden sollen. Es kann eine Zahnfußspannung von σ_{FP} = 420 N/mm² zugelassen werden und das Produkt der Faktoren $Y_F \cdot Y_\beta \cdot Y_S \cdot K_A \cdot K_V \cdot K_{F\beta} \cdot K_{F\alpha}$ mit 4,4 angenommen werden.

	m = 2,5 mm	m = 3 mm	m = 4 mm	m = 5 mm
Zähnezahl antreibendes Rad z_1				
Zähnezahl angetriebenes Rad z_2				
Unterschnitt?	O ja O nein	O ja O nein	O ja O nein	O ja O nein
tats. Übersetzungsverhältnis i_{tats}				
Δi [%]				
Wälzkreisdurchmesser d_{w1} [mm]				
Wälzkreisdurchmesser d_{w2} [mm]				
tats. Achsabstand a_{tats} [mm]				
Δa [mm]				
Teilung p [mm]				
min. Zahnbreite b [mm] bei 20 kW				
min. Zahnbreite b [mm] bei 30 kW				

A.7.36 Optimale Zahnbreite

Eine Leistung von 84 kW ist bei einer Antriebsdrehzahl von 1240 min^{-1} und einem Übersetzungsverhältnis von 4,2 zu übertragen. Das normgerechte Zahnradpaar soll keine Profilverschiebung aufweisen. Es kann eine Zahnfußspannung von σ_{FP} = 480 N/mm² zugelassen werden und das Produkt der Faktoren $Y_F \cdot Y_\beta \cdot Y_S \cdot K_A \cdot K_V \cdot K_{F\beta} \cdot K_{F\alpha}$ kann mit 4,4 angenommen werden. Die Abmessungen der Verzahnung sind so zu optimieren, dass ein möglichst kompaktes Getriebe entsteht. Die Zahnbreite b wird entsprechend der untenstehenden Tabelle variiert.

Bestimmen Sie zunächst die vorzusehenden Zähnezahlen. Ermitteln Sie dann den erforderlichen Modul, die Wälzkreisdurchmesser und den Achsabstand. Um einen Anhaltspunkt für das Konstruktionsgewicht der jeweiligen Konstruktionsvariante zu gewinnen, berechnen Sie abschließend das Gesamtvolumen der jeweils beteiligten beiden Zahnräder $V_{Räder}$ als Zylindervolumen mit dem Wälzkreis als Durchmesser.

b	[mm]	5	10	20	30	40	50	60	70	80
z_1	[-]									
z_2	[-]									
m	[mm]									
d_1	[mm]									
d_2	[mm]									
a	[mm]									
$V_{Räder}$	[10^6 mm³]									

Diskutieren Sie die optimale Zahnbreite im Hinblick auf ein möglichst geringes Konstruktionsgewicht! Berücksichtigen Sie dabei, dass der Stirnlastverteilfaktor $K_{F\alpha}$ nicht wie eingangs angenommen konstant ist, sondern mit zunehmender Zahnbreite immer ungünstiger wird.

A.7.37 Getriebe mit zwei Übersetzungsverhältnissen

Das nachfolgend skizzierte Getriebe besteht aus einer links oben angeordneten Antriebswelle und einer Abtriebswelle rechts unten, die jeweils über zwei Wälzlager verfügen. An der Antriebswelle wird eine Leistung von 6 kW bei einer Drehzahl von 1480 min^{-1} eingeleitet. In der dargestellten Stellung ist das linke Zahnradpaar im Eingriff und das Getriebe überträgt 1:1. Werden die beiden Zahnräder auf der Abtriebswelle gemeinsam auf ihrer längsverschiebbaren Welle-Nabe-Verbindung nach rechts verschoben, so wird das linke Zahnradpaar außer Eingriff gesetzt und das rechte Zahnpaar kommt in Eingriff, welches dann 1:2 übersetzt. Beide Zahnradpaare sollen mit dem Modul m = 1,5 mm ausgeführt werden. Das kleinste Rad hat 17 Zähne. Sämtliche Zahnräder werden ohne Profilverschiebung ausgeführt.

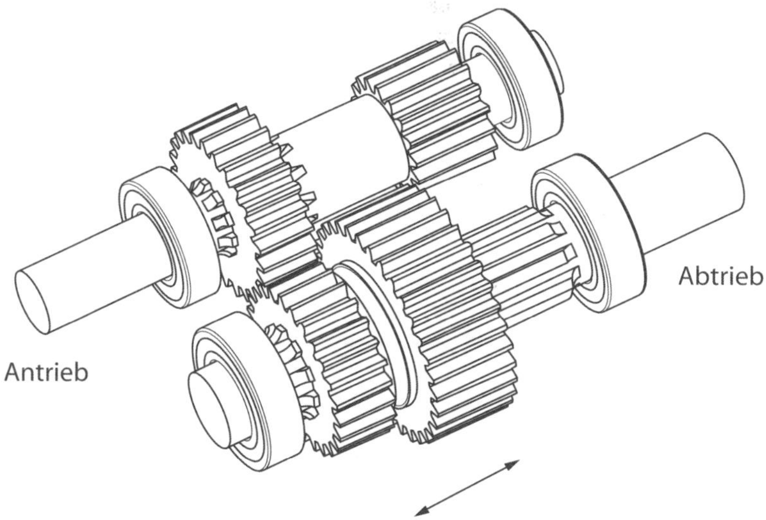

Geometrie der Verzahnung

Die kleinste (also kritische) Zähnezahl tritt beim Ritzel des Zahnradpaares 1:2 auf. Bestimmen Sie für dieses Zahnradpaar die in untenstehendem Schema aufgeführten geometrischen Kenngrößen der Verzahnung.

Übersetzung 1:2			Rad 1	Rad 2
Zähnezahl	z			
Teilung	p	[mm]		
Wälzkreisdurchmesser	d	[mm]		
Grundkreisdurchmesser	d_b	[mm]		
Achsabstand	a	[mm]		

Beim Übersetzungsverhältnis 1:1 muss konstruktionsbedingt der zuvor ermittelte Achsabstand beibehalten werden. Es kann in Kauf genommen werden, dass das dabei ausgeführte Übersetzungsverhältnis nicht genau 1:1 beträgt. Bestimmen Sie auch für dieses Zahnradpaar die in untenstehendem Schema aufgeführten geometrischen Kenngrößen der Verzahnung.

Übersetzung 1:1			Rad 1	Rad 2
Zähnezahl	z			
Teilung	p	[mm]		
Wälzkreisdurchmesser	d	[mm]		
Grundkreisdurchmesser	d_b	[mm]		
Achsabstand	a	[mm]		

Zahnbreite

Es kann eine Zahnfußspannung von 420 N/mm² zugelassen werden und es kann angenommen werden, dass das Produkt der Faktoren $Y_F \cdot Y_\beta Y_S \cdot K_A \cdot K_V \cdot K_{F\beta} K_{F\alpha} = 4{,}4$ beträgt.

a) Wie breit muss das Zahnradpaar werden, welches 1:2 übersetzt?

b) Wie breit muss das Zahnradpaar werden, welches 1:1 übersetzt?

	1:1	1:2
minimale Zahnbreite b [mm]		

Festigkeit der Verzahnung mit Profilverschiebung

A.7.38 Zahnfußfestigkeit

Eine normgerechte Zahnradpaarung mit Modul m = 3 mm und einer Zahnradbreite b = 32 mm soll eine Antriebsdrehzahl von 3.000 min^{-1} mit einem Verhältnis von i = 3,8 ins Langsame übersetzen. Das tatsächliche Übersetzungsverhältnis darf vom geforderten nur um 0,5 % abweichen. Der Achsabstand muss genau 102 mm betragen. Zur Einhaltung des geforderten Achsabstandes wird nur an einem Rad eine Profilverschiebung vorgenommen. Dazu ist das Rad auszuwählen, an dem die Profilverschiebung für das Übertragungsverhalten vorteilhaft ist. Das Kopfspiel entspricht dem 0,25-fachen des Moduls.

Welche Leistung ist mit dieser Zahnradpaarung übertragbar, wenn die Zahnfußfestigkeit von 420 N/mm² voll ausgenutzt werden kann und wenn das Produkt der Faktoren $Y_F \cdot Y_\beta \cdot Y_S \cdot K_A \cdot K_V \cdot K_{F\beta} \cdot K_{F\alpha}$ = 4,4 beträgt. Ermitteln Sie dazu alle in der untenstehenden Tabelle aufgeführten Daten.

		Rad 1	Rad 2
Zähnezahl z			
tatsächliches Übersetzungsverhältnis i_{tats}			
relative Abweichung von i	[%]		
Profilverschiebung v	[mm]		
Profilverschiebungsfaktor x			
Teilkreisdurchmesser d	[mm]		
Grundkreisdurchmesser d_b	[mm]		
Betriebseingriffswinkel α_w	[°]		
Wälzkreisdurchmesser d_w	[mm]		
Kopfkreisdurchmesser d_a	[mm]		
Fußkreisdurchmesser d_f	[mm]		
übertragbare Leistung P_{max}	[kW]		

Zahnradgetriebe: Belastung Zahnradgetriebewelle

A.7.39 Fliegend gelagerte Ritzelwelle

Gegeben ist die skizzierte Getriebewelle mit fliegend gelagertem Ritzel. Es wird eine Leistung von 70 kW bei einer Ritzeldrehzahl von 1000 min^{-1} übertragen, die Drehzahl des Großrades beträgt 500 min^{-1}.

a) Geometrie der Verzahnung
Der Eingriffswinkel der Verzahnung beträgt $\alpha = 20°$. Es sollen 14 Zähne mit dem Modul 5 mm verwendet, eine Profilverschiebung ist nicht erforderlich. Klären Sie zunächst die Geometrie der Verzahnung, wenn der Einfachheit halber keine Fußausrundung berücksichtigt wird.

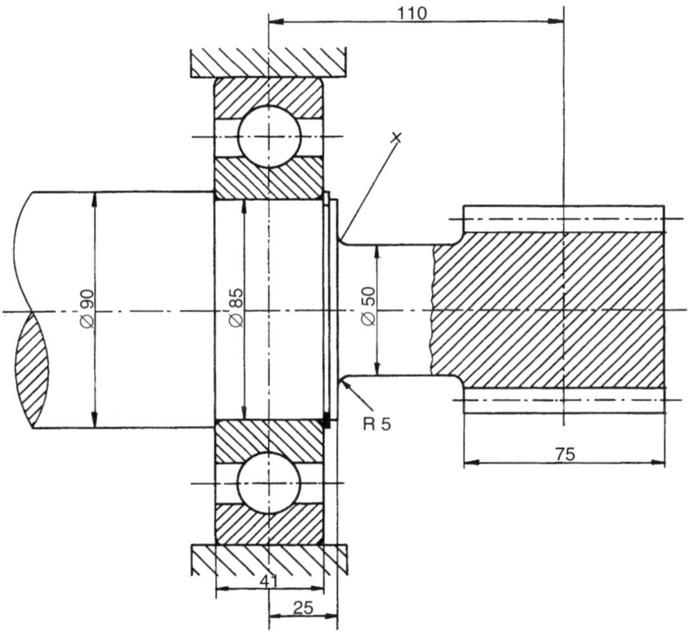

		Rad 1	Rad 2
Zähnezahl z		14	
Teilkreisdurchmesser d	[mm]		
Grundkreisdurchmesser d_b	[mm]		
Wälzkreisdurchmesser d_w	[mm]		
Kopfkreisdurchmesser d_a	[mm]		
Fußkreisdurchmesser d_f	[mm]		

b) Zahnfußfestigkeit
Das Produkt der Faktoren $Y_F \cdot Y_\beta \cdot Y_S \cdot K_A \cdot K_V \cdot K_{F\beta} \cdot K_{F\alpha}$ beträgt 4,4. Wie groß ist die Zahnfußspannung?

c) Dauerfestigkeit Welle
Die Ritzelwelle wird aus 37MnSi5 gefertigt. Die Dauerfestigkeit ist an der Stelle X zu kontrollieren. Berechnen Sie die an der zu untersuchenden Stelle vorliegenden Kräfte, Momente und Spannungen nach folgendem Schema:

	statisch	dynamisch
L [N] =	σ_{ZDstat} [N/mm²] =	σ_{ZDdyn} [N/mm²] =
Q [N] =	τ_{Qstat} [N/mm²] =	τ_{Qdyn} [N/mm²] =
M_b [Nm] =	σ_{bstat} [N/mm²] =	σ_{bdyn} [N/mm²] =
M_t [Nm] =	τ_{tstat} [N/mm²] =	τ_{tdyn} [N/mm²] =
	σ_{vstat} [N/mm²] =	σ_{vdyn} [N/mm²] =

Es liegt eine geschlichtete Oberfläche vor und die Kerbwirkungszahl beträgt $\beta_k = 1{,}9$. Die übertragene Leistung wird bei Beibehaltung der Drehzahl gesteigert. Wie groß ist die Sicherheit gegenüber Dauerbruch?

A.7.40 Lagerung Getriebewelle Schrägverzahnung

Ein zweistufiges Zahnradgetriebe überträgt eine Leistung von 1100 kW. Beide Zahnradpaarungen sind bei einem Eingriffswinkel von 20° schrägverzahnt. Die Lagerung der unten skizzierten, bei 440 min^{-1} rotierenden Zwischenwelle ist als Kugellagerung bei dem eingezeichneten Drehsinn zu dimensionieren.

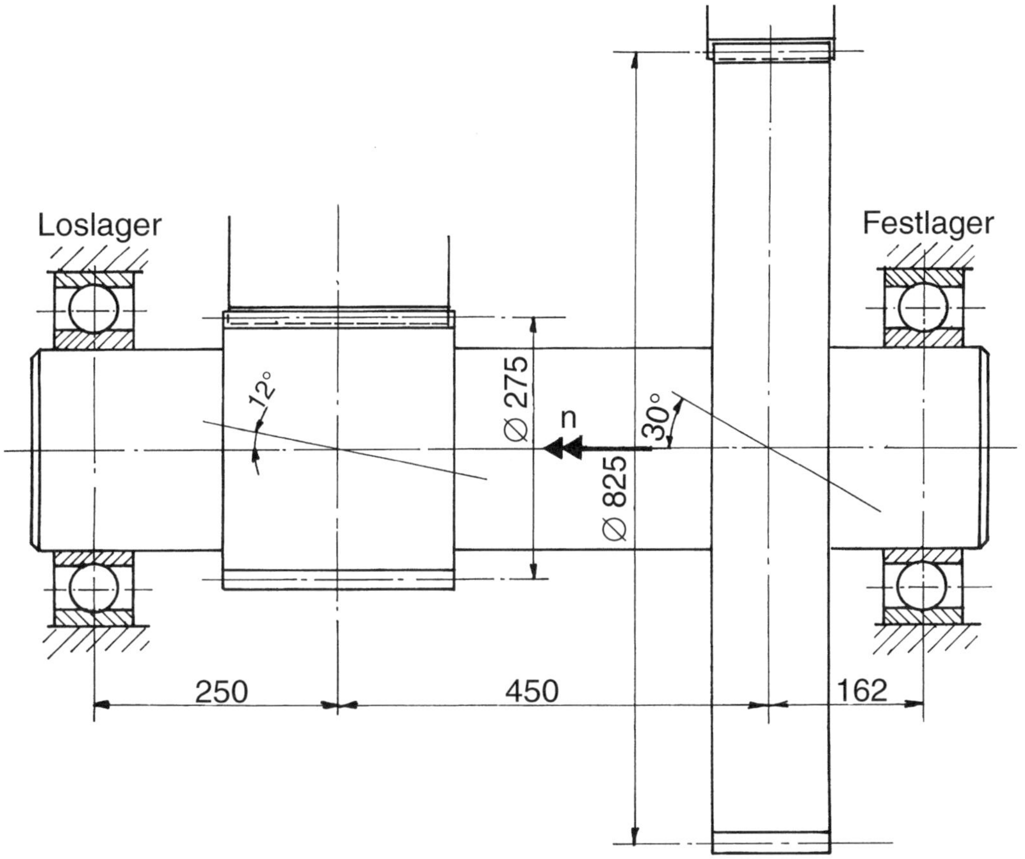

a) Bestimmen Sie die an der jeweiligen Radpaarung wirkenden Zahnkräfte.

	linkes Rad	rechtes Rad
Tangentialkraft F_{tan} [N]		
Radialkraft F_{rad} [N]		
Axialkraft F_{ax} [N]		

b) Bestimmen Sie die dabei entstehenden Lagerkräfte.

	linkes Lager	rechtes Lager
Radialkraft y-Komponente [N]		
Radialkraft z-Komponente [N]		
Radialkraft F_{rad} [N]		
Axialkraft F_{ax} [N]		

c) Für die Dimensionierung der Wälzlager kann $X = 1$ und $Y = 0$ angenommen werden. Mit welchen dynamischen Tragzahlen müssen die beiden Lager mindestens bestückt werden, wenn eine Lebensdauer von 20.000 h gewährleistet werden soll?

	linkes Lager	rechtes Lager
L_{10}		
C_{dyn} [N]		

Vergleichende Betrachtung verschiedener Getriebebauformen

A.7.41 Getriebewelle mit Riemenscheibe und Zahnrad

Die unten dargestellte Getriebewelle überträgt eine Leistung von 9,4 kW bei einer Drehzahl von 900 min^{-1}.

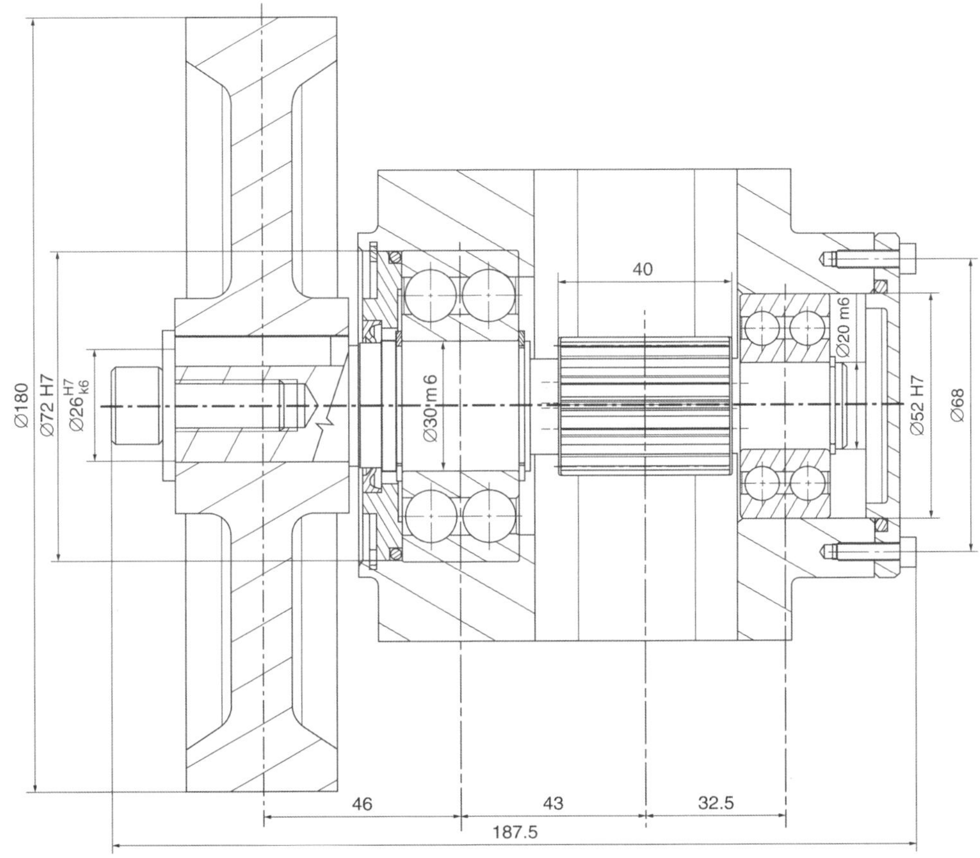

Riementrieb

Mit dem linken Flachriementrieb wird von einer hier nicht dargestellten Antriebswelle über einen Achsabstand von 200 mm auf die hier dargestellte Riemenscheibe im Übersetzungsverhältnis 1:3 ins Langsame übersetzt. Der Riemen wird so vorgespannt, dass der Reibwert von $\mu = 0{,}4$ genau ausgenutzt wird. Der Riemen ist 30 mm breit und 3 mm dick. Wie groß sind die in untenstehendem Schema aufgeführten Kenngrößen des Riementriebes?

Umschlingungswinkel	α	[°]	
Umfangskraft	U	[N]	
Zugtrumkraft	S_Z	[N]	
Leertrumkraft	S_L	[N]	
Achslast	A	[N]	
Riemenspannung	σ	[N/mm²]	

Zahnradpaarung

Das Zahnradpaar untersetzt ebenfalls 1:3 ins Langsame. Die normgerechte Evolventenverzahnung mit Modul 2 mm wird ohne Profilverschiebung ausgeführt und es wird die praktische Mindestzähnezahl von 14 verwendet. Die Fußausrundung beträgt 25% des Moduls. Klären Sie zunächst die Geometrie der Verzahnung, in dem Sie die unten aufgeführten Kenngrößen ermitteln.

		Rad 1	Rad 2
Zähnezahl z			
Teilkreisdurchmesser d	[mm]		
Grundkreisdurchmesser d_b	[mm]		
Wälzkreisdurchmesser d_w	[mm]		
Kopfkreisdurchmesser d_a	[mm]		
Fußkreisdurchmesser d_f	[mm]		
Teilung	[mm]		
Achsabstand	[mm]		
Profilüberdeckung ε_α			

Berechnen Sie die im Zahneingriff wirkenden Kräfte:

Tangentialkraft	F_t	[N]	
Radialkraft	F_r	[N]	
Normalkraft	F_n	[N]	

Wie groß ist die Zahnfußspannung σ_F, wenn das Produkt der Faktoren $Y_F \cdot Y_\beta Y_S \cdot K_A \cdot K_V \cdot K_{F\beta} K_{F\alpha} = 4{,}4$ beträgt.

Zahnfußspannung	σ_F	[N/mm²]	

Lagerung

Die Getriebewelle soll mit Wälzlagern gelagert werden. Das doppelreihige Kugellager an der linken Lagerstelle weist eine dynamische Tragzahl von 55000 N auf, das Kugellager an der rechten Lagerstelle verfügt über eine dynamische Tragzahl von 24600 N.

Die Welle wird mit der Achslast des Riementriebes A und der aus der Verzahnung resultierenden Kraft F_n belastet. In diesem Konstruktionsstadium ist noch nicht klar, welche Lage die Achslast des Riementriebes A und die Resultierende der Verzahnung F_n zueinander einnehmen. Aus diesem Grunde werden die beiden unten aufgeführten Modellfälle betrachtet. Berechnen Sie für beide Fälle sowohl die Lagerlasten als auch die Lebensdauer der Lager:

		Die Achslast des Riementriebs A und die Verzahnungskraft F_n wirken genau in			
		gleicher Richtung		**entgegengesetzter** Richtung	
		links	rechts	links	rechts
F_{Lager}	[N]				
L_h	[h]				

A.7.42 Gegenüberstellung Reibradgetriebe – Flachriementrieb – Zahnradpaarung

Ein Räderpaar soll eine Leistung von 10 kW bei einer Drehzahl von 1500 min^{-1} im Übersetzungsverhältnis 1:1 übertragen. Die Breite der Räder soll 12 mm betragen.

In einer ersten Version soll die Räderpaarung als **Reibradgetriebe** ausgeführt werden, wobei folgende Konstruktionsparameter zu berücksichtigen sind:

Stahl/Stahl, geschmiert $\mu = 0{,}03$
zulässige Pressung $\sigma_{Hz} = 650$ N/mm²

In einer zweiten Version soll die Räderpaarung als **Flachriementrieb** ausgeführt werden, der optimal vorgespannt ist. Dabei sind folgende Konstruktionsparameter zu berücksichtigen:

Reibwert Riemen/Scheibe: $\mu = 0{,}5$
zulässige Riemenspannung: $\sigma_{zul} = 25$ N/mm²
Biegeelastizitätsmodul des Riemens: $E_B = 635$ N/mm²
Die Riemendicke soll optimiert werden.

In einer dritten Version ist die Räderpaarung als **Zahnradpaarung** mit nicht profilverschobener, normgerechter Verzahnung auszuführen, wobei der Modul optimiert und auf einen genormten Wert zu runden ist.

zulässige Zahnfußspannung: σ_{FP}= 420 N/mm²
Produkt der Faktoren: $Y_F \cdot Y_\beta Y_S \cdot K_A \cdot K_V \cdot K_{F\beta} K_{F\alpha} = 4{,}4$

Benutzen Sie für beide Rechnungen untenstehendes Schema.

Die drei Konstruktionen unterscheiden sich durch die Baugröße, wobei der Raddurchmesser einen ersten Eindruck von der Getriebegröße vermittelt. Berechnen Sie den Raddurchmesser (beim Zahnrad Teilkreisdurchmesser) aller drei Konstruktionsvarianten.

Die drei Konstruktionen unterscheiden sich weiterhin in der Kraft F_{res}, die radial auf die Welle wirkt und sowohl die Welle selber als auch die Lager belastet. Berechnen Sie diese Kraft für alle drei Konstruktionsvarianten.

d [mm] =		F_{res} [N] =
	Reibrad	
	Flachriemen	
	Zahnrad	

Index